MERCEDES-BENZ
E-KLASSE

DIE BAUREIHE 124
1984–1997

Impressum

Einbandgestaltung: Luis dos Santos

Danksagung: Zu den erfreulichen und spannenden Ereignissen beim Schreiben eines Buchs gehören die Begegnungen mit Menschen, an die ich mich mit besonderer Dankbarkeit erinnere, und die immer ein Erlebnis und eine Bereicherung für mich waren und sind: Rüdiger Abele, Doris Amann, Manfred Arnold, Dipl.-Ing. (FH) Karl-Heinz Baumann, Prof. Dr.-Ing. e. h. Dipl.-Ing. Werner Breitschwerdt, Jürgen Hagmann, Dipl.- Ing. Rüdiger Faul, Joachim Hack, Gerhard Heidbrink, Claus Hieke, Prof. Dipl.-Ing. Guntram Huber, Silvie Kiefer, Dipl.-Ing. Frank Knothe, Dr. Harry Niemann, Dr. e.h. Dipl.-Ing. Kurt Obländer †, Dipl.-Ing. Manfred von der Ohe, Prof. Peter Pfeiffer, Dr. h .c. Bruno Sacco, Prof. Dr. h. c. Dr.-Ing. Dipl.-Ing. Hans Scherenberg †, Hans-Peter Würsten

Bildquellennachweis: Daimler AG (Konzernarchiv), Archiv Audi AG, Archiv BMW AG, Archiv Günter Engelen, Archiv Porsche AG, Hans-Dieter Seufert, Hans-Peter Seufert

ISBN 978-3-613-03867-7

Ein Unternehmen der Paul Pietsch-Verlage GmbH & Co. KG

1. Auflage 2021

Sie finden uns im Internet unter WWW.MOTORBUCH-VERLAG.DE

Lektorat: WordingWorks GmbH
Innengestaltung: tebitron gmbh

Druck und Bindung: Conzella, 85609 Aschheim-Dornach, Printed in Germany
Printed in Germany

MERCEDES-BENZ E-KLASSE

DIE BAUREIHE 124
1984–1997

GÜNTER ENGELEN

Motor
buch
Verlag

Inhalt

Der Aufbruch zur neuen Mittelklassebaureihe 124

Menschen hinter der Baureihe 124

Automobile wachsen nicht von allein. Auch wenn dies gelegentlich gerne so vermittelt wird. In Wirklichkeit stehen Menschen mit ihren Ideen und ihrer Kreativität dahinter. Aus diesem Grund werden einige Personen aus unterschiedlichen Positionen, stellvertretend für die gesamte Mannschaft vorgestellt, die an der Entstehung dieses Projekts mitgewirkt haben, und dem Autor im Laufe der Jahre begegnet sind. Wären es alle, es wäre ein interessantes Lexikon geworden, aber keine Geschichte der Baureihe 124.

Prof. Dr. h. c. Dr.-Ing. Hans Scherenberg

Geboren: 28. Oktober 1910 in Dresden
Gestorben: 17. November 2000 in Stuttgart

Der Ingenieur Hans Scherenberg prägt wie kein Zweiter die Technik des gesamten Produktespektrums der Daimler-Benz AG vor, aber besonders nach dem Zweiten Weltkrieg. Er war unbeugsamer Forscher, immer auf der Suche nach neuartigen Lösungen. Kein Wunder, dass er Ende der dreißiger Jahre maßgeblich an der Einführung der Benzineinspritzung im Flugmotor beteiligt ist. Als ihm für die Aggregateerprobung kein Prüfstand zur Verfügung steht, baut er sich selbst einen und promoviert neben seiner Arbeit zum Dr.-Ing. Unter ihm beschert Daimler-Benz der Branche z. B. das Anti-Blockier-System ABS, die Anti-Schlupf-Regelung ASR und die wegweisenden Experimental-Sicherheitsfahrzeuge ESF sowie den Personenwagen die Benzineinspritzung und den ersten Fünfzylindermotor. Das seinerzeit für Aufsehen sorgende Forschungs- und Rekordfahrzeug C 111 ist ein weiterer Glanzpunkt seiner Epoche. Unter seiner Leitung wird Mercedes-Benz zur Leadmarke auf dem Gebiet der Entwicklung der Abgasreinigung. Ein besonderes Anliegen ist ihm die Einrichtung einer separaten Forschungsabteilung, die 1970 unter seinem Weggefährten Joachim Förster installiert wird.

Prof. Dr. h. c. Dr.-Ing. Hans Scherenberg fördert den Paradigmenwechsel durch weitsichtige Entscheidungen sowohl im personellen als auch im technischen Bereich.

Der beliebte und akzeptierte Scherenberg ist nicht nur mit Leib und Seele Motorenmann alter Schule, er ist auch, so sein Nachfolger Prof.-Dr. Werner Breitschwerdt, ein feiner Herr, der als einer der wenigen Vorstände noch ein Auto ganzheitlich beurteilen kann. Der Journalist Dr. Paul Simsa sieht in ihm einen Menschen, der wie kein Zweiter das Gesicht der Marke Mercedes-Benz in seiner Vornehmheit verkörpert.

Scherenbergs Verdienste für die Baureihe 124 liegen nicht so sehr in der Mitarbeit oder dem Erkennen einzelner Details – die liegen in den Köpfen und Händen der von ihm sorgfältig ausgesuchten Nachfolger in den unterschiedlichen Technikbereichen. Scherenbergs Verdienste liegen vielmehr in der rechtzeitigen Vorbereitung eines Paradigmenwechsels, der diesen ohne Brüche möglich macht. Das beinhaltet Entscheidungen sowohl im personellen als auch im technischen Bereich. Er weiß, dass eine neue Zeit mit ihren Anforderungen neue technische und stilistische Lösungen erfordert, er stellt sich dem nicht in den Weg und fördert im Gegenteil die Aufbruchstimmung.

Prof. Dr.-Ing. e. h. Dipl.-Ing. Werner Breitschwerdt

Geboren: 23. September 1927 in Stuttgart

Werner Breitschwerdt wird am 3. März 2009 in Genf in die European Automotive Hall of Fame aufgenommen. Breitschwerdt, Chefingenieur (1977-1983) und Vorstandsvorsitzender (1983-1987) der Daimler-Benz AG, steht damit in der Reihe der Gründerväter der Daimler-Benz AG, Carl Benz und Gottlieb Daimler, sowie von Wilhelm Maybach als wegweisendem Konstrukteur des modernen Automobils. Breitschwerdt sieht diese Auszeichnung als Ehre und vor allem Auszeichnung für die grandiose Mannschaftsleistung seiner Mitarbeiter. Dazu im O-Ton: »Ich hatte einfach das Glück, eine tolle Mannschaft zu haben, in der alle an einem Strang zogen und sich mit meinen Zielen identifizierten.« Dass er ein fordernder und fördernder Vorgesetzter ist, erzählen seine ehemaligen Mitarbeiter immer wieder gerne. Damals herrscht Aufbruchstimmung. Breitschwerdts Ziele sind anspruchsvoll. Von den Inhalten und vom Zeitfaktor her. So duldet er beim W 201 keine Kompromisse bei Fahrkomfort und Sicherheit. »Der Kunde soll nicht das Gefühl haben, in einem kleinen Auto zu sitzen. Viele glauben damals nicht, dass auch ein kleines Auto den Komfort und die Sicherheit eines Mercedes bieten kann. Dass das aber möglich ist, haben wir damals bewiesen.« Kollegen berichten von den wöchentlichen Planungssitzungen, dass derjenige, der mit seinen Teilen teurer oder schwerer wurde, schlechte Karten hatte. Am Ende wurde der W 201 exakt 100,- DM teurer und 7 Kilo schwerer als vorgesehen. Beim W 124 war es nicht anders. Auf diese Anekdote angesprochen, schmunzelt Breitschwerdt und erklärt voller Engagement, dass Weglassen keine Kunst ist. Ein guter Ingenieur müsse immer die Kosten, die Qualität und die Funktionalität im Auge behalten.

Prof. Dr.-Ing. e. h. Dipl.-Ing. Werner Breitschwerdt, seit 1977 Entwicklungsvorstand und seit Dezember 1983 Vorstandsvoritzender der Daimler-Benz AG, leitet die Pressevorstellung der Baureihe 124 im spanischen Sevilla.

Das Temperament Breitschwerdts lassen sein Alter vergessen. Seine flinken Augen, seine geistige Präsenz und Beweglichkeit untermalen den Eindruck, einen jüngeren Menschen vor sich zu haben. Es gibt kein aktuelles Thema rund um das Automobil, zu dem er nicht eine fundierte Meinung hat. Dabei sieht seine ursprüngliche Lebensplanung anders aus. Nach dem Notabitur im Krieg landet der Sohn eines Elektroingenieurs aus Stuttgart bei den Luftnachrichtern. Er lernt Funkmessgeräte so umzubauen, dass sie von den Störquellen alliierter Störmaßnahmen nicht außer Funktion gesetzt werden. Aus dem Krieg bringt Breitschwerdt eine wichtige Lebensweisheit mit, die ihn im späteren Leben nicht verbittern lässt. »Demütigen kann mich nur derjenige, den ich schätze.«

Als es nach Kriegsende im zerbombten Stuttgart nichts zu essen gibt, plädieren seine Eltern ganz pragmatisch für einen Handwerksberuf. Breitschwerdt setzt sich aber mit seinem Elektrostudium an der TH Stuttgart durch, das er sich mit Wochenendarbeit finanziert. Nach seinem Diplomabschluss bewirbt er sich bei IBM und Daimler-Benz in Sindelfingen. Karl Wilfert stellt ihn 1953 als seinen Assistenten ein. Er erinnert sich, dass er der zweite Diplomingenieur ist, der eingestellt wird. »Von Wilfert konnte man viel lernen, der innerhalb und außerhalb des Hauses oft ein schwieriger Partner war, aber auch ein guter Chef, der sich immer vor seine Leute stellte.« Den löst er 1973 als Leiter für die Entwicklung der Pkw-Aufbauten ab und wird im Januar 1977 als Nachfolger Scherenbergs, der Ende 1977 ausscheidet, stellvertretend in den Vorstand berufen. In seiner Zeit als Chefingenieur, dem auch die Forschung untersteht, fällt unter anderem der Übergang von der analogen Technik des 1970 vorgestellten ABS, zur digitalen Technologie, mit der es 1978 als Weltneuheit in der S-Klasse optional angeboten wird.

Mit der im Dezember 1984 vorgestellten Baureihe 124 setz. Breitschwerdt das dritte markante Zeichen für die Erneuerung und Innovationskraft im Personenwagenbau von Mercedes-Benz, auch wenn er bereits seit einem Jahr Vorstandsvorsitzender der Daimler-Benz AG ist. Als solcher unterstehen ihm auch die Nutzfahrzeuge, die er mit großer Begeisterung sieht. »Nutzfahrzeuge sind das tollste für einen Ingenieur. Aber da hatte ich tolle Kollegen. Mit Arthur Mischke als deren Entwicklungschef mit seinen Mitarbeitern Ernst Göhring und Dieter Porth war dieser Bereich mit hervorragenden Fachleuten besetzt«, erinnert sich Breitschwerdt. Dieser Mann lebt Automobil; heute noch. Er hat immer beim Daimler gearbeitet und ist voller Zufriedenheit über diese Verbindung. »Mir hat nie etwas gefehlt«, gestand er einmal bei anderer Gelegenheit. Beeindruckend ist, wie er ein Problem nach dem anderen analysiert, danach zerpflückt, um anschließend seine Lösungsvorschläge darzulegen. Genau dieses Vorgehen ist die Essenz seines Studiums. Dabei spielt es für ihn keine Rolle, dass er Elektrotechnik studiert hat und danach Automobile baut. Das Zerlegen großer Probleme in kleine Einheiten, um sie zu lösen, diese dann wieder zu einem Ganzen zusammenzufügen, das ist, seiner Ansicht nach, der entscheidende Weg, um in komplexen Zusammenhängen weiterzukommen. Mit dieser Erkenntnis aus seinem Studium baut der junge Diplomingenieur seine erfolgreiche Karriere auf, die er am 1. September 1987 mit der Niederlegung des Vorstandsvorsitzes beendet. Von 1988 bis 1993 gehört er dem Aufsichtsrat der Daimler-Benz AG an. 24 Jahre lang, bis 1997, hält Breitschwerdt Vorlesungen in Fahrzeugtechnik an der TH Karlsruhe.

Dr. e. h. Dipl.-Ing. Kurt Obländer

Geboren: 30. November 1927 in Karlsruhe
Gestorben: 23. Oktober 2008 in Stuttgart

Obländer gehörte wie Breitschwerdt noch zu den Jahrgängen, die vor dem Abitur zur Wehrmacht eingezogen werden. Nach Kriegsende schlägt er sich auf abenteuerlichen Wegen nach Karlsruhe

Dr. e. h. Dipl.-Ing. Kurt Obländer verantwortet bei Daimler-Benz die Einführung modernster Technologien zur Schadstoffreduzierung bei Pkw-Motoren. Er begleitet die Baureihe 124 intensiv, zunächst als Leiter des Motorenversuchs Pkw-Motoren, dann ab 1985 als Leiter des Gesamtversuchs Pkw und ab 1988 als Leiter der Motorenentwicklung Pkw.

durch und macht dort, nachdem 1946 der Schulbetrieb wieder losgeht, sein Abitur. Danach absolviert er eine Lehre als Kraftfahrzeugschlosser, um anschließend an der Technischen Hochschule in Karlsruhe Maschinenbau zu studieren. Um seine Diplomarbeit abschließen zu können, beginnt er am 1. Dezember 1954 als Diplomand Untersuchungen von Klopferscheinungen und Klopfzerstörungen am Daimler-Benz 300 SL-Motor durchzuführen. Für diese Arbeit benötigt Obländer allerdings einen Motor, der zu dieser Zeit, es läuft gerade die Serienproduktion des damals gefragten Sportwagens an, nicht zu bekommen war. Obländer weiß sich allerdings zu helfen. Er macht den Vorschlag, sich einen Motor aus bereitgestellten Einzelteilen selbst zusammenzubauen. Aufgrund seiner Kraftfahrzeuglehre hat er darin bereits praktische Erfahrungen gesammelt, was aber die meisten nicht wissen. So hilft man dem »Studenten« beim Zusammensuchen und Bestellen der benötigten Teile, betrachtet aber den Zusammenbau des vermeintlichen Theoretikers mit Skepsis. Dass der Motor schließlich anstandslos läuft, bringt Obländer große Bewunderung bei den Monteuren und Meistern ein, die ihm in späteren Jahren noch sehr helfen wird.

Nach mehreren Zwischenstufen, die sich schwerpunktmäßig mit der Verbrennung bei Einspritzmotoren beschäftigen, wird er am 1. Januar 1971 Leiter des Motorenversuchs. In dieser Position beschäftigt er sich intensiv mit der Schadstoffreduzierung im Abgas und verhilft Mercedes-Benz in dieser Zeit mit seiner Arbeit zu einer führenden Position auf diesem Sektor. Aufgrund seiner Verdienste um die Abgasreinigung verleiht ihm am 18. August 1975 der Fachbereich Maschinenwesen der Universität Kaiserslautern die Ehrendoktorwürde. Zu diesem Zeitpunkt, die Baureihe 123 wird erst im darauffolgenden Jahr vorgestellt, zeichnen sich am Horizont bereits die ersten Schatten der Baureihe 124 ab. Obländer hat sich um die Motorisierung gerade dieser Baureihe verdient gemacht. Die neuen Vierzylindermotoren M 102 und später M 111, die Sechszylinder der Baureihen M 103 und M 104, der Achtzylinder M 119 sind Marksteine im Bereich der Ottomotoren, die unter Obländers Leitung entstehen. Nicht anders sieht es bei den Dieselmotoren aus. Hier werden die Baukastenreihe OM 601 bis 603 (Vier- bis Sechszylinder) – einschließlich der Ladervarianten – sowie die ersten Vierventil-Dieselmotoren OM 605 (Fünfzylinder) und OM 606 (Sechszylinder) verwirklicht. Bei den Vierventil-Dieseltriebwerken muss Obländer nach eigenen Angaben eine seiner wenigen von ihm als solche empfundenen Niederlagen einstecken. Unter der Vorentwicklung lässt er bei Dr. Michael Krämer neue Vierventil-Diesel mit Direkteinspritzung und motornaher Geräuschkapselung entwickeln, die erstaunliche Geräusch-, Verbrauchs- und Abgaswerte präsentieren. Aber diese Entwicklung segnet der Vorstand seinerzeit nicht ab. Obländer wird am 1. Oktober 1985 mit der Leitung des Gesamtversuchs beauftragt, die er bis zur Auflösung des Gesamtversuchs im Zuge einer Umorganisation bei Mercedes-Benz innehat. Ab März 1988 erhält er die Leitung der Motorenentwicklung für die Personenwagen bei Mercedes-Benz und geht am 30. Juni 1991 in den Ruhestand.

Dr. h. c. Bruno Sacco

Geboren: 12. November 1933 in Udine (Italien)

Bruno Sacco und sein Wirken für Mercedes-Benz sind von ganz besonderer Art und von großem Erfolg gekrönt, weil es grenzüberschreitend ist. Vor fast sechzig Jahren ist es nicht die Regel, sondern die Ausnahme, dass ein Italiener oder Franzose bei den Sindelfinger Stilisten, wie die Designer damals genannt werden, Einzug hält. Davon hat Mercedes-Benz in überragendem Masse profitiert. Die Modelle der Sacco-Ära legen davon beredtes Zeugnis

Unter der Leitung von Dr. h. c. Bruno Sacco, einem der erfolgreichsten Chefdesigner bei Daimler-Benz, entstehen zwischen 1975 und 1999 nicht nur zeitlose Fahrzeugdesigns, sondern auch Highlights wie unter anderem die Baureihen 124 und 129.

ab. Sacco profiliert sich nicht nur als Formengestalter für Mercedes-Benz, auch als Manager ist er erfolgreich. Zu einer Zeit, als viele Kernbereiche der Entwicklung aufgelöst werden, gelingt es ihm, das Design, das bis dahin immer der Karosserieentwicklung untergeordnet war, als eigenen Direktionsbereich zu etablieren.

Sacco, der nach dem Motto handelt »Ich bin nicht Designer bei Mercedes, weil ich L'Art pour l'art für meine Devise halte, sondern ich will auch, dass die Autos, die ich zu verantworten habe, verkauft werden«, hat das Erscheinungsbild von Mercedes-Benz während seiner 41-jährigen Tätigkeit wie bisher kein Zweiter geprägt.

Sacco lernt Karl Wilfert bei einer Einladung des Deutschen Konsuls Rosenfelder in Turin kennen, und wird von Wilfert Ende 1957 nach Sindelfingen eingeladen. Als Ergebnis dieser Kontakte sichert sich Wilfert die Dienste des jungen engagierten Sacco. Der tritt am 13. Januar 1958 bei Daimler-Benz in Sindelfingen als zweiter Stilist – nach Paul Bracq, der 1957 als erster Stilist eingestellt worden ist – für zunächst 650,- DM Monatsgehalt seine Stelle an, die seine lebenslängliche werden wird. Saccos Liebe zu Automobilen wird durch die Kreationen des französisch-amerikanischen Designers Raymond Loewy geweckt. Im April 1951 besucht Sacco anlässlich eines Besuchs in Turin die dortige Automobilausstellung. Sacco ist elektrisiert von dem dort ausgestellten Studebaker, einer Schöpfung Loewys. Einige Zeit später begegnet ihm das Fahrzeug wieder, als amerikanische Soldaten, die damit zwischen der Hafenstadt Triest und der amerikanisch besetzten Zone Österreich pendeln, die Grenze bei Tarvisio passieren, jener Stadt, in der Sacco damals mit seiner Familie lebt. Der von Raymond Loewy gestaltete Studebaker ist eine Bewegungsskulptur mit stilistischen Anklängen an Flugzeuge und setzt futuristische Akzente. Sacco ist so fasziniert von diesem Automobil, dass die Begegnung die Weichen für seine weitere Zukunft stellt. Nachdem Sacco 1951 seine Prüfung als jüngster Geometer Italiens in Udine abgeschlossen hat, zieht die Familie 1952 nach Turin.

Turin ist damals ein Schmelztiegel neuer Designideen, die über den großen Teich aus den USA nach Europa kommen, und sich dort mit italienischem Formgefühl und Eleganz zu neuen Kreationen verbinden. »Pinin« Farina, Nuccio Bertone, Gigi Michelotti oder die Carrozzeria Ghia sind neben den Automobilherstellern FIAT und Lancia die Propheten neuen Automobildesigns der 1950er-Jahre. Sacco, fasziniert von der kreativen Welt der Schaffung stilprägender Karosserieformen, entdeckt schnell die Anziehungskraft der Designateliers und wird zu einem ihrer häufigsten Besucher. Ab Ende 1955 kann er bei Ghia Erfahrungen mit der Herstellung von Modellen sammeln – eine Zeit, als dort unter anderem auf Chrysler-Basis der fantastische Traumwagen »Gilda« entsteht oder auch der Karmann-Ghia mit Volkswagen-Technik. Sacco arbeitet mit Koryphäen wie Giovanni Savonuzzi oder Sergio Sartorelli zusammen und profitiert von deren Erfahrungen. Sacco hat, auch aufgrund seiner schon damals vorhandenen Kenntnisse der deutschen Sprache, bereits Kontakte zu Karmann geknüpft, als es zu dem bereits beschriebenen folgenschweren Kontakt mit Karl Wilfert kommt.

Ein auch für Sacco besonderes Fahrzeug ist der 300 SL, der auf ihn eine besondere Faszination ausübt. Die war so groß, dass er Mitte der sechziger Jahre das Coupé mit der Fahrgestellnummer 0001 besitzt und fährt. Als Sacco 1975 die Leitung des Designs übernimmt, hat er inzwischen nicht nur die Sindelfinger Projektleitung der beiden ersten C 111 Typen, sondern auch die der ESF-Fahrzeuge innegehabt. Dabei gelangt er zu der Erkenntnis, dass er aufhören muss, als Designer zu denken und stattdessen als Projektmanager handeln muss. Trotz dieses Bewusstseins widmet er sich der Gestaltung des damals gerade in der Entwicklung befindlichen SL der Baureihe R 129 mit besonderem Engagement. Das Ergebnis ist eines der überzeugendsten Produkte der »Sacco-Ära«, ein Meisterstück ausgewogener Proportionen mit einem besonderen Anspruch an eine dynamische Erscheinung, eine Skulptur automobiler Stilistik, die es nicht häufig gibt. Hier kommt Saccos sicheres und feines Stil- und Formempfinden zum Tragen. Der R 129 ist nicht das einzige Fahrzeug seiner Ära, das dies verkörpert. Nicht weniger wichtig und beeindruckend als der R 129 sind die unter seiner Leitung entstehenden Personenwagen der Baureihen 201 und 124. Letzterer, weil er in der oberen Mittelklasse ein optisch völlig neues Formgefühl bei Mercedes-Benz installiert, und damit auch eine neue Ära sichtbar macht. Wie gut dies gelungen ist, zeigt die Tatsache, dass die Fahrzeuge der Baureihe 124, obwohl sie seit rund zweieinhalb Jahrzehnten nicht mehr gebaut werden, heute nicht als »alt« oder »verstaubt« oder als von »früher« angesehen werden. Die Baureihe 124 muss fraglos zu den Meisterstücken ihrer Ära gezählt werden, gerade weil sie den Typus Gebrauchsfahrzeuge repräsentiert. Immerhin verkörpert sie bis heute einige Aspekte, die man bei Fahrzeugen aus aktueller Produktion inzwischen vermisst.

Sacco geht 1999 in den Ruhestand.

Prof. Dipl.-Ing. Guntram Huber

Geboren: 30. März 1935 in Landshut

Guntram Huber hat als Entwicklungsingenieur den Weg zahlloser Sicherheitsfeatures im Automobil von Beginn an nicht nur begleitet, sondern auch angeregt, gefördert und durchgesetzt. Als er 1977 von Werner Breitschwerdt die Leitung der Entwicklung Pkw-Aufbauten übernimmt, ist er zugleich treibende Kraft bei der stetigen Weiterentwicklung aktiver und passiver Sicherheitssysteme, zu denen als bedeutendste das ABS, der Airbag und das ebenfalls in der S-Klasse weltweit zum ersten Mal eingesetzte ESP gehören.

Prof. Dipl.-Ing. Guntram Huber verantwortet als Leiter des Direktionsbereichs Karosserieentwicklung im Werk Sindelfingen ab 1977 unter anderem die Sicherheitsentwicklung der Baureihe 124 sowie ab 1994 die Gesamtentwicklung von Achsen, Bremsen und Lenkungen für die Mercedes-Benz Personenwagen.

Der gebürtige Landshuter besucht in seiner Heimatstadt das Humanistische Gymnasium, um nach dem Abitur das Maschinenbau-Studium als Diplomingenieur an der Technischen Hochschule in München erfolgreich abzuschließen. Als er bei Daimler-Benz 1959 als Versuchsingenieur in die Entwicklungsabteilung für Pkw-Aufbauten eintritt, geht zwar mit dem W 111 der erste Sicherheitspersonenwagen der Welt gerade in Serie, aber Crashversuche mit dieser Neukonstruktion sind erst in Vorbereitung. An diesen ist der junge Ingenieur von Beginn an beteiligt. So begleitet er die frühen Versuche mit Seilwinde und Heißwasserraketen bis hin zu der Errichtung der Crashhalle.

Ab 1. März 1977 leitet er den Direktionsbereich Entwicklung Pkw-Aufbauten und Stilistik, und wird 1978 als Nachfolger von Werner Breitschwerdt Karosseriechef. 1979 erlebt die unter der Federführung Hubers sicherheitstechnisch entwickelte S-Klasse der Baureihe 126 ihre Weltpremiere. Der W 126 ist der erste Pkw, der konsequent auf die Bewältigung eines Offsetcrashs hin entwickelt wurde. Meilensteine in Hubers Laufbahn sind das 1977 optional in der Baureihe 116 eingeführte Anti-Blockier-System (ABS), der Ende 1980 in der S-Klasse optional lieferbare Fahrer-Airbag sowie die Entwicklung der zukunftsweisenden Sicherheitskarosserien der Baureihen 201 und 124.

Der damalige Entwicklungsvorstand Prof. Dr. e. h. Werner Breitschwerdt empfiehlt Huber 1981 Prof. Dr.-Ing. Bert Breuer von der TU Darmstadt für den neu zu besetzenden Lehrstuhl für Fahrzeug- und Karosserietechnik. Huber betreut diesen Lehrstuhl bis 1998, seit 1987 als Honorarprofessor. Huber denkt bis heute mit großer Freude an die Lehrtätigkeit an der TU Darmstadt zurück. Mit der 1994 erfolgten Ernennung zum Direktor im Werk Sindelfingen übernimmt Huber neben der Leitung der Karosserieentwicklung auch die Verantwortung für die Entwicklung von Achsen, Bremsen und Lenkungen für Mercedes-Benz Personenwagen.

Das 1995 in der S-Klasse eingeführte und heute nicht mehr wegzudenkende Stabilisierungssystem ESP fällt damit ebenso in Hubers Verantwortungs- und Entwicklungsbereich wie die 1998 ebenfalls in der S-Klasse eingeführte DISTRONIC, ein System, das Auffahrunfälle vermeiden hilft bzw. die Unfallfolgen drastisch reduziert. Wobei im Ranking der Sicherheitssysteme Airbag, ABS, ESP sowie die DISTRONIC in ihrer Wichtigkeit auf einer Stufe stehen. Nicht minder bedeutsam für die Unfallfolgenvermeidung sind die unter Huber durchgeführten Weiterentwicklungen der Airbags z. B. Beifahrerairbags und Windowbags. Aber auch die Entwicklung des KEYLESS GO-Systems und des Active Body Control-Systems zur Vermeidung der Seitenneigung beim Kurvenfahren erfolgen während Hubers aktiver Zeit als zuständiger Direktor für Karosserieentwicklung sowie der Entwicklung von Achsen und Bremsen im Werk Sindelfingen.

1994 erhält er vom Department of Transport (DOT) der Vereinigten Staaten die »Safety Trophy« sowie den »Award for Engineering Excellence«. Drei Jahre später geht Huber im Rahmen von Strukturänderungen Im Unternehmen in den vorgezogenen Ruhestand.

Dipl.-Ing. (FH) Karl-Heinz Baumann

Geboren: 11. Mai 1951 in Villingen

Karl-Heinz Baumann gehört zu jenem Typus des Entwicklungsingenieurs, der in idealer Weise Theorie und Praxis in seiner Berufs- und Berufungstätigkeit vereint. Baumann macht zunächst von 1966 bis 1969 eine Lehre als Werkzeugmacher. Nach Erlangung der Fachhochschulreife absolviert er von 1974 bis 1977 ein Maschinenbaustudium als Diplom-Ingenieur (FH), dem er ein Zusatzstudium an der FH in Konstanz und der Schweißtechnischen Lehranstalt in Mannheim mit der Ausbildung zum Schweißfachingenieur folgen lässt. In Theorie und Praxis bestens gerüstet, beginnt er bei Daimler-Benz im Mai 1977 in der Entwicklung von Personenwagen Aufbauten im Bereich der Unfallsicherheit. Ein Bereich, der ihn Zeit seines Lebens nicht mehr loslässt.

Dipl.-Ing. (FH) Karl-Heinz Baumann ist an der Entwicklung der passiven Sicherheit der Baureihe 124 bis hin zum Cabriolet massgeblich beteiligt.

1986 wird er sowohl Gruppenleiter in der Abteilung der Karosserierohbau-Untersuchungen als auch Teamleiter für die passive Sicherheit von Personenwagen. 1994 bis 1996 ist er als stellvertretender Abteilungsleiter im Bereich des Karosserierohbau-Versuchs tätig. Seit 1997 ist er Senior Manager und Leiter für Strategien und Konzepte Passive Sicherheit sowie Kindersicherheit für Mercedes-Benz Cars der Daimler AG.

Baumann ist in die Entwicklung der passiven Sicherheit folgender Baureihen maßgeblich involviert: W/V 126, W 201, W 124, R 129, W 140, W 202, W 210, W 203, R 170, W 220 und Smart. In dieser Zeit gelingt es ihm immer wieder, markante Akzente zu setzen. Zweifellos zu den herausragendsten Neuerungen gehört das im Fall eines Überschlags absolut sichere Cabriolet. Hier beginnt mit dem unter seiner Leitung entstandenen Konzept des ausfahrbaren Überrollbügels eine neue Ära des Offenfahrens. Aber auch mit der Ellipsoid-Stirnwand beim SLK eröffnet er eine neue Ära der Crashsicherheit in dieser Fahrzeugklasse. Ein nicht minder großer Wurf stellt die aufprallsichere und gestaltfeste Zelle des Fahrzeugwinzlings Smart dar, in dieser Fahrzeugklasse eine absolute Weltneuheit.

Baumann ist nie auf einseitige Lösungen fixiert. Seinem Anspruch genügen nur übergreifende und multifunktionale Lösungen. Ein Ergebnis dieser Überlegungen ist das 1997 konzipierte Sieben-Phasen-Konzept, das Sicherheit im Personenwagen als ganzheitliche Aufgabe in der Verknüpfung von aktiver und passiver Sicherheit sieht.

Zur langen Liste seiner Erfindungen und Innovationsprojekte gehören u. a. Elemente wie Alternativer Energieabsorber, automatischer Überrollbügel, Braking Bag, crashaktive Kopfstützen, das ESF 2009, integrale Sicherheitskonzepte, PRE-SAFE, um nur einige wenige zu nennen.

Ab 2007 ist Baumann Lehrbeauftragter der TU Dresden und hält dort mit Prof. Schöneburg Vorlesungen zur »Integralen Sicherheit von Personenwagen«. Für Baumann ist es besonders wichtig, Erfahrung und Wissen nicht als Alleinstellungsanspruch für sich zu behalten, sondern es ist ihm ein vorrangiges Anliegen, Interesse bei nachwachsenden Technikergenerationen durch die Vermittlung von Erfahrungen zu wecken.

Zweifellos verdanken viele Autofahrer ihr Leben dem Erfindungsreichtum und der Kreativität von Karl-Heinz Baumann. Und selbst als er 2012 in Pension geht, hat sein Wirken großen Nachhall. Dem bekennenden Hobby-Autofahrer und aktiven Gleitschirmflieger sind Gefahren und die Grenzbereiche, die zu Ernstfällen führen, bestens bekannt. Wahrscheinlich agiert er gerade deshalb so erfolgreich und kreativ bei seiner Arbeit zu deren Vermeidung mithilfe präventiver Maßnahmen. Dafür erhält Baumann 2003 als geistiger Vater des PRE-SAFE-Systems von der US-Behörde NHTSA den »U.S. Government Award for Safety Engineering Excellence« und 2014 den »Goldenen Gurt« des Motor Presse Clubs.

Dipl.-Ing. Frank Knothe

Geboren: 24. Februar 1942 in Dresden

Frank Knothe übersiedelt mit seinen Eltern 1952 von der DDR in die Bundesrepublik. In der baden-württembergischen Kreistadt Mosbach besucht er Volksschule und Gymnasium bis zum Abitur. Anschließend studiert er an der Technischen Hochschule in Karlsruhe und beendet das Studium 1966 als Diplom-Ingenieur. Seine Wahl nach dem Studium zwischen Porsche und der Daimler-Benz AG fällt zu Gunsten der Untertürkheimer aus, weil sein Interessenschwerpunkt den Strömungsmaschinen gilt. Dort landet er jedoch nicht. Stattdessen kommt er zu den Automobilen, die seine Karriere bis zum Ruhestand entscheidend prägen werden.

Am 1. Dezember 1966 beginnt der gebürtige Sachse als Ingenieur im Pkw-Versuch. Zunächst ist er mit dem Einbau des M 130, des 2,8-Liter-Einspritzmotors in den SL der Baureihe W 113 beschäftigt, der daraufhin vom 250 SL zum 280 SL mutiert. In diese Zeit fallen auch Begegnungen mit dem damals schon fast zur Legende gewordenen Pkw-Entwicklungschef Rudolf Uhlenhaut. Einem Chef, dem Knothe eine hohe Gabe in der Beurteilung von Automobilen attestiert, den er als tollen Ingenieur beschreibt, der in seinem Auftreten völlig unprätentiös ist. Als Typbegleiter für die Sechszylinder-Typen bekommt Knothe Ende der sechziger Jahre beim W 108 erste Kontakte zur S-Klasse.

Der spätere (ab 1994) Leiter des Pkw-Versuchs, Dipl.-Ing. Frank Knothe, ist als Abteilungsleiter im Versuch seit 1978 direkt mit dem Entstehen der Baureihe 124 verbunden, wobei er erfolgreich den Praxispart bei der Entwicklung der Raumlenkerachse übernimmt.

Ab 1. Januar 1971 wird er Gruppenleiter für die Fahrzeuge der Sechszylinder-Mittelklasse in der Fahrzeug-Endmontage des Versuchs. Ab 1. April 1972 übernimmt er als Hauptgruppenleiter im Versuch die Begleitung der Sechszylinder-Mittelklasse mit den Typen 230/250, 280/280 E, 250 CE, 280 C/CE, 280 SL/280 SLC sowie die mit dem Sechszylindermotor M 110 ausgestatteten Fahrzeuge der Baureihe 123. Ab 1. Juni 1978 übernimmt er die Abteilung der Mittelklasse im Versuch mit der Fahrzeugmontage der Versuchswagen und die Erprobung. Am 1. Januar 1984, die Baureihe W 124 liegt in den letzten Zügen der Erprobung, wird Knothe Hauptabteilungsleiter im Versuch für die Fahrzeugmontage und Erprobung im Fachbereich Pkw-Gesamtfahrzeug.

Am 1. Juli 1991 löst er Hans Werner (»der lange Werner«) als Fachbereichsleiter (E 2) Gesamtfahrzeug ab, der für alle Fahrzeuge im Pkw-Versuch zuständig ist. Als zum 1. Juli 1994 die organisatorische und personelle Umstrukturierung mit Baureihen-Verantwortlichkeit erfolgt, übernimmt Knothe die Produktgruppe 2, die aus S-Klasse, SL und SLK besteht, und ist Baureihenchef bis zum Januar 2006. Ab 2006 kommt noch Maybach hinzu.

Als sein erfolgreichstes Betätigungsfeld sieht Knothe die Entwicklung der SL-Baureihe 230 an. Die sich widerstreitenden Forderungen des Lastenheftes, wie die Vergrößerung des Innenraums bei gleichzeitiger Gewichtsreduzierung und Steigerung der Fahragilität, unter einen Hut gebracht zu haben, bereitet Knothe immer noch große Genugtuung und Freude. Dazu waren noch Forderungen nach einer Erhöhung der passiven Sicherheit zu erfüllen. Hier hatte schon der Vorgänger R 129 neue Maßstäbe gesetzt, was zum Beispiel durch die Integration des großen Klappdachs mit seiner wesentlichen Beeinflussung der Fahrzeugstabilität keine leichte Aufgabe war.

Frank Knothe ist immer noch stolz auf »seinen« R 230, auch wenn er das so nie sagt, und wie viele große Köpfe bei Mercedes-Benz – erinnert sei nur an Uhlenhaut, Scherenberg und Breitschwerdt –, immer von »wir« spricht. Für die ungebrochene Leidenschaft an der »Offenheit« beim Autofahren spricht in Knothes Garage ein Sechszylinder-Austin-Healey und ein 300 SL der Baureihe 107. Wie sagt ein deutsches Sprichwort so treffend: »Die Katze lässt das Mausen nicht.« Gut so.

Nach dem Ende seiner aktiven Laufbahn am 31. Dezember 2006 ist Knothe noch bei der Abstimmung des Flügeltürers SLS AMG beratend tätig. Eine Arbeit, die immer noch ein Glänzen in seinen lebhaften Augen hervorbringt.

Dipl.-Ing. Manfred von der Ohe

Geboren: 1. November 1939 in Berlin

Der gebürtige Berliner Manfred von der Ohe studiert an der Technischen Hochschule in Braunschweig und beendet das Studium 1967 als Diplom-Ingenieur. Im gleichen Jahr tritt er in die Daimler-Benz AG als Konstrukteur in der Bremsengruppe ein. Damit erfüllt er sich einen Kindheitstraum. Fasziniert und inspiriert von den Landmaschinen, die das evakuierte Stadtkind aus Hamburg auf dem Dorf in der Lüneburger Heide kennenlernte, wollte er schon damals wissen, was wie und warum etwas funktioniert. Dass er dann bei Daimler-Benz landet, empfindet er heute noch als Glücksfall, denn er hatte sich zunächst bei zahlreichen Landmaschinenherstellern beworben und war eigentlich nur zufällig, weil er gerade auf Vorstellungstour in Süddeutschland war, auch bei Daimler-Benz vorstellig geworden. Dass er einmal im Bereich von Hinterachskonstruktionen Wegweisendes leisten würde, wusste und ahnte er damals noch nicht. Ihm imponierte die lichte und aufgeräumte Atmosphäre in den Konstruktionsbüros bei Daimler-Benz.

Dipl.-Ing. Manfred von der Ohe war federführend an der Entwicklung der bis heute Maßstäbe setzenden Raumlenker-Hinterachse beteiligt.

Die Arbeit an innovativen Hinterachskonstruktionen bildet immer eine Kernaufgabe des Konstrukteurs von der Ohe, der 1971 zum Gruppenleiter in der Vorentwicklung wird. Als man ihn im Laufe der folgenden zehn Jahre – inzwischen mit einer anderen Aufgabe betraut – befördern will, lehnt er das zum Erstaunen seines Chefs mit folgender Begründung ab: »In der Achse steckt so viel Potenzial, das will ich zu Ende bringen.«

Zwischen 1971 und 1981 arbeitet von der Ohe in der Hinterachs-Vorentwicklung an neuen Achskonzepten. Auf der Basis von De-Dion-Achse, Pendelachse, Federbeinachse, Schräglenkerachse, Dämpferbeinachse, Doppelquerlenkerachse und Raumlenkerachse werden 77 Varianten konstruiert. Erste Stufen sind, ausgehend von der Koppelachse, Doppelquerlenker-Konstruktionen, die über zahlreiche Zwischenstufen zur Achskonstruktion mit fünf Lenkern sowie größtmöglicher Zahl an Freiheitsgraden führt. Ein wichtiger Schritt in der Umsetzung der neuen Konstruktion ist die Einführung des neuen Rechensystems ESEM, das die Konstrukteure in die Lage versetzt, zeitnahe Berechnungen vorzunehmen.

Die eigentlich für die S-Klasse der Baureihe 126 schon vorgesehene Achskonstruktion wird zu deren Premiere nicht fertig, der nächste Neustart ist jener der Baureihe 201. Der Einsatz der Raumlenkerachse in den Baureihen 201/124 ist nicht nur ein Meilenstein für diese Modellfamilien, sondern die Konstruktion wird in der Folge –

und bis zum heutigen Tag – zur Standardausrüstung bei weiteren Pkw-Baureihen von Mercedes-Benz. Auch von anderen Herstellern wird sie im Lauf der Zeit übernommen.

Als Manfred von der Ohe 1996 in Pension geht, kann er für sich in Anspruch nehmen, als Konstrukteur einen für die Fahrzeuggeschichte ganz wesentlichen Beitrag geleistet zu haben.

Bedeutung der gehobenen Mittelklasse für die Fahrzeugentwicklung bis zur Baureihe 124

Die Fahrzeuge der gehobenen Mittelklasse der Daimler-Benz AG sind oft weltweit Trendsetter in unterschiedlichen Bereichen von Technik und Sicherheit, aber auch im Personenwagenprogramm der Marke Mercedes-Benz.

1931 wird mit dem Typ 170 (W 15) der erste Serienpersonenwagen von Mercedes-Benz und der erste Serienwagen überhaupt vorgestellt, der in großen Stückzahlen mit Einzelradaufhängung gebaut wird.

Der Mercedes-Benz 170 (W 15) ist der erste in größeren Stückzahlen gebaute Personenwagen mit Einzelradaufhängung und bis 1936 der meistgebaute Personenwagen der Daimler-Benz AG.

1949 wird mit dem Typ 170 D (W 136) der erste Serienwagen mit dem damals weltweit kleinsten Pkw-Dieselmotor präsentiert.

Der Mercedes-Benz 200 (W 21) folgt dem 170 ein Jahr später, baut auf dessen technischer Basis auf stellt eine leistungsstärkere Version dieses Typs dar.

Der Dieselmotor OM 636, der nach 1945 von Julius Witzky und Ludwig Kraus aus dem im 170 V eingesetzten Motor M 136 heraus entwickelt wird.

Mit dem 180 (W 120) halten 1953 bei bei Mercedes-Benz die selbsttragende Bauweise und zugleich die Pontonkarosserie Einzug in das Personenwagen-Programm.

1953 debütiert mit dem ursprünglich als Typ 170 S vorgesehenen Typ 180 (W 120) der erste Personenwagen von Mercedes-Benz mit selbsttragender Pontonkarosserie.

1955 gewinnt Mercedes-Benz mit dem Typ 180 D die Dieselklasse der Mille Miglia.

Das Team Helmut Retter/Wolfgang Larcher gewinnt auf dem Mercedes-Benz 180 D die Klasse der Dieselfahrzuge bei der 1955er-Austragung der berühmten Mille Miglia.

1961 wird im Segment der heutigen E-Klasse mit den Fahrzeugen der Baureihe 110 der erste Personenwagen mit Sicherheits-Fahrgastzelle vorgestellt.

Die Baureihe 110 mit den Typen 190 und 190 D ist 1961 die zweite Baureihe, die mit einer Sicherheitskarosserie nach dem Barenyi-Patent aufwartet und über eine steife Fahrgastzelle sowie verformbare Front- und Heckbereiche verfügt.

Die Mercedes-Benz Baureihen 114/115 mit dem hier gezeigten Typ 200 werden erstmals mit einer Schräglenker-Hinterachse ausgestattet. Diese löst die bisher verwendete hintere Pendelachse ab.

Der Mercedes-Benz 240 D 3.0 (W 114) ist der weltweit erste Personenwagen mit einem Fünfzylindermotor.

1968 erscheinen mit der Baureihe W 114/115 die ersten Mercedes-Benz Personenwagen mit Schräglenker-Hinterachse.

1974 erfolgt mit dem Typ 240 D 3.0 (W 115) die Präsentation des weltweit ersten Personenwagens mit Fünfzylindermotor.

1976 werden in der Baureihe 123 weltweit erstmals die Wellrohr-Lenkspindel sowie Sicherheitsgurte mit Gurtschlössern eingeführt, die längs- und höhenverstellbar sind.

Die Baureihe 123 stellt mit 2.696.914 produzierten Exemplaren die bis dahin meistgebauten Fahrzeuge der gehobenen Mercedes-Benz Mittelklasse, die erst ab Juni 1993 E-Klasse genannt wird.

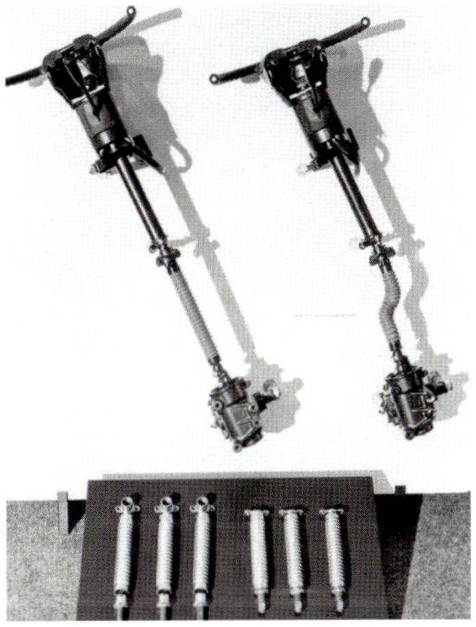

Das beim W 123 erstmals eingebaute Lenkspindelwellrohr, das sich beim Aufprall definiert verformt.

Die beiden Mercedes-Benz 280 E Rallyefahrzeuge erringen mit den Mannschaften Cowan/Malkin/Broad und Fowkes/O´Gorman bei dem vom 12. August bis zum 28. September 1977 ausgetragenen Rallye-Marathon London-Sydney, einen vielbeachteten Doppelsieg.

1977 platzieren sich zwei Mercedes-Benz 280 E bei der Marathon-Rallye London – Sydney auf den Rängen eins und zwei.

1978 wird mit den T-Modellen der weltweit erste Lifestyle-Kombi im Segment der E-Klasse präsentiert.

1991 wird mit der Baureihe A 124 das weltweit erste Cabriolet mit vier Sitzen und einem automatisch auslösbaren Überrollbügel lanciert.

Weltpremiere: Der A 124 schützt seine bis zu vier Passagiere durch einen automatisch ausfahrbaren Überrollschutz.

Mit dem im Werk Bremen gebauten T-Modell der Baureihe 123 erweitert Mercedes-Benz sein Programm um eine seit langem fehlende Karosserievariante.

1993 kommen in den Typen 250 D und 300 D die weltweit ersten Pkw-Dieselmotoren mit Vierventiltechnik auf den Markt.

Der 3,0-Liter-Sechszylinder-Vorkammer-Diesel OM 606 mit vier Ventilen überzeugt durch Laufruhe und Sparsamkeit.

Die Vorgänger der gehobenen Mittelklasse bzw. E-Klasse

Die Historie der Mercedes-Benz Fahrzeuge ist gerade deshalb besonders reizvoll, weil man Fahrzeuggeschichte immer über Jahrzehnte zurückverfolgen kann. Dabei ergibt sich allerdings die Schwierigkeit, dass sich im Laufe der Jahrzehnte die Strukturen heutiger Klassenbestimmungen zwar zurückverfolgen lassen, sie seinerzeit aber nicht immer eins zu eins so vorhanden waren, wie wir sie nach heutiger Betrachtungsweise ein- und zuordnen. Das fängt bei den Preisstrukturen an und setzt sich bei den Abmessungen, Gewichten und Fahrleistungen fort.

Besonders deutlich zeigt sich das am Beispiel des Typ 170 V (W 136). Der 170 V kostet als 38 PS starke viertürige Limousine vor dem Krieg 3850,- RM. Damit ist er bei seinem Erscheinen 1936 zwar 100,- RM billiger als der von ihm abgelöste Typ 170 (W 15) mit 30 PS. Für einen Opel Super 6 mit 55 PS und 2,5-Liter-Sechszylindermotor werden in gleicher Ausführung mit vier Türen ebenfalls 3850,- RM berechnet, und der 1938 vorgestellte Nachfolger Opel Kapitän – mit derselben Motorleistung, aber größerer und modernerer Karosserie – ist nur 125,- RM teurer. Für den in Leistung und Raumangebot näher liegenden Opel Olympia mit 37 PS und vier Tü-

Der 1936 auf der IAMA in Berlin präsentierte Mercedes-Benz 170 V (W 136) erweist sich als Volltreffer. Von ihm werden zwischen 1935 und 1942 insgesamt 91.048 Fahrzeuge gebaut. Damit ist er das meistgebaute Mercedes-Benz Fahrzeug aus der Zeit vor 1945.

Der 1938 präsentierte Opel Kapitän wird bei Daimler-Benz intern als Messlatte für einen 170 V Nachfolger gesehen, da der Kapitän preislich auf gleicher Ebene liegt.

Der Mercedes-Benz 170 (W 15) startet 1931 erfolgreich als bis dahin kleinster Mercedes-Benz Personenwagen.

ren müssen nur 2950,- RM bezahlt werden. Das führt dazu, dass man bei Daimler-Benz schon früh Überlegungen zu einem Nachfolger für den 170 V anstellt, sich aber nicht wie die damaligen Kunden am raum- und leistungsmäßig identischen Opel Olympia orientiert. Daimler-Benz betrachtet den preislich näher liegenden Opel Kapitän als Vergleichsobjekt. Chefingenieur Max Sailer führt 1939 zum W 136 folgendes aus[1]: »Die Leistung ist im Vergleich zu gleich teuren Konkurrenzwagen (z. B. Opel Kapitän) unbefriedigend.« Daraus folgert er für den Nachfolger: »Karosserie-Innenmaße wie Opel Kapitän, Gepäckraumgröße wie Opel Kapitän.«[2]

Das heutige Denken in Baureihen entwickelt sich erst allmählich Mitte der sechziger Jahre des letzten Jahrhunderts, es löst das Typendenken ab. Allerdings gibt es seit der Fusion 1926 schon Fahrzeuge, die diesem Gedanken entsprechen, weil sie auf einer einheitlichen Basis von Motor oder Fahrgestell aufbauen, aber jeweils als eigene Baureihe geführt werden. Beispiele dafür sind etwa die Typen Stuttgart 200 (W 02) und Stuttgart 260 (W 11), 170 (W 15) und 200 (W 21), 180/180 D (W 120) und 190/190 D (W 121) in den jeweiligen Motorvarianten.

Bei den 1968 vorgestellten Typen der erstmals eigenständigen Mittelklasse W 114/W 115 zeichnet sich bereits der Trend zur einheitlichen Baureihe ab. Bei gleicher Karosserie- und Fahrwerksbasis erhalten die diversen Vier- und Fünfzylinder-Typen die Baureihenbezeichnung 115, die Sechszylinder-Typen die Baureihenbezeich-

Ein Jahr später folgt auf den 170 der Mercedes-Benz 200 (W 21). Er baut auf dessen technischer Basis auf und ist die leistungsstärkere Version des 170.

1 Denkschrift zur Modellentwicklung Stand Ende 1939 vom 27. Dezember 1939

2 Ebd.

Der Mercedes-Benz 180 (W 120) bedeutet – bis auf den Motor – für Mercedes-Benz technisch sowie stilitisch einen Quantensprung.

nung 114. Die nachfolgende Baureihe 123 umfasst dann 1976 alle Modelle mit vier, fünf und sechs Zylindern.

Bei dieser Gelegenheit sei noch ein Wort zum Begriff der Baureihe verloren. Bei den Fahrzeugen zwischen 1926 und 1940 erhält jede Hubraumversion bei sonst gleichen konstruktiven Voraussetzungen mit sämtlichen Karosserieausführungen eine eigene W-Bezeichnung. Beispiele sind die Typen 200 und 260 (Stuttgart), 170 und 200 oder 200 und 230. Bis 1968 ist in der W-Bezeichnung immer ein Typ mit sämtlichen Karosserie- und Motorvarianten enthalten.

Beim Typ 170 V beispielsweise sind unter der Bezeichnung W 136 alle Karosserie- und nach dem Krieg auch Diesel- und Ottomotor-Ausführungen enthalten. Dass der Typ 170 S als Ausnahme, bei völlig anderer Vorderachskonstruktion und Karosserie (Ganzstahl-Bauweise), auch noch die Bezeichnung W 136 erhält, ist wohl der Übergangssituation nach dem Krieg geschuldet. Ab 1952 werden er und die Dieselversion 170 DS mit der Bezeichnung W 191 versehen.

Erste Aufweichungen erfolgen beim W 114/115, als dort bei den Fahrgestellen das W durch ein F und bei den verlängerten Fahrgestellen durch ein VF ersetzt wird. Beim W 123 erhält die Kombiversion – das T-Modell – ein S für Station und das Coupé ein C anstelle des W vor der Baureihenbezeichnung; bei den Fahrgestellen wird analog zum 114/115er verfahren.

Bedeutsam ist, dass der Übergang von der Baureihe 123 zur Baureihe 124 auch mit einem Generationenwechsel im gesamten Bereich der Fahrzeugentwicklung zusammenfällt. Prof.-Dr. Werner Breitschwerdt folgt Ende 1977 dem bisherigen Chefingenieur Prof.-Dr. Hans Scherenberg. Breitschwerdt, der davor Nachfolger Karl Wilferts als Chef der Karosserieentwicklung ist, gibt mit seiner Ernennung zum Chefingenieur den Stab an Prof. Guntram Huber weiter, dem seinerzeit auch noch das Design untersteht. Scherenberg bestellt 1974 Dr. Bruno Sacco zum Nachfolger Friedrich Geigers als Leiter des damals noch als Fachbereich operierenden Designs.

Der Mercedes-Benz 190 (W 121) basiert auf dem 180, stellt aber gegenüber diesem dank seines modernen Motors M 121 mit obenliegender Nockenwelle einen spürbaren Fortschritt dar.

Teil 1

Die Baureihe 124

Entwicklung

Beginnend mit dem Typ 170 anno 1931 und dem Typ 180 im Herbst 1953 setzt Mercedes-Benz in der gehobenen Mittelklasse in der jeweiligen Zeit Maßstäbe im Hinblick auf Zuverlässigkeit, Komfort, Sicherheit und Effizienz. Diesen Vorsprung gilt es gegenüber den ab Mitte der sechziger Jahre zunehmend stärker werdenden Wettbewerbern Audi und BMW zu verteidigen. Das führt im Dezember 1984 zur Baureihe 124, mit einer Variantenvielfalt, die in der Nachkriegsgeschichte von Mercedes-Benz ein Novum darstellt. Zunächst so nicht geplant, entsteht am Ende ein Leistungsspektrum von 72 PS/53 kW bis 381 PS/280 kW, in einigen Modellen Vierradantrieb, der mit der Mercedes-Benz-eigenen Wortschöpfung 4MATIC versehen wird, Aufbauvarianten als Limousine, Limousine mit verlängertem Radstand (3600 mm), T-Modell (Kombi), Coupé und Cabriolet. Diese Vielfalt an Wahlmöglichkeiten ist nicht nur für Mercedes-Benz in diesem Klassensegment neu, sie wird auch von keinem Wettbewerber jener Zeit angeboten. Gleichzeitig bedeutet diese Baureihe einen Quantensprung gegenüber dem Vorgänger in den Bereichen Sicherheit, Effizienz und damit unmittelbar zusammenhängend dem Design. Beim Entwicklungsschwerpunkt Effizienz spielt der Faktor Leichtbau in Verbindung mit größerer passiver Sicherheit eine überragende Rolle – beschleunigt durch die Energiekrise und die drastischen Anforderungen des US-Markts mit den Zielvorgaben Flottenverbrauchsreduzierung und Crashverhalten.

Interessant sind die sich stark überlappenden Entwicklungszyklen. Während die Baureihe 123 Ende Januar 1976 gerade erst vorgestellt wird, beschäftigt man sich schon ein Vierteljahr davor mit dem Nachfolger der Baureihe 124. Im November 1976 wird vom Entwicklungsbereich Scherenbergs bereits die Typ-Nummer für die Baureihe 124 festgelegt.[3]

Der Audi 100 entwickelt sich zunehmend als ernstzunehmender Wettbewerber der Mercedes-Benz Mittelklasse.

Der Eintritt von BMW in die gehobene Mittelklasse mit der 5er-Baureihe bedeutet für die Daimler-Benz AG eine zusätzliche Herausforderung.

3 AN Betr.: Typ-Nummer für W 123 Nachfolger v. 11.11.1975

Mit der Einführung der kompakten Baureihe 201 etabliert Daimler-Benz eine dritte Fahrzeugklasse in seinem Pkw-Programm.

Zwei Jahre nach Festlegung der neuen Baureihennummer schlagen sich die ersten Überlegungen zur neuen Fahrzeugreihe in einer Projektbeschreibung nieder [4]. Darin werden folgende Schwerpunkte genannt:

- Verbesserungen in Komfort, Leistung und Geräusch
- Gewichtsreduzierung durch den Einsatz leichterer Werkstoffe
- Verbesserung des cw- und cw x F-Wertes durch schmalere und niedrigere Karosserie, höhergelegten Kofferraumdeckel, stärkeren Einzug der Seitenpartie im Heckbereich, glatten Unterboden und abgedeckter Scheibenwischerachse
- Verbesserung des Crashverhaltens frontal und im Offsetcrash
- Verbesserter Schutz für Fußgänger
- Verstärkter Insassenschutz und verbesserte Innenraummaße

Abweichend vom W 123 sind seinerzeit, nach dem Kenntnisstand vom November 1977, folgende kostenrelevante Maßnahmen vorgesehen:

- Aerodynamische Karosserie, die einen höher gelegten Kofferraumdeckel, stärkeren Einzug der Heckpartie, bündig abschließende Seitenscheiben zum Dach und den Seitenbegrenzungen sowie glatten Unterboden und eine abgedeckte Scheibenwischerachse aufweist
- Schmutzwasserabweisung der Windschutzscheibe über das Dach
- Verbesserungen des Crashverhaltens frontal bei Erfüllung des 35-mph- (56 km/h) Frontalaufpralls und gegen die Stufenbarriere
- Erhöhter Fußgängerschutz

Für den W 124 sind auch andere Proportionen gegenüber dem W 123 vorgesehen, die aus einer etwas längeren, aber schmaleren Karosserie resultieren sollen. Dabei wird, bei längerem Radstand und unverändertem vorderen Überhang, ein kürzerer hinterer Überhang angestrebt.

In einer Konzeptbeschreibung[5] umreißt der Entwicklungsbereich unter seinem Leiter Prof. Breitschwerdt und Pkw-Entwicklungschef Friedrich van Winsen detailliert das zukünftige Fahrzeug der mittleren und oberen Mittelklasse. Vorgesehen ist dessen Einsatzstart für Mitte 1983, tatsächlich wird es dann Ende 1984. Denn in der Zwischenzeit ist der später beschlossene W 201, genannt »Baby Benz«, am größeren Mittelklassebruder vorbeigezogen. Ihm werden im Hinblick auf den US-Markt eine höhere Priorität in der Entwicklung sowie eine frühere Marktpräsenz eingeräumt.

Im Mai 1979 ist das erste Lastenheft zur Baureihe 124 erstellt und wird am 7. Juni als Arbeitsunterlage für die Entwicklung verabschiedet. Bereits in der Einführung wird auf die verschärften Ver-

4 Projektbeschreibung W 124 v. 11.11.1977

5 Konzeptbeschreibung W 124 v. 14.11.1977

Die im Rahmen der Baureihe 126 geführte verlängerte Version mit unterschiedlicher Motorisierung erhält die Bezeichnung V 126.

brauchs- und Abgasvorschriften der kommenden Jahre hingewiesen. In dieser frühen Entwicklungsphase wird auch erwogen, bei sich veränderndem Kaufverhalten von S-Klasse-Kunden eine verlängerte Version des 124 mit der Einbaumöglichkeit des 3,8-Liter-Motors M 116 im Konzept konstruktiv mit zu berücksichtigen.[6] In puncto Motorisierung sind die neukonstruierten Dieselmotoren OM 601 D 20 mit 66 PS/49 kW (Vierzylinder), OM 602 D 25 mit 83 PS/61 kW (Fünfzylinder) und OM 603 D 30 mit 99 PS/73 kW (Sechszylinder) vorgesehen, wobei auch aufgeladene Varianten nicht ausgeschlossen werden. Bei den Ottomotoren sind Vier- und Sechszylinderaggregate mit Vergaser und Benzineinspritzung vorgesehen, die sich wie folgt aufteilen: Als Vierzylinder M 102 V 20 mit 110 PS/81 kW und M 102 E 23 mit 136 PS/100 kW sowie als Sechszylinder M 103 V 26 mit 156 PS/115 kW, E 26 mit 170 PS/125 kW sowie E 30 mit 200 PS/147 kW als Sechszylindermotoren. Bei den V8-Ottomotoren erfolgt der Hinweis, diese konstruktiv zu berücksichtigen. Da im Jahr 1978 die Baureihe 123 mit einem Anteil von 78,8 % an der Pkw-Produktion von Mercedes-Benz die dominierende Baureihe ist, will man mit einer umfassend aufgestellten Typenpalette auch die Breite des Marktes abdecken, um sich entsprechende Marktanteile zu sichern. Nicht zu vernachlässigen ist die damals noch nicht abzusehende Auswirkung, welche die neue kleinere Baureihe 201 auf den Absatz der Mittelklasse haben wird.

Zunächst plant man bei den Karosserien die viertürige Limousine, das Coupé, das T-Modell sowie Taxi- und Polizeiversionen. Als Rückzugsposition im Falle eines Umsatzeinbruchs bei der S-Klasse ist eine L-Version der E-Klasse, ähnlich der S-Klasse Ausführung V 126 (SEL), zu berücksichtigen. Nicht vorgesehen ist zunächst ein Gegenstück zum langen 123 (V 123), ebenso wenig Fahrgestelle mit normalem und verlängertem Radstand sowie Fahrzeuge mit Sonderschutz (gepanzert). Dass es später zum Teil doch anders kommt, liegt in der Natur von Konzepten.

Bei der Konstruktion von Vorder- und Hinterachse werden verstärkte Ausführungen der beim W 201 eingeführten Dämpferbeinachse an der Vorderachse sowie der Raumlenkerachse an der Hinterachse gefordert. Hier ist wichtig, dass die Teile kostengünstig auf einer Fertigungsstraße gebaut werden können.

Als V 123 wird die verlängerte, mit unterschiedlicher Motorisierung angebotene Version der Baureihe 123 geführt.

Beim Aufbau wird ein cw-Wert von 0,32 angestrebt, der dann in der Tat später erreicht, und – je nach Motorisierung – sogar noch unterboten wird. Im Entwurf dieses Lastenheftes ist noch von 0,35 die Rede gewesen. Beim Erscheinungsbild soll der beim 126 eingeschlagene Weg der Erkennbarkeit einer strömungsgünstig gestalteten Karosserie fortgesetzt werden.

Bei den Sonderausstattungen werden beiderseitiger Airbag, Gurtstrammer, ABS, verstellbare Lenksäule, 5-Gang-Getriebe und die Tempmatik genannte Klimaanlage vorgesehen.

Der für September 1984 vorgesehene Serieneinsatz wird schließlich mit der Vorstellung im Dezember 1984 in Andalusien auch fast

6 Lastenheft Typ W 124 v. Mai 1979

erreicht. Bereits zwei Jahre zuvor, im Februar 1982, erfolgt die Projektbeschreibung für die Polizei- und Taxiversionen.

In der Vorstandssitzung am 29. März 1988 werden die als Produktmaßnahme bezeichneten Änderungen beschlossen, die als erste umfassende Modellpflegemaßnahmen – im Mercedes-eigenen Jargon »Mopf« genannt – im September 1989 auf der IAA der Öffentlichkeit präsentiert werden. Obwohl die Überarbeitungen am Äußeren und Inneren der Karosserie vom Marketing in den Vordergrund gestellt werden, erfolgen auch Verbesserungen technischer Natur, die den Kunden echten Nutzen bringen.

Die Motoren

Mit der Neukonstruktion der Baureihe 124 halten auch neue Motorengenerationen als Diesel- und Ottomotoren Einzug in das Personenwagenprogramm. Zu lange ist damals das dringende Thema neukonstruierter Hubkolbenmotoren zugunsten des Kreiskolbenmotors zurückgestellt worden. Die bisherigen Vier- und Sechszylinderaggregate stammen noch aus der ersten Hälfte der fünfziger Jahre und sind unter dem Motorenkonstruktionschef Wolf-Dieter Bensinger entstanden. Hinzu kommt, dass BMW, Audi und Opel zu Beginn der 1970er mit Neukonstruktionen auf dem Markt sind, die denen von Mercedes-Benz in Laufkultur, Leistung, Kraftstoffverbrauch und Lebensdauer teilweise überlegen sind. Als Prof. Breitschwerdt im Januar 1977 zum Nachfolger von Prof. Scherenberg als Entwicklungschef bestimmt wird, und ihn seine Mitarbeiter in Sindelfingen fragen, was er denn jetzt als nächstes in Untertürkheim in Angriff nehmen wird, sagt er unverblümt: »Als dringendstes Problem muss ich mich um neue Pkw-Motoren kümmern.« Denn es ist klar, dass die vorhandenen Motoren sich weder für die neue E-Klasse, noch für den im Entstehen begriffenen neuen kleinen Mercedes eignen.

Das betrifft auch den unter Scherenbergs Leitung nach seinem Amtsantritt 1965 als Antwort auf die neuen Sechszylindermotoren von BMW und Opel entstandenen Doppelnockenwellenmotor M 110, der noch auf dem Vorgängermotor M 130 aufbaut. Der M 110 überzeugt zwar in Leistung, Verbrauch und Haltbarkeit, ist aber zu schwer, zu groß, zu teuer in der Herstellung, nicht mehr ausbaufähig und nicht Diesel-kompatibel. Die neue Palette von Diesel- und

Der Motor M 110 überzeugt nicht nur mit seiner Leistungsfähigkeit, sondern auch durch äußerste Robustheit.

Ottomotoren wird unter Leitung des Motoren-Konstruktionschefs Prof.-Dr. Hans-Otto Derndinger nach einheitlichen Gesichtspunkten neu konzipiert. Die Einbauverhältnisse sind für alle Motoren mit einer vorgesehenen 15°-Neigung nach rechts, der Abgasanlage auf der rechten Seite, und dem wegen der neuen Querstromzylinderköpfe auf der linken Seite befindlichen Saugapparat einheitlich.

Dieselmotoren

Bei den Dieselaggregaten wird bei der Neukonstruktion ein Baukastenkonzept umgesetzt, wie es im Nutzfahrzeugbereich schon seit Jahren üblich ist. Gleiche Abmessungen bei Bohrung und Hub führen zu eindeutigen Kosteneinsparungen in der Produktion und zu einer Vereinfachung der Ersatzteilbevorratung. Die Dieselmotoren der neuen Baureihe OM 600 zeichnen sich gegenüber den Vorgängern OM 615 bis OM 617 durch niedrigeres Gewicht, geringere Abmessungen und deutlich höhere Leistung bei günstigerem Verbrauch aus. So leistet der 2,0-Liter-Vierzylindermotor OM 601 72 PS/53 kW, wiegt 157 kg und ist 592 mm lang. Die Vergleichswerte für den ebenfalls 2 Liter großen Vorgänger OM 615 lauten 60 PS/44 kW bei 205 kg und 674 mm Länge. Der 2,5-Liter-Fünfzylinder OM

Der völlig neu konstruierte 2,0-Liter-Vierzylinder-Diesel OM 601 D 20 löst die beiden Nachkriegskonstruktionen ab und ist die kleinste Version innerhalb des neuen Motorenbaukastens OM 601 bis OM 603. Er wird erstmals im W 201 eingesetzt.

Bei dem ebenfalls völlig neu konstruierten 2,5-Liter-Motor OM 602 D 25 handelt es sich um einen Fünfzylinder-Diesel, der den 2,4 Liter großen OM 616 ersetzt und als mittlere Version der neuen Triebwerksfamilie erstmals im W 124 zum Einsatz kommt.

602 kommt auf 90 PS/66 kW, wiegt 186 kg und ist 674 mm lang. Der vergleichbare, 2,4 Liter große Vorgängermotor OM 616, ein Vierzylinder, leistet 65 PS/48 kW, wiegt 207 kg und ist 681 mm lang. Der 3,0-Liter-Sechszylinder OM 603 leistet 109 PS/80 kW, wiegt 201 kg und ist 783 mm lang. Der ebenfalls 3,0 Liter große Fünfzylindermotor OM 617 des Vorgängers leistet 80 PS/59 kW, wiegt 244 kg und ist 789 mm lang.

Als größte Version fungiert der 3,0-Liter-Sechszylinder OM 603, der dem bisherigen Fünfzylinder OM 617 mit ebenfalls 3,0 Litern Hubraum nachfolgt und seine Premiere gleichfalls im W 124 erlebt.

Ein weiterer Pluspunkt dieser Entwicklung ist von Beginn an, dass auch turboaufgeladene Varianten eingeplant werden, die zu den Motoren OM 602 D 25 A und OM 603 D 30 A führen. Ersterer leistet im seit August 1988 gebauten 250 D Turbodiesel 126 PS/93 kW. Der Fünfzylinder ist bereits mit der neuen Vorkammer mit Schrägeinspritzung ausgerüstet. Der im 300 D Turbodiesel eingebaute OM 603 D 30 A ist mit seiner Leistung von 143 PS/105 kW vorübergehend der stärkste in einem Personenwagen eingebaute Dieselmotor. Auf dem US-amerikanischen Markt, wohin er von April 1986 bis September 1987 geliefert wird, findet er mit seiner sanft schaltenden Automatik und dem hohen Drehmoment bei geringen Drehzahlen – trotz der dort tief verankerten Skepsis gegenüber Pkw-Selbstzündern – großen Anklang. Die beiden Turbodieselmodelle sind an den fünf Lufteinlassschlitzen im rechten Vorderkotflügel zu erkennen. Im September 1988 erhalten die aufgeladenen Diesel die neue Vorkammer mit Schrägeinspritzung, die zu einer Reduzierung der

Der 3,0-Liter-Dieselmotor OM 606 D 30 setzt mit seinen zwei obenliegenden Nockenwellen, vier Ventilen pro Zylinder und Resonanzsaugrohr neue Maßstäbe in Laufkultur, Schadstoffemissionen und Verbrauch.

Partikelemission um 40 % und beim 300 D Turbodiesel zu einer Leistungssteigerung um 4 PS/2,9 kW führt[7].

Anfang 1989 begegnet Mercedes-Benz der sich verschärfenden Diskussion um die Umweltverträglichkeit von Vorkammer-Dieselmotoren mit der Aktion »DIESEL ´89«. Im Zentrum steht hier die bereits im Herbst zuvor bei den Turbodieselmotoren eingeführte Vorkammer mit Schrägeinspritzung, die ab sofort auch bei den Saugdieseln Einzug hält und außer den reduzierten Schadstoffemissionen auch zu einer Leistungssteigerung zwischen 3 PS/2,2 kW beim Vierzylinder OM 601 und 4 PS/3 kW bei den Fünf- und Sechszylindern OM 602 und OM 603 führt.

Generell ist in den Dieselmotorenbau für Personenwagen Anfang der neunziger Jahre Bewegung gekommen. Auslöser sind die kleinen Direkteinspritzer aus dem VW-Konzern. Bei Mercedes-Benz entscheidet man sich jedoch zunächst dafür, den Weg des Direkt-

Eine für Selbstzünder-Triebwerke ungewöhnliche Lebhaftigkeit, gepaart mit sattem Durchzug und günstigen Verbrauchswerten sind die hervorstechenden Qualitäten des OM 603 A.

Mit dem turboaufgeladenen OM 603 A endet die Ära der 3,0-Liter-Sechszylinder-Turbodiesel im W 124.

Deutliches Kennzeichen des 147 PS/108 kW starken Turbodiesels im W 124 – und zugleich ein Prestigemerkmal ersten Ranges – sind die fünf Einlasskiemen im rechten Vorderkotflügel.

7 Scheinwerfer, Heft 3/1989

Der völlig neu konstruierte 2,5-Liter-Fünfzylinder-Diesel OM 602 D 25 löst den 2,4 Liter großen OM 616 ab und ist stellt die mittlere Version des neuen Motoren-Baukastens OM 601 bis OM 603 dar. Mit seinen 94 PS/69 kW feiert er seine Premiere im W 124.

einspritzers nicht zu gehen. Der von dem Motorenvorentwickler Dr. Michael Krämer fertig entwickelte Direkteinspritzer kann sich gegen die damalige Vorkammermotoren-Lobby noch nicht durchsetzen.[8] Bei Mercedes-Benz setzt man unter Dr. Manfred Fortnagel vorerst auf andere Technologien. So präsentiert man der Öffentlichkeit 1993 als Weltneuheit mit den Motoren OM 605 D 25 und OM 606 D 30 die ersten Pkw-Dieselmotoren mit Vierventilzylinderkopf, und zwar als Fünfzylinder mit 2,5 Liter Hubraum und als Sechszylinder mit 3,0 Liter Hubraum. Letzterer hat zusätzlich – und das ist ebenfalls eine Weltneuheit – ein dreistufiges Resonanz-Schaltsaugrohr, welches das Drehmoment von 210 Nm zwischen 220 und 4600/min fast konstant hält.

Erreicht wird mit diesen Motoren ein erhöhtes Drehmoment- und Leistungsangebot über einen deutlich erweiterten Drehzahlbereich sowie zugleich eine Senkung des Kraftstoffverbrauchs bei Volllast um bis zu 8 %. Die Partikelemissionen können aufgrund des optimierten Verbrennungsablaufs um ca. 30 % verringert werden. Die Frischluftansaugung erfolgt bei den Vierventil-Dieseltypen wie schon bei den Turbo-Varianten über Luftschlitze im rechten Vorderkotflügel.

Im Test des E 300 DIESEL von »auto motor und sport«[9] vermerkt Birgit Priemer: »Erst ab 2500/min dreht der E 300 so schnell und kraftvoll hoch wie kein anderer Mercedes-Diesel vor ihm. Zwischen 2500 und 5500/min bietet der Motor ein Temperament, das auch die letzten Zweifler vom Fortschritt durch Vierventiltechnik überzeugt. ... Dank der Vierventiltechnik kommt der Dreiliter-Sechszylinder mit durchschnittlich 8,9 Liter auf 100 Kilometer aus – für ein 1538 Kilogramm schweres Auto dieser Größenordnung ein außerordentlich niedriger Verbrauch. Der Vorgänger mit Zweiventiltechnik benötigte ebenso einen Liter mehr wie der BMW 525 tds. Die Schaltung des Getriebes funktioniert noch immer nicht mit der beispielhaften Präzision, die in einem BMW so viel Spaß macht.«

Die 2,0-Liter-Motoren OM 602 D 20 des Typ E 200 DIESEL sowie die Turbomotoren OM 602 D 25 A und OM 603 D 30 A der Typen E 250 TURBODIESEL sowie E 300 TURBODIESEL bleiben bis zum Produktionsemde der Baureihe Zweiventiler. Meistgebaute Typen mit Dieselmotor sind der 200 D/E 200 DIESEL mit 236.926 Limousinen und der 250 D/E 250 DIESEL mit 236.811 Limousinen.

Ottomotoren

Bei den Benzinern befinden sich neue Motorenreihen seit den siebziger Jahren in der Entwicklung. Die bisherigen Vierzylinderaggregate der Baureihen M 121/M 115 stammen in ihrem Grundkonzept aus den frühen Fünfzigern. Wegen der sich zuspitzenden Lage auf dem Neuwagenmarkt werden die Triebwerke der Baureihe 102 bereits ab Juli/August 1980 als 2,0-Liter-Vergaser- und 2,3-Liter-Einspritzmotor in der Baureihe 123 eingeführt. Den richtigen Durchbruch erleben diese Aggregate erst in der neuen Kompaktklasse-Baureihe 201 und in der neuen oberen Mittelklasse der Baureihe 124.

Auch bei den Ottomotoren spielt der Rationalisierungsgedanke eine wichtige Rolle, auch wenn er nicht so stringent wie bei den Dieselmotoren als Baukastenreihe umgesetzt wird. Immerhin verfügen die Benziner, beginnend beim Typ 200 mit dem 2,0-Liter-

8 W 124 mit Direkteinspritzer OM 601 DE 23 v. 20.02.1987
9 auto motor und sport, Heft 18/1993

Der 1954 im 190 SL vorgestellte M 121 hält ab dem Folgejahr in leistungsreduzierter Ausführung mit dem Typ 190 (W 121) auch Einzug in das Pkw-Programm, wo er schon seit Beginn der 50er-Jahre sehnlich erwartet wird.

Vierzylindermotor M 102 bis hin zum Typ 300 E-24 mit dem 3,0-Liter-Sechszylinder M 104 über dasselbe Hubmaß. Und als die Hubraumerhöhung des M 104 zum 3,2-Liter-Motor des 320 E erfolgt, verwendet man einfach die Kurbelwelle des 3,0-Liter-Diesel-Sechszylinders OM 603 mit 84 mm Hub. Die neue Motorengeneration und somit auch die Baureihe der M 102 Vierzylinder weist v-förmig angeordnete Ventile mit einander gegenüberliegender Ein- und Auslassseite für einen optimalen Gaswechsel auf. Zu den günstigeren Werten der Zylinder-Durchströmung addieren sich

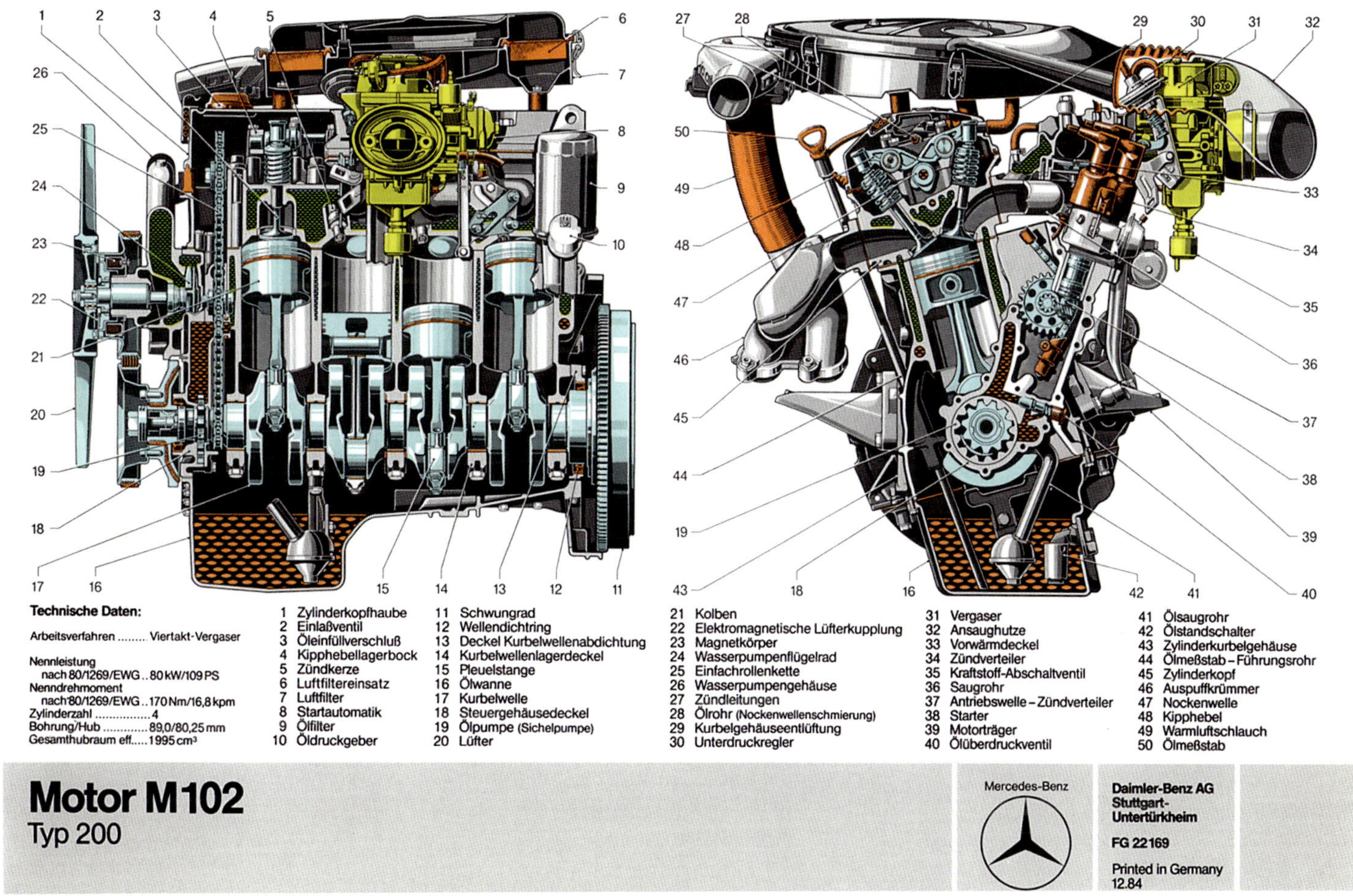

Mit dem M 102, hier noch in der Baureihe 123, wird 1979 die Nachkriegsgeneration der Vierzylindermotoren M 121 und des daraus entwickelten M 115 durch eine leichtere, stärkere, preisgünstigere und schadstoffärmere Motorengeneration abgelöst.

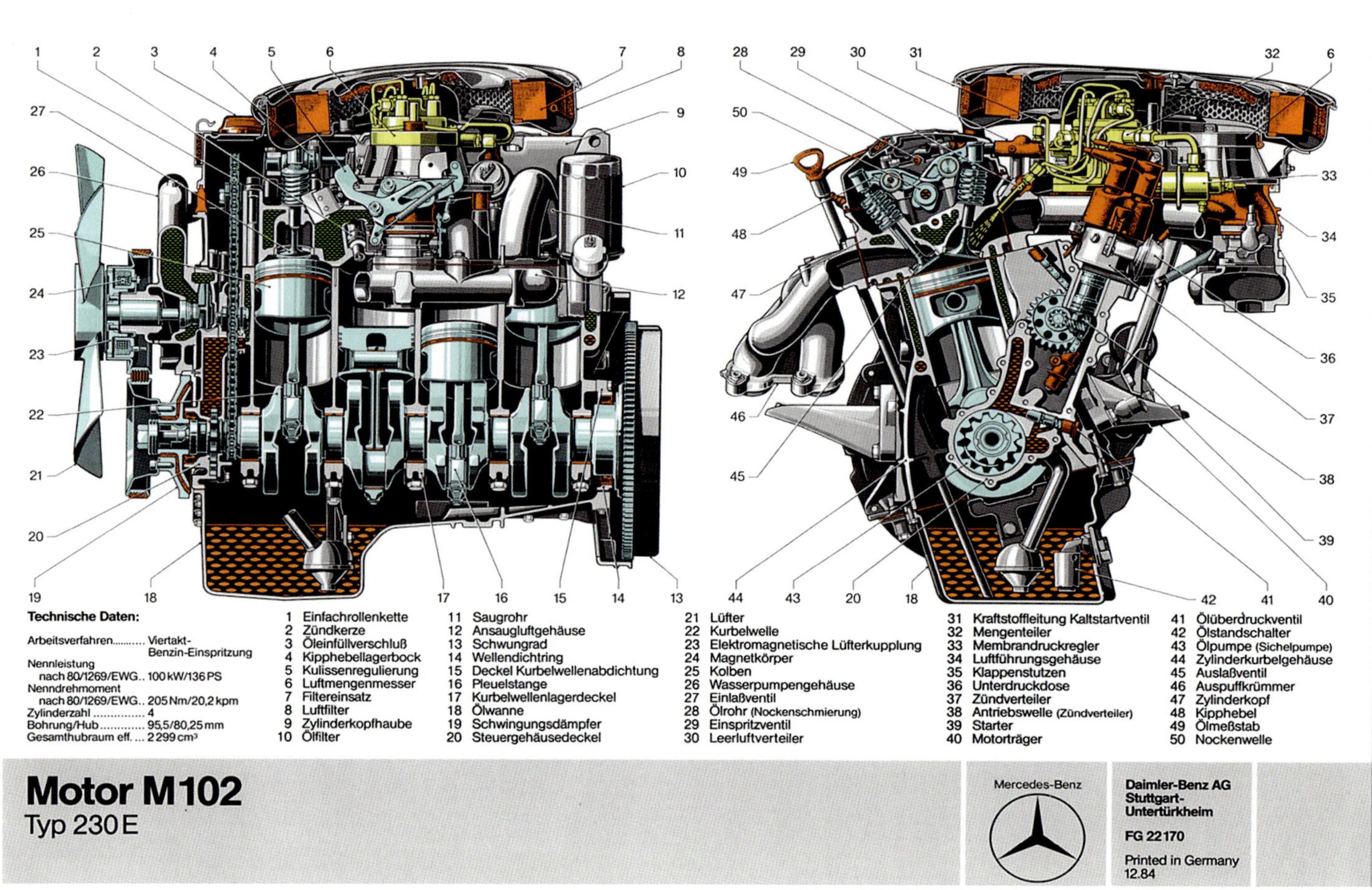

Insbesondere die 2,3-Liter-Version des M 102 sollte noch eine spektakuläre Karriere vor sich haben: Sie dient als Basis für die ab 1983 im sportlichen 190 E 2.3-16 sowie später, in aufgebohrter Form, im 190 E 2.5-16 eingebaute Vierventil-Ausführung, die auch im Motorsport für Furore sorgt.

noch eine günstigere Reibleistung des Motors sowie ein fast um 10 % geringeres Gewicht des Motorblocks.

Die Berner »Automobil Revue« äußert sich seinerzeit[10] in ihrem Test über dem M 102 wie folgt: »Im unteren und mittleren Drehzahlbereich kommt er punkto Laufkultur sehr nahe an Sechszylindermaschinen heran, und erst oberhalb 5500/min beginnt er etwas kerniger zu arbeiten. Bemerkenswert ist die Durchzugsfreudigkeit des geschmeidigen Einspritzmotors. Der neue Vierzylindermotor bedeutet eine willkommene Verjüngungskur für die seit fünf Jahren gebaute ‚kleine' Mercedes-Benz Reihe.«

Mit 374.422 Limousinen ist der Typ 230 E das meistgebaute Fahrzeug der neuen Baureihe. Klaus Westrup urteilt im ersten Test, der bei »auto motor und sport« erscheint[11]: »Schon die ersten Kilometer zeigen, daß die Grundsatz-Entscheidung, bei Hubräumen über zwei Liter beim Vierzylinder zu bleiben, etwas für sich hat – vorausgesetzt, man besitzt einen guten Vierzylinder. Im 230 E fällt der spontane Antritt der drehmomentstarken Maschine besonders positiv auf, aber auch die schon gute Laufkultur hat weiter gewonnen.«

Ab September 1992 werden Vierzylinder-Ottomotoren mit Vierventilzylinderkopf und 2,0 sowie 2,2 Liter Hubraum eingesetzt, die der neuen Motorenbaureihe M 111 angehören. Diese löst ihrerseits die Motorenbaureihe M 102 mit zwei Ventilen und 2,0 bzw. 2,3 Liter Hubraum ab. Mit der Einführung der neuen M 111 Vierzylinder und den neuen Varianten der Baureihe M 104 haben alle Triebwerke zwischen 2,0 und 3,2 Liter Hubraum dasselbe Bohrungsmaß von 89,9 mm. Im Hinblick auf eine rationelle und flexible Produktion auf einem Fertigungsband ist dies ein großer Vorteil. Aus demselben

10 Automobil Revue, Bern, Heft 35/1980

11 auto motor und sport, Heft 1/1985

Der 1992 im 200 E vorgestellte M 111, der über zwei obenliegende Nockenwellen und Vierventiltechnik verfügt, trägt den steigenden Leistungsanforderungen bei gleichzeitig notwendiger Schadstoffreduzierung Rechnung.

Grund hat der große Vierzylinder auch einen um 100 cm³ kleineren Hubraum als sein Vorgänger. Der 2,2-Liter der Baureihe 111 unterscheidet sich vom 2,0-Liter durch eine Kurbelwelle mit größerem Hub und die Spritzölkühlung der Kolbenböden aufgrund der höheren thermischen Belastung. Mehr Leistung und höheres Drehmoment über den gesamten Drehzahlbereich bei gleichzeitig geringerem Verbrauch sind die herausragenden Eigenschaften der neuen Motoren. Größere Katalysatoren sorgen für weiter reduzierten Schadstoffausstoß. Wolfgang König vermerkt in »auto motor und sport« in seinem Test[12]: »Der numerische Abstieg sollte dabei nicht weiter stören. Denn abgesehen vom Hubraum, der um exakt 100 Kubikzentimeter auf 2199 cm³ schrumpfte, legt der 220 zu: 14 PS mehr Leistung und, was dem Hersteller wichtiger ist, zwölf Newtonmeter mehr Drehmoment, freilich bei um 500/min höherer Drehzahl. … Wer den 230 E kennt, dem kann der hier erzielte Fortschritt nicht verborgen bleiben.« In einem Vergleichstest[13] mit den Wettbewerbern Audi 100 2.6 E und BMW 520 i kommt »auto motor und sport«-Mann Götz Leyrer zu folgendem Fazit: »Die Entscheidung, in dieser Preisklasse mit vier Zylindern anzutreten, ist kein grundsätzlicher Nachteil des 220 E. Der Mercedes-Vierventiler, wie der BMW-

Mit dem M 111 wird ein moderner Basis-Vierzylinder geschaffen, der als Standardtriebwerk in mehreren Baureihen von Mercedes-Benz zum Einsatz kommt.

12 auto motor und sport, Heft 20/1992

13 auto motor und sport, Heft 26/1992

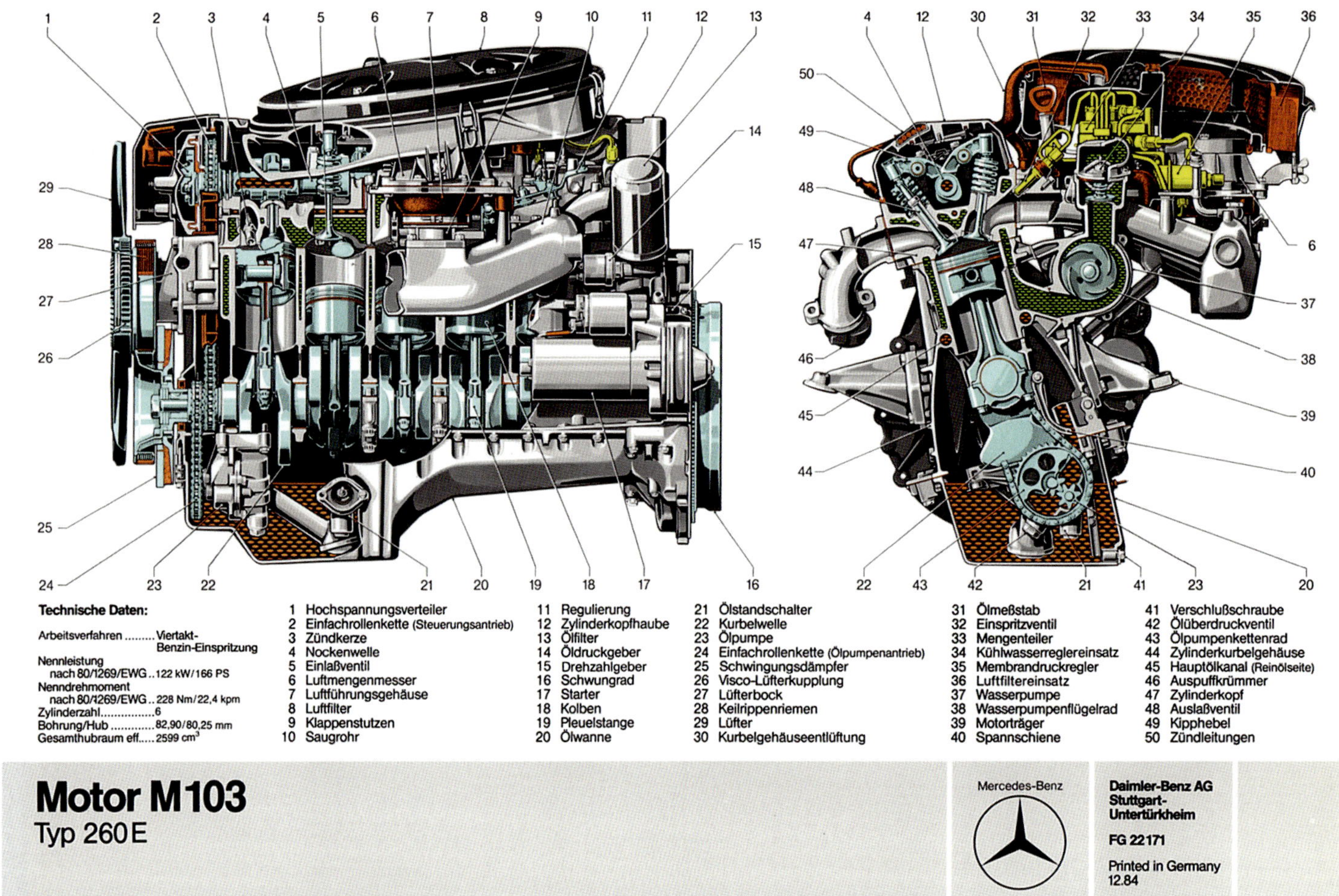

In der 2,6-Liter-Hubraumklasse folgt 1984 in der Baureihe 124 der M 103 E 26 auf die betagten Sechszylindermotoren M 180 bis M 130 sowie auf den daraus entwickelten M 110. Von der 3,0-Liter-Ausführung unterscheidet sich das kleinere Aggregat durch Wasserräume zwischen den einzelnen Zylindern.

Motor mit Verstellnockenwelle ausgerüstet, liefert ein kräftiges Drehmoment und braucht für 150 PS weniger Drehzahl als die Sechszylinder. Sein Verbrauch ist vorbildlich niedrig, nur in der Laufkultur kann er nicht ganz mithalten. ... In der Wirtschaftlichkeit setzt der neue Mercedes-Motor Maßstäbe.«

Die Neukonstruktion des Sechszylindermotors M 103 hat noch eine kleine Vorgeschichte. Ursprünglich wird als Nachfolgebaumuster für das 2,8-Liter-Triebwerk M 110 durch Erich Ableitner und Ernst Gobien der Motor M 105 entwickelt. Dieser soll als eine eigenständige, von den neuen Dieselmotoren unabhängige Motorenbaureihe entstehen. Im Zuge der weiteren technischen Evolution wird dieser neue große Sechszylindermotor von Rolf Zeller so zum M 103 entwickelt, dass er in der Fertigung gemeinsam mit dem Dieselmotor OM 603 auf einem Band gebaut werden kann. Überhaupt gelingt den Konstrukteuren und Entwicklern mit dem M 103 ein großer Wurf. Auf der Versuchsseite kümmern sich Hans Brügemann um die Mechanik und Manfred Schäfer um die Verbrennung mit der Abgasproblematik der Schadstoffreduzierung.

Motorenchef Dr. Kurt Obländer vergleicht schon vor der Fahrzeugvorstellung die neuen Sechszylindermotoren ohne Scheu mit den Besten aus München. »Ich wusste, wovon ich sprach, die Anderen konnten es noch nicht wissen.« Aber sie wissen es bald. So bemerkt Dipl.-Ing. Gert Hack in seinem Test über den 300 E in »auto motor und sport«[14] etwas kokett: »Da Motorgeräusche fast völlig fehlen, registriert der aufmerksame Tester befriedigt solche, die der Wind erzeugt.« Und später im Test: »Doch nun zum Kern des Ganzen, dem

14 auto motor und sport, Heft 5/1985

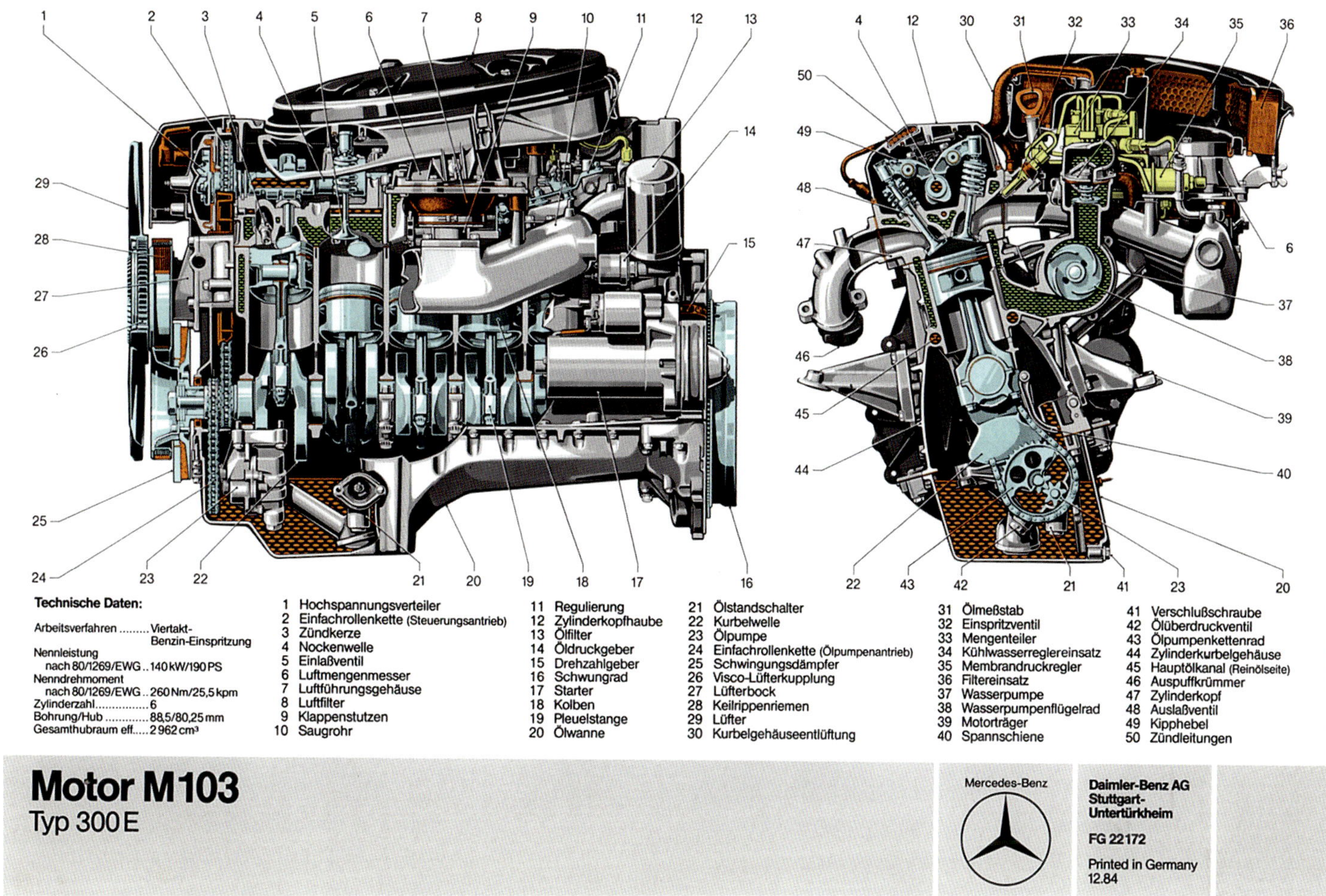

Mit dem 1984 in der Baureihe 124 zum Einsatz kommenden M 103 E 30 wird die Nachkriegsgeneration der Sechszylindermotoren M 180 bis M 130 sowie des daraus entwickelten M 110, durch eine leichtere, stärkere, preisgünstiger zu fertigende und schadstoffärmere Ottomotoren-Familie abgelöst.

neuen Sechszylinder. Mit 190 PS/140 kW und 260 Newtonmetern (das war noch vor der Katalysator-Ära, d. A.) aus drei Litern Hubraum zählt er spezifisch zum Besten, was es gibt. Auch an Motor-Elastizität herrscht kein Mangel, wenngleich ihre Auswirkung auf die Beschleunigungsleistung wegen der sehr langen Übersetzungsverhältnisse in den beiden oberen Gängen begrenzt bleibt.« Dreidreiviertel Jahre später kommen die Tester Gert Hack und Götz Leyrer in einem Vergleichstest[15] mit Alfa Romeo 164, BMW 530 i und dem 300 E zu folgendem Urteil: »Der 300 E hat einen sehr leisen, absolut schwingungsfreien und auch leistungsstarken Motor. Die reine Freude will dennoch nicht aufkommen. Warum? Weil eine viel zu lange Getriebeübersetzung dem Motor die Dynamik nimmt. ... Das neue Mercedes-Getriebe mit verändertem Schaltschema läßt in Sachen Exaktheit und Leichtgängigkeit leider keinen Fortschritt erkennen.«

Der M 104 E 30 mit vier Ventilen und dohc-Zylinderkopf stellt die leistungsstärkere Weiterentwicklung des erfolgreichen Reihensechszylinders M 103 E 30 dar.

15 auto motor und sport, Heft 19/1988

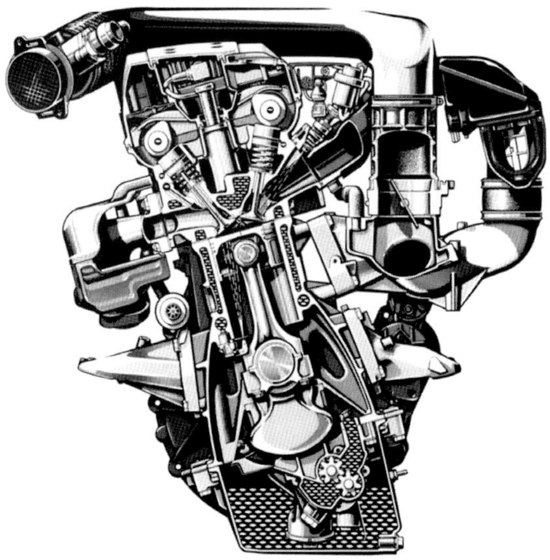

Die ausgesprochen leistungsfreudigen Sechszylinder M 104 E 28 und M 104 E 32 lösen die bisherigen Motoren M 103 E 26 und M 103 E 30 sowie den M 104 E 30 ab. Mit der Kombination aus Schaltsaugrohr und Vierventiltechnik sind sie den Vorgängern in Leistung, Verbrauch und Laufkultur deutlich überlegen.

Der Markt nimmt die neuen Sechszylindermotoren begeistert auf. Der Typ 300 E belegt in der Hierarchie der meistgebauten Fahrzeuge der Baureihe 124 mit 258.063 Limousinen den zweiten Platz.

1989 erfolgt mit der Motorenbaureihe M 104 der Eintritt in die Vierventiltechnik bei den Sechszylindermotoren. Im Frühjahr zunächst bei den SL-Typen der Baureihe 129, ab Herbst mit etwas geringerer Motorleistung auch in der Baureihe 124 als 300 E-24. Doch der Motor M 104 E 30 mit 220 PS/162 kW bei 6400/min (gegenüber 231 PS/170 kW bei 6300/min im SL) und einem Drehmoment von 265 Nm bei 4600/min sorgt aufgrund seiner Auslegung auf hohe Drehzahlen für zwiespältige Kommentare. So in einem Vergleichstest[16] zwischen dem 300 E und dem 300 E-24: »Denn da, wo es im Alltagsverkehr drauf ankommt, wirkt der Zweiventiler subjektiv durchzugsstärker als der Vierventiler, dessen Vorteile erst in den oberen Drehzahlregionen zum Tragen kommen – in einem Bereich also, den man normalerweise nur selten nutzt.« Auch in einem Vergleichstest[17] mit dem einen Zentner schwereren und 16 PS/12 kW schwächeren Opel Senator 3.0i 24V schneidet der 300 E-24 nicht gut ab. Er beschleunigt schlechter (0-200 km/h -3,2 s) und hat einen um 1,2 Liter höheren Testverbrauch. Auch intern wird dieses nicht berauschende Ergebnis registriert.

Drei Jahre später ist diese Episode vergessen. Ab September 1992 erhalten Limousine, T-Modell und Coupé die zum M 104 E 28 und M 104 E 32 weiterentwickelten Motoren, die hier zur Benchmark dieser Hubraumklassen in Laufkultur, Leistung und Verbrauch avancieren. Die Hubraumerhöhung von jeweils 200 cm³ sowie die Verwendung von Zweistufen-Schaltsaugrohren in Verbindung mit den Nockenwellenverstellern führen zu einer Verbesserung des Durchzugs aus niederen Drehzahlen. Beim 2,8-Liter-Motor erhöht sich die Leistung gegenüber dem bisherigen 2,6-Liter um 33 PS/24 kW auf 193 PS/142 kW. Damit bewegt sich der 280 E auf dem Leistungsniveau des bisherigen 300 E. Die Motorleistung des 3,2-Liter-Triebwerks des 320 E von 220 PS/162 kW im 124er bleibt zwar gegenüber dem 300 E-24 unverändert. Aber dank des Schaltsaugrohrs, variabler Nockenwellenverstellung und elektronischer Motorsteuerung liegt diese bereits bei 5500/min an, und das auf 310 Nm angewachsene Drehmoment steht bereits bei 3750/min zur Verfügung. Zwischen 1500 und 6000/min besteht ein Drehmomentplateau von 250 Nm. Diese Auslegung katapultiert den M 104 an die Spitze seiner Hubraum- und Leistungsklasse.

In einem Vergleichstest[18] zwischen dem V8-motorisierten BMW 530i Touring und dem 320 TE resümiert Götz Leyrer: »Viel Dampf hat der 320 TE tatsächlich, er vermittelt weit mehr als der 530i den Eindruck satter Leistung. Die Wandlung des ehemaligen Dreiliters zum 3,2-Liter hat aus dem Reihensechszylinder ein Triebwerk völlig veränderten Charakters gemacht. Obwohl das Drehvermögen überdurchschnittlich blieb, ist es kaum noch nötig, den oberen Drehzahlbereich aufzusuchen, so kraftvoll und spontan reagiert die Maschine schon knapp oberhalb der Leerlaufdrehzahl aufs Gas. Dieser unmittelbare Biss fehlt dem BMW, der damit wieder einmal unterstreicht, daß viele kleine Zylinder für die Drehmomententwicklung nicht so günstig sind wie weniger, aber dafür größere Zylindereinheiten.« Und auch die relativ hohen Verbräuche des M 104 E 30 sind jetzt vergessen. Hier noch einmal Götz Leyrer in seinem Vergleichstest: »Die bessere Durchzugskraft und das deshalb normalerweise niedrigere Drehzahlniveau des Mercedes haben eine spürbare Auswirkung auf den Verbrauch. Im Durchschnitt einen halben Liter unter dem des BMW, der mit 13,9 Liter/100 km angesichts der dafür gebotenen Leistung immer noch als akzeptabel gelten kann.« Und selbst in artfremden Vergleichen schneidet der M 104 E 32 gut ab. In der Zeitschrift »sport auto« vom Oktober 1993 vergleicht Klaus Rosshuber den E 320 mit dem C 36 AMG und kommt zu folgenden Ergebnis-

16 auto motor und sport, Heft 12/1990
17 auto motor und sport, Heft 20/1990
18 auto motor und sport, Heft 8/1993

sen: »Das sahnig laufende Triebwerk zerrt den 1575 Kilo schweren Wagen im Vierten in nur 21 Sekunden von 60 auf 160 km/h. 100 km/h erreicht der E 320 aus dem Stand in 7,5 s (AMG-C 36: 7,1 s). In puncto Höchstgeschwindigkeit bleibt er mit 244 km/h nur sechs km/h hinter dem sportlichen C-Wagen zurück. ... Beeindruckend, wie leise und geschwind der E 320 seine Besatzung

AMG entwickelt mit dem Motor des E 36 AMG das leistungsstärkste Triebwerk der Baureihe M 104. Es wird nicht in der Limousine, sondern nur im T-Modell sowie im Coupé eingebaut.

über große Distanzen transportiert. ... Der markeninterne Vergleich zeigt, welch sportliche Qualitäten hier im Verborgenen blühen. Auch gemessen am BMW 530 mit V8-Motor wird deutlich, daß die erklärten Oberdynamiker in München es nicht besser können.«

1993 erscheint als eine der ersten Maßnahmen des im Oktober 1990 geschlossenen Kooperationsvertrags zwischen der damaligen Mercedes-Benz AG und AMG der aus dem Serienmotor M 104 E 32 entwickelte 280 PS/205 kW Motor M 104 E 36. Erreicht wird die Hubraumvergrößerung von 3,2 auf 3,6 Liter durch die Erhöhung der Bohrung auf 91 Millimeter und die Verwendung der Kurbelwelle des 3,5-Liter-Dieselmotors OM 603 D 35 mit 92,4 Millimeter Hub, die dem jetzt erheblich höheren Drehzahlbereich entsprechend angepasst wird. Dieses Kraftpaket ergänzt die Modellfamilie der E-Klasse um folgende Typen: E 36 AMG T-Modell, E 36 AMG Coupé und E 36 AMG Cabriolet. Die Limousine ist zugunsten des E 420 nicht mit diesem 3,6-Liter-Triebwerk lieferbar.

Das Fahrwerk

Vorderachse

Die Entscheidung für die Dämpferbeinachse – sie besteht aus einem unteren Dreieckslenker, separater Schraubenfeder und Stoßdämpfer – erfolgt nach einem Vergleich mit noch zwei anderen Konstruktionen. Dies sind die Schräglenker-Koppelachskonstruktion und eine Doppelquerlenkerachse. Erprobt werden die drei Achskonzepte am W 123. Praktiker Frank Knothe aus dem Versuch erinnert sich, dass es für die Entscheidungsfindung ungeheuer wichtig war, die drei unterschiedlichen Konstruktionen immer in Verbindung mit derselben Hinterachse zu fahren und zu beurteilen, denn auch bei der für den Nachfolger des W 123 geplanten Hinterachse stand ein Umbruch bevor, wie dem Abschnitt über die Hinterachse des W 124 zu entnehmen ist.

Die Dämpferbeinachse bekommt den Vorzug aus Komfort- und Platzgründen, aber vor allem auch, weil sie mit Blick auf die Hinterachskonstruktion eine harmonische Gesamtabstimmung ermöglicht. Als 1982 bei der Vorstellung des W 201 nach den Gründen für die Wahl der Dämpferbeinachse gefragt wird – Vorder- und Hinterachskonstruktionen werden damals bewusst für die Baureihen 201 und 124 zeit- und produktionsgleich entwickelt – antwortet der früh verstorbene Fachbereichsleiter Pkw-Konstruktion/Gesamtfahrgestell Dr. Kurt Enke[19] kurz und trocken: »Geringerer Platzbedarf.«

Die schon im W 201 eingesetzte Dämpferbeinachse weiß mit folgenden Pluspunkten zu glänzen:

- Die Zuordnung der Spurstangen zu den Dreieckslenkern in Verbindung mit den abgestimmten Gelenken und Lagern führt zu Seitenkraft-Untersteuern mit geringer Seitenwindempfindlichkeit

19 Verzeichnis Führungskräfte, Oktober 1978

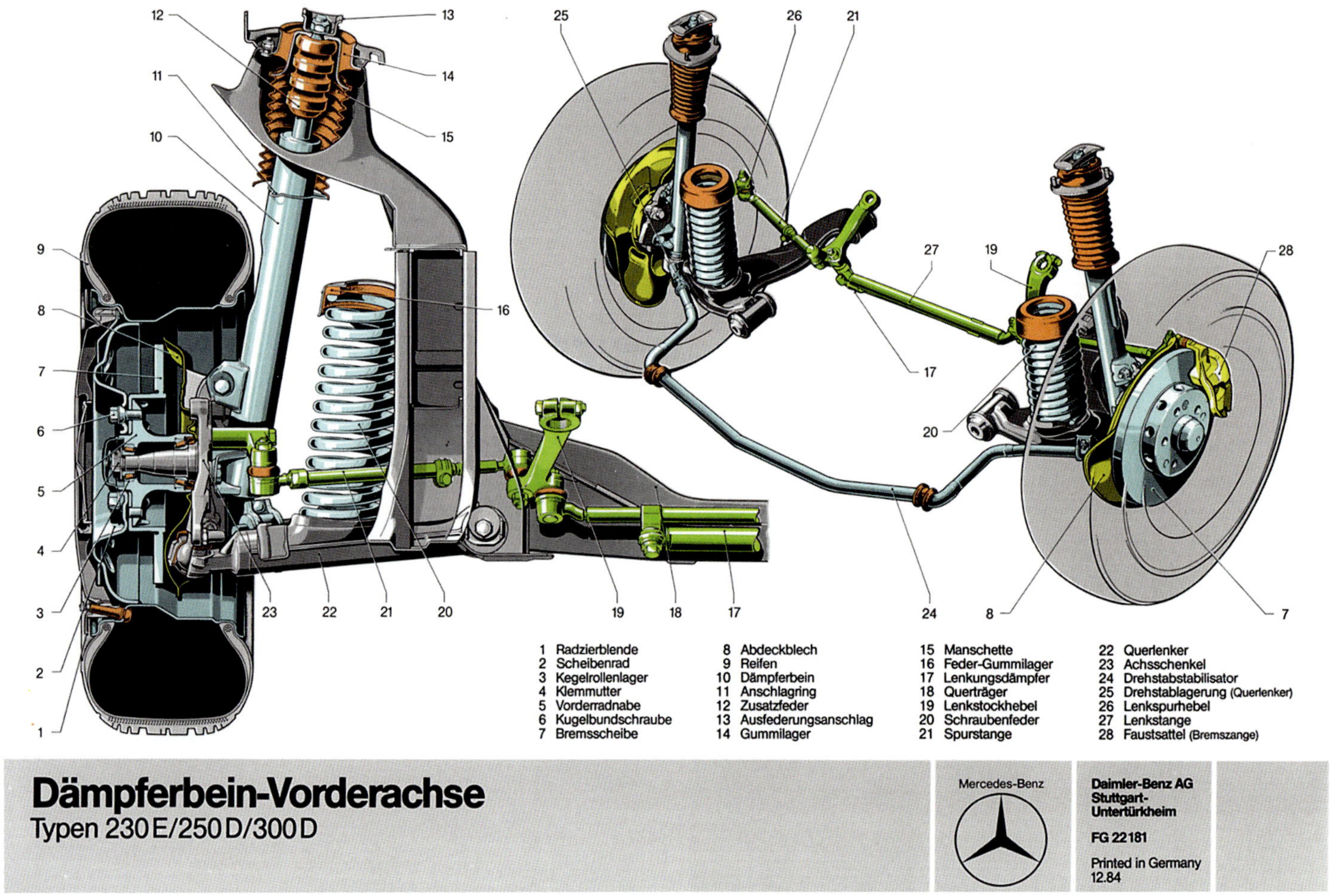

Die Dämpferbein-Vorderachse ermöglicht mit ihrer raumsparenden Bauweise einen größeren Verformungsweg im Fall eines Crashs.

- Die geringe Änderung der Vorspur führt zu einem von der Beladung unabhängigen Geradeauslauf
- Der negative Lenkrollradius verringert das Schiefziehen der Bremsen bei unterschiedlichen Reibwerten der Bremsanlagen durch Bremsbeläge und Bremsscheiben
- Das Eintauchen des Vorderwagens beim Bremsen wird durch die Bremsmomentabstützung reduziert
- Das verzögerungsfreiere Ansprechen der Stoßdämpfer wird durch die dichter an den Rädern positionierten Dämpferbeine erreicht
- Das Crashverhalten wird durch die nach hinten abgestützten Dreieckslenker begünstigt
- Der Abrollkomfort wird durch Gummilager mit großem Volumen deutlich verbessert
- Der geringe Raumbedarf dieser Konstruktion ermöglicht einen breiteren Motorraum, der für die Querneigung des Motors zugunsten einer niedrigeren Silhouette erforderlich ist
- Der Aufbau wird durch die große Abstützbasis zwischen den Dreiecksquerlenkern und der oberen Aufhängung des Stoßdämpfers geringer beansprucht
- Leichterer Wechsel des Stoßdämpfers gegenüber einem Federbein mit integrierter Feder.

Hinterachse

Es gibt zahlreiche Binsenweisheiten, die den Konstrukteuren von Automobilen geläufig sind. Dazu gehören auch die zwei, dass es leichter ist, einem schweren Fahrzeug einen guten Fahrkomfort beizubringen als einem leichten, da Letzteres eher dazu neigt, Fahrbahnunebenheiten zu folgen – so zumindest Werner Breitschwerdt –, und dass die Qualität der Straßenlage eines Automobils ganz entscheidend von der Konstruktion der Hinterachse beeinflusst

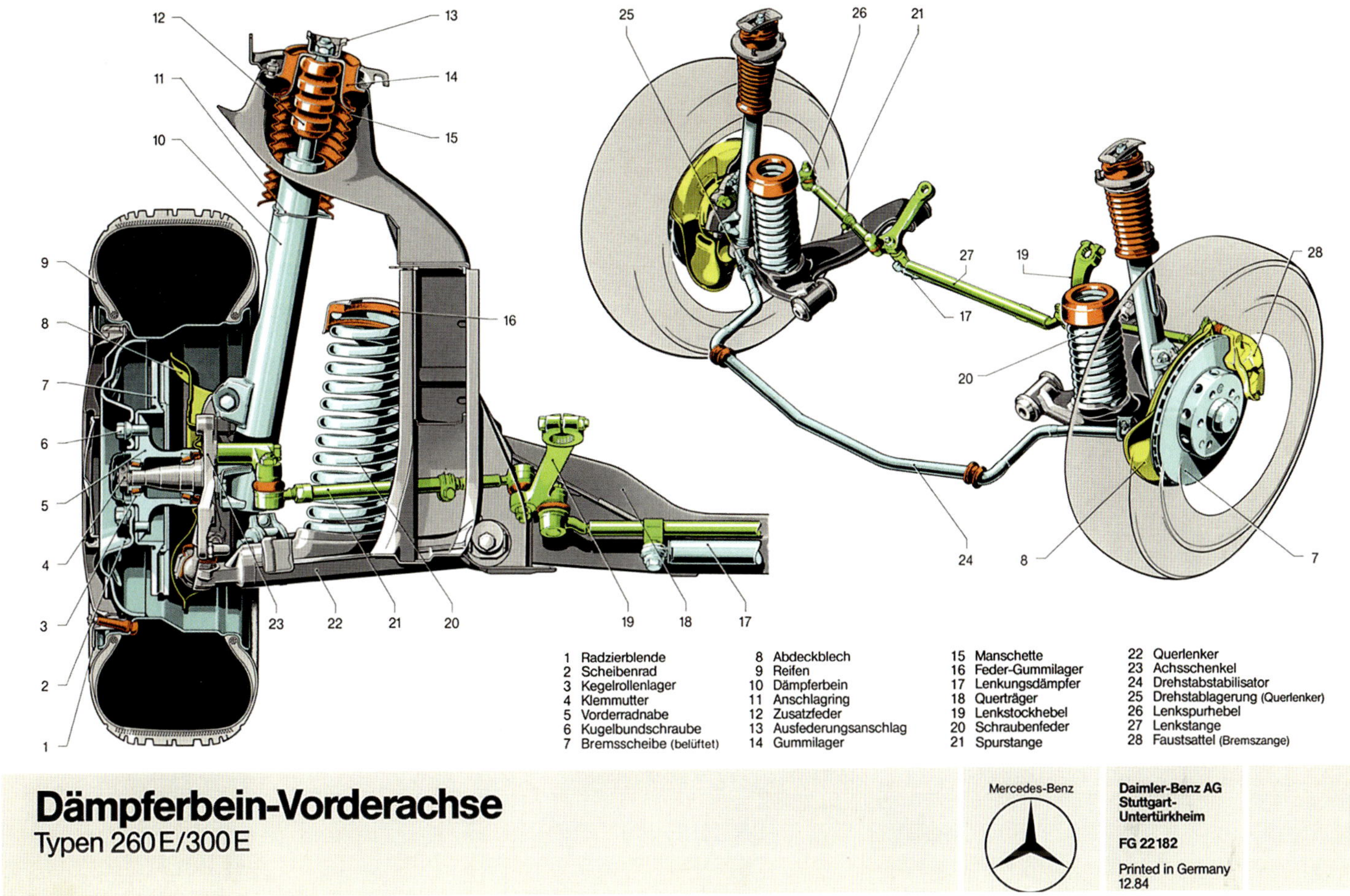

In perfekter Abstimmung mit der Raumlenker-Hinterachse ist die Dämpferbein-Vorderachse für die hervorragenden Fahreigenschaften der Baureihe 124 verantwortlich. Bis auf die innenbelüfteten Bremsscheiben ist die Ausführung bei den Sechszylinder-Benzinern nahezu identisch.

wird. Dies ist seinerzeit auch den Ingenieuren unter dem Konstruktionschef Hubertus Sorsche bewusst. Sie sehen es als Herausforderung an, die nicht so einfach unter einen Hut zu bringenden Punkte Fahrkomfort, Fahrsicherheit und Fahrvergnügen in einem Fahrzeug darzustellen. Wobei auch die Punkte Kosten und Raumbedarf eine nicht zu unterschätzende Rolle spielen. Dabei ist man sich in der Denkfabrik der Konstruktion klar darüber, dass man ohne die Zusammenarbeit mit den Praktikern des Fahrversuchs auf verlorenem Posten stünde.

Fasziniert von der gestellten Aufgabe, widmen sich Dr. Kurt Enkes Hauptabteilungsleiter Alf Müller, intern nur noch »Achsenmüller« genannt, und der Gruppenleiter Manfred von der Ohe, die ob ihrer komplexen Aufgaben von den Kollegen gelegentlich als »verrückte Truppe« bezeichnet werden, mit Feuereifer und Hingabe der gigantischen Aufgabe, ein völlig neues Hinterachskonzept zu entwerfen. Für gelegentliches Kopfschütteln sorgt zusätzlich, dass man sich zu alledem auch noch neuer Hilfsmittel bedient. Wenn Konstruktionschef Sorsche gelegentlich am leeren Zeichenbrett von der Ohes vorbeikommt und auf dessen Schreibtisch Berge von Hollerithkarten und später sogar ausgedruckte Berechnungsblätter vorfindet, fragt er sorgenvoll und ungläubig: »Wann zeichnet ihr denn endlich? Das wird ja so nie etwas.« Aber Sorsche kann sich auch da auf den hingebungsvollen Mitarbeiter von der Ohe verlassen. Denn wenn der sich in eine Aufgabe verbissen hat, dann ist er nicht zu stoppen. Das wissend, lässt der Chef seinen Mitarbeiter in Ruhe, und muss es später nicht bereuen. Doch dieser Zeitpunkt ist noch nicht erreicht. Stattdessen will Sorsche in dieser Phase seinen fähigen Mitarbeiter befördern. Dazu muss dieser allerdings seinen Aufgabenbereich wechseln. Von der Ohe lehnt dies ab, begeistert

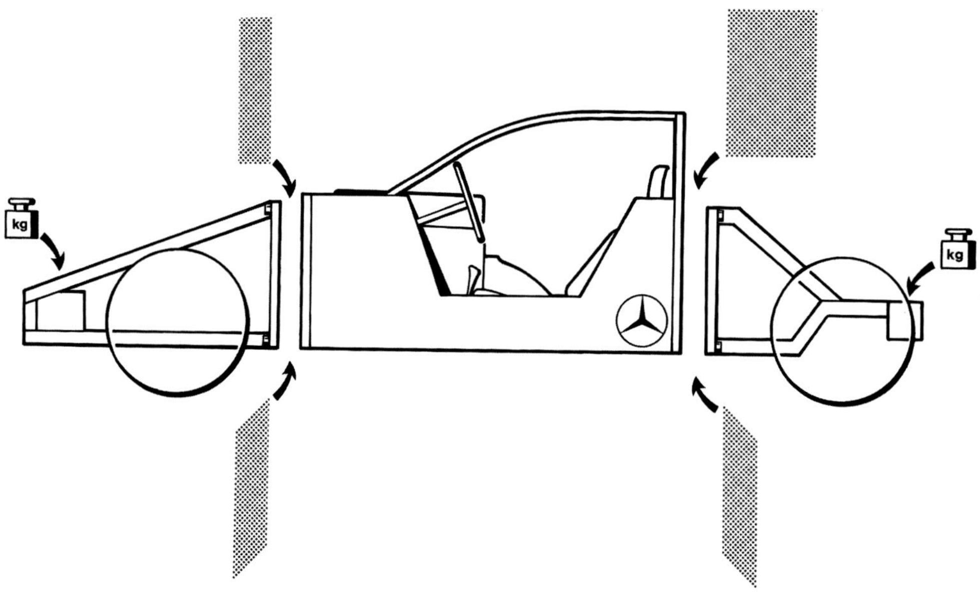

Das Fahrdynamik-Mobil wird für die Praxiserprobung unterschiedlicher Achskonzepte und Fahrwerkseinstellungen entwickelt. Es leistet bei der Entwicklung der Baureihe 124 gute Dienste.

von der gestellten Aufgabe will er bei »seiner Achse« bleiben und nicht in das Fachgebiet der Bremse wechseln. Aufgrund seines Könnens und seiner Leistung wird der stille, aber kompetente von der Ohe später Leiter der Vorentwicklung für Achsenkonstruktionen. Und überzeugt von der Notwendigkeit einer Zusammenarbeit mit der Praxis, findet er in Frank Knothe einen sinnesverwandten Partner im Versuch.

Dort hatte man für die Erprobung unterschiedlicher Achskonzepte ein interessantes Versuchsfahrzeug entwickelt. Durch die dreiteilige Bauweise des »Fahrdynamik-Mobil« genannten Fahrzeugs ist die Beurteilung des Fahrverhaltens bei Heck-, Front-, und Allradantrieb sowie bei unterschiedlichen Radständen, Gewichtsverteilungen, Schwerpunktlagen und Achskonzepten möglich.

Gerade in der »Vater und Mutterrolle«, wie von der Ohe die Zusammenarbeit mit dem Fahrversuch bezeichnet, lassen sich folgende Forderungen des Lastenhefts erfüllen:

Fahrverhalten

- Abbau der Übersteuerneigung durch absinkendes Momentanzentrum
- Abbau des Lastwechselverhaltens in Kurven hin zu einem möglichst neutralen Fahrverhalten beim Gaswechsel und Bremsen
- Vermeiden des Aufbäumens des Fahrzeugs beim Beschleunigen
- Vermeiden des Eintauchens des Fahrzeugs beim Bremsen (Antidive)
- Geringe Spurweitenänderung

Komfort

Zur besseren Isolierung von Fahrgeräuschen und zur Erhöhung des Fahrkomforts soll eine elastischere Lagerung der Räder angestrebt werden. Dabei machen sich elastische Verdrehungen um die Hochachse bemerkbar und beeinflussen das Eigenlenkverhalten.

Auf dem Weg zur Raumlenkerachse werden folgende acht Basiskonzepte untersucht:

- De-Dion-Achse
- Pendelachse
- Schräglenkerachse
- Federbeinachse
- Dämpferbeinachse
- Dreilenkerachse
- Doppelquerlenkerachse
- Raumlenkerachse

Aus diesen acht Grundkonzepten werden konstruktiv 77 Achsen abgeleitet. Versuchsweise werden davon 40 gebaut, um sie in Versuchsfahrzeugen praktisch zu erproben und beurteilen.

Die Raumlenkerachse ist auch bei Daimler-Benz nicht völlig unbekannt. Dr. Hans Liebold, Leiter der Vorentwicklung, hat für den C 111 Ende der sechziger Jahre eine »aufgelöste Hinterachse« mit je zwei Längs- und Querlenkern und einer Spurstange pro Rad konstruiert und gebaut, die im C 111 durch ein beachtliches Fahrverhalten auf der Rennstrecke bei gleichzeitig für ein Rennfahrzeug so nicht gekanntem Komfort überrascht. Dr. Kurt Enke, Fachbereichsleiter in der Pkw-Konstruktion mit dem Schwerpunkt Fahrgestell, und Liebold haben sich bei der Konstruktion des C 111 mit den Trends in damaligen Rennwagen beschäftigt. In guter Erinnerung bleibt den beiden eine Äußerung des Lotus-Konstrukteurs Colin Chapman, der sagt: »Die beste Radführung ist die, die überhaupt nicht mitlenkt.«

Nun sind Renn- und Rennsportwagen einerseits und komfortable Limousinen andererseits zwar beides Automobile, doch müssen sie jeweils sehr unterschiedliche Anforderungen erfüllen. Nicht umsonst sagt Rudolf Uhlenhaut einmal im Gespräch mit dem Autor, dass die Konstruktion eines Mercedes-Benz Personenwagens eine viel komplexere und schwierigere Aufgabe sei als die eines Rennwagens. So ist eben die Achskonstruktion, die Enke und Liebold im C 111 umgesetzt haben, zwar für einen GT jener Jahre genial beim Bewältigen des Spagats zwischen dem Fahrverhalten auf der Rennstrecke und auf normalen Straßen – womit die beiden, nebenbei bemerkt, auch schon einmal ihre Visitenkarte für zukünftige Konstruktionen abgegeben haben. Doch für die hohen Ansprüche an einen Mercedes-Benz Personenwagen der oberen Mittelklasse ist sie noch nicht zureichend. Beim C 111 sind die einzelnen Lenker starr über Uniball-Gelenke am Karosseriekörper befestigt. Bei einer auf Komfort ausgelegten Limousine lassen sich die Auswirkungen der notwendigen Gummilager im Hinblick auf Geräusch, Eigenlenkverhalten und Federung erst durch die Fahrerprobung final erfassen.

Frank Knothe, der spätere Baureihenchef für SL, SLK, SLR und Maybach, erinnert sich, dass bereits 1976 im Versuch, der damals von Karl-Heinz Göschel geleitet wird, zwei Vorprototypen aufgebaut werden. Göschel gibt die Devise aus: »Das Auto, das besser geht, kommt in die Erprobung.« Mit »besser gehen« war die gesamte Spannbreite von Handling, Eigenlenkverhalten bis zum Fahrkomfort gemeint. Der eine Wagen hat damals eine Schräglenkerkonstruktion des 1971 in Pension gegangenen Oberingenieurs Alfred Rothweiler, der andere eine Konstruktion mit einzelnen Lenkern von Dr. Hans Liebold.

Die Entscheidung für das zukünftige Achskonzept wird 1977 aufgrund von Beurteilungen auf Basis einer Versuchsfahrt gefällt. Es wird eine der letzten Entscheidungen, die vom scheidenden Entwicklungsvorstand und Chefingenieur Scherenberg getroffen

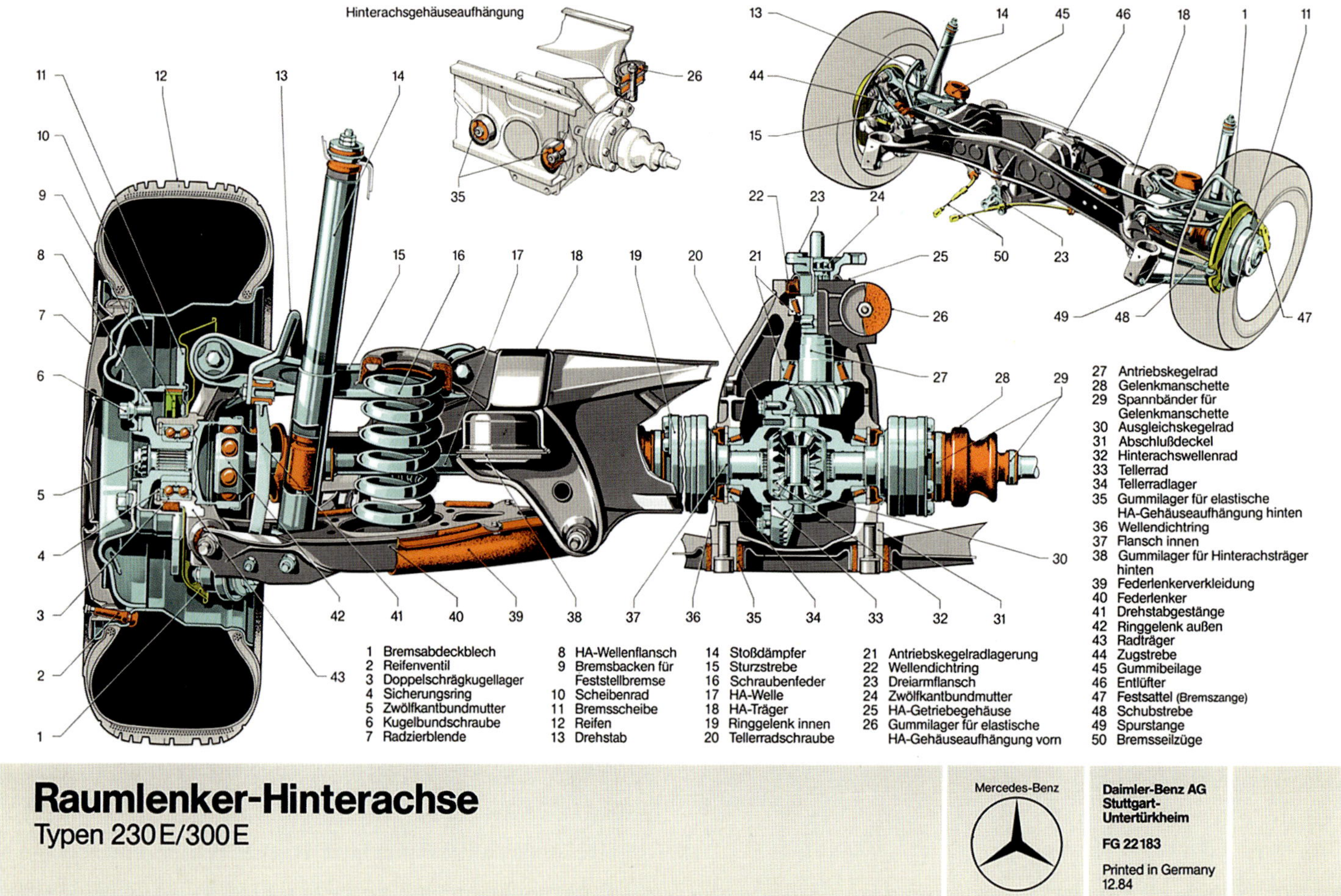

Das in historischer Sicht technisch bedeutsamste Bauteil der Baureihe 124 ist die für sie entwickelte, aber schon im W 201 vorgestellte Raumlenker-Hinterachse.

werden. Bei dieser Erprobung stehen drei Konzepte in der engeren Wahl. Dies sind die Kurzschräglenker-Achse von Konstruktionschef Hubertus Sorsche, die Dreilenker-Achse von Helmut Fleming und die Doppelquerlenkerachse von Manfred von der Ohe. Dessen Achse besitzt oben zwar noch einen Dreieckslenker, den unteren Lenker ersetzen aber bereits einzelne Führungselemente. Nach der Erinnerung von der Ohes ist auch seine Konstruktion im Entwicklungsstadium noch nicht perfekt gewesen. Der zu starke Anfahrnickausgleich hat zu großer Federverhärtung, der Bremsnickausgleich zum Bremsspringen geführt. Obwohl hier noch eine bessere Abstimmung gefunden werden muss, entscheidet sich Scherenberg für das Konzept von der Ohes, das seiner Meinung nach das größte Entwicklungspotenzial aufweist.

Die generelle Maßgabe an den W 124, gegenüber dem Vorgänger W 123 leichter zu werden, schließt auch die Hinterachse nicht aus. Komplizierter darf sie werden, schwerer nicht: Ein um 25 % geringeres Gewicht muss die Raumlenkerachse des 124 im Vergleich zur Schräglenkerachse des Vorgängers 123 auf die Waage bringen. Um dies zu erreichen, werden vier Lenker nur als Druck-Zugstäbe ausgebildet, die keine Torsionskräfte aufnehmen müssen. Nur der Federlenker wird zusätzlich auf Biegung beansprucht, da er die Kräfte von Feder, Stoßdämpfer und Stabilisator aufnehmen muss. Der Hinterachsträger ist so ausgelegt, dass die Torsionskräfte über Biegeträger in die Achsträgerlager geleitet werden. Weitere Gewichtsreduzierungen werden am Differenzial, den Antriebswellen, den Bremsen und der Federung vorgenommen.

Der Aufbau

Mit dem technischen Begriff Aufbau verbinden viele unterschiedliche Vorstellungen. Für die einen ist es das Äußere, andere wiederum sehen darin den konstruktiven Aufbau von Karosseriezelle mit Vorbau und Hecksegment. Aus diesem Grund werden in diesem Abschnitt die drei wesentlichen Zielpunkte Design, Aerodynamik – die von physikalischen Voraussetzungen ausgeht, welche unmittelbaren Einfluss auf die Formgestaltung haben – und die Konstruktion des Ganzen – die als Grundlage für die Stabilität und Einhaltung gegebener und zukünftiger Crashanforderungen dienen muss – behandelt.

Karosseriekonstruktion und Design

Drei Dinge sind von Anfang an gesetzt, als es um die Neukonstruktion der Baureihe W 124 geht:

- Erheblich besseres Crashverhalten als die Baureihe 123
- Bei gleichem Raumangebot deutlich geringeres Gewicht als die Baureihe 123
- Erheblich besserer Luftwiderstand als die Baureihe 123

Liegen die Punkte Gewicht und Crashverhalten eindeutig im Bereich der Techniker, so fordert das Thema Design sowohl Techniker in puncto Aerodynamik wie auch die Designer in puncto Formgestaltung heraus. Das macht deren enge Zusammenarbeit zwingender als in der Vergangenheit üblich, was sich aber nicht immer als einfach herausstellt.

Detaillierte Röntgenzeichnung eines fertigen Fahrzeugs, das die aufwendige Gesamtkonstruktion einer W 124 Limousine sichtbar macht.

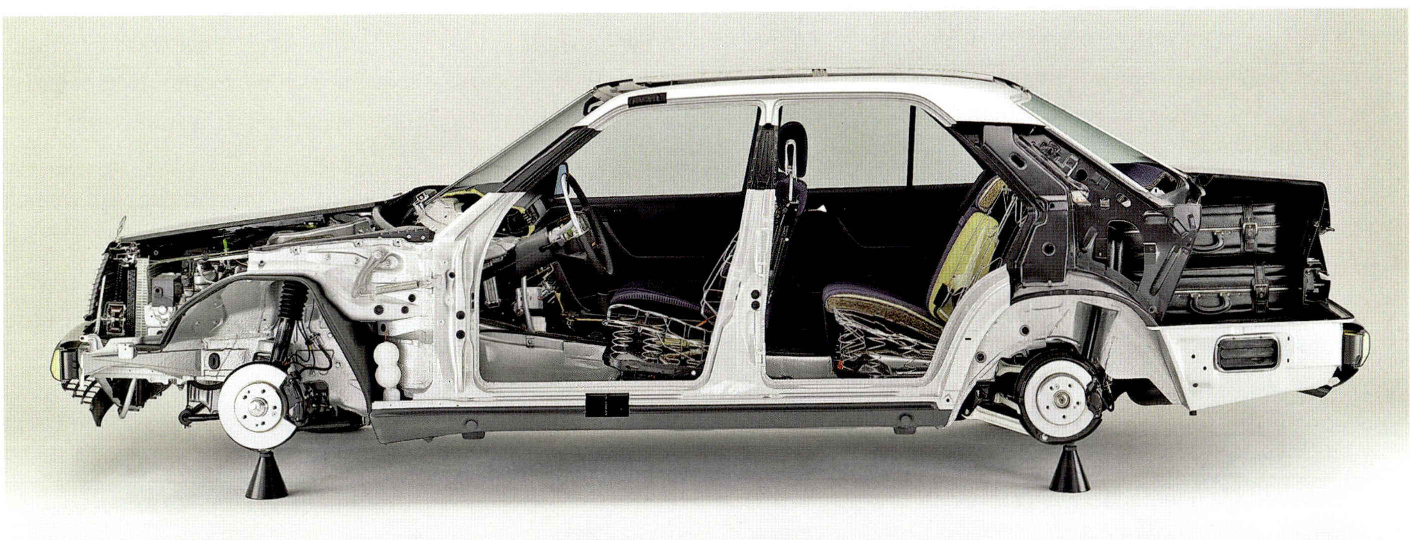

Der Längsschnitt durch die Karosserie bietet interessante Einblicke in die Crashstruktur des Aufbaus.

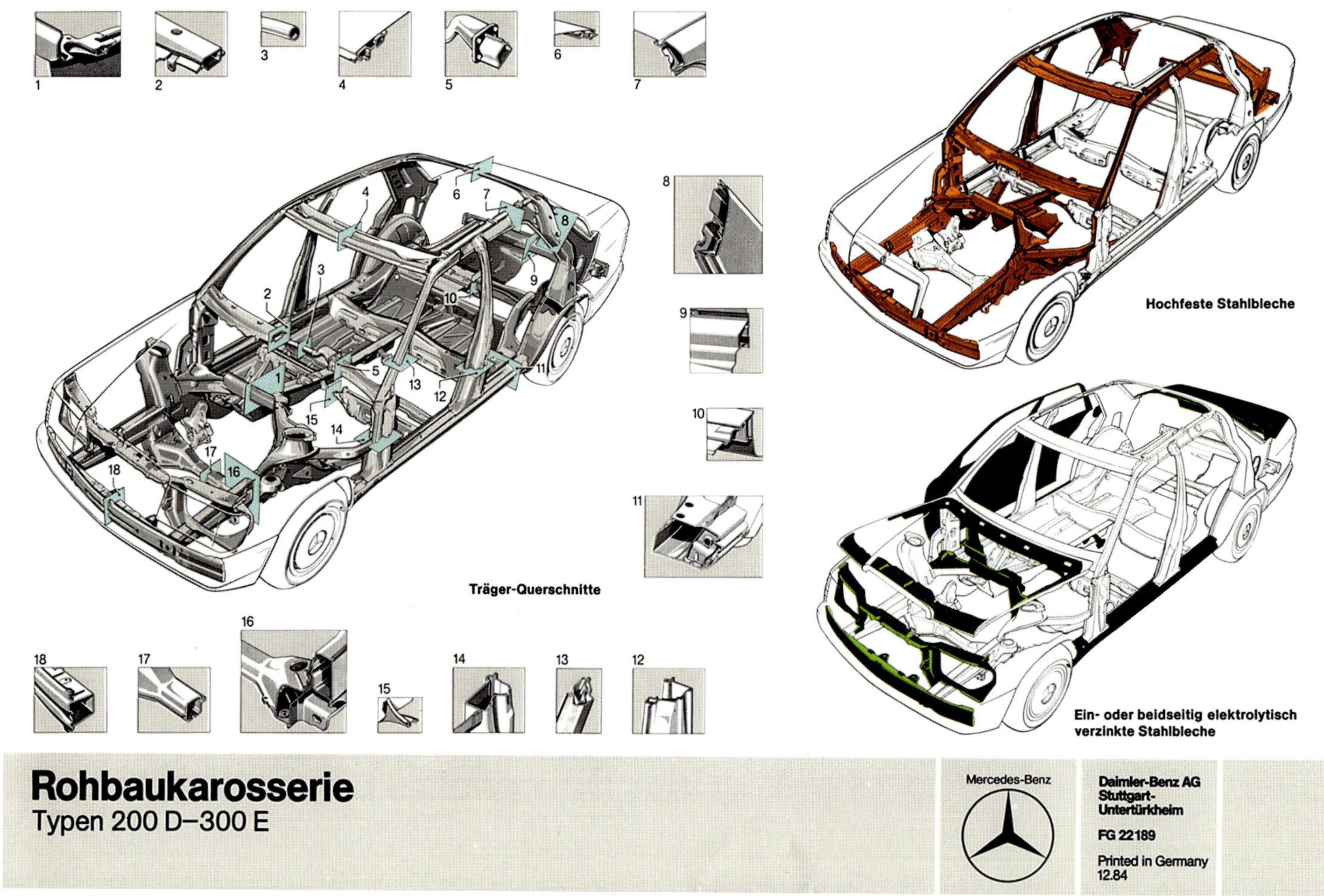

Darstellung des Einsatzes verzinkter Bleche in der Karosserie.

Große Anstrengungen unternimmt Mercedes-Benz traditionell bei dem Thema der passiven Sicherheit, um das Verletzungsrisiko der Passagiere und der anderen Verkehrsteilnehmer so weit zu minimieren, wie es die anwendbaren Technologien zulassen. Erkenntnisse liefern neben den Crashversuchen auch die eigene Unfallforschung. Als gesichert gilt, dass die häufigste Unfallart Frontalkollisionen sind, die 2/3 aller Personenwagenunfälle mit Verletzten ausmachen. Hier sieht die Aufteilung wie folgt aus: 55 % erfolgen asymmetrisch links, weshalb der Entwicklungsschwerpunkt auf dem Offset-Crash mit verschiedenen Überdeckungsgraden liegt. Je 20 % erfolgen auf asymmetrisch rechte und flache unnachgiebige Hindernisse. 5 % erfolgen zentrisch gegen Masten oder Bäume, 6 % der schweren Verkehrsunfälle entfallen auf den Heckaufprall. Diese Zahlen legen nahe, den Fokus der Entwicklung auf die Verringerung des Verletzungsrisikos der Fahrzeugpassagiere auf den vorderen Sitzplätzen beim versetzten Frontalaufprall zu legen. Die besondere Herausforderung bei der Entwicklung des W 124 besteht nun darin, diese Maßnahmen bei größerem Fahrzeugvolumen und gleichzeitig geringerer Masse, sprich Gewicht, durchzuführen. So werden beim zentralen Thema der 124-Entwicklung, den Offset-Crashs, die Strukturen der stoßabgewandten Seite durch die Kühlerbrücke und den vorderen Achsquerträger mitbeansprucht, weil der vordere Querträger als Biegeträger des Stoßfängersystems und zusätzlich als hochbelastbares Übertragungselement konzipiert ist. Dabei ist der eingeschweißte Biegeträger aus hochfestem Material gefertigt.

Die beim Frontalaufprall auftretenden Kräfte werden über die Verzweigung auf drei Äste übertragen. Dass sind der Gabel- und An-

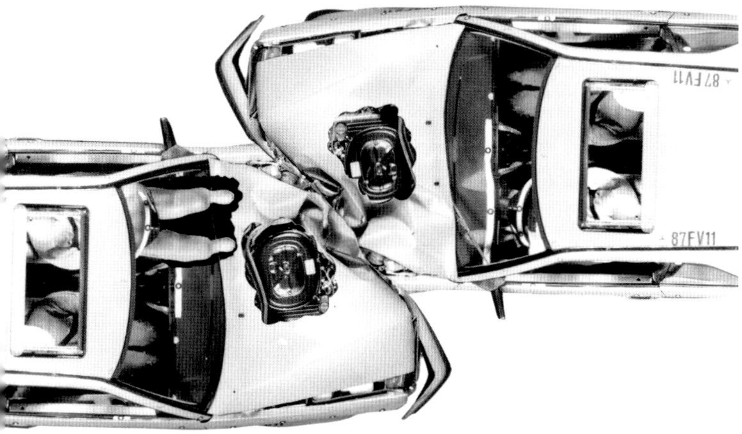

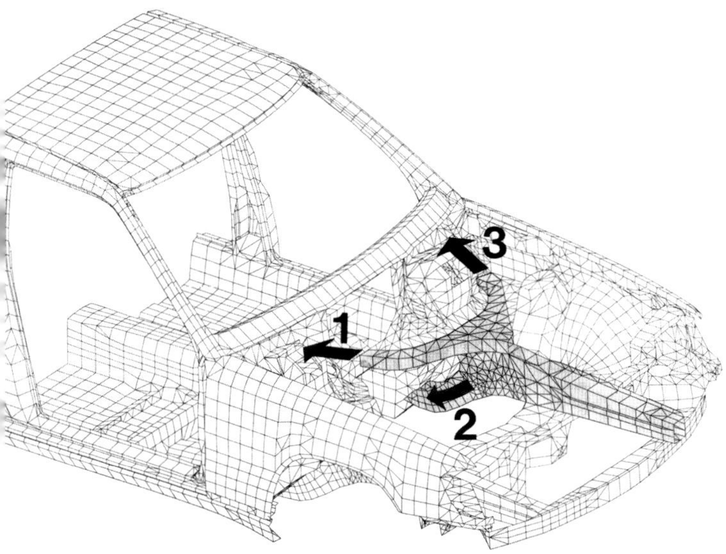

Der sogenannte „Car-to-Car"-Crash mit 50-%iger Überdeckung (oben). Die Karosseriekonstruktion ist aufgrund immer komplexer werdender Anforderungen innerhalb sich ständig verkürzender Zeitintervalle ohne rechnergestützten Einsatz nach der Finite Elemente (FE) Methode inzwischen undenkbar (unten).

schlussträger, die jeweils die einwirkenden Kräfte auf den Kardantunnel und die Seitenwände übertragen, und als dritter Ast die Bodengruppe. Erste Ansätze mit dieser Konstruktion erfolgen bereits bei der Baureihe 126 mit der Doppelquerlenker-Vorderachse, kommen aber erst durch die Dämpferbein-Vorderachse in der Baureihe 124 voll zum Tragen.[20] Die Baureihe 124 besteht den Frontalcrash mit 40-prozentiger Überdeckung, der höhere Anforderungen an die Verformbarkeit des Vorbaus stellt. Später wird an ihr auch der noch anspruchsvollere 40-prozentige Offsetcrash an der deformierbaren Barriere entwickelt.

Der Kardantunnel ist durch die Verwendung von sogenannten »Tailored Blank«-Blechen mit höherer Blechstärke und starker Profilierung durch Sicken für eine optimierte Aufnahme von Längskräften ausgelegt. Dadurch wird gegenüber dem W 123 eine wesentlich größere Reduzierung der Intrusionen im Fußraum erreicht. Im Fußraum selbst werden Intrusionsspitzen, und somit das »Prellschlagsyndrom«, durch die von Dr. Falk Zeidler entwickelte stoßdämpfende, in die Fußmatte integrierte Fußraumeinlage aufgefangen.[21]

Wie erfolgreich die durchgeführten Maßnahmen sind, zeigt ein vom Fachmagazin »auto motor und sport« durchgeführter Vergleichs-Offsetcrash mit 50-prozentiger Überdeckung bei 55 km/h mit acht Limousinen der oberen Mittelklasse.[22] Das Fazit lautet: »Der Mercedes hat die steifste Fahrgastzelle aller Teilnehmer. Die bleibenden Verformungen sind gering. Niedrig ist auch das Verletzungsrisiko der Insassen. Durch den Aufprall des Fahrerkopfes auf die Kante der Lenkrad-Prallplatte ergibt sich zwar eine hohe, aber nicht kritische dynamische Belastung«. Der Vergleich wird auf dem Flugplatz in Jesenwang bei Fürstenfeldbruck durchgeführt. Einen weiteren Crashtest veranstaltet die erwähnte Fachzeitschrift ein Jahr später.[23] Als Trendsetter innerer Sicherheit ist Mercedes-Benz maßgeblicher Treiber des Airbag. Bei dem angeführten Crashtest geht es um die Darstellung der Wirksamkeit von Fahrer- und Beifahrerairbags. Deshalb findet der Offset-Crash mit zwei baugleichen 230 E statt, wobei einer ohne und das andere Fahrzeug mit Fahrer- und Beifahrerairbag ausgerüstet ist. Das Ergebnis ist, wie vorauszusehen, überzeugend: »Der Airbag bringt nochmals eine deutliche Reduzierung des Verletzungsrisikos. Der Grund: Durch die gleichmäßigere Druckverteilung auf Kopf und Körper ist die Gefahr von Frakturen praktisch ausgeschlossen. Im Fußraum ist bei beiden Mercedes ein mittleres Verletzungsrisiko durch Intrusionen anzunehmen. Trotz erheblicher Deformationen der Fahrgastzelle bleibt ausreichender Überlebensraum erhalten«, lautet das Resümee der Tester von »auto motor und sport«. Zur Stabilität der Karosserie beim Dachüberschlag tragen wesentlich die Steifigkeit der A-Säulen im Bordkantenbereich mit innen liegenden Verstärkungsrohren sowie die längs versickten seitlichen Längsträger bei. Auch dies ist gegenüber den Vorgängerbaureihen eine wesentliche Verbesserung. Bei Überschlägen und frontalem sowie seitlichem Aufprall führen die großen Querschnitte des Dachrahmens und die einteilige

20 Gespräch mit Herrn K.-H. Baumann am 8. März 2013

21 Ebd.

22 auto motor und sport, Heft 19/1990, S. 128

23 auto motor und sport, Heft 19/1991, S. 12

Der Frontalaufprall mit 40%iger Überdeckung gegen eine starre Barriere stellt extrem hohe Anforderung an die Crashstrukturen der Karosserie.

Ausführung des Dachrahmen-Seitenteils zu einer höheren Belastbarkeit der Dachstruktur.

Die Innenschale der B-Säule besitzt eine zusätzliche Versickung und weist eine verbesserte Tragteilverbindung zum äußeren Längsträger auf. Hinzu kommen besonders ausgeprägt längs versickte Innenbleche der Türen, die in Verbindung mit zusätzlichen Schlossverstärkungen bei starken Belastungen durch Seitenaufprall den Erhalt der Fahrgastzelle sichern. Gegenüber dem Vorgänger wird die Belastbarkeit der Türen nahezu verdoppelt. Überlappungen von Fahrer/Beifahrer- und Fondtüren sichern bei einem Front- oder Heckaufprall weiterhin ihr leichtes Öffnen. Beim Seitenaufprall wird die Stabilität der Karosserie durch Schottbleche in den seitlichen Querträgern, zusätzliche Querträger unter den Vordersitzen und zwischen den A-Säulen sowie das Verhaken der Türen mit den seitlichen Längsträgern deutlich verbessert. Die Türschlösser weisen eine höhere Zugfestigkeit als übliche Türschlösser auf, so dass an der Schließöse ein komplettes Fahrzeug aufgehängt werden kann.

Einen zusätzlichen Stabilitätsbeitrag leistet der Querträger aus hochfestem Stahl unter dem Armaturenbrett: zum einen in Querrichtung, aber vor allem zur Sicherung des Innenraums vor Intrusionen von Aggregaten beim Frontalaufprall sowie zur Aufnahme der Lenkung in einem vor Deformationen weitgehend geschützten Bereich. Einen weiteren Beitrag zur Gesamtstabilität der fertigen Karosserie leisten die zum ersten Mal bei der Baureihe 124 eingesetzten, fest eingeklebten Front- und Heckscheiben.

Auch der Fußgänger- und Zweiradfahrerschutz wird nicht vernachlässigt. Zur Reduzierung der Kopfbeschleunigung wird die Befestigung der Kotflügel im Längsbereich nachgiebiger gestaltet, was zu einer Reduzierung der Kopfbeschleunigung beim Aufschlag um fast ein Drittel führt. Die verlängerte Hinterkante der Motorhaube deckt sowohl den Querträger unter der Windschutzscheibe als auch den Scheibenwischerantrieb zu großen Teilen ab.

Besonderes Augenmerk wird der Frontgestaltung unter der Prämisse des Aufprallschutzes zuteil, darüber hinaus werden die US-Vorschriften des 4 km/h-Bug- und Heckaufpralls erfüllt. Zum Schutz von Fußgängern und Zweiradfahrern werden die Leuchteinheiten beim Aufprall durch Sollbruchstellen in ihrer Aufhängung nachgiebiger gestaltet. Die Absenkung von Kontaktstellen über der Fahrbahn und eine verringerte Stoßkraft dienen ebenfalls der Belastungsreduzierung der unteren Extremitäten bei Fußgängern. Aufgrund umfangreicher Versuche wird die bis dahin verwendete verchromte Stahlstoßstange durch ein multifunktionales System von nachgiebigen Schaumkörpern aus Polyurethan ersetzt, die von aus Polycarbonat bestehenden Verkleidungen umhüllt sind. Der in Dünnwand-Technik hergestellte Gebläsekasten der Klimaanlage ist zudem vor der Trennwand platziert, um beim Aufprall nicht in den Innenraum einzudringen.

Die Innenverkleidungen der Türen sind im Bereich der Hüften mit nachgiebigen Aufprallkörpern versehen. Bei gepolsterten Armlehnen sorgen stufenweise deformierbare Trägerteile für ein möglichst geringes Verletzungsrisiko beim Seitenaufprall. Bei den Schmuck-

Das Aufhängen eines W 124 an der Schließöse zeigt eindrücklich die Stabilität der Gesamtkonstruktion

Abdeckung des Scheibenwischerantriebs, die bei einem Aufprall als Fußgängerschutz wirkt.

Bei Aufprallversuchen mit dem W 124 kommt ein Fußgängerdummy zum Einsatz.

Stählerne Stoßstangen werden zum Schutz vor Verletzungen bei Fussgängern und Schäden am Fahrzeug durch mehrteilige, nachgiebige Stoßfänger aus Polyurethan und Polycarbonat ersetzt.

elementen im Innenraum wird zur Vermeidung von Splitterungen dünnes Holz auf Aluminiumteile aufgetragen. Auch die Sitzkissen sind zur Vermeidung des sogenannten »Submarining«, des Durchtauchens unter dem Sicherheitsgurt, besonders gestaltet.

Kupplungs- und Bremspedal sind in einem deformierbaren Lagertopf befestigt, der bei großen Intrusionen eine Schwenkbewegung der Pedale nach vorn vollführt und damit zur Reduzierung von Verletzungen der unteren Extremitäten des Fahrers beiträgt.

Die Aerodynamik

Die bei der Aufbaukonstruktion angesiedelte Aerodynamik, deren unmittelbares Medium die nicht sichtbare Luft ist, bietet ein breites Feld für ausgedehnte Diskussionen, die sich meistens am cw-Wert einzelner Fahrzeuge orientieren. Unberücksichtigt bleiben dabei stets die Rahmenbedingungen, unter denen die Werte erzielt werden. Dabei spielen die jeweiligen Einsatzbedingungen einer Baureihe, wie z. B. die vorgesehene Motorenpalette oder Anhängelasten, die unterschiedlichen Kühlergrößen erfordern, eine entscheidende Rolle. Unmittelbar vergleichbar sind deshalb nur Fahrzeuge vergleichbarer Motorengröße und Ausstattung, wobei etwa Leichtmetallfelgen, Klimaanlagen, Außenspiegel und Fahrzeughöhe (Tieferlegungen beim Einsatz von Sportfahrwerken), unterschiedliche Abstände zwischen Boden und der Unterkante der Bugschürze sowie die aufgezogenen Reifengrößen einflussreiche Faktoren darstellen. Trotzdem werden in der allgemeinen Kommunikation der Automobilhersteller selten entsprechend differenzierte cw-Werte angeben, sondern meistens ein Wert für eine komplette Baureihe. Beispielsweise weisen auch die Typen 200 und 500 E unterschiedliche cw-Werte innerhalb derselben Baureihe auf. Für die gesamte Baureihe sind aber die angegebenen Werte in der Tendenz vergleichbar.

Eine Zäsur geht in den siebziger Jahren von der Erdölkrise und den verschärften Abgasgesetzen in den USA aus. Effizientere Motoren mit geringerem Schadstoffausstoß und geringere Fahrwiderstände aufgrund strömungsgünstiger Karosserien sind die Folge. Trendsetter auf dem deutschen Markt sind schon Ende der sechziger Jahre Audi und NSU. Der Audi 100 LS erreicht einen cw-Wert von 0,397 und das Audi 100 Coupé sogar einen von 0,366, den auch der 1968 vorgestellte NSU Ro 80 vorzuweisen hat. Das erste sichtbare Ergebnis bei Mercedes-Benz ist die 1979 vorgestellte S-Klasse der Baureihe 126 mit einem cw-Wert von 0,360 sowie die 1982 vorgestellte Kompaktklasse W 201, die auf einen mittleren cw-Wert von 0,340 kommt.

Bereits in der Konzeptbeschreibung vom 14. November 1977 setzen Entwicklungsvorstand Breitschwerdt und Pkw-Entwicklungschef van Winsen zunächst die Zielvorgabe einer Reduzierung des cw-Werts von 0,44 des W 123 auf 0,35 beim W 124. Tatsächlich werden 1982 an den in der Fertigung ab September 1982 modellgepflegten Fahrzeugen der Baureihe 123 aber cw-Werte zwischen 0,413 (200) und 0,425 (280 E) gemessen, wobei in diesem Bericht darauf hingewiesen wird, dass offiziell für den W 123 bis zum September 1982 ein cw-Durchschnittswert von 0,440 und danach von 0,420 angegeben wird.[24] Im 1. Lastenheft vom Mai 1979 wird die Messlatte höher gelegt, indem die Forderung für den W 124 auf einen cw-Wert von 0,32 fixiert wird. Aber zur Reduzierung der Fahr-

Das im Herbst 1970 eingeführte Audi 100 Coupé ist einer der strömungsgünstigsten Personenwagen seiner Zeit.

24 Technischer Bericht Nr. 0755 v. 22.11.1982

Der für die Aerodynamik der Baureihe 124 zuständige Dipl.-Ing. Rüdiger Faul im Untertürkheimer Windkanal bei Messungen zur Optimierung des W 124.

widerstände zählt neben der aerodynamischen Effizienz einer Karosserie auch die sich dem Wind entgegenstellende Fläche. Aus

Eine am Modell 1 nachträglich angefertigte Skizze, welche die von Dipl.-Ing. Rüdiger Faul durchgeführten Änderungen zeigt.

diesem Grund wird von Beginn der Entwicklung an neben dem reduzierten cw-Wert bei gleichen Raumverhältnissen zusätzlich Wert auf eine geringere Stirnfläche beim W 124 gelegt. Sinkt der durchschnittliche cw-Wert im Schnitt gegenüber der W 123-Limousinen-Palette von 0,42 nach dem Facelift beim W 124 auf 0,29 bis 0,31 je nach Modell, so geht die Stirnfläche im Durchschnitt von 2,08 m^2 beim W 123 auf 2,06 m^2 beim W 124 zurück. Die Summe beider Parameter, der für den Fahrwiderstand wichtigere cw x F-Wert – in anderen Publikationen auch cw x A-Wert genannt –, sinkt von 0,87 beim W 123 auf 0,61 beim W 124.

Allein, mit einem geringeren cw-Wert ist es nicht getan. Wesentliche Bedeutung für ein ausgeglichenes Fahrverhalten kommt den Auftriebswerten an Vorder- und Hinterachse zu. So wird bei der W 124 Limousine der Kofferraumdeckel gegenüber den Vorentwürfen und auch gegenüber den Coupés angehoben, um den Nachlauf des Luftstroms zu reduzieren, der den cw-Wert erhöht und zugleich den Hinterachsauftrieb fördert. Dies führt zu einem Anstieg der Bordkante im Bereich der C-Säule, der den Designern missfällt.

Aerodynamische Feinarbeit auch außerhalb des Sichtbereichs: abnehmbare Unterbodenverkleidung eines Vierzylinder-motorisierten W 124.

Einen wichtigen Part übernehmen bei der Gesamtbetrachtung des cw-Wertes und der Auftriebswerte die von Typ zu Typ und je nach eingebautem Motor unterschiedlich gestalteten langen oder kurzen Unterbodenverkleidungen. Generell wird der Strömungsgestaltung im Unterbodenbereich beim W 124 zum ersten Mal große Aufmerksamkeit gewidmet. Das reicht von den unterschiedlichen Motorverkleidungen, deren Form von der Länge der eingebauten Vier-, Fünf-, Sechs- und Achtzylindermotoren abhängt, über die Gestaltung der Auspuffanlagen bis hin zur Verkleidung des Benzinpumpenpakets und den Lenkerverkleidungen an der Hinterachse.

Dasselbe gilt für die Gestaltung der Bugschürzen, die, optisch identisch wirkend, aufgrund unterschiedlicher Luftdurchlässe für unterschiedliche Kühlergrößen zu verschiedenen cw-Werten führen. Erhöhend wirken der damals noch nicht serienmäßige rechte Außenspiegel und Leichtmetallfelgen. Bei Letzteren führt ein möglichst geschlossenes Felgengesicht zu geringeren Werten als offenere Gestaltungen mit Speichen, die zwar der besseren Bremsenkühlung dienen, aber sowohl cw- wie Auftriebswert erhöhen. Gleiches gilt für Räder mit geringerer Einpresstiefe.

Mit ihren guten cw-Werten steht die Baureihe 124 in ihrer Zeit allerdings nicht allein. Die Bedeutung hoher Windschlüpfigkeit wird auch vom Wettbewerb erkannt und entsprechend umgesetzt. So entstehen z. B. die Karosserien des 1986 neu erscheinenden Opel

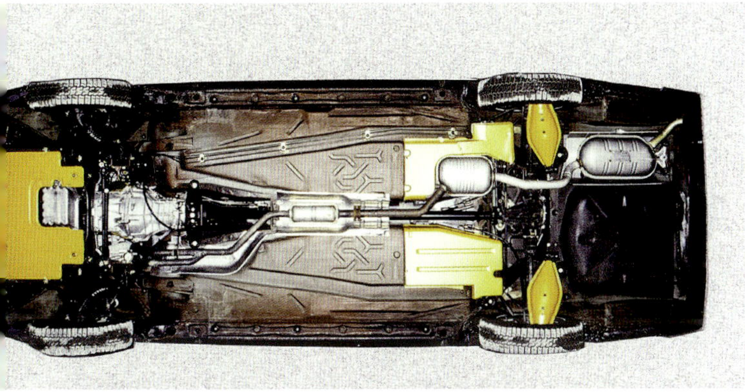

Unterbodenverkleidungen am W 124, die auch die Radaufhängungen an der Hinterachse mit einschliessen

Strömungsuntersuchungen zur Bremsenkühlung an der Kunststoff-Radkappe der Stahlfelgen.

Omega in Zusammenarbeit mit Dipl.-Ing. Jürgen Potthoff vom Windkanal der Universität Stuttgart. Dessen cw-Wert von 0,28 für die Limousine wird selbst in internen Publikationen für Mercedes-Benz Verkäufer als bemerkenswert angesehen. Der zur selben Zeit präsentierte Audi 80 kommt auf einen cw-Wert von 0,29.[25]

Das Thema des Luftwiderstandsbeiwertes erringt damals eine verkaufspolitische Relevanz und führt zu internen Diskussionen, als der Bottroper Fahrzeugtuner und -veredler BRABUS Anfang 1985 einen Typ 200 tieferlegt, und ihn mit Front- und Heckspoiler sowie Schwellerverkleidungen und Heckschürze ausstattet. Die im Untertürkheimer Windkanal erfolgten Messungen ergeben einen cw-Wert von 0,2621, der von BRABUS als Weltrekord werblich herausgestellt wird, was zu »Stirnrunzeln« in der Daimler-Benz Rechtsabteilung führt. Interne Versuche des die Baureihe 124 betreuenden Dipl.-Ing. Rüdiger Faul führen zu vergleichbaren Verbesserungen, wenn man bei der Einfederung des Serienfahrzeugs die Werte des gemessenen BRABUS Wagens übernimmt.[26]

Das Design

Im Englischen – woher der Begriff stammt – ist die Bezeichnung Design wesentlich weiter gefasst als im Deutschen, da sie grundsätzlich auch die Konstruktion technischer Komponenten umfasst. So spricht man dort z. B. auch vom Design eines Motors oder Zylinderkopfs und meint damit nicht die äußere Form, sondern die technische Gestaltung mit z. B. vier Ventilen und zwei Nockenwellen bei einem Zylinderkopf. Im deutschen Sprachgebrauch liegt der Schwerpunkt des Begriffs Design dagegen in der Formgestaltung eines Gegenstandes. Beim Design der Baureihe 124 wird der mit der Baureihe 201 begonnene Weg in Richtung einer neuen eigenen Produktidentität der Ära Sacco/Gallitzendörfer fortgesetzt. Letztere resultiert aber nicht in einem optischen Einheitsbrei von nicht oder kaum mehr zu unterscheidenden Frontansichten unterschiedlicher Baureihen einzelner Marken, wie sie heute sehr häufig zu beobachten ist. Optisch differenziert sich auch aus der Ferne ein W 124 deutlich vom W 201 und vom W 126. Die drei Baureihen setzen aber mit ihrer klaren, schnörkellosen Linienführung formaler Dynamik und Effizienz sowie ausgewogenen Proportionen den klaren Akzent einer neuen Produktidentität. Auch bei der Baureihe 124 geht die Designentwicklung über die klassische Formfindung mit Zeichnungsentwürfen, 1:5-Modellen, Renderings – das sind Zeichnungen im Maßstab 1:1 – und 1:1-Tonmodellen vonstatten. Bei den Zeichnungsentwürfen herrscht noch gewünschte kreative »Gedankenfreiheit«, die sich dann auch in den Entwürfen widerspiegelt. Bei der Gestaltung der 1:5-Tonmodelle ist eine ähnliche Vielfalt zu finden. Hier wird bereits eine Vorauswahl getroffen, und es werden an den selektierten 1:5-Modellen im kleinen Sindelfinger Windkanal Messungen vorgenommen. Erste Modelle entstehen bereits im April und September 1976.

Futuristisches Rendering des Designers Harald Leschke mit drei Seitenfenstern aus der Entwurfsphase des W 124.

25 »Scheinwerfer«, Heft 3/1986

26 TB 0136 v. 05.03.1985

Auch diese Entwurfszeichnung von Harald Leschke mit zwei Seitenfenstern und betonter C-Säule stammt aus der Frühzeit.

Keine Verwandtschaft zum späteren Serienfahrzeug: Frühes Rendering des Designers Karlheinz Bauer, ebenfalls mit zwei Seitenfenstern und betonter C-Säule.

Deutlich seriennäher präsentiert sich der Entwurf des Designers Gerard Cardiet.

Gezeichnetes Serienmodell in interessanter zweifarbiger Ausführung.

Für Mercedes-Benz Verhältnisse mutiger Entwurf des Designers Harald Leschke von 1978. Erkennbar sind leichte Anklänge an Citroën Fahrzeuge und die Betonung guter Aerodynamik.

Auch in den Zeichnungen des Designers Karl-Heinz Bauer spielen Fließheck-Lösungen, wie sie etwa bei den Citroën Modellreihen CX und GS umgesetzt worden sind, eine Rolle.

Ein weiterer Entwurf von Harald Leschke, der sich mit dem Designthema der Fließhecklimousine auseinandersetzt.

Die im Vordergrund aufgestellten, im Maßstab 1:5 angefertigten Tonmodelle des zukünftigen W 124 reflektieren die damalige Designsprache von Mercedes-Benz nur ansatzweise. Noch weniger Spuren sind in den dahinter aufgehängten farbigen Entwurfszeichnungen zu entdecken.

W 124-Entwurf als 1:5 Modell bei Erprobungen im kleinen Sindelfinger Windkanal.

Eine besondere Herausforderung ist die Herstellung der 1:1-Modelle, von denen es zwei Ausführungen gibt. Die Tonmodelle, die ebenfalls einem richtigen Fahrzeug ähnlich sind, wiegen zwischen drei und dreieinhalb Tonnen. Sie werden vor allem vom Design zur Formfindung und von den Aerodynamikabteilungen der Karosseriekonstruktion eingesetzt und basieren auf der Grundstruktur eines Vorgängermodells. Zunächst baut man eine Rohrkonstruktion mit den Abmessungen der zukünftigen Karosserie auf. Dieses Rohrgerippe erhält eine Lattenauflage mit den Konturen der Karosserie. Zum besseren Halt des feuchten Tons wird darauf eine Lage dünnes Drahtgeflecht (Hasendraht) gespannt. Aus dem aufgetragenen Ton wird dann die jeweilige Karosserie geformt. Das erste 1:1-Modell des W 124 ist Mitte 1978 fertig und zeigt noch deutliche formale Anklänge an die ebenfalls in der Entwicklung befindliche S-Klasse W 126 und den Baby-Benz W 201.

Die zweite wichtige Version der 1:1-Modelle sind die Einstiegsmodelle, in die man dem Namen entsprechend einsteigen kann und sich einen Raumeindruck hinsichtlich des Platzes und der Innenraumgestaltung machen kann. Außerdem sind die Einstiegsmodelle rollbar, um sich auch im Außenbereich mit realen Lichtverhältnissen ein Bild zu machen. Dabei werden an den Modellen auch oft Detaillösungen ausprobiert, die Jahre später ge-

Frühes 1:5-Designmodell aus dem Frühjahr 1976 – da war der W 123 gerade einmal drei Monate alt.

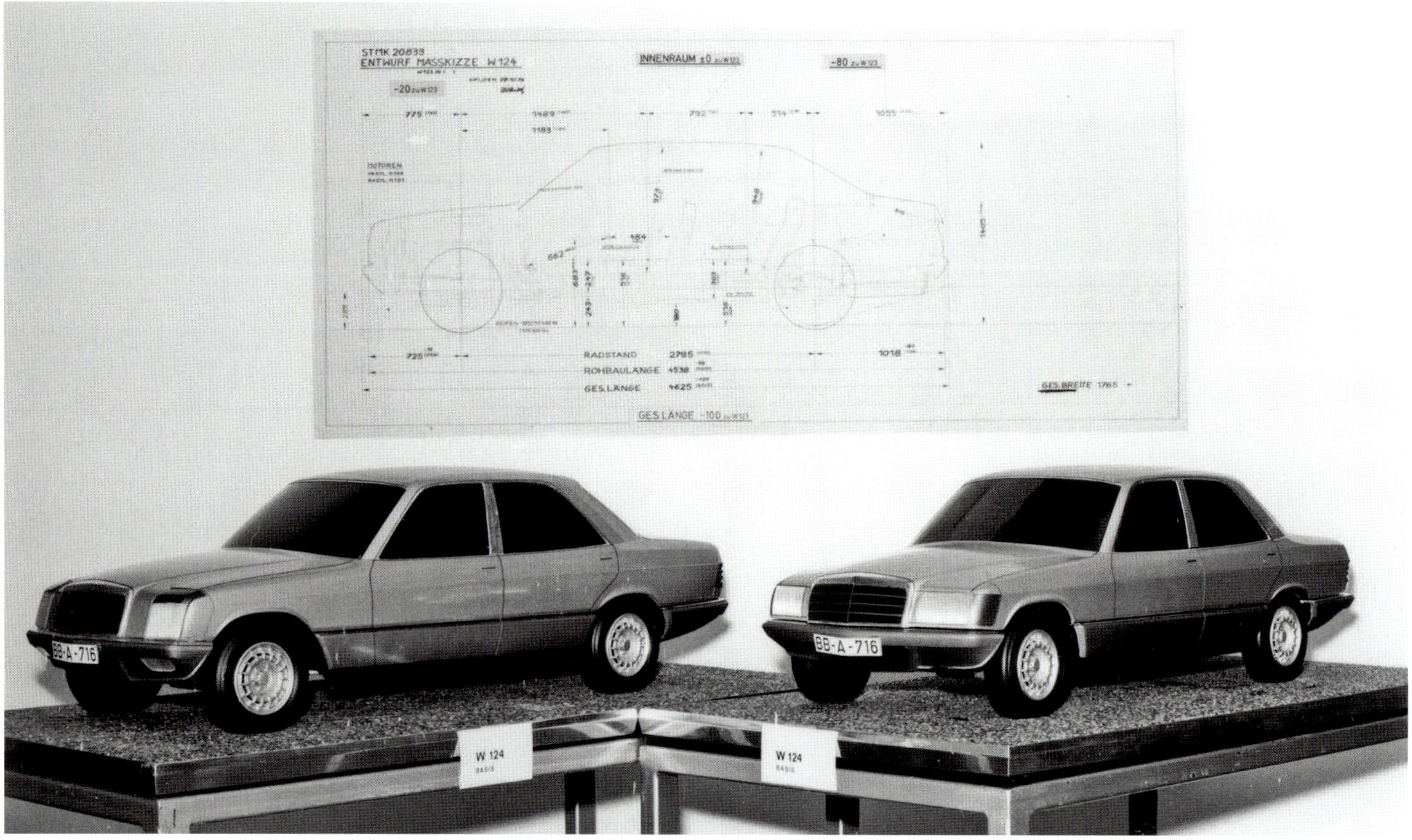

Zwei auf demselben Masskonzept aufbauende, einander sehr ähnliche 1:5 Modelle, die lediglich unterschiedliche Detailausarbeitungen aufweisen.

Aufbau eines 1:1-Modells, das aus den Arbeitsstufen Zeichnung, Lattengerüst, Tonauftrag mit Formmodellierung und Lackierung besteht. Hier wird gerade das Lattengerüst erstellt.

Hier wird die zweite Stufe beim Aufbau zum real aussehenden 1:1-Modell vollzogen, das Auftragen der modellierbaren Tonmasse.

Fertiges 1:1 Modell, das noch starke Anklänge an die S-Klasse Baureihe 126 zeigt.

Den 1993 eingeführten Plakettengrill gibt es als Designvorschlag schon anderthalb Jahrzehnte früher.

Rüdiger Faul bei Aerodynamik-Optimierungen an einem T-Modell S 124.

Das zweite T-Modell mit riesigem Raumvolumen und Plakettengrill.

gebenenfalls in Modellpflegen einfließen, wie etwa der im April 1980 gezeigte Plakettengrill, der dann anlässlich der letzten Modellpflege 1993 in Serie geht. Aber auch das ausgefallene Karosseriekonzept einer nicht realisierten Schräghecklimousine findet 1979 seinen Weg als 1:1-Modell über den Windkanal bis in die Runde der Auswahlmodelle. Generell werden an den 1:1-Modellen auch unterschiedliche Gestaltungsentwürfe der Fahrzeugflanken verwirklicht. Vom W 124 werden insgesamt sieben 1:1-Modelle erstellt. Die Entscheidungsrunden im Stilistenbereich des Vorstands- und Direktorengremiums finden damals im seinerzeit eigens dafür errichteten Kuppelbau des Werks Sindelfingen statt, da hier eine gleichmäßige Beleuchtung und zugleich Geheimhaltung gewährleistet ist. Bei der vierten Sitzung (Ausschuss für Modelle und Planung) am 7. April 1981, an der der damalige Vorstandsvorsitzende Dr. Gerhard Prinz und die Vorstän-

Fertiges Gipsmodell des W 124, gut zwei Jahre vor der Vorstellung des Serienmodells.

Das Modell 7 entspricht bereits weitgehend der Serienoptik. Es weist unter anderem bei der Bugschürzengestaltung und den Seitenleisten der Türen und Kotflügel noch Abweichungen gegenüber der späteren Serie auf.

de Prof.-Dr. Werner Breitschwerdt, Dr. Werner Niefer, Dr. Richard Osswald, Edzard Reuter und Walter Ulsamer teilnehmen, fällt die Entscheidung für die Form des W 124. Die offizielle Freigabe erfolgt durch Entwicklungsvorstand Breitschwerdt und den Entwicklungschef Personenwagen Friedrich van Winsen mit Mitteilung vom 5. Juni 1981.

Der für viele zu Beginn gewöhnungsbedürftige hohe Heckabschluss ist der aus Crashgründen notwendigen Platzierung des Tanks über der Hinterachse und der Aerodynamik geschuldet. Bis heute finden das lichte Greenhouse mit seinen großen Glasflächen und die gute Übersichtlichkeit wohlwollende Akzeptanz. Dasselbe gilt für die ausgewogenen Proportionen der vorderen und hinteren Karosserieüberhänge. Das Ergebnis ist auch optisch eine deutliche Zäsur gegenüber der Vorgängerbaureihe. Für Mercedes-Benz signalisiert das völlig neue Design der Baureihe 124 optisch einen Paradigmenwechsel in puncto passive Sicherheit, Effizienz, Dynamik und Umweltfreundlichkeit.

Sechs 1:1-Modelle des W 124 werden zur Beurteilung präsentiert – nur eine Variante kann gewinnen.

Hier werden fünf original große Modelle begutachtet, denen zum Vergleich zwei 1:1-Renderings und ein W 201 (oben links ganz knapp zu sehen) gegenübergestellt werden.

Gespannte Erwartung: Im Sindelfinger Kuppelbau findet eine interne Begutachtung des W 124 statt.

Die Entwicklung der Mittelklasse mit V8-Motoren

Der 500 E/E 500

Für viele beginnt die Entwicklung der V8-Motoren in der Mercedes-Benz Mittelklasse – die heute zur Oberklasse hochgestuft ist – 1990 mit der Präsentation des Typs 500 E auf dem Pariser Automobilsalon. Überlegungen zum Einbau eines V8-Motors in Fahrzeuge der Mittelklasse sind allerdings viel älter.

Der Einbau von Achtzylinder-Triebwerken in die nächstkleinere Wagenklasse hat bei Mercedes-Benz seit vier Jahrzehnten Tradition. 1966/67 unternimmt der Versuchsingenieur Erich Waxenberger den erfolgreichen Versuch, den 6,3 Liter großen V8 namens M 100 aus der Repräsentationslimousine Typ 600 (W 100) der Oberklasse-Limousine 300 SEL (W 109) einzupflanzen. Daraus resultiert der begehrte, bewunderte und heute als Klassiker gesuchte Typ 300 SEL 6.3 (W 109), der ab Dezember 1967 in die Serienfertigung geht.

Ende der 1970er werden je ein Coupé der Baureihe 123 mit einem 3,8-Liter-Motor M 116 E 38 sowie Hydropneumatik-Federung und ein T-Modell mit dem 5,0-Liter M 117 E 50 – beide Triebwerke in Alu-Ausführung – im Versuch aufgebaut, untersucht und ausgiebig gefahren. Das T-Modell mit dem M 117 wird gerne vom damaligen Versuchschef Karl-Heinz Göschel benutzt.

Bei der Erstellung des ersten Lastenheftentwurfs für den W 124 im April 1979 sowie dessen endgültiger Version vom Mai 1979 spielt der Einbau des V8-Motors M 116 E 38 ebenfalls eine Rolle. Man will einer Änderung des Kaufverhaltens zu Lasten der S-Klasse in Folge unvorhersehbarer Ereignisse dadurch begegnen, dass man eine längere Radstandvariante des W 124 sowie die Einbaumöglichkeit des 3,8-Liter-V8 bereits konstruktiv vorsieht.

Neuen Auftrieb erhält das Thema Ende der achtziger Jahre durch die Abwertung des Dollars und schwierige Absatzverhältnisse auf dem deutschen Markt – beides Themen, die auch Porsche belasten. Der spätere Vorstandschef der Mercedes-Benz AG, Prof. Jürgen Hubbert, erinnert sich an Überlegungen, der E-Klasse mit einem absoluten Spitzenprodukt neuen Auftrieb und Glanz zu verleihen.[27] Hubbert lässt Prüfaufträge vergeben, die zu dem Ergebnis kommen, dass Vorbauänderungen durchgeführt werden müssen, und das Thema der Kühlluft neu anzugehen ist. Dabei stellt sich heraus, dass der Produktionsaufwand größer ist als zunächst angenommen, was fast zu einem Stolperstein für das Projekt wird. Denn die Entwicklungskapazitäten sind damals durch die vor dem Anlauf stehenden Typen der SL-Baureihe 129 und der S-Klasse Baureihe 140 mit ihren neuen Reihensechszylinder-, V8- und V12-Motoren bereits ausgelastet. Als sich herausstellt, dass bei Porsche durch das Auslaufen des Supersportwagens 959 Kapazitäten frei werden, nehmen der damalige Daimler-Benz Vorstand und ab Mitte 1988 Vorstandsvorsitzende der Mercedes-Benz AG, Prof. Dr. Werner Niefer, und Jürgen Hubbert Kontakt zu Ferry Porsche auf. Zunächst werden neben Möglichkeiten von Kooperationen auch langfristige Perspektiven der in der momentanen Situation notwendigen Aktivitäten erörtert, um Kapazitäten im konstruktiven und Fertigungsbereich auszulasten, die durch das Auslaufen der 959-Produktion entstehen. Für weitergehende Aktivitäten einer eventuellen Übernahme Porsches durch Daimler-Benz liegen allerdings keine Unterlagen vor.

Im November 1987 legt die Pkw-Konstruktion bei Mercedes-Benz dem Pkw-Entwicklungschef Dr. Wolfgang Peter den Ausstattungsumfang für den ersten noch W 124 E 50 genannten 500 E vor. Porsche seinerseits erstellt im Dezember 1987 eine Einbau- und Erstabstimmung des V8-Motors M 119 für den W 124. In einer Besprechung am 22. Dezember wird der Auftrag Peters bekanntgegeben, parallel und als Ergänzung zu Porsche einen weiteren W 124 mit dem Motor M 119 aufzubauen. Dieser Aufbau von sogenannten Vorauswagen bei Mercedes-Benz und Porsche soll der Vorbereitung einer Entscheidung über die Aufnahme des Projekts 500 E dienen.[28] Der Umbau der Versuchsfahrzeuge startet am 4. Januar 1988[29], und die Verwandlung eines vorhandenen 300 E in einen 500 E erfolgt im Zeitraum bis zum 26. Februar.[30]

Am 28. April werden von Mercedes-Benz unter anderem folgende Eckpunkte für den 500 E festgelegt[31]:

- Motor M 119 E 50 als Einheitsdeckmotor mit Automatikgetriebe W 4 A 040
- Bereifung 225/55 R 16 vorn und hinten

27 Besuch des Autors bei Prof. Jürgen Hubbert am 4. Februar 2015 in Sindelfingen
28 AN vom 05.01.1988
29 AN vom 12.01.1988
30 AN vom 28.03.1988
31 AN vom 29.04.1988

- geänderte Ersatzradmulde im Kofferraum
- ausgestellte Radausschnitte vorn und hinten
- Bremsanlage des R 129
- Verlagerung der Batterie in den Kofferraum
- Übernahme der Fondsitzanlage des C 124
- ausgeschlossen werden Ausführungen mit Schaltgetriebe, mit 4MATIC, als Coupé und T-Modell

Unter der Typ-Nummer 2758 werden daraufhin bei Porsche Mitte 1988 Voruntersuchungen zu einem Mercedes-Benz 500 E angestellt.[32] Diese gliedern sich in:

1. Die konstruktive und versuchstechnische Serienentwicklung des Basistyps W 124 mit dem 5-Liter-V8-Motor M 119. Dabei wird eine Projektlaufzeit von Februar 1988 bis September 1991 angenommen.

2. Die Serienbetreuung des Projektes durch Konstruktion und Versuch bei Porsche, bei einer Projektlaufzeit von Januar 1991 bis September 1994. Die Arbeiten einer qualitätsorientierten Betreuung werden von Porsche in Zusammenarbeit mit Daimler-Benz abgewickelt.

500 E Produktion bei Porsche im „Rösslebau": Das Zusammenschweißen der vorderen Rahmengruppe bis zur Stirnwand geschieht in mehreren Schritten.

Bei Porsche wird im Entwicklungszentrum in Weissach der damals 33-jährige Michael Hölscher zum Projektleiter für den 500 E ernannt, nachdem er zuvor bereits erfolgreich das Kooperationsprojekt Audi RS 2 gemanagt hat. Neu für die Zuffenhausener ist, dass das unter dem Entwicklungscode E 50 betriebene Projekt auch vor Ort gebaut werden soll, da in der laufenden Sindelfinger Produktion die Fertigungsanlagen des W 124 für die um 560 Millimeter breiteren Karosserien mit den ausgestellten Kotflügeln, die die breiteren Räder des SL der Baureihe R 129 beherbergen, nicht vorgesehen sind. Dazu werden in einem Porsche-Bau in der Adestraße die Produktions- und Montageeinrichtungen untergebracht. In diesem sogenannten »Rösslebau« startet, nach der ab April 1990 gefertigten Nullserie, im Frühjahr 1991 die Serienproduktion des mit einem 5,0-Liter-V8 motorisierten W 124.

Am 4. August 1988 wird in einem »Grundsatzabstimmungsgespräch« zwischen dem Sindelfinger Technischen Werksleiter Wolfgang Jacobi und dem Porsche Produktionsvorstand Prof. Dr. Rudi Noppen in Zuffenhausen der Fertigungsablauf in den Punkten Presswerk, Rohbau, Oberfläche, Ausstattung Montageteile und Montage festgelegt. In einem weiteren Gespräch veranlasst Porsche einen Termin mit Daimler-Benz und Porsche Konstrukteuren, um die von der Serie abweichenden Umfänge detailliert abzustimmen.[33] Der Produktionsablauf sieht vor, dass Porsche neue und geänderte Pressteile herstellt und die dazu nötigen Werkzeuge konstruiert und produziert.

Düster und beengt: Heute sehen Fertigungsstationen deutlich anders aus...

32 Porsche Archiv, Band 46: Kundenentwicklungen Nr. 2740-2769, H.A. 971/92 v. 06/1988
33 AN v. 09.08.1988

Hier werden das Dach und die C-Säulen-Seitenelemente mit dem Karosserieunterbau zusammengeschweißt.

Am 7. September 1988 tritt ein 24-köpfiger Arbeitskreis bei Mercedes-Benz zu seiner ersten Sitzung zusammen. Dazu gehören auch bereits der Ende 1990 von der Mercedes-Benz Entwicklung zum Projektleiter des 500 E beauftragte Ingenieur Prantl sowie der spätere Typbegleiter, der Hauptgruppenleiter Hans-Georg Horn.

Am 30. Mai 1989 veranlasst Hermann Gaus, der seit März 1988 die Direktion Gesamtfahrzeug im Bereich Konstruktion und Versuch leitet, die Verlegung der Luftansaugung von den Kiemengittern im Kotflügel in die Ansaugung durch die Lampentöpfe der Scheinwerfer. Der Grund ist ein Leistungsverlust von 10 kW/14 PS zwischen 200 km/h und 250 km/h durch ein ungünstigeres Druckverhalten.

Manuell auszuführende Arbeitsschritte sind seinerzeit noch keine Seltenheit.

Unter strenger Beobachtung: Der Karosserieunterbau wird mit der Bodengruppe sowie Front- und Heckelementen vereint.

Körperliche Beanspruchung der Beschäftigten gehört zu Zeiten der Fertigung des 500 E noch zum Arbeitsalltag in der Produktion.

Fußschemelchen fungieren als praktische Helfer: Einbau der Elektrik in die fertig lackierte Karosserie

Am 19. Juni 1989 findet in Sindelfingen die Urmodellabnahme statt.

Vom 500 E werden zwischen Frühjahr 1988 und Mitte 1990 insgesamt 32 Erprobungsfahrzeuge gebaut. Fünfzehn davon entstehen bei Porsche. Den Zuffenhausenern obliegen in der Folge u. a. Dauerläufe in Hockenheim, Straßen-Dauerläufe, Schlechtweg-Dauerläufe – sogenannte »Heide-Dauerläufe« – Norwegen-Dauerläufe, Crashs für die Typprüfung ECE und USA und Heckaufprall-Crashs[34] Die von Mercedes-Benz ergänzend nach eigenen Vorgaben durchgeführten Crashtests finden in Sindelfingen statt.[35]

Beim Rohbau schickt Sindelfingen Serien-Untergruppen zur Montage an Porsche. Die vielfach vertretene Meinung, der E 500 sei ab der Modellpflege ganz im Werk Sindelfingen gebaut worden, ist eine Legende. Der 500 E wird bis zum Produktionsende bei Porsche gefertigt. Dazu zählt auch die Umarbeitung der vorderen ausgestellten Kotflügel aus vorhandenen Serienteilen. Lediglich die Lackierung wird als Zwischenstation im Werk Sindelfingen durchgeführt, was allerdings den Produktionsablauf nicht vereinfacht.

Vorder- und Hinterachsen werden unter angenehmeren Arbeitsbedingungen eingebaut.

Ein fertiggestellter 500 E für den US-Markt wartet auf seinen Weitertransport.

34 Wageneinteilung W 124 mit M 119 E 50, v. 12.06.1989

35 Gespräch mit Herrn K.-H. Baumann, 08.03.2013

Karosseriemontage des 500 E bei Porsche im Zuffenhausener „Rösslebau“.

Auf dem Pariser Salon im Oktober 1990 wird dann eine Gourmetspezialität für die Gaumenfreuden von Liebhabern exklusiver Automobile kredenzt, die bei der ersten optischen Kostprobe nicht auf Anhieb zu einem Vier-Sterne-Jubel à la Guide Michelin veranlasst. Aber nach Abschluss des Mahls der ersten Probefahrt hinterlässt die Spezialität stets einen intensiven Nachgeschmack, der bis heute in der Lage ist, Suchtcharakter anzunehmen. Die Rede ist vom 500 E, dem neuen Spitzenprodukt der Baureihe 124. Diesem unglaublich gut gemachten, potenten Automobil mit seinem gekonnt zurückhaltenden Auftritt trauern viele Automobil-Enthusiasten noch heute nach.

Der 500 E ist äußerlich für den Laien nicht unbedingt sofort als Topmodell einzuordnen. Der Kenner identifiziert ihn aber unmittelbar an den fast unmerklich verbreiterten vorderen und hinteren Kotflügeln mit den dezent ausgestellten Radhausausschnitten, an der nach vorne gezogenen, fast senkrecht abfallenden vorderen Bugschürze mit den eingelassenen Nebelleuchten, den Leuchteinheiten mit den integrierten Fernscheinwerfern, der um 23 mm tiefer

Tief kauert der 500 E auf dem Asphalt: Hier bei einer Fotofahrt für die Mercedes-Benz Werbeabteilung.

Deutlich erkennbar sind hier die ausgestellten hinteren Kotflügel-Radausschnitte für die voluminösere Bereifung, die vom 500 SL Roadster übernommen wird.

Die gegenüber den normalen W 124 Modellen geänderte Frontschürze des 500 E sorgt für geringeren Vorderachsauftrieb und größere Luftzufuhr.

gelegten Karosserie und – last but not least – an den üppigen 8 J x 16 Zoll-Rädern und der entsprechenden Bereifung 225/55 ZR 16 der SL-Typen der Baureihe 129. Von denen stammte auch die Vorderachse bis auf die Lenkspurhebel. Die Spurweite der Vorderachse ist mit 1534 mm um 37 mm breiter als bei normalen 124ern, und die hinteren Querlenkerlager sind zur Stabilisierung beim Bremsen durch eine Strebe miteinander verbunden. Der besonders großzügig dimensionierte Hinterachsträger mit geänderter vorderer und hinterer Querbrücke ist bis dahin sonst in keinem Modell der Baureihe 124 eingebaut. Abweichend von der Serie sind außerdem die hintere Mittelstückaufhängung, der Gelenkflansch mit vier Armen am Antriebskegelrad mit 110 mm Lochkreisdurchmesser, die 32 mm starken Hinterachswellen mit größeren Ringgelenken und die hinten um 38 mm größere Spurweite. Um den Federweg trotz der tiefergelegten Karosserie zu erhalten, sind an der Hinterachse Stoßdämpfer mit hydropneumatischer Niveauregulierung eingebaut. Der Durchmesser der Drehstabstabilisatoren beträgt vorn 28 mm und hinten 18 mm.

Besondere Aufmerksamkeit haben die Entwickler dem Triebstrang gewidmet. Der 5,0-Liter-V8-Motor M 119 E 50 mit vier Ventilen stammt samt dem 4-Gang-Automatikgetriebe im Prinzip aus dem 500 SL. Für den 500 E kommt jedoch zum ersten Mal der Einheitsdeck-Motor und das Motorsteuerungssystem CAN-Bus zum Einsatz. Das bedeutet, dass sowohl der 4,2- als auch der 5,0-Liter-Motor mit einem Kurbelgehäuse auskommen, das größere Triebwerk baut dadurch um 16,5 mm niedriger. Damit das Hub-Bohrungsverhältnis beibehalten wird, sind entsprechend kürzere Pleuel eingebaut. Außerdem erfolgt im 500 E die Umstellung der Einspritzanlage von der Bosch KE-Einspritzung mit ihrer mechanisch-elektronischen Steuerung auf die vollelektronische LH-Jetronic mit Luftmassenmessung. Um die Umwelt durch so viel Motorleistung nicht unnötig zu belasten, wird das Volumen des zweiflutigen Katalysators von 3,9 auf 5,8 Liter erhöht. Sekundärlufteinblasung und Abgasrückführung sorgen für eine zusätzliche Schadstoffreduzierung.

Demonstration der außergewöhnlich guten Beherrschbarkeit, die den 500 E auch bei leichten Driftwinkeln auszeichnet.

Auch bei Nässe und einer potenziell gefährlichen Kuppe in der Kurve verliert der 500 E seine Contenance nicht, er bleibt absolut gutmütig.

Bei den Fahrzeugen mit V8-Motor ist die Batterie aus Platzgründen und zugunstern optimierter Gewichtsverteilung nach hinten rechts in den Kofferraum verlegt worden.

Die Motorleistung von 326 PS/240 kW ist dieselbe wie beim 500 SL. Zur weiteren Reduzierung der Schadstoffemissionen wird die Leistung ab Oktober 1992 durch das Weglassen der Volllastanreicherung auf 320 PS/235 kW zurückgenommen. Unverändert bleibt jedoch die Übersetzung der Antriebsachse, die gegenüber dem 500 SL von 1:2,65 auf 1:2,82 verkürzt ist. Damit erreicht der 500 E die bei 250 km/h abgeregelte Höchstgeschwindigkeit fast genau mit der ebenfalls abgeregelten Höchstdrehzahl des Motors von 6000/min. Das kommt der Beschleunigung zugute, erhöht aber auch den Verbrauch. Durch das niedrigere Fahrzeuggewicht der Powerlimousine und die kürzere Übersetzung ist der 500 E dem 500 SL in der Beschleunigung deutlich überlegen. Einen Messwert von 5,9 Sekunden geben die Untertürkheimer für den Standardsprint von 0 auf 100 km/h an.

In diesem Zusammenhang muss auf die Episode des Schaltgetriebes hingewiesen werden. Denn es fragt sich seinerzeit mancher Begeisterte, warum es den 500 E nur mit einer Automatik gibt, wo doch der Porsche 928 mit einem exzellenten 5-Gang-Schaltgetriebe zu haben ist. Dessen Automatikversion wird schließlich auch mit einem von Mercedes-Benz zugelieferten Automatikgetriebe angeboten. Den interessierten Fragern und Kaufaspiranten wird mitgeteilt, dass Mercedes-Benz kein für diese Drehmomente geeignetes Schaltwerk im Programm hat – was absolut korrekt ist. Es stimmt aber auch, dass Porsche unter der Typnummer 2769 seinerzeit einen Konstruktionsauftrag zur Entwicklung eines mechanischen 5-Gang-Schaltgetriebes für den 500 E hat. Zu den Zielvorgaben gehören zur Kostenreduzierung die Übernahme möglichst vieler Serienteile einerseits des Porsche 5-Gang-Getriebes aus dem 928 sowie andererseits von Komponenten aus der Schaltgetriebeproduktion von Mercedes-Benz. Eine weitere Voraussetzung ist eine geringe Baulänge des Getriebes, da für einen Kupplungswechsel nur ein begrenzter Ausbauweg nach hinten in der Bodengruppe zur Verfügung steht. In der für den 10. Februar 1989 anberaumten Sitzung findet bei Mercedes-Benz ein technisches Gespräch statt, in dem die Herren von Porsche den bis dahin erreichten Konstruktionsstand sowie Detaillösungen vortragen. Zu Beginn der Sitzung wird von den teilnehmenden Herren von Mercedes-Benz jedoch mitgeteilt, dass die an Porsche in Auftrag gegebene Entwicklung und Beschaffung eines 5-Gang-Schaltgetriebes eingestellt wird. Beschlossen wird dagegen die Dokumentation der erstellten Unterlagen, der technischen Daten sowie einer Konstruktionsbeschreibung, womit der Nachwelt eine interessante Episode der Entwicklung erhalten bleibt.

Die überlegenen Fahrleistungen des 500 E nutzt die Käuferklientel dann auch weidlich – stärker jedenfalls als beispielsweise beim 500 SL und später bei der S-Klasse W 140. Auch beim 500 E stellt sich schnell heraus, dass die Bremsenauslegung mit den ursprünglichen Bremsscheibenabmessungen – vorne 300 x 28 mm und hinten 278 x 24 mm – für den europäischen Markt einer Verbesserung bedarf. Deshalb gehören ab Februar 1993 die aus dem 600 SL bekannten Bremsscheiben mit den Abmessungen 320 x 30 mm vorne und 300 x 27 mm hinten auch beim 500 E zur Serienausstattung. Da zu den 500 E Käufern nicht wenige in puncto Bremsen verwöhnte Porsche-Kunden gehören, die im 500 E den ersehnten viersitzigen Porsche sehen, wird diese Sicherheitsaufrüstung gerade in Deutschland besonders begrüßt. Die für Japan und die USA bestimmten Fahrzeuge behalten die ursprüngliche Bremsscheiben-Kombination bei. Serienmäßig ist der 500 E zunächst mit ASR, Einzelsitzanlage im Fond, elektrischen Fensterhebern, Klimaanlage, Metalliclackierung, Niveauregulierung, Scheinwerferreinigungsanlage, Sportlernkrad (Durchmesser 390 mm) sowie Tempomat, aber bis Februar 1992[36] ohne Airbag ausgestattet – verwunderlich für

36 Ab der Preisliste 1/1992 vom 24. Februar 1992 ist der Fahrer-Airbag serienmäßig

Das Cockpit des 500 E muss zu Beginn noch ohne serienmäßigen Airbag auskommen.

ein Unternehmen wie Mercedes-Benz, das doch die aktive und passive Sicherheit seit jeher zu seiner DNA zählt.

Seit Anfang 1994 bestehen die vorderen Kotflügel des E 500 aus Kunststoff. Sie lösen die bisher in Handarbeit bei Porsche aus Serienkotflügeln hergestellten Stahlkotflügel ab und überzeugen durch geringeres Gewicht und Korrosionsunempfindlichkeit.[37]

Das ab März 1994 in der Sonderserie 500 E „Limited Edition" gelieferte Fünfspeichenrad im ungewöhnlichen Format 8 ¼ x 17 H 2 ET 34

Im Frühjahr 1994 erscheint das Sondermodell »E 500 Limited«. Es unterscheidet sich durch folgende Ausstattungsmerkmale vom Serienmodell: Besonders auffallend sind die auch beim SL der Baureihe 129 bei Sondermodellen eingesetzten Sechsspeichenräder aus dem Homologationsmodell 190 E 2.5-16 Evolution II im Format 8 ¼ J x 17 H 2 ET 34 mit der Reifenbestückung 245/45 ZR 17 sowie u. a. die exklusiv dem E 500 Limited vorbehaltene Lackierung »Saphirschwarzmetallic«. Im Innenraum sind Lenkrad, Sitzflächen und Türinnenverkleidungen mit koloriertem Leder bezogen. Die Holzausstattung besteht aus schwarz gebeiztem Vogelahorn, das Instrumententafel, Mittelkonsole und Türinnenverkleidungen schmückt. Bis heute sind die Fahrzeuge der »Limited Edition«-Serie neben dem AMG E 60 die gesuchtesten Raritäten der 500 E/E 500 Linie.

Am 7. Oktober 1994 übernimmt in Anwesenheit des Vorstandsvorsitzenden der Porsche AG, Dr. Wendelin Wiedeking, der legendäre Mercedes-Benz und Porsche Rennfahrer Hans Herrmann den 10.000sten E 500 in der von ihm erbetenen Sonderlackierung namens »mauve«. Sie entspricht mit ihrem rötlich-violetten Farbton dem der Wilden Malve. Bis zum Produktionsende bei Porsche im April 1995 werden im »Rösslebau« 10.479 Limousinen gebaut. Diese Zahl enthält auch die nicht separat dokumentierten Versionen E 500 Limited und E 60 AMG.

37 PM Mercedes-Benz v. 07.10.1994

Betont das Understatement: Die ausschließlich der Sonderserie 500 E „Limited Edition" vorbehaltene Sonderfarbe "saphirschwarz".

Vorderer Innenraum der 500 E „Limited Edition" mit exklusiven, marmoriert gefärbten Ledersitzen und lederbezogenen Türverkleidungen. Inzwischen ist auch der Airbag serienmäßig vorhanden.

Der E 60 AMG

Die Integration der von AMG auf Basis der Mercedes-Benz Pkw gebauten Spezialversionen in das offizielle Lieferprogramm der Mercedes-Benz AG findet nach der Modellpflege 1993 auch im Programm der E-Klasse ihren sichtbaren Niederschlag. War bisher der 500 E/E 500 die Krönung der E-Klasse, so wird sie ab September 1993 durch den auf Basis des E 500 bei AMG entwickelten E 60 AMG, der über einen 6,0-Liter-V8 der Baureihe M 119 verfügt, getoppt. Im Grunde ist dies die logische Folge einer Entwicklung, die auch bei den zur selben Zeit gebauten SL der Baureihe 129 stattfindet. Im E 60 AMG steigt die Motorleistung von 320 PS/235 kW auf 381 PS/280 kW. Die Hubraumerhöhung um 20 % auf volle 6 Liter bedingt einen erheblichen Aufwand bei AMG, der auch zu der besonderen Basis-Motornummer »AMG 1199760« führt. Zum einen wird die Bohrung des Aggregats von 96,5 mm auf 100 mm erweitert, zum anderen ist aber auch eine Hubverlängerung notwendig, die über eine neue Kurbelwelle herbeigeführt werden muss. Hier bietet sich die des M 117 E 56 der Baureihe 126 an, mit deren Hilfe sich das Hubmaß von 85 auf 94,8 Millimeter verlängern

Bärenstark: Der Mercedes-Benz E 60 AMG ist mit einer bei AMG aus dem 5,0-Liter-Motor entwickelten 6,0-Liter-Version des M 119 ausgestattet, die nicht nur 381 PS/280 kW, sondern vor allem auch ein sattes Drehmomentmaximum von 580 Nm bei 3800/min bereitstellt.

Ein Erkennungsmerkmal des E 60 AMG sind die dreiteiligen AMG 5-Loch-Felgen.

Das Hochleistungsmodell von AMG ist ansonsten nur an der serienmäßigen Typbezeichnung am Kofferaumdeckel zu identifizieren – die wird aber meistens auf Kundenwunsch weggelassen.

lässt. Für die Verwendung im M 119 E 60 LH wird die Kurbelwelle am Gegengewichtsradius auf R 82-0,3 verkleinert und neu gewuchtet. Am Pleuel werden die Schraubenauflagen der Pleuellager um 2,5 mm abgesenkt und die Gewichtsausgleichstücke bearbeitet, um den Freigang im Kurbelgehäuse sicherzustellen. Die Steuerzeiten mit dem Nockenwellenversteller in Stellung »spät« betragen jetzt Eö n OT 30° +/- 2°, As v OT 15° +/- 2°. Das Zündsteuergerät EZL mit der Teilenummer HWA 124545 07 32 ist mit dem geänderte Datenstand für den größeren Motor versehen. Bei dem erforderlichen Aufwand ist es nicht verwunderlich, dass der Preis des schon nicht gerade billigen E 500 in Höhe von 145.950,- DM für den AMG E 60 auf 179.860,- DM steigt (Stand September 1993). Verständlicher wird die Preisgestaltung durch den Aufwand, der für den Umbau damals noch erforderlich ist: Es wird ein nach Kundenwunsch fertig konfiguriertes Fahrzeug vom Band im Werk Sindelfingen nach Affalterbach zu AMG gebracht, wo der Einbau des 6,0-Liter-V8 und die Adaption des Getriebes vorgenommen wird. Danach erfolgt der Rücktransport nach Sindelfingen, von wo die Auslieferung an den Händler, die Niederlassung oder den Kunden direkt erfolgt.

Der BRABUS E V12

BRABUS-Chef Bodo Buschmann und sein Entwicklungschef Dipl.-Ing. Ulrich Gauffrés sind nicht nur ein eingespieltes Team, sie sind auch seit Jahrzehnten dem Leistungshunger bei Mercedes-Benz

Ein von Brabus in den E 500 implantierter Zwölfzylindermotor M 120 mit 6,9 bzw. später 7,3 Liter Hubraum verkörpert in nicht zu überbietender Weise den Begriff eines „Wolfs im Schafspelz".

Fahrzeugen verfallen. Sie realisieren Visionen, wie sie im offiziellen Programm nicht vorkommen. Darunter fällt auch die Möglichkeit, den Zwölfzylinder M 120 in einen W 124 zu implantieren. Nachdem dieser Motor im SL der Baureihe 129 erscheint, die ja auf der Basis des W 124 aufbaut, müsste der V12 ja auch im 500 E einzubauen sein – dachten sie, und machten sich an die Arbeit...

1993 erscheint schließlich der BRABUS E V12 mit einem M 120 mit 6,9 Litern Hubraum und 509 PS/374 kW. Gauffrés setzt auch mit diesem Motor seine Maxime um, die da lautet: »Die Mercedes-Kultur ist für mich die oberste Messlatte. Zur Kraft gehört auch die Kultur, hier soll der Kunde keine Kompromisse eingehen. Hätte unser Zwölfzylinder nicht die seidenweiche Laufkultur des Serien-Zwölfzylinders, hätten wir unsere Hausaufgaben nicht richtig gemacht.« Aus diesem Grund und wegen weniger belastender Abgase wird auf eine größere Ventilüberschneidung verzichtet. Erhöht wird lediglich der Ventilhub für eine bessere Füllung. Um die Leistung um 29 % und den Hubraum um 15 % zu erhöhen, bleibt beim 6,0-Liter-Serien-V12 kein Stein auf dem anderen. Zunächst wird die Bohrung von 80,2 mm auf 90 mm erweitert. Ein gewaltiges Umbauprogramm bedeutet die Hubverlängerung von 80,2 mm auf 90 mm. Dafür wird eine neue Kurbelwelle aus Vollmaterial angefertigt. Eine besondere Herausforderung stellt die Anpassung der Motor-Steuerelektronik dar: Jede Zylinderbank verfügt über eine separate LH-Steuerung, die über den Datenbus miteinander verbunden ist. Auf einem Prüfstand werden in 100/min-Schritten die Kennfelder für die Einspritz- und Zündanlage abgenommen und angepasst. Das

Der Einbau des Zwölfzylinder-Kraftpakets in den W 124 war eine nicht geringe Herausforderung für die Brabus-Ingenieure.

Ergebnis des Umbaus kann sich sehen lassen. Der Hubraum steigt von 5987 cm³ auf 6871 cm³, die Leistung von 395 PS/290 kW bei 5200/min auf 509 PS/374 kW bei 5400/min. Das Drehmomentmaximum nimmt von 570 Nm bei 3800/min auf 710 Nm bei 3700/min zu.

Da immer noch Steigerungen möglich sind, entwickelt Entwicklungschef Gauffrés den 6,9- zum 7,3-Liter-Motor der S-Version weiter. Die Bohrung im Motorblock lässt einen weiteren Millimeter zu und die Kurbelwelle einen um 3 mm längeren Hub. Mit dem Bohrungs-/Hubmaß von 91 x 93 mm werden 7258 cm³ Hubraum erreicht. Die Leistung von nun 582 PS/428 kW bei 6000/min und einem Drehmomentbestwert von 772 Nm bei 4000/min stellen das absolute Performance-Maximum in der E-Klasse der Baureihe 124 dar, und der BRABUS E V12 wird zeitweise zur schnellsten Limousine der Welt. Auf Kundenwunsch stehen die Antriebsachsübersetzungen i=2,65, i=2,47 und i=2,24 zur Verfügung.

Die zu Beginn verwendete Typenbezeichnung 400 E verschleiert den wahren Hubraum von 4,2 Litern.

Der 400 E/E 420

Man kann die japanische Automobilindustrie mit Sicherheit für vieles in die Pflicht nehmen, aber beileibe nicht für alles. Am 400 E jedoch sind eindeutig die Japaner schuld, soweit hier »Schuld« eine angemessene Kategorie ist. Ganz konkret sind es Toyotas Lexus- und Nissans Infinity-Fahrzeuge, die auf dem US-Markt für Furore sorgen. Die schnelle Antwort, die Mercedes-Benz aus dem Baukasten zaubert, ist der 400 E. Doch die wäre ohne die vorherige Entwicklung des 500 E bei Porsche und die ebenso dort folgende konstruktive Arbeit so nicht möglich gewesen. Denn auch hier hilft die Porsche Entwicklungsabteilung in Weissach den Untertürkheimern aus der Klemme der damals begrenzten Entwicklungskapazität. Unter der Typ-Nummer 2797 finden ab Frühjahr 1990 im Porsche Entwicklungszentrum in Weissach[38] Untersuchungen über die Entwicklung des Serien-Basistyps W 124 statt, der mit einem 4,2-Liter-V8 M 119 motorisiert sein soll. Eingeschlossen ist der Aufbau von Prototypen in den Länderausführungen für die USA, Japan und Europa. Auch dazu gehören gemischte Dauerläufe über 150.000 Kilometer nach »Daimler-Benz Vorschrift« mit gleichzeitigen Funktions- und Haltbarkeitsprüfungen. Die Projektlaufzeit ist von April 1990 bis Juli 1994 terminiert. Sie beinhaltet auch die zusätzliche Serienbetreuung durch die Konstruktionsabteilung in Weissach.[39]

Der 400 E wird ab Mai 1991 für Japan und die USA im Mercedes-Benz Werk Sindelfingen produziert und ist dort bereits ein alter Bekannter, als er im September 1992 auch für den Rest der Welt als

Der Mercedes-Benz 400 E in der USA-Ausführung. Augenfälligstes Merkmal sind die Sealed-Beam-Leuchteinheiten.

38 Porsche Archiv, Band 47: Kundenentwicklungen Nr. 2797, H.A. 59/90 v. 05.90
39 Ebd.

Aus dieser Perspektive besteht optisch zwischen einem 400 E und 500 E kein Unterschied. Hier handelt es sich um das „kleinere" Modell.

Dank großer Federwege behält der W 124 auch über schnell gefahrene Kuppen den Bodenkontakt.

attraktives Angebot eingeführt wird. Er entsteht durch einen Griff ins Teileregal. Der aus der S-Klasse bekannte 4,2-Liter-V8 M 119 E 42 mit Vierventiltechnik und 278 PS/204 kW leistet im 400 E 272 PS/200 kW. Die Leistungsminderung gegenüber der S-Klasse entsteht durch die ungünstigere Leitungsführung der Abgasanlage aufgrund der im Vergleich zum W 140 beengten Verhältnisse im Unterbodenbereich des W 124. An sich entspricht die Anlage mit Abgasrückführung, Sekundärlufteinblasung und großvolumigem Katalysator der aus dem 500 E. Geliefert wird auch der 400 E mangels verfügbarem Mercedes-Benz Schaltgetriebe ausschließlich mit der 4-Gang-Automatik.

Änderungen gegenüber dem 500 E gibt es bei der Hinterachsübersetzung. Der 400 E hat die längere Übersetzung 1:2,65. Da die Höchstgeschwindigkeit auf 250 km/h begrenzt ist, wirkt sich die Übersetzungsänderung dort nicht aus, jedoch reduziert sie zusätzlich – und unabhängig von der geringeren Motorleistung gegenüber dem 500 E – die Beschleunigung und den Verbrauch gegenüber dem Topmodell.

Im Fahrwerksbereich werden anfangs Mängel insofern bemerkbar, als man die ursprünglich für Japan und die USA vorgesehene Räder-/Reifen-Bestückung und Bremsenausrüstung auch für den europäischen Markt übernimmt. So stehen die ersten 400 E auf relativ kümmerlichen Reifen der Größe 195/65 ZR 15. Etwas besser nimmt sich da schon die Dimension 205/60 ZR 15 aus der Ausstattungslinie »Sportline« aus. Doch sehr überzeugend sind beide Kombinationen nicht. Gleiches gilt für die Bremsen. Hier wird zunächst nicht, wie gelegentlich zu lesen, die Bremsanlage der SL-Typen eingebaut. Stattdessen verwendet man vorne innenbelüftete Bremsscheiben des E 320 mit einem Durchmesser von 295 mm, jedoch mit der etwas größeren Breite von 25 mm. Die hinteren Bremsscheiben haben wie beim E 320 einen Durchmesser von 278 mm, sind aber innenbelüftet. Diese Spezifikation ist den fahrdynamischen Ansprüchen für Deutschland und Europa, die sich aus den hohen Fahrleistungen und dem entsprechenden Gewicht ergeben, eindeutig nicht gewachsen.

Wie sehr dieses Problem auch den Untertürkheimer Technikern unter den Nägeln brennt, geht aus der Tatsache hervor, dass man mit dem Einbau einer leistungsfähigeren größeren Bremsanlage nicht erst bis zum Termin der erneuten Modellpflege im Juli 1993 wartet. Bereits ab Februar 1993 steht deshalb für den 400 E eine neue, von der Ausstattung unabhängige Räder-/Reifen-Kombination mit Reifen im Format 215/55 ZR 16 und geschmiedeten 8-Loch-Leichtmetallrädern der Größe 7 J x 16 des Herstellers Lem-

Das zu Beginn der Laufzeit am 400 E verwendete 15-Zoll-Rad, das auch beim 300 E-24 verwendet wird.

merz zur Verfügung. Der Raddurchmesser muss von 15 auf 16 Zoll vergrößert werden, um die voluminöseren vorderen Bremsscheiben mit den entsprechenden Bremszangen überhaupt unterbringen zu können. Dafür muss auch der untere Querlenker geändert werden. Vorne werden nun die innenbelüfteten Bremsscheiben des 600 SL mit einem Durchmesser von 320 x 30 Millimeter eingebaut. Hinten bleibt es bei der vorhandenen Kombination. Mit dieser Bremsanlage ist der 400 E seinen Fahrleistungen adäquat ausgerüstet. Ihren Niederschlag findet die Würdigung der neuen Bremsanlage auch in einem Vergleichstest[40] mit folgender Bemerkung des Testers Götz Leyrer: »Mit jetzt größeren Bremsen hat der Mercedes auch seine diesbezügliche Schwäche ausgebügelt. Wie Audi und BMW verzögert er hervorragend, ohne bei extremer Beanspruchung ein bedenkliches Nachlassen der Wirkung zu zeigen.«

Die Fahrleistungen können naturgemäß nicht dem Niveau des 500 E entsprechen, sie liegen etwas über guten E 320 mit Schaltgetriebe. Gleichwohl bietet der 400 E Komfort und Prestige eines V8-Motors zu einem relativ moderaten Preis.

Apropos Prestige: Der 400 E ist einer der größten Tiefstapler seiner Zeit. Das trägt nicht unerheblich zu seinem Reiz bei. Von außen ist er, mit Ausnahme der ab Februar 1993 serienmäßigen 16-Zoll-Bereifung und dem – meistens ohnehin weggelassenen – Typenschild, durch nichts zu identifizieren. Im vorderen Bereich des Rohbaus müssen jedoch einige Änderungen durchgeführt werden, um den Einbau des V8-Motors zu ermöglichen. Dabei geht man aus Kostengründen nicht so radikal wie beim 500 E vor. Schließlich wird der 400 E auf demselben Band gefertigt wie die anderen Mitglieder der Baureihe und ist bei seiner Markteinführung satte DM 50.000,- billiger als der 500 E. 22.082 bestsituierte Kenner gönnen sich zwischen dem Mai 1991 und Juni 1995 den Tiefstapler von Mercedes-Benz.

Unauffällig bis ins Detail: Der 400 E weiß seine Potenziale perfekt zu verbergen.

40 auto motor und sport, Vergleichstest Audi S4 4.2, BMW 540i, Mercedes-Benz E 420, Heft 24/1993

Teil 2

Die Modellhistorie, 1984-1997

Die Limousinen

Eine neue E-Klasse – so wird die mittlere Klasse seit 1993 offiziell bei Mercedes-Benz bezeichnet – kann schon immer mit einem besonders hohen Grad an Aufmerksamkeit rechnen, ist sie doch seit Jahrzehnten ununterbrochener Marktführer in ihrem Segment, auch wenn die Wettbewerber immer näher rücken und immer zahlreicher werden. Als der W 124 als neue Modellgeneration im Dezember 1984 die Nachfolge der seit neun Jahren erfolgreich produzierten Baureihe 123 antritt, ist das nicht anders als in früheren Jahren. Die Erwartungshaltung ist eher noch höher und gespannter. Hat doch der Vorgänger alle bisherigen Produktionsrekorde in den Schatten gestellt und neue Höchstmarken erzielt. Zudem setzen 1979 der W 126, die damals neue S-Klasse, sowie im Dezember 1982 der W 201 neue Maßstäbe in Technik und Design.

Aber das gelingt dem W 124 ebenfalls. Unter dem neuen Technischen Vorstandsmitglied Werner Breitschwerdt präsentiert das Designteam unter Bruno Sacco, Joseph Gallitzendörfer und Peter Pfeiffer nun zum dritten Mal eine Linienführung, die zu Diskussionen Anlass gibt. Und die sind zunächst einmal durchaus kontrovers. Kalt lässt die Formgebung keinen der zahlreichen Diskutanten, und über die Jahre gesehen wird der W 124 zu einem großen Erfolg. Der Mut macht sich also bezahlt: Selbst 2021 sieht man in einem W 124 noch keinen Oldtimer, allenfalls einen Youngtimer. 1984 kann man das von keinem 1948 neu auf den Markt gekommenen Automobil behaupten.

Mit dieser Baureihe zieht bei Daimler-Benz eine Programmvielfalt ein, die man früher nicht für möglich gehalten hat. Kombi, Coupé, Cabriolet, teilweise Vierradantrieb und ein Leistungsspektrum von 72 PS/53 kW bis 326 PS/240 kW zeigen eine Bandbreite auf, die wahrlich keinen Wunsch offenlässt. Der W 124 kann trotz hauseigener Konkurrenz durch den W 201 sowie aktiver und attraktiver gewordener Wettbewerber die Erfolgsgeschichte seiner Vorgänger nicht nur fortschreiben, er übertrifft sie. Die Neuen sind äußerlich schmaler, leichter, sparsamer und fahraktiver. Nur mit der Auslegung des Antriebsstrangs hapert es bei den Benzinern in den ersten vier Jahren gewaltig. Zu lange Achsübersetzungen, die zu theoretisch niedrigen Verbräuchen führen, bewirken genau das Gegenteil. Sie vermiesen den Fahrspaß und führen zu dem Vorurteil, die Fahrzeuge seien lahm.

Die technische Gesamtkonzeption der Typenreihe 124 weist enge Parallelen zur Kompaktklasse auf. Durch Verwendung hochfester Stahlbleche sowie andere gewichtsreduzierende Materialien und die aerodynamische Optimierung der Karosserie – der cw-Wert von 0,30 setzt bei der Präsentation Ende 1984 einen neuen Bestwert in dieser Fahrzeugkategorie – erreicht man auch in der mittleren Baureihe eine deutliche Herabsetzung des Kraftstoffverbrauchs. Gleichzeitig wird der mit der S-Klasse und der Kompaktklasse erreichte Sicherheitsstandard trotz Leichtbau weiter verbessert. Der Fahrgastraum der Baureihe 124 zeichnet sich durch hohe Seitenaufprall- und Überschlagfestigkeit aus und ist mit ausgeklügelten Deformationszonen im Vorbau und im Heck versehen. Das Kriterium des asymmetrischen Frontalaufpralls mit 40 % Überdeckung und 55 km/h wird nun auch von den Limousinen der mittleren Baureihe erfüllt. Außerdem ist zum Schutz von Fußgängern und Zweiradfahrern der Bereich möglicher Kontaktzonen stoßnachgiebig konzipiert.

Hinsichtlich der stilistischen Gestaltung bestehen Gemeinsamkeiten mit der Kompaktklasse. Davon abgesehen, präsentiert sich die neue Typenreihe aber auch mit eigenständigen Designelementen, die erstmals verwendet werden und getreu der Maxime »form follows function« sachlich-funktionale Hintergründe haben. Die charakteristische Form des sich nach hinten verjüngenden und an den seitlichen Oberkanten stark abgerundeten Wagenhecks ist aerodynamisch besonders günstig und geht auf Versuche im Windkanal

Auf dem Kofferraumdeckel wird auf den Vierradantrieb 4MATIC hingewiesen.

zurück. Zwei weitere typische Designmerkmale – der trapezförmig weit heruntergezogene Kofferraumdeckel sowie die schrägen Innenkanten der fast quadratisch geformten Rückleuchten – geben dem W 124 ein zu Anfang ungewohntes, aber unverwechselbares Aussehen.

Die tief liegende Ladekante erleichtert das Beladen des voluminösen Kofferraums. Ein bemerkenswertes Konstruktionsdetail stellt der hubgesteuerte Panorama-Scheibenwischer dar, der mit 86 % gewischter Scheibenfläche das seinerzeit weltweit größte Wischerfeld eines Pkw ermöglicht. Durch eine der Drehbewegung überlagerte Hubbewegung werden die oberen Ecken der Windschutzscheibe weitaus effizienter freigewischt als mit einem konventionellen Einarmwischer. Allerdings kann diesen Scheibenwischern das lästige Schlieren beim Wischen lange nicht abgewöhnt werden, sodass man damals diese Konstruktion mit einem lachenden und einem weinenden Auge betrachtet. Allerdings hat man heute aufgrund neuerer Gummimischungen den Wischerblättern die Schlieren weitgehend ausgetrieben – Erfahrungen des Autors nach 1,3 Millionen Kilometern mit zwei W 124. Beheiztes Scheibenwaschwasser gehört bei allen Modellen der Baureihe zur Serienausstattung.

Hervorragende Fahreigenschaften ermöglichen die bereits von der Kompaktklasse bekannten Vorder- und Hinterachskonstruktionen. Die neuen Mittelklasse-Modelle verfügen ebenfalls über eine an einzelnen Dreiecksquerlenkern geführte Dämpferbein-Vorderachse mit Bremsnick-Abstützung sowie eine Raumlenker-Hinterachse, bei der jedes Hinterrad an fünf unabhängigen Lenkern geführt ist. Bei den Motoren handelt es sich überwiegend um Neuentwicklungen, nur die Vierzylinder-Aggregate der Typen 200 und 230 E werden von der Vorgängerbaureihe W 123 übernommen. Neben den von Grund auf neu konstruierten Sechszylinder-Einspritzmotoren M 103 E 26 mit 2,6 Liter und M 103 E 30 mit 3,0 Liter Hubraum gibt es die neue Dieselmotoren-Generation OM 601 bis 603, deren 2,0-Liter-Vierzylinder bereits im 190 D zum Einsatz kommt und nun um eine 2,5-Liter-Fünfzylinder- sowie eine 3,0-Liter-Sechszylinder-Variante ergänzt wird.

Äußerlich sind alle Modelle der Baureihe nahezu vollkommen identisch; Unterschiede gibt es nur beim Endschalldämpfer. Bei den Sechszylindertypen hat er zwei Endrohre. Darüber hinaus weist die Bugschürze beim 300 D und den Fahrzeugen mit Klimaanlage lamellenartige Lufteinlassschlitze auf, die allerdings den cw-Wert verschlechtern.

Bereits im Sommer 1985 belegt die Baureihe 124 in der deutschen Zulassungsstatistik den dritten Platz und verdrängt damit die unter ihr angeordnete Baureihe 201. Auf der Frankfurter IAA im September wird das Angebot der Limousinen um die T-Modelle als zweiter Variante der Baureihe erweitert. Ebenfalls neu ist der mit großem Aufwand entwickelte Allradantrieb 4MATIC, der sich je nach Beschaffenheit des Untergrunds in mehreren Stufen automatisch zuschaltet. Das »Mercedes-Benz Fahrdynamik-Konzept« umfasst mit dem Automatischen Sperr-Differenzial (ASD), der Antriebs-Schlupf-Regelung (ASR) und dem automatisch zuschaltenden Vierradantrieb 4MATIC drei abgestufte elektronisch-automatische Fahrdynamik-Systeme. Die 4MATIC, das technisch aufwendigste System des neuen Konzepts, steht für die Sechszylinder-Limousinen und -T-Modelle der Baureihe 124 zur Verfügung und hat außer der komplexen Regelelektronik einen kompletten zusätzlichen Vorderradantrieb mit Verteilergetriebe und Differenzial. Die Einbauverhältnisse im Motorraum haben es konstruktiv erforderlich gemacht, bei den 4MATIC-Modellen das Ausgleichsgetriebe des vorderen Antriebsstrangs in die Ölwanne zu integrieren. Der hohe technische Aufwand dieses perfektionierten Vortriebssystems schlägt sich allerdings auch im Verkaufspreis nieder: Die Typen 260 E 4MATIC und 300 E 4MATIC, deren Auslieferung erst im Frühjahr 1987 beginnt, sind fast 12.000,- DM teurer als ihre hinterradgetriebenen Pen-

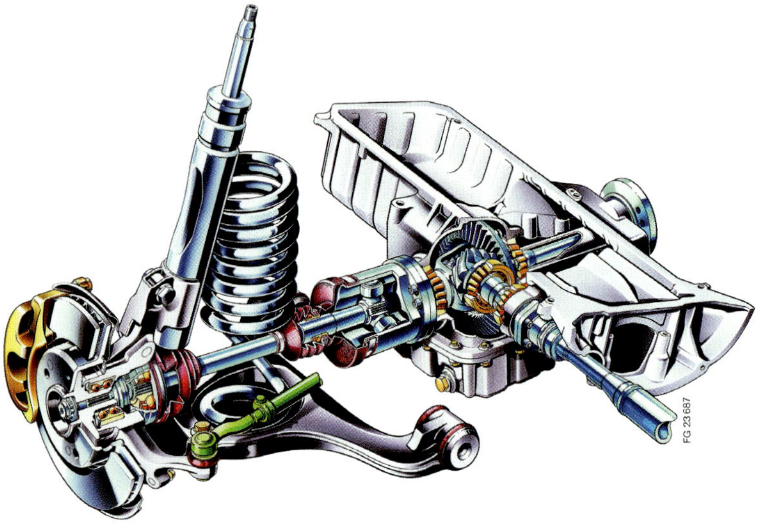

Clevere technische Lösung: Vierradantrieb mit dem in die Motorölwanne integrierten Differenzial des Vorderradantriebs.

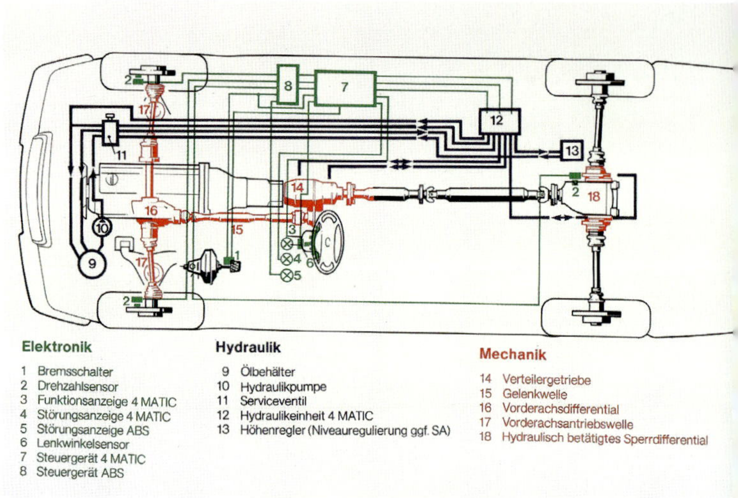

Funktionsgrafik des Vierradantriebs 4MATIC

dants. Richtig durchsetzen kann sich dieses Konzept nicht. Es ist in seiner Auslegung zu anspruchsvoll, zu teuer und produziert im Grenzbereich ein undefiniertes Fahrverhalten, das je nach Zuschalten der einzelnen Komponenten differiert.

Wie in der Mittelklasse-Baureihe von Mercedes-Benz seit Jahrzehnten üblich, werden auch von der Typenreihe 124 Fahrgestelle mit Teilkarosserie geliefert, die von Aufbauherstellern im In- und Ausland zu Krankenwagen, Kombiwagen oder anderen Sonderausführungen ausgebaut werden. Neu ist, dass die Fahrgestelle nun erstmals auf denen der T-Modelle aufbauen und zusammen mit diesen auch in Bremen gefertigt werden. Neben der Variante mit normalem Radstand, von der die Typen 250 D und 230 E verfügbar sind, gibt es zusätzlich auch wieder eine verlängerte Ausführung, die als 250 D, 230 E und 260 E angeboten wird. Krankenwagen-Aufbauten auf diesen Fahrgestellen entstehen vornehmlich bei Binz in

Bei Testfahrten im schwedischen Winter muss sich der Vierradantrieb bewähren.

Wesentliche Traktionsvorteile auf winterlichem Untergrund gehören zu den wichtigsten Vorzügen der 4MATIC.

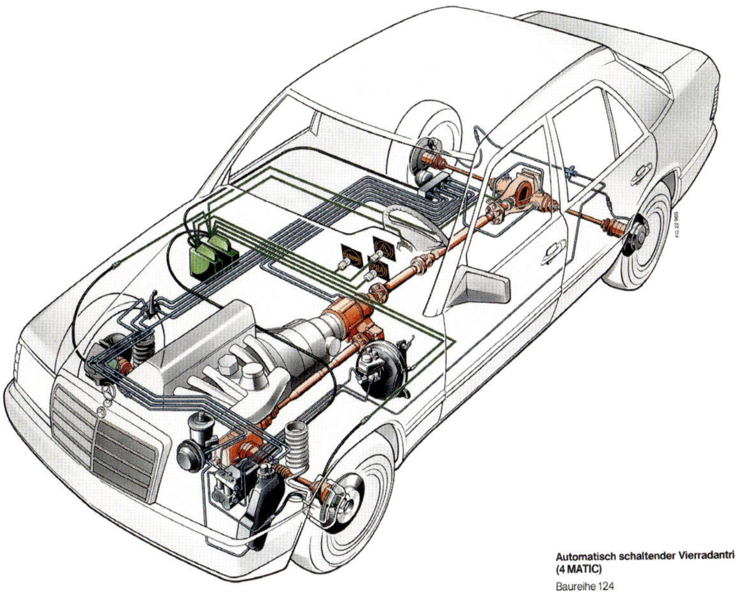

Die Kraftübertragungselemente der automatisch schaltenden 4MATIC sind in dieser Schemazeichnung rot hervorgehoben.

Der zeitweise im W 124 als Sonderausstattung angebotene Reiserechner ist eine Vorstufe zum späteren Bordcomputer.

Lorch, Miesen in Bonn und Visser in Leeuwarden/Niederlande. Zu den bekanntesten Herstellern von Bestattungswagen auf Basis des W 124 gehören die Karosseriebau-Unternehmen Pollmann in Bremen, Rappold in Wülfrath, Stolle in Hannover und Welsch in Mayen.

Ab September 1985 seht für alle benzingetriebenen Modelle der Baureihe, ausgenommen den vergaserbestückten Typ 200, auf Wunsch eine Abgasreinigungsanlage mit geregeltem 3-Wege-Katalysator zur Verfügung. Alternativ ist die sogenannte »RÜF-Version« lieferbar, bei der das jeweilige Fahrzeug ohne Katalysator und Lambdasonde, aber mit dem multifunktionalen Gemischaufbereitungs- und Zündsystem ausgeliefert wird. Eine Nachrüstung mit dem geregelten Katalysator kann bei einem »Rückrüstfahrzeug« jederzeit und ohne Probleme vorgenommen werden. Diese Regelung gestattet dem Kunden größtmögliche Flexibilität den Zeitpunkt der Umrüstung betreffend – in Anbetracht der zunächst noch nicht flächendeckenden Versorgung mit bleifreiem Kraftstoff ein nicht unerheblicher Vorteil. Die Sechszylindermodelle werden serienmäßig in RÜF-Ausführung geliefert, deren Leistung durch die Umstellung auf das MF-System geringfügig sinkt; beim 230 E gibt es die RÜF-Version dagegen zunächst nur als Sonderausstattung. Ab Dezember wird der bis dahin der S-Klasse vorbehaltene Reiserechner, der Vorläufer des Bordcomputers, auch in der oberen Mittelklasse angeboten. Allerdings ist er bis dahin nur den Typen 260 E/300 E und 300 TE vorbehalten.[41]

Seit April 1986 wird der 300 D Turbo, mit 105 kW/143 PS stärkster Serien-Diesel-Pkw der Welt, zunächst nur für den USA-Markt geliefert. Ab September des Jahres wird auch der 200 mit geregeltem Katalysator ausgerüstet; Letzterer gehört ab sofort bei allen Mercedes-Benz Pkw-Modellen mit Ottomotor zur Serienausstattung. RÜF-Fahrzeuge werden nur noch auf Wunsch bis August 1989, dann allerdings zu reduziertem Preis geliefert.

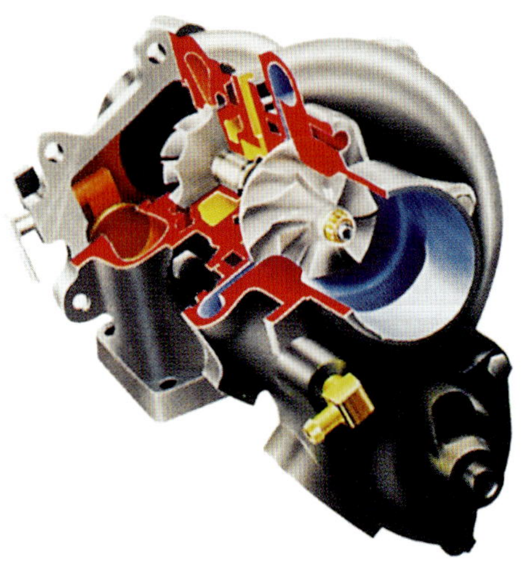

Darstellung des Turboladers mit Antriebs- und Laderrad.

Im Herbst 1986 zieht das, was man heute einen Shitstorm nennt, gegen die Produktqualität des W 124 auf. Befeuert wird die Protestkampagne von Taxifahrern in Großstädten wie Köln, wo sie sich in öffentlichkeitswirksamen Demofahrten entlädt. Bemängelt werden zum Beispiel der sogenannte Bonanza-Effekt beim Lastwechsel von Fahrzeugen mit Schaltgetrieben, gerissene Windschutzscheiben, klappernde Schiebedächer, knarzende Sitze und hoher Verschleiß an Bremsklötzen.

Im März des Folgejahres erhält die Baureihe mit dem Coupé ihr drittes Standbein. Zunächst sind die exklusiveren Zweitürer nur mit dem 2,3-Liter-Motor M 102 E 23 und dem 3,0-Liter-Sechszylinder M 103 E 30 als 230 CE und 300 CE lieferbar.

Ein halbes Jahr später, im September 1987, erhalten die Fünf- und Sechszylinder-Dieseltriebwerke eine sogenannte »Antiruckel-Aufschaltung« zur Vermeidung des beklagten Bonanza-Effekts beim Gasgeben aus niedrigen Drehzahlen. Auf der im gleichen Monat stattfindenden Frankfurter IAA folgen mit den Typen 300 D Turbo und 300 D Turbo 4MATIC zwei neue Limousinen; beide verfügen über den 143 PS starken 3,0-Liter-Sechszylinder-Turbodiesel OM 603 D 30 A, der bereits zwei Jahre zuvor in den entsprechenden T-Modellen präsentiert worden ist. Eine Weltneuheit stellt nur die 4MATIC-Version dar; der konventionell angetriebene 300 D Turbo gehört seit April 1986 zum Verkaufsprogramm der amerikanischen Vertriebsgesellschaft Mercedes-Benz North America (MBNA). Die Turbodiesel unterscheiden sich auch äußerlich von den anderen Modellen der Baureihe: Außer den auch bei den Saugmotor-Varianten vorhandenen Lufteinlassschlitzen in der Bugschürze weisen sie fünf zusätzliche Luftansaugkiemen im rechten Vorderkotflügel auf.

Reiserechner werden bereits ab März 1987[42] in 260 E/300 E, 300 CE und ab Juni[43] in den Typen 260 E/300 E, 260 E/300 E 4MATIC, 300 CE und 300 TE/300 TE 4MATIC angeboten.

Mit den Typen 200 E und 250 D Turbo werden im September 1988 auf dem Pariser Automobil-Salon zwei weitere Modellvarianten der mittleren Baureihe vorgestellt. Auch in diesem Fall ist nur ein einziger echter Neuzugang zu verzeichnen, nachdem der 200 E mit dem bewährten 2,0-Liter-Einspritzmotor des 190 E schon seit Jahren für den italienischen Markt produziert wird. Der 250 D Turbo entsteht durch einen Griff in den Baukasten. Er entspricht prinzipiell dem 250 D, hat jedoch den aufgeladenen 2,5-Liter-Fünfzylinder erhalten, der bereits in der Kompaktklasse verwendet wird, nun aber bei beiden Typen in modifizierter Ausführung zum Einsatz kommt.

41 Preisliste Nr. 40

42 Preisliste Nr. 48

43 Preisliste Nr. 49

Bei den für das neue Modelljahr wirksamen Änderungen, die zeitgleich auch beim 3,0-Liter-Sechszylinder-Turbodiesel erfolgen, steht die Verringerung des Partikelausstoßes durch Verbesserung des Verbrennungsablaufs im Vordergrund. Erreicht wird dies durch die Verwendung einer neu konstruierten Vorkammer mit Schrägeinspritzung, die einen effizienteren Verbrennungsprozess gewährleistet. Mit dieser neuen Dieseltechnologie ist eine Leistungssteigerung von 4 PS/3 kW bei beiden Motoren verbunden. Das äußere Erscheinungsbild des 250 D Turbo entspricht hinsichtlich der zusätzlichen Lufteinlassöffnungen dem Schwestermodell mit dem 3,0-Liter-Turbotriebwerk. Alle Modelle der Baureihe bekommen im September 1988 eine erweiterte Serienausstattung, zu der nun auch das Anti-Blockier-System ABS und ein beheizter rechter Außenspiegel gehören. Die von der S-Klasse übernommene Scheibenwaschanlage ist mit einem beheizten Waschwasserbehälter bzw. beheizten Düsen und Schläuchen versehen.

Im Rahmen der Initiative »Diesel '89« werden im Februar des darauffolgenden Jahres auch die nichtaufgeladenen Diesel-Pkw mit überarbeiteten Motoren ausgerüstet, die nun ebenfalls die neuen Vorkammern mit Schrägeinspritzung aufweisen. Zusätzlich werden die Einspritzpumpen aller Diesel-Saugmotoren mit einer Höhenkorrekturdose versehen, um die Emissionen auch bei Höhenbetrieb niedrig zu halten. Die verbesserten Modelle, deren Partikelemissionen um 40 % reduziert worden sind, erfüllen auch ohne Rußfilter die strengen in den USA geltenden Partikelgrenzwerte und arbeiten praktisch rauchfrei. Auch bei den Saugmotoren führt die neue Dieseltechnologie zur Optimierung und Leistungssteigerung um 3 PS/2 kW beim 200 D bzw. um 4 PS/3 kW bei 250 D und 300 D. Noch weiter reduziert die Schadstoffemissionen eine aufwendige Abgasreinigungsanlage, bei der man einen speziell für Dieselmotoren entwickelten Oxidationskatalysator mit einer sorgfältig abgestimmten Abgasrückführung kombiniert hat. Dieses sehr effiziente System ist ab Oktober 1990 für Diesel-Pkw mit Saugmotor, ein halbes Jahr später auch für die Typen mit Turbomotor als Sonderausstattung lieferbar.

Im September 1989 wird dann auf der Frankfurter IAA ein komplett überarbeitetes Modellprogramm der mittleren Klasse präsentiert. Wenn auch Mercedes-Benz bei dieser ersten umfassenden Modellpflege der Baureihe 124 gegenüber der Öffentlichkeit gerne die stilistische Aktualisierung der Karosserie und die Neugestaltung des Innenraums in den Vordergrund rückt, so werden – was man sich offiziell nicht so gerne eingesteht – zugleich auch Schwächen technischer Natur beseitigt.

Erkennungsmerkmal der modellgepflegten Typen sind die seitlichen Kunststoffbeplankungen der Türen und Kotflügel mit integrierten Längsschweller-Verkleidungen, die zweieinhalb Jahre vorher schon bei den Coupé-Modellen eingeführt worden sind. Interessantes Detail in diesem Zusammenhang: Die Rohtüren erfahren deshalb keine Änderung. Die Oberkante der Kunststoffplanken schmücken nun zusätzlich schmale Zierleisten aus poliertem Edelstahl, die sich auf der Oberseite von Bug- und Heckschürze fortsetzen und die Zeit allzu trister Kunststoffanmutung beenden.

Mit der Modellpflege ab der IAA 1989 erhalten Türen – ohne dass sich das Türblatt ändert -, Kotflügel und Längsschweller farblich abgesetzte Verkleidungen aus hochwertigem Kunststoff, die im Volksmund bald „Sacco-Bretter" genannt werden.

Konsequent fortgesetzt wird die optische Aufwertung mit verchromten Zierstäben an den Türgriffen sowie den geänderten Radzierblenden, bei denen der Mercedes-Stern und ein schmaler Zierring am Umfang ebenfalls verchromt sind. Die Gehäuse der Außenspiegel sind in Wagenfarbe lackiert.

Im Innenraum werden die Armaturenanlage und die Türverkleidungen durch Zierelemente aus Holzfurnier optisch aufgewertet. Die Sitze erhalten eine verbesserte Dämpfung, die Vordersitze zusätzlich einen verbesserten Seitenhalt und an der Rückseite Pompadourtaschen. Bei der Lederausstattung wird das zu sehr an Kunststoff erinnernde harte Leder durch weicheres ersetzt. Zur besseren Geräuschisolierung erhöht man die Dicke der beweglichen Seitenscheiben von 3 mm auf 4 mm.

Gravierender sind die technischen Änderungen. Alle Typen ab 2 Liter Hubraum mit Schaltgetriebe erhalten das Zweimassenschwungrad, dessen Einsatz für eine weitere Verminderung des Bonanza-Effekts beim Lastwechsel und langsamer Fahrt sowie für einen höheren Geräuschkomfort im Antriebsstrang sorgt. Der bis dahin nur mit Automatikgetriebe lieferbare 250 D Turbo wird nun serienmäßig mit Schaltgetriebe geliefert.

Dem Kritikpunkt zu langer Antriebsachsübersetzungen begegnet man mit einer Änderung der Übersetzungsverhältnisse. Dies führt beispielsweise beim 260 E zu einer Zugkraftsteigerung im fünften Gang um 19,9 %, beim 300 E sind es 19,5 %. Die Verbesserung der Zugkraft in allen Gängen führt zu einer entspannteren, von weniger Schaltvorgängen unterbrochenen Fahrweise, ohne den Verbrauch zu erhöhen. Warum dies nicht von Anfang an geschehen ist, bleibt den Kunden stets ein Rätsel. Die Weltpremiere, das neu vorgestellte 5-Gang-Automatikgetriebe, ist vorerst nur für das Coupé lieferbar und wird im entsprechenden Abschnitt behandelt.

Einer Revolution gleich kommt für alle, die Mercedes-Benz bis dahin kennen, die im Rahmen der Modellpflege erfolgende Einführung des »Sportline«-Ausstattungspakets. Zuvor ist – nach offizieller Mercedes-Benz-Lesart – das Tieferlegen von Mercedes-Benz Automobilen sowie das Bestücken mit breiteren Felgen und Reifen stets halbseidener Klientel oder unseriösen Spinnern aus der fahrerischen Krawallszene zuzuordnen. Jetzt steht ab September auch für die Typen der Baureihe 124 – ausgenommen die 4MATIC-Varianten – das bereits von der Baureihe 201 her bekannte »Sportline«-Paket als Sonderausstattung zur Verfügung. Berechnet werden dafür 4024,20 DM, einschließlich der direkteren Lenkung, der bequemen Sportsitze vorne und der Einzelsitzanlage hinten. Da aber sowohl das kleinere Lederlenkrad als auch Sportsitze oder das Fahrwerk einzeln bestellt werden können, ergeben sich interessante Kombinationsmöglichkeiten.[44]

Äußere Merkmale des »Sportline«-Outfits sind das Sportfahrwerk, das mit breiteren Reifen der Dimension 205/60 R 15 auf Leichtmetall- oder Stahlfelgen im Format 7 J x 15 H 2 bestückt ist, die außerdem durch geänderte Einpresstiefen zu breiterer Spurweite führen. Die Federn haben eine um 20 % härtere Federrate mit darauf abgestimmten Stoßdämpfern. Die Karosserie ist bei den Typen 200 und 200 D um 17 mm tiefergelegt, bei den Benzinern 200 E bis 300 CE-24 und den Diesel-Modellen 250 D und 300 D sind es 23 mm, bei den T-Modellen 32 mm. Ebenfalls zum Umfang gehört eine modifizierte Innenausstattung mit einem Lederlenkrad, dessen Durchmesser von 400 mm auf 390 mm reduziert ist, einem Schalthebel mit Lederapplikationen und Ledersack sowie stärker ausgeformten

Die nur im „Sportline"-Paket lieferbaren hinteren Einzelsitze, die auch offiziell aus dem Fünf- einen Viersitzer machen, sorgen für besseren Sitzkomfort.

44 Verkaufstaschenbuch, Ausgabe 1/1990 v. 02.01.1990

Zwischen den im „Sportline"-Paket enthaltenen hinteren Einzelsitzen ist ein duch Rollo abgeschlossenes Ablagekästchen platziert, das die Fondsitzplätze entsprechend reduziert.

Einzelsitze im Fond sind serienmäßig dem 500 E/E 500 vorbehalten. Ungewöhnliche seitlichen Ablagen neben den Rücksitzen heben zusätzlich das Komfortniveau.

Sportsitzen vorne und hinten, die den Fünfsitzer zum Viersitzer machen. Zwischen den beiden hinten als Einzelsitze ausgeformten Sitzplätzen ist unter der herausklappbaren Armlehne eine Ablageschale mit Rollodeckel eingelassen. Rechts und links der hinteren Sitze befinden sich zusätzliche offene Ablagefächer.

Die die Fahragilität steigernden Maßnahmen des »Sportline«-Konzepts sind mehr als nur optischer Natur und zielen nicht auf eine bestimmte Klientel ab. Vielmehr sorgt die Ausstattung für geringere Seitenwindempfindlichkeit, im Slalom für geringere Karosseriebewegungen bei höherer Geschwindigkeit, beim Wedeln im Grenzbereich für bessere Kontrollierbarkeit und im Handling bei höherer Geschwindigkeit für eine bessere Beherrschbarkeit des Fahrzeugs. Bei minimalem Verlust an Federungskomfort bleibt das Schluckvermögen des »Sportline«-Fahrwerks auf hohem Niveau.

Mit dem ab August 1989 in Produktion genommenen Typ 300 E-24 wird das neue Topmodell der Baureihe aus der Taufe gehoben. Der bisher nicht gerade unter Leistungsmangel leidende 3,0-Liter-Sechszylinder mit Zweiventil-Zylinderkopf wird durch eine Version mit vier Ventilen und einer Leistung von 220 PS/162 kW getoppt. Das Triebwerk stammt aus dem Baukasten der SL-Baureihe 129. Es hat allerdings wegen kleinerer Katalysator-Querschnitte, bedingt durch die ungünstigeren Platzverhältnisse der Limousine im Unterbodenbereich, 11 PS/8 kW gegenüber dem SL verloren.

Um dem sportlichen Anspruch gerecht zu werden, wird auch ein anderes Schaltgetriebe geliefert. Es unterscheidet sich von dem

Werbedarstellung der je 12 Ein- und Auslassventile anlässlich der Markteinführung des 300-E 24.

normalen Getriebe durch eine andere Abstufung – der 5. Gang ist als Direktgang ausgelegt – und den hinten links liegenden ersten Gang. In Verbindung mit der kurz ausgelegten Antriebsachsübersetzung ergibt sich auf diese Weise bei der Ausnutzung des großen nutzbaren Drehzahlbereichs – Drehzahlgrenze bei 7000/min – zwar eine exzellente Beschleunigung, die allerdings auch mit einer entsprechenden Geräuschkulisse einhergeht. Zu wünschen übrig lässt auch die Kraftentfaltung in den unteren Drehzahlregionen bis zirka 4000/min. Diese Umstände und der nicht unerheblich gestiegene Verbrauch gegenüber dem Familienmitglied 300 E mit nur zwei Ventilen wird von den Mercedes-Benz Kunden nicht goutiert. So bleibt der 300 E-24 Zeit seines kurzen Lebens ein Exot im Typenprogramm, der nur einen eng begrenzten Liebhaberkreis anspricht. Erschwerend kommt hinzu, dass die Motoren in ihrer Leistung häufig nach unten »streuen«, was sich auch in zeitgenössischen Testberichten abbildet.

Ein 230 E demonstriert im September 1990 bei einer Offsetcrash-Serie des Fachmagazins »auto motor und sport« die im Vergleich mit Volvo 740, Opel Omega und Fiat Croma stabilste Fahrgastzelle.[45]

Ab Oktober sind gegen Aufpreis alle Diesel mit einem Oxidationskatalysator lieferbar. Sie erfüllen damit die sogenannte »Töpfernorm«, benannt nach dem seinerzeit verantwortlichen Bundesumweltminister Prof. Klaus Töpfer, die eine Partikelemission von maximal 0,08 Gramm/Kilometer vorsieht. Reiserechner sind zusätzlich in den Typen 300 E-24, 300 TE-24 und 500 E lieferbar. Letzterer wird auf dem ebenfalls im Oktober veranstalteten Pariser Automobil-Salon als neues Spitzenmodell der gehobenen Mittelklasse und zugleich als neue Ikone der Marke Mercedes-Benz vorgestellt.

Ab Mai des Folgejahres geht in Sindelfingen der Typ 400 E zunächst für den US- und den japanischen Markt als direkte Antwort auf den V8-motorisierten LS 400 der von Toyota neu installierten Edelmarke Lexus und den ebenfalls im Vorjahr präsentierten und sehr ähnlich konzipierten Infiniti Q45 von Nissan in Produktion.

Das 300 CE-24 Cabriolet dokumentiert auf der IAA im September 1991 nach 20-jähriger Enthaltung die Rückkehr von Mercedes-Benz zum viersitzigen Offenfahren und die Vielseitigkeit der Baureihe 124 mit der nun fünften Karosserievariante. Ein Handicap ist zunächst die Beschränkung auf eine Motorisierung.

Noch im gleichen Monat veröffentlicht »auto motor und sport« die Ergebnisse eines »Car-to-Car«-Offsetcrashs zweier baugleicher 230 E mit und ohne Airbag.[46] Der Airbag bringt nochmals eine deutliche Reduzierung des Verletzungsrisikos. Durch die gleichmäßigere Druckverteilung auf Kopf und Körper ist die Gefahr von Frakturen praktisch ausgeschlossen. Im Fußraum ist bei beiden Fahrzeugen ein mittleres Verletzungsrisiko durch Intrusionen anzunehmen.

Im Jahr darauf gilt es, eine beeindruckende Erfolgsbilanz zu feiern: Im Juni 1992 läuft das zweimillionste Fahrzeug der Baureihe 124 vom Band.

Darüber hinaus wird die Motorenbaureihe M 102 mit zwei Ventilen und 2,0 sowie 2,3 Liter Hubraum von der neuen Baureihe M 111 mit vier Ventilen und 2,0 sowie 2,2 Liter Hubraum abgelöst. Ebenfalls werden die Sechszylindermotoren M 103 mit 2,6 und 3,0 Liter Hubraum aus dem Programm genommen. Lediglich den 4MATIC-Typen bleibt der 3,0-Liter mit zwei Ventilen erhalten. Beim Cabriolet nimmt die Rolle des Überlebenskünstlers der 3,0-Liter M 104 mit vier Ventilen ein. Warum gerade das Cabriolet noch weiter mit dem drehmomentschwachen Sechszylinder auskommen muss, wird nie so recht ersichtlich, zumal das 3,2-Liter-Aggregat M 104 E 32 von Beginn an für die USA vorgesehen ist. Die Vierventiler der Baureihe M 104 decken mit den beiden Hubraumgrößen 2,8 und 3,2 Liter den Bereich der Sechszylinder ab, der bisher von den 2,6- und 3,0-Liter-Triebwerken der Baureihe M 103 bedient worden ist.

Die neuen Motoren präsentieren sich noch einmal grundlegend überarbeitet. Ziel ist neben der Mehrleistung des kleinen Vierzylinders ein wesentlich günstigeres Drehmomentverhalten des großen Sechszylindertriebwerks, dem es zwar bisher nicht an Leistung und sportlichem Geräusch mangelt – Letzteres gefällt nicht jedem Kunden –, aber an Kraft aus dem Drehzahlkeller. Einer alten Motorenbauer-Regel zufolge ist Hubraum durch nichts besser zu ersetzen als durch mehr Hubraum, und eingedenk dieser Binsenweisheit gibt es nun 0,2 Liter mehr Volumen. Um das Drehmoment auch bei niedrigen Drehzahlen stärker anzuheben, wird ein Schaltsaugrohr mit verstellbaren Saugrohrlängen entwickelt, das aus Gewichtsgründen aus Kunststoff gefertigt ist. Die Ergebnisse überzeugen: Die neuen Triebwerke verfügen über Biss und spontanen Antritt in allen Drehzahlbereichen und nehmen lange Zeit eine Spitzenposition unter den serienmäßig produzierten Sechszylindermotoren ein. Bei der Benzineinspritzung ersetzt die elektronische Bosch LH-

45 auto motor und sport, Heft 19/1990, S. 127

46 auto motor und sport, Heft 19/1991

Heimlich, still und leise: Auch wer es komfortabel mag, kann im 400 E schnell sein.

Understatement pur: Der 400 E ist eine ebenso unauffällige wie elegante Erscheinung mit erstaunlich dynamischen Fahreigenschaften.

Am zu Beginn der 1990er-Jahre von Mercedes-Benz eingeführten Farbton „Bornit metallic", hier an einem 400 E, scheiden sich von Beginn an die Geister. Der W 124 Karosse steht er nicht schlecht.

Einspritzung mit Luftmassenmesser die bisherige mechanisch-elektronische KE-Einspritzung.

Der neue 2,8-Liter M 104 E 28 übertrifft die bewährten Zweiventiler der Typenfamilie M 103 hinsichtlich Leistung und Drehmoment, ohne einen höheren Kraftstoffverbrauch aufzuweisen. Bei der 3,2-Liter-Variante, die sich bis auf die LH-Einspritzung und das Schaltsaugrohr bereits in der S-Klasse bewährt hat, bleibt die Nennleistung im Vergleich zum bisherigen 3,0-Liter-Vierventiler zwar gleich, wird aber 900/min früher erreicht. Gleiches gilt für das Drehmomentmaximum, das zudem deutlich höher ausfällt.

Der Typ 400 E wird auch für den Verkauf auf dem europäischen Markt und den restlichen Weltmärkten freigegeben.

Auch für alle restlichen Modelle der Baureihe 124 wird 1992 die Serienausstattung aufgewertet und erweitert. Das 5-Gang-Getriebe für die Vierzylinder-Modelle, Airbag, Zentralverriegelung sowie die elektrisch verstellbaren Außenspiegel an beiden Türen gehören ab sofort zum serienmäßigen Lieferumfang. Ab Oktober 1992 werden dagegen keine Reiserechner mehr in Fahrzeugen der Baureihe 124 angeboten, sondern nur noch in der S-Klasse.

Im Juni 1993 wird die Baureihe 124 für die letzten beiden Jahre noch einmal überarbeitet. Die erste Änderung betrifft den Namen. Generell wird das gesamte Personenwagenprogramm der Mercedes-Benz AG nun in Klassen unterteilt, die durch Buchstaben gekennzeichnet werden. Das hat unter anderem den Vorteil griffigerer Bezeichnungen. Die bisherige »Mittlere Klasse« ist jetzt die E-Klasse. In der Typenbezeichnung wird nun die Klassenzugehörigkeit in Form der zugeordneten Buchstaben vorangestellt. Die Unterscheidung nach Coupés oder T-Modellen in der Typenbezeichnung wird aufgehoben. Der Klassenbezeichnung folgt dann eine dreistellige Zahl, welche die Hubraumgröße ausweist. Bei dieser Gelegenheit wird aus der Mogelpackung des 400 E, der ja immer schon einen 4,2-Liter-Motor hat, richtigerweise der E 420. Diesel-getriebene Fahrzeuge sind nicht mehr durch ein D gekennzeichnet, sie weisen den entsprechend ergänzenden Schriftzug »DIESEL« oder »TURBODIESEL« auf der rechten Seite des Kofferraumdeckels auf.

E 420 Typenschild: Nach der Modellpflege 1993 erhält auch der Achtzylinder eine seinem Hubraum entsprechende Typenbezeichnung.

Die weißen Binkergläser gehören ebenso zu den äußerlichen Merkmalen der Modellpflege 1993...

Von außen ist die modifizierte E-Klasse vor allem am Plakettengrill zu erkennen, der von der Motorhaube umrahmt in diese eingebettet ist. Mit der S-Klasse der Baureihe 140 hat er zwei Jahre zuvor bei den Limousinen sein Debüt gefeiert. Alle drei Limousinen-Baureihen verfügen nun von vorne über ein einheitliches Erscheinungsbild. Die Leuchteinheiten haben farblose Deckgläser, die sie stärker in die Form einbinden. Die Blinker erhalten gelbe Glühlampen, die Heckleuchten bi-chromatische Abdeckungen. Blinker und Heckleuchten sind in der oberen Hälfte einheitlich weißgrau gefärbt.

Vordere und hintere Schutzleisten werden mit den Verkleidungen der Stoßfänger einheitlich in Wagenfarbe lackiert. Die Schutzleiste des Heckstoßfängers wird bis zu den Radausschnitten verlängert, um so die gestreckte Linie des Aufbaus zu unterstreichen und diese Bereiche zusätzlich zu schützen. Bei den Limousinen wird der Heckbereich geändert. Heckdeckel und die beiden Kotflügel erhalten Kanten mit einem größeren Radius. Die Fläche um das Nummernschild herum wird mit in die senkrecht abfallende Fläche des Kofferraumdeckels integriert und bildet mit diesem eine Fläche. Nur für das Nummernschild wird die schräge Auflagefläche aus Gründen der besseren Beleuchtung beibehalten. Ein kürzer verchromter Griff ersetzt auf dem Kofferraumdeckel die Griffleiste aus Kunststoff. Die Stahlscheibenräder erhalten neue Radzierblenden im 6-Loch-Design.

Der E 280 wird in der Motorleistung von 197 PS/145 kW auf 193 PS/142 kW zurückgenommen. Auslöser für diese Maßnahme ist eine ungünstigere Einstufung in den Tarifen der Haftpflichtversicherungen. Ein E 280 mit 197 PS/145 kW wäre in eine unverhältnismäßig ungünstige Haftpflichtversicherungsstufe eingruppiert worden.

Besonders kundenfreundlich ist die nun erfolgende der Wartungs- und Serviceintervalle auf 15.000 und 30.000 km.

Ähnliches kann man von der Vorstellung des E 200 Cabriolets im März 1994 behaupten: Wem es weniger um hohes Leistungspotenzial geht, hat mit dem neuen Modell einen idealen Cruiser zur Hand, der durchaus lebhaft ist und den Einstieg in die exklusive Welt der viersitzigen Mercedes-Benz Cabrio um 10.000,- DM günstiger gestaltet. Außerdem erfolgt eine Erweiterung des serienmäßigen Ausstattungsumfangs um folgende Positionen: An Bord sind nun ein Airbag für Fahrer und Beifahrer, elektrische Fensterheber vorne sowie eine Infrarot-Schließanlage mit Wegfahrsperre

Mit der Präsentation der neuen E-Klasse der Baureihe 210 zeichnet sich im Juni 1995 die Götterdämmerung für die Baureihe 124 ab, die sich während ihrer Laufzeit zur erfolgreichsten, vielfältigsten und innovativsten Typenfamilie im Segment entwickelt hat. Die Produktion der Limousinen endet kurze Zeit später im Werk Sindelfingen, je nach Typ zwischen Juni und August 1995. Im März bzw. April sind bereits die 4MATIC-Modelle und der E 500 ausgelaufen.

Eine Sonderstellung nehmen die Typen E 250 Diesel und E 220 ein, von denen noch bis Juni 1996 ckd-Teilesätze produziert und zur Montage nach Poona in Indien verschickt werden. Das T-Modell, die Coupés und Cabriolets werden vorläufig noch weitergebaut. Insgesamt verlassen im gut elfjährigen Produktionszeitraum 2.058.777 Limousinen, 2342 Limousinen mit langem Radstand sowie 6398 Fahrgestelle mit Teilkarosserie für Sonderaufbauten die Fertigungsbänder.

Die T-Modelle

Im September 1985 werden auf der Frankfurter IAA, ein Dreivierteljahr nach dem Debüt der aufsehenerregenden Mittelklasse-Limousinen der Baureihe W 124, die entsprechenden T-Modelle vorgestellt. Sie treten die Nachfolge ihrer erfolgreichen Vorgänger aus der Baureihe 123 an. Die T-Modelle werden im Volksmund schlicht Kombi genannt, obwohl man das bei Mercedes-Benz fast als Schimpfwort betrachtet und äußerst verpönt ist. Schon bei der Baureihe 123 verfolgt man mit dieser Version die Idee des Freizeit- bzw. Lifestyle-orientierten Fahrzeugs, und baut es im Großen und Ganzen auf der entsprechenden Limousine auf, was man ihm auch deutlich ansieht.

Unterschiede bestehen in der Dachgestaltung, die höher als bei den Limousinen ausfällt. Erzielt wird das durch einen kaum sichtbaren Trick, indem nämlich die Blechfläche, die zwischen dem Knick oberhalb der Türen und den Abdeckleisten zum Dachmittelstück liegt, geringfügig steiler gestellt wird. Abweichungen zur Limousine gibt es auch am Heck. So müssen im Bereich der hinteren Bodengruppe wegen der Verlegung des Kraftstofftanks einige Änderungen vorgenommen werden. Die Verlegung ist zwingend notwendig, da der bei der Limousine hinter der Rücksitzlehne angebrachte Tank einer ebenen Durchladefläche im Wege steht. Als einzige Alternative ergibt sich die Unterbringung des Tanks im Heck unter dem Fahrzeugboden. Um trotzdem beim Heckaufprall kein Risiko einzugehen, ersinnen die Sindelfinger Karosseriebauer und Sicherheitsingenieure eine besondere Konstruktion. Durch eine besondere Gestaltung der Tankoberseite mit schrägen Anlaufflächen und

Der S 124 eignet sich mit seinen vielfältigen Transportmöglichkeiten gut für Freizeitaktivitäten, hier für den Transport von Skiern.

Die geräumigen Dachtransportboxen des T-Modells stellen eine nützliche Erweiterung der Transportkapazität dar.

Egal ob Rennradfahrer oder früher Mountainbiker: Auf dem Raddachträger ist immer genug Platz vorhanden.

Auch der geschützte und aerodynamisch vorteilhafte Dachtransport von Skiern ist mithilfe unterschiedlicher Skiboxen möglich.

Wer im Sommer Windsurfboards transportieren will, muss auch darauf beim S 124 nicht verzichten.

Nach dem Umlegen des größeren Teils der Rückitzbank kann das T-Modell als Dreisitzer eingesetzt werden.

Mit komplett umgelegter Rücksitzbank ergibt sich eine große ebene Ladefläche.

Die Auskleidung des Laderaums mit flauschigem Veloursmaterial machte das T-Modell tatsächlich eher zum vielseitig nutzbaren Freizeitmobil als zum schnöden Kombi.

Die Sonderausstattung der Kindersitzbank macht die dritte Sitzreihe mit ihrem Panoramablick nach hinten bei den Kids zu einem beliebten Aufenthaltsort auf langen Strecken.

des Fahrzeugbodens wird erreicht, dass der Tank bei einem Heckaufprall mit Längsträgerverformung nach unten weggedrückt und dabei von Fangseilen gehalten wird, ohne auf die Fahrbahn aufzuschlagen. Die Innenraumgestaltung entspricht weitgehend jener der Limousine, zusätzlich sind die hinteren Sitzlehnen einzeln umklappbar. Auf Wunsch ist wie schon beim Vorgänger eine nach hinten gerichtete Rücksitzbank mit zwei Sitzen lieferbar, die allerdings in erster Linie für Kinder nutzbar ist.

Die Dämpferbein-Vorderachse wird von der Limousine übernommen, während die hintere Raumlenkerachse bei den T-Modellen serienmäßig mit einer hydropneumatischen Niveauregulierung kombiniert ist. Unterschiede gegenüber den Limousinen ergeben sich bei den Fahrleistungen. Das hat zwei Gründe: Der erste ist die weitgehend bei den T-Modellen von Beginn an eingeführte kürzere Hinterachsübersetzung. Offensichtlich rechnet man hier doch mit einer stärkeren Nutzung als Zugfahrzeug und der Kombi-Kapazitäten. In der Baureihe 123 haben Limousine und T-Modelle noch weitgehend identische Antriebsachsübersetzungen. Der zweite Grund ist der bei der Baureihe 124 mit cw 0,340 ungünstigere cw-Mittelwert der T-Modelle gegenüber der Limousine mit einem cw-Mittelwert von 0,300. Bei der Gestaltung des Hecks liegt der Teufel im Detail. Sieht man ein eher steiles Heck vor, dann liegt die Strömung über dem Dach an und läuft über die Heckscheibe nach unten, was als Reynolds-Effekt bezeichnet wird. Das hat den Vorteil, dass die Heckscheibe relativ sauber bleibt, aber Luftwiderstand und Hinterachsauftrieb massiv ansteigen. Wenn der über das Dach streichende Luftstrom jedoch gezielt abreißt, reduzieren sich beide Kenngrößen deutlich. Das resultiert beim T-Modell in der über der Heckscheibe angebrachten unauffälligen Kante.

Zum Marktstart besteht die verfügbare Motorenpalette aus insgesamt acht Triebwerken. Exklusiv dem T-Modell vorbehalten bleibt der neue aufgeladene Sechszylinder-Diesel OM 603 D 30 A im 300

Das intern häufig als T-Limousine bezeichnete T-Modell ist auch als Transportgerät – wofür das „T" in der Bezeichnung steht – eine elegante Erscheinung.

TD Turbo mit 143 PS/105 kW. Dieses Aggregat wird sonst nur noch in das S-Klasse-Exportmodell 300 SDL für die USA eingebaut. Im Gegenzug müssen T-Modell-Kunden jedoch auf den 2,6-Liter-Ottomotor M 103 und zunächst auf den 3,0-Liter-Diesel-Saugmotor OM 603 verzichten.[47]

Eine weitere Neuheit auf dem Mercedes-Benz-Stand der IAA ist das neu entwickelte Allradkonzept für Personenwagen, das den Namen 4MATIC trägt und im 300 TE und 300 TD Turbo gezeigt wird. Normalerweise fahren auch die mit der 4MATIC ausgerüsteten Fahrzeuge im Heckantriebsmodus, doch aktiviert ein aufwendiges Regelsystem je nach Schlupfsituation nacheinander automatisch den Vorderradantrieb, die Sperre des Verteilergetriebes und im Extremfall auch noch die Sperre der Hinterachse. Wie bei der Limousine muss der Kunde 12.000,- DM für diesen hochkomplexen Vierradantrieb zusätzlich berappen.

Alle T-Modelle mit Ottomotor können auf Wunsch mit einer geregelten Abgasreinigungsanlage mit 3-Wege-Katalysator geliefert werden. Auf Wunsch ist die sogenannte »RÜF-Version« verfügbar, bei der das Fahrzeug ohne Katalysator und Lambdasonde, aber mit dem multifunktionalen Gemischaufbereitungs- und Zündsystem ausgeliefert wird. Eine Katalysator-Nachrüstung ist mit dieser Ausstattung problemlos durchführbar. Einzige Ausnahme ist hier der 200 T mit Vergasermotor. Ihn gibt es erst ab September 1986 mit geregeltem Kat, der ab diesem Zeitpunkt zum serienmäßigen Lieferumfang für alle Modelle mit Otto-Motor gehört. Die »RÜF-Version« wird nur noch bis 1989 optional und gegen einen Minderpreis geliefert.

Die Produktion der T-Modelle erfolgt traditionsgemäß wie bei den Vorgängertypen im Werk Bremen. Aus dem Werk Sindelfingen werden die vorderen Türen sowie die »Aufbaustufe 1«, eine Kombination aus Vorbau und Unterbau, zugeliefert. Diese wird in Bremen mit Blechteilen eigener Fertigung zur kompletten Rohbaukarosserie ergänzt und anschließend lackiert und montiert. Die Hauptserienfertigung der meisten Typen läuft kurz nach der Präsentation im Oktober/November 1985 an.

47 Scheinwerfer, Heft 4/1985

Der 300 TD Turbo ist das Spitzenmodell innerhalb der Palette Diesel-motorisierter T-Modelle.

Im Juni 1986 folgt die Einführung des 300 TD Turbo, zunächst allerdings nur für den Export in die USA; der Verkaufsstart im Inland muss aufgrund mangelnder Kapazitäten immer wieder verschoben werden, sodass im September der ursprünglich nicht vorgesehene 300 TD als Lückenbüßer in das Verkaufsprogramm aufgenommen wird.

Ab April des Folgejahres wird dann endlich auch der 300 TE 4MATIC produziert, im August gefolgt vom 300 TD Turbo 4MATIC und der Inlandsausführung des 300 TD Turbo.

Mit dem 200 TE wird ab September 1988 auch im untersten Segment der T-Modell Typenpalette ein Fahrzeug mit Einspritzmotor angeboten. Parallel dazu erhält der 300 TD Turbo die Vorkammer mit Schrägeinspritzung zur Reduzierung der Partikel- und Schadstoffemissionen. Gleichzeitig wird die Serienausstattung um das Anti-Blockier-System ABS sowie um Heizelemente im rechten Außenspiegel, dem Scheibenwaschwasserbehälter und den Scheibenwaschdüsen erweitert.

Erst im Februar 1989 erhalten auch die Diesel-Saugmotoren die innovative Vorkammer der Turbomotoren sowie die Höhenkorrektur-

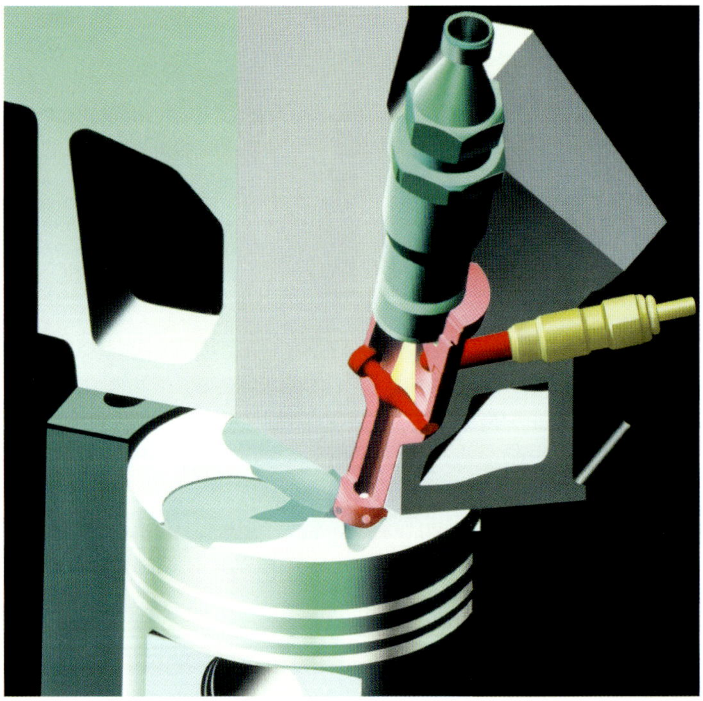

Die 1989 eingeführte innovative Schrägeinspritzung führt bei den Dieseltriebwerken zu niedrigeren Schadstoffemissionen. Die Maßnahme erfolgt im Rahmen der Initiative „Diesel '89".

dose zur rauchfreien und schadstoffarmen Verbrennung in großen Höhen. Damit verbunden ist auch eine kleine Leistungserhöhung, die zwischen 4 PS/3 kW beim 250 TD und 3 PS/2,2 kW beim 250 TD und 300 TD liegt.

Als auf der Frankfurter IAA im September die überarbeitete Mercedes-Benz Mittelklasse präsentiert wird, finden sich die vorgenommenen Modifikationen selbstverständlich auch an den T-Modellen wieder. Erkennbar sind diese Fahrzeuge an den Kunststoff-Seitenteilen, die Türen und Schweller bedecken, an zahlreichen Chromleisten und den lackierten Außenspiegeln. Im Innenraum sorgen dickere Seitenscheiben für einen niedrigeren Geräuschpegel und überarbeitete Sitze für besseren Komfort. Neu ist ebenfalls das »Sportline«-Paket, das bis auf die 4MATIC-Typen für alle Modelle optional gegen Aufpreis geliefert wird. Es besteht aus einem tiefergelegten Fahrwerk, breiteren Rädern und Reifen sowie im Innenraum aus Vordersitzen mit besserer Seitenführung, einem Lederlenkrad und einem mit Leder verkleideten Schalthebel.

Neu im Programm ist der vom SL übernommene Sechszylindermotor M 104 mit vier Ventilen pro Zylinder. Knappere Platzverhältnisse im Unterbodenbereich führen durch die ungünstigere Gestaltung der Abgasanlage zu einem Leistungsverlust von 11 PS/8 kW gegenüber dem SL.

Der exklusiv für den Italien-Export gedachte 250 TD Turbo wird ab Juni 1990 in die Produktion genommen. Dass exakt ein Jahr später der nur 75 PS/55 kW starke 200 TD mangels Kundenzuspruch – man möchte sagen: endlich – ausläuft, spiegelt die auch im Dieselbereich wachsende Leistungsorientierung wider, die vor allem auf den Einsatz der Turboaufladung zurückgeht.

Wie schon bei den Limousinen, werden im September 1992 auch im T-Modell die Vierzylindermotoren der Baureihe M 102 durch die Triebwerke der neuen Baureihe M 111 mit Vierventiltechnik ersetzt. Der 3,0-Liter-Sechszylinder M 104 wird durch die Weiterentwicklung mit 3,2 Liter Hubraum und Schaltsaugrohr abgelöst, die durch eine von dieser abgeleiteten Variante mit 2,8 Liter ergänzt wird. Der neue Motor hat die gleiche Leistung von 220 PS/162 kW wie sein Vorgänger bei allerdings geringerer Drehzahl und ein wesentlich höheres Drehmoment, das ebenfalls in einem niedrigeren Drehzahlbereich anliegt. Der Zweiventilmotor M 103 bleibt weiter der 4MATIC-Version vorbehalten.

Der 280 TE ersetzt mit seinem Bandanlauf 1992 den bisherigen 300 TE.

Mit dem Plakettengrill wird auch beim T-Modell ab der Modellpflege 1993 eine Angleichung an das mit der S-Klasse der Baureihe 140 eingeführte Erscheinungsbild erzielt.

Airbag und das 5-Gang-Schaltgetriebe gehören jetzt für die Vierzylinder-motorisierten Modelle zum serienmäßigen Lieferumfang.

Anlässlich der umfassenden Modellpflege Mitte 1993 werden die Diesel-Saugmotoren mit fünf und sechs Zylindern auf Vierventiltechnik umgestellt und erhalten jetzt die Bezeichnung OM 605 D 25 und OM 606 D 30. Ergebnisse dieser Maßnahme sind eine Senkung des Volllastverbrauchs um 8 % sowie eine Reduzierung der Partikelemissionen um 30 %. Wie bisher mit zwei Ventilen pro Zylinder auskommen müssen dagegen die Modelle mit dem 2,0-Liter-Saugmotor und die Turbomotoren. Erkennbar sind die neuen Vierventiler an der Luftansaugung, die wie bisher schon bei den Turbomotoren durch Luftschlitze im rechten vorderen Kotflügel erfolgt. Alle Dieselmodelle sind ab sofort mit dem Oxidationskatalysator und Abgasrückführung ausgerüstet. Dem 280 TE werden aus Gründen der Versicherungseinstufung 4 PS/3 kW gestrichen, so dass dessen Leistung nominell nur noch 193 PS/142 kW beträgt.

Sichtbarstes Kennzeichen dieser letzten Überarbeitung ist der Übergang zum Plakettengrill, der in Verbindung mit der S-Klasse und der neuen C-Klasse ein einheitliches Erscheinungsbild garantiert. Die vorderen Blinker haben farblose Deckgläser, und die Schutzleisten der Stoßfänger sind anstatt in schwarz in der Farbe der Anbauteile lackiert.

Mit der Modellpflege ändert sich auch die Bezeichnung der bisherigen mittleren Baureihe, die nun zur E-Klasse mutiert. Bei den Diesel-getriebenen Modellen wird das seitherige »D« durch einen nachgestellten »Diesel«- oder »Turbodiesel«-Schriftzug ersetzt. Ein 300 TD wird beispielsweise durch Anwendung des neuen Systems in »E 300 Diesel T-Modell« umbenannt; auf der Heckklappe ist allerdings nur »E 300 DIESEL« zu lesen, wobei der rechts angebrachte »DIESEL«-Schriftzug – wie das gesamte Typenschild – optional entfallen kann.

Der E 36 AMG ist mit dem ab September 1993 lieferbaren 272 PS/200 kW starken 3,6-Liter-Motor M 104 von AMG die Power-Ausführung im Segment der T-Modelle. Das Triebwerk ist in Affalterbach aus dem Serienmotor M 104 mit 3,2 Liter Hubraum entwickelt worden. Eine Erweiterung der Bohrung auf 91 mm und der Einbau einer Kurbelwelle mit einem Hub von 92,4 mm verwandeln den Kurzhubmotor in einen Langhuber. Als Kraftübertragung ist serienmäßig nur die 4-Gang-Automatik verfügbar. Die Übersetzung der Antriebsachse ist auf 1:2,82 geändert, und selbstverständlich werden auch Bremsen sowie die Felgen-/Reifen-Ausstattung den gestiegenen Fahrleistungen angepasst. Vorne kommt die Bremsanlage aus dem E 420 mit 320-mm-Bremsscheiben zum Einsatz. Bei den Rädern sind dreiteilige AMG-Leichtmetallfelgen im Format 7 ½ J x 17 ET 42 mit Reifen der Größe 225/45 ZR 17 verbaut. Außer-

Mit der Modellpflege 1993 erhalten die T-Modelle den E 36 AMG T-Modell als leistungsstärkste Topversion. Mit seinen 272 PS/200 kW liegt er fast auf dem Leistungsniveau des E 420, dessen V8-Motor im T-Modell ncht lieferbar ist.

lich hebt sich das stärkste T-Modell durch in Wagenfarbe lackierte AMG-spezifische Anbauteile wie Frontspoiler und Seitenschweller von den schwächer motorisierten Typen ab.

Insgesamt werden im Werk Bremen 340.503 T-Modelle produziert, wobei das letzte Fahrzeug im Februar 1995 vom Band läuft.

Die Coupés

Mit der Präsentation auf dem Genfer Autosalon im März 1987 und der wenig später folgenden Markteinführung[48] der Typen 230 CE und 300 CE setzt die Daimler-Benz AG die Tradition individuell gestalteter Zweitürer unterhalb der S-Klasse fort. In der gehobenen Mittelklasse hat diese fast zwei Jahrzehnte zuvor mit den Coupés der Baureihe 114 begonnen, wird zehn Jahre später, ebenfalls in Genf, mit den Coupés der Baureihe 123 beibehalten, und findet jetzt ihre würdige Fortsetzung.

Trotz formaler Eigenständigkeit der Coupés lässt sich deren Ableitung aus dem stilistischen und technischen Konzept der Limousine nicht verleugnen. So hat man, angelehnt an die bereits beim W 123 praktizierte konzeptionelle Vorgehensweise, den Radstand der W 124 Limousine wieder um 85 mm gekürzt. Auch der Vorderwagen bis zur A-Säule, die Heckleuchten sowie das Armaturenbrett der Limousine bleiben erhalten. Alle anderen Karosserieteile sind neugestaltet, die Gesamthöhe ist um 36 mm niedriger als die der Li-

Die drei Mittelklasse-Coupéversionen seit 1968: hinten die der Baureihe 114, in der Mitte das 123 Coupé und vorne der C 124.

48 Verkaufstaschenbuch, Ausgabe 1/1987 v. 02.03.1987

Im unmittelbaren Vergleich ist die kontinuierliche Weiterentwicklung der Formgebung besonders gut erkennbar.

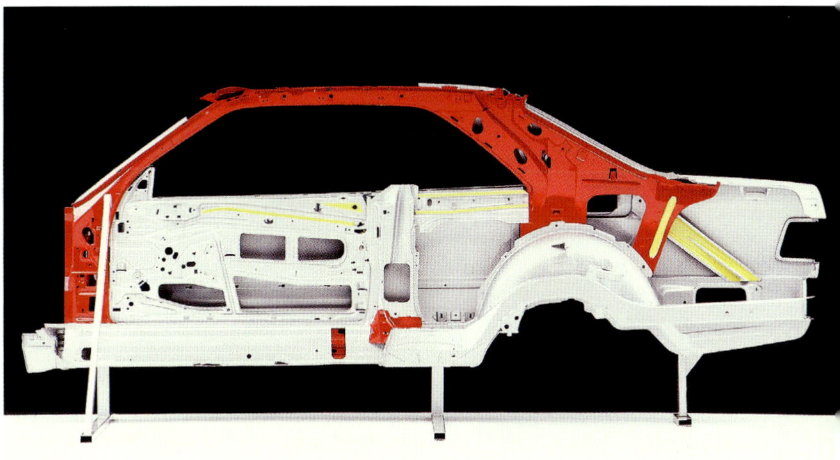

Farblich gekennzeichnet ist die Verwendung hochfester Bleche bei der Karosserie des Coupés.

mousine, bedingt durch die um 1,0° bzw. 1,5° stärker geneigte Front- bzw. Heckscheibe – optisch wirken die Anstellwinkel noch wesentlich ausgeprägter. Die geringere Höhe und schräger gestellten Scheiben führen auch zu einem flacheren Kofferraumdeckel als bei der Limousine. Mit einem Durchschnitts-cw-Wert von 0,300[49] ergibt sich bei einem C 124 mit Stahlfelgen und ohne Klimaanlage gegenüber dem Vorgänger C 123, der einen Wert von 0,430 aufweist, eine wesentliche Verbesserung in puncto Aerodynamik.

Da die Sicherheitsstandards der Limousine ebenso für das Coupé gelten, müssen bei dieser Version zum Teil technisch eigene Wege

Der Fortschritt bei den cw-Werten der Mittelklasse-Coupés macht sich im Lauf der Zeit immer stärker bemerkbar: C 114: cw 0,432, C 123: cw 0,430, C 124: cw 0,295.

49 TB Nr. 345 v. 25.06.1987

Um Kopfkontakt mit der weit in den Dachbereich verlaufenden Heckscheibe zu vermeiden, ist der Dachhimmel bis in den Bereich der Heckscheibe verlängert.

gegangen werden. In Ermangelung einer bis zum Dach reichenden B-Säule werden zur Erhaltung der Stabilität der Gesamtstruktur der Coupé-Karosserie die A-Säulen, Seitenschweller und Türen aus besonders hochfesten Stahlblechen gefertigt. So ist es kein Wunder, dass die Gewichte der Coupés gegenüber den Limousinen geringfügig höher liegen.

Besonderes lässt man sich für die hinten sitzenden Passagiere einfallen. Sie wären permanenter Sonneneinstrahlung ausgesetzt gewesen und hätten sich darüber hinaus bei einem Unfall mit Überschlag in schmerzhaften Kontakt mit der Heckscheibe oder Blechkanten begeben. Um dies zu vermeiden, wird die Innenverkleidung des Dachs noch ein Stück in den Bereich der Heckscheibe gezogen. Damit die Überlappung nicht sichtbar wird, ist der obere Teil der Heckscheibe mit einem dunklen Raster versehen.

Die Sicherheitsgurte werden, wie beim SEC Coupé, automatisch durch die Gurtbringer nach vorne in die Reichweite der Passagiere gereicht. Der Anlenkpunkt der vorderen Sicherheitsgurte muss durch den Wegfall der B-Säule relativ weit nach hinten verlegt werden. Um einen optimalen Gurtverlauf zu garantieren, verstecken sich die Gurte in kleinen Höckern, die über die untere Fensterlinie des Coupés hinausragen.

Ein äußeres Designmerkmal, das die Coupés zunächst bis zum Facelift im September 1989 von den Limousinen abhebt, sind die Flankenschutzleisten mit den integrierten Längsschweller-Verkleidungen. Die im Volksmund etwas despektierlich als »Sacco-Bretter« bezeichneten Kunststoffteile sind in Metallic-Kontrastfarben lackiert.

Die Technik der noblen Zweisitzer wird unverändert von den Limousinen übernommen. Zunächst wird jedoch die Motorenauswahl und somit auch die Zahl der Typen auf den 230 CE und den 300 CE begrenzt. Beide werden serienmäßig mit einem geregelten Katalysator ausgeliefert. Nur auf Sonderwunsch werden die Fahrzeuge auch ohne Kat als »RÜF«-Fahrzeuge mit einer etwas höheren Leistung geliefert. Auch hier ist eine Nachrüstung mit dem geregelten Katalysator jederzeit möglich.

Als Standardausstattung in puncto Kraftübertragung fungiert das manuelle 5-Gang-Getriebe mit dem 5. Gang als Schongang. Bei der Wahl der 4-Gang-Automatik wird die Schongang-Philosophie jedoch verlassen: Hier ist die höchste Fahrstufe so übersetzt, dass der Motor ausdreht.

Keine Experimente sind bei der Fahrwerksauslegung notwendig. Wie die Limousinen verfügen die Coupés über eine Raumlenker-Hinterachse, dank derer die Fahreigenschaften gegenüber den Vorgängermodellen nochmals verbessert werden. Vorne greift man unverändert auf die Dämpferbein-Aufhängung an einzelnen Dreiecksquerlenkern zurück. Die Bremsanlage wird ebenfalls von den Viertürern übernommen. Äußerlich unterscheiden sich 230 CE und 300 CE nur durch den Doppelendrohr-Auspuff des Sechszylinders und das Typenschild.

Beide Coupés erhalten – wie alle Typen der Baureihe – im September 1988 eine erweiterte Serienausstattung, zu der nun ein beheizter und elektrisch einstellbarer rechter Außenspiegel gehört. Gleichzeitig wird die Scheibenwaschanlage der S-Klasse mit beheiztem Waschbehälter sowie beheizten Düsen und Schläuchen übernommen. Das Anti-Blockier-System ABS, mit dem jetzt ebenfalls alle Modelle der Baureihe 124 serienmäßig ausgestattet werden, ist beim 300 CE bereits von Beginn an und beim 230 CE seit Februar 1988 Bestandteil der Grundausstattung.

Im September des darauffolgenden Jahres sind auf der Frankfurter IAA auch die Coupés aus dem überarbeiteten Programm der Baureihe 124 zu sehen. Äußerlich präsentieren sie sich nahezu unverändert, da die Zweitürer ja von Beginn mit den seitlichen Flankenschutzleisten ausgestattet worden sind. Im Zuge der Überarbeitung zeigen sich Letztere mit schmalen Zierleisten aus poliertem Edelstahl versehen, die das Arrangement optisch veredeln und sich auf der Oberseite von Bug- und Heckschürze fortsetzen. Weitere Elemente der stilistischen Aufwertung sind die verchromten Zierstäbe an den Türgriffen sowie geänderte Radzierblenden, bei denen der Mercedes-Stern und ein schmaler Zierring am Umfang ebenfalls verchromt sind. Eine zusätzliche Neuerung sind die in Wagenfarbe lackierten Außenspiegelgehäuse. Der Innenraum erhält vorne und hinten verbesserte Sitze.

Für die modellgepflegten 124er steht nun ebenfalls das bekannte »Sportline«-Paket als Sonderausstattung zur Verfügung. Äußere Merkmale sind das Sportfahrwerk, das mit Breitreifen der Dimension 205/60 R 15 auf Leichtmetall- oder Stahlfelgen des Formats 7 J x 15 bestückt ist, die ihrerseits über eine geänderte Einpresstiefe zu einer größeren Spurweite führen, sowie die um 23 mm tiefergelegte Karosserie. Zum weiteren Ausstattungsumfang gehört neben den etwa 20 % straffer abgestimmten Federn und Stoßdämpfern eine modifizierte Innenausstattung mit Lederlenkrad – 390 mm anstatt 400 mm im Durchmesser – und Lederschalthebel sowie Einzelsitzen vorne und hinten. Als neues Topmodell der Coupés fungiert seit der IAA der 300 CE-24. Mit seinem auch in der Limousine eingebauten und an anderer Stelle besprochenen, 220 PS/162 kW starken Sechszylinder-Vierventilmotor erfüllt dieses Modell als Powercoupé die Leistungswünsche in diesem Produktsegment. Die überarbeitete Modellpalette der Baureihe 124 hat außer den genannten Design- und Ausstattungsverbesserungen auch noch fünf gänzlich neue Typen zu bieten, darunter ein Coupé. Eine Weltneuheit ist das im 300 CE-24 vorgestellte und auch vorerst nur in diesem Modell lieferbare Automatikgetriebe mit fünf Gangstufen.

Glanzgedrehtes 15-Zoll-Rad in 8-Loch-Optik, das als Sonderausstattung seit der Modellpflege 1989 lieferbar ist.

Der 300 CE-24 wird ab der Modellpflege 1989 das neue Spitzenmodell der Coupé-Baureihe C 124.

Die erweiterte Ausstattung des 300 CE-24 besteht aus Leichtmetallrädern, elektrischen Fensterhebern, Lederlenkrad und -schalthebel, Holzzierteilen in Wurzelnuss sowie Ausstiegsleuchten in den Türen.

Als Reaktion auf die italienischen Steuergesetze nimmt Mercedes-Benz ab Juni 1990 auch eine Coupé-Version mit dem 2,0-Liter-Einspritzmotor ins Programm. Im Inland ist dieser 200 CE allerdings vorerst nicht lieferbar. Dagegen steht für Vielfahrer ab Oktober der 90 Liter fassende Kraftstofftank des 500 E zur Verfügung. Er ist für alle Limousinen und Coupés als Sonderausstattung lieferbar.

Nachdem es 1991 zu keinerlei Veränderungen an den Coupés der bestehenden Typenpalette gekommen ist, präsentiert Mercedes-Benz im September des darauffolgenden Jahres einige tiefgreifende Überarbeitungen an den Fahrzeugen der mittleren Klasse. Schwerpunkt ist die Ablösung der Zweiventil-Vierzylindermotoren M 102 durch die Neukonstruktion M 111, die über Vierventiltechnik und zwei obenliegende Nockenwellen verfügt. Höhere Leistung und gestiegenes Drehmoment über den gesamten Drehzahlbereich bei deutlich geringerem Verbrauch sind die herausragenden Merkmale der Neuentwicklung. Durch ein größeres Katalysatorvolumen werden auch die Schadstoffemissionen deutlich gesenkt. Alle Vier- und Sechszylinder-Reihenmotoren haben nun die gleiche Bohrung, ein Vorteil in der Produktion. Grundsätzlich wird die Serienausstattung über die gesamte Baureihe 124 hinweg aufgewertet und erweitert.

Die bisherigen Sechszylindermodelle 300 CE und 300 CE-24 werden zugunsten des neuen 320 CE aus dem Programm genommen. Die Weiterentwicklung besteht aus der Einführung der Bosch LH-Einspritzung und des zweistufigen Schaltsaugrohrs. Das satte Durchzugsvermögen aus dem Drehzahlkeller und eine vorbildliche Leistungswilligkeit im hohen Drehzahlbereich finden überall Anklang. Die Nennleistung des Triebwerks bleibt mit 220 PS/162 kW unverändert, steht jetzt aber früher zur Verfügung. Das deutlich angestiegene Drehmoment ist ebenfalls wesentlich harmonischer über die Breite des Drehzahlspektrums abrufbar.

Auch für die Coupés der Baureihe 124 bringt die im Juni 1993 vorgenommene Modellpflege die stilistisch auffällige Neuerung des in der S-Klasse eingeführten Plakettengrills sowie die Änderung der-

1992 löst der 320 CE den 300 CE-24 als Top-Coupé der Baureihe 124 ab.

Auch die Coupés sind nach der Modellpflege 1993 mit dem Plakettengrill ausgestattet.

Typenbezeichnungen. Aus der sperrigen Bezeichnung »Mittlere Klasse« wird jetzt im Einklang mit der Praxis bei C- und S-Klasse die E-Klasse. In puncto Frontansicht und Nomenklatur besteht jetzt eine einheitliche Linie im Pkw-Programm von Mercedes-Benz.

Der deutlich zierlichere Plakettengrill ist in die Motorhaube integriert und wird von ihr umfasst, wodurch der Stern jetzt direkt auf die Motorhaube rückt. Nicht zu übersehen sind die Änderungen an den Leuchteinheiten: Die vorderen Blinkleuchten haben nun farblose Deckgläser, und die Heckleuchten weisen bi-chromatische Abdeckungen auf, die im Bereich des Blink- und Rückfahrlichts einheitlich weißgrau gefärbt sind. Das gelbe Blinklicht wird dabei vorne wie hinten über farbige Glühbirnen erzeugt. Weitere Änderungen betreffen Räder und Stoßfänger. So gibt es für die Stahlscheibenräder neue Radzierblenden im 6-Loch-Design, und die Schutzleisten der Stoßfänger sind nun in der Farbe der Anbauteile lackiert. Die Schutzleiste des Heckstoßfängers wird bis zu den Radausschnitten verlängert.

Leistungsorientierte Coupé-Fahrer werden bis September 1993 recht stiefmütterlich behandelt, sind doch die beiden V8-Triebwerke nur in den Limousinen lieferbar. Durch die Eingliederung von AMG in den Personenwagenbereich von Mercedes-Benz ergibt sich auch für diesen Kundenkreis eine spannende Alternative: der in allen Karosserieausführungen angebotene E 36 AMG. Dessen 3,6-Liter-Motor ist in Affalterbach aus dem Serienmotor M 104 mit 3,2 Liter Hubraum entwickelt worden. Eine Erweiterung der Bohrung auf 91 mm und der Einbau einer Kurbelwelle mit einem Hub von 92,4 mm aus dem Dieselmotor OM 603 D 35 A verwandeln den Kurzhuber zu einem besonders durchzugstarken Langhubmotor. 272 PS/200 kW und ein Drehmoment von 385 Nm sind das Resultat der Leistungskur. Serienmäßig gibt es nur die 4-Gang Automatik, allerdings wird die Übersetzung der Antriebsachse auf 1:2,82 abgeändert und entspricht damit der im E 500. Bremsen und Rad-/Reifen-Kombination werden den gestiegenen Fahrleistungen angepasst. Vorne wird die Bremsanlage aus dem E 420 mit Bremsscheiben von 320 mm Durchmesser eingebaut.

Das ab 1993 ins Programm genommene E 36 AMG Coupé ist mit seinem 272 PS/200 kW starken 3,6-Liter-Motor und typischer AMG Optik der neue Star unter den Coupés der Baureihe 124.

Kraftpaket: Der von AMG entwickelte 3,6-Liter-Motor M 104 mit 272 PS/200 kW stemmt ein Drehmomentmaximum von 365 Nm auf die Kurbelwelle, das im Drehzahlspektrum zwischen 3750 und 4500/min linear anliegt.

Der bis 280 km/h reichende Tachometer bleibt den T-Modellen und Coupés der AMG-Ausführung vorbehalten.

Dreiteilige AMG-Leichtmetall-Scheibenräder der Größe 7 ½ J x 17 ET 42 mit Reifen im Format 225/45 ZR 17 sorgen nachhaltig für ein hohes Gripniveau. Im Design unterscheidet sich der E 36 durch in Wagenfarbe lackierte AMG-Front- und Heckspoiler sowie entsprechende Schwellerverkleidungen, die zum einen den cw-Wert, andererseits aber auch Vorder- und Hinterachsauftrieb reduzieren.[50] Als Ergebnis einer Windkanalmessung dieser Accessoires an einer Limousine vermerkt der einschlägige Bericht: »Der Einfluss der Bugschürze und des Heckspoilers auf die Auftriebswerte war erheblich.«[51]

Ab Dezember des darauffolgenden Jahres, können auch jene Kunden in Deutschland, denen es eher auf gemütliches Fahren ankommt, das E 200 Coupé ordern. Bereits seit Mitte 1990 ist diese Version für die mediterranen Märkte Italien, Griechenland und Portugal im Programm.

Danach tut sich nichts mehr Wesentliches, und so kommt im März 1996 das Ende der erfolgreichen Zweitürer nach 141.498 Einheiten. Damit sind 40 % mehr Coupés der Baureihe 124 entstanden als von dem schon recht erfolgreichen Vorgänger. Ab Sommer 1997 feiern dann die CLK Coupés ihr Marktdebüt. Zwar können sie ideell als Nachfolger gelten, doch bauen sie auf der C-Klasse der Baureihe 202 auf und stellen insofern einen Bruch in der Mercedes-Benz Modellpolitik dar.

Die Cabriolets

Nach 20 Jahren Abstinenz stellt Mercedes-Benz am 12. September 1991 auf der Frankfurter IAA wieder ein Cabriolet mit vier Plätzen vor. Abweichend von den sonstigen konstruktiven und versuchsrelevanten Abläufen bei der Entwicklung neuer Fahrzeuge erfolgt aus Kapazitätsgründen auch beim Cabriolet A 124 die Splittung der Entwicklung dieser fünften Variante der Baureihe 124.

Rückblende: Im Sommer 1988 verdichten sich in den Entscheidungsgremien der Mercedes-Benz AG die Bemühungen, der Baureihe 124 in der zweiten Hälfte ihrer Laufzeit durch ein weiteres Leuchtturmprojekt nach dem 500 E neue Attraktivität und Ausstrahlung zu verleihen. Aus diesem Grund statten Pkw-Entwicklungschef Dr. Wolfgang Peter, Karosserie-Entwicklungschef Prof. Guntram Huber und Prof.-Dr. Dieter Dieckmann, Leiter der Konst-

50 TB 270 v. 25.05.1993
51 Ebd.

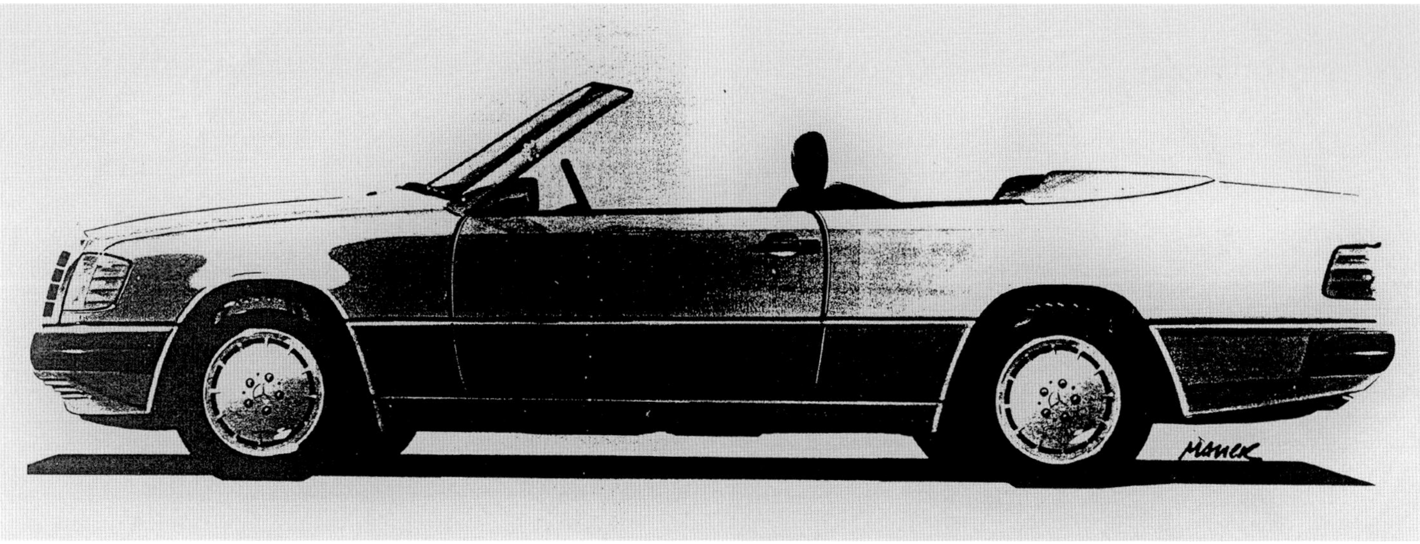

Bereits sehr seriennahe Entwürfe von Michael Mauer für das A 124 Cabriolet. Der damalige Mercedes-Benz Designer ist seit 2004 als Designchef bei Porsche tätig.

ruktion – Aufbauten am 15. Juli 1988 der Wilhelm Karmann GmbH in Osnabrück einen Besuch ab. Ziel der Visite ist, die Entwicklungs- und Produktionsmöglichkeiten für den A 124, wie die Cabriolet-Ausführung der Baureihe 124 intern genannt wird, bei Karmann auszuloten.

Knapp sieben Wochen später, am 5. September, findet unter der Leitung von Pkw-Entwicklungschef Peter eine Technische Besprechung mit fünf Tagesordnungspunkten statt. Einer davon betrifft das Lastenheft und den Terminablauf der Entwicklung des A 124. Zu diesem Tagungsordnungspunkt referiert bereits Dipl.-Ing. Hans Lütze, der von der Planung der Entwicklung Pkw zum Projektleiter des A 124 und Verbindungsmann zu Karmann bestimmt wird.[52] Am darauffolgenden Tag liegt bereits eine detaillierte Technische Aufgabenbeschreibung der Konzept- und Prototypenphase vor. Sie dient als Bezugsbasis für ein Angebot durch die Wilhelm Karmann GmbH, die als Entwicklungspartner vorgesehen ist. Die Offerte seitens Karmann wird für Ende September erwartet.

Ende Oktober liegt der erste Entwurf eines Lastenhefts vor. Darin wird bereits die Nähe zur Basis des C 124 festgehalten, aber es gibt auch Abweichungen. Dazu zählen unter anderem:

52 Schreiben v. 28.10.1988

- Einbau eines Überrollbügels
- Änderung des Tanks bei gleichem Tankvolumen von 70 l durch den Einbau des Verdeckkastens
- Automatische – evtl. halbautomatische – Betätigung des Verdecks
- Verbesserung der Winter- und Waschanlagentauglichkeit des Verdecks
- Hintere Kotflügel wegen fehlender C-Säule
- Hintere Sitzanlage
- Verstärkte A-Säule
- Heckdeckel, Tank und Kofferraum

Als Motorisierung werden der Vierzylinder M 111 E 23 und Sechszylinder M 104 E 32 vorgesehen. Explizit ausgeschlossen werden V8-Motoren, ein Hardtop und der Allradantrieb 4MATIC. Am 22. November folgt eine von den Herren Peter, Huber und Lütze unterschriebene ausführliche Technische Aufgabenbeschreibung mit Rahmenterminplan, die am 22. Dezember überarbeitet wird.

Die Entwicklungsarbeit zwischen Karmann und Mercedes-Benz gestaltet sich schwierig und entspricht aufgrund von Unsicherheiten bei verfügbarem Entwicklungspotenzial, Terminzusagen und Erprobungsumfängen nicht den Erwartungen der Stuttgarter. Die bei Porsche parallellaufende Entwicklung für eine A 201 Studie ist zum selben Zeitpunkt weiter gediehen als die für den A 124 bei Karmann. Aus diesem Grund nimmt man mit Porsche Kontakt zur Übernahme der A 124 Entwicklung auf. Dort erklärt man am 20. Januar 1989 seine Bereitschaft, in die Entwicklung des A 124 unter der Bedingung mit einzusteigen, dass das Projekt A 202 zurückgestellt wird.

Diese Aussage hat eine interessante Vorgeschichte, die – eine Stufe tiefer in der Typenhierarchie von Mercedes-Benz angesiedelt – bei der Baureihe 201 im Frühjahr 1988 beginnt. Unter der Typ-Nummer 2750 führt Porsche[53] im Auftrag von Mercedes-Benz konstruktive und versuchstechnische Konzeptuntersuchungen zur Entwicklung eines Cabriolets auf Basis der Limousine der Baureihe 201 durch. Unter anderem wird der Einfluss von verschiedenen Versteifungsmaßnahmen auf die Biege- und Torsionsfestigkeit bei der Umwandlung der Limousinen- in eine Cabriolet-Karosserie mit 25 mm kürzerem Radstand ermittelt. Das Ziel ist die Erreichung einer möglichst hohen statischen Steifigkeit der Rohkarosserie bei einer Maximalmasse von 360 kg unter Verwendung möglichst vieler Serienteile. Am Fahrzeug A 201 9001 wird die Wirksamkeit von Schwingungstilgern zur Vermeidung des Karosseriezitterns untersucht. Außerdem werden die Bedienkräfte beim Öffnen und Schließen sowie die Kräfte und Wege des Verdeckgestänges gemessen. Zwei entsprechende Prototypen werden nach Ablauf der Projektlaufzeit, die von April 1988 bis Dezember 1989 terminiert ist, Mercedes-Benz übergeben. Eines dieser Fahrzeuge gehört heute zum Bestand der historischen Fahrzeugsammlung der Mercedes-Benz AG.

Unter der Typ-Nummer 2771 läuft bei Porsche die konstruktive und versuchstechnische Serienentwicklung des Basistyps C 124 Coupé zum A 124 Cabriolet an. Sie erfolgt wieder, wie schon beim 500 E, in enger Abstimmung zwischen den beiden Unternehmen.[54] In einem kleinen Gebäudekomplex neben der Rutschplatte im Entwicklungszentrum in Weissach findet die gegenüber der ohnehin schon geheimen Entwicklungsarbeit für Fremdfirmen noch einmal besonders abgeschirmte Entwicklung des Cabriolets für Mercedes-Benz statt. Als Projektlaufzeit wird der Abschnitt von Januar 1989 bis Dezember 1992 festgelegt.

Die Serienentwicklung bei Porsche baut auf den am Typ 2750 erfolgten Untersuchungen des Cabriolets A 201 auf. Bei Mercedes-Benz und Porsche gilt seit Jahrzehnten ein ehernes, aber ungeschriebenes Gesetz, nach dem Cabriolets alles das annähernd gleich gut können müssen wie die geschlossenen Typen, von denen sie abgeleitet sind. Egal, ob Karosseriezittern oder Crashtest – die Anforderungen sind stets gleich unerbittlich. So einfach mal Dach ab und über die Karosserie verteilt ein paar Verstärkungsbleche oder Profile eingezogen, wie es gelegentlich im stets kreativen Umbaugewerbe, selbstverständlich »streng nach Werksvorgaben«, praktiziert wird – das löst in Sindelfingen wie in Weissach je nach Psyche des Angesprochenen Reaktionen aus, deren Spektrum von der Gänsehaut bis kurz vor den Tobsuchtsanfall reichen. Porsche dokumentiert in 116 Versuchsberichten die Entwicklung und die gesetzlichen Forderungen, die auf ihre Erfüllbarkeit überprüft werden. Die neuen Baugruppen werden auf Tauglichkeit und Funktionalität separat geprüft. Das Fahrzeug wird bei Mercedes-Benz und Porsche in unterschiedlichen Erprobungsläufen auf Zuverlässigkeit und Dauerhaltbarkeit getestet.

Das Cabriolet auf Basis des 300 CE-24 wiegt ganze 230 kg mehr als das Coupé. Dieses Zusatzgewicht von nahezu einer Viertel-

53 Porsche Archiv, Band 46: Kundenentwicklungen, H.A. 971/79 v. 05.88
54 Porsche Archiv, Band 47: Kundenentwicklungen 1989 bis 1990, H.A. 972/79 v. 01.89

Dieses 190 E 2.6 Cabriolet (A 201) ist einer von zwei bei Porsche gebauten Prototyen, die als Vorstufe zum A 124 gelten.

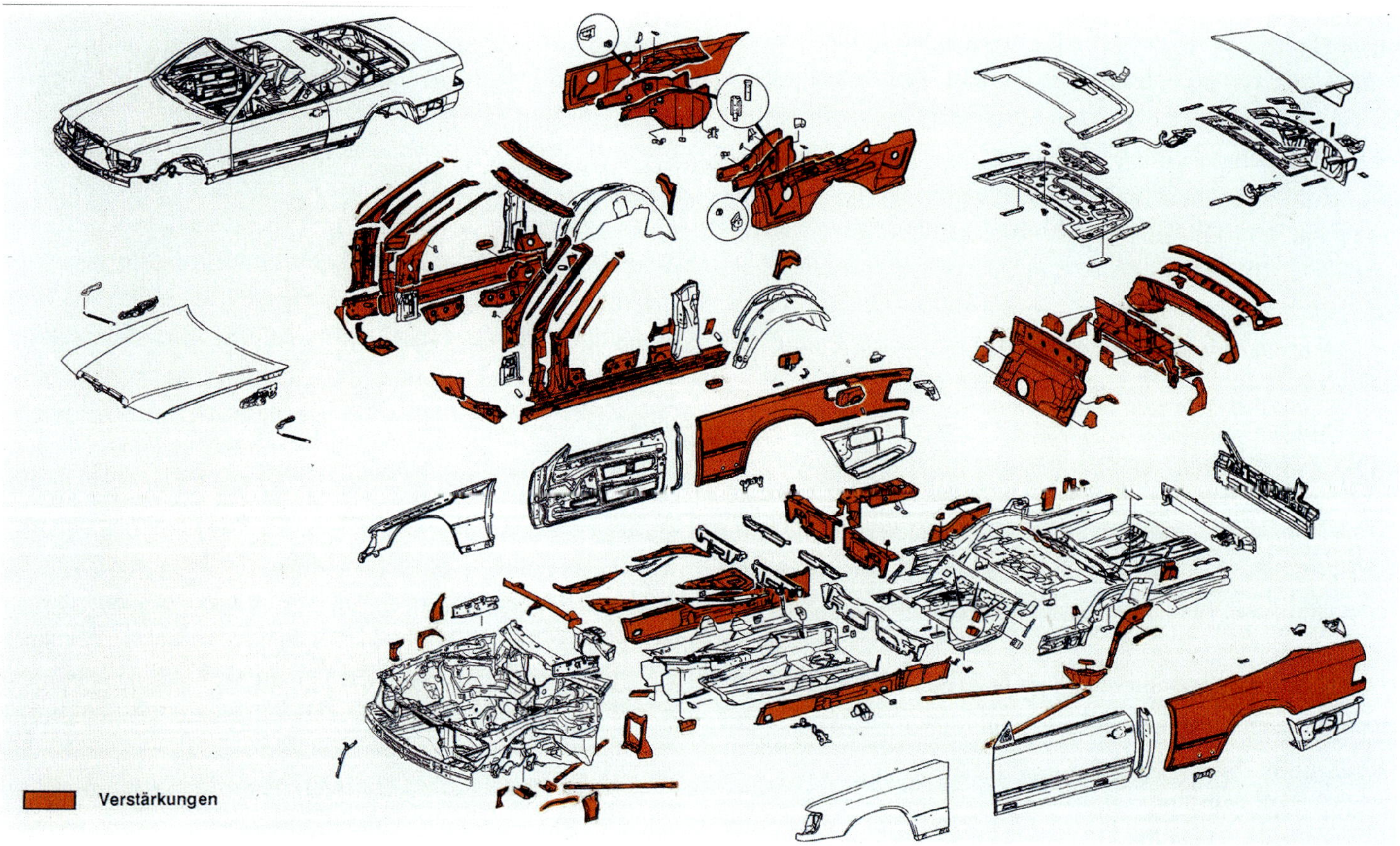

Die unsichtbaren Verstärkungen des Cabriolets erhalten erst durch die Explosionszeichnung ein Gesicht.

Dank umfangreicher Verstärkungsmaßnahmen bringt das Cabriolet rund 230 kg mehr auf die Waage.

Schwingungstilger auf dem Dom des linken vorderen Federbeins beim Cabriolet A 124. Sie sollen Cabrio-typische Schüttelbewegungen der Karosserie unterdrücken.

tonne zeigt, mit welch großer Akribie und hohem Aufwand die Sindelfinger und Weissacher Fahrzeug-Konstrukteure ihren eigenen Vorstellungen von Perfektion Tribut zollen. Nicht weniger als 1000 Teile müssen neu konstruiert werden. Die tragenden Teile werden aus dickerem bzw. höherwertigem Blech gefertigt. Hochbelastete Stellen werden nach aufwendigen Simulationsberechnungen mit zusätzlichen Verstärkungen in Form von doppelten Blechstücken – sogenannten Dopplern –, Knotenblechen oder Streben versehen. Dabei ist mehr nicht immer gleich mehr, und viel bringt nicht immer gleich viel. Auf die sinnvolle Kombination von richtiger Platzierung und geeigneter Dimensionierung kommt es an. Trotzdem ist der Einsatz von zusätzlichen 130 kg nötig, um die fehlenden 28 kg des Coupédachs zu kompensieren. Zustande kommen sie unter anderem durch die Erhöhung der Blechstärken an A- und B-Säulen sowie den seitlichen Längsträgern, einen neu gestalteten Dachrahmen mit erhöhter Steifigkeit, einen Verdeckkasten als querversteifendes Element sowie einen verschraubten Druckgussträger am Tunnel der Bodengruppe und am Querträger der Armaturentafel. Als Resultat aus der Erfahrung mit dem SL der Baureihe 129 wird die Verwindungssteifigkeit durch Diagonalstreben vorne und hinten erhöht. Vorne verbinden sie den Vorderachsträger und hinten die Reserveradmulde mit den beiden äußeren Längsträgern.

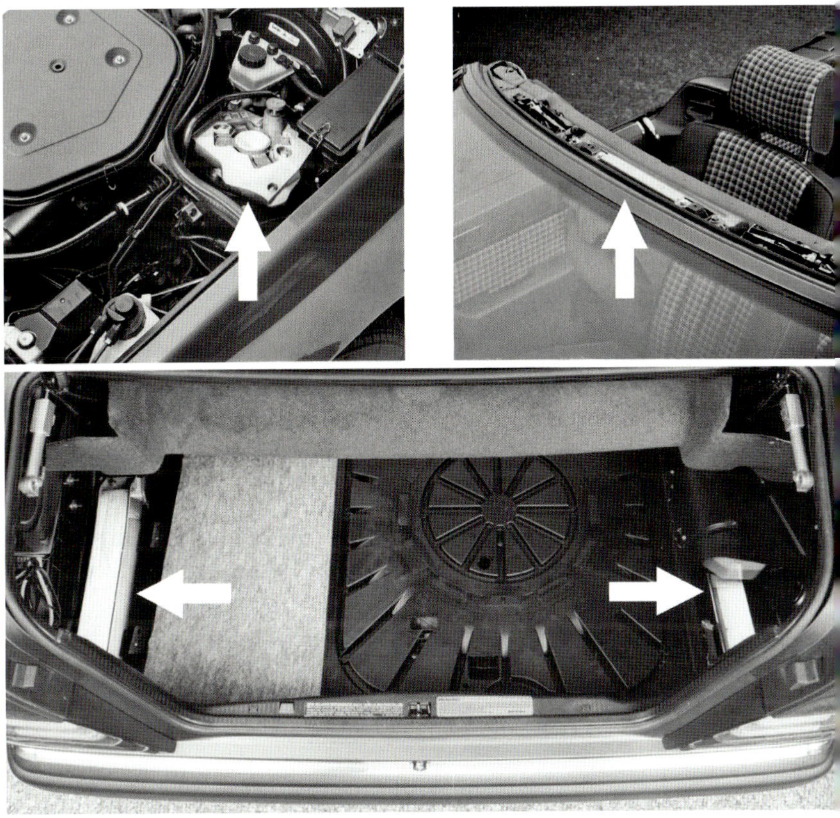

Die Schwingungstilger sind in unterschiedlichen Bereichen der A 124 Karosserie platziert.

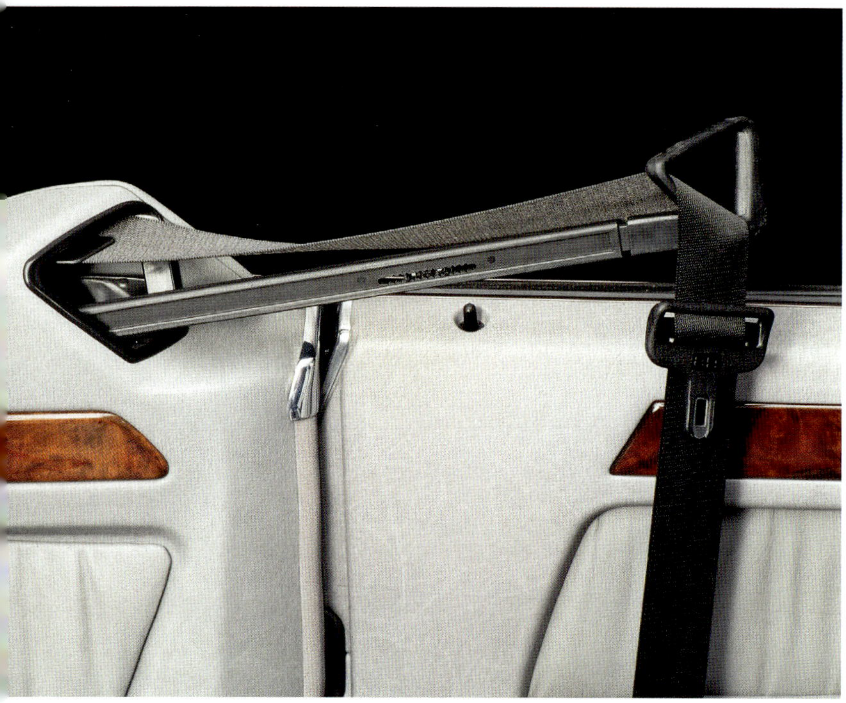

Der den Perfektionsdrang der Entwickler illustrierende Gurtbringer beim Coupé, erstmals beim C 126 eingesetzt, ist dem durch die große Türe weit hinten angeordneten Gurtautomaten geschuldet.

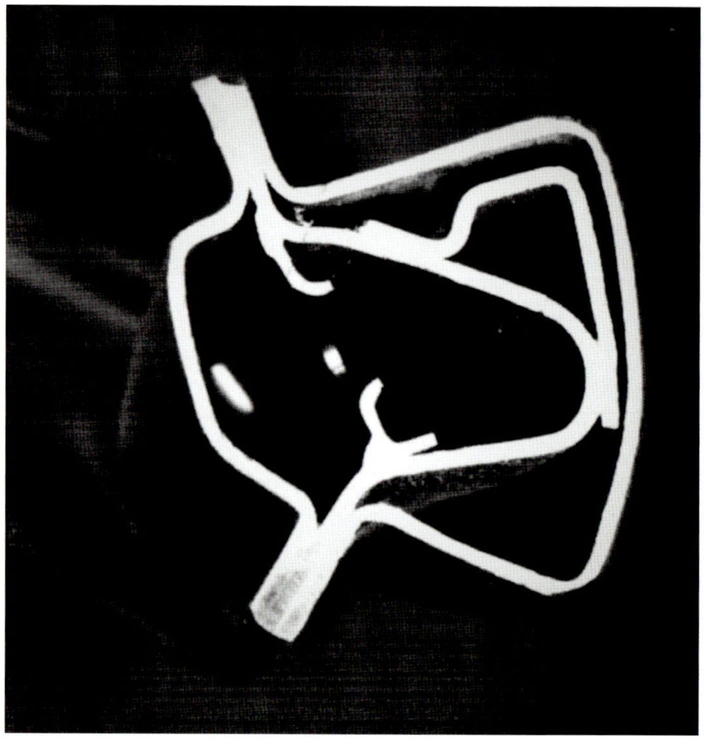

Die Cabriolets erhalten ein gegenüber dem Coupé verstärktes A-Säulen-Profil – hier im Querschnitt.

Zusätzlich wird in die Trickkiste der Schwingungstechniker gegriffen: Schon beim Landaulet des 600 hat man in Sindelfingen die segensreiche Einrichtung der Schwingungstilger angewendet. Beim 300 CE-24 Cabriolet sorgen vier dieser Feder-Masse-Systeme an neuralgischen Punkten dafür, dass der Karosserie das »Restzittern« abgewöhnt wird. Platziert sind die insgesamt 26 kg schweren Schwingungstilger auf dem Dom des vorderen linken Federbeins , im Dachrahmen und in den hinteren Kofferraummulden. In der Praxis zeigt sich, dass trotz des ungeheuren Aufwands ein geringes Restzittern immer noch vorhanden ist – was durch die Äußerung des Mercedes-Benz Projektleiters Dipl.-Ing. Hans Lütze, dass die Steifigkeit der Limousine nicht ganz erreichbar ist, unterstrichen wird.[55] Dass die Entwickler am Ende trotzdem hervorragende Arbeit geleistet haben, geht aus einem Cabriolet-Vergleichstest mit dem Audi Cabrio 2.0 E, dem BMW 318 i Cabrio und dem Saab 900 2.3i Cabrio in der Fachzeitschrift »auto motor und sport«[56] hervor. Der Redakteur Dipl.-Ing. Wolfgang König kommt zu folgendem knappen, aber eindeutigen Urteil: »Steifer als der Mercedes ist derzeit kein anderes Viersitzer Cabrio.« Wie beim Coupé ist auch beim Cabriolet ein automatischer Gurtbringer für die Sicherheitsgurte der vorne Sitzenden hinter der A-Säule eingebaut.

Bei drohendem Überschlag fährt der von Karl-Heinz Baumann entwickelte und patentierte Linearbügel zum Schutz der Cabrio-Passagiere innerhalb von 0,3 Sekunden aus.

55 Die E-Klasse Cabriolets der Baureihe A 124

56 auto motor und sport, Heft 19/1994

Für den Fall der Fälle, der A 124 Passagieren erspart bleiben möge: Die Überrollstützen beim Cabriolet in ein- und ausgefahrenem Zustand.

Mit dem A 124 präsentiert Mercedes-Benz das weltweit erste viersitzige Cabriolet, das allen Insassen bei einem Überschlag realistische Überlebenschancen bietet.

Durch die genannten Karosserieverstärkungen wird der von den Limousinen, T-Modellen und Coupés bekannte Sicherheitsstandard auch von der offenen Version erfüllt – zumindest, was das Verhalten bei Frontal-, Heck- oder Seitenaufprall betrifft. Für den Fall eines Überschlags müssen besondere Vorkehrungsmaßnahmen getroffen werden. Um das Fehlen des seitlichen Dachrahmens weitgehend auszugleichen, sind die A-Säulen im knickgefährdeten Bereich mit innenliegenden Profilblechen zu einer stabilen Einheit verschweißt. Extremversuche, bei denen ein Fahrzeug der Baureihe 201 an einer A-Säule aufgehängt ist, belegen besonders eindrucksvoll die Festigkeit einer solchen Konstruktion. Ein vollwertiges Sicherheitssystem wird aber erst durch Kombination mit einem automatischen Überrollbügel geschaffen. Die bereits vom zweisitzigen SL bekannte Konstruktion ist für das 300 CE-24 Cabriolet nicht verwendbar: Beim automatischen Aufstellen des Drehbügels wäre es für die Fondpassagiere zu unerwünschtem Kopfkontakt gekommen. Daraufhin wird in Sindelfingen unter der Federführung von Karl-Heinz Baumann der patentierte und hinter den Fondsitzen angeordnete Linearbügel entwickelt. Bei einem drohenden Überschlag fährt der Bügel innerhalb von 0,3 Sekunden auf einer leicht gekrümmten Laufbahn nach oben und ist gleichzeitig Kopfstütze für die Fondpassagiere. Zu diesem Zweck kann der Überrollschutz

Der Öffnungs- und Schließvorgang am viersitzigen Cabriolet ist nicht nur ein Attraktion für Passanten, er war auch eine Herausforderung für die Konstrukteure dieses Dachs.

auch manuell aus- und wieder eingefahren werden. Auslösefaktoren sind Signale des Neigungsschalters in Verbindung mit Sensoren an den Hinterachslenkern, welche die Hinterradausfederung überwachen. Unabhängig davon reagiert ein zusätzlicher Beschleunigungssensor auf Stöße bei frontalen, seitlichen und Heckkollisionen. Den am Überrollbügel vorgenommenen Eindrücktest besteht die Sicherheitseinrichtung mit Bravour.

Um das voll versenkbare Verdeck unterzubringen, müssen gegenüber dem Coupé wegen des Platzbedarfs Änderungen vorgenommen werden, die unter anderem den Kraftstofftank betreffen. Für das Cabriolet ist deshalb die Sonderausstattung »vergrößerter 90

Liter Tank« nicht spezifizierbar. In versenktem Zustand nimmt die 43 kg schwere, hochpräzise Hightech-Konstruktion mit ihren 27 Gestängeteilen und 34 Gelenken nur ein Volumen von 80 Litern ein. Eine Auffangrinne im Bereich der vorderen Dachpfosten übernimmt bei feuchter Witterung die Wasserableitung. Das Verdeck ist durch eine 20 mm dicke Schicht aus Faservlies zwischen dem Verdeckhimmel und dem Verdeckbezug isoliert, und vermittelt dadurch in geschlossenem Zustand ein perfektes Coupégefühl. Der Innenhimmel ist einfach auszutauschen. Die bei Cabriolets in Fahrt oft wahrzunehmende Aufblähung des Verdecks wird beim Mercedes Cabriolet durch die feste Anbindung der Stoffaußenhaut an den vorderen und mittleren Spriegel weitgehend vermieden. Die große heizbare Heckscheibe aus Sicherheitsglas ist durch einen Doppelrahmen bündig mit der Außenhaut verschraubt und bietet verzerrungsfreie Sicht nach hinten.

Zur Erhöhung des Bedienkomforts gibt es als Sonderausstattung eine 3990,- DM teure, elektrohydraulische Verdeckbetätigung, die bei 180 bar Betriebsdruck mit sechs kompakten Hydraulikzylindern und zwei Hauptzylindern arbeitet. Die Hydraulikeinheit ist dabei in der rechten Kofferraummulde untergebracht. Zehn Ventile und zwölf elektrische Endschalter kontrollieren den fehlerfreien Ablauf der drei Schwenkbewegungen sowie das korrekte Einrasten der verschiedenen Verschlüsse und überwachen den »Verriegelt-Zustand« während der Fahrt. Ab der Modellpflege 1993 gehört die elektrohydraulische Verdeckbetätigung zur Serienausstattung. Die Ausführung mit manueller Betätigung wird nur von einer verschwindenden Minderheit der Kunden geordert.

Dank seiner aufwendigen Ausführung bietet das Cabrioverdeck coupéhaften Komfort in puncto Geräuschdämmung und Temperaturisolierung.

Die Karosserie ist bedingt durch das aufwendig gestaltete Verdeck um 8 mm höher als die des Coupés. Auch hier sei nochmal Wolfgang König von »auto motor und sport«[57] zitiert: »Der Mehrwert beschränkt sich hier nicht nur auf die Verdeck-Automatik. Er gilt für die gesamte Konstruktion. Das straff sitzende, mehrlagige Verdeck verursacht die geringsten Windgeräusche, verfügt, wie sonst nur Saab, über eine beheizbare Heckscheibe aus Glas, läßt sich leicht verriegeln und per Knopfdruck ebenso effektvoll wie geräuscharm betätigen.«

Der cw-Wert des geschlossenen Cabriolets wird zunächst mit einem Durchschnitt von 0,330 angegeben und erreicht bei konkreten Messungen eines 300 CE-24 0,326.

Die Serienfertigung des 300 CE-24 Cabriolet läuft im Werk Sindelfingen im März 1992 an, sechs Monate nach seiner Präsentation. Schon ein halbes Jahr später erhält es – wie alle Modelle der mittleren Klasse – eine deutlich aufgewertete Serienausstattung. Zum Lieferumfang gehören nun der Fahrer-Airbag sowie elektrisch verstellbare Außenspiegel links und rechts. Mit Zentralverriegelung und 5-Gang-Getriebe, die zum gleichen Zeitpunkt in die Grundausstattung der 124er übernommen werden, ist das Cabriolet bereits seit Produktionsbeginn serienmäßig ausgerüstet.

Nicht ganz nachzuvollziehen ist der Umstand, dass es ausgerechnet der 3,0-Liter-Sechszylinder mit vier Ventilen ist, der das Cabriolet zunächst als einziges Triebwerk antreibt. Für vergnügliches Cruisen ist gerade dieser etwas spitze Motor nicht prädestiniert. Immerhin steht zu diesem Zeitpunkt mit dem überarbeiteten 3,2-Liter bereits ein wesentlich geeigneteres Aggregat für die restlichen Modelle der Baureihe zur Verfügung. Dass aber das Cabriolet von Beginn an in den USA als 300 CE sowie in Japan, Australien und im

57 auto motor und sport, Heft 19/1994

Das 300 CE-24 Cabriolet erfreut bei seiner Vorstellung auf der IAA 1991 nach 20 Jahren die Freunde luftigen Autofahrens mit vier Personen. Leider erweist sich der in seiner Leistungscharakteristik sehr sportlich zugeschnittene Vierventilmotor nicht als optimale Lösung.

Wie aus einem Guss: Die Gestaltung des W 124 Cabriolets verströmt bis heute zeitlose Eleganz.

Das E 36 AMG Cabriolet ist seit der Modellpflege 1993 mit seinen 272 PS/200 kW das stärkste Cabriolet der Baureihe 124

Vereinigten Königreich als 320 CE »aus Zertifizierungsgründen« bereits mit dem 3,2-Liter-Motor M 104 angeboten wird, stempelt die Käufer auf den anderen Märkten zu Kunden zweiter Klasse.

Interessanter Nebenaspekt: Von März 1992 bis Juli 1993 bietet AMG den Typ 300 CE-24 3.4 AMG mit 252 PS/185 kW an, der allerdings nicht im offiziellen Verkaufsprogramm von Mercedes-Benz geführt wird.[58]

Im Juni 1993 werden auch die Cabriolets den bekannten Modellpflege-Maßnahmen des Jahres unterzogen. Mit der Einführung von zwei Vier- und zwei Sechszylindermotoren erfährt das Cabriolet die Aufwertung von der Ein-Modell-Veranstaltung zur breit aufgefächerten Modellfamilie. Zunächst einmal erhalten aber die Cabriolets, genau wie die Limousinen und Coupés, die Baureihenbezeichnung »E-Klasse«, welche die bisherige Benennung als »mittlere Klasse« ersetzt. Zur Wahl stehen nun die vier Typen E 200 Cabriolet, E 220 Cabriolet, E 320 Cabriolet und E 36 AMG Cabriolet.

Das äußere Erscheinungsbild des offenen Viersitzers wird in der Frontansicht durch den in der E-Klasse neu eingeführten Plakettengrill geprägt. Der Grill mit seinem schmalen Chromrahmen wird von der Motorhaube umfasst. Letztere beherbergt nun, wie bei den Limousinen der S-Klasse, den Mercedes-Stern. Die Leuchteinheiten erhalten folgende Änderungen: vordere Blinkleuchten mit farblosen Deckgläsern, die Heckleuchten weisen bi-chromatische Abdeckungen auf, die im Bereich des Blink- und Rückfahrlichts einheitlich weißgrau gefärbt sind. Das gelbe Blinklicht wird dabei vorn wie hinten durch eingefärbte Glühbirnen erzeugt.

Die Stoßfänger haben nun Schutzleisten, die in der Farbe der Anbauteile lackiert sind. Die Schutzleiste des Heckstoßfängers hat man außerdem bis zu den Radausschnitten verlängert. Eine wichtige Neuerung ist der serienmäßige Einbau der elektrohydraulischen Verdeckbetätigung für alle Modelle, die vorher nur gegen Aufpreis geliefert worden ist. Manuell zu betätigen sind jetzt nur noch die beiden Verriegelungsbügel an der Windschutzscheibe. Außerdem wird der Innenbezug des Verdecks geändert und sorgt für eine noch bessere Geräusch- und Wärmeisolation.

Das E 200 Cabriolet mit seinem 136 PS/100 kW starken Vierzylindermotor M 111 E 20 wird aus landespezifischen Gründen der Hub-

58 Preisliste, gültig ab 1. Oktober 1992

Das E 200 Cabriolet ist seit der Modellpflege 1993 nicht mehr nur in den Mittelmeerländern Griechenland, Italien und Portugal verfügbar, sondern spielt allgemein die Rolle als Einstiegsmodell in die Welt der offenen Mercedes-Benz Viersitzer.

Nicht wenige E-Klasse Kunden optieren für eine Entfernung dieses Typensignets – manche Scherzbolde wiederum lassen es bewusst befestigen, obwohl unter der Haube tatsächlich ein 3,2-Liter-Motor arbeitet...

raumbesteuerung, die Fahrzeuge bis 2,0 Liter Hubraum drastisch bevorzugt, zunächst nur für die Exportmärkte Griechenland, Italien und Portugal gebaut und ist das kleinste Modell in der Typenhierarchie der offenen Viersitzer.

Das E 220 Cabriolet mit dem 150 PS/110 kW leistenden Vierzylinder M 111 E 23 stellt nun mit einem um 20.000,- DM günstigeren Verkaufspreis einen verlockenden Einstieg in die Welt der Cabriolets für die Freunde offener viersitziger Automobile dar.

Das E 320 Cabriolet ist das am sehnlichsten erwartete Modell in diesem gehobenen Produktprogramm. Der 3,2-Liter-Sechszylinder hat sich seit dem September 1992 bereits in den Limousinen, den T-Modellen und den Coupés einen kaum mehr zu überbietenden guten Ruf erworben. Mit seiner Kraftentfaltung, die im unteren Drehzahlbereich mit fulminantem Schub beginnt und dann bis zur Drehzahlbegrenzung von 6500/min nicht mehr endet, ist dieses Triebwerk die Idealbesetzung für genießerisches offenes Cruisen wie auch für das sportliche Erleben des Cabriofahrens. Vor allem das im Vergleich zu seinem Vorgänger deutlich höhere Drehmoment des Triebwerks, das zudem – und bei unveränderter Höchstleistung – bereits 900/min früher erreicht wird, macht dieses Allroundvergnügen möglich.

Das E 36 AMG Cabriolet verkörpert ab September des Jahres mit seinem 272 PS/200 kW starken 3,6-Liter-Sechszylinder M 104 E 36 einen offenen Viersitzer der leistungsmäßigen Extraklasse. Das neue Spitzenmodell unter den 124er Cabriolets hebt sich durch dezente Anbauteile auch stilistisch von seinen weniger dynamischen Schwestermodellen ab. Das Antriebsaggregat – durch den Einbau einer Kurbelwelle mit einem Hub von 92,4 mm vom Kurzhub- zum Langhubmotor mutiert – ist in Affalterbach aus dem Serienmotor M 104 mit 3,2 Liter Hubraum entwickelt worden. Neben der erhöhten Motorleistung ist auch das auf 365 Nm gewachsene Drehmomentmaximum ein Erfolg der Affalterbacher Leistungskur. Serienmäßig wird das Power-Cabriolet ausschließlich mit der 4-Gang-Automatik geliefert. Die Übersetzung der Antriebsachse hat man, wie im E 36 Coupé, auf 1:2,82 geändert. Auch die Bremsanlage sowie die Rad-/Reifen-Kombination entspricht der Ausstattung der geschlossenen AMG Modelle: Vorne kommt die Bremse aus dem E 420 mit 320 mm messenden Bremsscheiben zum Einsatz. Die dreiteiligen AMG-Leichtmetall-Scheibenräder im Format 7 ½ J x 17 ET 42 mit Reifen der Größe 225/45 ZR 17 erlauben höhere Querbeschleunigungen und setzen einen attraktiven optischen Akzent. Letzteres gilt auch für die am E 36 in Wagenfarbe lackierten AMG-Front- und Heckspoiler sowie die entsprechenden Schwellerverkleidungen.

Ab Dezember 1994 erreicht endlich auch das E 200 Cabriolet die Angebotspalette für den deutschen Markt. In seinem Verkaufspreis liegt es noch einmal 10.000,- DM unter dem Preis des E 220 Cabriolets. Dafür muss es sich allerdings auch Abstriche in der serienmäßigen Ausstattung gefallen lassen. Leichtmetall-Scheibenräder, Lederpolsterung und Sitzheizung werden nur gegen Aufpreis geboten.

Die E-Klasse Cabriolets werden als letzte Karosserievariante der Baureihe 124 noch bis Juli 1997 produziert. Insgesamt 33.952 Exemplare der offenen Viersitzer rollen vom Band. Sie verteilen sich auf 15.380 Vierzylinder- und 18.572 Sechszylinder-motorisierte Modelle. Und auch eine besondere Ehre wird der Cabrioversion zuteil: Die 2,5-millionste gebaute E-Klasse ist ein E 320 Cabriolet.

Die Sondermodelle der Baureihe 124

Die Fahrgestelle F 124

Für Sonderaufbauten werden auch 1266 fahrfertige Teilkarosserien der T-Modelle mit 2800 mm Radstand als Fahrgestelle im Werk Bremen produziert. Diese werden meistens für Umbauten in Krankenwagen oder Bestattungsfahrzeuge genutzt. Dazu zählt zwischen 1986 und 1993 der Typ 250 D mit dem 2,5-Liter-Fünfzylinder-Diesel OM 602 D 25 mit 90 PS/66 kW, der im Juli 1993 durch den E 250 D mit dem moderneren und schadstoffärmeren Vierventilmotor OM 625 D 25 mit 113 PS/83 kW ersetzt wird. Einzige Version mit Ottomotor ist zwischen 1986 und 1992 der Typ 230 E mit dem 132 PS/97 kW starken Vierzylinder M 102 E 23.

Rohfahrzeug des S 124, wie es Karosseriebauern, beispielsweise den Firmen Binz, Miesen und anderen, für Umbauzwecke zur Verfügung gestellt wird.

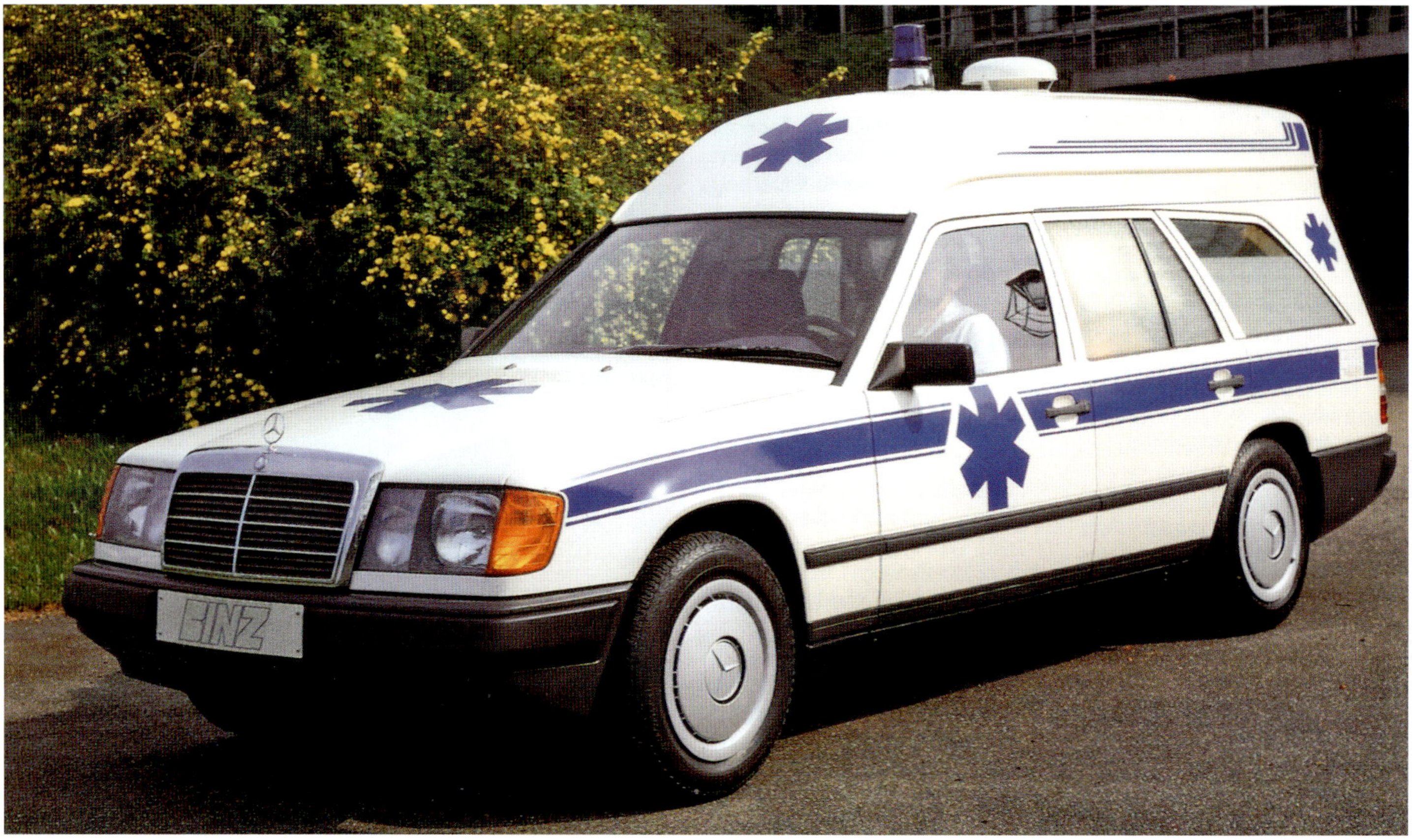

Endprodukt einer Umbauaktion durch die Karosseriefirma Binz, die aus einem T-Modell einen Krankenwagen macht.

Die langen Limousinen V 124

Erweitert wird auf der IAA 1989 die Typenpalette der Baureihe 124 durch die Präsentation einer vierten Karosserievariante, deren Produktion 1990 anläuft. Es ist die achtsitzige Lang-Version der mittleren Klasse, die offiziell keinen eigenen Namen trägt, sich aber in der internen Typenbezeichnung V 124 von der normalen Limousine unterscheidet. Damit schließt sie nach vier Jahren eine Lücke, die beim Modellwechsel vom W 123 zum W 124 entsteht, und gehört heute zu den seltensten Fahrzeugen der Baureihe 124.

Der V 124 hat heute aufgrund seiner Seltenheit in Sammlerkreisen einen hohen Stellenwert.

Möglich wird die Stretch-Version durch eine Radstandverlängerung um 800 mm auf 3600 mm. Um das gleiche Maß ist auch das gesamte Fahrzeug länger. Damit bei Rampen oder Garagenabfahrten eine ausreichende Bauchfreiheit vorhanden ist, werden die langen Limousinen ausschließlich mit 15-Zoll-Rädern geliefert. Basis des verlängerten Rohbaus, dessen Entwicklung in enger Zusammenarbeit mit dem renommierten Aufbauhersteller Binz GmbH & Co. in Lorch erfolgt, ist die Bodengruppe des T-Modells, jedoch mit

Mercedes-Benz V 124: Mit verlängertem Radstand als sechstürige und -fenstrige Limousine mit drei Sitzreihen gehört diese als E 250 Diesel und E 280 lieferbare Variante zu den Ausnahmeerscheinungen der Baureihe 124.

Bis zu acht Personen finden in einem V 124 Platz. Diese werkseitig angebotene Fahrzeugvariante ist damals eine singuläre Erscheinung in der weltweiten Automobilindustrie und setzt die lange Tradition spezieller Mercedes-Benz Pkw für den Personentransport im Hotel- und Taxibereich fort.

Außenhaut-Teilen und Türen der Limousine. Der Rohbau wird mit einer dritten Tür samt Türsäule sowie dem aus einem Stück bestehenden Dach ergänzt. Diese Arbeiten werden von Binz durchgeführt, der Zusammenbau und die Lackierung erfolgen jedoch im Werk Sindelfingen. Der bis zur Lehne der Fondsitzbank reichende Kofferraum fällt aufgrund des darunter liegenden Tanks höher als bei der Limousine aus, und hat mit 390 Liter Volumen ein um 130 Liter geringeres Fassungsvermögen. Das Reserverad ist wie beim T-Modell in der linken Mulde untergebracht.

Angeboten wird der »Lange« als 250 D lang und 260 E lang. Ein Automatikgetriebe ist nur im 260 E lieferbar. Nicht erhältlich sind die Sonderausstattungen Schiebe-Hebedach, Anhängerkupplung und Sportsitze. Von den langen Vorfahren der Baureihe 123 unter-

Geänderte Unterbringung des Reserverads beim V 124.

scheiden sich die Newcomer durch die serienmäßigen sechs Türen. Somit ist auch die mittlere Sitzbank genauso bequem zu erreichen wie die anderen Sitzreihen. Dafür, dass bei den in der Mitte Sitzenden nicht das Gefühl aufkommt, auf dem »Arme-Sünder-Bänkchen« Platz nehmen zu müssen, sorgen Maße für Lehnenhöhe und Sitztiefe, die denen der hinteren Sitzbank entsprechen. Die Rückenlehne ist einteilig, mit drei Kopfstützen sowie Sicherheitsgurten ausgestattet und in der Neigung über einen Elektromotor stufenlos justierbar. Die Längsverstellung erfolgt von Hand.

1992 wird bei den Benzinern der Typ 260 E lang mit dem 2,6-Liter-Sechszylinder M 103 E 26 und einer Leistung von 160 PS/118 kW durch den Typ 280 E lang ersetzt, der mit dem 2,8-Liter-Triebwerk M 104 E 28 und 197 PS/145 kW aufwartet. Mit der letzten Modellpflege ab Juli 1993 erhält dieser, neben dem geänderten Kühlergrill, auch die neue Bezeichnung E 280 lang. Ähnlich verhält es sich mit dem 250 D lang. Zum selben Zeitpunkt wird dessen 2,5-Liter-Fünf-

Die sechstürigen V 124 wirken fast schon wie die legendären 600 Pullman, sind aber nicht für Repräsentationsaufgaben konzipiert, sondern für die möglichst komfortable und dabei effiziente Erledigung des alltäglichen Personentransports.

Die Lang-Limousinen werden besonders in großen Hotels und spezialisierten Taxiunternehmen als Zubringerfahrzeuge bis heute hoch geschätzt.

zylinder OM 602 D 25 mit 90 PS/66 kW vom moderneren und schadstoffärmeren Vierventilmotor OM 625 D 25 mit 113 PS/83 kW abgelöst und das Modell zugleich in E 250 D umgetauft.

Insgesamt verlassen 2342 sechstürige lange Limousinen der Baureihe 124 die Fertigungsanlagen.

Die langen Fahrgestelle VF 124

Die meistgebaute Variante unter den Sondermodellen ist mit 5132 hergestellten Fahrzeugen die mit dem 3450 mm langen Radstand. Auch diese wird wieder vom T-Modell abgeleitet. In der Mercedes-Benz Terminologie läuft sie unter der Bezeichnung »Fahrgestell mit verlängertem Radstand«. Sie wird vor allem für Sonderaufbauten wie Krankenwagen, Leichenwagen und Kombiwagen mit einer dritten Sitzreihe verwendet. Gebaut wird mit Dieselmotor zwischen 1985 und 1993 der Typ 250 D, der im Juli 1993 durch den E 250 D mit dem modernen Vierventiltriebwerk OM 625 D 25 mit 113 PS/83 kW ersetzt wird. Mit Ottomotor werden zwischen 1986 und 1992 der 230 E mit dem bekannten 2,3-Liter-Vierzylinder und der Sechszylinder-motorisierte 260 E produziert. Ab 1992 wird bei den Benzinern die 2,6-Liter-Version durch den Typ 280 E mit dem 2,8-Liter-Aggregat M 104 E 28 und 197 PS/145 kW abgelöst, der im Rahmen der im Juli 1993 durchgeführten letzten Modellpflege nicht nur den modifizierten Kühlergrill, sondern auch die neue Modellbezeichnung E 280 bekommt.

Der VF 124 mit verlängertem Fahrgestell verfügt über eine Rohkarosserie, die von externen Karosseriebauern wie Binz, Miesen und anderen zu Krankenwagen oder auch Leichenwagen aufgebaut werden.

Mercedes-Benz deckt mit der Verfügbarmachung solch spezieller Aufbauversionen für Fremdfirmen einen kleinen, aber feinen Markt ab. Zudem genießen die daraus entstehenden Sonderfahrzeuge einen hohen Aufmerksamkeitswert.

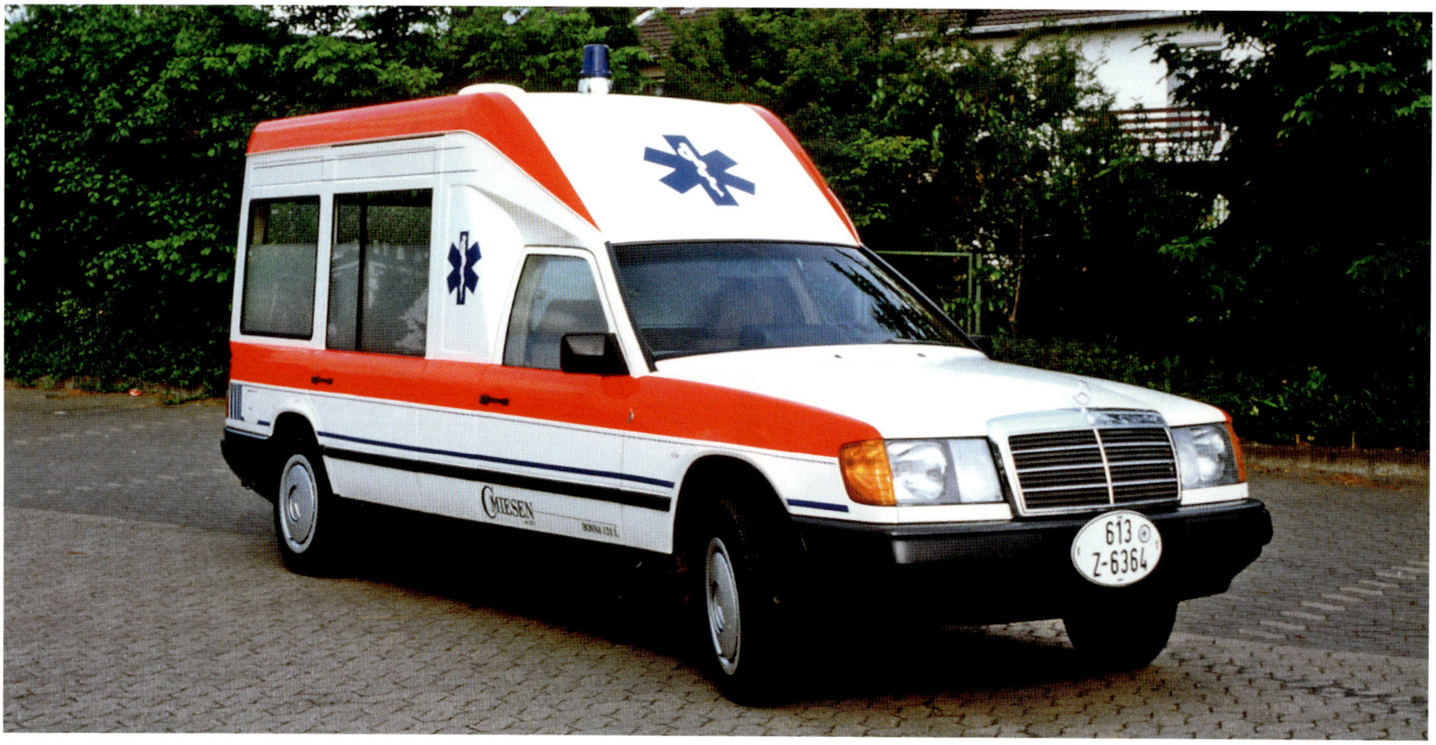

Krankenwagenaufbau des Bonner Karosseriebauers Miesen auf einem verlängerten Fahrgestell VF 124.

Auch die Gasturbine vom Typ PWT 110 wird von der Forschung als Triebwerk 201 (TW 201) im W 124 eingesetzt.

Forschung und Entwicklung

Zur Geschichte der Baureihe 124 gehören auch die Erprobungen unterschiedlicher Antriebstechniken wie etwa mit einer Gasturbine oder auf Basis von Methanol und Wasserstoff, aber auch Fahrwerksuntersuchungen.

Mitte 1979 schreibt das Bundesministerium für Forschung und Technologie (BMFT) ein bis 1982 terminiertes Förderprojekt aus, bei dem die Entwicklung und Erprobung eines Fahrzeugs für den Individualverkehr der Zukunft zur Aufgabe gestellt ist. Die Forschung der Daimler-Benz AG unter der Leitung von Prof.-Dr. Hubertus Christ entscheidet sich für die Entwicklung eines Fahrzeugs der oberen Klasse. Für die Motorisierung dieses Projekts ist neben einem 3,2-Liter-V8-Ottomotor und einem 4,4-Liter-V8-Diesel mit jeweils einer Leistung von 110 kW/150 PS die Zweiwellen-Gasturbine PWT 110 vorgesehen, die über das gleiche Leistungsvolumen verfügen soll. Diese Turbine des auch »Auto 2000« genannten Konzeptfahrzeugs wird unter anderem Jahre später auch in mehreren W 124 erprobt. Die im Bild gezeigte Markierung der Turbine »TW 201« bedeutet »Triebwerk 201« und hat keinen Anknüpfungspunkt mit der Kompaktklasse-Baureihe 201.

Erkennbar mit S-Klasse-Wurzeln, aber von zweckbedingter Klobigkeit: der Daimler-Benz Forschungs-Pkw „Auto 2000".

Die 150 PS/110 kW leistende Gasturbine PWT 110 im W 124 dient mit Arbeitstemperaturen von bis zu 1350 °C Ende der 70er-Jahre unter anderem zur Erprobung hitzebeständiger Werkstoffe.

Der Motor M 102 E 23 eines 230 E mit Umbauten für den Betrieb mit Wasserstoff.

Raumfüllende Unterbringung des vergrößerten und auf den Betrieb mit Wasserstoff ausgelegten Tanks im Heck des 230 E.

1990 testet die Daimler-Benz Forschung an einem 300 E-24 den variablen Mischbetrieb von Benzin und Methanol, sodass beide Energieträger in beliebiger Menge getankt werden können. Aufgrund deren verschiedener spezifischer Eigenschaften kann dies nicht ohne die Erkennung des jeweiligen Mischungsverhältnisses geschehen. Da für eine vergleichbare Leistung die doppelte Menge Methanol benötigt wird, muss das Kennfeld des Motors für Einspritzung und Zündung angepasst werden. Ein von Siemens entwickelter kapazitiver Sensor löst das Problem der Feststellung des momentanen Mischungsverhältnisses in Verbindung mit einer Auswerte-Elektronik. Auffallend sind im Fahrbetrieb mit reinem Methanol die niedrigeren Motorgeräusche aufgrund der weicheren Verbrennung sowie die höhere Leistungsausbeute. Auf der Habenseite des Mischbetriebs mit Methanol steht der deutlich geringere NOx-Ausstoß und der um 12 % niedrigere CO_2-Ausstoß gegenüber Benzin – vorausgesetzt, es handelt sich um aus Erdgas gewonnenes oder raffiniertes Methanol. Auf der Negativseite sind wegen der größeren Korrosionsgefahr der höhere Bauaufwand im Kraftstoff-

Beim Tankvorgang kommen im Fall des hochbrisanten Wasserstoffs drei Schläuche zum Einsatz.

Noch schwer und unhandlich zeigen sich die fest zu verriegelnden Betankungsflansche zur Auffüllung des Wasserstoffvorrats an Bord.

Hoher Entwicklungsaufwand: Hier werden mithilfe einer Drehgeschwindigkeitsmessanlage die unterschiedlichen Radaufstandskräfte an Vorder- und Hinterachse in Abhängigkeit von der gefahrenen Geschwindigkeit gemessen.

system, notwendig werdende innermotorische Maßnahmen, größere Tanks wegen des geringeren Heizwertes sowie die fehlende Infrastruktur im Tankstellennetz zu verbuchen.

Bereits 1986 wird in einem 230 E der Betrieb mit Wasserstoff erprobt. Das Fahrzeug verfügt unter dem Tankdeckel über zwei getrennte Tankanschlüsse für Wasserstoff und das Kühlmittel für den Vor- und Rücklauf.

Ende der 80er-Jahre werden im Bereich der Forschung Untersuchungen von Radaufstandskräften durchgeführt. Dafür wird ein W 124 mit einer Messanlage zur Erfassung von Drehgeschwindigkeiten ausgerüstet und verstellbare Flügel an Front und Heck des Fahrzeugs montiert. Darüber hinaus werden mit einem anderen Fahrzeug Untersuchungen und Messfahrten zur Messung von Radkräften durchgeführt.

Mit angebautem Front- und Heckflügel: ein W 124 mit ausladenden Messeinrichtungen bei der Fahrwerkserprobung.

Anhang

Sonderausstattungen, Lackfarben, Innenausstattung, Produktionszahlen und Technische Daten

Sonderausstattungen (SA) für die Fahrzeuge der Baureihe 124	
SA	Bezeichnung
211	Automatisches Sperrdifferential (ASD)
221	Vordersitz elektr. verstellbar links
222	Vordersitz elektr. verstellbar rechts
228	Standheizung
229	Fondraumheizung (T-Modell)
240	Außentemperaturanzeige
241	Vordersitz elektr. verstellbar links (Memoryfunktion)
242	Vordersitz elektr. verstellbar rechts (Memoryfunktion)
243	Sportsitze vorn und hinten
244	Sportsitze vorne
245	Reiserechner
249	Innenspiegel automatisch abblendend
254	Radio Becker Europa Cassette Kurier MU
257	Radio Becker Europa Cassette Kurier LMKU
258	Radio Becker Mexico CD Kurier LMKU
260	Wegfall Typkennzeichen Heckdeckel
263	Radzierblende mit Flankenschutzfarbe
270	Heckantenne D-Netz inkl. Radiovorrüstung und Lautsprecher/oder mit Radio
272	Anschlussleitungssatz D-Netz-Telefon
274	Einbauteile/Kabelsatz f. Telefon TeKaDe BSA 33
280	Lederlenkrad (400 mm) und Lederschalthebel
281	Lederlenkrad (390 mm) und Lederschalthebel
283	Windschott
285	Pompadourtaschen Fahrer- und Beifahrersitzlehne
286	Gepäcknetz an Fahrersitz
289	Lenkrad in Leder-Wurzelnussausführung und Lederschalthebel
291	Airbag für Fahrer und Beifahrer
300	Edelholzbox zwischen den Vordersitzen
301	Edelholzbox zwischen den Fondsitzen
304	Ablagefach anstelle Ascher
305	Staubfilter
307	Kühlbox im Kofferraum (nicht T-Modell)
310	Heckantenne für Funk 450-470 MHz, C-Netz
311	Einbauteile/Kabelsatz f. Telefon Becker AT 70, TeKaDeBSA44
312	Einbauteile/Kabelsatz f. Telefon Becker AT 70, TeKaDeBSA 44 inkl. Klappkonsole
323	Einbauteilesatz inkl. Heckantenne und Bedienhörer
325	Mercedes-Benz Telefon inkl. Heckantenne, Bedienhörer in Ablageschale und Code
326	zusammen mit Code 325: Bedienhörer in Armlehne
328	Freisprechanlage
340	3. Bremsleuchte
341	Blinkleuchten zusätzlich
343	Luftfilter mit Zyklonabscheider
346	Einbauteile/Kabelsatz f. Telefon Becker AT 765/11
355	Heckantenne für Funk 146-174 MHz, B2-Netz oder Radio
404	Orthopädischer Fahrersitz links
405	Orthopädischer Fahrersitz rechts
412	Schiebe-Hebe-Dach elektrisch
428	Mechanisches 5-Gang Getriebe
430	Kopfstützen im Fond 2-fach, versenkbar
431	Kopfstützen im Fond 3-fach
440	Tempomat
441	Lenksäule elektrisch einstellbar
442	Airbag
450	Taxi International
451	Drehzahlmesser
452	Fanfare Zweiklang
461	Instrumente mit englischer Beschriftung und Meilentacho
466	Zentralverriegelung
470	Anti-Blockier-System (ABS)
471	Anti-Schlupf-Regelung (ASR)
480	Niveau-Regulierung Hinterachse (beim T-Modell Serie)
481	Unterfahrschutz
482	Federn und Stoßdämpfer verstärkt
485	Niveauregulierung mit härteren Federn und verstärkten Dämpfern vorn
498	Landesausführung Japan
506	Außenspiegel rechts elektr. verstell- und beheizbar
510	Radio Becker Mexico Cassette Kurier LMKU/MB Exquisit RDS
511	Radio Becker Grand Prix Cassette Kurier LMU
512	Radio MB Spezial RDS
513	Radio Becker Grand Prix Elektronik Kurier LMU
515	Radio Becker Avus Kurier MU/MB Classic RDS
518	Radio Becker Avus Cassette Kurier MU
524	Lack Konservierung
531	Antenne automatisch mit Radio
532	Antenne automatisch ohne Radio
534	Antenne mechanisch ohne Radio
537	Antenne mechanisch ohne Radio, zwei Frontlautsprecher
538	Antenne automatisch ohne Radio, zwei Frontlautsprecher
540	Heckrollo elektrisch (nicht T-Modell)
541	Doppelrollo f. Gepäckabdeckung und Insassenschutz (T-Modell)
543	Sonnenblende mit Make-up-Spiegel links und rechts, beleuchtet
550	Anhängerkupplung abnehmbar
551	Diebstahlwarnanlage
561	Fahrersitz links verstärkt
562	Beifahrersitz verstärkt
563	Beide Vordersitze verstärkt
570	Armlehne vorn klappbar
571	Fahrersitzhöhenverstellung bei Rechtslenkung
572	Fahrersitzhöhenverstellung bei Linkslenkung
580	Klimaanlage
581	Klimatisierungsautomatik
583	Fensterheber elektrisch vorn
584	Fensterheber elektrisch vorn und hinten
590	Warmedämmendes Glas rundum, heizbare Heckscheibe, Verbundsicherheitsglas
591	Warmedämmendes Glas rundum, heizbare Heckscheibe, Einscheibensicherheitsglas
592	wie 590, mit Bandfilter in Frontscheibe
593	wie 591, mit Bandfilter in Frontscheibe
598	wie 590, mit klarer Frontscheibe
599	wie 591, mit klarer Frontscheibe
600	Scheinwerferreinigungsanlage
601	Spezialöl für Hinterachsgetriebe (ASD)

Lackfarben

Farbcode	Bezeichnung	Kontrastfarbe	Kunststoffe/Kontrastfarbe Kunststoffe/Flankenschutz	Angebotszeitraum	Bemerkungen	Lackierung (von/bis)
40	Schwarz	7177 – Stratusgrau	7700 – Altograu	1/85-Bauzeitende		Sonderfarbe bis 6/86
122	Perlmuttgraumetallic	7177 – Stratusgrau	7700 – Altograu	6/86-9/92		
147	Arcticweiß	7177 – Stratusgrau	7738 – Satograu	7/85-9/92		
149	Polarweiß		7201 – Marmorgrau	3/93-Bauzeitende		
172	Anthrazitgraumetallic	7176 – Muschelgrau	7176 – Muschelgrau	1/85-7/93		
189	Smaragdschwarzmetallic		9122 – Smaragdschwarz	7/95-Bauzeitende		
199	Blauschwarzmetallic	7177 – Stratusgrau	7700 – Altograu	1/85-Bauzeitende		
249	Malachitgrünmetallic	6856 – Tropengrün	6304 – Malachitgrün	3/90-Bauzeitende		
254	Nachtgrünmetallic	7177 – Stratusgrau	6211 – Kiwigrün	6/86-9/89		
256	Kristallgrünmetallic		6856 – Tropengrün	1/91-9/92		
261	Nelkengrünmetallic	7177 – Stratusgrau	6211 – Kiwigrün	6/86-7/90		
269	Turmalingrünmetallic		6864 – Turmalingrün	6/94-Bauzeitende		
348	Perlblaumetallic		5301 – Andorblau	9/89-7/93		
355	Diamantblaumetallic	5944 – Fregattblau	5301 – Andorblau	1/85-9/89		
366	Azuritblaumetallic		5218 – Azuritblau	6/94-Bauzeitende		
432	Bisonbraunmetallic	8477 – Chinchilla	8477 – Chinchilla	6/86-9/88		
441	Impalametallic	8477 – Chinchilla	8477 – Chinchilla	6/86-1/91		
444	Sandbeige			1/85-7/85	Sonderfarbe	
459	Maroonbraun	8477 – Chinchilla		1/85-6/86		
473	Champagnermetallic	8477 – Chinchilla		1/85-9/88		
475	Nutriametallic		8482 – Kaminbraun	9/92-6/94		
480	Manganbraunmetallic			1/85-6/86		
481	Bornitmetallic	7166 - Violettgrau		3/90-7/95		
485	Rosenholzmetallic		8482 – Kaminbraun	9/92-6/94		
512	Almandinrotmetallic		3521 – Navarrarot, 3522 – Almandinrot	9/88-7/95		
540	Barolorot	7176 – Muschelgrau	3521 – Navarrarot	1/85-9/92		
568	Signalrot	7177 – Stratusgrau	3515 –Tartanrot	1/85-9/92		Sonderfarbe bis 6/86
572	Rubinrotmetallic		3518 – Rubinrot	7/95-Bauzeitende		
582	Imperialrot		3524 – Paprikarot, 3522 – Imperialrot	3/93-7/95		
587	Pajettrotmetallic	7176 – Muschelgrau	3521 – Navarrarot	1/85-9/92		
623	Hellelfenbein	7176 – Muschelgrau	1631 – Safaribeige, 1658 – Hellelfenbein	1/85-Bauzeitende	Sonderfarbe bis 6/86, ab 6/93 nur noch für Taxis erhältlich	
651	Pueblobeige	7176 – Muschelgrau	7176 – Muschelgrau	6/86-9/92		
681	Weizengelb			1/85-7/85		
684	Taigabeige			1/85-6/86		
690	Hellocker	8477 – Chinchilla		7/85-3/87		
702	Rauchsilbermetallic	7176 – Muschelgrau	7176 – Muschelgrau	1/85-Bauzeitende		
721	Onygraumetallic		7209 – Onyx	6/94-Bauzeitende		
735	Astralsilbermetallic	7177 – Stratusgrau	7177 – Stratusgrau	1/85-1/91		
737	Classicweiß			1/85-7/85		
744	Brillantsilbermetallic		7181 – Atlasgrau	1/91-Bauzeitende		
745	Kristallsilbermetallic				Farbton war angekündigt, wurde aber nie geliefert	
751	Liasgrau	7177 – Stratusgrau	7177 – Stratusgrau	1/85-1/91		
752	Carraragrau		7181 – Atlasgrau	1/91-9/92		
803	Riedgrün			1/85-6/86		
815	Achatgrün	7177 – Stratusgrau	6211 – Kiwigrün	6/86-1/91		
822	Eibengrün			1/85-6/86	Sonderfarbe	
876	Zypressengrünmetallic			1/85-6/86		
877	Petrolmetallic	7177 – Stratusgrau		1/85- 9/89		
881	Silberdistelmetallic			1/85-6/86		
888	Beryllmetallic		6250 – Lago	7/90-6/94		
900	Surfblau	5944 – Fregattblau	5301 – Andorblau	1/85-1/91		
904	Dunkelblau	5944 – Fregattblau	5309 – Rioblau, 5214 – Dunkelblau	1/85-Bauzeitende	Sonderfarbe bis 6/86	
929	Nautikblaumetallic	5944 – Fregattblau	5301 – Andorblau	1/85-3/95		
9	Saphirschwarzmetallic				Sonderfarbe für E 500 Limited	

Innenausstattung

	Stoff (0)	Stoff Sportline (0)	MB Tex (1)	Leder Sportline (2)	Stoff Karo (2)	Velours (9)	Leder (2)
Schwarz (1)	71		171			971	261
Blau (2)	72		172			972	262
Brasil (3)	73		173			973	263
Dattel (4)	74		174			974	264
Cremebeige (5)	75		175			975	265
Piniengrün (6)	76		176			976	266
Mittelrot (7)	77		177			977	267
Grau (8)	78		178			978	268

Innenausstattung Modellpflege 1	Stoff (0)	Stoff Sportline (0)	MB Tex (1)	Leder Sportline (2)	Stoff Karo (3)	Velours (9)	Leder (2)
Schwarz (1)	61	71	171		371	971	261
Blau (2)	62	72	172		372	972	262
Brasil (3)	63	73	173		373	973	263
Dattel (4)	64		174			974	264
Cremebeige (5)	65	75	175		375	975	265
Piniengrün (6)	66		176			976	266
Mittelrot(7)	67		177			977	267
Grau (8)	68	78	178		378	978	268

Innenausstattung Modellpflege 2	Stoff (0)	Stoff Sportline (0)	MB Tex (1)	Leder Sportline (2)	Stoff Karo (3)	Velours (9)	Leder (2)
Schwarz (1)	1	71	171		371	971	261
Blau (2)	2	72	172		372	972	262
Brasil (3)	3	73	173		373	973	263
Safran (4)	4		174			974	264
Champignon (5)	5	75	175		375	975	265
Piniengrün (6)			176			976	266
Mittelrot (7)	7		177			977	267
Grau (8)	8	78	178		378	978	268

Produktionszahlen

Inlandslieferungen der Baureihe 124

Baumuster – Typ	1984	1985	1986	1987	1988	1989	1990	1991	1992	1993	1994	1995	1996	1997	1998	1999	2000	Summe
124003 – 230 E F			36	43	38	28	22	41	16									224
124004 – 230 E VF			58	54	58	74	68	118	69	5								504
124007 – 260 E VF			14	29	28	32	18	37	26	1								185
124008 – E 280 VF									3	29	33	45	2					112
124019 – E 200									3263	14808	11888	6905	77	9	1	1		36953
124020 – 200	2	11681	11319	11040	11818	4563	1483	10	1	0	1	1						51919
124021 – 200 E			0	2	2003	19740	24690	18655	9981	1140	300	8	3	2	1	1		76527
124022 – E 220									5141	18331	14380	8524	208	17	1			46602
124023 – 230 E		33615	32915	31055	36198	28098	27241	26841	17218	1145	288	5	2	3				234624
124026 – 260 E		3447	14059	13560	13467	8678	9316	8598	5267	530	36	1	2					76961
124027 – 260 E V							59	23	23	21	2							128
124028 – E 280									2108	7730	6162	3041	190	8	2			19241
124029 – E 280 V									1	12	16	1	1		1			32
124030 – 300 E		10302	15039	10552	9048	6905	7083	7333	4519	674	55	4	2			1		71517
124031 – 300 E-24					1	1170	3551	2734	1601	473	48	1		1				9580
124032 – E 320									1297	3967	2550	1598	105	6				9523
124034 – E 420									304	1643	910	469	74	10		1	2	3413
124036 – E 500								990	2047	1194	933	243	16	3	1			5427
124040 – E 200 C										1	22	724	470	68	3			1288
124041 – 200 CE																		0
124042 – E 220 C									639	2488	1958	1022	517	34				6658
124043 – 230 CE				2321	5627	4401	3388	3708	3188	441	29	2						23105
124050 – 300 CE				2600	6032	4695	3384	3293	2500	229	16	1						22750
124051 – 300 CE-24						1025	2855	2550	1708	217	38	-1	1					8393
124052 – E 320 C									781	2408	1648	801	251	21				5911
124060 – E 200 CAB										1	1064	1370	1217	733	40	1		4426
124061 – 300 CE-24 CAB									2505	2261	198	9	1	1			1	4976
124062 – E 220 CAB										581	1676	1497	1561	929	51	1		6296
124066 – E 320 CAB										445	953	653	519	347	35	3		2955
124079 – E 200 T									528	1987	2087	2172	1097	81	1	3		7957
124080 – 200 T		2	709	948	1180	415	134	5		1	1	-1						3394
124081 – 200 TE					73	2848	2843	2093	1494	232	18	2		2				9605
124082 – E 220 T									1171	4247	4516	3905	2150	212	6			16207
124083 – 230 TE		229	5840	6505	8213	7235	6124	6572	5020	554	51	8	1	2				46354
124088 – E 280 T									403	2012	2297	2118	853	154	3	1		7841
124090 – 300 TE		12	2268	3254	3404	3040	2740	2858	2034	213	6	1						19830
124091 – 300 TE-24						213	1366	1426	905	122	2	1	1	1				4038
124092 – E 320 T									548	1563	1411	1074	526	80	1		2	5205
124104 – E 250 D F										6	11	15	1					33
124105 – 250 D F			14	8	11	10	6	6	4	6								65
124106 – 250 D VF		3	119	218	139	151	146	198	143	74	9	0		1	1			1202
124107 – E 250 D VF										59	82	93	48	2				284
124120 – E 200 D		20472	23898	21391	20672	14424	15302	17253	14091	12400	7911	5323	53	4	2		2	173198
124125 – 250 D		10942	20388	21494	17849	12334	13162	17902	15584	8025	386	30	3	3				138103
124126 – E 250 D										3955	7789	4641	71	5				16461
124127 – 250 D V							16	10	14	10	1							51
124128 – E 250 D T					206	964	1723	2167	2055	1281	657	529	16					9598
124129 – E 250 D V										2	3							5
124130 – 300 D	1	9420	13876	11878	7865	5489	6359	8284	6650	2978	142	9						72951
124131 – E 300 D										2098	3271	1742	34	3				7148
124133 – E 300 D T			2	18	1932	1465	1638	2587	2578	1398	787	355	5		1			12766
124180 – 200 TD		56	1348	1150	897	646	529	353	26	3	0						1	5009
124185 – 250 TD		34	4773	4335	3412	2860	2635	3825	4562	2434	204	22	6	2	1	2		29107
124186 – E 250 TD										1341	3473	3154	2066	181	7	4		10226
124188 – E 250 T D T									1	1								2
124190 – 300 TD			303	2339	2053	1815	1887	2742	3285	1208	42	9	1					15684
124191 – E 300 TD										1151	2408	1833	832	44	1			6269
124193 – E 300 T D T			2	502	1004	721	888	1447	1960	967	831	562	146	14	2			9047
124226 – 260 E 4M				232	330	163	125	41	10	2								903
124230 – E 300 4M			1	1064	1149	550	374	323	205	106	90	22	1	1				3886
124290 – E 300 T 4M				782	1058	543	348	311	254	109	116	42		5				3568
124330 – 300 D 4M				214	212	113	95	27	9	1								671
124333 – E 300 D T 4M					142	125	116	134	117	62	48	14						758
124393 – E 300 T D T 4M				179	313	213	138	152	179	113	97	33	1	1				1419

Produktionszahlen

Exportlieferungen der Baureihe 124

Baumuster – Typ	1984	1985	1986	1987	1988	1989	1990	1991	1992	1993	1994	1995	1996	1997	1998	1999	2000	Summe
124004 – 230 E VF			46	43	39	30	21	14	13									206
124007 – 260 E VF			38	118	143	148	163	138	110	1								859
124008 – E 280 VF									13	84	72	117	1					287
124019 – E 200									7780	16772	12207	8854	4	2				45619
124020 – 200	46	9933	14966	12625	13508	6091	1202	4		1								58376
124021 – 200 E		1006	2263	3580	7128	18734	28259	24194	14707	221	1							100093
124022 – E 220									4000	22544	19133	11379	512	2289	173			60030
124023 – 230 E	66	10466	19749	19356	18962	20084	18641	17029	14942	302	1							139598
124026 – 260 E		1152	7655	15239	12476	12815	12580	10273	5182	14	2	-1						77387
124027 – 260 E V							428	314	111	18								871
124028 – E 280									4749	18253	9521	5501	13	1				38038
124029 – E 280 V									26	191	126	2						345
124030 – 300 E		14008	30862	31161	25648	26930	26987	22301	8345	76		-1						186317
124031 – 300 E-24						901	3726	3527	1424	6	1							9585
124032 – E 320									4588	17280	22231	10278	15	1				54393
124034 – E 420								1134	7113	5513	4253	1325	8					19346
124036 – E 500							2	1406	2083	761	698	54	1				-1	5004
124040 – E 200 C									482	2733	1533	1566	244	2				6560
124041 – 200 CE							1153	2396	2372									5921
124042 – E 220 C									522	2012	1675	1256	214					5679
124043 – 230 CE				749	1918	2188	2206	2094	1385	6								10546
124050 – 300 CE				2038	7367	5467	2828	2053	950	1	1							20705
124051 – 300 CE-24						1856	6042	5838	2270	4	1							16011
124052 – E 320 C									1515	3280	1898	1020	132					7845
124060 – E 200 CAB										231	840	897	470	55				2493
124061 – 300 E-24 CAB									849	472	8	4						1333
124062 – E 220 CAB										295	625	684	401	149				2154
124066 – E 320 CAB									595	2802	2208	3329	294	34				9262
124079 – E 200 T									764	2604	1726	2108	111	1				7314
124080 – 200 T		50	1454	1278	1133	130	21											4066
124081 – 200 TE					121	2205	2924	3377	2306	1								10934
124082 – E 220 T									557	2143	1462	1583	89	-1				5833
124083 – 230 TE		155	2967	2767	2971	2659	3015	2319	1683	4						1		18541
124088 – E 280 T									214	1194	1451	1398	75					4332
124090 – 300 TE		38	1391	2392	4211	4573	3338	3903	2050									21896
124091 – 300 TE-24						230	859	774	359	1								2223
124092 – E 320 T									954	3140	5051	3967	34	1				13147
124104 – E 250 D F										54	130	78	6					268
124105 – 250 D F				1	106	92	133	156	159	28								675
124106 – 250 D VF			153	179	149	137	137	158	174	35	1							1123
124107 – E 250 D VF										80	129	123	25	1				358
124120 – E 200 D	94	7661	9135	8961	7975	6657	4865	4988	4450	3921	2936	1970	2	1				63616
124125 – 250 D		6554	12098	16214	15698	12872	10605	9947	10938	3660	19							98605
124126 – E 250 D										5948	11675	5741	633	1377	152			25526
124127 – 250 D V							270	196	192	61		1						720
124128 – E 250 D T					353	3213	8380	10139	10175	4493	1662	800						39215
124129 – E 250 D V										36	139							175
124130 – 300 D	20	5209	8022	7689	7178	6395	7326	7214	6788	2530	179							58550
124131 – E 300 D										4202	8168	3628						15998
124133 – E 300 D T		6	7208	3906	1938	2236	2662	2870	2538	1422	1021	279	1					26087
124180 – 200 TD		166	1001	511	288	223	95	71	1									2356
124185 – 250 TD		299	3155	2282	2084	1863	1519	1525	1387	351	1							14466
124186 – E 250 T D										1420	1675	2188	101	1				5385
124188 – E 250 T D T							487	1275	1693	758	280	241	8					4742
124190 – 300 TD			265	622	598	627	1258	1204	1169	438								6181
124191 – E 300 T D										524	1108	1097	63					2792
124193 – E 300 T D T			1362	1776	311	283	376	410	473	298	281	180	10					5760
124226 – 260 E 4M				225	389	232	135	54										1035
124230 – E 300 4M			1	762	1568	1395	2774	1906	1044	413	261	146						10270
124290 – E 300 T 4M			1	300	1149	1067	2442	1703	1017	386	286	135	1					8487
124330 – 300 D 4M				233	316	140	84	20										793
124333 – E 300 D T 4M					201	273	294	252	181	83	70	20						1374
124393 – E 300 T D T 4M				59	212	126	127	85	115	61	79	21						885

Produktionszahlen

USA-Lieferungen der Baureihe 124

Baumuster – Typ	1984	1985	1986	1987	1988	1989	1990	1991	1992	1993	1994	1995	1996	Summe
124019 – E 200									4	4	2			10
124020 – 200		14	19	10	5	9	2							59
124021 – 200 E						6	16	13	2					37
124022 – E 220									2	8	1	1		12
124023 – 230 E		16	23	13	6	6	9	5	5					83
124026 – 260 E		2	1373	8480	5238	4900	5404	4013	1632					31042
124028 – E 280									1952	5887				7839
124030 – 300 E		8944	20863	19593	15315	16215	14895	10541	2637					109003
124031 – 300 E-24								1						1
124032 – E 320									2223	9513	16488	6871		35095
124034 – E 420								866	5972	4109	3340	1153		15440
124036 – E 500								97	832	352	247			1528
124043 – 230 CE						2	1							3
124050 – 300 CE				773	2945	1336	1							5055
124051 – 300 CE-24						1026	2255	2163	515					5959
124052 – E 320 C									503	1216	321	117		2157
124060 – E 200 CAB												1		1
124066 – E 320 CAB									347	1607	1686	2865	71	6576
124080 – 200 T						1								1
124081 – 200 TE						1								1
124082 – E 220 T											1			1
124083 – 230 TE			3	2		1	1	1						8
124090 – 300 TE			1	888	2643	2180	1157	1603	611					9083
124092 – E 320 T									361	1554	3327	2769	5	8016
124120 – E200D		8	8	7	5	6	5	3	1					43
124125 – 250 D		8	10	9	5	2	2	5	2	2				45
124126 – E 250 D										1				1
124128 – E 250 D T						192	2079	2506	2127	1274				8178
124130 – 300 D		28	21	3	6	1	3	6	1					69
124131 – E 300 D										1160	2841	1246		5247
124133 – E 300 D T		6	6343	3441	1	1								9792
124180 – 200 T D			3	1										4
124185 – 250 T D			1	2				2	1	2				8
124186 – E 250 T D											1			1
124190 – 300 T D				2				1	1					4
124193 – E300 T D T			1301	1499										2800
124230 – E 300 4M						152	1278	1188	564	120				3302
124290 – E 300 T 4M						78	1324	859	533	131				2925

Mercedes-Benz 200 D	
Allgemeine Angaben	
Konstruktionsbezeichnung	W 124 D 20
Baumuster	124.120
Produktionszeitraum	05.1984 / 01.1985-08.1989
Arbeitsverfahren	Viertakt-Diesel mit Vorkammereinspritzung
Anordnung im Fahrzeug	vorne, längs; stehend
Motoren	
Motor-Typ / -Baumuster	OM 601 D 20 / 601.912
Zylinderzahl / -anordnung	4 / Reihe; 15° nach rechts geneigt
Bohrung x Hub	87,0 x 84,0 mm
Gesamthubraum	1997 cm^3 (nach Steuerformel 1983 cm^3)
Verdichtungsverhältnis	22,0
Kurbelwellenlager	5
Leistung	72 PS / 53 kW bei 4600/min; ab 02.1989: 75 PS / 55 kW bei 4600/min
Drehmoment	123 Nm bei 2800 /min; ab 02.1989: 126 Nm bei 2700-3550/min
Ventilanordnung / -anzahl	1 Einlass, 1 Auslass / hängend
Ventilsteuerung	obenliegende Nockenwelle, ohc
Nockenwellenantrieb	Duplex-Rollenkette
Gemischbildung	Vorkammereinspritzung, mechanisch geregelte Bosch 4-Stempel-Einspritzpumpe
Kühlung	Wasserkühlung / Pumpe; 8,5 l Wasser
Schmierung	Druckumlauf-Schmierung / 6,5 l Öl
Elektrische Anlage	
Elektr. Anlage	12 V
Batterie	72 Ah / im Motorraum
Generator	Drehstrom / 770 W
Anlasser	elektrisch / 2,2 kW
Zündung	Selbstzünder
Kraftstofftank	70 l, über der Hinterachse
Kraftstoff-Förderung	Kolbenpumpe an der Einspritzpumpe
Getriebe	
Getriebe	4-Gang-Schaltgetriebe
Verfügbarkeit	Serie
Getriebetyp / Baumuster	GL 68/20 D / 716.213
Schaltung	Mittelschaltung
Kupplung	Einscheiben-Trockenkupplung
Getriebeart	Zahnrad-Wechselgetriebe
Synchronisierte Gänge	I – IV
Getriebe-Übersetzung	I. 4,23; II. 2,36; III. 1,49; IV. 1,0; R. 4,10
Achsantriebsübersetzung	3,42; ab 04.1989: 3,46
Höchstgeschwindigkeit	160 km/h
Beschleunigung	0-100 km/h[1]
Kraftstoffverbrauch	5,3 / 7,0 / 7,9 l; nach Richtlinie 80/1268/EWG; Werte für 90 km/h / 120 km/h / Stadtzyklus
Getriebe	5-Gang-Schaltgetriebe
Verfügbarkeit	auf Wunsch bis 10.1985
Getriebetyp / Baumuster	GL 68/20 A-5 / 717.410
Schaltung	Mittelschaltung
Kupplung	Einscheiben-Trockenkupplung
Getriebeart	Zahnrad-Wechselgetriebe
Synchronisierte Gänge	I – V
Getriebe-Übersetzung	I. 4,23; II. 2,36; III. 1,49; IV. 1,0; V. 0,84; R. 4,63
Achsantriebsübersetzung	3,64
Höchstgeschwindigkeit	160 km/h
Beschleunigung 0-100 km/h	18,5 s
Kraftstoffverbrauch	5,1 / 6,9 / 8,4 l; nach Richtlinie 80/1268/EWG; Werte für 90 km/h / 120 km/h / Stadtzyklus
Getriebe	5-Gang-Schaltgetriebe
Verfügbarkeit	auf Wunsch ab 11.1985
Getriebetyp / Baumuster	GL 68/20 B5 / 717.411
Schaltung	Mittelschaltung
Kupplung	Einscheiben-Trockenkupplung
Getriebeart	Zahnrad-Wechselgetriebe
Synchronisierte Gänge	I – V
Getriebe-Übersetzung	I. 3,91; II. 2,17; III. 1,37; IV. 1,0; V. 0,78; R. 4,27
Achsantriebsübersetzung	3,91
Höchstgeschwindigkeit	160 km/h
Beschleunigung 0-100 km/h[1]	18,5 s
Kraftstoffverbrauch	5,0 / 6,8 / 8,4 l; nach Richtlinie 80/1268/EWG; Werte für 90 km/h / 120 km/h / Stadtzyklus
Getriebe	4-Gang-Automatikgetriebe
Verfügbarkeit	auf Wunsch
Getriebetyp / Baumuster	W 4 A 020 / 722.403
Schaltung	Wählhebel in Wagenmitte
Kupplung	hydraulischer Drehmomentwandler im Automatikgetriebe
Getriebeart	Planetengetriebe
Getriebe-Übersetzung	I. 4,25; II. 2,41; III. 1,49; IV. 1,0; R. 5,67
Achsantriebsübersetzung	3,42; ab 04.1989: 3,46
Höchstgeschwindigkeit	155 km/h
Beschleunigung 0-100 km/h[1]	20,4 s
Kraftstoffverbrauch	5,7 / 7,6 / 8,0 l; nach Richtlinie 80/1268/EWG; Werte für 90 km/h / 120 km/h / Stadtzyklus
Tragstruktur und Fahrwerk	
Rahmenausführung	selbsttragende Ganzstahlkarosserie
Radaufhängung, vorne	Dreiecksquerlenker / Dämpferbein
Radaufhängung, hinten	Raumlenkerachse, auf Wunsch mit hydropneumatischer Niveau-Regulierung
Federung, vorne	Schraubenfedern, Drehstab-Stabilisator
Federung, hinten	Schraubenfedern, Drehstab-Stabilisator
Stoßdämpfer, vorne/hinten	Gasdruck-Dämpferbeine / Gasdruck-Stoßdämpfer
Lenkung	Kugelumlauf-Servolenkung
Lenkübersetzung	15,44:1 / 3 Lenkradumdrehungen
Bremsanlage	
Bremsanlage	hydraulische Zweikreis-Bremsanlage mit Unterdruck-Bremskraftverstärker; auf Wunsch: Anti-Blockier-System, ab 09.1988 Serie; Scheibenbremsen vorne und hinten massiv
Feststellbremse	mechanisch (fußbetätigt), auf Hinterräder wirkend
Abmessungen der Bremsscheiben	vorne / hinten: 284 x 12 mm / 258 x 9 mm
Allgemeine Daten	
Räder	Stahlblech-Scheibenräder 6 J x 15 H 2 ET 49 auf Wunsch: Leichtmetall-Scheibenräder 6 J x 15 H 2 ET 49
Reifen	185/65 R 15 87 T
Angetriebene Räder	Hinterräder
Kraftübertragung	geteilte Kardanwelle
Radstand	2800 mm
Spur vorne / hinten	1497 / 1488 mm
Länge	4740 mm
Breite	1740 mm
Höhe	1440 mm; ab 11.1988:
Bodenfreiheit	163 mm; ab 11. 1988: 148 mm
Gepäckraum	520 l
Kleinster Wendekreis	11,2 m
Zul. Gesamtgewicht	1800 kg; ab 12.1986: 1810 kg; ab 12.1988: 1830 kg
Zul. Achslast vorne	845 kg; ab 12.1988: 855 kg;
Zul. Achslast hinten	955 kg; ab 12.1986: 965 kg; ab 12.1988: 975 kg
Zuladung	520 kg
Zul. Anhängelast gebremst	1500 kg
Zul. Anhängelast ungebremst	675 kg; ab 12.1986: 680 kg; ab 12.1988: 690 kg
Zul. Dachlast	100 kg
Zul. Kofferraumzuladung	100 kg
Leergewicht (Wagengewicht) nach Richtlinie DIN 70020 (mit Kraftstoff, Reserverad und Werkzeug)	1280 kg; ab 12.1986: 1290 kg; ab 12.1988: 1310 kg
Luftwiderstand cW Mittelwert x A	0,29 x 2,05 m^2
Stückzahl	bis 08.1995: 236.926; Stückzahlen bis / ab Modellpflegen 09.1989 und 06.1993 sind nicht separat dokumentiert
Preise	12.1984: DM 32.604,00 04.1985: DM 33.664,20 12.1985: DM 34.279,80 09.1986: DM 34.998,00 06.1987: DM 35.967,00 02.1988: DM 36.765,00 09.1988: DM 38.475,00 02.1989: DM 39.273,00

Mercedes-Benz 250 D

Allgemeine Angaben	
Konstruktionsbezeichnung	W 124 D 25
Baumuster	124.125
Produktionszeitraum	11.1984 / 05.1985 – 08.1989
Arbeitsverfahren	Viertakt-Diesel mit Vorkammereinspritzung
Anordnung im Fahrzeug	vorne, längs; stehend
Motoren	
Motor-Typ / -Baumuster	OM 602 D 25 / 602.912
Zylinderzahl / -anordnung	5 / Reihe; 15° nach rechts geneigt
Bohrung x Hub	87,0 x 84,0 mm
Gesamthubraum	2497 cm^3 (nach Steuerformel 2479 cm^3)
Verdichtungsverhältnis	22
Kurbelwellenlager	6
Leistung	90 PS / 66 kW bei 4600/min; ab 02.1989: 94 PS / 69 kW bei 4600/min
Drehmoment	154 Nm bei 2800/min; ab 02.1989: 158 Nm bei 2600-3100/min
Ventilanordnung / -anzahl	1 Einlass, 1 Auslass / hängend
Ventilsteuerung	obenliegende Nockenwelle, ohc
Nockenwellenantrieb	Duplex-Rollenkette
Gemischbildung	Vorkammereinspritzung, mechanisch geregelte Bosch 5-Stempel-Einspritzpumpe
Kühlung	Wasserkühlung / Pumpe; 9 l Wasser
Schmierung	Druckumlauf-Schmierung / 7 l Öl
Elektrische Anlage	
Elektr. Anlage	12 V
Batterie	72 Ah / im Motorraum
Generator	Drehstrom / 770 W
Anlasser	elektrisch / 2,2 kW
Zündung	Selbstzünder
Kraftstofftank:	70 l, über der Hinterachse
Kraftstoff-Förderung	Kolbenpumpe an der Einspritzpumpe
Getriebe	
Getriebe	5-Gang-Schaltgetriebe
Verfügbarkeit	Serie (bis 08.1985)
Getriebetyp / Baumuster	GL 68/20 A-5 / 717.410
Schaltung	Mittelschaltung
Kupplung	Einscheiben-Trockenkupplung
Getriebeart	Zahnrad-Wechselgetriebe
Synchronisierte Gänge	I – V
Getriebe-Übersetzung	I. 4,23; II. 2,36; III. 1,49; IV. 1,0; V. 0,84; R. 4,63
Achsantriebsübersetzung	3,42
Höchstgeschwindigkeit	175 km/h
Beschleunigung 0-100 km/h[1]	16,5 s
Kraftstoffverbrauch	5,4 / 7,0 / 8,9 l; nach Richtlinie 80/1268/EWG; Werte für 90 km/h / 120 km/h / Stadtzyklus
Getriebe	5-Gang-Schaltgetriebe
Verfügbarkeit	Serie (ab 09.1985)
Getriebetyp / Baumuster	GL 68/20 B-5 / 717.411
Schaltung	Mittelschaltung
Kupplung	Einscheiben-Trockenkupplung
Getriebeart	Zahnrad-Wechselgetriebe
Synchronisierte Gänge	I – V
Getriebe-Übersetzung	I. 3,91; II. 2,17; III. 1,37; IV. 1,0; V. 0,78; R. 4,27
Achsantriebsübersetzung	3,64
Höchstgeschwindigkeit	175 km/h
Beschleunigung 0-100 km/h[1]	16,5 s
Kraftstoffverbrauch	5,4 / 7,0 / 8,9 l; nach Richtlinie 80/1268/EWG; Werte für 90 km/h / 120 km/h / Stadtzyklus
Getriebe	4-Gang-Automatikgetriebe
Verfügbarkeit	auf Wunsch
Getriebetyp / Baumuster	W 4 A 020 / 722.414
Schaltung	Wählhebel in Wagenmitte
Kupplung	hydraulischer Drehmomentwandler im Automatikgetriebe
Getriebeart	Planetengetriebe
Getriebe-Übersetzung	I. 4,25; II. 2,41; III. 1,49; IV. 1,0; R. 5,67
Achsantriebsübersetzung	3,07
Höchstgeschwindigkeit	170 km/h
Beschleunigung 0-100 km/h[1]	17,0 s
Kraftstoffverbrauch	5,9 / 7,7 / 8,8 l; nach Richtlinie 80/1268/EWG; Werte für 90 km/h / 120 km/h / Stadtzyklus
Tragstruktur und Fahrwerk	
Rahmenausführung	selbsttragende Ganzstahlkarosserie
Radaufhängung, vorne	Dreiecksquerlenker / Dämpferbein
Radaufhängung, hinten	Raumlenkerachse, auf Wunsch mit hydropneumatischer Niveau-Regulierung
Federung, vorne	Schraubenfedern, Drehstab-Stabilisator
Federung, hinten	Schraubenfedern, Drehstab-Stabilisator
Stoßdämpfer, vorne/hinten	Gasdruck-Dämpferbeine / Gasdruck-Stoßdämpfer
Lenkung	Kugelumlauf-Servolenkung
Lenkübersetzung	15,44:1 / 3 Lenkradumdrehungen
Bremsanlage	
Bremsanlage	hydraulische Zweikreis-Bremsanlage mit Unterdruck-Bremskraftverstärker; auf Wunsch mit Anti-Blockier-System, ab 09.1988 Serie; Scheibenbremsen vorne und hinten massiv
Feststellbremse	mechanisch (fußbetätigt), auf Hinterräder wirkend
Abmessungen der Bremsscheiben	vorne / hinten: 284 x 12 mm / 258 x 9 mm
Allgemeine Daten	
Räder	Stahlblech-Scheibenräder 6 ½ J x 15 H 2 ET 49; auf Wunsch: Leichtmetall-Scheibenräder 6 ½ J x 15 H 2 ET 49
Reifen	195/65 R 15 91 T
Angetriebene Räder	Hinterräder
Kraftübertragung	geteilte Kardanwelle
Radstand	2800 mm
Spur vorne / hinten	1497 / 1488 mm
Länge	4740 mm
Breite	1740 mm
Höhe	1446 mm; ab 11.1988: 1431 mm
Bodenfreiheit	163 mm; ab 11.1988: 148 mm
Gepäckraum	520 l
Kleinster Wendekreis	11,2 m
Zul. Gesamtgewicht	1840 kg; ab 12.1986: 1870 kg; ab 12.1988: 1890 kg
Zul. Achslast vorne	880 kg; ab 12.1986: 900 kg; ab 12.1988: 905 kg
Zul. Achslast hinten	960 kg; ab 12.1986: 970 kg; ab 12.1988: 985 kg
Zuladung	520 kg
Zul. Anhängelast gebremst	1500 kg
Zul. Anhängelast ungebremst	695 kg; ab 12.1986: 710 kg; ab 12.1988: 720 kg
Zul. Dachlast	100 kg
Zul. Kofferraumzuladung	100 kg
Leergewicht (Wagengewicht) nach Richtlinie DIN 70020 (mit Kraftstoff, Reserverad und Werkzeug)	1320 kg; ab 12.1986: 1350 kg; ab 12.1988: 1370 kg
Luftwiderstand cW Mittelwert x A	0,31 x 2,07 m^2
Stückzahl	bis 07.1993: 236.811; Stückzahlen bis / ab Modellpflege 09.1989 sind nicht separat dokumentiert
Preise	12.1984: DM 36.138,00 04.1985: DM 37.312,20 12.1985: DM 37.996,20 09.1986: DM 39.045,00 06.1987: DM 40.242,00 02.1988: DM 41.154,00

Mercedes-Benz 250 D Turbodiesel

Allgemeine Angaben	
Konstruktionsbezeichnung	W 124 D 25 A
Baumuster	124.128
Produktionszeitraum	03.1988 / 08.1988 – 08.1989
Arbeitsverfahren	Viertakt-Diesel (mit Vorkammereinspritzung und Abgas-Turbolader)
Anordnung im Fahrzeug	vorne, längs; stehend
Motoren	
Motor-Typ / -Baumuster	OM 602 D 25 A / 602.962
Zylinderzahl / -anordnung	5 / Reihe; 15° nach rechts geneigt
Bohrung x Hub	87,0 x 84,0 mm
Gesamthubraum	2497 cm^3
Verdichtungsverhältnis	22
Kurbelwellenlager	6
Leistung	126 PS / 93 kW bei 4600/min
Drehmoment	231 Nm bei 2800/min
Ventilanordnung / -anzahl	1 Einlass, 1 Auslass / hängend
Ventilsteuerung	obenliegende Nockenwelle, ohc
Nockenwellenantrieb	Duplex-Rollenkette
Gemischbildung	Vorkammereinspritzung, mechanisch geregelte Bosch 5-Stempel-Einspritzpumpe / Abgas-Turbolader
Kühlung	Wasserkühlung / Pumpe; 9 l Wasser
Schmierung	Druckumlauf-Schmierung / 7,5 l Öl
Elektrische Anlage	
Elektr. Anlage	12 V
Batterie	72 Ah / im Motorraum
Generator	Drehstrom / 770 W
Anlasser	elektrisch / 2,2 kW
Zündung	Selbstzünder
Kraftstofftank	70 l, über der Hinterachse
Kraftstoff-Förderung	Kolbenpumpe an der Einspritzpumpe
Getriebe	
Getriebe	4-Gang-Automatikgetriebe
Verfügbarkeit	Serie
Getriebetyp / Baumuster	W 4 A 020 / 722.418
Schaltung	Wählhebel in Wagenmitte
Kupplung	hydraulischer Drehmomentwandler im Automatikgetriebe
Getriebeart	Planetengetriebe
Getriebe-Übersetzung	I. 4,25; II. 2,41; III. 1,49; IV. 1,0; R. 5,67
Achsantriebsübersetzung	2,65
Höchstgeschwindigkeit	195 km/h
Beschleunigung 0-100 km/h[1]	12,3 s
Kraftstoffverbrauch	6,0 / 7,9 / 9,2 l; nach Richtlinie 80/1268/EWG; Werte für 90 km/h / 120 km/h / Stadtzyklus
Tragstruktur und Fahrwerk	
Rahmenausführung	selbsttragende Ganzstahlkarosserie
Radaufhängung, vorne	Dreiecksquerlenker / Dämpferbein
Radaufhängung, hinten	Raumlenkerachse, auf Wunsch mit hydropneumatischer Niveau-Regulierung
Federung, vorne	Schraubenfedern, Drehstab-Stabilisator
Federung, hinten	Schraubenfedern, Drehstab-Stabilisator
Stoßdämpfer, vorne/hinten	Gasdruck-Dämpferbeine / Gasdruck-Stoßdämpfer
Lenkung	Kugelumlauf-Servolenkung
Lenkübersetzung	15,44:1 / 3 Lenkradumdrehungen
Bremsanlage	
Bremsanlage	hydraulische Zweikreis-Bremsanlage mit Unterdruck-Bremskraftverstärker und Anti-Blockier-System; Scheibenbremsen vorne innenbelüftet und hinten
Feststellbremse	mechanisch (fußbetätigt), auf Hinterräder wirkend
Abmessungen der Bremsscheiben	vorne / hinten: 284 x 22 mm / 258 x 9 mm
Allgemeine Daten	
Räder	Stahlblech-Scheibenräder 6 ½ J x 15 H 2 ET 49; auf Wunsch: Leichtmetall-Scheibenräder 6 ½ J x 15 H 2 ET 49
Reifen	195/65 R 15 91 H
Angetriebene Räder	Hinterräder
Kraftübertragung	geteilte Kardanwelle
Radstand	2800 mm
Spur vorne / hinten	1497 / 1488 mm
Länge	4740 mm
Breite	1740 mm
Höhe	1446 mm; ab 11.1988: 1431 mm
Bodenfreiheit	163 mm; ab 11.1988: 148 mm
Gepäckraum	520 l
Kleinster Wendekreis	11,2 m
Zul. Gesamtgewicht	1930 kg; ab 12.1988: 1950 kg
Zul. Achslast vorne	945 kg; ab 12.1988: 955 kg
Zul. Achslast hinten	985 kg; ab 12.1988: 995 kg
Zuladung	520 kg
Zul. Anhängelast gebremst	1500 kg; ab 05.1989: 1900 kg
Zul. Anhängelast ungebremst	740 kg; ab 12.1988: 750 kg
Zul. Dachlast	100 kg
Zul. Kofferraumzuladung	100 kg
Leergewicht (Wagengewicht) nach Richtlinie DIN 70020 (mit Kraftstoff, Reserverad und Werkzeug)	1410 kg; ab 12.1988: 1430 kg
Luftwiderstand cW Mittelwert x A	0,31 x 2,06 m^2
Stückzahl	bis 06.1995: 48.876; Stückzahlen bis / ab Modellpflegen 09.1989 und 06.1993 sind nicht separat dokumentiert
Preise 09.1988:	DM 53.238,00

Mercedes-Benz 300 D

Allgemeine Angaben	
Konstruktionsbezeichnung	W 124 D 30
Baumuster	124.130
Produktionszeitraum	03.1984 / 01.1985 – 08.1989
Arbeitsverfahren	Viertakt-Diesel mit Vorkammereinspritzung
Anordnung im Fahrzeug	vorne, längs; stehend
Motoren	
Motor-Typ / -Baumuster	OM 603 D 30 / 603.912
Zylinderzahl / -anordnung	6 / Reihe; 15° nach rechts geneigt
Bohrung x Hub	87,0 x 84,0 mm
Gesamthubraum	2996 cm³ (nach Steuerformel 2975 cm³)
Verdichtungsverhältnis	22
Kurbelwellenlager	7
Leistung	109 PS / 80 kW bei 4600/min; ab 02.1989: 113 PS / 83 kW bei 4600/min
Drehmoment	185 Nm bei 2800/min; ab 02.1989: 191 Nm bei 2800-3050 /min
Ventilanordnung / -anzahl	1 Einlass, 1 Auslass / hängend
Ventilsteuerung	obenliegende Nockenwelle, ohc
Nockenwellenantrieb	Duplex-Rollenkette
Gemischbildung	Vorkammereinspritzung, mechanische geregelte Bosch 6-Stempel-Einspritzpumpe
Kühlung	Wasserkühlung / Pumpe; 9 l Wasser
Schmierung	Druckumlauf-Schmierung / 7,5 l Öl
Elektrische Anlage	
Elektr. Anlage	12 V
Batterie	72 Ah / im Motorraum
Generator	Drehstrom / 770 W
Anlasser	elektrisch / 2,2 kW
Zündung	Selbstzünder
Kraftstofftank	70 l, über der Hinterachse
Kraftstoff-Förderung	Kolbenpumpe an der Einspritzpumpe
Getriebe	
Getriebe	5-Gang-Schaltgetriebe
Verfügbarkeit	Serie
Getriebe-Typ / -Baumuster	GL 76/27 A-5 / 717.430
Schaltung	Mittelschaltung
Kupplung	Einscheiben-Trockenkupplung
Getriebeart	Zahnrad-Wechselgetriebe
Synchronisierte Gänge	I – V
Getriebe-Übersetzung	I. 3,86; II. 2,18; III. 1,38; IV. 1,0; V. 0,80; R. 4,22
Achsantriebsübersetzung	3,46
Höchstgeschwindigkeit	190 km/h
Beschleunigung 0-100 km/h[1]	13,7 s
Kraftstoffverbrauch	5,4 / 7,0 / 9,8 l; nach Richtlinie 80/1268/EWG; Werte für 90 km/h / 120 km/h / Stadtzyklus
Getriebe	4-Gang-Automatikgetriebe
Verfügbarkeit	auf Wunsch
Getriebe-Typ / -Baumuster	W 4 A 020 / 722.317
Schaltung	Wählhebel in Wagenmitte
Kupplung	hydraulischer Drehmomentwandler im Automatikgetriebe
Getriebeart	Planetengetriebe
Getriebe-Übersetzung	I. 4,25; II. 2,41; III. 1,49; IV. 1,0; R. 5,67
Achsantriebsübersetzung	2,88
Höchstgeschwindigkeit	185 km/h
Beschleunigung 0-100 km/h[1]	14,1 s
Kraftstoffverbrauch	6,2 / 7,9 / 9,3 l; nach Richtlinie 80/1268/EWG; Werte für 90 km/h / 120 km/h / Stadtzyklus
Tragstruktur und Fahrwerk	
Rahmenausführung	selbsttragende Ganzstahlkarosserie
Radaufhängung, vorne	Dreiecksquerlenker / Dämpferbein
Radaufhängung, hinten	Raumlenkerachse, auf Wunsch mit hydropneumatischer Niveau-Regulierung
Federung, vorne	Schraubenfedern, Drehstab-Stabilisator
Federung, hinten	Schraubenfedern, Drehstab-Stabilisator
Stoßdämpfer, vorne/hinten	Gasdruck-Dämpferbeine / Gasdruck-Stoßdämpfer
Lenkung	Kugelumlauf-Servolenkung
Lenkübersetzung	15,44:1 / 3 Lenkradumdrehungen
Bremsanlage	
Bremsanlage	hydraulische Zweikreis-Bremsanlage mit Unterdruck-Bremskraftverstärker; auf Wunsch mit Anti-Blockier-System, ab 09.1988 Serie; Scheibenbremsen vorne und hinten massiv
Feststellbremse	mechanisch (fußbetätigt), auf Hinterräder wirkend
Abmessungen der Bremsscheiben	vorne / hinten: 284 x 12 mm / 258 x 9 mm
Allgemeine Daten	
Räder	Stahlblech-Scheibenräder 6 ½ J x 15 H 2 ET 49; auf Wunsch: Leichtmetall-Scheibenräder 6 ½ J x 15 H 2 ET 49
Reifen	195/65 R 15 91 T
Angetriebene Räder	Hinterräder
Kraftübertragung	geteilte Kardanwelle
Radstand	2800 mm
Spur vorne / hinten	1497 / 1488 mm
Länge	4740 mm
Breite	1740 mm
Höhe	1446 mm; ab 11.1988: 1431 mm
Bodenfreiheit	163 mm; ab 11.1988: 148 mm
Gepäckraum	520 l
Kleinster Wendekreis	11,2 m
Zul. Gesamtgewicht	1890 kg; ab 12.1986: 1910 kg; ab 12.1988: 1930 kg
Zul. Achslast vorne	910 kg; ab 12.1986: 925 kg; ab 12.1988: 935 kg
Zul. Achslast hinten	980 kg; ab 12.1986: 985 kg; ab 12.1988: 995 kg
Zuladung	520 kg
Zul. Anhängelast gebremst	1500 kg; ab 05.1989: 1900 kg
Zul. Anhängelast ungebremst	720 kg; ab 12.1986: 730 kg; ab 12.1988: 740 kg
Zul. Dachlast	100 kg
Zul. Kofferraumzuladung	100 kg
Leergewicht (Wagengewicht) nach Richtlinie DIN 70020 (mit Kraftstoff, Reserverad und Werkzeug)	1370 kg; ab 12.1986: 1390 kg; ab 12.1988: 1410 kg
Luftwiderstand cW Mittelwert x A	-
Stückzahl	bis 07.1993: 131.647; Stückzahlen bis / ab Modellpflege 09.1989 sind nicht separat dokumentiert
Preise	12.1984: DM 39.672,00 04.1985: DM 40.960,20 12.1985: DM 41.712,60 09.1986: DM 42.864,00 06.1987: DM 44.118,00 02.1988: DM 45.087,00 09.1988: DM 46.797,00 02.1989: DM 47.766,00

Mercedes-Benz 300 D 4MATIC	
Allgemeine Angaben	
Konstruktionsbezeichnung	W 124 D 30 4-M
Baumuster	124.330
Produktionszeitraum	12.1985 / 03.1987 – 08.1989
Arbeitsverfahren	Viertakt-Diesel mit Vorkammereinspritzung
Anordnung im Fahrzeug	vorne, längs; stehend
Motoren	
Motor-Typ / -Baumuster	OM 603 D 30 / 603.913
Zylinderzahl / -anordnung	6 / Reihe; 15° nach rechts geneigt
Bohrung x Hub	87,0 x 84,0 mm
Gesamthubraum	2996 cm³ (nach Steuerformel 2975 cm³)
Verdichtungsverhältnis	22
Kurbelwellenlager	7
Leistung	109 PS / 80 kW bei 4600/min
ab 02.1989:	113 PS / 83 kW bei 4600/min
Drehmoment	185 Nm bei 2800/min
ab 02.1989:	191 Nm bei 2800-3050 /min
Ventilanordnung / -anzahl	1 Einlass, 1 Auslass / hängend
Ventilsteuerung	obenliegende Nockenwelle, ohc
Nockenwellenantrieb	Duplex-Rollenkette
Gemischbildung	Vorkammereinspritzung, mechanisch geregelte Bosch 6-Stempel-Einspritzpumpe
Kühlung	Wasserkühlung / Pumpe; 9 l Wasser
Schmierung	Druckumlauf-Schmierung / 8 l Öl
Elektrische Anlage	
Elektr. Anlage	12 V
Batterie	72 Ah / im Motorraum
Generator	Drehstrom / 770 W
Anlasser	elektrisch / 2,2 kW
Zündung	Selbstzünder
Kraftstofftank	70 l, über der Hinterachse
Kraftstoff-Förderung	Kolbenpumpe an der Einspritzpumpe
Getriebe	
Getriebe	5-Gang-Schaltgetriebe
Verfügbarkeit	Serie
Getriebe-Typ / -Baumuster	GL 76/27 A-5 / 717.430
Schaltung	Mittelschaltung
Kupplung	Einscheiben-Trockenkupplung
Getriebeart	Zahnrad-Wechselgetriebe
Synchronisierte Gänge	I – V
Getriebe-Übersetzung	I. 3,86; II. 2,18; III. 1,38; IV. 1,0; V. 0,80; R. 4,22
Achsantriebsübersetzung	vorne/hinten: 3,67
Höchstgeschwindigkeit	183 km/h
Beschleunigung 0-100 km/h[1]	15,0 s
Kraftstoffverbrauch	6,1 / 7,9 / 10,6 l; nach Richtlinie 80/1268/EWG; Werte für 90 km/h / 120 km/h / Stadtzyklus
Getriebe	4-Gang-Automatikgetriebe
Verfügbarkeit	auf Wunsch bis 02.1989
Getriebe-Typ / -Baumuster	W 4 A 040 / 722.347
Schaltung	Wählhebel in Wagenmitte
Kupplung	hydraulischer Drehmomentwandler im Automatikgetriebe
Getriebeart	Planetengetriebe
Getriebe-Übersetzung	I. 3,68; II. 2,41; III. 1,44; IV. 1,0; R. 5,14
Achsantriebsübersetzung	vorne/hinten: 2,87
Höchstgeschwindigkeit	178 km/h
Beschleunigung 0-100 km/h[1]	16,0 s
Kraftstoffverbrauch	6,8 / 8,5 / 9,9 l; nach Richtlinie 80/1268/EWG; Werte für 90 km/h / 120 km/h / Stadtzyklus
Getriebe	4-Gang-Automatikgetriebe
Verfügbarkeit	auf Wunsch ab 02.1989
Getriebe-Typ / -Baumuster	W 4 A 040 / 722.343
Schaltung	Wählhebel in Wagenmitte
Kupplung	hydraulischer Drehmomentwandler im Automatikgetriebe
Getriebeart	Planetengetriebe
Getriebe-Übersetzung	I. 3,87; II. 2,25; III. 1,44; IV. 1,0; R. 5,59
Achsantriebsübersetzung	vorne/hinten: 2,87
Höchstgeschwindigkeit	178 km/h
Beschleunigung 0-100 km/h[1]	16,0 s
Kraftstoffverbrauch	6,8 / 8,5 / 9,9 l; nach Richtlinie 80/1268/EWG; Werte für 90 km/h / 120 km/h / Stadtzyklus
Tragstruktur und Fahrwerk	
Rahmenausführung	selbsttragende Ganzstahlkarosserie
Radaufhängung, vorne	Dreiecksquerlenker / Dämpferbein
Radaufhängung, hinten	Raumlenkerachse, auf Wunsch mit hydropneumatischer Niveau-Regulierung
Federung, vorne	Schraubenfedern, Drehstab-Stabilisator
Federung, hinten	Schraubenfedern, Drehstab-Stabilisator
Stoßdämpfer, vorne/hinten	Gasdruck-Dämpferbeine / Gasdruck-Stoßdämpfer
Lenkung	Kugelumlauf-Servolenkung
Lenkübersetzung	13,21:1 / 3 Lenkradumdrehungen
Bremsanlage	
Bremsanlage	hydraulische Zweikreis-Bremsanlage mit Unterdruck-Bremskraftverstärker und Anti-Blockier-System; Scheibenbremsen vorne innenbelüftet und hinten massiv
Feststellbremse	mechanisch (fußbetätigt), auf Hinterräder wirkend
Abmessungen der Bremsscheiben	vorne / hinten 284 x 22 mm/ 258 x 9 mm
Allgemeine Daten	
Räder	Stahlblech-Scheibenräder 6 ½ J x 15 H 2 ET 49; auf Wunsch: Leichtmetall-Scheibenräder 6 ½ J x 15 H 2 ET 49
Reifen	195/65 R 15 91 T
Angetriebene Räder	Allrad-Antrieb 4MATIC: permanenter Antrieb auf die Hinterräder; bei Bedarf automatisch zuschaltender Antrieb auf die Vorderräder
Kraftübertragung	vom Verteilergetriebe über einteilige Gelenkwelle auf Vorderachs-Differenzial und über zweiteilige Gelenkwelle auf Hinterachs-Differenzial (Kraftverteilung 35 % vorne, 65 % hinten)
Radstand	2800 mm
Spur vorne / hinten	1497 / 1485 mm
Länge	4740 mm
Breite	1740 mm
Höhe	1451 mm
Bodenfreiheit	173 mm
Gepäckraum	520 l
Kleinster Wendekreis	12,15 m
Zul. Gesamtgewicht	2030 kg; ab 12.1988: 2050 kg
Zul. Achslast vorne	1015 kg; ab 12.1988: 1035 kg
Zul. Achslast hinten	1015 kg
Zuladung	520 kg
Zul. Anhängelast gebremst	1500 kg; ab 05.1989: 1900 kg
Zul. Anhängelast ungebremst	750 kg
Zul. Dachlast	100 kg
Zul. Kofferraumzuladung	100 kg
Leergewicht (Wagengewicht) nach Richtlinie DIN 70020 (mit Kraftstoff, Reserverad und Werkzeug)	1510 kg; ab 12.1988: 1530 kg
Luftwiderstand cW Mittelwert x A	-
Stückzahl	bis 06.1991: 1485; Stückzahlen bis / ab Modellpflege 09.1989 sind nicht separat dokumentiert
Preise	09.1985: DM 54.184,20 09.1986: DM 56.088,00 06.1987: DM 58.539,00 02.1988: DM 59.508,00 02.1989: DM 60.363,00

Mercedes-Benz 300 D Turbodiesel

Allgemeine Angaben	
Konstruktionsbezeichnung	W 124 D 30 A
Baumuster	124.133
Produktionszeitraum	05.1985 / 04.1986 – 08.1989 (vor 09.1987 nur für Export nach Nordamerika)
Arbeitsverfahren	Viertakt-Diesel mit Vorkammereinspritzung und Abgas-Turbolader
Anordnung im Fahrzeug	vorne, längs; stehend
Motoren	
Motor-Typ / -Baumuster	OM 603 D 30 A / 603.960
Zylinderzahl / -anordnung	6 / Reihe; 15° nach rechts geneigt
Bohrung x Hub	87,0 x 84,0 mm
Gesamthubraum	2996 cm³ (nach Steuerformel 2975 cm³)
Verdichtungsverhältnis	22
Kurbelwellenlager	7
Leistung	143 PS / 105 kW bei 4600/min
ab 09.1988:	147 PS / 108 kW bei 4600/min
Drehmoment	267 Nm bei 2400/min
ab 09.1988:	273 Nm bei 2400/min
Ventilanordnung / -anzahl	1 Einlass, 1 Auslass / hängend
Ventilsteuerung	obenliegende Nockenwelle, ohc
Nockenwellenantrieb	Duplex-Rollenkette
Gemischbildung	Vorkammereinspritzung, mechanisch geregelte Bosch 6-Stempel-Einspritzpumpe / Abgas-Turbolader
Kühlung	Wasserkühlung / Pumpe; 10 l Wasser
Schmierung	Druckumlauf-Schmierung / 8 l Öl
Elektrische Anlage	
Elektr. Anlage	12 V
Batterie	72 Ah / im Motorraum
Generator	Drehstrom / 1120 W
Anlasser	elektrisch / 2,2 kW
Zündung	Selbstzünder
Kraftstofftank	70 l, über der Hinterachse
Kraftstoff-Förderung	Kolbenpumpe an der Einspritzpumpe
Getriebe	
Getriebe	4-Gang-Automatikgetriebe
Verfügbarkeit	Serie bis 09.1988
Getriebe-Typ / -Baumuster	W 4 A 040 / 722.317
Schaltung	Wählhebel in Wagenmitte
Kupplung	hydraulischer Drehmomentwandler im Automatikgetriebe
Getriebeart	Planetengetriebe
Getriebe-Übersetzung	I. 3,68; II. 2,41; III. 1,44; IV. 1,0; R. 5,14
Achsantriebsübersetzung	2,65
Höchstgeschwindigkeit	202 km/h
Beschleunigung 0-100 km/h[1]	10,9 s
Kraftstoffverbrauch	6,2 / 8,1 / 9,3 l; nach Richtlinie 80/1268/EWG; Werte für 90 km/h / 120 km/h / Stadtzyklus
Getriebe	4-Gang-Automatikgetriebe
Verfügbarkeit	Serie ab 09.1988
Getriebe-Typ / -Baumuster	W 4 A 040 / 722.357
Schaltung	Wählhebel in Wagenmitte
Kupplung	hydraulischer Drehmomentwandler im Automatikgetriebe
Getriebeart	Planetengetriebe
Getriebe-Übersetzung	I. 3,87; II. 2,25; III. 1,44; IV. 1,0; R. 5,59
Achsantriebsübersetzung	2,65
Höchstgeschwindigkeit	202 km/h
Beschleunigung 0-100 km/h[1]	10,9 s
Kraftstoffverbrauch	6,2 / 8,1 / 9,3 l; nach Richtlinie 80/1268/EWG; Werte für 90 km/h / 120 km/h / Stadtzyklus
Tragstruktur und Fahrwerk	
Rahmenausführung	selbsttragende Ganzstahlkarosserie
Radaufhängung, vorne	Dreiecksquerlenker / Dämpferbein
Radaufhängung, hinten	Raumlenkerachse, auf Wunsch mit hydropneumatischer Niveau-Regulierung
Federung, vorne	Schraubenfedern, Drehstab-Stabilisator
Federung, hinten	Schraubenfedern, Drehstab-Stabilisator
Stoßdämpfer, vorne/hinten	Gasdruck-Dämpferbeine / Gasdruck-Stoßdämpfer
Lenkung	Kugelumlauf-Servolenkung

Lenkübersetzung	15,44:1 / 3 Lenkradumdrehungen
Bremsanlage	
Bremsanlage	hydraulische Zweikreis-Bremsanlage mit Unterdruck-Bremskraftverstärker; auf Wunsch mit Anti-Blockier-System, ab 09.1988 Serie; Scheibenbremsen vorne innenbelüftet und hinten massiv
Feststellbremse	mechanisch (fußbetätigt), auf Hinterräder wirkend
Abmessungen der Bremsscheiben	vorne / hinten: 284 x 22 mm / 258 x 9 mm
Allgemeine Daten	
Räder	Stahlblech-Scheibenräder 6 ½ J x 15 H 2 ET 49; auf Wunsch: Leichtmetall-Scheibenräder 6 ½ J x 15 H 2 ET 49
Reifen	195/65 R 15 91 H
Angetriebene Räder	Hinterräder
Kraftübertragung	geteilte Kardanwelle
Radstand	2800 mm
Spur vorne / hinten	1497 / 1488 mm
Länge	4740 mm
Breite	1740 mm
Höhe	1431 mm; ab 11.1988: 1416 mm
Bodenfreiheit	163 mm; ab 11.1988: 148 mm
Gepäckraum	520 l
Kleinster Wendekreis	
Zul. Gesamtgewicht	1970 kg; ab 12.1988: 1990 kg
Zul. Achslast vorne	985 kg; ab 12.1988: 990 kg
Zul. Achslast hinten	985 kg; ab 12.1988: 1000 kg
Zuladung	520 kg
Zul. Anhängelast gebremst	1500 kg; ab 05.1989: 1900 kg
Zul. Anhängelast ungebremst	750 kg
Zul. Dachlast	100 kg
Zul. Kofferraumzuladung	100 kg
Leergewicht (Wagengewicht) nach Richtlinie DIN 70020 (mit Kraftstoff, Reserverad und Werkzeug)	1450 kg; ab 12.1988: 1470 kg
Luftwiderstand cW	Mittelwert x A 0,31 x 2,07 m²
Stückzahl	bis 06.1995: 38.908; Stückzahlen bis / ab Modellpflegen 09.1989 und 06.1993 sind nicht separat dokumentiert
Preise	vor 09.1987 im Inland nicht lieferbar 09.1987: DM 55.575,00 02.1988: DM 56.829,00 09.1988: DM 57.171,00 02.1989: DM 58.083,00

Mercedes-Benz 300 D Turbodiesel 4MATIC	
Allgemeine Angaben	
Konstruktionsbezeichnung	W 124 D 30 A 4-M
Baumuster	124.333
Produktionszeitraum	10.1987 / 03.1988 – 08.1989
Arbeitsverfahren	Viertakt-Diesel mit Vorkammereinspritzung und Abgas-Turbolader
Anordnung im Fahrzeug	vorne, längs; stehend
Motoren	
Motor-Typ / -Baumuster	OM 603 D 30 A / 603.963
Zylinderzahl / -anordnung	6 / Reihe; 15° nach rechts geneigt
Bohrung x Hub	87,0 x 84,0 mm
Gesamthubraum	2996 cm³ (nach Steuerformel 2975 cm³)
Verdichtungsverhältnis	22
Kurbelwellenlager	7
Leistung	143 PS / 105 kW bei 4600/min; ab 09.1988: 147 PS / 108 kW bei 4600/min
Drehmoment	267 Nm bei 2400/min; ab 09.1988: 273 Nm bei 2400/min
Ventilanordnung / -anzahl	1 Einlass, 1 Auslass / hängend
Ventilsteuerung	obenliegende Nockenwelle, ohc
Nockenwellenantrieb	Duplex-Rollenkette
Gemischbildung	Vorkammereinspritzung, mechanisch geregelte Bosch 6-Stempel-Einspritzpumpe / Abgas-Turbolader
Kühlung	Wasserkühlung / Pumpe; 10 l Wasser
Schmierung	Druckumlauf-Schmierung / 8 l Öl
Elektrische Anlage	
Elektr. Anlage	12 V
Batterie	72 Ah / im Motorraum
Generator	Drehstrom / 1120 W
Anlasser	elektrisch / 2,2 kW
Zündung	Selbstzünder
Kraftstofftank	70 l, über der Hinterachse
Kraftstoff-Förderung	Kolbenpumpe an der Einspritzpumpe
Getriebe	
Getriebe	4-Gang-Automatikgetriebe
Verfügbarkeit	Serie bis 09.1988
Getriebe-Typ / -Baumuster	W 4 A 040 / 722.348
Schaltung	Wählhebel in Wagenmitte
Kupplung	hydraulischer Drehmomentwandler im Automatikgetriebe
Getriebeart	Planetengetriebe
Getriebe-Übersetzung	I. 3,68; II. 2,41; III. 1,44; IV. 1,0; R. 5,14
Achsantriebsübersetzung	vorne/hinten: 2,65
Höchstgeschwindigkeit	198 km/h
Beschleunigung 0-100 km/h[1]	11,8 s
Kraftstoffverbrauch	7,0 / 8,7 / 10,4 l; nach Richtlinie 80/1268/EWG; Werte für 90 km/h / 120 km/h / Stadtzyklus
Getriebe	4-Gang-Automatikgetriebe
Verfügbarkeit	Serie ab 09.1988
Getriebe-Typ / -Baumuster	W 4 A 040 / 722.343
Schaltung	Wählhebel in Wagenmitte
Kupplung	hydraulischer Drehmomentwandler im Automatikgetriebe
Getriebeart	Planetengetriebe
Getriebe-Übersetzung	I. 3,87; II 2,425; III 1,44; IV 1,0; R. 5,59
Achsantriebsübersetzung	vorne/hinten 2,65
Höchstgeschwindigkeit	198 km/h
Beschleunigung 0-100 km/h[1]	11,8 s
Kraftstoffverbrauch	7,0 / 8,7 / 10,7 l; nach Richtlinie 60/1268/EWG; Werte für 90 km/h / 120 km/h / Stadtzyklus
Tragstruktur und Fahrwerk	
Rahmenausführung	selbsttragende Ganzstahlkarosserie
Radaufhängung, vorne	Dreiecksquerlenker / Dämpferbein
Radaufhängung, hinten	Raumlenkerachse, auf Wunsch mit hydropneumatischer Niveau-Regulierung
Federung, vorne	Schraubenfedern, Drehstab-Stabilisator
Federung, hinten	Schraubenfedern, Drehstab-Stabilisator
Stoßdämpfer, vorne/hinten	Gasdruck-Dämpferbeine / Gasdruck-Stoßdämpfer
Lenkung	Kugelumlauf-Servolenkung
Lenkübersetzung	13,21:1 / 3 Lenkradumdrehungen
Bremsanlage	
Bremsanlage	hydraulische Zweikreis-Bremsanlage mit Unterdruck-Bremskraftverstärker und Anti-Blockier-System; Scheibenbremsen vorne innenbelüftet und hinten massiv
Feststellbremse	mechanisch (fußbetätigt), auf Hinterräder wirkend
Abmessungen der Bremsscheiben	vorne/hinten 284 x 22 mm / 258 x 9 mm
Allgemeine Daten	
Räder	Stahlblech-Scheibenräder 6 ½ J x 15 H 2 ET 49; auf Wunsch: Leichtmetall-Scheibenräder 6 ½ J x 15 H 2 ET 49
Reifen	195/65 R 15 91 H
Angetriebene Räder	Allrad-Antrieb 4MATIC: permanenter Antrieb auf die Hinterräder; bei Bedarf automatisch zuschaltender Antrieb auf die Vorderräder
Kraftübertragung	vom Verteilergetriebe über einteilige Gelenkwelle auf Vorderachs-Differenzial und über zweiteilige Gelenkwelle auf Hinterachs-Differenzial (Kraftverteilung 35 % vorne, 65 % hinten)
Radstand	2800 mm
Spur vorne / hinten	1497 / 1485 mm
Länge	4740 mm
Breite	1740 mm
Höhe	1451 mm
Bodenfreiheit	173 mm
Gepäckraum	520 l
Kleinster Wendekreis	12,15 m
Zul. Gesamtgewicht	2090 kg; ab 12.1988: 2110 kg
Zul. Achslast vorne	1070 kg; ab 12.1988: 1085 kg
Zul. Achslast hinten	1020 kg; ab 12.1988: 1025 kg
Zuladung	520 kg
Zul. Anhängelast gebremst	1500 kg; ab 05.1989: 1900 kg
Zul. Anhängelast ungebremst	750 kg
Zul. Dachlast	100 kg
Zul. Kofferraumzuladung	100 kg
Leergewicht (Wagengewicht)	1570 kg; ab 12.1988: 1590 kg
Luftwiderstand cW x A	0,31 x 2,08 m²; nach Richtlinie DIN 70020 (mit Kraftstoff, Reserverad und Werkzeug)
Stückzahl	bis 03.1995: 2136; Stückzahlen bis / ab Modellpflegen 09.1989 und 06.1993 sind nicht separat dokumentiert
Preise	09.1987: DM 67.317,00 02.1988: DM 68.856,00 09.1988: DM 69.198,00 02.1989: DM 70.680,00

Mercedes-Benz 200

Allgemeine Angaben	
Konstruktionsbezeichnung	W 124 V 20
Baumuster	124.020
Produktionszeitraum	03.1984 / 01.1985 – 08.1989
Arbeitsverfahren	Viertakt-Otto; ab 09.1986: Abgasreinigungsanlage mit geregeltem 3-Wege-Katalysator
Anordnung im Fahrzeug	vorne, längs; stehend
Motoren	
Motor-Typ / -Baumuster	M 102 V 20 / 102.922
Zylinderzahl / -anordnung	4 / Reihe; 15° nach rechts geneigt
Bohrung x Hub	89,0 x 80,25 mm
Gesamthubraum	1997 cm³ (nach Steuerformel 1977 cm³)
Verdichtungsverhältnis	9,1
Kurbelwellenlager	5
Leistung	109 PS / 80 kW bei 5200/min (ECE); ab 09.1986: 109 PS / 80 kW bei 5500/min (RÜF); 105 PS / 77 kW bei 5500/min (Kat)
Drehmoment	170 Nm bei 2500/min (ECE); ab 09.1986: 165 Nm bei 3000/min (RÜF); 160 Nm bei 3000 /min (Kat)
Ventilanordnung / -anzahl	1 Einlass, 1 Auslass / v-förmig hängend
Ventilsteuerung	obenliegende Nockenwelle, ohc
Nockenwellenantrieb	Einfach-Rollenkette
Gemischbildung	1 Flachstromvergaser Stromberg 175 CDT ECE; ab 09.1986: 1 Fallstrom-Registervergaser Pierburg 2 E-E
Kühlung	Wasserkühlung / Pumpe; 8,5 l Wasser
Schmierung	Druckumlauf-Schmierung / 5 l Öl
Elektrische Anlage	
Elektr. Anlage	12 V
Batterie	62 Ah / im Motorraum
Generator	Drehstrom / 770 W
Anlasser	elektrisch / 1,4 kW
Zündung	Transistorzündung (ECE-Version); ab 09.86: elektronische Zündanlage
Kraftstofftank	70 l, über der Hinterachse
Kraftstoff-Förderung	Membranpumpe
Getriebe	
Getriebe	4-Gang-Schaltgetriebe
Verfügbarkeit	Serie
Getriebe-Typ / -Baumuster	GL 68/20 G / 716.216
Schaltung	Mittelschaltung
Kupplung	Einscheiben-Trockenkupplung
Getriebeart	Zahnrad-Wechselgetriebe
Synchronisierte Gänge	I – IV
Getriebe-Übersetzung	I. 3,91; II. 2,17; III. 1,37; IV. 1,0; R. 3,78
Achsantriebsübersetzung	3,42; ab 04.1989: 3,46
Höchstgeschwindigkeit	187 km/h; 185 km/h (Kat)
Beschleunigung 0-100 km/h[1]	12,6 s.; 13,0 s (Kat)
Kraftstoffverbrauch	6,7 / 8,5 / 11,2 l (ECE); ab 04.1986: 6,7 / 8,5 / 11,0 l (RÜF); 7,0 / 8,8 / 11,4 l (Kat); nach Richtlinie 80/1268/EWG; Werte für 90 km/h / 120 km/h / Stadtzyklus
Getriebe	5-Gang-Schaltgetriebe
Verfügbarkeit	auf Wunsch
Getriebe-Typ / -Baumuster	GL 68/20 B-5 / 717.411
Schaltung	Mittelschaltung
Kupplung	Einscheiben-Trockenkupplung
Getriebeart	Zahnrad-Wechselgetriebe
Synchronisierte Gänge	I – V
Getriebe-Übersetzung	I. 3,91; II. 2,17; III. 1,37; IV. 1,0; V. 0,78; R. 4,27
Achsantriebsübersetzung	3,42; ab 04.1989: 3,46
Höchstgeschwindigkeit	187 km/h, 185 km/h (Kat)
Beschleunigung 0-100 km/h[1]	12,6 s.; 13,0 s (Kat)
Kraftstoffverbrauch	6,1 / 7,7 / 11,2 l (ECE); ab 04.1986: 6,0 / 7,7 / 11,0 l (RÜF); 6,4 / 8,1 / 11,4 l (Kat); nach Richtlinie 80/1268/EWG; Werte für 90 km/h / 120 km/h / Stadtzyklus
Getriebe	4-Gang-Automatikgetriebe
Verfügbarkeit	auf Wunsch
Getriebe-Typ / -Baumuster	W 4 A 020 / 722.400
Schaltung	Wählhebel in Wagenmitte
Kupplung	hydraulischer Drehmomentwandler im Automatikgetriebe
Getriebeart	Planetengetriebe
Getriebe-Übersetzung	I. 4,25; II. 2,41; III. 1,49; IV. 1,0; R. 5,67
Achsantriebsübersetzung	3,42; ab 04.1989: 3,46
Höchstgeschwindigkeit	182 km/h; 180 km/h (Kat)
Beschleunigung 0-100 km/h[1]	13,1 s; 13,5 s (Kat)
Kraftstoffverbrauch	7,2 / 9,0 / 11,0 l (ECE); ab 04.1986: 7,2 / 9,0 / 10,8 l (RÜF); 7,6 / 9,3 / 11,2 l (Kat); nach Richtlinie 80/1268/EWG; Werte für 90 km/h / 120 km/h / Stadtzyklus
Tragstruktur und Fahrwerk	
Rahmenausführung	selbsttragende Ganzstahlkarosserie
Radaufhängung, vorne	Dreiecksquerlenker / Dämpferbein
Radaufhängung, hinten	Raumlenkerachse, auf Wunsch mit hydropneumatischer Niveau-Regulierung
Federung, vorne	Schraubenfedern, Drehstab-Stabilisator
Federung, hinten	Schraubenfedern, Drehstab-Stabilisator
Stoßdämpfer, vorne/hinten	Gasdruck-Dämpferbeine / Gasdruck-Stoßdämpfer
Lenkung	Kugelumlauf-Servolenkung
Lenkübersetzung	15,44:1 / 3 Lenkradumdrehungen
Bremsanlage	
Bremsanlage	hydraulische Zweikreis-Bremsanlage mit Unterdruck-Bremskraftverstärker; auf Wunsch mit Anti-Blockier-System, ab 09.1988 Serie; Scheibenbremsen vorne und hinten massiv
Feststellbremse	mechanisch (fußbetätigt), auf Hinterräder wirkend
Abmessungen Bremsscheiben	vorne / hinten 284 x 12 mm / 258 x 9 mm
Allgemeine Daten	
Räder	Stahlblech-Scheibenräder 6 J x 15 H 2 ET 49; auf Wunsch: Leichtmetall-Scheibenräder 6 J x 15 H 2 ET 49
Reifen	185/65 R 15 87 H
Angetriebene Räder	Hinterräder
Kraftübertragung	geteilte Kardanwelle
Radstand	2800 mm
Spur vorne / hinten	1497 / 1488 mm
Länge	4740 mm
Breite	1740 mm
Höhe	1446 mm; ab 11.1988: 1431 mm
Bodenfreiheit	163 mm; ab 11.1988: 148 mm
Gepäckraum	520 l
Kleinster Wendekreis	11,2 m
Zul. Gesamtgewicht	1780 kg; ab 12.1986: 1800 kg; ab 12.1988: 1820 kg
Zul. Achslast vorne	830 kg; ab 12.1986: 845 kg; ab 12.1988: 855 kg
Zul. Achslast hinten	950 kg; ab 12.1986: 955 kg; ab 12.1988: 965 kg
Zuladung	520 kg
Zul. Anhängelast gebremst	1500 kg
Zul. Anhängelast ungebremst	665 kg; ab 12.1986: 675 kg; ab 12.1988: 685 kg
Zul. Dachlast	100 kg
Zul. Kofferraumzuladung	100 kg
Leergewicht (Wagengewicht) nach Richtlinie DIN 70020 (mit Kraftstoff, Reserverad und Werkzeug)	1260 kg; ab 12.1986: 1280 kg ab 12.1988: 1300 kg
Luftwiderstand cW x A	-
Stückzahl	bis 06.1990: 110.354; Stückzahlen bis / ab Modellpflege 09.1989 sind nicht separat dokumentiert
Preise	12.1984: DM 31.635,00 04.1985: DM 32.604,00 12.1985: DM 33.196,80 09.1986: DM 35.340,00 06.1987: DM 36.366,00 02.1988: DM 37.164,00 09.1988: DM 38.874,00 02.1989: DM 39.672,00

Mercedes-Benz 200 E	
Allgemeine Angaben	
Konstruktionsbezeichnung	W 124 E 20
Baumuster	124.021
Produktionszeitraum	01.1985 / 07.1985 – 08.1989 (vor 09.1988 nur für Export nach Italien)
Arbeitsverfahren	Viertakt-Otto mit Saugrohreinspritzung; auf Wunsch: Abgasreinigungsanlage mit geregeltem 3-Wege-Katalysator; ab 09.1988: im Inland Serie
Anordnung im Fahrzeug	vorne, längs; stehend
Motoren	
Motor-Typ / -Baumuster	M 102 E 20 / 102.963 KE
Zylinderzahl / -anordnung	4 / Reihe; 15° nach rechts geneigt
Bohrung x Hub	89,0 x 80,25 mm
Gesamthubraum	1997 cm³
Verdichtungsverhältnis	9,1
Kurbelwellenlager	5
Leistung	122 PS / 90 kW bei 5100/min; 118 PS / 87 kW bei 5200/min (Kat)
Drehmoment	178 Nm bei 3500/min; 172 Nm bei 3500/min (Kat)
Ventilanordnung / -anzahl	1 Einlass, 1 Auslass / v-förmig hängend
Ventilsteuerung	obenliegende Nockenwelle, ohc
Nockenwellenantrieb	Einfach-Rollenkette; ab 09.88: Duplex-Rollenkette
Gemischbildung	Saugrohreinspritzung, mechanisch-elektronisch geregelt (Bosch KE-Jetronic)
Kühlung	Wasserkühlung / Pumpe; 8,5 l Wasser
Schmierung	Druckumlauf-Schmierung / 5 l Öl
Elektrische Anlage	
Elektr. Anlage	12 V
Batterie	62 Ah / im Motorraum
Generator	Drehstrom / 770 W
Anlasser	elektrisch / 1,4 kW
Zündung	elektronische Zündanlage
Kraftstofftank	70 l, über der Hinterachse
Kraftstoff-Förderung	elektrische Förderpumpe
Getriebe	
Getriebe	4-Gang-Schaltgetriebe
Verfügbarkeit	Serie Inland
Getriebe-Typ / -Baumuster	GL 68/20 G / 716.216
Schaltung	Mittelschaltung
Kupplung	Einscheiben-Trockenkupplung
Getriebeart	Zahnrad-Wechselgetriebe
Synchronisierte Gänge	I – IV
Getriebe-Übersetzung	I. 3,91; II. 2,17; III. 1,37; IV. 1,0; R. 3,78
Achsantriebsübersetzung	3,42; ab 04.1989: 3,46
Höchstgeschwindigkeit	195 km/h; 193 km/h (Kat)
Beschleunigung 0-100 km/h[1]	11,4 s; 12,0 s (Kat)
Kraftstoffverbrauch	6,8 / 8,7 / 11,0 l; 7,0 / 9,0 / 11,4 l (Kat); nach Richtlinie 80/1268/EWG; Werte für 90 km/h / 120 km/h / Stadtzyklus
Getriebe	5-Gang-Schaltgetriebe
Verfügbarkeit	auf Wunsch Inland; für Export Serie
Getriebe-Typ / -Baumuster	GL 68/20 B-5 / 717.411
Schaltung	Mittelschaltung
Kupplung	Einscheiben-Trockenkupplung
Getriebeart	Zahnrad-Wechselgetriebe
Synchronisierte Gänge	I – V
Getriebe-Übersetzung	I. 3,91; II. 2,17; III. 1,37; IV. 1,0; V. 0,78; R. 4,27
Achsantriebsübersetzung	3,42; ab 04.1989: 3,46
Höchstgeschwindigkeit	195 km/h; 193 km/h (Kat)
Beschleunigung 0-100 km/h[1]	11,4 s; 12,0 s (Kat)
Kraftstoffverbrauch	6,3 / 8,0 / 11,0 l; 6,5 / 8,2 / 11,4 l (Kat); nach Richtlinie 80/1268/EWG; Werte für 90 km/h / 120 km/h / Stadtzyklus
Getriebe	4-Gang-Automatikgetriebe
Verfügbarkeit	auf Wunsch
Getriebe-Typ / -Baumuster	W 4 A 020 / 722.400
Schaltung	Wählhebel in Wagenmitte
Kupplung	hydraulischer Drehmomentwandler im Automatikgetriebe
Getriebeart	Planetengetriebe
Getriebe-Übersetzung	I. 4,25; II. 2,41; III. 1,49; IV. 1,0; R. 5,67
Achsantriebsübersetzung	3,42; ab 04.1989: 3,46
Höchstgeschwindigkeit	190 km/h; 188 km/h (Kat)
Beschleunigung 0-100 km/h[1]	11,8 s; 12,3 s (Kat)
Kraftstoffverbrauch	7,2 / 8,9 / 10,9 l; 7,5 / 9,3 / 11,3 l (Kat); nach Richtlinie 80/1268/EWG; Werte für 90 km/h / 120 km/h / Stadtzyklus
Tragstruktur und Fahrwerk	
Rahmenausführung	selbsttragende Ganzstahlkarosserie
Radaufhängung, vorne	Dreiecksquerlenker / Dämpferbein
Radaufhängung, hinten	Raumlenkerachse, auf Wunsch mit hydropneumatischer Niveau-Regulierung
Federung, vorne	Schraubenfedern, Drehstab-Stabilisator
Federung, hinten	Schraubenfedern, Drehstab-Stabilisator
Stoßdämpfer, vorne/hinten	Gasdruck-Dämpferbeine / Gasdruck-Stoßdämpfer
Lenkung	Kugelumlauf-Servolenkung
Lenkübersetzung	15,44:1 / 3 Lenkradumdrehungen
Bremsanlage	
Bremsanlage	hydraulische Zweikreis-Bremsanlage mit Unterdruck-Bremskraftverstärker; auf Wunsch mit Anti-Blockier-System, ab 09.1988 Serie; Scheibenbremsen vorne und hinten massiv
Feststellbremse	mechanisch (fußbetätigt), auf Hinterräder wirkend
Abmessungen der Bremsscheiben	vorne / hinten: 284 x 12 mm / 258 x 9 mm
Allgemeine Daten	
Räder	Stahlblech-Scheibenräder 6 ½ J x 15 H 2 ET 49; auf Wunsch: Leichtmetall-Scheibenräder 6 ½ J x 15 H 2 ET 49
Reifen	195/65 R 15 91 H
Angetriebene Räder	Hinterräder
Kraftübertragung	geteilte Kardanwelle
Radstand	2800 mm
Spur vorne / hinten	1497 / 1488 mm
Länge	4740 mm
Breite	1740 mm
Höhe	1446 mm; ab 11.1988: 1431 mm
Bodenfreiheit	163 mm; ab 11. 1988: 148 mm
Gepäckraum	520 l
Kleinster Wendekreis	11,2 m
Zul. Gesamtgewicht	1800 kg; ab 12.1986: 1810 kg; ab 12.1988: 1840 kg
Zul. Achslast vorne	835 kg; ab 12.1986: 850 kg; ab 12.1988: 865 kg
Zul. Achslast hinten	965 kg; ab 12.1986: 960 kg; ab 12.1988: 975 kg
Zuladung	520 kg
Zul. Anhängelast gebremst	1500 kg
Zul. Anhängelast ungebremst	695 kg
Zul. Dachlast	100 kg
Zul. Kofferraumzuladung	100 kg
Leergewicht (Wagengewicht) nach Richtlinie DIN 70020 (mit Kraftstoff, Reserverad und Werkzeug)	1280 kg; ab 12.1986: 1290 kg; ab 12.1988: 1320 kg
Luftwiderstand cW Mittelwert x A	0,30 x 2,07 m²
Stückzahl	bis 10.1992: 176.660; Stückzahlen bis / ab Modellpflege 09.1989 sind nicht separat dokumentiert
Preise	vor 09.1988 im Inland nicht erhältlich 09.1988: DM 41.211,00 02.1989: DM 42.066,00

Mercedes-Benz 230 E	
Allgemeine Angaben	
Konstruktionsbezeichnung	W 124 E 23
Baumuster	124.023
Produktionszeitraum	03.1984 / 01.1985 – 08.1989
Arbeitsverfahren	Viertakt-Otto mit Saugrohreinspritzung; ab 09.1985 auf Wunsch: Abgasreinigungsanlage mit geregeltem 3-Wege-Katalysator, ab 09.1986 Serie
Anordnung im Fahrzeug	vorne, längs; stehend
Motoren	
Motor-Typ / -Baumuster	M 102 E 23 / 102.982
Zylinderzahl / -anordnung	4 / Reihe; 15° nach rechts geneigt
Bohrung x Hub	95,5 x 80,25 mm
Gesamthubraum	2299 cm³ (nach Steuerformel 2276 cm³)
Verdichtungsverhältnis	9
Kurbelwellenlager	5
Leistung	136 PS / 100 kW bei 5100/min (ECE + RÜF); 132 PS / 97 kW bei 5100/ min (Kat)
Drehmoment	205 Nm bei 3500/min (ECE + RÜF); 198 Nm bei 3500/min (Kat)
Ventilanordnung / -anzahl	1 Einlass, 1 Auslass / v-förmig hängend
Ventilsteuerung	obenliegende Nockenwelle, ohc
Nockenwellenantrieb	Einfach-Rollenkette; ab 09.1998: Duplex-Rollenkette
Gemischbildung	Saugrohreinspritzung, mechanisch-elektronisch geregelt (Bosch KE-Jetronic)
Kühlung	Wasserkühlung / Pumpe; 8,5 l Wasser
Schmierung	Druckumlauf-Schmierung / 5 l Öl
Elektrische Anlage	
Elektr. Anlage	12 V
Batterie	62 Ah / im Motorraum
Generator	Drehstrom / 770 W
Anlasser	elektrisch / 1,4 kW
Zündung	Transistorzündung (ECE-Version);
ab 09.85:	elektronische Zündanlage
Kraftstofftank	70 l, über der Hinterachse
Kraftstoff-Förderung	elektrische Förderpumpe
Getriebe	
Getriebe	4-Gang-Schaltgetriebe
Verfügbarkeit	Serie
Getriebe-Typ / -Baumuster	GL 68/20 H / 716.217
Schaltung	Mittelschaltung
Kupplung	Einscheiben-Trockenkupplung
Getriebeart	Zahnrad-Wechselgetriebe
Synchronisierte Gänge	I – IV
Getriebe-Übersetzung	I. 3,91; II. 2,17; III. 1,37; IV. 1,0; R. 3,78
Achsantriebsübersetzung	3,27
Höchstgeschwindigkeit	203 km/h; 200 km/h (Kat)
Beschleunigung 0-100 km/h[1]	10,4 s; 10,6 s (Kat)
Kraftstoffverbrauch	6,8 / 8,5 / 11,1 l; 7,2 / 9,0 / 11,4 l (Kat); nach Richtlinie 80/1268/EWG; Werte für 90 km/h / 120 km/h / Stadtzyklus
Getriebe	5-Gang-Schaltgetriebe
Verfügbarkeit	auf Wunsch
Getriebe-Typ / -Baumuster	GL 68/20 C-5 / 717.412
Schaltung	Mittelschaltung
Kupplung	Einscheiben-Trockenkupplung
Getriebeart	Zahnrad-Wechselgetriebe
Synchronisierte Gänge	I – V
Getriebe-Übersetzung	I. 3,91; II. 2,17; III. 1,37; IV. 1,0; V. 0,78; R. 4,27
Achsantriebsübersetzung	3,27
Höchstgeschwindigkeit	203 km/h; 200 km/h (Kat)
Beschleunigung 0-100 km/h[1]	10,4 s; 10,6 s (Kat)
Kraftstoffverbrauch	6,6 / 8,1 / 11,4 l; 6,9 / 8,6 / 11,7 l (Kat); nach Richtlinie 80/1268/EWG; Werte für 90 km/h / 120 km/h / Stadtzyklus
Getriebe	4-Gang-Automatikgetriebe
Verfügbarkeit	auf Wunsch
Getriebe-Typ / -Baumuster	W 4 A 020 / 722.408
Schaltung	Wählhebel in Wagenmitte
Kupplung	hydraulischer Drehmomentwandler im Automatikgetriebe
Getriebeart	Planetengetriebe
Getriebe-Übersetzung	I. 4,25; II. 2,41; III. 1,49; IV. 1,0; R. 5,67
Achsantriebsübersetzung	3,27
Höchstgeschwindigkeit	198 km/h; 195 km/h (Kat)
Beschleunigung 0-100 km/h[1]	10,4 s; 10,6 s (Kat)
Kraftstoffverbrauch	7,1 / 8,7 / 10,9 l; 7,8 / 9,3 / 11,4 l (Kat); nach Richtlinie 80/1268/EWG; Werte für 90 km/h / 120 km/h / Stadtzyklus
Tragstruktur und Fahrwerk	
Rahmenausführung	selbsttragende Ganzstahlkarosserie
Radaufhängung, vorne	Dreiecksquerlenker / Dämpferbein
Radaufhängung, hinten	Raumlenkerachse, auf Wunsch mit hydropneumatischer Niveau-Regulierung
Federung, vorne	Schraubenfedern, Drehstab-Stabilisator
Federung, hinten	Schraubenfedern, Drehstab-Stabilisator
Stoßdämpfer, vorne/hinten	Gasdruck-Dämpferbeine / Gasdruck-Stoßdämpfer
Lenkung	Kugelumlauf-Servolenkung
Lenkübersetzung	15,44:1 / 3 Lenkradumdrehungen
Bremsanlage	
Bremsanlage	hydraulische Zweikreis-Anlage mit Unterdruck-Bremskraftverstärker; auf Wunsch mit Anti-Blockier-System, ab 09.1988 Serie; Scheibenbremsen vorne und hinten massiv; ab 09.1988: vorne innenbelüftet und hinten massiv
Feststellbremse	mechanisch (fußbetätigt), auf Hinterräder wirkend
Abmessungen der Bremsscheiben	vorne / hinten 284 x 12 mm / 258 x 9 mm; ab 09.88: vorne / hinten 284 x 22 / 258 x 9 mm
Allgemeine Daten	
Räder	Stahlblech-Scheibenräder 6 ½ J x 15 H 2 ET 49; auf Wunsch: Leichtmetall-Scheibenräder 6 ½ J x 15 H 2 ET 49
Reifen	195/65 R 15 91 H
Angetriebene Räder	Hinterräder
Kraftübertragung	geteilte Kardanwelle
Radstand	2800 mm
Spur vorne / hinten	1497 / 1488 mm
Länge	4740 mm
Breite	1740 mm
Höhe	1446 mm; ab 11.1988: 1431 mm
Bodenfreiheit	163 mm; ab 11.1988: 148 mm
Gepäckraum	520 l
Kleinster Wendekreis	11,2 m
Zul. Gesamtgewicht	1800 kg; ab 12.1986: 1830 kg; ab 12.1988: 1850 kg
Zul. Achslast vorne	835 kg; ab 12.1986: 855 kg; ab 12.1988: 865 kg
Zul. Achslast hinten	965 kg; ab 12.1986: 975 kg; ab 12.1988: 985 kg
Zuladung	520 kg
Zul. Anhängelast gebremst	1500 kg; ab 05.1989: 1850 kg
Zul. Anhängelast ungebremst	675 kg; ab 12.1986: 690 kg; ab 12.1988: 700 kg
Zul. Dachlast	100 kg
Zul. Kofferraumzuladung	100 kg
Leergewicht (Wagengewicht) nach Richtlinie DIN 70020 (mit Kraftstoff, Reserverad und Werkzeug)	1280 kg; ab 12.1986: 1310 kg; ab 12.1988: 1330 kg
Luftwiderstand cW Mittelwert x A	0,30 x 2,07 m²
Stückzahl	bis 10.1992: 374.422 Limousinen; Stückzahlen bis / ab Modellpflege 09.1989 sind nicht separat dokumentiert
Preise	12.1984: DM 35.397,00 04.1985: DM 36.537,00 12.1985: DM 37.209,60 09.1986: DM 39.102,00 06.1987: DM 40.299,00 02.1988: DM 41.211,00 02.1989: DM 43.833,00

Mercedes-Benz 260 E

Allgemeine Angaben	
Konstruktionsbezeichnung	W 124 E 26
Baumuster	124.026
Produktionszeitraum	08.1984 / 09.1985 – 08.1989
Arbeitsverfahren	Viertakt-Otto mit Saugrohreinspritzung; auf Wunsch ab 09.1985: Abgasreinigungsanlage mit geregeltem 3-Wege-Katalysator, ab 09.1986 Serie
Anordnung im Fahrzeug	vorne, längs; stehend
Motoren	
Motor-Typ / -Baumuster	M 103 E 26 / 103.940
Zylinderzahl / -anordnung	6 / Reihe; 15° nach rechts geneigt
Bohrung x Hub	82,9 x 80,25 mm
Gesamthubraum	2599 cm³ (nach Steuerformel 2548 cm³)
Verdichtungsverhältnis	10,0 ECE-Version; ab 09.1985: 9,2
Kurbelwellenlager	7
Leistung	170 PS / 125 kW bei 5800/min (ECE); ab 09.1985: 166 PS / 122 kW bei 5800/min (RÜF); 160 PS / 118 kW bei 5800/min (Kat)
Drehmoment	230 Nm bei 4500/min (ECE); ab 09.1985: 228 Nm bei 4500/min (RÜF); 220 Nm bei 4600/min (Kat)
Ventilanordnung / -anzahl	1 Einlass, 1 Auslass / v-förmig hängend
Ventilsteuerung	obenliegende Nockenwelle, ohc
Nockenwellenantrieb	Einfach-Rollenkette
Gemischbildung	Saugrohreinspritzung, mechanisch-elektronisch geregelt (Bosch KE-Jetronic)
Kühlung	Wasserkühlung / Pumpe; 9 l Wasser
Schmierung	Druckumlauf-Schmierung / 6 l Öl
Elektrische Anlage	
Elektr. Anlage	12 V
Batterie	62 Ah / im Motorraum
Generator	Drehstrom / 980 W
Anlasser	elektrisch / 1,7 kW
Zündung	Transistorzündung (ECE-Version)
ab 09.85:	elektronische Zündanlage
Kraftstofftank	70 l, über der Hinterachse
Kraftstoff-Förderung	elektrische Förderpumpe
Getriebe	
Getriebe	5-Gang-Schaltgetriebe
Verfügbarkeit	Serie
Getriebe-Typ / -Baumuster	GL 76/70 I 27 A-5 / 717.430
Schaltung	Mittelschaltung
Kupplung	Einscheiben-Trockenkupplung
Getriebeart	Zahnrad-Wechselgetriebe
Synchronisierte Gänge	I – V
Getriebe-Übersetzung	I. 3,86; II. 2,18; III. 1,38; IV. 1,0; V. 0,80; R. 4,22
Achsantriebsübersetzung	3,27
Höchstgeschwindigkeit	218 km/h; 215 km/h (Kat)
Beschleunigung 0-100 km/h[1]	8,7 s; 9,0 s (Kat)
Kraftstoffverbrauch	6,9 / 8,8 / 12,4 l; 7,2 / 9,2 / 12,9 l (Kat); nach Richtlinie 80/1268/EWG; Werte für 90 km/h / 120 km/h / Stadtzyklus
Getriebe	4-Gang-Automatikgetriebe
Verfügbarkeit	auf Wunsch
Getriebe-Typ / -Baumuster	W 4 A 020 / 722.409
Schaltung	Wählhebel in Wagenmitte
Kupplung	hydraulischer Drehmomentwandler im Automatikgetriebe
Getriebeart	Planetengetriebe
Getriebe-Übersetzung	I. 4,25; II. 2,41; III. 1,49; IV. 1,0; R. 5,67
Achsantriebsübersetzung	3,27
Höchstgeschwindigkeit	213 km/h; 210 km/h (Kat)
Beschleunigung 0-100 km/h[1]	9,5 s; 9,8 s (Kat)
Kraftstoffverbrauch	8,2 / 9,9 / 12,1 l; 8,5 / 10,3 / 12,6 l (Kat); nach Richtlinie 80/1268/EWG; Werte für 90 km/h / 120 km/h / Stadtzyklus
Tragstruktur und Fahrwerk	
Rahmenausführung	selbsttragende Ganzstahlkarosserie
Radaufhängung, vorne	Dreiecksquerlenker / Dämpferbein
Radaufhängung, hinten	Raumlenkerachse, auf Wunsch mit hydropneumatischer Niveau-Regulierung
Federung, vorne	Schraubenfedern, Drehstab-Stabilisator
Federung, hinten	Schraubenfedern, Drehstab-Stabilisator
Stoßdämpfer, vorne/hinten	Gasdruck-Dämpferbeine / Gasdruck-Stoßdämpfer
Lenkung	Kugelumlauf-Servolenkung
Lenkübersetzung	15,44:1 / 3 Lenkradumdrehungen
Bremsanlage	
Bremsanlage	hydraulische Zweikreis-Bremsanlage mit Unterdruck-Bremskraftverstärker; auf Wunsch mit Anti-Blockier-System, ab 09.1986 Serie; Scheibenbremsen vorne innenbelüftet und hinten massiv
Feststellbremse	mechanisch (fußbetätigt), auf Hinterräder wirkend
Abmessungen der Bremsscheiben	vorne / hinten 284 x 22 mm / 258 x 9 mm
Allgemeine Daten	
Räder	Stahlblech-Scheibenräder 6 ½ J x 15 H 2 ET 49; auf Wunsch: Leichtmetall-Scheibenräder 6 ½ J x 15 H 2 ET 49
Reifen	195/65 VR 15
Angetriebene Räder	Hinterräder
Kraftübertragung	geteilte Kardanwelle
Radstand	2800 mm
Spur vorne / hinten	1497 / 1488 mm
Länge	4740 mm
Breite	1740 mm
Höhe	1446 mm; ab 11.1988: 1431 mm
Bodenfreiheit	163 mm; ab 11.1988: 148 mm
Gepäckraum	520 l
Kleinster Wendekreis	11,2 m
Zul. Gesamtgewicht	1850 kg; ab 12.1986: 1890 kg; ab 12.1988: 1910 kg
Zul. Achslast vorne	880 kg; ab 12.1986: 905 kg; ab 12.1988: 910 kg
Zul. Achslast hinten	970 kg; ab 12.1986: 985 kg; ab 12.1988: 1000 kg
Zuladung	520 kg
Zul. Anhängelast gebremst	1500 kg; ab 05.1989: 1900 kg
Zul. Anhängelast ungebremst	700 kg; ab 12.1986: 720 kg; ab 12.1988: 730 kg
Zul. Dachlast	100 kg
Zul. Kofferraumzuladung	100 kg
Leergewicht (Wagengewicht) nach Richtlinie DIN 70020 (mit Kraftstoff, Reserverad und Werkzeug)	1330 kg; ab 12.1986: 1370 kg; ab 12.1988: 1390 kg
Luftwiderstand cW Mittelwert x A	0,30 x 2,07 m²
Stückzahl	bis 10.1992: 154.391; Stückzahlen bis / ab Modellpflege 09.1989 nicht separat dokumentiert
Preise	12.1984: DM 39.957,00 04.1985: DM 41.131,20 09.1985: DM 41.929,20 12.1985: DM 42.704,40 09.1986: DM 47.253,00 06.1987: DM 48.678,00 02.1988: DM 49.761,00 09.1988: DM 50.103,00 02.1989: DM 51.129,00

Mercedes-Benz 260 E 4MATIC

Allgemeine Angaben	
Konstruktionsbezeichnung	W 124 E 26 4-M
Baumuster	124.226
Produktionszeitraum	10.1986 / 04.1987 – 08.1989
Arbeitsverfahren	Viertakt-Otto mit Saugrohreinspritzung und Abgasreinigungsanlage mit geregeltem 3-Wege-Katalysator
Anordnung im Fahrzeug	vorne, längs; stehend
Motoren	
Motor-Typ / -Baumuster	M 103 E 26 / 103.943
Zylinderzahl / -anordnung	6 / Reihe; 15° nach rechts geneigt
Bohrung x Hub	82,9 x 80,25 mm
Gesamthubraum	2599 cm³ (nach Steuerformel 2548 cm³)
Verdichtungsverhältnis	9,2
Kurbelwellenlager	7
Leistung	166 PS / 122 kW bei 5800/min (RÜF); 160 PS / 118 kW bei 5800/min (Kat)
Drehmoment	228 Nm bei 4600/min (RÜF); 220 Nm bei 4600/min (Kat)
Ventilanordnung / -anzahl	1 Einlass, 1 Auslass / v-förmig hängend
Ventilsteuerung	obenliegende Nockenwelle, ohc
Nockenwellenantrieb	Einfach-Rollenkette
Gemischbildung	Saugrohreinspritzung, mechanisch-elektronisch geregelt (Bosch KE-Jetronic)
Kühlung	Wasserkühlung / Pumpe; 9 l Wasser
Schmierung	Druckumlauf-Schmierung / 6,5 l Öl
Elektrische Anlage	
Elektr. Anlage	12 V
Batterie	62 Ah / im Motorraum
Generator	Drehstrom / 980 W
Anlasser	elektrisch / 1,7 kW
Zündung	elektronische Zündanlage
Kraftstofftank	70 l, über der Hinterachse
Kraftstoff-Förderung	elektrische Förderpumpe
Getriebe	
Getriebe	5-Gang-Schaltgetriebe
Verfügbarkeit	Serie
Getriebe-Typ / -Baumuster	GI 76/27 A-5 / 717.430
Schaltung	Mittelschaltung
Kupplung	Einscheiben-Trockenkupplung
Getriebeart	Zahnrad-Wechselgetriebe
Synchronisierte Gänge	I – V
Getriebe-Übersetzung	I. 3,86; II. 2,18; III. 1,38; IV. 1,0; V. 0,80; R. 4,22
Achsantriebsübersetzung	vorn/hinten: 3,46
Höchstgeschwindigkeit	207 km/h (Kat); 210 km/h (RÜF)
Beschleunigung 0-100 km/h[1]	10,3 s (Kat); 10,0 s (RÜF)
Kraftstoffverbrauch	8,0 / 10,1 / 13,9 l Kat.; 7,7 / 9,7 / 13,4 l (RÜF); nach Richtlinie 80/1268/EWG; Werte für 90 km/h / 120 km/h / Stadtzyklus
Getriebe	4-Gang-Automatikgetriebe
Verfügbarkeit	auf Wunsch bis 02.1989
Getriebe-Typ / -Baumuster	W 4 A 040 / 722.320
Schaltung	Wählhebel in Wagenmitte
Kupplung	hydraulischer Drehmomentwandler im Automatikgetriebe
Getriebeart	Planetengetriebe
Getriebe-Übersetzung	I. 3,68; II. 2,41; III. 1,44; IV. 1,0; R. 5,14
Achsantriebsübersetzung	vorn/hinten: 3,29
Höchstgeschwindigkeit	207 km/h (Kat); 210 km/h (RÜF)
Beschleunigung 0-100 km/h[1]	10,8 s (Kat); 10,5 s (RÜF)
Kraftstoffverbrauch	9,0 / 10,9 / 13,4 l (Kat); 8,7 / 10,6 / 12,9 l (RÜF); nach Richtlinie 80/1268/EWG; Werte für 90 km/h / 120 km/h / Stadtzyklus
Getriebe	4-Gang-Automatikgetriebe
Verfügbarkeit	auf Wunsch ab 02.1989
Getriebe-Typ / -Baumuster	W 4 A 040 / 722.358
Schaltung	Wählhebel in Wagenmitte
Kupplung	hydraulischer Drehmomentwandler im Automatikgetriebe
Getriebeart	Planetengetriebe
Getriebe-Übersetzung	I. 3,87; II. 2,25; III. 1,44; IV. 1,0; R. 5,59
Achsantriebsübersetzung	vorn/hinten: 3,29
Höchstgeschwindigkeit	210 km/h (RÜF); 207 km/h (Kat)
Beschleunigung 0-100 km/h[1]	10,5 s (RÜF); 10,8 s (Kat)
Kraftstoffverbrauch	9,0 / 10,9 / 13,4 l (Kat); 8,7 / 10,6 / 12,9 l (RÜF); nach Richtlinie 80/1268/EWG; Werte für 90 km/h / 120 km/h / Stadtzyklus
Tragstruktur und Fahrwerk	
Rahmenausführung	selbsttragende Ganzstahlkarosserie
Radaufhängung, vorne	Dreiecksquerlenker / Dämpferbein
Radaufhängung, hinten	Raumlenkerachse, auf Wunsch mit hydropneumatischer Niveau-Regulierung
Federung, vorne	Schraubenfedern, Drehstab-Stabilisator
Federung, hinten	Schraubenfedern, Drehstab-Stabilisator
Stoßdämpfer, vorne/hinten	Gasdruck-Dämpferbeine / Gasdruck-Stoßdämpfer
Lenkung	Kugelumlauf-Servolenkung
Lenkübersetzung	13,21:1 / 3 Lenkradumdrehungen
Bremsanlage	
Bremsanlage	hydraulische Zweikreis-Bremsanlage mit Unterdruck-Bremskraftverstärker und Anti-Blockier-System; Scheibenbremsen vorne innenbelüftet und hinten massiv
Feststellbremse	mechanisch (fußbetätigt), auf Hinterräder wirkend
Abmessungen der Bremsscheiben	vorne / hinten 284 x 22 mm / 258 x 9 mm
Allgemeine Daten	
Räder	Stahlblech-Scheibenräder 6 ½ J x 15 H 2; auf Wunsch: Leichtmetall-Scheibenräder 6 ½ J x 15 H 2 ET 49
Reifen	195/65 VR 15
Angetriebene Räder	Allrad-Antrieb 4MATIC: permanenter Antrieb auf die Hinterräder; bei Bedarf automatisch zuschaltender Antrieb auf die Vorderräder
Kraftübertragung	vom Verteilergetriebe über einteilige Gelenkwelle auf Vorderachs-Differenzial und über zweiteilige Gelenkwelle auf Hinterachs-Differenzial (Kraftverteilung 35 % vorne, 65 % hinten)
Radstand	2800 mm
Spur vorne / hinten	1497 / 1485 mm
Länge	4740 mm
Breite	1740 mm
Höhe	1451 mm
Bodenfreiheit	164 mm
Gepäckraum	520 l
Kleinster Wendekreis	12,15 m
Zul. Gesamtgewicht	2010 kg; ab 12.1988: 2030 kg
Zul. Achslast vorne	995 kg; ab 12.1988: 1015 kg
Zul. Achslast hinten	1015 kg
Zuladung	520 kg
Zul. Anhängelast gebremst	1500 kg; ab 05.1989: 1900 kg
Zul. Anhängelast ungebremst	750 kg
Zul. Dachlast	100 kg
Zul. Kofferraumzuladung	100 kg
Leergewicht (Wagengewicht) nach Richtlinie DIN 70020 (mit Kraftstoff, Reserverad und Werkzeug)	1490 kg; ab 12.1988: 1510 kg
Luftwiderstand cW Mittelwert x A	–
Stückzahl	bis 06.1991: 1943; Stückzahlen bis / ab Modellpflege 09.1989 nicht separat dokumentiert
Preise	09.1985: DM 55.153,20 09.1986: DM 57.855,00 06.1987: DM 60.420,00 02.1988: DM 61.788,00 02.1989: DM 63.726,00

Mercedes-Benz 300 E

Allgemeine Angaben	
Konstruktionsbezeichnung	W 124 E 30
Baumuster	124.030
Produktionszeitraum	04.1984 / 04.1985 – 08.1989
Arbeitsverfahren	Viertakt-Otto mit Saugrohreinspritzung; ab 09.1985 auf Wunsch: Abgasreinigungsanlage mit geregeltem 3-Wege-Katalysator; ab 09.1986 Serie
Anordnung im Fahrzeug	vorne, längs; stehend
Motoren	
Motor-Typ / -Baumuster	M 103 E 30 / 103.980; ab 09.1985: M 103 E 30 / 103.983 KE
Zylinderzahl / -anordnung	6 / Reihe; 15° nach rechts geneigt
Bohrung x Hub	88,5 x 80,25 mm
Gesamthubraum	2962 cm^3 (nach Steuerformel 2932 cm^3)
Verdichtungsverhältnis	10,0 (ECE-Version); ab 09.1985: 9,2 (RÜF + Kat)
Kurbelwellenlager	7
Leistung	190 PS / 140 kW bei 5600/min (ECE); ab 09.1985: 188 PS / 138 kW bei 5700/min (RÜF); 180 PS / 132 kW bei 5700/min (Kat)
Drehmoment	260 Nm bei 4250 /min (ECE); ab 09.1985: 260 Nm bei 4400 /min (RÜF); 255 Nm bei 4400/min (Kat)
Ventilanordnung / -anzahl	1 Einlass, 1 Auslass / v-förmig hängend
Ventilsteuerung	obenliegende Nockenwelle, ohc
Nockenwellenantrieb	Einfach-Rollenkette
Gemischbildung	Saugrohreinspritzung, mechanisch-elektronisch geregelt (Bosch KE-Jetronic)
Kühlung	Wasserkühlung / Pumpe; 9 l Wasser
Schmierung	Druckumlauf-Schmierung / 6 l Öl
Elektrische Anlage	
Elektr. Anlage	12 V
Batterie	62 Ah / im Motorraum
Generator	Drehstrom / 980 W
Anlasser	elektrisch / 1,7 kW
Zündung	Transistorzündung (ECE-Version);
ab 09.1985:	elektronische Zündanlage
Kraftstofftank	70 l, über der Hinterachse
Kraftstoff-Förderung	elektrische Förderpumpe
Getriebe	
Getriebe	5-Gang-Schaltgetriebe
Verfügbarkeit	Serie
Getriebe-Typ / -Baumuster	GL 76/27 A-5 / 717.430
Schaltung	Mittelschaltung
Kupplung	Einscheiben-Trockenkupplung
Getriebeart	Zahnrad-Wechselgetriebe
Synchronisierte Gänge	I – V
Getriebe-Übersetzung	I. 3,86; II. 2,18; III. 1,38; IV. 1,0; V. 0,80; R. 4,22
Achsantriebsübersetzung	3,07
Höchstgeschwindigkeit	230 km/h (ECE); ab 09.1985: 228 km/h (RÜF); 225 km/h (Kat)
Beschleunigung 0-100 km/h[1]	7,9 s (ECE); ab 09.1985: 7,9 s (RÜF); 8,1 s (Kat)
Kraftstoffverbrauch	6,5 / 8,3 / 12,1 l (ECE); ab 09.1985: 6,8 / 8,7 / 12,7 l (RÜF); 7,1 / 9,1 / 13,2 l (Kat); nach Richtlinie 80/1268/EWG; Werte für 90 km/h / 120 km/h / Stadtzyklus
Getriebe	4-Gang-Automatikgetriebe
Verfügbarkeit	auf Wunsch bis 09.1988
Getriebe-Typ / -Baumuster	W 4 A 04 / 722.320
Schaltung	Wählhebel in Wagenmitte
Kupplung	hydraulischer Drehmomentwandler im Automatikgetriebe
Getriebeart	Planetengetriebe
Getriebe-Übersetzung	I. 3,68; II. 2,41; III. 1,44; IV. 1,0; R. 5,14
Achsantriebsübersetzung	3,07
Höchstgeschwindigkeit	225 km/h (ECE); ab 09.1985: 223 km/h (RÜF); 220 km/h (Kat)
Beschleunigung 0-100 km/h[1]	8,3 s (ECE); ab 09.1985: 8,2 s (RÜF); 8,5 s (Kat)
Kraftstoffverbrauch	8,0 / 9,6 / 11,9 l (ECE); ab 09.1985: 8,3 / 10,0 / 12,8 l (RÜF); 8,6 / 10,4 / 13,3 l (Kat); nach Richtlinie 80/1268/EWG; Werte für 90 km/h / 120 km/h / Stadtzyklus
Getriebe	4-Gang-Automatikgetriebe
Verfügbarkeit	auf Wunsch ab 09.1988
Getriebe-Typ / -Baumuster	W 4 A 040 / 722.358
Schaltung	Wählhebel in Wagenmitte
Kupplung	hydraulischer Drehmomentwandler im Automatikgetriebe
Getriebeart	Planetengetriebe
Getriebe-Übersetzung	I. 3,87; II. 2,25; III. 1,44; IV. 1,0; R. 5,59
Achsantriebsübersetzung	3,07
Höchstgeschwindigkeit	223 km/h (RÜF); 220 km/h (Kat)
Beschleunigung 0-100 km/h[1]	8,2 s (RÜF); 8,5 s (Kat)
Kraftstoffverbrauch	8,3 / 10,0 / 12,8 l (RÜF); 8,6 / 10,4 / 13,3 l (Kat); nach Richtlinie 80/1268/EWG; Werte für 90 km/h / 120 km/h / Stadtzyklus
Tragstruktur und Fahrwerk	
Rahmenausführung	selbsttragende Ganzstahlkarosserie
Radaufhängung, vorne	Dreiecksquerlenker / Dämpferbein
Radaufhängung, hinten	Raumlenkerachse, auf Wunsch mit hydropneumatischer Niveau-Regulierung
Federung, vorne	Schraubenfedern, Drehstab-Stabilisator
Federung, hinten	Schraubenfedern, Drehstab-Stabilisator
Stoßdämpfer, vorne/hinten	Gasdruck-Dämpferbeine / Gasdruck-Stoßdämpfer
Lenkung	Kugelumlauf-Servolenkung
Lenkübersetzung	15,44:1 / 3 Lenkradumdrehungen
Bremsanlage	
Bremsanlage	hydraulische Zweikreis-Bremsanlage mit Unterdruck-Bremskraftverstärker; auf Wunsch mit Anti-Blockier-System, ab 09.1986 Serie; Scheibenbremsen vorne innenbelüftet und hinten massiv
Feststellbremse	mechanisch (fußbetätigt), auf Hinterräder wirkend
Abmessungen der Bremsscheiben	vorne / hinten 284 x 22 mm / 258 x 9 mm
Allgemeine Daten	
Räder	Stahlblech-Scheibenräder 6 ½ J x 15 H 2 ET 49; auf Wunsch: Leichtmetall-Scheibenräder 6 ½ J x 15 H 2 ET 49
Reifen	195/65 VR 15
Angetriebene Räder	Hinterräder
Kraftübertragung	geteilte Kardanwelle
Radstand	2800 mm
Spur vorne / hinten	1497 / 1488 mm
Länge	4740 mm
Breite	1740 mm
Höhe	1446 mm; ab 11.1988: 1431 mm
Bodenfreiheit	163 mm; ab 11. 1988: 148 mm
Kleinster Wendekreis	11,2 m
Zul. Gesamtgewicht	1860 kg; ab 12.1986: 1890 kg; ab 12.1988: 1910 kg
Zul. Achslast vorne	890 kg; ab 12.1986: 905 kg; ab 12.1988: 910 kg
Zul. Achslast hinten	970 kg; ab 12.1986: 985 kg; ab 12.1988: 1000 kg
Zuladung	520 kg
Zul. Anhängelast gebremst	1500 kg; ab 05.1989: 1900 kg
Zul. Anhängelast ungebremst	705 kg; ab 12.1986: 720 kg; ab 12.1988: 730 kg
Zul. Dachlast	100 kg
Zul. Kofferraumzuladung	100 kg
Leergewicht (Wagengewicht) nach Richtlinie DIN 70020 (mit Kraftstoff, Reserverad und Werkzeug)	1340 kg; ab 12.1986: 1370 kg; ab 12.1988: 1390 kg
Luftwiderstand cW Mittelwert x A	0,30 x 2,07 m^2
Stückzahl	bis 11.1992: 258.063; Stückzahlen bis / ab Modellpflege 09.1989 sind nicht separat dokumentiert
Preise	12.1984: DM 44.004,00 04.1985: DM 45.303,60 09.1985: DM 46.101,60 12.1985: DM 46.945,20 09.1986: DM 51.528,00 06.1987: DM 53.067,00 02.1988: DM 54.264,00 09.1988: DM 54.606,00 02.1989: DM 55.746,00

Mercedes-Benz 300 E 4MATIC

Allgemeine Angaben	
Konstruktionsbezeichnung	W 124 E 30 4-M
Baumuster	124.230
Produktionszeitraum	12.1985 / 04.1987 – 08.1989
Arbeitsverfahren	Viertakt-Otto mit Saugrohreinspritzung und Abgasreinigungsanlage mit geregeltem 3-Wege-Katalysator
Anordnung im Fahrzeug	vorne, längs; stehend
Motoren	
Motor-Typ / -Baumuster	M 103 E 30 / 103.985 KE
Zylinderzahl / -anordnung	6 / Reihe; 15° nach rechts geneigt
Bohrung x Hub	88,5 x 80,25 mm
Gesamthubraum	2962 cm^3 (nach Steuerformel 2932 cm^3)
Verdichtungsverhältnis	9,2
Kurbelwellenlager	7
Leistung	188 PS / 138 kW bei 5700/min (RÜF); 180 PS / 132 kW bei 5750/min (Kat)
Drehmoment	260 Nm bei 4400/min (RÜF); 255 Nm bei 4400/min (Kat)
Ventilanordnung / -anzahl	1 Einlass, 1 Auslass / v-förmig hängend
Ventilsteuerung	obenliegende Nockenwelle, ohc
Nockenwellenantrieb	Einfach-Rollenkette
Gemischbildung	Saugrohreinspritzung, mechanisch-elektronisch geregelt (Bosch KE-Jetronic)
Kühlung	Wasserkühlung / Pumpe; 9 l Wasser
Schmierung	Druckumlauf-Schmierung / 6,5 l Öl
Elektrische Anlage	
Elektr. Anlage	12 V
Batterie	62 Ah / im Motorraum
Generator	Drehstrom / 980 W
Anlasser	elektrisch / 1,7 kW
Zündung	elektronische Zündanlage
Kraftstofftank	70 l, über der Hinterachse
Kraftstoff-Förderung	elektrische Förderpumpe
Getriebe	
Getriebe	5-Gang-Schaltgetriebe
Verfügbarkeit	Serie
Getriebe-Typ / -Baumuster	GL 76/27 A-5 / 717.448
Schaltung	Mittelschaltung
Kupplung	Einscheiben-Trockenkupplung
Getriebeart	Zahnrad-Wechselgetriebe
Synchronisierte Gänge	I – V
Getriebe-Übersetzung	I. 3,86; II. 2,18; III. 1,38; IV. 1,0; V. 0,80; R. 4,22
Achsantriebsübersetzung	vorn/hinten: 3,29
Höchstgeschwindigkeit	220 km/h (RÜF); 217 km/h (Kat)
Beschleunigung 0-100 km/h[1]	8,6 s (RÜF); 8,8 s (Kat)
Kraftstoffverbrauch	7,5 / 9,5 / 13,9 l (RÜF); 7,8 / 9,9 / 14,2 l (Kat); nach Richtlinie 80/1268/EWG; Werte für 90 km/h / 120 km/h / Stadtzyklus
Getriebe	4-Gang-Automatikgetriebe
Verfügbarkeit	auf Wunsch bis 02.1989
Getriebe-Typ / -Baumuster	W 4 A 040 / 722.320
Schaltung	Wählhebel in Wagenmitte
Kupplung	hydraulischer Drehmomentwandler im Automatikgetriebe
Getriebeart	Planetengetriebe
Getriebe-Übersetzung	I. 3,68; II. 2,41; III. 1,44; IV. 1,0; R. 5,14
Achsantriebsübersetzung	vorne/hinten: 3,07
Höchstgeschwindigkeit	220 km/h (RÜF); 217 km/h (Kat)
Beschleunigung 0-100 km/h[1]	8,9 s (RÜF); 9,2 s (Kat)
Kraftstoffverbrauch	8,9 / 10,7 / 13,5 l (RÜF); 9,1 / 11,0 / 13,8 l (Kat); nach Richtlinie 80/1268/EWG; Werte für 90 km/h / 120 km/h / Stadtzyklus
Getriebe	4-Gang-Automatikgetriebe
Verfügbarkeit	auf Wunsch (ab 02.1989)
Getriebe-Typ / -Baumuster	W 4 A 040 / 722.342
Schaltung	Wählhebel in Wagenmitte
Kupplung	hydraulischer Drehmomentwandler im Automatikgetriebe
Getriebeart	Planetengetriebe
Getriebe-Übersetzung	I. 3,87; II. 2,25; III. 1,44; IV. 1,0; R. 5,59
Achsantriebsübersetzung	vorne/hinten: 3,07
Höchstgeschwindigkeit	220 km/h (RÜF); 217 km/h (Kat)
Beschleunigung 0-100 km/h[1]	8,8 s (RÜF); 9,1 s (Kat)
Kraftstoffverbrauch	8,9 / 10,7 / 13,5 l (RÜF); 9,1 / 11,0 / 13,8 l (Kat); nach Richtlinie 80/1268/EWG; Werte für 90 km/h / 120 km/h / Stadtzyklus
Tragstruktur und Fahrwerk	
Rahmenausführung	selbsttragende Ganzstahlkarosserie
Radaufhängung, vorne	Dreiecksquerlenker / Dämpferbein
Radaufhängung, hinten	Raumlenkerachse, auf Wunsch mit hydropneumatischer Niveau-Regulierung
Federung, vorne	Schraubenfedern, Drehstab-Stabilisator
Federung, hinten	Schraubenfedern, Drehstab-Stabilisator
Stoßdämpfer, vorne/hinten	Gasdruck-Dämpferbeine/ Gasdruck-Stoßdämpfer
Lenkung	Kugelumlauf-Servolenkung
Lenkübersetzung	13,21:1 / 3 Lenkradumdrehungen
Bremsanlage	
Bremsanlage	hydraulische Zweikreis-Bremsanlage mit Unterdruck-Bremskraftverstärker und Anti-Blockier-System; Scheibenbremsen vorne innenbelüftet und hinten massiv
Feststellbremse	mechanisch (fußbetätigt), auf Hinterräder wirkend
Abmessungen der Bremsscheiben	vorn / hinten 284 x 22 / 258 x 9 mm
Allgemeine Daten	
Räder	Stahlblech-Scheibenräder 6 ½ J x 15 H 2 ET 49; auf Wunsch: Leichtmetall-Scheibenräder 6 ½ J x 15 H 2 ET 49
Reifen	195/65 VR 15
Angetriebene Räder	Allrad-Antrieb 4MATIC: permanenter Antrieb auf die Hinterräder; bei Bedarf automatisch zuschaltender Antrieb auf die Vorderräder
Kraftübertragung	vom Verteilergetriebe über einteilige Gelenkwelle auf Vorderachs-Differenzial und über zweiteilige Gelenkwelle auf Hinterachs-Differenzial (Kraftverteilung 35 % vorne, 65 % hinten)
Radstand	2800 mm
Spur vorne / hinten	1497 / 1485 mm
Länge	4740 mm
Breite	1740 mm
Höhe	1451 mm
Bodenfreiheit	164 mm
Gepäckraum	520 l
Kleinster Wendekreis	12,15 m
Zul. Gesamtgewicht	2010 kg; ab 12.1988: 2030 kg
Zul. Achslast vorne	995 kg; ab 12.1988: 1015 kg
Zul. Achslast hinten	1015 kg
Zuladung	520 kg
Zul. Anhängelast gebremst	1500 kg; ab 05.1989: 1900 kg
Zul. Anhängelast ungebremst	750 kg
Zul. Dachlast	100 kg
Zul. Kofferraumzuladung	100 kg
Leergewicht (Wagengewicht) nach Richtlinie DIN 70020 (mit Kraftstoff, Reserverad und Werkzeug)	1490 kg; ab 12.1988: 1510 kg
Luftwiderstand cW Mittelwert x A	0,30 x 2,08 m^2
Stückzahl	bis 04.1995: 14.202; Stückzahlen bis / ab Modellpflegen 09.1989 und 06.1993 sind nicht separat dokumentiert
Preise	09.1985: DM 59.325,60 09.1986: DM 62.130,00 06.1987: DM 64.809,00 02.1988: DM 66.291,00 09.1988: DM 66.633,00 02.1989: DM 68.343,00

Mercedes-Benz 230 E Fahrgestell für Sonderaufbauten

Allgemeine Angaben	
Konstruktionsbezeichnung	F 124 E 23
Baumuster	124.003
Produktionszeitraum	02.1986 – 08.1989
Arbeitsverfahren	Viertakt-Otto mit Saugrohreinspritzung; ab 09.1985 auf Wunsch: Abgasreinigungsanlage mit geregeltem 3-Wege-Katalysator; ab 09.1986 Serie
Anordnung im Fahrzeug	vorne, längs; stehend
Motoren	
Motor-Typ / -Baumuster	M 102 E 23 / 102.982
Zylinderzahl / -anordnung	4 / Reihe; 15° nach rechts geneigt
Bohrung x Hub	95,5 x 80,25 mm
Gesamthubraum	2299 cm³ (nach Steuerformel 2276 cm³)
Verdichtungsverhältnis	9
Kurbelwellenlager	5
Leistung	136 PS / 100 kW bei 5100/min (ECE); 132 PS / 97 kW bei 5100/min (Kat)
Drehmoment	205 Nm bei 3500/min (ECE); 198 Nm bei 3500/min (Kat)
Ventilanordnung / -anzahl	1 Einlass, 1 Auslass / v-förmig hängend
Ventilsteuerung	obenliegende Nockenwelle, ohc
Nockenwellenantrieb	Einfach-Rollenkette; ab 09.88: Duplex-Rollenkette
Gemischbildung	Saugrohreinspritzung, mechanisch-elektronisch geregelt (Bosch KE-Jetronic)
Kühlung	Wasserkühlung / Pumpe; 8,5 l Wasser
Schmierung	Druckumlauf-Schmierung / 5 l Öl
Elektrische Anlage	
Elektr. Anlage	12 V
Batterie	62 Ah / im Motorraum
Generator	Drehstrom / 770 W
Anlasser	elektrisch / 1,4 kW
Zündung	Transistorzündung (ECE-Version); ab 09.85: elektronische Zündanlage
Kraftstofftank	70 l, über der Hinterachse
Kraftstoff-Förderung	elektrische Förderpumpe
Getriebe	
Getriebe	4-Gang-Schaltgetriebe
Verfügbarkeit	Serie
Schaltung	Mittelschaltung
Kupplung	Einscheiben-Trockenkupplung
Getriebeart	Zahnrad-Wechselgetriebe
Synchronisierte Gänge	I – IV
Getriebe-Übersetzung	I. 3,91; II. 2,17; III. 1,37; IV. 1,0; R. 3,78
Achsantriebsübersetzung	3,27
Getriebe	5-Gang-Schaltgetriebe
Verfügbarkeit	auf Wunsch
Schaltung	Mittelschaltung
Kupplung	Einscheiben-Trockenkupplung
Getriebeart	Zahnrad-Wechselgetriebe
Synchronisierte Gänge	I – V
Getriebe-Übersetzung	I. 3,91; II. 2,17; III. 1,37; IV. 1,0; V. 0,78; R. 4,27
Achsantriebsübersetzung	3,27
Getriebe	4-Gang-Automatikgetriebe
Verfügbarkeit	auf Wunsch
Schaltung	Wählhebel in Wagenmitte
Kupplung	hydraulischer Drehmomentwandler im Automatikgetriebe
Getriebeart	Planetengetriebe
Getriebe-Übersetzung	I. 4,25; II. 2,41; III. 1,49; IV. 1,0; R. 5,67
Achsantriebsübersetzung	3,27
Tragstruktur und Fahrwerk	
Rahmenausführung	selbsttragende Ganzstahlkarosserie
Radaufhängung, vorne	Dreiecksquerlenker / Dämpferbein
Radaufhängung, hinten	Raumlenkerachse mit hydropneumatischer Niveau-Regulierung
Federung, vorne	Schraubenfedern, Drehstab-Stabilisator
Federung, hinten	Schraubenfedern, hydropneumatische Federbeine, Drehstab-Stabilisator
Stoßdämpfer, vorne/hinten	Gasdruck-Dämpferbeine / hydropneumatische Federbeine
Lenkung	Kugelumlauf-Servolenkung
Lenkübersetzung	15,44:1 / 3 Lenkradumdrehungen
Bremsanlage	
Bremsanlage	hydraulische Zweikreis-Anlage mit Unterdruck-Bremskraftverstärker; auf Wunsch mit Anti-Blockier-System; ab 09.1988 Serie; Scheibenbremsen vorne und hinten massiv; ab 09.1988: vorne innenbelüftet und hinten massiv
Feststellbremse	mechanisch (fußbetätigt), auf Hinterräder wirkend
Abmessungen der Bremsscheiben	vorne/hinten 284 x 12 mm / 158 x 9 mm; ab 09.1988: 284 x 22 mm / 258 x 9 mm
Allgemeine Daten	
Räder	Stahlblech-Scheibenräder, verstärkt, 6 ½ J x 15 H 2 ET 49; auf Wunsch: Leichtmetall-Scheibenräder 6 ½ J x 15 H 2 ET 49
Reifen	195/65 R 15 91 T
Angetriebene Räder	Hinterräder
Kraftübertragung	geteilte Kardanwelle
Radstand	2800 mm
Spur vorne / hinten	1479 / 1480 mm
Länge	4765 mm
Breite	1740 mm
Kleinster Wendekreis	11,20 m
Zul. Gesamtgewicht	2070 kg
Zul. Achslast vorne	840 kg
Zul. Achslast hinten	1230 kg
Stückzahl	bis 07.1992: 224; Stückzahlen bis / ab Modellpflege 09.1989 sind nicht separat dokumentiert
Preise	09.1986: DM 40.413,00 06.1987: DM 41.667,00 02.1988: DM 42.807,00 09.1988: DM 44.175,00 02.1989: DM 45.087,00

Mercedes-Benz 250 D Fahrgestell mit langem Radstand für Sonderaufbauten

Allgemeine Angaben	
Konstruktionsbezeichnung	VF 124 D 25
Baumuster	124.106
Produktionszeitraum	07.1985 – 08.1989
Arbeitsverfahren	Viertakt-Diesel mit Vorkammereinspritzung
Anordnung im Fahrzeug	vorne, längs; stehend
Motoren	
Motor-Typ / -Baumuster	OM 602 D 25 / 602.912
Zylinderzahl / -anordnung	5 / Reihe; 15° nach rechts geneigt
Bohrung x Hub	87,0 x 84,0 mm
Gesamthubraum	2497 cm³ (nach Steuerformel 2479 cm³)
Verdichtungsverhältnis	22
Kurbelwellenlager	6
Leistung	90 PS / 66 kW bei 4600/min; ab 02.1989: 94 PS / 69 kW bei 4600/min
Drehmoment	154 Nm bei 2800/min; ab 02.1989: 158 Nm bei 2600-3100/min
Ventilanordnung / -anzahl	1 Einlass, 1 Auslass / hängend
Ventilsteuerung	obenliegende Nockenwelle, ohc
Nockenwellenantrieb	Duplex-Rollenkette
Gemischbildung	Vorkammereinspritzung, mechanisch geregelte Bosch 5-Stempel-Einspritzpumpe
Kühlung	Wasserkühlung / Pumpe; 9 l Wasser
Schmierung	Druckumlauf-Schmierung / 7 l Öl
Elektrische Anlage	
Elektr. Anlage	12 V
Batterie	72 Ah / im Motorraum
Generator	Drehstrom / 770 W
Anlasser	elektrisch / 2,2 kW
Zündung	Selbstzünder
Kraftstofftank	72 l, hinter der Hinterachse
Kraftstoff-Förderung	Kolbenpumpe an der Einspritzpumpe
Getriebe	
Getriebe	5-Gang-Schaltgetriebe
Verfügbarkeit	Serie
Schaltung	Mittelschaltung
Kupplung	Einscheiben-Trockenkupplung
Getriebeart	Zahnrad-Wechselgetriebe
Synchronisierte Gänge	I – V
Getriebe-Übersetzung	I. 3,91; II. 2,17; III. 1,37; IV. 1,0; V. 0,78; R. 4,27
Achsantriebsübersetzung	3,91
Getriebe	4-Gang-Automatikgetriebe
Verfügbarkeit	auf Wunsch
Schaltung	Wählhebel in Wagenmitte
Kupplung	hydraulischer Drehmomentwandler im Automatikgetriebe
Getriebeart	Planetengetriebe
Getriebe-Übersetzung	I. 4,25; II. 2,41; III. 1,49; IV. 1,0; R. 5,67
Achsantriebsübersetzung	3,42; ab 04.1989: 3,46
Tragstruktur und Fahrwerk	
Rahmenausführung	selbsttragende Ganzstahlkarosserie
Radaufhängung, vorne	Dreiecksquerlenker / Dämpferbein
Radaufhängung, hinten	Raumlenkerachse mit hydropneumatischer Niveau-Regulierung
Federung, vorne	Schraubenfedern, Drehstab-Stabilisator
Federung, hinten	Schraubenfedern, hydropneumatische Federbeine, Drehstab-Stabilisator
Stoßdämpfer, vorne/hinten	Gasdruck-Dämpferbeine / hydropneumatische Federbeine
Lenkung	Kugelumlauf-Servolenkung
Lenkübersetzung	15,44:1 / 3 Lenkradumdrehungen
Bremsanlage	
Bremsanlage	hydraulische Zweikreis-Bremsanlage mit Unterdruck-Bremskraftverstärker; auf Wunsch mit Anti-Blockier-System; ab 09.1988 Serie; Scheibenbremsen vorne und hinten massiv
Feststellbremse	mechanisch (fußbetätigt), auf Hinterräder wirkend
Abmessungen der Bremsscheiben	vorne / hinten 284 x 12 mm / 278 x 9 mm

Allgemeine Daten	
Räder	Stahlblech-Scheibenräder, verstärkt, 6 ½ J x 15 H 2 ET 49; auf Wunsch: Leichtmetall-Scheibenräder 6 ½ J x 15 H 2 ET 49
Reifen	195/65 R 15 91 T
Angetriebene Räder	Hinterräder
Kraftübertragung	geteilte Kardanwelle
Radstand	3450 mm
Spur vorne / hinten	1476 / 1480 mm
Länge	5415 mm
Breite	1740 mm
Kleinster Wendekreis	13,32 m
Zul. Gesamtgewicht	2220 kg
Zul. Achslast vorne	990 kg
Zul. Achslast hinten	1230 kg
Stückzahl	bis 07.1993: 2331; Stückzahlen bis / ab Modellpflege 09.1989 sind nicht separat dokumentiert
Preise	04.1986: DM 43.149,00 09.1986: DM 44.175,00 06.1987: DM 45.543,00 02.1988: DM 46.797,00 09.1988: DM 48.165,00 02.1989: DM 49.191,00

Mercedes-Benz 230 E Fahrgestell mit langem Radstand für Sonderaufbauten

Allgemeine Angaben	
Konstruktionsbezeichnung	VF 124 E 23
Baumuster	124.004
Produktionszeitraum	02.1986 – 08.1989
Arbeitsverfahren	Viertakt-Otto mit Saugrohreinspritzung; auf Wunsch: Abgasreinigungsanlage mit geregeltem 3-Wege-Katalysator; ab 09.1986 Serie
Anordnung im Fahrzeug	vorne, längs; stehend
Motoren	
Motor-Typ / -Baumuster	M 102 E 23 / 102.982
Zylinderzahl / -anordnung	4 / Reihe; 15° nach rechts geneigt
Bohrung x Hub	95,5 x 80,25 mm
Gesamthubraum	2299 cm³ (nach Steuerformel 2276 cm³)
Verdichtungsverhältnis	9
Kurbelwellenlager	5
Leistung	136 PS / 100 kW bei 5100/min (RÜF); 132 PS / 97 kW bei 5100/min (Kat)
Drehmoment	205 Nm bei 3500/min; 198 Nm bei 3500/min (Kat)
Ventilanordnung / -anzahl	1 Einlass, 1 Auslass / v-förmig hängend
Ventilsteuerung	obenliegende Nockenwelle, ohc
Nockenwellenantrieb	Einfach-Rollenkette; ab 09.1988: Duplex-Rollenkette
Gemischbildung	Saugrohreinspritzung, mechanisch-elektronisch geregelt (Bosch KE-Jetronic)
Kühlung	Wasserkühlung / Pumpe; 8,5 l Wasser
Schmierung	Druckumlauf-Schmierung / 5 l Öl
Elektrische Anlage	
Elektr. Anlage	12 V
Batterie	62 Ah / im Motorraum
Generator	Drehstrom / 770 W
Anlasser	elektrisch / 1,4 kW
Zündung	elektronische Zündanlage
Kraftstofftank	72 l, hinter der Hinterachse
Kraftstoff-Förderung	elektrische Förderpumpe
Getriebe	
Getriebe	4-Gang-Schaltgetriebe
Verfügbarkeit	Serie
Schaltung	Mittelschaltung
Kupplung	Einscheiben-Trockenkupplung
Getriebeart	Zahnrad-Wechselgetriebe
Synchronisierte Gänge	I – IV
Getriebe-Übersetzung	I. 3,91; II. 2,17; III. 1,37; IV. 1,0; R. 3,78
Achsantriebsübersetzung	3,67
Getriebe	5-Gang-Schaltgetriebe
Verfügbarkeit	auf Wunsch
Schaltung	Mittelschaltung
Kupplung	Einscheiben-Trockenkupplung
Getriebeart	Zahnrad-Wechselgetriebe
Synchronisierte Gänge	I – V
Getriebe-Übersetzung	I. 3,91; II. 2,17; III. 1,37; IV. 1,0; V. 0,78; R. 4,27
Achsantriebsübersetzung	3,67
Getriebe	4-Gang-Automatikgetriebe
Verfügbarkeit	auf Wunsch
Schaltung	Wählhebel in Wagenmitte
Kupplung	hydraulischer Drehmomentwandler im Automatikgetriebe
Getriebeart	Planetengetriebe
Getriebe-Übersetzung	I. 4,25; II. 2,41; III. 1,49; IV. 1,0; R. 5,67
Achsantriebsübersetzung	3,46
Tragstruktur und Fahrwerk	
Rahmenausführung	selbsttragende Ganzstahlkarosserie
Radaufhängung, vorne	Dreiecksquerlenker / Dämpferbein
Radaufhängung, hinten	Raumlenkerachse mit hydropneumatischer Niveau-Regulierung
Federung, vorne	Schraubenfedern, Drehstab-Stabilisator
Federung, hinten	Schraubenfedern, hydropneumatische Federbeine, Drehstab-Stabilisator
Stoßdämpfer, vorne/hinten	Gasdruck-Dämpferbeine / hydropneumatische Federbeine
Lenkung	Kugelumlauf-Servolenkung
Lenkübersetzung	5,44:1 / 3 Lenkradumdrehungen
Bremsanlage	
Bremsanlage	hydraulische Zweikreis-Anlage mit Unterdruck-Bremskraftverstärker; auf Wunsch mit Anti-Blockier-System; ab 09.1988 Serie; Scheibenbremsen vorne und hinten massiv; ab 09.1988 vorne innenbelüftet und hinten massiv
Feststellbremse	mechanisch (fußbetätigt), auf Hinterräder wirkend
Abmessungen der Bremsscheiben	vorne / hinten 284 x 12 mm / 278 x 9 mm; ab 09.88: 284 x 22 mm / 278 x 9 mm
Allgemeine Daten	
Räder	Stahlblech-Scheibenräder, verstärkt, 6 ½ J x 15 H 2 ET 49; auf Wunsch: Leichtmetall-Scheibenräder 6 ½ J x 15 H 2 ET 49
Reifen	195/65 R 15 91 H
Angetriebene Räder	Hinterräder
Kraftübertragung	geteilte Kardanwelle
Radstand	3450 mm
Spur vorne / hinten	1476 / 1480 mm
Länge	5415 mm
Breite	1740 mm
Kleinster Wendekreis	13,32 m
Zul. Gesamtgewicht	2220 kg
Zul. Achslast vorne	990 kg
Zul. Achslast hinten	1230 kg
Stückzahl	bis 10.1992: 711; Stückzahlen bis / ab Modellpflege 09.1989 sind nicht separat dokumentiert
Preise	04.1986: DM 42.351,00 09.1986: DM 44.232,00 06.1987: DM 45.600,00 02.1988: DM 46.854,00 09.1988: DM 48.222,00 02.1989: DM 49.248,00

Mercedes-Benz 260 E Fahrgestell mit langem Radstand für Sonderaufbauten	
Allgemeine Angaben	
Konstruktionsbezeichnung	VF 124 E 26
Baumuster	124.007
Produktionszeitraum	08.1986 – 08.1989
Arbeitsverfahren	Viertakt-Otto mit Saugrohreinspritzung und Abgasreinigungsanlage mit geregeltem 3-Wege-Katalysator
Anordnung im Fahrzeug	vorne, längs; stehend
Motoren	
Motor-Typ / -Baumuster	M 103 E 26 / 103.943
Zylinderzahl / -anordnung	6 / Reihe; 15° nach rechts geneigt
Bohrung x Hub	82,9 x 80,25 mm
Gesamthubraum	2599 cm³ (nach Steuerformel 2548 cm³)
Verdichtungsverhältnis	9,2
Kurbelwellenlager	7
Leistung	166 PS / 122 kW bei 5800/min (RÜF); 160 PS / 118 kW bei 5800/min (Kat)
Drehmoment	228 Nm bei 4600/min (RÜF); 220 Nm bei 4600/min (Kat)
Ventilanordnung / -anzahl	1 Einlass, 1 Auslass / v-förmig hängend
Ventilsteuerung	obenliegende Nockenwelle, ohc
Nockenwellenantrieb	Einfach-Rollenkette
Gemischbildung	Saugrohreinspritzung, mechanisch-elektronisch geregelt (Bosch KE-Jetronic)
Kühlung	Wasserkühlung / Pumpe; 9 l Wasser
Schmierung	Druckumlauf-Schmierung / 6,5 l Öl
Elektrische Anlage	
Elektr. Anlage	12 V
Batterie	62 Ah / im Motorraum
Generator	Drehstrom / 980 W
Anlasser	elektrisch / 1,7 kW
Zündung	elektronische Zündanlage
Kraftstofftank	72 l hinter der Hinterachse
Kraftstoff-Förderung	elektrische Förderpumpe
Getriebe	
Getriebe	5-Gang-Schaltgetriebe
Verfügbarkeit	Serie
Schaltung	Mittelschaltung
Kupplung	Einscheiben-Trockenkupplung
Getriebeart	Zahnrad-Wechselgetriebe
Synchronisierte Gänge	I – V
Getriebe-Übersetzung	I. 3,86; II. 2,18; III. 1,38; IV. 1,0; V. 0,80; R. 4,22
Achsantriebsübersetzung	3,67
Getriebe	4-Gang-Automatikgetriebe
Verfügbarkeit	auf Wunsch
Schaltung	Wählhebel in Wagenmitte
Kupplung	hydraulischer Drehmomentwandler im Automatikgetriebe
Getriebeart	Planetengetriebe
Getriebe-Übersetzung	I. 4,25; II. 2,41; III. 1,49; IV. 1,0; R. 5,67
Achsantriebsübersetzung	3,67
Tragstruktur und Fahrwerk	
Rahmenausführung	selbsttragende Ganzstahlkarosserie
Radaufhängung, vorne	Dreiecksquerlenker / Dämpferbein
Radaufhängung, hinten	Raumlenkerachse mit hydropneumatischer Niveau-Regulierung
Federung, vorne	Schraubenfedern, Drehstab-Stabilisator
Federung, hinten	Schraubenfedern, hydropneumatische Federbeine, Drehstab-Stabilisator
Stoßdämpfer, vorne/hinten	Gasdruck-Dämpferbeine / hydropneumatische Federbeine
Lenkung	Kugelumlauf-Servolenkung
Lenkübersetzung	15,44:1 / 3 Lenkradumdrehungen
Bremsanlage	
Bremsanlage	hydraulische Zweikreis-Bremsanlage mit Unterdruck-Bremskraftverstärker und Anti-Blockier-System; Scheibenbremsen vorne innenbelüftet und hinten massiv
Feststellbremse	mechanisch (fußbetätigt), auf Hinterräder wirkend
Abmessungen der Bremsscheiben	vorne/hinten 284 x 22 mm / 278 x 9 mm

Allgemeine Daten	
Räder	Stahlblech-Scheibenräder, verstärkt, 6 ½ J x 15 H 2 ET 49; auf Wunsch: Leichtmetall-Scheibenräder 6 ½ J x 15 H 2 ET 49
Reifen	195/65 R 15 91 H
Angetriebene Räder	Hinterräder
Kraftübertragung	geteilte Kardanwelle
Radstand	3450 mm
Spur vorne / hinten	1476 / 1480 mm
Länge	5415 mm
Breite	1740 mm
Kleinster Wendekreis	13,32 m
Zul. Gesamtgewicht	2240 kg
Zul. Achslast vorne	1010 kg
Zul. Achslast hinten	1230 kg
Stückzahl	bis 10.1992: 1049; Stückzahlen bis / ab Modellpflege 09.1989 sind nicht separat dokumentiert
Preise	09.1986: DM 52.383,00 06.1987: DM 53.979,00 02.1988: DM 55.404,00 02.1989: DM 56.544,00

Mercedes-Benz 200 D

Allgemeine Daten	
Konstruktionsbezeichnung	W 124 D 20
Baumuster	124.120
Produktionszeitraum	09.1989 – 07.1993
Arbeitsverfahren	Viertakt-Diesel mit Vorkammereinspritzung; ab 10.1990 auf Wunsch: Abgasreinigungsanlage mit Oxidationskatalysator
Anordnung im Fahrzeug	vorne, längs; stehend
Motoren	
Motor-Typ / -Baumuster	OM 601 D 20 / 601.912
Zylinderzahl / -anordnung	4 / Reihe; 15° nach rechts geneigt
Bohrung x Hub	87,0 x 84,0 mm
Gesamthubraum	1997 cm^3
Verdichtungsverhältnis	22
Kurbelwellenlager	5
Leistung	75 PS / 55 kW bei 4600/min
Drehmoment	126 Nm bei 2700-3550/min
Ventilanordnung / -anzahl	1 Einlass, 1 Auslass / hängend
Ventilsteuerung	obenliegende Nockenwelle, ohc
Nockenwellenantrieb	Duplex-Rollenkette
Gemischbildung	Vorkammereinspritzung, mechanisch geregelte Bosch 4-Stempel-Einspritzpumpe
Kühlung	Wasserkühlung / Pumpe; 8,5 l Wasser
Schmierung	Druckumlauf-Schmierung / 6,5 l Öl
Elektrische Anlage	
Elektr. Anlage	12 V
Batterie	72 Ah;
ab 08.1991:	74 Ah / im Motorraum
Generator	Drehstrom / 770 W
Anlasser	elektrisch / 2,2 kW
Zündung	Selbstzünder
Kraftstofftank	70 l, über der Hinterachse; 90 l auf Wunsch
Kraftstoff-Förderung	Kolbenpumpe an der Einspritzpumpe
Getriebe	
Getriebe	4-Gang-Schaltgetriebe
Verfügbarkeit	Serie
Getriebe-Typ / Baumuster	GL 68/20 D / 716.213
Schaltung	Mittelschaltung
Kupplung	Einscheiben-Trockenkupplung
Getriebeart	Zahnrad-Wechselgetriebe
Synchronisierte Gänge	I – IV
Getriebe-Übersetzung	I. 4,23; II. 2,36; III. 1,49; IV. 1,0; R. 4,10
Achsantriebsübersetzung	3,46
Höchstgeschwindigkeit	160 km/h
Beschleunigung 0-100 km/h[1]	18,5 s
Kraftstoffverbrauch	5,3 / 7,0 / 7,9 l; nach Richtlinie 80/1268/EWG; Werte für 90 km/h / 120 km/h / Stadtzyklus
Getriebe	5-Gang-Schaltgetriebe
Verfügbarkeit	auf Wunsch
Getriebe-Typ / Baumuster	GL 68/20 B 5 / 717.411
Schaltung	Mittelschaltung
Kupplung	Einscheiben-Trockenkupplung
Getriebeart	Zahnrad-Wechselgetriebe
Synchronisierte Gänge	I – V
Getriebe-Übersetzung	I. 3,91; II. 2,17; III. 1,37; IV. 1,0; V. 0,81; R. 4,27
Achsantriebsübersetzung	3,91
Höchstgeschwindigkeit	160 km/h
Beschleunigung 0-100 km/h[1]	18,5 s
Kraftstoffverbrauch	5,0 / 6,8 / 8,4 l; nach Richtlinie 80/1268/EWG; Werte für 90 km/h / 120 km/h / Stadtzyklus
Getriebe	4-Gang-Automatikgetriebe
Verfügbarkeit	auf Wunsch
Getriebe-Typ / -Baumuster	W 4 A 020 / 722.403
Schaltung	Wählhebel in Wagenmitte
Kupplung	hydraulischer Drehmomentwandler im Automatikgetriebe
Getriebeart	Planetengetriebe
Getriebe-Übersetzung	I. 4,25; II. 2,41; III. 1,49; IV. 1,0; R. 5,67
Achsantriebsübersetzung	3,46
Höchstgeschwindigkeit	155 km/h
Beschleunigung 0-100 km/h[1]	20,4 s
Kraftstoffverbrauch	5,7 / 7,6 / 8,0 l; nach Richtlinie 80/1268/EWG; Werte für 90 km/h / 120 km/h / Stadtzyklus
Tragstruktur und Fahrwerk	
Rahmenausführung	selbsttragende Ganzstahlkarosserie
Radaufhängung, vorne	Dreiecksquerlenker / Dämpferbein
Radaufhängung, hinten	Raumlenkerachse, auf Wunsch mit hydropneumatischer Niveau-Regulierung
Federung, vorne	Schraubenfedern, Drehstab-Stabilisator
Federung, hinten	Schraubenfedern, Drehstab-Stabilisator
Stoßdämpfer, vorne/hinten	Gasdruck-Dämpferbeine / Gasdruck-Stoßdämpfer
Lenkung	Kugelumlauf-Servolenkung
Lenkübersetzung	15,44:1 / 3 Lenkradumdrehungen
Bremsanlage	
Bremsanlage	hydraulische Zweikreis-Bremsanlage mit Unterdruck-Bremskraftverstärker und Anti-Blockier-System; Scheibenbremsen vorne und hinten massiv
Feststellbremse	mechanisch (fußbetätigt), auf Hinterräder wirkend
Abmessungen der Bremsscheiben	vorne / hinten 284 x 12 mm / 258 x 9 mm
Allgemeine Daten	
Räder	Stahlblech-Scheibenräder 6 J x 15 H 2 ET 49; auf Wunsch: Leichtmetall-Scheibenräder 6 ½ J x 15 H 2 ET 49 (15 Loch) oder 6 ½ J x 15 H 2 ET 44 (8 Loch); bei Sportfahrwerk: Stahlblech-Scheibenräder 7 J x 15 H 2 ET 42; auf Wunsch: Leichtmetall-Scheibenräder 7 J x 15 H 2 ET 41 (8 oder 15 Loch)
Reifen	185/65 R 15 87 T; bei Sportfahrwerk: 205/60 R 15 91 H
Angetriebene Räder	Hinterräder
Kraftübertragung	geteilte Kardanwelle
Radstand	2800 mm
Spur vorne / hinten	1501 / 1491 mm; „Sportline": 1518 / 1509 mm
Länge	4740 mm
Breite	1740 mm
Höhe	1423 mm; „Sportline": 1411 mm
Bodenfreiheit bei Belastung mit 3 Personen à 68 kg	148 mm
Gepäckraum nach VDA	520 l; 485 l mit 90 l Tank
Kleinster Wendekreis	11,27 m
Zul. Gesamtgewicht	1850 kg; ab 02.1992: 1900 kg; ab 10.1992: 1910 kg
Zul. Achslast vorne	865 kg; ab 02.1992: 895 kg; ab 10.1992: 905 kg
Zul. Achslast hinten	985 kg; ab 02.1992: 1005 kg
Zuladung	520 kg; ab 02.1992: 570 kg
Zul. Anhängelast gebremst	1500 kg
Zul. Anhängelast ungebremst	690 kg; ab 02.1992: 700 kg; ab 10.1992: 705 kg
Leergewicht (Wagengewicht) nach Richtlinie DIN 70020 (mit Kraftstoff, Reserverad und Werkzeug)	1330 kg; ab 10.1992: 1340 kg
Luftwiderstand cW-Mittelwert x A	0,29 x 2,05 m^2
Stückzahl	von 05.1984 – 08.1995: 236.926; Stückzahlen bis / ab Modellpflegen 09.1989 und 06.1993 sind nicht separat dokumentiert
Preise	09.1989: DM 40.641,00 01.1990: DM 41.496,00 10.1990: DM 42.636,00 06.1991: DM 43.890,00 02.1992: DM 45.201,00 10.1992: DM 46.341,00 01.1993: DM 46.747,50 02.1989: DM 39.273,00

Mercedes-Benz 250 D

Allgemeine Daten	
Konstruktionsbezeichnung	W 124 D 25
Baumuster	124.125
Produktionszeitraum	09.1989 – 07.1993
Arbeitsverfahren	Viertakt-Diesel mit Vorkammereinspritzung; ab 10.1990 auf Wunsch: Abgasreinigungsanlage mit Oxidationskatalysator
Anordnung im Fahrzeug	vorne, längs; stehend
Motoren	
Motor-Typ / -Baumuster	OM 602 D 25 / 602.912
Zylinderzahl / -anordnung	5 / Reihe; 15° nach rechts geneigt
Bohrung x Hub	87,0 x 84,0 mm
Gesamthubraum	2497 cm³
Verdichtungsverhältnis	22
Kurbelwellenlager	6
Leistung / bei	94 PS / 69 kW bei 4600/min; 90 PS / 66 kW bei 4600/ min (Oxikat)
Drehmoment	158 Nm bei 2600-3100 /min
Ventilanordnung / -anzahl	1 Einlass, 1 Auslass / hängend
Ventilsteuerung	obenliegende Nockenwelle, ohc
Nockenwellenantrieb	Duplex-Rollenkette
Gemischbildung	Vorkammereinspritzung, mechanisch geregelte Bosch 5-Stempel-Einspritzpumpe
Kühlung	Wasserkühlung / Pumpe; 9 l Wasser
Schmierung	Druckumlauf-Schmierung / 7 l Öl
Elektrische Anlage	
Elektr. Anlage	12 V
Batterie	72 Ah;
ab 08.1991:	74 Ah / im Motorraum
Generator	Drehstrom / 770 W
Anlasser	elektrisch / 2,2 kW
Zündung	Selbstzünder
Kraftstofftank	70 l, über der Hinterachse; ab 10.1990 auf Wunsch: 90 l, über der Hinterachse
Kraftstoff-Förderung	Kolbenpumpe an der Einspritzpumpe
Getriebe	
Getriebe	5-Gang-Schaltgetriebe
Verfügbarkeit	Serie
Getriebe-Typ / -Baumuster	GL 68/20 C-5 / 717.412 GL 68/20 B-5 / 717.413
Schaltung	Mittelschaltung
Kupplung	Einscheiben-Trockenkupplung
Getriebeart	Zahnrad-Wechselgetriebe
Synchronisierte Gänge	I – V
Getriebe-Übersetzung	I. 3,91; II. 2,17; III. 1,37; IV. 1,0; V. 0,78; R. 4,27
Achsantriebsübersetzung	3,64
Höchstgeschwindigkeit	175 km/h
Beschleunigung 0-100 km/h[1]	16,5 s
Kraftstoffverbrauch	5,4 / 7,0 / 8,9 l; nach Richtlinie 80/1268/EWG; Werte für 90 km/h / 120 km/h / Stadtzyklus
Getriebe	4-Gang-Automatikgetriebe
Verfügbarkeit	auf Wunsch
Getriebe-Typ / -Baumuster	W 4 A 020 / 722.414
Schaltung	Wählhebel in Wagenmitte
Kupplung	hydraulischer Drehmomentwandler im Automatikgetriebe
Getriebeart	Planetengetriebe
Getriebe-Übersetzung	I. 4,25; II. 2,41; III. 1,49; IV. 1,0; R. 5,67
Achsantriebsübersetzung	3,07
Höchstgeschwindigkeit	170 km/h
Beschleunigung 0-100 km/h[1]	17,0 s
Kraftstoffverbrauch	5,9 / 7,7 / 8,8 l; nach Richtlinie 80/1268/EWG; Werte für 90 km/h / 120 km/h / Stadtzyklus
Tragstruktur und Fahrwerk	
Rahmenausführung	selbsttragende Ganzstahlkarosserie
Radaufhängung, vorne	Dreiecksquerlenker / Dämpferbein
Radaufhängung, hinten	Raumlenkerachse, auf Wunsch mit hydropneumatischer Niveau-Regulierung
Federung, vorne	Schraubenfedern, Drehstab-Stabilisator
Federung, hinten	Schraubenfedern, Drehstab-Stabilisator
Stoßdämpfer, vorne/hinten	Gasdruck-Dämpferbeine / Gasdruck-Stoßdämpfer
Lenkung	Kugelumlauf-Servolenkung
Lenkübersetzung	15,44:1 / 3 Lenkradumdrehungen
Bremsanlage	
Bremsanlage	hydraulische Zweikreis-Bremsanlage mit Unterdruck-Bremskraftverstärker und Anti-Blockier-System; Scheibenbremsen vorne und hinten massiv
Feststellbremse	mechanisch (fußbetätigt), auf Hinterräder wirkend
Abmessungen der Bremsscheiben	vorne / hinten 284 x 12 mm / 258 x 9 mm
Allgemeine Daten	
Räder	Stahlblech-Scheibenräder 6 ½ J x 15 H 2 ET 49; auf Wunsch: Leichtmetall-Scheibenräder 6 ½ J x 15 H 2 ET 49 (15 Loch) oder 6 ½ J x 15 H 2 ET 44 (8 Loch); bei Sportfahrwerk: Stahlblech-Scheibenräder 7 J x 15 H 2 ET 42; auf Wunsch: Leichtmetall-Scheibenräder 7 J x 15 H 2 ET 41 (8 und 15 Loch)
Reifen	195/65 R 15 91 T; bei Sportfahrwerk: 205/60 R 15 91 H
Angetriebene Räder	Hinterräder
Kraftübertragung	geteilte Kardanwelle
Radstand	2800 mm
Spur vorne / hinten	1501 / 1491 mm; „Sportline": 1518 / 1509 mm
Länge	4740 mm
Breite	1740 mm
Höhe	1428 mm; „Sportline": 1411 mm
Bodenfreiheit	156 mm; „Sportline": 140 mm
Gepäckraum	520 l; 485 l bei 90 l Tank
Kleinster Wendekreis	11,27 m
Zul. Gesamtgewicht	1910 kg; ab 02.1992: 1960 kg; ab 10.1992: 1970 kg
Zul. Achslast vorne	915 kg; ab 02.1992: 945 kg; ab 10.1992: 955 kg
Zul. Achslast hinten	995 kg; ab 02.1992: 1015 kg
Zuladung	520 kg; ab 02.1992: 570 kg
Zul. Anhängelast gebremst	1500 kg
Zul. Anhängelast ungebremst	720 kg; ab 02.1992: 730 kg; ab 10.1992: 750 kg
Zul. Dachlast	100 kg
Zul. Kofferraumzuladung	100 kg
Leergewicht (Wagengewicht) nach Richtlinie DIN 70020 (mit Kraftstoff, Reserverad und Werkzeug)	1390 kg; ab 10.1992: 1400 kg
Luftwiderstand cW Mittelwert x A	0,31 x 2,07 m²; „Sportline": 0,30 x 2,06 m²
Stückzahl	seit 11.1984: 236.811; Stückzahlen bis / ab Modellpflege 09.1989 sind nicht separat dokumentiert
Preise	09.1989: DM 45.144,00 01.1990: DM 46.113,00 10.1990: DM 47.424,00 06.1991: DM 48.792,00 02.1992: DM 50.274,00 10.1992: DM 51.414,00 01.1993: DM 52.382,50

Mercedes-Benz 250 D Turbodiesel

Allgemeine Angaben	
Konstruktionsbezeichnung	W 124 D 25 A
Baumuster	124.128
Produktionszeitraum	09.1989 – 07.1993
Arbeitsverfahren	Viertakt-Diesel mit Vorkammereinspritzung und Abgas-Turbolader; ab 04.1991 auf Wunsch: Abgasreinigungsanlage mit Oxidationskatalysator
Anordnung im Fahrzeug	vorne, längs; stehend
Motoren	
Motor-Typ / -Baumuster	OM 602 D 25 A / 602.962
Zylinderzahl / -anordnung	5 / Reihe; 15° nach rechts geneigt
Bohrung x Hub	87,0 x 84,0 mm
Gesamthubraum	2497 cm³
Verdichtungsverhältnis	22
Kurbelwellenlager	6
Leistung	126 PS / 93 kW bei 4600/min
Drehmoment	231 Nm bei 2800/min
Ventilanordnung / -anzahl	1 Einlass, 1 Auslass / hängend
Ventilsteuerung	obenliegende Nockenwelle, ohc
Nockenwellenantrieb	Duplex-Rollenkette
Gemischbildung	Vorkammereinspritzung, mechanisch geregelte Bosch 5-Stempel-Einspritzpumpe / Abgas-Turbolader
Kühlung	Wasserkühlung / Pumpe; 9 l Wasser
Schmierung	Druckumlauf-Schmierung / 7,5 l Öl
Elektrische Anlage	
Elektr. Anlage	12 V
Batterie	72 Ah; ab 08.1991: 74 Ah / im Motorraum
Generator	Drehstrom / 770 W
Anlasser	elektrisch / 2,2 kW
Zündung	Selbstzünder
Kraftstofftank	70 l, über der Hinterachse; auf Wunsch ab 10.1990: 90 l, über der Hinterachse
Kraftstoff-Förderung	Kolbenpumpe an der Einspritzpumpe
Getriebe	
Getriebe	5-Gang-Schaltgetriebe
Verfügbarkeit	Serie
Getriebe-Typ / -Baumuster	GL 76/27 H-5 / 717.437
Schaltung	Mittelschaltung
Kupplung	Einscheiben-Trockenkupplung
Getriebeart	Zahnrad-Wechselgetriebe
Synchronisierte Gänge	I – V
Getriebe-Übersetzung	I. 3,86; II. 2,18; III. 1,38; IV. 1,0; V. 0,75; R. 4,22
Achsantriebsübersetzung	3,46
Höchstgeschwindigkeit	198 km/h
Beschleunigung 0-100 km/h[1]	12,3 s
Kraftstoffverbrauch	5,6 / 7,4 / 9,6 l; nach Richtlinie 80/1268/EWG; Werte für 90 km/h / 120 km/h / Stadtzyklus
Getriebe	4-Gang-Automatikgetriebe
Verfügbarkeit	auf Wunsch
Getriebe-Typ / -Baumuster	W 4 A 020 / 722.418
Schaltung	Wählhebel in Wagenmitte
Kupplung	hydraulischer Drehmomentwandler im Automatikgetriebe
Getriebeart	Planetengetriebe
Getriebe-Übersetzung	I. 4,25; II. 2,41; III. 1,49; IV. 1,0; R. 5,67
Achsantriebsübersetzung	2,65
Höchstgeschwindigkeit	195 km/h
Beschleunigung 0-100 km/h[1]	12,3 s
Kraftstoffverbrauch	6,0 / 7,9 / 9,2 l; nach Richtlinie 80/1268/EWG; Werte für 90 km/h / 120 km/h / Stadtzyklus
Tragstruktur und Fahrwerk	
Rahmenausführung	selbsttragende Ganzstahlkarosserie
Radaufhängung, vorne	Dreiecksquerlenker / Dämpferbein
Radaufhängung, hinten	Raumlenkerachse, auf Wunsch mit hydropneumatischer Niveau-Regulierung
Federung, vorne	Schraubenfedern, Drehstab-Stabilisator
Federung, hinten	Schraubenfedern, Drehstab-Stabilisator
Stoßdämpfer, vorne/hinten	Gasdruck-Dämpferbeine / Gasdruck-Stoßdämpfer
Lenkung	Kugelumlauf-Servolenkung
Lenkübersetzung	15,44:1 / 3 Lenkradumdrehungen
Bremsanlage	
Bremsanlage	hydraulische Zweikreis-Bremsanlage mit Unterdruck-Bremskraftverstärker und Anti-Blockier-System; Scheibenbremsen vorne innenbelüftet und hinten massiv
Feststellbremse	mechanisch (fußbetätigt), auf Hinterräder wirkend
Durchmesser Bremsscheiben	vorne / hinten 284 x 22 / 258 x 9 mm
Allgemeine Daten	
Räder	Stahlblech-Scheibenräder 6 ½ J x 15 H 2 ET 49; auf Wunsch: Leichtmetall-Scheibenräder: 6 ½ J x 15 H 2 ET 49 (15 Loch) oder 6 ½ J x 15 H 2 ET 44 (8 Loch); bei Sportfahrwerk: Stahlblech-Scheibenräder 7 J x 15 H 2 ET 42; auf Wunsch: Leichtmetall-Scheibenräder 7 J x 15 ET 41 (8 oder 15 Loch)
Reifen	195/65 R 15 91 H; bei Sportfahrwerk: 205/60 R 15 91 H
Angetriebene Räder	Hinterräder
Kraftübertragung	geteilte Kardanwelle
Radstand	2800 mm
Spur vorne / hinten	1501 / 1491 mm; „Sportline“: 1518 / 1509 mm
Länge	4740 mm
Breite	1740 mm
Höhe	1428 mm; „Sportline“: 1411 mm
Bodenfreiheit	148 mm; „Sportline“: 134 mm
Gepäckraum	520 l; 485 l mit 90 l Tank
Kleinster Wendekreis	11,27 m
Zul. Gesamtgewicht	1960 kg; ab 02.1992: 2010 kg
Zul. Achslast vorne	955 kg; ab 02.1992: 985 kg
Zul. Achslast hinten	1005 kg; ab 02.1992: 1025 kg
Zuladung	520 kg; ab 02.1992: 570 kg
Zul. Anhängelast gebremst	1900 kg
Zul. Anhängelast ungebremst	750 kg
Zul. Dachlast	100 kg
Zul. Kofferraumzuladung	100 kg
Leergewicht (Wagengewicht) nach Richtlinie DIN 70020 (mit Kraftstoff, Reserverad und Werkzeug)	1440 kg
Luftwiderstand cW Mittelwert x A	0,31 x 2,06 m²; „Sportline“: 0,30 x 2,05 m²
Stückzahl	ab 03.1988 – 06.1995: 48.876; Stückzahlen bis / ab Modellpflegen 09.1989 und 06.1993 sind nicht separat dokumentiert
Preise	09.1989: DM 51.984,00 01.1990: DM 53.067,00 10.1990: DM 54.549,00 06.1991: DM 56.088,00 10.1992: DM 57.228,00 01.1993: DM 57.730,00

Mercedes-Benz 300 D	
Allgemeine Angaben	
Konstruktionsbezeichnung	W 124 D 30
Baumuster	124.130
Produktionszeitraum	09.1989 – 07.1993
Arbeitsverfahren	Viertakt-Diesel mit Vorkammereinspritzung; ab 10.1990 auf Wunsch: Abgasreinigungsanlage mit Oxidationskatalysator
Anordnung im Fahrzeug	vorne, längs; stehend
Motoren	
Motor-Typ / -Baumuster	OM 603 D 30 / 603.912
Zylinderzahl / -anordnung	6 / Reihe; 15° nach rechts geneigt
Bohrung x Hub	87,0 x 84,0 mm
Gesamthubraum	2996 cm³
Verdichtungsverhältnis	22
Kurbelwellenlager	7
Leistung	113 PS / 83 kW bei 4600/ min; 110 PS / 81 kW bei 4600/min (Oxikat)
Drehmoment	191 Nm bei 2800-3050/min
Ventilanordnung / -anzahl	1 Einlass, 1 Auslass / hängend
Ventilsteuerung	obenliegende Nockenwelle, ohc
Nockenwellenantrieb	Duplex-Rollenkette
Gemischbildung	Vorkammereinspritzung, mechanisch geregelte Bosch 6-Stempel-Einspritzpumpe
Kühlung	Wasserkühlung / Pumpe; 9 l Wasser
Schmierung	Druckumlauf-Schmierung / 7,5 l Öl
Elektrische Anlage	
Elektr. Anlage	12 V
Batterie	72 Ah; ab 08.1991: 74 Ah / im Motorraum
Generator	Drehstrom / 770 W
Anlasser	elektrisch / 2,2 kW
Zündung	Selbstzünder
Kraftstofftank	70 l, über der Hinterachse; ab 10.1990 auf Wunsch: 90 l, über der Hinterachse
Kraftstoff-Förderung	Kolbenpumpe an der Einspritzpumpe
Getriebe	
Getriebe	5-Gang-Schaltgetriebe
Verfügbarkeit	Serie
Getriebe-Typ / -Baumuster	GL 76 /27 D-5 / 717.433
Schaltung	Mittelschaltung
Kupplung	Einscheiben-Trockenkupplung
Getriebeart	Zahnrad-Wechselgetriebe
Synchronisierte Gänge	I – V
Getriebe-Übersetzung	I. 3,86; II. 2,18; III. 1,38; IV. 1,0; V. 0,80; R. 4,22
Achsantriebsübersetzung	3,46
Höchstgeschwindigkeit	190 km/h
Beschleunigung 0-100 km/h[1]	13,7 s
Kraftstoffverbrauch	5,4 / 7,0 / 9,8 l; nach Richtlinie 80/1268/EWG; Werte für 90 km/h / 120 km/h / Stadtzyklus
Getriebe	4-Gang-Automatikgetriebe
Verfügbarkeit	auf Wunsch
Getriebe-Typ / -Baumuster	W 4 A 040 / 722.415
Schaltung	Wählhebel in Wagenmitte
Kupplung	hydraulischer Drehmomentwandler im Automatikgetriebe
Getriebeart	Planetengetriebe
Getriebe-Übersetzung	I. 4,25; II. 2,41; III. 1,49; IV. 1,0; R. 5,67
Achsantriebsübersetzung	2,87
Höchstgeschwindigkeit	185 km/h
Beschleunigung 0-100 km/h[1]	14,1 s
Kraftstoffverbrauch	6,2 / 7,9 / 9,3 l; nach Richtlinie 80/1268/EWG; Werte für 90 km/h / 120 km/h / Stadtzyklus
Tragstruktur und Fahrwerk	
Rahmenausführung	selbsttragende Ganzstahlkarosserie
Radaufhängung, vorne	Dreiecksquerlenker / Dämpferbein
Radaufhängung, hinten	Raumlenkerachse, auf Wunsch mit hydropneumatischer Niveau-Regulierung
Federung, vorne	Schraubenfedern, Drehstab-Stabilisator
Federung, hinten	Schraubenfedern, Drehstab-Stabilisator
Stoßdämpfer, vorne/hinten	Gasdruck-Dämpferbeine / Gasdruck-Stoßdämpfer
Lenkung	Kugelumlauf-Servolenkung
Lenkübersetzung	15,44:1 / 3 Lenkradumdrehungen

Bremsanlage	
Bremsanlage	hydraulische Zweikreis-Bremsanlage mit Unterdruck-Bremskraftverstärker und Anti-Blockier-System; Scheibenbremsen vorne und hinten massiv
Feststellbremse	mechanisch (fußbetätigt), auf Hinterräder wirkend
Abmessungen der Bremsscheiben	vorne / hinten 284 x 12 mm / 258 x 9 mm
Allgemeine Daten	
Räder	Stahlblech-Scheibenräder 6 ½ J x 15 H 2 ET 49; auf Wunsch: Leichtmetall-Scheibenräder 6 ½ J x 15 H 2 ET 49 (15 Loch) oder 6 ½ J x 15 H 2 ET 44 (8 Loch); bei Sportfahrwerk: Stahlblech-Scheibenräder 7 J x 15 H 2 ET 42; auf Wunsch: Leichtmetall-Scheibenräder 7 J x 15 H 2 ET 41 (8 oder 15 Loch)
Reifen	195/65 R 15 91 H; bei Sportfahrwerk: 205/60 R 15 91 H
Angetriebene Räder	Hinterräder
Kraftübertragung	geteilte Kardanwelle
Radstand	2800 mm
Spur vorne / hinten	1501 / 1491 mm; „Sportline“: 1518 / 1509 mm
Länge	4740 mm
Breite	1740 mm
Höhe	1428 mm; „Sportline“; 1411 mm
Bodenfreiheit	148 mm; „Sportline“: 134 mm
Gepäckraum	520 l; 485 l mit 90 l Tank
Kleinster Wendekreis	11,27 m
Zul. Gesamtgewicht	1960 kg; ab 02.1992: 2010 kg; ab 10.1992: 2020 kg
Zul. Achslast vorne	955 kg; ab 02.1992: 985 kg; ab 10.1992: 995 kg
Zul. Achslast hinten	1005 kg; ab 02.1992: 1025 kg
Zuladung	520 kg; ab 02.1992: 570 kg
Zul. Anhängelast gebremst	1900 kg
Zul. Anhängelast ungebremst	740 kg; ab 02.1992: 750 kg
Zul. Dachlast	100 kg
Zul. Kofferraumzuladung	100 kg
Leergewicht (Wagengewicht) nach Richtlinie DIN 70020 (mit Kraftstoff, Reserverad und Werkzeug)	1440 kg; ab 10.1992: 1450 kg
Luftwiderstand cW Mittelwert x A	–
Stückzahl	seit 03.1984: 131.647; Stückzahlen bis / ab Modellpflege 09.1989 sind nicht separat dokumentiert
Preise	09.1989: DM 49.134,00 01.1990: DM 50.217,00 10.1990: DM 51.642,00 06.1991: DM 53.124,00 02.1992: DM 54.720,00 10.1992: DM 55.746,00 01.1993: DM 56.810,00

Mercedes-Benz 300 D 4MATIC

Allgemeine Angaben	
Konstruktionsbezeichnung	W 124 D 30 4-M
Baumuster	124.330
Produktionszeitraum	09.1989 – 06.1991
Arbeitsverfahren	Viertakt-Diesel mit Vorkammereinspritzung; ab 10.1990 auf Wunsch: Abgasreinigungsanlage mit Oxidationskatalysator
Anordnung im Fahrzeug	vorne, längs; stehend
Motoren	
Motor-Typ / -Baumuster	OM 603 D 30 / 603.913
Zylinderzahl / -anordnung	6 / Reihe; 15° nach rechts geneigt
Bohrung x Hub	87,0 x 84,0 mm
Gesamthubraum	2996 cm³
Verdichtungsverhältnis	22
Kurbelwellenlager	7
Leistung	113 PS / 83 kW bei 4600/min; 110 PS / 81 kW bei 4600/ min (Oxikat)
Drehmoment	191 Nm bei 2800-3050/min
Ventilanordnung / -anzahl	1 Einlass, 1 Auslass / hängend
Ventilsteuerung	obenliegende Nockenwelle, ohc
Nockenwellenantrieb	Duplex-Rollenkette
Gemischbildung	Vorkammereinspritzung, mechanisch geregelte Bosch 6-Stempel-Einspritz-pumpe
Kühlung	Wasserkühlung / Pumpe; 9 l Wasser
Schmierung	Druckumlauf-Schmierung / 8 l Öl
Elektrische Anlage	
Elektr. Anlage	12 V
Batterie	72 Ah / im Motorraum
Generator	Drehstrom / 770 W
Anlasser	elektrisch / 2,2 kW
Zündung	Selbstzünder
Kraftstofftank	70 l, über der Hinterachse; ab 10.1990 auf Wunsch: 90 l, über der Hinterachse
Kraftstoff-Förderung	Kolbenpumpe an der Einspritzpumpe
Getriebe	
Getriebe	5-Gang-Schaltgetriebe
Verfügbarkeit	Serie bis 02.1990
Getriebe-Typ / -Baumuster	GL 76/27-5 / 717.449
Schaltung	Mittelschaltung
Kupplung	Einscheiben-Trockenkupplung
Getriebeart	Zahnrad-Wechselgetriebe
Synchronisierte Gänge	I – V
Getriebe-Übersetzung	I. 3,86; II. 2,18; III. 1,38; IV. 1,0; V. 0,80; R. 4,22
Achsantriebsübersetzung	vorne/hinten: 3,67
Höchstgeschwindigkeit	183 km/h
Beschleunigung 0-100 km/h[1]	15,0 s
Kraftstoffverbrauch	6,1 / 7,9 / 10,6 l; nach Richtlinie 80/1268/EWG; Werte für 90 km/h / 120 km/h / Stadtzyklus
Getriebe	4-Gang-Automatikgetriebe
Verfügbarkeit	auf Wunsch, ab 02.1990 Serie
Getriebe-Typ / -Baumuster	W 4 A 040 / 722.415
Schaltung	Wählhebel in Wagenmitte
Kupplung	hydraulischer Drehmomentwandler im Automatikgetriebe
Getriebeart	Planetengetriebe
Getriebe-Übersetzung	I. 3,87; II. 2,25; III. 1,44; IV. 1,0; R. 5,59
Achsantriebsübersetzung	vorne/hinten: 2,87
Höchstgeschwindigkeit	178 km/h
Beschleunigung 0-100 km/h[1]	16,0 s
Kraftstoffverbrauch	6,8 / 8,5 / 9,9 l; nach Richtlinie 80/1268/EWG; Werte für 90 km/h / 120 km/h / Stadtzyklus
Tragstruktur und Fahrwerk	
Rahmenausführung	selbsttragende Ganzstahlkarosserie
Radaufhängung, vorne	Dreiecksquerlenker / Dämpferbein
Radaufhängung, hinten	Raumlenkerachse, auf Wunsch mit hydropneumatischer Niveau-Regulierung
Federung, vorne	Schraubenfedern, Drehstab-Stabilisator
Federung, hinten	Schraubenfedern, Drehstab-Stabilisator
Stoßdämpfer, vorne/hinten	Gasdruck-Dämpferbeine / Gasdruck-Stoßdämpfer
Lenkung	Kugelumlauf-Servolenkung
Lenkübersetzung	13,21:1 / 3 Lenkradumdrehungen
Bremsanlage	
Bremsanlage	hydraulische Zweikreis-Bremsanlage mit Unterdruck-Bremskraftverstärker und Anti-Blockier-System; Scheibenbremsen vorne innenbelüftet und hinten massiv Feststellbremse mechanisch (fußbetätigt), auf Hinterräder wirkend
Abmessungen der Bremsscheiben	vorne/hinten 284 x 22 mm / 258 x 9 mm
Allgemeine Daten	
Räder	Stahlblech-Scheibenräder 6 ½ J x 15 H 2 ET 49; auf Wunsch: Leichtmetall-Scheibenräder 6 ½ J x 15 H 2 ET 49 (15 Loch) oder 6 ½ J x 15 H 2 ET 44 (8 Loch)
Reifen	195/65 R 15 91 T
Angetriebene Räder	Allrad-Antrieb 4MATIC: permanenter Antrieb auf die Hinterräder; bei Bedarf automatisch zuschaltender Antrieb auf die Vorderräder
Kraftübertragung	vom Verteilergetriebe über einteilige Gelenkwelle auf Vorderachs-Differenzial und über zweiteilige Gelenkwelle auf Hinterachs-Differenzial (Kraftverteilung 35 % vorne, 65 % hinten)
Radstand	2800 mm
Spur vorne / hinten	1497 / 1485 mm
Länge	4740 mm
Breite	1740 mm
Höhe	1450 mm
Bodenfreiheit	173 mm
Gepäckraum	520 l; 485 l mit 90 l Tank
Kleinster Wendekreis	12,15 m
Zul. Gesamtgewicht	2090 kg
Zul. Achslast vorne	1060 kg
Zul. Achslast hinten	1030 kg
Zuladung	520 kg
Zul. Anhängelast gebremst	1900 kg
Zul. Anhängelast ungebremst	750 kg
Zul. Dachlast	100 kg
Zul. Kofferraumzuladung	100 kg
Leergewicht (Wagengewicht) nach Richtlinie DIN 70020 (mit Kraftstoff, Reserverad und Werkzeug)	1570 kg
Luftwiderstand Mittelwert cW x A	–
Stückzahl	seit 12.1985: 1485; Stückzahlen bis / ab Modellpflege 09.1989 sind nicht separat dokumentiert
Preise	09.1989: DM 61.731,00 (mit Schaltgetriebe) 01.1990: DM 63.099,00 (mit Schaltgetriebe) 02.1990: DM 66.063,00 (mit Automatikgetriebe) 10.1990: DM 67.944,00 (mit Automatikgetriebe)

Mercedes-Benz 300 D Turbodiesel	
Allgemeine Angaben	
Konstruktionsbezeichnung	W 124 D 30 A
Baumuster	124.133
Produktionszeitraum	09.1989 – 07.1993
Arbeitsverfahren	Viertakt-Diesel mit Vorkammereinspritzung und Abgas-Turbolader; ab 04.1991 auf Wunsch: Abgasreinigungsanlage mit Oxidationskatalysator
Anordnung im Fahrzeug	vorne, längs; stehend
Motoren	
Motor-Typ / -Baumuster	OM 603 D 30 A / 603.960
Zylinderzahl / -anordnung	6 / Reihe; 15° nach rechts geneigt
Bohrung x Hub	87,0 x 84,0 mm
Gesamthubraum	2996 cm^3
Verdichtungsverhältnis	22
Kurbelwellenlager	7
Leistung	147 PS / 108 kW bei 4600/min
Drehmoment	273 Nm bei 2400/min
Ventilanordnung / -anzahl	1 Einlass, 1 Auslass / hängend
Ventilsteuerung	obenliegende Nockenwelle, ohc
Nockenwellenantrieb	Duplex-Rollenkette
Gemischbildung	Vorkammereinspritzung, mechanisch geregelte Bosch 6-Stempel-Einspritz-pumpe / Abgas-Turbolader
Kühlung	Wasserkühlung / Pumpe; 10 l Wasser
Schmierung	Druckumlauf-Schmierung / 8 l Öl
Elektrische Anlage	
Elektr. Anlage	12 V
Batterie	72 Ah; ab 08.1991: 74 Ah / im Motorraum
Generator	Drehstrom / 1120 W
Anlasser	elektrisch / 2,2 kW
Zündung	Selbstzünder
Kraftstofftank:	70 l, über der Hinterachse; ab 10.1990 auf Wunsch: 90 l, über der Hinterachse
Kraftstoff-Förderung	Kolbenpumpe an der Einspritzpumpe
Getriebe	
Getriebe	4-Gang-Automatikgetriebe
Verfügbarkeit	Serie
Getriebe-Typ / Baumuster	W 4 A 040 / 722.357
Schaltung	Wählhebel in Wagenmitte
Kupplung	hydraulischer Drehmomentwandler im Automatikgetriebe
Getriebeart	Planetengetriebe
Getriebe-Übersetzung	I. 3,87; II. 2,25; III. 1,44; IV. 1,0; R. 5,59
Achsantriebsübersetzung	2,65
Höchstgeschwindigkeit	202 km/h
Beschleunigung 0-100 km/h[1]	10,9 s
Kraftstoffverbrauch	6,2 / 8,1 / 9,3 l; nach Richtlinie 80/1268/EWG; Werte für 90 km/h / 120km/h / Stadtzyklus
Tragstruktur und Fahrwerk	
Rahmenausführung	selbsttragende Ganzstahlkarosserie
Radaufhängung, vorne	Dreiecksquerlenker / Dämpferbein
Radaufhängung, hinten	Raumlenkerachse, auf Wunsch mit hydropneumatischer Niveau-Regulierung
Federung, vorne	Schraubenfedern, Drehstab-Stabilisator
Federung, hinten	Schraubenfedern, Drehstab-Stabilisator
Stoßdämpfer, vorne/hinten	Gasdruck-Dämpferbeine / Gasdruck-Stoßdämpfer
Lenkung	Kugelumlauf-Servolenkung
Lenkübersetzung	15,44:1 / 3 Lenkradumdrehungen
Bremsanlage	
Bremsanlage	hydraulische Zweikreis-Bremsanlage mit Unterdruck-Bremskraftverstärker und Anti-Blockier-System; Scheibenbremsen vorne innenbelüftet und hinten massiv
Feststellbremse	mechanisch (fußbetätigt), auf Hinterräder wirkend
Abmessungen der Bremsscheiben	vorne/hinten 284 x 22 mm / 258 x 9 mm
Allgemeine Daten	
Räder	Stahlblech-Scheibenräder 6 ½ J x 15 H 2 ET 49; auf Wunsch: Leichtmetall-Scheibenräder 6 ½ J x 15 H 2 ET 49 (15 Loch) oder 6 ½ J H 2 x 15 ET 44 (8 Loch); bei Sportfahrwerk: Stahlblech-Scheibenräder 7 J x 15 H 2 ET 42; auf Wunsch: Leichtmetall-Scheibenräder: 7 J x 15 H 2 ET 41 (8 oder 15 Loch)
Reifen	195/65 R 15 91 H; bei Sportfahrwerk: 205/60 R 15 91 H
Angetriebene Räder	Hinterräder
Kraftübertragung	geteilte Kardanwelle
Radstand	2800 mm
Spur vorne / hinten	1501 / 1491 mm; „Sportline“: 1518 / 1509 mm
Länge	4740 mm
Breite	1740 mm
Höhe	1428 mm; „Sportline“: 1411 mm
Bodenfreiheit	148 mm; „Sportline“: 134 mm
Gepäckraum	520 l; 485 l mit 90 l Tank
Kleinster Wendekreis	11,27 m
Zul. Gesamtgewicht	2010 kg; ab 02.1992: 2030 kg
Zul. Achslast vorne	1005 kg
Zul. Achslast hinten	1005 kg: ab 02.1992: 1025 kg
Zuladung	520 kg; ab 02.1992: 540 kg
Zul. Anhängelast gebremst	1900 kg
Zul. Anhängelast ungebremst	750 kg
Zul. Dachlast	100 kg
Zul. Kofferraumzuladung	100 kg
Leergewicht (Wagengewicht) nach Richtlinie DIN 70020 (mit Kraft-stoff, Reserverad und Werkzeug)	1490 kg
Luftwiderstand cW Mittelwert x A	0,31 x 2,07 m^2
Stückzahl	05.1985 – 06.1995: 38.908; Stückzahlen bis / ab Modellpflegen 09.1989 und 06.1993 sind nicht separat dokumentiert
Preise	09.1989: DM 59.451,00 01.1990: DM 60.819,00 10.1990: DM 62.529,00 06.1991: DM 64.353,00 10.1992: DM 65.379,00 01.1993: DM 66.815,00

VORTEILE

PP 1.0.5

Produktinformationen für die Mercedes-Benz-Vertriebsorganisation

300 D TURBO/300 D TURBO 4MATIC
Dieselmotor OM 603 A

Produktmerkmale

- 6-Zylinder-Reihenmotor mit Abgas-Turbolader
- MB-Vorkammerverfahren
- Reiheneinspritzpumpe
- elektronische Leerlaufregelung
- Kraftstoffvorwärmung
- Leichtmetallzylinderkopf
- Querstromprinzip
- Tassenstößel mit hydraulischem Ventilspielaus-gleich
- 7fach gelagerte Kurbelwelle mit optimalem Massen-ausgleich
- obenliegende Nockenwelle mit Doppelhülsenkette
- Kolbenölkühlung
- Motorölkühler
- Visco-Lüfterkupplung
- Einriementrieb mit automatischer Nachspannung
- stehender Ölfilter und Ölabsaugung von oben
- Motorölstandüberwachung
- hydraulisch gedämpfte Motorlager vorn
- fahrzeuggetragene Triebwerk-Kapsel
- serienmäßig Wandler-4-Gang-Automatik-Getriebe
- „Ansaug-Kiemen“ im rechten vorderen Kotflügel

siehe auch PP 1.3.2 Triebwerk-Kapselung
siehe auch PP 2.2.1 Getriebe – Wandler-4-Gang-Automatik
siehe auch PP 3.4.4 Automatisch schaltender Vierradantrieb – 4MATIC

Mercedes-Benz 300 D Turbodiesel 4MATIC	
Allgemeine Angaben	
Konstruktionsbezeichnung	W 124 D 30 A 4-M
Baumuster	124.333
Produktionszeitraum	09.1989 – 07.1993
Arbeitsverfahren	Viertakt-Diesel mit Vorkammereinspritzung und Abgas-Turbolader; ab 04.1991 auf Wunsch: Abgasreinigungsanlage mit Oxidationskatalysator
Anordnung im Fahrzeug	vorne, längs; stehend
Motoren	
Motor-Typ / -Baumuster	OM 603 D 30 A / 603.963
Zylinderzahl / -anordnung	6 / Reihe; 15° nach rechts geneigt
Bohrung x Hub	87,0 x 84,0 mm
Gesamthubraum	2996 cm³
Verdichtungsverhältnis	22
Kurbelwellenlager	7
Leistung	147 PS / 108 kW bei 4600/min
Drehmoment	273 Nm bei 2400/min
Ventilanordnung / -anzahl	1 Einlass, 1 Auslass / hängend
Ventilsteuerung	obenliegende Nockenwelle, ohc
Nockenwellenantrieb	Duplex-Rollenkette
Gemischbildung	Vorkammereinspritzung, mechanisch geregelte Bosch 6-Stempel-Einspritzpumpe / Abgas-Turbolader
Kühlung	Wasserkühlung / Pumpe; 10 l Wasser
Schmierung	Druckumlauf-Schmierung / 8 l Öl
Elektrische Anlage	
Elektr. Anlage	12 V
Batterie	72 Ah; ab 08.1991: 74 Ah / im Motorraum
Generator	Drehstrom / 1120 W
Anlasser	elektrisch / 2,2 kW
Zündung	Selbstzünder
Kraftstofftank:	70 l, über der Hinterachse; ab 10.1990 auf Wunsch: 90 l, über der Hinterachse
Kraftstoff-Förderung	Kolbenpumpe an der Einspritzpumpe
Getriebe	
Getriebe	4-Gang-Automatikgetriebe
Verfügbarkeit	Serie
Getriebe-Typ / -Baumuster	W 4 A 040 / 722.344
Schaltung	Wählhebel in Wagenmitte
Kupplung	hydraulischer Drehmomentwandler im Automatikgetriebe
Getriebeart	Planetengetriebe
Getriebe-Übersetzung	I. 3,87; II. 2,25; III. 1,44; IV. 1,0; R. 5,59
Achsantriebsübersetzung	vorne/hinten: 2,65
Höchstgeschwindigkeit	198 km/h
Beschleunigung 0-100 km/h[1]	11,8 s
Kraftstoffverbrauch	7,0 / 8,7 / 10,4 l; nach Richtlinie 80/1268/EWG; Werte für 90 km/h / 120 km/h / Stadtzyklus
Tragstruktur und Fahrwerk	
Rahmenausführung	selbsttragende Ganzstahlkarosserie
Radaufhängung, vorne	Dreiecksquerlenker / Dämpferbein
Radaufhängung, hinten	Raumlenkerachse, auf Wunsch mit hydropneumatischer Niveau-Regulierung
Federung, vorne	Schraubenfedern, Drehstab-Stabilisator
Federung, hinten	Schraubenfedern, Drehstab-Stabilisator
Stoßdämpfer, vorne/hinten	Gasdruck-Dämpferbeine / Gasdruck-Stoßdämpfer
Lenkung	Kugelumlauf-Servolenkung
Lenkübersetzung	13,21:1 / 3 Lenkradumdrehungen
Bremsanlage	
Bremsanlage	hydraulische Zweikreis-Bremsanlage mit Unterdruck-Bremskraftverstärker und Anti-Blockier-System; Scheibenbremsen vorne innenbelüftet und hinten massiv
Feststellbremse	mechanisch (fußbetätigt), auf Hinterräder wirkend
Abmessungen der Bremsscheiben	vorne/hinten 284 m / 258 mm
Allgemeine Daten	
Räder	Stahlblech-Scheibenräder 6 ½ J x 15 H 2 ET 49; auf Wunsch: Leichtmetall-Scheibenräder 6 ½ J x 15 H 2 ET 49 (15 Loch) oder 6 ½ J x 15 H 2 ET 44 (8 Loch)
Reifen	195/65 R 15 91 H
Angetriebene Räder	Allrad-Antrieb 4MATIC: permanenter Antrieb auf die Hinterräder; bei Bedarf automatisch zuschaltender Antrieb auf die Vorderräder
Kraftübertragung	vom Verteilergetriebe über einteilige Gelenkwelle auf Vorderachs-Differenzial und über zweiteilige Gelenkwelle auf Hinterachs-Differenzial (Kraftverteilung 35 % vorne, 65 % hinten)
Radstand	2800 mm
Spur vorne / hinten	1497 / 1485 mm
Länge	4740 mm
Breite	1740 mm
Höhe	1450 mm
Bodenfreiheit	173 mm
Gepäckraum	520 l; 485 l mit 90 l Tank
Kleinster Wendekreis	12,15 m
Zul. Gesamtgewicht	2130 kg; ab 02.1992: 2175 kg
Zul. Achslast vorne	1095 kg; ab 02.1992: 1125 kg
Zul. Achslast hinten	1035 kg; ab 02.1992: 1050 kg
Zuladung	520 kg: ab 02.1992: 565 kg
Zul. Anhängelast gebremst	1900 kg
Zul. Anhängelast ungebremst	750 kg
Zul. Dachlast	100 kg
Zul. Kofferraumzuladung	100 kg
Leergewicht (Wagengewicht) nach Richtlinie DIN 70020 (mit Kraftstoff, Reserverad und Werkzeug)	1610 kg
Luftwiderstand cW Mittelwert x A	0,31 x 2,08 m²
Stückzahl	von 10.1987 – 03.1995: 2136; Stückzahlen bis / ab Modellpflegen 09.1989 und 06.1993 sind nicht separat dokumentiert
Preise	09.1989: DM 72.048,00 01.1990: DM 73.701,00 10.1990: DM 75.810,00 06.1991: DM 78.033,00 10.1992: DM 79.059,00 01.1993: DM 80.845,00

Mercedes-Benz 200	
Allgemeine Angaben	
Konstruktionsbezeichnung	W 124 V 20
Baumuster	124.020
Produktionszeitraum	09.1989 – 06.1990
Arbeitsverfahren	Viertakt-Otto Abgasreinigungsanlage mit geregeltem 3-Wege-Katalysator
Anordnung im Fahrzeug	vorne, längs; stehend
Motoren	
Motor-Typ / -Baumuster	M 102 V 20 / 102.922
Zylinderzahl / -anordnung	4 / Reihe; 15° nach rechts geneigt
Bohrung x Hub	89,0 x 80,2 mm
Gesamthubraum	1996 cm³
Verdichtungsverhältnis	9,1
Kurbelwellenlager	5
Leistung	105 PS / 77 kW bei 5500/min
Drehmoment	158 Nm bei 3500/min
Ventilanordnung / -anzahl	1 Einlass, 1 Auslass / v-förmig hängend
Ventilsteuerung	obenliegende Nockenwelle, ohc
Nockenwellenantrieb	Duplex-Rollenkette
Gemischbildung	1 Fallstrom-Registervergaser Pierburg 2 E-E
Kühlung	Wasserkühlung / Pumpe; 8,5 l Wasser
Schmierung	Druckumlauf-Schmierung / 5 l Öl
Elektrische Anlage	
Elektr. Anlage	12 V
Batterie	62 Ah / im Motorraum
Generator	Drehstrom / 770 W
Anlasser	elektrisch / 1,4 kW
Zündung	elektronische Zündanlage
Kraftstofftank	70 l, über der Hinterachse
Kraftstoff-Förderung	Membranpumpe
Getriebe	
Getriebe	4-Gang-Schaltgetriebe
Verfügbarkeit	Serie
Getriebe-Typ / -Baumuster	GL 68/20 H / 716.217
Schaltung	Mittelschaltung
Kupplung	Einscheiben-Trockenkupplung
Getriebeart	Zahnrad-Wechselgetriebe
Synchronisierte Gänge	I – IV
Getriebe-Übersetzung	I. 3,91; II. 2,17; III. 1,37; IV. 1,0; R. 3,78
Achsantriebsübersetzung	3,46
Höchstgeschwindigkeit	185 km/h
Beschleunigung 0-100 km/h[1]	13,0 s
Kraftstoffverbrauch	7,0 / 8,8 / 11,4 l; nach Richtlinie 80/1268/EWG; Werte für 90 km/h / 120 km/h / Stadtzyklus
Getriebe	5-Gang-Schaltgetriebe
Verfügbarkeit	auf Wunsch
Getriebe-Typ / -Baumuster	GL 68/20 C-5 / 717.412
Schaltung	Mittelschaltung
Kupplung	Einscheiben-Trockenkupplung
Getriebeart	Zahnrad-Wechselgetriebe
Synchronisierte Gänge	I – V
Getriebe-Übersetzung	I. 3,91; II. 2,17; III. 1,37; IV. 1,0; V. 0,81; R. 4,27
Achsantriebsübersetzung	3,46
Höchstgeschwindigkeit	185 km/h
Beschleunigung 0-100 km/h[1]	13,0 s
Kraftstoffverbrauch	6,4 / 8,1 / 11,4 l; nach Richtlinie 80/1268/EWG; Werte für 90 km/h / 120 km/h / Stadtzyklus
Getriebe	4-Gang-Automatikgetriebe
Verfügbarkeit	auf Wunsch
Getriebe-Typ / -Baumuster	W 4 A 020 / 722.411
Schaltung	Wählhebel in Wagenmitte
Kupplung	hydraulischer Drehmomentwandler im Automatikgetriebe
Getriebeart	Planetengetriebe
Getriebe-Übersetzung	I. 4,25; II. 2,41; III. 1,49; IV. 1,0; R. 5,67
Achsantriebsübersetzung	3,46
Höchstgeschwindigkeit	180 km/h
Beschleunigung 0-100 km/h[1]	13,5 s
Kraftstoffverbrauch	7,6 / 9,3 / 11,2 l; nach Richtlinie 80/1268/EWG; Werte für 90 km/h / 120 km/h / Stadtzyklus
Tragstruktur und Fahrwerk	
Rahmenausführung	selbsttragende Ganzstahlkarosserie
Radaufhängung, vorne	Dreiecksquerlenker / Dämpferbein
Radaufhängung, hinten	Raumlenkerachse, auf Wunsch mit hydropneumatischer Niveau-Regulierung
Federung, vorne	Schraubenfedern, Drehstab-Stabilisator
Federung, hinten	Schraubenfedern, Drehstab-Stabilisator
Stoßdämpfer, vorne/hinten	Gasdruck-Dämpferbeine / Gasdruck-Stoßdämpfer
Lenkung	Kugelumlauf-Servolenkung
Lenkübersetzung	15,44:1 / 3 Lenkradumdrehungen
Bremsanlage	
Bremsanlage	hydraulische Zweikreis-Bremsanlage mit Unterdruck-Bremskraftverstärker und Anti-Blockier-System; Scheibenbremsen vorne und hinten massiv
Feststellbremse	mechanisch (fußbetätigt), auf Hinterräder wirkend
Abmessungen Bremsscheiben	vorne / hinten 284 x 12 mm / 258 x 9 mm
Allgemeine Daten	
Räder	Stahlblech-Scheibenräder 6 J x 15 H 2 ET 49; auf Wunsch: Leichtmetall-Scheibenräder 6 J x 15 H 2 ET 49 (15 Loch); bei Sportfahrwerk: Stahlblech-Scheibenräder 7 J x 15 H 2 ET 42; auf Wunsch: Leichtmetall-Scheibenräder 7 J x 15 H 2 ET 41 (8 oder 15 Loch)
Reifen	185/65 R 15 87 H; bei Sportfahrwerk: 205/60 R 15 91 H
Angetriebene Räder	Hinterräder
Kraftübertragung	geteilte Kardanwelle
Radstand	2800 mm
Spur vorne / hinten	1501 / 1491 mm; „Sportline“: 1518 / 1509 mm
Länge	4740 mm
Breite	1740 mm
Höhe	1423 mm; „Sportline“: 1411 mm
Bodenfreiheit	139 mm; „Sportline“: 129 mm
Kleinster Wendekreis	11,27 m
Zul. Gesamtgewicht	1840 kg
Zul. Achslast vorne	865 kg
Zul. Achslast hinten	975 kg
Zuladung	520 kg
Zul. Anhängelast gebremst	1500 kg
Zul. Anhängelast ungebremst	685 kg
Zul. Dachlast	100 kg
Zul. Kofferraumzuladung	100 kg
Leergewicht (Wagengewicht) nach Richtlinie DIN 70020 (mit Kraftstoff, Reserverad und Werkzeug)	1320 kg
Luftwiderstand cW-Mittelwert x A	-
Stückzahl	seit 03.1984: 110.354; Stückzahlen bis / ab Modellpflege 09.1989 sind nicht separat dokumentiert
Preise	09.1989: DM 41.040,00 01.1990: DM 41.952,00

Mercedes-Benz 200 E

Allgemeine Angaben	
Konstruktionsbezeichnung	W 124 E 20
Baumuster	124.021
Produktionszeitraum	09.1989 – 10.1992
Arbeitsverfahren	Viertakt-Otto mit Saugrohreinspritzung und Abgasreinigungsanlage mit geregeltem 3-Wege-Katalysator
Anordnung im Fahrzeug	vorn, längs; stehend
Motoren	
Motor-Typ / -Baumuster	M 102 E 20 / 102.963 KE
Zylinderzahl / -anordnung	4 / Reihe; 15° nach rechts geneigt
Bohrung x Hub	89,0 x 80,2 mm
Gesamthubraum	1996 cm³
Verdichtungsverhältnis	9,1
Kurbelwellenlager	5
Leistung	118 PS / 87 kW bei 5200/min
Drehmoment	172 Nm bei 3500/min
Ventilanordnung / -anzahl	1 Einlass, 1 Auslass / v-förmig hängend
Ventilsteuerung	obenliegende Nockenwelle, ohc
Nockenwellenantrieb	Duplex-Rollenkette
Gemischbildung	Saugrohreinspritzung, mechanisch-elektronisch geregelt (Bosch KE-Jetronic)
Kühlung	Wasserkühlung / Pumpe; 8,5 l Wasser
Schmierung	Druckumlauf-Schmierung / 5 l Öl
Elektrische Anlage	
Elektr. Anlage	12 V
Batterie	62 Ah / im Motorraum
Generator	Drehstrom / 980 W
Anlasser	elektrisch / 1,4 kW
Zündung	elektronische Zündanlage
Kraftstofftank:	70 l, über der Hinterachse; ab 10.1990 auf Wunsch: 90 l, über der Hinterachse
Kraftstoff-Förderung	elektrische Förderpumpe
Getriebe	
Getriebe	4-Gang-Schaltgetriebe
Verfügbarkeit	Serie
Getriebe-Typ / -Baumuster	GL 68/20 H / 716.217
Schaltung	Mittelschaltung
Kupplung	Einscheiben-Trockenkupplung
Getriebeart	Zahnrad-Wechselgetriebe
Synchronisierte Gänge	I – IV
Getriebe-Übersetzung	I. 3,91; II. 2,17; III. 1,37; IV. 1,0; R. 3,78
Achsantriebsübersetzung	3,46
Höchstgeschwindigkeit	193 km/h
Beschleunigung 0-100 km/h[1]	12,0 s
Kraftstoffverbrauch	7,0 / 9,0 / 11,4 l; nach Richtlinie 80/1268/EWG; Werte für 90 km/h / 120 km/h / Stadtzyklus
Getriebe	5-Gang-Schaltgetriebe
Verfügbarkeit	auf Wunsch
Getriebe-Typ / -Baumuster	GL 68/20 C-5 / 717.412
Schaltung	Mittelschaltung
Kupplung	Einscheiben-Trockenkupplung
Getriebeart	Zahnrad-Wechselgetriebe
Synchronisierte Gänge	I – V
Getriebe-Übersetzung	I. 3,91; II. 2,17; III. 1,37; IV. 1,0; V. 0,81; R. 4,27
Achsantriebsübersetzung	3,46
Höchstgeschwindigkeit	193 km/h
Beschleunigung 0-100 km/h[1]	12,0 s
Kraftstoffverbrauch	6,3 / 8,2 / 11,4 l; nach Richtlinie 80/1268/EWG; Werte für 90 km/h / 120 km/h / Stadtzyklus
Getriebe	4-Gang-Automatikgetriebe
Verfügbarkeit	auf Wunsch
Getriebe-Typ / -Baumuster	W 4 A 020 / 722.400
Schaltung	Wählhebel in Wagenmitte
Kupplung	hydraulischer Drehmomentwandler im Automatikgetriebe
Getriebeart	Planetengetriebe
Getriebe-Übersetzung	I. 4,25; II. 2,41; III. 1,49; IV. 1,0; R. 5,67
Achsantriebsübersetzung	3,46
Höchstgeschwindigkeit	188 km/h
Beschleunigung 0-100 km/h[1]	12,3 s
Kraftstoffverbrauch	7,5 / 9,3 / 11,3 l; nach Richtlinie 80/1268/EWG; Werte für 90 km/h / 120 km/h / Stadtzyklus
Tragstruktur und Fahrwerk	
Rahmenausführung	selbsttragende Ganzstahlkarosserie
Radaufhängung, vorne	Dreiecksquerlenker / Dämpferbein
Radaufhängung, hinten	Raumlenkerachse, auf Wunsch mit hydropneumatischer Niveau-Regulierung
Federung, vorne	Schraubenfedern, Drehstab-Stabilisator
Federung, hinten	Schraubenfedern, Drehstab-Stabilisator
Stoßdämpfer, vorne/hinten	Gasdruck-Dämpferbeine / Gasdruck-Stoßdämpfer
Lenkung	Kugelumlauf-Servolenkung
Lenkübersetzung	15,44:1 / 3 Lenkradumdrehungen
Bremsanlage	
Bremsanlage	hydraulische Zweikreis-Bremsanlage mit Unterdruck-Bremskraftverstärker und Anti-Blockier-System; Scheibenbremsen vorne und hinten massiv
Feststellbremse	mechanisch (fußbetätigt), auf Hinterräder wirkend
Abmessungen der Bremsscheiben	vorne / hinten 284 x 12 mm / 258 x 9 mm
Allgemeine Daten	
Räder	Stahlblech-Scheibenräder 6 ½ J x 15 H 2 ET 49; auf Wunsch: Leichtmetall-Scheibenräder 6 ½ J x 15 H 2 ET 49 (15 Loch) oder 6 ½ J x 15 H 2 ET 44 (8 Loch); bei Sportfahrwerk: Stahlblech-Scheibenräder 7 J x 15 H 2 ET 41; auf Wunsch: Leichtmetall-Scheibenräder 7 J x 15 H 2 ET 42
Reifen	195/65 R 15 91 H; bei Sportfahrwerk: 205/60 R 15 91 H
Angetriebene Räder	Hinterräder
Kraftübertragung	geteilte Kardanwelle
Radstand	2800 mm
Spur vorne / hinten	1501 / 1491 mm; „Sportline": 1518 / 1509 mm
Länge	4740 mm
Breite	1740 mm
Höhe	1428 mm; „Sportline": 1411 mm
Bodenfreiheit	144 mm; „Sportline": 130 mm
Gepäckraum	520 l; 485 l mit 90 l Tank
Kleinster Wendekreis	11,27 m
Zul. Gesamtgewicht	1860 kg; ab 02.1992: 1910 kg
Zul. Achslast vorne	875 kg; ab 02.1992: 905 kg
Zul. Achslast hinten	985 kg; ab 02.1992: 1005 kg
Zuladung	520 kg; ab 02.1992: 570 kg
Zul. Anhängelast gebremst	1500 kg
Zul. Anhängelast ungebremst	695 kg; ab 02.1992: 705 kg
Zul. Dachlast	100 kg
Zul. Kofferraumzuladung	100 kg
Leergewicht (Wagengewicht) nach Richtlinie DIN 70020 (mit Kraftstoff, Reserverad und Werkzeug)	1340 kg
Luftwiderstand cW Mittelwert x A	-
Stückzahl	seit 07.1985: 176.660; Stückzahlen bis / ab Modellpflege 09.1989 sind nicht separat dokumentiert
Preise	09.1989: DM 43.434,00 01.1990: DM 44.403,00 10.1990: DM 45.657,00 06.1991: DM 46.911,00 02.1992: DM 48.279,00 02.1989: DM 39.273,00

Mercedes-Benz 200 E	
Allgemeine Angaben	
Konstruktionsbezeichnung	W 124 E 20/2
Baumuster	124.019
Produktionszeitraum	07.1992 / 09.1992 – 07.1993
Arbeitsverfahren	Viertakt-Otto mit Saugrohreinspritzung und Abgasreinigungsanlage mit geregeltem 3-Wege-Katalysator
Anordnung im Fahrzeug	vorne, längs; stehend
Motoren	
Motor-Typ / -Baumuster	M 111 E 20 / 111.940 PMS
Zylinderzahl / -anordnung	4 / Reihe; 15° nach rechts geneigt
Bohrung x Hub	89,9 x 78,7 mm
Gesamthubraum	1998 cm³
Verdichtungsverhältnis	9,6
Kurbelwellenlager	5
Leistung	136 PS / 100 kW bei 5500/min
Drehmoment	190 Nm bei 4000/min
Ventilanordnung / -anzahl	2 Einlass, 2 Auslass / v-förmig hängend
Ventilsteuerung	2 obenliegende Nockenwellen, dohc
Nockenwellenantrieb	Duplex-Rollenkette
Gemischbildung	mikroprozessorgesteuerte Einspritzanlage mit Drucksensor (P-Motor-steuerung)
Kühlung	Wasserkühlung / Pumpe; 8,5 l Wasser
Schmierung	Druckumlauf-Schmierung / 5,8 l Öl
Elektrische Anlage	
Elektr. Anlage	12 V
Batterie	62 Ah / im Motorraum
Generator	Drehstrom / 980 W
Anlasser	elektrisch / 1,4 kW
Zündung	Zünd-Kennfeld-Steuerung
Kraftstofftank:	70 l, über der Hinterachse; auf Wunsch: 90 l, über der Hinterachse
Kraftstoff-Förderung	elektrische Förderpumpe
Getriebe	
Getriebe	5-Gang-Schaltgetriebe
Verfügbarkeit	Serie
Getriebe-Typ / -Baumuster	GL 68/20 C-5 / 717.412
Schaltung	Mittelschaltung
Kupplung	Einscheiben-Trockenkupplung
Getriebeart	Zahnrad-Wechselgetriebe
Synchronisierte Gänge	I – V
Getriebe-Übersetzung	I. 3,91; II. 2,17; III. 1,37; IV. 1,0; V. 0,81; R. 4,27
Achsantriebsübersetzung	3,67
Höchstgeschwindigkeit	200 km/h
Beschleunigung 0-100 km/h[1]	11,5 s
Kraftstoffverbrauch	6,6 / 8,0 / 11,3 l; nach Richtlinie 80/1268/WG; Werte für 90 km/h / 120 km/h / Stadtzyklus
Getriebe	4-Gang-Automatikgetriebe
Verfügbarkeit	auf Wunsch
Getriebe-Typ / -Baumuster	W 4 A 020 / 722.400
Schaltung	Wählhebel in Wagenmitte
Kupplung	hydraulischer Drehmomentwandler im Automatikgetriebe
Getriebeart	Planetengetriebe
Getriebe-Übersetzung	I. 4,25; II. 2,41; III. 1,49; IV. 1,0; R. 5,67
Achsantriebsübersetzung	3,27
Höchstgeschwindigkeit	195 km/h
Beschleunigung 0-100 km/h[1]	12,0 s
Kraftstoffverbrauch	7,0 / 8,6 / 11,4 l; nach Richtlinie 80/1268/EWG; Werte für 90 km/h / 120 km/h / Stadtzyklus
Tragstruktur und Fahrwerk	
Rahmenausführung	selbsttragende Ganzstahlkarosserie
Radaufhängung, vorne	Dreiecksquerlenker / Dämpferbein
Radaufhängung, hinten	Raumlenkerachse, auf Wunsch mit hydropneumatischer Niveau-Regulierung
Federung, vorne	Schraubenfedern, Drehstab-Stabilisator
Federung, hinten	Schraubenfedern, Drehstab-Stabilisator
Stoßdämpfer, vorne/hinten	Gasdruck-Dämpferbeine / Gasdruck-Stoßdämpfer
Lenkung	Kugelumlauf-Servolenkung
Lenkübersetzung	15,44:1 / 3 Lenkradumdrehungen
Bremsanlage	
Bremsanlage	hydraulische Zweikreis-Bremsanlage mit Unterdruck-Bremskraftverstärker und Anti-Blockier-System; Scheibenbremsen vorne innenbelüftet und hinten massiv
Feststellbremse	mechanisch (fußbetätigt), auf Hinterräder wirkend
Abmessungen der Bremsscheiben	vorne / hinten 284 x 22 mm / 258 x 9 mm
Allgemeine Daten	
Räder	Stahlblech-Scheibenräder 6 ½ J x 15 H 2 ET 49; auf Wunsch: Leichtmetall-Scheibenräder 6 ½ J x 15 H 2 ET 49 (15 Loch) oder 6 ½ J x 15 H 2 ET 44 (8 Loch); bei Sportfahrwerk: Stahlblech-Scheibenräder: 7 J x 15 H 2 ET 42; auf Wunsch: Leichtmetall-Scheibenräder 7 J x 15 H 2 ET 41 (8 oder 15 Loch)
Reifen	195/65 R 15 91 H; bei Sportfahrwerk: 205/60 R 15 91 H
Angetriebene Räder	Hinterräder
Kraftübertragung	geteilte Kardanwelle
Radstand	2800 mm
Spur vorne / hinten	1501 / 1491 mm; „Sportline": 1518 / 1509 mm
Länge	4740 mm
Breite	1740 mm
Höhe	1428 mm: „Sportline": 1411 mm
Bodenfreiheit	144 mm; „Sportline": 130 mm
Gepäckraum	520 l; 485 l mit 90 l Tank
Kleinster Wendekreis	11,27 m
Zul. Gesamtgewicht	1930 kg
Zul. Achslast vorne	915 kg
Zul. Achslast hinten	1015 kg
Zuladung	570 kg
Zul. Anhängelast gebremst	1900 kg
Zul. Anhängelast ungebremst	715 kg
Zul. Dachlast	100 kg
Zul. Kofferraumzuladung	100 kg
Leergewicht (Wagengewicht) nach Richtlinie DIN 70020 (mit Kraft-stoff, Reserverad und Werkzeug)	1360 kg
Luftwiderstand cW-Mittelwert x A	-
Stückzahl	bis 08.1995: 82.588; Stückzahlen bis / ab Modellpflege 06.1993 sind nicht separat dokumentiert
Preise	10.1992: DM 49.989,00 01.1993: DM 50.427,50

Mercedes-Benz 220 E	
Allgemeine Angaben	
Konstruktionsbezeichnung	W 124 E 22
Baumuster	124.022
Produktionszeitraum	05.1992 / 09.1992 – 07.1993
Arbeitsverfahren	Viertakt-Otto mit Saugrohreinspritzung und Abgasreinigungsanlage mit geregeltem 3-Wege-Katalysator
Anordnung im Fahrzeug	vorne, längs; stehend
Motoren	
Motor-Typ / -Baumuster	M 111 E 22 / 111.960 HFM
Zylinderzahl / -anordnung	4 / Reihe; 15° nach rechts geneigt
Bohrung x Hub	89,9 x 86,6 mm
Gesamthubraum	2199 cm³
Verdichtungsverhältnis	10
Kurbelwellenlager	5
Leistung	150 PS / 110 kW bei 5500/min
Drehmoment / bei	210 Nm bei 4000/min
Ventilanordnung / -anzahl	2 Einlass, 2 Auslass / v-förmig hängend
Ventilsteuerung	2 obenliegende Nockenwellen, dohc, Einlass-Nockenwelle verstellbar
Nockenwellenantrieb	Duplex-Rollenkette
Gemischbildung	mikroprozessorgesteuerte Einspritzanlage mit Heißfilm-Luftmassenmessung (HFM)
Kühlung	Wasserkühlung / Pumpe; 8,5 l Wasser
Schmierung	Druckumlauf-Schmierung / 5,8 l Öl
Elektrische Anlage	
Elektr. Anlage	12 V
Batterie	62 Ah / im Motorraum
Generator	Drehstrom / 980 W
Anlasser	elektrisch / 1,4 kW
Zündung	Zünd-Kennfeld-Steuerung
Kraftstofftank:	70 l, über der Hinterachse; auf Wunsch: 90 l, über der Hinterachse
Kraftstoff-Förderung	elektrische Förderpumpe
Getriebe	
Getriebe	5-Gang-Schaltgetriebe
Verfügbarkeit	Serie
Baumuster	717.413
Schaltung	Mittelschaltung
Kupplung	Einscheiben-Trockenkupplung
Getriebeart	Zahnrad-Wechselgetriebe
Synchronisierte Gänge	I – V
Getriebe-Übersetzung	I. 3,91; II. 2,17; III. 1,37; IV. 1,0; V. 0,81; R. 4,27
Achsantriebsübersetzung	3,67
Höchstgeschwindigkeit	210 km/h
Beschleunigung 0-100 km/h[1]	10,6 s
Kraftstoffverbrauch	6,6 / 8,2 / 11,4 l; nach Richtlinie 80/1268/EWG; Werte für 90 km/h / 120 km/h / Stadtzyklus
Getriebe	4-Gang-Automatikgetriebe
Verfügbarkeit	auf Wunsch
Baumuster	722.428
Schaltung	Wählhebel in Wagenmitte
Kupplung	hydraulischer Drehmomentwandler im Automatikgetriebe
Getriebeart	Planetengetriebe
Getriebe-Übersetzung	I. 4,25; II. 2,41; III. 1,49; IV. 1,0; R. 5,67
Achsantriebsübersetzung	3,07
Höchstgeschwindigkeit	205 km/h
Beschleunigung 0-100 km/h[1]	10,6 s
Kraftstoffverbrauch	7,0 / 8,6 / 11,2 l; nach Richtlinie 80/1268/EWG; Werte für 90 km/h / 120 km/h / Stadtzyklus
Tragstruktur und Fahrwerk	
Rahmenausführung	selbsttragende Ganzstahlkarosserie
Radaufhängung, vorne	Dreiecksquerlenker / Dämpferbein
Radaufhängung, hinten	Raumlenkerachse, auf Wunsch mit hydropneumatischer Niveau-Regulierung
Federung, vorne	Schraubenfedern, Drehstab-Stabilisator
Federung, hinten	Schraubenfedern, Drehstab-Stabilisator
Stoßdämpfer, vorne/hinten	Gasdruck-Dämpferbeine / Gasdruck-Stoßdämpfer
Lenkung	Kugelumlauf-Servolenkung
Lenkübersetzung	15,44:1 / 3 Lenkradumdrehungen
Bremsanlage	
Bremsanlage	hydraulische Zweikreis-Bremsanlage mit Unterdruck-Bremskraftverstärker und Anti-Blockier-System; Scheibenbremsen vorne innenbelüftet und hinten massiv
Feststellbremse	mechanisch (fußbetätigt), auf Hinterräder wirkend
Abmessungen der Bremsscheiben	vorne / hinten 284 x 22 mm / 258 x 9 mm
Allgemeine Daten	
Räder	Stahlblech-Scheibenräder 6 ½ J x 15 H 2 ET 49; auf Wunsch: Leichtmetall-Scheibenräder 6 ½ J x 15 H 2 ET 49 (15 Loch) oder 6 ½ J x 15 H 2 ET 44 (8 Loch); bei Sportfahrwerk: Stahlblech-Scheibenräder 7 J x 15 H 2 ET 42; auf Wunsch: Leichtmetall-Scheibenräder 7 J x 15 H 2 ET 41 (8 oder 15 Loch)
Reifen	195/65 R 15 91 V; bei Sportfahrwerk: 205/60 ZR 15
Angetriebene Räder	Hinterräder
Kraftübertragung	geteilte Kardanwelle
Radstand	2800 mm
Spur vorne / hinten	1501 / 1491 mm: „Sportline": 1518 / 1509 mm
Länge	4740 mm
Breite	1740 mm
Höhe	1428 mm; „Sportline": 1411 mm
Bodenfreiheit	144 mm; „Sportline": 130 mm
Gepäckraum	520 l; 485 l mit 90 l Tank
Kleinster Wendekreis	11,27 m
Zul. Gesamtgewicht	1940 kg
Zul. Achslast vorne	925 kg
Zul. Achslast hinten	1015 kg
Zuladung	570 kg
Zul. Anhängelast gebremst	1900 kg
Zul. Anhängelast ungebremst	720 kg
Zul. Dachlast	100 kg
Zul. Kofferraumzuladung	100 kg
Leergewicht (Wagengewicht) nach Richtlinie DIN 70020 (mit Kraftstoff, Reserverad und Werkzeug)	1370 kg
Luftwiderstand cW-Mittelwert x A	0,30 x 2,07 m²
Stückzahl	bis 06.1996: 105.346; Stückzahlen bis / ab Modellpflege 06.1993 sind nicht separat dokumentiert
Preise	10.1992: DM 52.041,00 01.1993: DM 54.050,00

Mercedes-Benz 230 E	
Allgemeine Angaben	
Konstruktionsbezeichnung	W 124 E 23
Baumuster	124.023
Produktionszeitraum	09.1989 – 10.1992
Arbeitsverfahren	Viertakt-Otto mit Saugrohreinspritzung und Abgasreinigungsanlage mit geregeltem 3-Wege-Katalysator
Anordnung im Fahrzeug	vorne, längs; stehend
Motoren	
Motor-Typ / -Baumuster	M 102 E 23 / 102.982 KE
Zylinderzahl / -anordnung	4 / Reihe; 15° nach rechts geneigt
Bohrung x Hub	95,5 x 80,2 mm
Gesamthubraum	2298 cm³
Verdichtungsverhältnis	9
Kurbelwellenlager	5
Leistung	132 PS / 97 kW bei 5100/min
Drehmoment	198 Nm bei 3500/min
Ventilanordnung / -anzahl	1 Einlass, 1 Auslass / v-förmig hängend
Ventilsteuerung	obenliegende Nockenwelle, ohc
Nockenwellenantrieb	Duplex-Rollenkette
Gemischbildung	Saugrohreinspritzung, mechanisch-elektronisch geregelt (Bosch KE-Jetronic)
Kühlung	Wasserkühlung / Pumpe; 8,5 l Wasser
Schmierung	Druckumlauf-Schmierung / 5 l Öl
Elektrische Anlage	
Elektr. Anlage	12 V
Batterie	62 Ah / im Motorraum
Generator	Drehstrom / 980 W
Anlasser	elektrisch / 1,4 kW
Zündung	elektronische Zündanlage
Kraftstofftank:	70 l, über der Hinterachse; ab 10.1990 auf Wunsch: 90 l, über der Hinterachse
Kraftstoff-Förderung	elektrische Förderpumpe
Getriebe	
Getriebe	4-Gang-Schaltgetriebe
Verfügbarkeit	Serie
Getriebe-Typ / -Baumuster	GL 68/20 H / 716.217
Schaltung	Mittelschaltung
Kupplung	Einscheiben-Trockenkupplung
Getriebeart	Zahnrad-Wechselgetriebe
Synchronisierte Gänge	I – IV
Getriebe-Übersetzung	I. 3,91; II. 2,17; III. 1,37; IV. 1,0; R. 3,78
Achsantriebsübersetzung	3,27
Höchstgeschwindigkeit	200 km/h
Beschleunigung 0-100 km/h[1]	11,3 s
Kraftstoffverbrauch	7,2 / 9,0 / 11,4 l; nach Richtlinie 80/1268/EWG; Werte für 90 km/h / 120 km/h / Stadtzyklus
Getriebe	5-Gang-Schaltgetriebe
Verfügbarkeit	auf Wunsch
Getrieb-Typ /-Baumuster	GL 68/20 C-5 / 717.412
Schaltung	Mittelschaltung
Kupplung	Einscheiben-Trockenkupplung
Getriebeart	Zahnrad-Wechselgetriebe
Synchronisierte Gänge	I – V
Getriebe-Übersetzung	I. 3,91; II. 2,17; III. 1,37; IV. 1,0; V. 0,81; R. 4,27
Achsantriebsübersetzung	3,46
Höchstgeschwindigkeit	200 km/h
Beschleunigung 0-100 km/h[1]	11,1 s
Kraftstoffverbrauch	6,9 / 8,6 / 11,7 l; nach Richtlinie 80/1268/EWG; Werte für 90 km/h / 120 km/h / Stadtzyklus
Getriebe	4-Gang-Automatikgetriebe
Verfügbarkeit	auf Wunsch
Getriebe-Typ / -Baumuster	W 4 A 020 / 722.400
Schaltung	Wählhebel in Wagenmitte
Kupplung	hydraulischer Drehmomentwandler im Automatikgetriebe
Getriebeart	Planetengetriebe
Getriebe-Übersetzung	I. 4,25; II. 2,41; III. 1,49; IV. 1,0; R. 5,67
Achsantriebsübersetzung	3,27
Höchstgeschwindigkeit	195 km/h
Beschleunigung 0-100 km/h[1]	11,2 s
Kraftstoffverbrauch	7,8 / 9,3 / 11,4 l; nach Richtlinie 80/1268/EWG; Werte für 90 km/h / 120 km/h / Stadtzyklus
Tragstruktur und Fahrwerk	
Rahmenausführung	selbsttragende Ganzstahlkarosserie
Radaufhängung, vorne	Dreiecksquerlenker / Dämpferbein
Radaufhängung, hinten	Raumlenkerachse, auf Wunsch mit hydropneumatischer Niveau-Regulierung
Federung, vorne	Schraubenfedern, Drehstab-Stabilisator
Federung, hinten	Schraubenfedern, Drehstab-Stabilisator
Stoßdämpfer, vorne/hinten	Gasdruck-Dämpferbeine / Gasdruck-Stoßdämpfer
Lenkung	Kugelumlauf-Servolenkung
Lenkübersetzung	15,44:1 / 3 Lenkradumdrehungen
Bremsanlage	
Bremsanlage	hydraulische Zweikreis-Bremsanlage mit Unterdruck-Bremskraftverstärker und Anti-Blockier-System; Scheibenbremsen vorne innenbelüftet und hinten massiv
Feststellbremse	mechanisch (fußbetätigt), auf Hinterräder wirkend
Abmessungen der Bremsscheiben	vorne / hinten 284 x 22 mm / 258 x 9 mm
Allgemeine Daten	
Räder	Stahlblech-Scheibenräder 6 ½ J x 15 H 2 ET 49; auf Wunsch: Leichtmetall-Scheibenräder 6 ½ J x 15 H 2 ET 49 (15 Loch) oder 6 ½ J x 15 H 2 ET 44 (8 Loch); bei Sportfahrwerk: Stahlblech-Scheibenräder 7 J x 15 H 2 ET 42; auf Wunsch: Leichtmetall-Scheibenräder 7 J x 15 H 2 ET 41 (8 oder 15 Loch)
Reifen	195/65 R 15 91 H; bei Sportfahrwerk: 205/60 R 15 91 H
Angetriebene Räder	Hinterräder
Kraftübertragung	geteilte Kardanwelle
Radstand	2800 mm
Spur vorne / hinten	1501 / 1491 mm; „Sportline": 1518 / 1509 mm
Länge	4740 mm
Breite	1740 mm
Höhe	1428 mm; „Sportline": 1411 mm
Bodenfreiheit	144 mm; „Sportline": 130 mm
Kleinster Wendekreis	11,27 m
Zul. Gesamtgewicht	1880 kg; ab 02.1992: 1930 kg
Zul. Achslast vorne	885 kg; ab 02.1992: 915 kg
Zul. Achslast hinten	995 kg; ab 02.1992: 1015 kg
Zuladung	520 kg; ab 02.1992: 570 kg
Zul. Anhängelast gebremst	1850 kg
Zul. Anhängelast ungebremst	700 kg; ab 02.1992: 715 kg
Zul. Dachlast	100 kg
Zul. Kofferraumzuladung	100 kg
Leergewicht (Wagengewicht) nach Richtlinie DIN 70020 (mit Kraftstoff, Reserverad und Werkzeug)	1360 kg
Luftwiderstand cW-Mittelwert x A	0,31 x 2,07 m²
Stückzahl	seit 03.1984: 374.422; Stückzahlen bis / ab Modellpflege 09.1989 sind nicht separat dokumentiert
Preise	09.1989: DM 45.201,00 01.1990: DM 46.170,00 10.1990: DM 47.481,00 06.1991: DM 48.849,00 02.1992: DM 50.331,00

Mercedes-Benz 260 E	
Allgemeine Angaben	
Konstruktionsbezeichnung	W 124 E 26
Baumuster	124.026
Produktionszeitraum	09.1989 – 10.1992
Arbeitsverfahren	Viertakt-Otto mit Saugrohreinspritzung und Abgasreinigungsanlage mit geregeltem 3-Wege-Katalysator
Anordnung im Fahrzeug	vorne, längs; stehend
Motoren	
Motor-Typ / -Baumuster	M 103 E 26 / 103.940 KE
Zylinderzahl / -anordnung	6 / Reihe; 15° nach rechts geneigt
Bohrung x Hub	82,9 x 80,2 mm
Gesamthubraum	2597 cm³
Verdichtungsverhältnis	9,2
Kurbelwellenlager	7
Leistung	160 PS / 118 kW bei 5800/min
Drehmoment	220 Nm bei 4600/min
Ventilanordnung / -anzahl	1 Einlass, 1 Auslass / v-förmig hängend
Ventilsteuerung	obenliegende Nockenwelle, ohc
Nockenwellenantrieb	Einfach-Rollenkette
Gemischbildung	Saugrohreinspritzung, mechanisch-elektronisch geregelt (Bosch KE-Jetronic)
Kühlung	Wasserkühlung / Pumpe; 9 l Wasser
Schmierung	Druckumlauf-Schmierung / 6 l Öl
Elektrische Anlage	
Elektr. Anlage	12 V
Batterie	62 Ah / im Motorraum
Generator	Drehstrom / 980 W
Anlasser	elektrisch / 1,7 kW
Zündung	elektronische Zündanlage
Kraftstofftank:	70 l, über der Hinterachse; ab 10.1990 auf Wunsch: 90 l, über der Hinterachse
Kraftstoff-Förderung	elektrische Förderpumpe
Getriebe	
Getriebe	5-Gang-Schaltgetriebe
Verfügbarkeit	Serie
Getriebe-Typ / -Baumuster	GL 76/27 G-5 / 717.433
Schaltung	Mittelschaltung
Kupplung	Einscheiben-Trockenkupplung
Getriebeart	Zahnrad-Wechselgetriebe
Synchronisierte Gänge	I – V
Getriebe-Übersetzung	I. 3,86; II. 2,18; III. 1,38; IV. 1,0; V. 0,80; R. 4,22
Achsantriebsübersetzung	3,92
Höchstgeschwindigkeit	215 km/h
Beschleunigung 0-100 km/h[1]	9,8 s
Kraftstoffverbrauch	8,0 / 10,1 / 14,5 l; nach Richtlinie 80/1268/EWG; Werte für 90 km/h / 120 km/h / Stadtzyklus
Getriebe	4-Gang-Automatikgetriebe
Verfügbarkeit	auf Wunsch
Getriebe-Typ / -Baumuster	W 4 A 020 / 722.409
Schaltung	Wählhebel in Wagenmitte
Kupplung	hydraulischer Drehmomentwandler im Automatikgetriebe
Getriebeart	Planetengetriebe
Getriebe-Übersetzung	I. 4,25; II. 2,41; III. 1,49; IV. 1,0; R. 5,67
Achsantriebsübersetzung	3,27
Höchstgeschwindigkeit	210 km/h
Beschleunigung 0-100 km/h[1]	9,8 s
Kraftstoffverbrauch	8,5 / 10,3 / 12,9 l; 8,5 / 10,3 / 12,9 l mit Kat; nach Richtlinie 80/1268/EWG; Werte für 90 km/h / 120 km/h / Stadtzyklus
Tragstruktur und Fahrwerk	
Rahmenausführung	selbsttragende Ganzstahlkarosserie
Radaufhängung, vorne	Dreiecksquerlenker / Dämpferbein
Radaufhängung, hinten	Raumlenkerachse, auf Wunsch mit hydropneumatischer Niveau-Regulierung
Federung, vorne	Schraubenfedern, Drehstab-Stabilisator
Federung, hinten	Schraubenfedern, Drehstab-Stabilisator
Stoßdämpfer, vorne/hinten	Gasdruck-Dämpferbeine / Gasdruck-Stoßdämpfer
Lenkung	Kugelumlauf-Servolenkung
Lenkübersetzung	15,44:1 / 3 Lenkradumdrehungen
Bremsanlage	
Bremsanlage	hydraulische Zweikreis-Bremsanlage mit Unterdruck-Bremskraftverstärker und Anti-Blockier-System; Scheibenbremsen vorne innenbelüftet und hinten massiv
Feststellbremse	mechanisch (fußbetätigt), auf Hinterräder wirkend
Abmessungen der Bremsscheiben	vorne / hinten 284 x 22 mm / 258 x 9 mm
Allgemeine Daten	
Räder	Stahlblech-Scheibenräder 6 ½ J x 15 H 2 ET 49; auf Wunsch: Leichtmetall-Scheibenräder 6 ½ J x 15 H 2 ET 49 (15 Loch) oder 6 ½ J x 15 H 2 ET 44 (8 Loch); bei Sportfahrwerk: Stahlblech-Scheibenräder 7 J x 15 H 2 ET 42; auf Wunsch: Leichtmetall-Scheibenräder 7 J x 15 H 2 ET 41 (8 oder 15 Loch)
Reifen	195/65 R 15 91 V; bei Sportfahrwerk: 205/60 ZR 15
Angetriebene Räder	Hinterräder
Kraftübertragung	geteilte Kardanwelle
Radstand	2800 mm
Spur vorne / hinten	1501 / 1491 mm; „Sportline": 1518 / 1509 mm
Länge	4740 mm
Breite	1740 mm
Höhe	1428 mm; „Sportline": 1411 mm
Bodenfreiheit	144 mm; „Sportline": 130 mm
Kleinster Wendekreis	11,27 m
Zul. Gesamtgewicht	1940 kg: ab 02.1992: 1990 kg
Zul. Achslast vorne	930 kg: ab 02.1992: 960 kg
Zul. Achslast hinten	1010 kg: ab 02.1992: 1030 kg
Zuladung	520 kg: ab 02.1992: 570 kg
Zul. Anhängelast gebremst	1900 kg
Zul. Anhängelast ungebremst	730 kg: ab 02.1992: 745 kg
Zul. Dachlast	100 kg
Zul. Kofferraumzuladung	100 kg
Leergewicht (Wagengewicht) nach Richtlinie DIN 70020 (mit Kraftstoff, Reserverad und Werkzeug)	1420 kg
Luftwiderstand cW-Mittelwert	0,30 x 2,07 m²
Stückzahl	seit 08.1984: 154.391; Stückzahlen bis / ab Modellpflege 09.1989 sind nicht separat dokumentiert
Preise	09.1989: DM 52.497,00 01.1990: DM 53.637,00 10.1990: DM 55.119,00 06.1991: DM 56.715,00 02.1992: DM 58.425,00

Mercedes-Benz 260 E 4MATIC

Allgemeine Angaben	
Konstruktionsbezeichnung	W 124 E 26 4-M
Baumuster	124.226
Produktionszeitraum	09.1989 – 06.1991
Arbeitsverfahren	Viertakt-Otto mit Saugrohreinspritzung und Abgasreinigungsanlage mit geregeltem 3-Wege-Katalysator
Anordnung im Fahrzeug	vorne, längs; stehend
Motoren	
Motor-Typ / -Baumuster	M 103 E 26 / 103.943 KE
Zylinderzahl / -anordnung	6 / Reihe; 15° nach rechts geneigt
Bohrung x Hub	82,9 x 80,2 mm
Gesamthubraum	2597 cm³
Verdichtungsverhältnis	9,2
Kurbelwellenlager	7
Leistung	160 PS / 118 kW bei 5800/min
Drehmoment	220 Nm bei 4600/min
Ventilanordnung / -anzahl	1 Einlass, 1 Auslass / v-förmig hängend
Ventilsteuerung	obenliegende Nockenwelle, ohc
Nockenwellenantrieb	Einfach-Rollenkette
Gemischbildung	Saugrohreinspritzung, mechanisch-elektronisch geregelt (Bosch KE-Jetronic)
Kühlung	Wasserkühlung / Pumpe; 9 l Wasser
Schmierung	Druckumlauf-Schmierung / 6,5 l Öl
Elektrische Anlage	
Elektr. Anlage	12 V
Batterie	62 Ah / im Motorraum
Generator	Drehstrom / 980 W
Anlasser	elektrisch / 1,7 kW
Zündung	elektronische Zündanlage
Kraftstofftank:	70 l, über der Hinterachse; ab 10.1990 auf Wunsch: 90 l, über der Hinterachse
Kraftstoff-Förderung	elektrische Förderpumpe
Getriebe	
Getriebe	5-Gang-Schaltgetriebe
Verfügbarkeit	Serie bis 02.1990
Getriebe-Typ / -Baumuster	GL 76/27 D-5 / 717.447
Schaltung	Mittelschaltung
Kupplung	Einscheiben-Trockenkupplung
Getriebeart	Zahnrad-Wechselgetriebe
Synchronisierte Gänge	I – V
Getriebe-Übersetzung	I. 3,86; II. 2,18; III. 1,38; IV. 1,0; V. 0,80; R. 4,22
Achsantriebsübersetzung	vorne/hinten: 3,67
Höchstgeschwindigkeit	205 km/h
Beschleunigung 0-100 km/h[1]	10,4 s
Kraftstoffverbrauch	8,2 / 10,3 / 14,3 l; nach Richtlinie 80/1268/EWG; Werte für 90 km/h / 120 km/h / Stadtzyklus
Getriebe	4-Gang-Automatikgetriebe
Verfügbarkeit	auf Wunsch (ab 02.1990 Serie)
Getriebe-Typ / -Baumuster	W 4 A 040 / 722.341
Schaltung	Wählhebel in Wagenmitte
Kupplung	hydraulischer Drehmomentwandler im Automatikgetriebe
Getriebeart	Planetengetriebe
Getriebe-Übersetzung	I. 3,87; II. 2,25; III. 1,44; IV. 1,0; R. 5,59
Achsantriebsübersetzung	vorne/hinten: 3,29
Höchstgeschwindigkeit	207 km/h
Beschleunigung 0-100 km/h[1]	10,7 s
Kraftstoffverbrauch	9,0 / 10,9 / 13,4 l; nach Richtlinie 80/1268/EWG; Werte für 90 km/h / 120 km/h / Stadtzyklus
Tragstruktur und Fahrwerk	
Rahmenausführung	selbsttragende Ganzstahlkarosserie
Radaufhängung, vorne	Dreiecksquerlenker / Dämpferbein
Radaufhängung, hinten	Raumlenkerachse, auf Wunsch mit hydropneumatischer Niveau-Regulierung
Federung, vorne	Schraubenfedern, Drehstab-Stabilisator
Federung, hinten	Schraubenfedern, Drehstab-Stabilisator
Stoßdämpfer, vorne/hinten	Gasdruck-Dämpferbeine / Gasdruck-Stoßdämpfer
Lenkung	Kugelumlauf-Servolenkung
Lenkübersetzung	13,21:1 / 3 Lenkradumdrehungen
Bremsanlage	
Bremsanlage	hydraulische Zweikreis-Bremsanlage mit Unterdruck-Bremskraftverstärker und Anti-Blockier-System; Scheibenbremsen vorne innenbelüftet und hinten massiv
Feststellbremse	mechanisch (fußbetätigt), auf Hinterräder wirkend
Abmessungen der Bremsscheiben	vorne / hinten 284 x 22 mm / 258 x9 mm
Allgemeine Daten	
Räder	Stahlblech-Scheibenräder 6 ½ J x 15 H 2 ET 49; auf Wunsch: Leichtmetall-Scheibenräder 6 ½ J x 15 H 2 ET 49 (15 Loch)
Reifen	195/65 R 15 91 V
Angetriebene Räder	Allrad-Antrieb 4MATIC: permanenter Antrieb auf die Hinterräder; bei Bedarf automatisch zuschaltender Antrieb auf die Vorderräder
Kraftübertragung	vom Verteilergetriebe über einteilige Gelenkwelle auf Vorderachs-Differenzial und über zweiteilige Gelenkwelle auf Hinterachs-Differenzial (Kraftverteilung 35 % vorne, 65 % hinten)
Radstand	2800 mm
Spur vorne / hinten	1497 / 1485 mm
Länge	4740 mm
Breite	1740 mm
Höhe	1450 mm
Bodenfreiheit	165,5 mm
Gepäckraum	520 l; 485 l mit 90 l Tank
Kleinster Wendekreis	12,15 m
Zul. Gesamtgewicht	2060 kg
Zul. Achslast vorne	1025 kg
Zul. Achslast hinten	1035 kg
Zuladung	520 kg
Zul. Anhängelast gebremst	1900 kg
Zul. Anhängelast ungebremst	750 kg
Zul. Dachlast	100 kg
Zul. Kofferraumzuladung	100 kg
Leergewicht (Wagengewicht) nach Richtlinie DIN 70020 (mit Kraftstoff, Reserverad und Werkzeug)	1540 kg
Luftwiderstand cW-Mittelwert x A	0,30 x 2,08 m²
Stückzahl	seit 10.1986: 1.943; Stückzahlen bis / ab Modellpflege 09.1989 sind nicht separat dokumentiert
Preise	09.1989: DM 65.094,00 (mit Schaltgetriebe) 01.1990: DM 66.519,00 (mit Schaltgetriebe) 02.1990: DM 69.597,00 (mit Automatikgetriebe) 10.1990: DM 71.592,00 (mit Automatikgetriebe)

Mercedes-Benz 280 E	
Allgemeine Angaben	
Konstruktionsbezeichnung	W 124 E 28
Baumuster	124.028
Produktionszeitraum	06.1992 / 09.1992 – 07.1993
Arbeitsverfahren	Viertakt-Otto mit Saugrohreinspritzung und Abgasreinigungsanlage mit geregeltem 3-Wege-Katalysator
Anordnung im Fahrzeug	vorne, längs; stehend
Motoren	
Motor-Typ / -Baumuster	M 104 E 28 / 104.942
Zylinderzahl / -anordnung	6 / Reihe; 15° nach rechts geneigt
Bohrung x Hub	89,9 x 73,5 mm
Gesamthubraum	2799 cm³
Verdichtungsverhältnis	10
Kurbelwellenlager	7
Leistung	197 PS / 145 kW bei 5500/min
Drehmoment	270 Nm bei 3750/min
Ventilanordnung / -anzahl	2 Einlass, 2 Auslass / V-förmig hängend
Ventilsteuerung	2 obenliegende Nockenwellen, dohc, Einlass-Nockenwelle verstellbar
Nockenwellenantrieb	Duplex-Rollenkette
Gemischbildung	mikroprozessorgesteuerte Einspritzanlage mit Heißfilm-Luftmassenmessung (HFM)
Kühlung	Wasserkühlung / Pumpe; 9 l Wasser
Schmierung	Druckumlauf-Schmierung / 7,5 l Öl
Elektrische Anlage	
Elektr. Anlage	12 V
Batterie	62 Ah / im Motorraum
Generator	Drehstrom / 1260 W
Anlasser	elektrisch / 1,7 kW
Zündung	Zünd-Kennfeld-Steuerung
Kraftstofftank:	70 l, über der Hinterachse; auf Wunsch: 90 l, über der Hinterachse
Kraftstoff-Förderung	elektrische Förderpumpe
Getriebe	
Getriebe	5-Gang-Schaltgetriebe
Verfügbarkeit	Serie
Baumuster	717.440
Schaltung	Mittelschaltung
Kupplung	Einscheiben-Trockenkupplung
Getriebeart	Zahnrad-Wechselgetriebe
Synchronisierte Gänge	I – V
Getriebe-Übersetzung	I. 3,86; II. 2,18; III. 1,38; IV. 1,0; V. 0,80; R. 4,22
Achsantriebsübersetzung	3,69
Höchstgeschwindigkeit	230 km/h
Beschleunigung 0-100 km/h[1]	9,1 s
Kraftstoffverbrauch	7,9 / 9,6 / 14,6 l; nach Richtlinie 80/1268/EWG; Werte für 90 km/h / 120 km/h / Stadtzyklus
Getriebe	4-Gang-Automatikgetriebe
Verfügbarkeit	auf Wunsch
Baumuster	722.433
Schaltung	Wählhebel in Wagenmitte
Kupplung	hydraulischer Drehmomentwandler im Automatikgetriebe
Getriebeart	Planetengetriebe
Getriebe-Übersetzung	I. 4,25; II. 2,41; III. 1,49; IV. 1,0; R. 5,67
Achsantriebsübersetzung	3,06
Höchstgeschwindigkeit	225 km/h
Beschleunigung 0-100 km/h[1]	8,8 s
Kraftstoffverbrauch	8,5 / 10,3 / 13,3 l; nach Richtlinie 80/1268/EWG; Werte für 90 km/h / 120 km/h / Stadtzyklus
Getriebe	5-Gang-Automatikgetriebe
Verfügbarkeit	auf Wunsch
Baumuster	722.504
Schaltung	Wählhebel in Wagenmitte
Kupplung	hydraulischer Drehmomentwandler im Automatikgetriebe
Getriebeart	Planetengetriebe
Getriebe-Übersetzung	I. 3,87; II. 2,25; III. 1,44; IV. 1,0; V. 0,75; R. 5,59
Achsantriebsübersetzung	3,69
Höchstgeschwindigkeit	225 km/h
Beschleunigung 0-100 km/h[1]	8,9 s
Kraftstoffverbrauch	8,1 / 9,9 / 13,8 l; nach Richtlinie 80/1268/EWG; Werte für 90 km/h / 120 km/h / Stadtzyklus
Tragstruktur und Fahrwerk	
Rahmenausführung	selbsttragende Ganzstahlkarosserie
Radaufhängung, vorne	Dreiecksquerlenker / Dämpferbein
Radaufhängung, hinten	Raumlenkerachse, auf Wunsch mit hydropneumatischer Niveau-Regulierung
Federung, vorne	Schraubenfedern, Drehstab-Stabilisator
Federung, hinten	Schraubenfedern, Drehstab-Stabilisator
Stoßdämpfer, vorne/hinten	Gasdruck-Dämpferbeine / Gasdruck-Stoßdämpfer
Lenkung	Kugelumlauf-Servolenkung
Lenkübersetzung	15,44:1 / 3 Lenkradumdrehungen
Bremsanlage	
Bremsanlage	hydraulische Zweikreis-Bremsanlage mit Unterdruck-Bremskraftverstärker und Anti-Blockier-System; Scheibenbremsen vorne innenbelüftet und hinten massiv
Feststellbremse	mechanisch (fußbetätigt), auf Hinterräder wirkend
Abmessungen der Bremsscheiben	vorne / hinten 284 x 22 mm / 278 x 9 mm
Allgemeine Daten	
Räder	Stahlblech-Scheibenräder 6 ½ J x 15 H 2 ET 49; auf Wunsch: Leichtmetall-Scheibenräder 6 ½ J x 15 H 2 ET 49 (15 Loch) oder 6 ½ J x 15 H 2 ET 44 (8 Loch); bei Sportfahrwerk: Stahlblech-Scheibenräder: 7 J x 15 H 2 ET 42; auf Wunsch: 7 J x 15 H 2 ET 41 (8 oder 15 Loch)
Reifen	195/65 R 15 91 V; bei Sportfahrwerk: 205/60 ZR 15
Angetriebene Räder	Hinterräder
Kraftübertragung	geteilte Kardanwelle
Radstand	2800 mm
Spur vorne / hinten	1501 / 1491 mm; „Sportline“: 1518 / 1509 mm
Länge	4740 mm
Breite	1740 mm
Höhe	1428 mm; „Sportline“: 1411 mm
Bodenfreiheit	140 mm; „Sportline“ 122 mm
Gepäckraum	520 l; 485 l mit 90 l Tank
Kleinster Wendekreis	11,27 m
Zul. Gesamtgewicht	2040 kg
Zul. Achslast vorne	1005 kg
Zul. Achslast hinten	1035 kg
Zuladung	550 kg
Zul. Anhängelast gebremst	1900 kg
Zul. Anhängelast ungebremst	750 kg
Zul. Dachlast	100 kg
Zul. Kofferraumzuladung	100 kg
Leergewicht (Wagengewicht) nach Richtlinie DIN 70020 (mit Kraftstoff, Reserverad und Werkzeug)	1490 kg
Luftwiderstand cW-Mittelwert x A	0,31 x 2,07 m²
Stückzahl	bis 08.1995: 57.302; Stückzahlen bis / ab Modellpflege 06.1993 sind nicht separat dokumentiert
Preise	10.1992: DM 60.477,00 01.1993: DM 61.640,00

Mercedes-Benz 300 E

Allgemeine Angaben	
Konstruktionsbezeichnung	W 124 E 30
Baumuster	124.030
Produktionszeitraum	09.1989 – 11.1992
Arbeitsverfahren	Viertakt-Otto mit Saugrohreinspritzung und Abgasreinigungsanlage mit geregeltem 3-Wege-Katalysator
Anordnung im Fahrzeug	vorne, längs; stehend
Motoren	
Motor-Typ / -Baumuster	M 103 E 30 / 103.983 KE
Zylinderzahl / -anordnung	6 / Reihe; 15° nach rechts geneigt
Bohrung x Hub	88,5 x 80,2 mm
Gesamthubraum	2960 cm³
Verdichtungsverhältnis	9,2
Kurbelwellenlager	7
Leistung	180 PS / 132 kW bei 5700/min
Drehmoment	255 Nm bei 4400/min
Ventilanordnung / -anzahl	1 Einlass, 1 Auslass / v-förmig hängend
Ventilsteuerung	obenliegende Nockenwelle, ohc
Nockenwellenantrieb	Einfach-Rollenkette
Gemischbildung	Saugrohreinspritzung, mechanisch-elektronisch geregelt (Bosch KE-Jetronic)
Kühlung	Wasserkühlung / Pumpe; 9 l Wasser
Schmierung	Druckumlauf-Schmierung / 6 l Öl
Elektrische Anlage	
Elektr. Anlage	12 V
Batterie	62 Ah / im Motorraum
Generator	Drehstrom / 980 W
Anlasser	elektrisch / 1,7 kW
Zündung	elektronische Zündanlage
Kraftstofftank:	70 l, über der Hinterachse; ab 10.1990 auf Wunsch: 90 l
Kraftstoff-Förderung	elektrische Förderpumpe
Getriebe	
Getriebe	5-Gang-Schaltgetriebe
Verfügbarkeit	Serie
Getriebe-Typ / -Baumuster	GL 76/27 D-5 / 717.447
Schaltung	Mittelschaltung
Kupplung	Einscheiben-Trockenkupplung
Getriebeart	Zahnrad-Wechselgetriebe
Synchronisierte Gänge	I – V
Getriebe-Übersetzung	I. 3,86; II. 2,18; III. 1,38; IV. 1,0; V. 0,80; R. 4,22
Achsantriebsübersetzung	3,67
Höchstgeschwindigkeit	225 km/h
Beschleunigung 0-100 km/h[1]	8,2 s
Kraftstoffverbrauch	8,0 / 10,0 / 14,6 l; nach Richtlinie 80/1268/EWG; Werte für 90 km/h / 120 km/h / Stadtzyklus
Getriebe	4-Gang-Automatikgetriebe
Verfügbarkeit	auf Wunsch
Getriebe-Typ / -Baumuster	W 4 A 040 / 722.358
Schaltung	Wählhebel in Wagenmitte
Kupplung	hydraulischer Drehmomentwandler im Automatikgetriebe
Getriebeart	Planetengetriebe
Getriebe-Übersetzung	I. 3,87; II. 2,25; III. 1,44; IV. 1,0; R. 5,59
Achsantriebsübersetzung	3,07
Höchstgeschwindigkeit	220 km/h
Beschleunigung 0-100 km/h[1]	8,5 s
Kraftstoffverbrauch	8,6 / 10,4 / 13,3 l; nach Richtlinie 80/1268/EWG; Werte für 90 km/h / 120 km/h / Stadtzyklus
Tragstruktur und Fahrwerk	
Rahmenausführung	selbsttragende Ganzstahlkarosserie
Radaufhängung, vorne	Dreiecksquerlenker / Dämpferbein
Radaufhängung, hinten	Raumlenkerachse, auf Wunsch mit hydropneumatischer Niveau-Regulierung
Federung, vorne	Schraubenfedern, Drehstab-Stabilisator
Federung, hinten	Schraubenfedern, Drehstab-Stabilisator
Stoßdämpfer, vorne/hinten	Gasdruck-Dämpferbeine / Gasdruck-Stoßdämpfer
Lenkung	Kugelumlauf-Servolenkung
Lenkübersetzung	15,44:1 / 3 Lenkradumdrehungen
Bremsanlage	
Bremsanlage	hydraulische Zweikreis-Bremsanlage mit Unterdruck-Bremskraftverstärker und Anti-Blockier-System; Scheibenbremsen vorne innenbelüftet und hinten massiv
Feststellbremse	mechanisch (fußbetätigt), auf Hinterräder wirkend
Abmessungen der Bremsscheiben	vorne / hinten 284 x 22 mm / 258 x 9 mm
Allgemeine Daten	
Räder	Stahlblech-Scheibenräder 6 ½ J x 15 H 2 ET 49; auf Wunsch: Leichtmetall-Scheibenräder 6 ½ J x 15 H 2 Et 49 (15 Loch) oder 6 ½ J x 15 H 2 ET 44 (8 Loch); bei Sportfahrwerk: Stahlblech-Scheibenräder 7 J x 15 H 2 ET 42; auf Wunsch: Leichtmetall-Scheibenräder 7 J x 15 H 2 ET 41 (8 oder 15 Loch)
Reifen	195/65 R 15 91 V; bei Sportfahrwerk: 205/60 ZR 15
Angetriebene Räder	Hinterräder
Kraftübertragung	geteilte Kardanwelle
Radstand	2800 mm
Spur vorne / hinten	1501 / 1491 mm; „Sportline": 1518 / 1509 mm
Länge	4740 mm
Breite	1740 mm
Höhe	1428 mm; „Sportline": 1411 mm
Bodenfreiheit	145 mm; „Sportline": 129 mm
Kleinster Wendekreis	11,27 m
Zul. Gesamtgewicht	1940 kg; ab 02.1992: 1990 kg
Zul. Achslast vorne	930 kg; ab 02.1992: 960 kg
Zul. Achslast hinten	1010 kg; ab 02.1992: 1030 kg
Zuladung	520 kg; ab 02.1992: 570 kg
Zul. Anhängelast gebremst	1900 kg
Zul. Anhängelast ungebremst	730 kg; ab 02.1992: 745 kg
Zul. Dachlast	100 kg
Zul. Kofferraumzuladung	100 kg
Leergewicht (Wagengewicht) nach Richtlinie DIN 70020 (mit Kraftstoff, Reserverad und Werkzeug)	1420 kg
Luftwiderstand cW-Mittelwert x A	0,30 x 2,07 m²
Stückzahl	258.063; Stückzahlen bis / ab Modellpflege 09.1989 sind nicht separat dokumentiert
Preise	09.1989: DM 57.114,00 01.1990: DM 58.425,00 10.1990: DM 60.078,00 06.1991: DM 61.845,00 02.1992: DM 63.726,00

Mercedes-Benz 300 E-24	
Allgemeine Angaben	
Konstruktionsbezeichnung	W 124 E 30/2
Baumuster	124.031
Produktionszeitraum	03.1988 / 08.1989 – 10.1992
Arbeitsverfahren	Viertakt-Otto mit Saugrohreinspritzung und Abgasreinigungsanlage mit geregeltem 3-Wege-Katalysator
Anordnung im Fahrzeug	vorne, längs; stehend
Motoren	
Motor-Typ / -Baumuster	M 104 E 30 / 104.980 KE
Zylinderzahl / -anordnung	6 / Reihe; 15° nach rechts geneigt
Bohrung x Hub	88,5 x 80,2 mm
Gesamthubraum	2960 cm^3
Verdichtungsverhältnis	10
Kurbelwellenlager	7
Leistung	220 PS / 162 kW bei 6400/min
Drehmoment	265 Nm bei 4600/min
Ventilanordnung / -anzahl	2 Einlass, 2 Auslass / v-förmig hängend
Ventilsteuerung	2 obenliegende Nockenwellen, dohc, Einlass-Nockenwelle verstellbar
Nockenwellenantrieb	Duplex-Rollenkette
Gemischbildung	Saugrohreinspritzung, mechanisch-elektronisch geregelt (Bosch KE-Jetronic)
Kühlung	Wasserkühlung / Pumpe; 9 l Wasser
Schmierung	Druckumlauf-Schmierung / 7,5 l Öl
Elektrische Anlage	
Elektr. Anlage	12 V
Batterie	62 Ah / im Motorraum
Generator	Drehstrom / 1120 W
Anlasser	elektrisch / 1,7 kW
Zündung	elektronische Zündanlage
Kraftstofftank:	70 l, über der Hinterachse; ab 10.1990 auf Wunsch: 90 l, über der Hinter-achse
Kraftstoff-Förderung	elektrische Förderpumpe
Getriebe	
Getriebe	5-Gang-Schaltgetriebe
Verfügbarkeit	Serie
Gteriebe-Typ / -Baumuster	GL 76/30 A-5 / 717.450
Schaltung	Mittelschaltung
Kupplung	Einscheiben-Trockenkupplung
Getriebeart	Zahnrad-Wechselgetriebe
Synchronisierte Gänge	I – V
Getriebe-Übersetzung	I. 4,15; II. 2,52; III. 1,69; IV. 1,24; V. 1,0; R. 4,15
Achsantriebsübersetzung	3,27
Höchstgeschwindigkeit	237 km/h
Beschleunigung 0-100 km/h[1]	8,0 s
Kraftstoffverbrauch	8,1 / 10,0 / 14,8 l; nach Richtlinie 80/1268/EWG; Werte für 90 km/h / 120 km/h / Stadtzyklus
Getriebe	4-Gang-Automatikgetriebe
Verfügbarkeit	auf Wunsch
Getriebe-Typ/-Baumuster	W 4 A 040 / 722.359
Schaltung	Wählhebel in Wagenmitte
Kupplung	hydraulischer Drehmomentwandler im Automatikgetriebe
Getriebeart	Planetengetriebe
Getriebe-Übersetzung	I. 3,87; II. 2,25; III. 1,44; IV. 1,0; R. 5,59
Achsantriebsübersetzung	3,27
Höchstgeschwindigkeit	232 km/h
Beschleunigung 0-100 km/h[1]	7,8 s
Kraftstoffverbrauch	8,9 / 10,8 / 14,0 l; nach Richtlinie 80/1268/EWG; Werte für 90 km/h / 120 km/h / Stadtzyklus
Getriebe	5-Gang-Automatikgetriebe
Verfügbarkeit	auf Wunsch ab 10.1990
Getriebe-Typ / -Baumuster	W 5 A 030 / 722.501
Schaltung	Wählhebel in Wagenmitte
Kupplung	hydraulischer Drehmomentwandler im Automatikgetriebe
Getriebeart	Planetengetriebe
Getriebe-Übersetzung	I. 3,87; II. 2,25; III. 1,44; IV. 1,0; V. 0,75; R. 5,59
Achsantriebsübersetzung	3,69
Höchstgeschwindigkeit	232 km/h
Beschleunigung 0-100 km/h[1]	7,8 s
Kraftstoffverbrauch	8,9 / 10,8 / 14,0 l; nach Richtlinie 80/1268/EWG; Werte für 90 km/h / 120 km/h / Stadtzyklus
Tragstruktur und Fahrwerk	
Rahmenausführung	selbsttragende Ganzstahlkarosserie
Radaufhängung, vorne	Dreiecksquerlenker / Dämpferbein
Radaufhängung, hinten	Raumlenkerachse, auf Wunsch mit hydropneumatischer Niveau-Regulierung
Federung, vorne	Schraubenfedern, Drehstab-Stabilisator
Federung, hinten	Schraubenfedern, Drehstab-Stabilisator
Stoßdämpfer, vorne/hinten	Gasdruck-Dämpferbeine / Gasdruck-Stoßdämpfer
Lenkung	Kugelumlauf-Servolenkung
Lenkübersetzung	15,44:1 / 3 Lenkradumdrehungen
Bremsanlage	
Bremsanlage	hydraulische Zweikreis-Bremsanlage mit Unterdruck-Bremskraftverstärker und Anti-Blockier-System; Scheibenbremsen vorne innenbelüftet und hinten massiv
Feststellbremse	mechanisch (fußbetätigt), auf Hinterräder wirkend
Abmessungen der Bremsscheiben	vorne / hinten 295 x 22 mm / 278 x 9 mm
Allgemeine Daten	
Räder	Leichtmetall-Scheibenräder 6 ½ J x 15 H 2 ET 48 (15 Loch) oder 6 ½ J x 15 H 2 ET 44 (8 Loch); bei Sportfahrwerk: 7 J x 15 H 2 ET 41 (8 oder 15 Loch)
Reifen	195/65 ZR 15; bei Sportfahrwerk: 205/60 ZR 15
Angetriebene Räder	Hinterräder
Kraftübertragung	geteilte Kardanwelle
Radstand	2800 mm
Spur vorne / hinten	1501 / 1491 mm; „Sportline“: 1518 / 1509 mm
Länge	4740 mm
Breite	1740 mm
Höhe	1428 mm: „Sportline“: 1411 mm
Bodenfreiheit	144 mm; „Sportline“: 130 mm
Gepäckraum	520 l; 485 l bei 90 l Tank
Kleinster Wendekreis	11,27 m
Zul. Gesamtgewicht	2000 kg; ab 02.1992: 2050 kg
Zul. Achslast vorne	975 kg; ab 02.1992: 1005 kg
Zul. Achslast hinten	1025 kg; ab 02.1992: 1045 kg
Zuladung	520 kg; ab 02.1992: 570 kg
Zul. Anhängelast gebremst	1900 kg
Zul. Anhängelast ungebremst	750 kg
Zul. Dachlast	100 kg
Zul. Kofferraumzuladung	100 kg
Leergewicht (Wagengewicht) nach Richtlinie DIN 70020 (mit Kraft-stoff, Reserverad und Werkzeug)	1480 kg
Luftwiderstand cW-Mittelwert x A	0,31 x 2,07 m^2; „Sportline“: 0,31 x 2,06 m^2
Stückzahl	19.300
Preise	09.1989: DM 64.182,00 01.1990: DM 65.664,00 10.1990: DM 67.545,00 06.1991: DM 69.483,00

Mercedes-Benz 300 E 4MATIC	
Allgemeine Angaben	
Konstruktionsbezeichnung	W 124 E 30 4-M
Baumuster	124.230
Produktionszeitraum	09.1989 – 07.1993
Arbeitsverfahren	Viertakt-Otto mit Saugrohreinspritzung und Abgasreinigungsanlage mit geregeltem 3-Wege-Katalysator
Anordnung im Fahrzeug	vorne, längs; stehend
Motoren	
Motor-Typ / -Baumuster	M 103 E 30 / 103.985 KE
Zylinderzahl / -anordnung	6 / Reihe; 15° nach rechts geneigt
Bohrung x Hub	88,5 x 80,2 mm
Gesamthubraum	2960 cm³
Verdichtungsverhältnis	9,2
Kurbelwellenlager	7
Leistung	180 PS / 132 kW bei 5700/min
Drehmoment	255 Nm bei 4400/min
Ventilanordnung / -anzahl	1 Einlass, 1 Auslass / v-förmig hängend
Ventilsteuerung	obenliegende Nockenwelle, ohc
Nockenwellenantrieb	Einfach-Rollenkette
Gemischbildung	Saugrohreinspritzung, mechanisch-elektronisch geregelt (Bosch KE-Jetronic)
Kühlung	Wasserkühlung / Pumpe; 9 l Wasser
Schmierung	Druckumlauf-Schmierung / 6,5 l Öl
Elektrische Anlage	
Elektr. Anlage	12 V
Batterie	62 Ah / im Motorraum
Generator	Drehstrom / 980 W
Anlasser	elektrisch / 1,7 kW
Zündung	elektronische Zündanlage
Kraftstofftank:	70 l, über der Hinterachse; ab 10.1990 auf Wunsch: 90 l
Kraftstoff-Förderung	elektrische Förderpumpe
Getriebe	
Getriebe	5-Gang-Schaltgetriebe
Verfügbarkeit	Serie bis 02.1990
Getriebe-Typ / -Baumuster	GL 76/27-5 / 717.447
Schaltung	Mittelschaltung
Kupplung	Einscheiben-Trockenkupplung
Getriebeart	Zahnrad-Wechselgetriebe
Synchronisierte Gänge	I – V
Getriebe-Übersetzung	I. 3,86; II. 2,18; III. 1,38; IV. 1,0; V. 0,80; R. 4,22
Achsantriebsübersetzung	vorn/hinten: 3,67
Höchstgeschwindigkeit	217 km/h
Beschleunigung 0-100 km/h[1]	8,7 s
Kraftstoffverbrauch	8,5 / 10,6 / 14,9 l; nach Richtlinie 80/1268/EWG; Werte für 90 km/h / 120 km/h / Stadtzyklus
Getriebe	4-Gang-Automatikgetriebe
Verfügbarkeit	auf Wunsch, ab 02.1990 Serie
Getriebe-Typ / -Baumuster	W 4 A 040 / 722.342
Schaltung	Wählhebel in Wagenmitte
Kupplung	hydraulischer Drehmomentwandler im Automatikgetriebe
Getriebeart	Planetengetriebe
Getriebe-Übersetzung	I. 3,87; II. 2,25; III. 1,44; IV. 1,0; R. 5,59
Achsantriebsübersetzung vorn/ hinten:	3,07
Höchstgeschwindigkeit	217 km/h
Beschleunigung 0-100 km/h[1]	9,1 s
Kraftstoffverbrauch	9,1 / 11,0 / 13,8 l; nach Richtlinie 80/1268/EWG; Werte für 90 km/h / 120 km/h / Stadtzyklus
Tragstruktur und Fahrwerk	
Rahmenausführung	selbsttragende Ganzstahlkarosserie
Radaufhängung, vorne	Dreiecksquerlenker / Dämpferbein
Radaufhängung, hinten	Raumlenkerachse, auf Wunsch mit hydropneumatischer Niveau-Regulierung
Federung, vorne	Schraubenfedern, Drehstab-Stabilisator
Federung, hinten	Schraubenfedern, Drehstab-Stabilisator
Stoßdämpfer, vorne/hinten	Gasdruck-Dämpferbeine / Gasdruck-Stoßdämpfer
Lenkung	Kugelumlauf-Servolenkung
Lenkübersetzung	13,21:1 / 3 Lenkradumdrehungen
Bremsanlage	
Bremsanlage	hydraulische Zweikreis-Bremsanlage mit Unterdruck-Bremskraftverstärker und Anti-Blockier-System; Scheibenbremsen vorne innenbelüftet und hinten massiv
Feststellbremse	mechanisch (fußbetätigt), auf Hinterräder wirkend
Abmessungen der Bremsscheiben	vorne / hinten 284 x 22 mm / 258 x 9 mm
Allgemeine Daten	
Räder	Stahlblech-Scheibenräder 6 ½ J x 15 H 2 ET 49; auf Wunsch: Leichtmetall-Scheibenräder 6 ½ J x 15 H 2 ET 49
Reifen	195/65 R 15 91 V
Angetriebene Räder	Allrad-Antrieb 4MATIC: permanenter Antrieb auf die Hinterräder; bei Bedarf automatisch zuschaltender Antrieb auf die Vorderräder
Kraftübertragung	vom Verteilergetriebe über einteilige Gelenkwelle auf Vorderachs-Differenzial und über zweiteilige Gelenkwelle auf Hinterachs-Differenzial (Kraftverteilung 35 % vorne, 65 % hinten)
Radstand	2800 mm
Spur vorne / hinten	1497 / 1485 mm
Länge	4740 mm
Breite	1740 mm
Höhe	1450 mm
Bodenfreiheit	165,5 mm
Gepäckraum	520 l; 485 l mit 90 l Tank
Kleinster Wendekreis	12,15 m
Zul. Gesamtgewicht	2060 kg; ab 02.1992: 2125 kg; ab 10.1992: 2135 kg
Zul. Achslast vorne	1025 kg; ab 02.1992: 1075 kg; ab 10.1992: 1085 kg
Zul. Achslast hinten	1035 kg; ab 02.1992: 1050 kg
Zuladung	520 kg; ab 02.1992: 575 kg; ab 10.1992: 565 kg
Zul. Anhängelast gebremst	1900 kg
Zul. Anhängelast ungebremst	750 kg
Zul. Dachlast	100 kg
Zul. Kofferraumzuladung	100 kg
Leergewicht (Wagengewicht) nach Richtlinie DIN 70020 (mit Kraftstoff, Reserverad und Werkzeug)	1540 kg; ab 02.1992: 1550 kg; ab 10.1992: 1570 kg
Luftwiderstand cW-Mittelwert x A	0,30 x 2,08 m²
Stückzahl	von 12.1985 – 04.1995: 14.202; Stückzahlen bis / ab Modellpflegen 09.1989 und 06.1993 sind nicht separat dokumentiert
Preise	09.1989: DM 69.711,00 (mit Schaltgetriebe) 01.1990: DM 71.307,00 (mit Schaltgetriebe) 02.1990: DM 74.385,00 (mit Automatikgetriebe) 10.1990: DM 76.551,00 (mit Automatikgetriebe) 06.1991: DM 78.774,00 (mit Automatikgetriebe) 02.1992: DM 81.111,00 (mit Automatikgetriebe) 10.1992: DM 82.137,00 (mit Automatikgetriebe) 01.1993: DM 83.662,50 (mit Automatikgetriebe)

Mercedes-Benz 320 E

Allgemeine Angaben	
Konstruktionsbezeichnung	W 124 E 32
Baumuster	124.032
Produktionszeitraum	06.1992 / 09.1992 – 07.1993
Arbeitsverfahren	Viertakt-Otto mit Saugrohreinspritzung und Abgasreinigungsanlage mit geregeltem 3-Wege-Katalysator
Anordnung im Fahrzeug	vorne, längs; stehend
Motoren	
Motor-Typ / -Baumuster	M 104 E 32 / 104.992
Zylinderzahl / -anordnung	6 / Reihe; 15° nach rechts geneigt
Bohrung x Hub	89,9 x 84,0 mm
Gesamthubraum	3199 cm³
Verdichtungsverhältnis	10
Kurbelwellenlager	7
Leistung	220 PS / 162 kW bei 5500/min
Drehmoment	310 Nm bei 3750/min
Ventilanordnung / -anzahl	2 Einlass, 2 Auslass / v-förmig hängend
Ventilsteuerung	2 obenliegende Nockenwellen, dohc, Einlass-Nockenwelle verstellbar
Nockenwellenantrieb	Duplex-Rollenkette
Gemischbildung	mikroprozessorgesteuerte Einspritzanlage mit Heißfilm-Luftmassenmessung (HFM)
Kühlung	Wasserkühlung / Pumpe; 9 l Wasser
Schmierung	Druckumlauf-Schmierung / 7,5 l Öl
Elektrische Anlage	
Elektr. Anlage	12 V
Batterie	62 Ah / im Motorraum
Generator	Drehstrom / 1260 W
Anlasser	elektrisch / 1,7 kW
Zündung	Zünd-Kennfeld-Steuerung
Kraftstofftank:	70 l, über der Hinterachse; auf Wunsch: 90 l, über der Hinterachse
Kraftstoff-Förderung	elektrische Förderpumpe
Getriebe	
Getriebe	5-Gang-Schaltgetriebe
Verfügbarkeit	Serie
Getriebe-Typ / -Baumuster	GL 76/30A-5 / 717.450
Schaltung	Mittelschaltung
Kupplung	Einscheiben-Trockenkupplung
Getriebeart	Zahnrad-Wechselgetriebe
Synchronisierte Gänge	I – V
Getriebe-Übersetzung	I. 4,15; II. 2,52; III. 1,69; IV. 1,24; V. 1,0; R. 4,15
Achsantriebsübersetzung	3,06
Höchstgeschwindigkeit	235 km/h
Beschleunigung 0-100 km/h[1]	8,0 s
Kraftstoffverbrauch	8,2 / 10,0 / 14,7 l; nach Richtlinie 80/1268/EWG; Werte für 90 km/h / 120 km/h / Stadtzyklus
Getriebe	4-Gang-Automatikgetriebe
Verfügbarkeit	auf Wunsch
Getriebe-Typ / -Baumuster	W 4 A 040 / 722.359
Schaltung	Wählhebel in Wagenmitte
Kupplung	hydraulischer Drehmomentwandler im Automatikgetriebe
Getriebeart	Planetengetriebe
Getriebe-Übersetzung	I. 3,87; II. 2,25; III. 1,44; IV. 1,0; R. 5,59
Achsantriebsübersetzung	3,06
Höchstgeschwindigkeit	230 km/h
Beschleunigung 0-100 km/h[1]	7,8 s
Kraftstoffverbrauch	8,9 / 10,8 / 14,0 l; nach Richtlinie 80/1268/EWG; Werte für 90 km/h / 120 km/h / Stadtzyklus
Getriebe	5-Gang-Automatikgetriebe
Verfügbarkeit	auf Wunsch
Getriebe-Typ / -Baumuster	W 5 A 030 / 722.501
Schaltung	Wählhebel in Wagenmitte
Kupplung	hydraulischer Drehmomentwandler im Automatikgetriebe
Getriebeart	Planetengetriebe
Getriebe-Übersetzung	I. 3,87; II. 2,25; III. 1,44; IV. 1,0; V. 0,75; R. 5,59
Achsantriebsübersetzung	3,69
Höchstgeschwindigkeit	230 km/h
Beschleunigung 0-100 km/h[1]	7,8 s
Kraftstoffverbrauch	8,6 / 10,1 / 14,6 l; nach Richtlinie 80/1268/EWG; Werte für 90 km/h / 120 km/h / Stadtzyklus
Tragstruktur und Fahrwerk	
Rahmenausführung	selbsttragende Ganzstahlkarosserie
Radaufhängung, vorne	Dreiecksquerlenker / Dämpferbein
Radaufhängung, hinten	Raumlenkerachse, auf Wunsch mit hydropneumatischer Niveau-Regulierung
Federung, vorne	Schraubenfedern, Drehstab-Stabilisator
Federung, hinten	Schraubenfedern, Drehstab-Stabilisator
Stoßdämpfer, vorne/hinten	Gasdruck-Dämpferbeine / Gasdruck-Stoßdämpfer
Lenkung	Kugelumlauf-Servolenkung
Lenkübersetzung	15,44:1 / 3 Lenkradumdrehungen
Bremsanlage	
Bremsanlage	hydraulische Zweikreis-Bremsanlage mit Unterdruck-Bremskraftverstärker und Anti-Blockier-System; Scheibenbremsen vorne innenbelüftet und hinten massiv
Feststellbremse	mechanisch (fußbetätigt), auf Hinterräder wirkend
Abmessungen der Bremsscheiben	vorne / hinten bis 10.1992: 294 x 22 mm / 278 x 9 mm; ab 11.1992: 294 x 25 mm / 278 x 9 mm
Allgemeine Daten	
Räder	Leichtmetall-Scheibenräder 6 ½ J x 15 H 2 ET 49 (15 Loch) oder 6 ½ J x 15 H 2 ET 44 (8 Loch); bei Sportfahrwerk: 7 J x 15 H 2 ET 41 (8 oder 15 Loch)
Reifen	195/65 ZR 15; bei Sportfahrwerk: 205/60 ZR 15
Angetriebene Räder	Hinterräder
Kraftübertragung	geteilte Kardanwelle
Radstand	2800 mm
Spur vorne / hinten	1501 / 1491 mm; „Sportline": 1518 / 1509 mm
Länge	4740 mm
Breite	1740 mm
Höhe	1428 mm; „Sportline": 1411 mm
Bodenfreiheit	140 mm: „Sportline": 124 mm
Gepäckraum	520 l; 485 l mit 90 l Tank
Kleinster Wendekreis	11,27 m
Zul. Gesamtgewicht	2040 kg
Zul. Achslast vorne	1005 kg
Zul. Achslast hinten	1035 kg
Zuladung	550 kg
Zul. Anhängelast gebremst	1900 kg
Zul. Anhängelast ungebremst	750 kg
Zul. Dachlast	100 kg
Zul. Kofferraumzuladung	100 kg
Leergewicht (Wagengewicht) nach Richtlinie DIN 70020 (mit Kraftstoff, Reserverad und Werkzeug)	1490 kg
Luftwiderstand cW-Mittelwert x A	031 x 2,07 m²; „Sportline": 0,31 x 2,06 m²
Stückzahl	bis 08.1995: 63.950; Stückzahlen bis / ab Modellpflege 06.1993 sind nicht separat dokumentiert
Preise	10.1992: DM 69.483,00 01.1993: DM 70.782,50

Mercedes-Benz 400 E	
Allgemeine Angaben	
Konstruktionsbezeichnung	W 124 E 42
Baumuster	124.034
Produktionszeitraum	05.1991 / 09.1991 – 07.1993; vor 09.1992 nur für Export nach Nordamerika und Japan
Arbeitsverfahren	Viertakt-Otto mit Saugrohreinspritzung und Abgasreinigungsanlage mit geregeltem 3-Wege-Katalysator
Anordnung im Fahrzeug	vorne, längs; stehend
Motoren	
Motor-Typ / -Baumuster	M 119 E 42 / 119.975 LH
Zylinderzahl / -anordnung	8 / 90°-V-Form; Leichtmetallblock
Bohrung x Hub	92,0 x 78,9 mm
Gesamthubraum	4196 cm³
Verdichtungsverhältnis	11
Kurbelwellenlager	5
Leistung	279 PS / 205 kW bei 5700/min
Drehmoment	400 Nm bei 3900/min
Ventilanordnung / -anzahl	2 Einlass, 2 Auslass / v-förmig hängend
Ventilsteuerung	je Zylinderreihe 2 obenliegende Nockenwellen, 2 x dohc, Einlass-Nockenwellen verstellbar
Nockenwellenantrieb	Duplex-Rollenkette
Gemischbildung	mikroprozessorgesteuerte Einspritzanlage mit Hitzdraht-Luftmassenmessung (Bosch LH-Jetronic)
Kühlung	Wasserkühlung / Pumpe; 12,5 l Wasser
Schmierung	Druckumlauf-Schmierung / 8 l Öl
Elektrische Anlage	
Elektr. Anlage	12 V
Batterie	100 Ah / im Kofferraum
Generator	Drehstrom / 1540 W
Anlasser	elektrisch / 1,8 kW
Zündung	elektronische Zündanlage
Kraftstofftank:	90 l, über der Hinterachse
Kraftstoff-Förderung	elektrische Förderpumpe
Getriebe	
Getriebe	4-Gang-Automatikgetriebe
Verfügbarkeit	Serie
Baumuster	722.354
Schaltung	Wählhebel in Wagenmitte
Kupplung	hydraulischer Drehmomentwandler im Automatikgetriebe
Getriebeart	Planetengetriebe
Getriebe-Übersetzung	I. 3,87; II. 2,25; III. 1,44; IV. 1,0; R. 5,59
Achsantriebsübersetzung	2,65
Höchstgeschwindigkeit	250 km/h (abgeregelt)
Beschleunigung 0-100 km/h[1]	7,2 s
Kraftstoffverbrauch	9,4 / 11,1 / 15,0 l; ab 10.1992: 10,3 / 11,9 / 16,9 l; nach Richtlinie 80/1268/EWG; Werte für 90 km/h / 120 km/h / Stadtzyklus
Tragstruktur und Fahrwerk	
Rahmenausführung	selbsttragende Ganzstahlkarosserie
Radaufhängung, vorne	Dreiecksquerlenker / Dämpferbein
Radaufhängung, hinten	Raumlenkerachse, auf Wunsch mit hydropneumatischer Niveau-Regulierung
Federung, vorne	Schraubenfedern, Drehstab-Stabilisator
Federung, hinten	Schraubenfedern, Drehstab-Stabilisator
Stoßdämpfer, vorne/hinten	Gasdruck-Dämpferbeine / Gasdruck-Stoßdämpfer
Lenkung	Kugelumlauf-Servolenkung
Lenkübersetzung	15,53:1 / 3 Lenkradumdrehungen
Bremsanlage	
Bremsanlage	hydraulische Zweikreis-Bremsanlage mit Unterdruck-Bremskraftverstärker und Anti-Blockier-System; innenbelüftete Scheibenbremsen vorne und hinten
Feststellbremse	mechanisch (fußbetätigt), auf Hinterräder wirkend
Abmessungen der Bremsscheiben	vorne / hinten 294 x 25 mm / 278 x 24 mm; ab 03.1993: vorne / hinten 320 x 30 mm / 278 x 24 mm
Allgemeine Daten	
Räder	Leichtmetall-Scheibenräder 6 ½ J x 15 H 2 ET 44; „Sportline" 7 J x 15 H 2 ET 41; ab 03.1993: 7 J x 16 H 2 ET 46
Reifen	195/65 ZR 15; „Sportline": 205/60 ZR 15; ab 03.1993: 215/55 ZR 16
Angetriebene Räder	Hinterräder
Kraftübertragung	geteilte Kardanwelle
Radstand	2800 mm
Spur vorne / hinten	1501 / 1491 mm; „Sportline": 1518 / 1509 mm
Länge	4740 mm
Breite	1740 mm
Höhe	1431 mm; „Sportline": 1408 mm
Bodenfreiheit	144 mm; „Sportline": 130 mm
Kleinster Wendekreis	11,27 m
Zul. Gesamtgewicht	2140 kg
Zul. Achslast vorne	1025 kg
Zul. Achslast hinten	1115 kg
Zuladung	520 kg
Zul. Anhängelast gebremst	1900 kg
Zul. Anhängelast ungebremst	750 kg
Zul. Dachlast	100 kg
Zul. Kofferraumzuladung	100 kg
Leergewicht (Wagengewicht) nach Richtlinie DIN 70020 (mit Kraftstoff, Reserverad und Werkzeug)	1620 kg
Luftwiderstand cW-Mittelwert x A	0,30 x 2,07 m²
Stückzahl	bis 06.1995: 22.802; Stückzahlen bis / ab Modellpflege 06.1993 nicht separat dokumentiert
Preise	vor 10.1992 im Inland nicht lieferbar 10.1992: DM 92.340,00 01.1993: DM 96.312,50

Mercedes-Benz 500 E

Allgemeine Angaben	
Konstruktionsbezeichnung	W 124 E 50
Baumuster	124.036
Produktionszeitraum	09.1990 / 02.1991 – 07.1993
Arbeitsverfahren	Viertakt-Otto mit Saugrohreinspritzung und Abgasreinigungsanlage mit geregeltem 3-Wege-Katalysator
Anordnung im Fahrzeug	vorne, längs; stehend
Motoren	
Motor-Typ / -Baumuster	M 119 E 50 / 119.974 LH
Zylinderzahl / -anordnung	8 / 90°-V-Form; Leichtmetallblock
Bohrung x Hub	96,5 x 85,0 mm
Gesamthubraum	4973 cm³
Verdichtungsverhältnis	10
Kurbelwellenlager	5
Leistung	326 PS / 240 kW bei 5700/min; ab 10.1992: 320 PS / 235 kW bei 5600/min
Drehmoment	480 Nm bei 3900 /min; ab 10.1992: 470 Nm bei 3900/min
Ventilanordnung / -anzahl	2 Einlass, 2 Auslass / v-förmig hängend
Ventilsteuerung	je Zylinderreihe 2 obenliegende Nockenwellen, 2 x dohc, Einlass-Nockenwellen verstellbar
Nockenwellenantrieb	Duplex-Rollenkette
Gemischbildung	mikroprozessorgesteuerte Einspritzanlage mit Hitzdraht-Luftmassenmessung (Bosch LH-Jetronic)
Kühlung	Wasserkühlung / Pumpe; 12,5 l Wasser
Schmierung	Druckumlauf-Schmierung / 8 l Öl
Elektrische Anlage	
Elektr. Anlage	12 V
Batterie	92 Ah; ab 10.1992: 100 Ah / im Kofferraum
Generator	Drehstrom / 1540 W
Anlasser	elektrisch / 1,8 kW
Zündung	elektronische Zündanlage
Kraftstofftank	90 l, über der Hinterachse
Kraftstoff-Förderung	elektrische Förderpumpe
Getriebe	
Getriebe	4-Gang-Automatikgetriebe
Verfügbarkeit	Serie
Baumuster	722.365
Schaltung	Wählhebel in Wagenmitte
Kupplung	hydraulischer Drehmomentwandler im Automatikgetriebe
Getriebeart	Planetengetriebe
Getriebe-Übersetzung	I. 3,87; II. 2,25; III. 1,44; IV. 1,0; R. 5,59
Achsantriebsübersetzung	2,82
Höchstgeschwindigkeit	250 km/h (abgeregelt)
Beschleunigung 0-100 km/h[1]	6,1 s
Kraftstoffverbrauch	10,7 / 12,3 / 17,5 l; ab 10.1992: 10,3 / 11,9 / 16,9 l; nach Richtlinie 80/1268/EWG; Werte für 90 km/h / 120 km/h / Stadtzyklus
Tragstruktur und Fahrwerk	
Rahmenausführung	selbsttragende Ganzstahlkarosserie
Radaufhängung, vorne	Dreiecksquerlenker / Dämpferbein
Radaufhängung, hinten	Raumlenkerachse mit hydropneumatischer Niveau-Regulierung
Federung, vorne	Schraubenfedern, Drehstab-Stabilisator
Federung, hinten	Schraubenfedern, Drehstab-Stabilisator
Stoßdämpfer, vorne/hinten	Gasdruck-Dämpferbeine / hydropneumatische Federbeine
Lenkung	Kugelumlauf-Servolenkung
Lenkübersetzung	15,67:1 / 3 Lenkradumdrehungen
Bremsanlage	
Bremsanlage	hydraulische Zweikreis-Bremsanlage mit Unterdruck-Bremskraftverstärker und Anti-Blockier-System; innenbelüftete Scheibenbremsen vorne und hinten
Feststellbremse	mechanisch (fußbetätigt), auf Hinterräder wirkend
Abmessungen der Bremsscheiben	vorne / hinten bis 01.93 incl. Japan und USA 300 x 28 mm / 278 x 24 mm; ab 02.1993 außer Japan und USA 320 x 30 mm / 300 x 22 mm
Allgemeine Daten	
Räder	Leichtmetall-Scheibenräder 8 J x 16 H 2
Reifen	225/55 ZR 16
Angetriebene Räder	Hinterräder
Kraftübertragung	geteilte Kardanwelle
Radstand	2800 mm
Spur vorne / hinten	1538 / 1529 mm
Länge	4750 mm
Breite	1796 mm
Höhe	1410 mm
Bodenfreiheit	139 mm
Kleinster Wendekreis	11,70 m
Zul. Gesamtgewicht	2150 kg; ab 10.1992: 2160 kg
Zul. Achslast vorne	1070 kg
Zul. Achslast hinten	1130 kg; ab 10.1992: 1140 kg
Zul. Dachlast	100 kg
Zul. Kofferraumzuladung	100 kg
Zuladung	450 kg
Leergewicht (Wagengewicht) nach Richtlinie DIN 70020 (mit Kraftstoff, Reserverad und Werkzeug)	1700 kg; ab 10.1992: 1710 kg
Luftwiderstand cW-Mittelwert x A	0,32 x 2,10m²
Stückzahl	bis 04.1995: 10.479, inkl. E 60 AMG; Stückzahlen bis / ab Modellpflege 06.1993 sind nicht separat dokumentiert
Preise	10.1990: DM 134.520,00 06.1991: DM 138.396,00 09.1991: DM 140.106,00 02.1992: DM 144.324,00 01.1993: DM 145.590,00

Mercedes-Benz 250 D mit verlängertem Radstand

Allgemeine Angaben	
Konstruktionsbezeichnung	V 124 D 25
Baumuster	124.127
Produktionszeitraum	10.1989 / 05.1990 – 07.1993
Arbeitsverfahren	Viertakt-Diesel mit Vorkammereinspritzung; ab 10.1990 auf Wunsch: Abgasreinigungsanlage mit Oxidationskatalysator
Anordnung im Fahrzeug	vorne, längs; stehend
Motoren	
Motor-Typ / -Baumuster	OM 602 D 25 / 602.912
Zylinderzahl / -anordnung	5 / Reihe; 15° nach rechts geneigt
Bohrung x Hub	87,0 x 84,0 mm
Gesamthubraum	2497 cm³
Verdichtungsverhältnis	22
Kurbelwellenlager	6
Leistung	94 PS / 69 kW bei 4600/min; 90 PS / 66 kW bei 4600/ min mit Oxikat
Drehmoment	158 Nm bei 2600 – 3100/min
Ventilanordnung / -anzahl	1 Einlass, 1 Auslass / hängend
Ventilsteuerung	obenliegende Nockenwelle, ohc
Nockenwellenantrieb	Duplex-Rollenkette
Gemischbildung	Vorkammereinspritzung, mechanisch geregelte Bosch 5-Stempel-Einspritzpumpe
Kühlung	Wasserkühlung / Pumpe; 9 l Wasser
Schmierung	Druckumlauf-Schmierung / 7 l Öl
Elektrische Anlage	
Elektr. Anlage	12 V
Batterie	72 Ah; ab 08.1991: 74 Ah / im Motorraum
Generator	Drehstrom / 770 W
Anlasser	elektrisch / 2,2 kW
Zündung	Selbstzünder
Kraftstofftank	72 l, hinter der Hinterachse
Kraftstoff-Förderung	Kolbenpumpe an der Einspritzpumpe
Getriebe	
Getriebe	5-Gang-Schaltgetriebe
Verfügbarkeit	Serie
Schaltung	Mittelschaltung
Kupplung	Einscheiben-Trockenkupplung
Getriebeart	Zahnrad-Wechselgetriebe
Synchronisierte Gänge	I – V
Getriebe-Übersetzung	I. 3,91; II. 2,17; III. 1,37; IV. 1,0; V. 0,81; R. 4,27
Achsantriebsübersetzung	3,92
Höchstgeschwindigkeit	165 km/h
Beschleunigung 0-100 km/h[1]	19,0 s
Kraftstoffverbrauch	6,1 / 8,1 / 9,9 l; nach Richtlinie 80/1268/EWG; Werte für 90 km/h / 120 km/h / Stadtzyklus
Getriebe	4-Gang-Automatikgetriebe
Verfügbarkeit	auf Wunsch
Schaltung	Wählhebel in Wagenmitte
Kupplung	hydraulischer Drehmomentwandler im Automatikgetriebe
Getriebeart	Planetengetriebe
Getriebe-Übersetzung	I. 4,25; II. 2,41; III. 1,49; IV. 1,0; R. 5,67
Achsantriebsübersetzung	3,46
Höchstgeschwindigkeit	160 km/h
Beschleunigung 0-100 km/h[1]	19,4 s
Kraftstoffverbrauch	6,7 / 8,8 / 9,4 l; nach Richtlinie 80/1268/EWG; Werte für 90 km/h / 120 km/h / Stadtzyklus
Tragstruktur und Fahrwerk	
Rahmenausführung	selbsttragende Ganzstahlkarosserie
Radaufhängung, vorne	Dreiecksquerlenker / Dämpferbein
Radaufhängung, hinten	Raumlenkerachse mit hydropneumatischer Niveau-Regulierung
Federung, vorne	Schraubenfedern, Drehstab-Stabilisator
Federung, hinten	Schraubenfedern, hydropneumatische Federbeine, Drehstab-Stabilisator
Stoßdämpfer, vorne/hinten	Gasdruck-Dämpferbeine / hydropneumatische Federbeine
Lenkung	Kugelumlauf-Servolenkung
Lenkübersetzung	15,44:1 / 3 Lenkradumdrehungen
Bremsanlage	
Bremsanlage	hydraulische Zweikreis-Bremsanlage mit Unterdruck-Bremskraftverstärker und Anti-Blockier-System; Scheibenbremsen vorne innenbelüftet und hinten massiv
Feststellbremse	mechanisch (fußbetätigt), auf Hinterräder wirkend
Abmessungen der Bremsscheiben	vorne / hinten 284 x 22 mm / 278 x 9 mm
Allgemeine Daten	
Räder	Stahlblech-Scheibenräder, verstärkt, 6 ½ J x 15 H 2 ET 49; auf Wunsch: Leichtmetall-Scheibenräder 6 ½ J x 15 H 2 ET 49
Reifen	205/65 R 15 94 H
Angetriebene Räder	Hinterräder
Kraftübertragung	geteilte Kardanwelle
Radstand	3600 mm
Spur vorne / hinten	1494 / 1486 mm
Länge	5540 mm
Breite	1740 mm
Höhe	1480 mm
Kleinster Wendekreis	14,0 m
Zul. Gesamtgewicht	2360 kg; ab 10.1992: 2400 kg
Zul. Achslast vorne	1090 kg; ab 10.1992: 1120 kg
Zul. Achslast hinten	1270 kg; ab 10.1992: 1280 kg
Zuladung	725 kg; ab 10.1992: 700 kg
Leergewicht (Wagengewicht) nach Richtlinie DIN 70020 (mit Kraftstoff, Reserverad und Werkzeug)	1635 kg; ab 10.1992: 1700 kg
Stückzahl	776
Preise	09.1989: DM 88.122,00 10.1990: DM 90.630,00 06.1991: DM 93.309,00 02.1992: DM 96.102,00 10.1992: DM 96.900,00 01.1993: DM 98.727,50

Mercedes-Benz 260 E mit verlängertem Radstand	
Allgemeine Angaben	
Konstruktionsbezeichnung	V 124 E 26
Baumuster	124.027
Produktionszeitraum	09.1989 / 05.1990 – 09.1992
Arbeitsverfahren	Viertakt-Otto mit Saugrohreinspritzung und Abgasreinigungsanlage mit geregeltem 3-Wege-Katalysator
Anordnung im Fahrzeug	vorne, längs; stehend
Motoren	
Motor-Typ / -Baumuster	M 103 E 26 / 103.940
Zylinderzahl / -anordnung	6 / Reihe; 15° nach rechts geneigt
Bohrung x Hub	82,9 x 80,2 mm
Gesamthubraum	2597 cm³
Verdichtungsverhältnis	9,2
Kurbelwellenlager	7
Leistung	160 PS / 118 kW bei 5800/min
Drehmoment	220 Nm bei 4600/min
Ventilanordnung / -anzahl	1 Einlass, 1 Auslass / v-förmig hängend
Ventilsteuerung	obenliegende Nockenwelle, ohc
Nockenwellenantrieb	Einfach-Rollenkette
Gemischbildung	Saugrohreinspritzung, mechanisch-elektronisch geregelt (Bosch KE-Jetronic)
Kühlung	Wasserkühlung / Pumpe; 9 l Wasser
Schmierung	Druckumlauf-Schmierung / 6 l Öl
Elektrische Anlage	
Elektr. Anlage	12 V
Batterie	62 Ah / im Motorraum
Generator	Drehstrom / 980 W
Anlasser	elektrisch / 1,7 kW
Zündung	elektronische Zündanlage
Kraftstofftank	72 l, hinter der Hinterachse
Kraftstoff-Förderung	elektrische Förderpumpe
Getriebe	
Getriebe	5-Gang-Schaltgetriebe
Verfügbarkeit	Serie
Schaltung	Mittelschaltung
Kupplung	Einscheiben-Trockenkupplung
Getriebeart	Zahnrad-Wechselgetriebe
Synchronisierte Gänge	I – V
Getriebe-Übersetzung	I. 3,86; II. 2,18; III. 1,38; IV. 1,0; V. 0,80; R. 4,22
Achsantriebsübersetzung	3,92
Höchstgeschwindigkeit	205 km/h
Beschleunigung 0-100 km/h[1]	11,0 s
Kraftstoffverbrauch	8,3 / 10,4 / 15,1 l; nach Richtlinie 80/1268/EWG; Werte für 90 km/h / 120 km/h / Stadtzyklus
Getriebe	4-Gang-Automatikgetriebe
Verfügbarkeit	auf Wunsch
Schaltung	Wählhebel in Wagenmitte
Kupplung	hydraulischer Drehmomentwandler im Automatikgetriebe
Getriebeart	Planetengetriebe
Getriebe-Übersetzung	I. 4,25; II. 2,41; III. 1,49; IV. 1,0; R. 5,67
Achsantriebsübersetzung	3,46
Höchstgeschwindigkeit	200 km/h
Beschleunigung 0-100 km/h[1]	11,3 s
Kraftstoffverbrauch	8,5 / 10,3 / 14,3 l; nach Richtlinie 80/1268/EWG; Werte für 90 km/h / 120 km/h / Stadtzyklus
Tragstruktur und Fahrwerk	
Rahmenausführung	selbsttragende Ganzstahlkarosserie
Radaufhängung, vorne	Dreiecksquerlenker / Dämpferbein
Radaufhängung, hinten	Raumlenkerachse mit hydropneumatischer Niveau-Regulierung
Federung, vorne	Schraubenfedern, Drehstab-Stabilisator
Federung, hinten	Schraubenfedern, hydropneumatische Federbeine, Drehstab-Stabilisator
Stoßdämpfer, vorne/hinten	Gasdruck-Dämpferbeine / hydropneumatische Federbeine
Lenkung	Kugelumlauf-Servolenkung
Lenkübersetzung	15,44:1 / 3 Lenkradumdrehungen
Bremsanlage	
Bremsanlage	hydraulische Zweikreis-Bremsanlage mit Unterdruck-Bremskraftverstärker und Anti-Blockier-System; Scheibenbremsen vorne innenbelüftet und hinten massiv
Feststellbremse	mechanisch (fußbetätigt), auf Hinterräder wirkend
Abmessungen der Bremsscheiben	vorne / hinten 284 x 22 mm / 278 x 9 mm
Allgemeine Daten	
Räder	Stahlblech-Scheibenräder, verstärkt, 6 ½ J x 15 H 2 ET 49; auf Wunsch: Leichtmetall-Scheibenräder 6 ½ J x 15 H 2 ET 49
Reifen	205/65 R 15 94 V
Angetriebene Räder	Hinterräder
Kraftübertragung	geteilte Kardanwelle
Radstand	3600 mm
Spur vorne / hinten	1494 / 1486 mm
Länge	5540 mm
Breite	1740 mm
Höhe	1480 mm
Kleinster Wendekreis	14,0 m
Zul. Gesamtgewicht	2380 kg
Zul. Achslast vorne	1100 kg
Zul. Achslast hinten	1280 kg
Zuladung	725 kg
Leergewicht (Wagengewicht) nach Richtlinie DIN 70020 (mit Kraftstoff, Reserverad und Werkzeug)	1655 kg
Stückzahl	1006
Preise	09.1989: DM 95.475,00 10.1990: DM 98.154,00 06.1991: DM 101.004,00 02.1992: DM 104.025,00

Mercedes-Benz 280 E mit verlängertem Radstand	
Allgemeine Angaben	
Konstruktionsbezeichnung	V 124 E 28
Baumuster	124.029
Produktionszeitraum	09.1992 / 11.1992 – 07.1993
Arbeitsverfahren	Viertakt-Otto mit Saugrohreinspritzung und Abgasreinigungsanlage mit geregeltem 3-Wege-Katalysator
Anordnung im Fahrzeug	vorne, längs; stehend
Motoren	
Motor-Typ / -Baumuster	M 104 E 28 / 104.942
Zylinderzahl / -anordnung	6 / Reihe; 15° nach rechts geneigt
Bohrung x Hub	89,9 x 73,5 mm
Gesamthubraum	2799 cm³
Verdichtungsverhältnis	10
Kurbelwellenlager	7
Leistung	197 PS / 145 kW bei 5500/min
Drehmoment	270 Nm bei 3750/min
Ventilanordnung / -anzahl	2 Einlass, 2 Auslass / v-förmig hängend
Ventilsteuerung	2 obenliegende Nockenwellen, dohc, Einlass-Nockenwelle verstellbar
Nockenwellenantrieb	Duplex-Rollenkette
Gemischbildung	mikroprozessorgesteuerte Einspritzanlage mit Heißfilm-Luftmassenmessung (HFM)
Kühlung	Wasserkühlung / Pumpe; 9 l Wasser
Schmierung	Druckumlauf-Schmierung / 7,5 l Öl
Elektrische Anlage	
Elektr. Anlage	12 V
Batterie	62 Ah / im Motorraum
Generator	Drehstrom / 1260 W
Anlasser	elektrisch / 1,7 kW
Zündung	Zünd-Kennfeld-Steuerung
Kraftstofftank:	72 l, hinter der Hinterachse
Kraftstoff-Förderung	elektrische Förderpumpe
Getriebe	
Getriebe	5-Gang-Schaltgetriebe
Verfügbarkeit	Serie
Schaltung	Mittelschaltung
Kupplung	Einscheiben-Trockenkupplung
Getriebeart	Zahnrad-Wechselgetriebe
Synchronisierte Gänge	I – V
Getriebe-Übersetzung	I. 3,86; II. 2,18; III. 1,38; IV. 1,0; V. 0,80; R. 4,22
Achsantriebsübersetzung	3,92
Höchstgeschwindigkeit	215 km/h
Beschleunigung 0-100 km/h[1]	10,2 s
Kraftstoffverbrauch	8,6 / 10,5 / 15,5 l; nach Richtlinie 80/1268/EWG; Werte für 90 km/h / 120 km/h / Stadtzyklus
Getriebe	4-Gang-Automatikgetriebe
Verfügbarkeit	auf Wunsch
Schaltung	Wählhebel in Wagenmitte
Kupplung	hydraulischer Drehmomentwandler im Automatikgetriebe
Getriebeart	Planetengetriebe
Getriebe-Übersetzung	I. 4,25; II. 2,41; III. 1,49; IV. 1,0; R. 5,67
Achsantriebsübersetzung	3,46
Höchstgeschwindigkeit	210 km/h
Beschleunigung 0-100 km/h[1]	10,2 s
Kraftstoffverbrauch	9,4 / 11,5 / 14,6 l; nach Richtlinie 80/1268/EWG; Werte für 90 km/h / 120 km/h / Stadtzyklus
Tragstruktur und Fahrwerk	
Rahmenausführung	selbsttragende Ganzstahlkarosserie
Radaufhängung, vorne	Dreiecksquerlenker / Dämpferbein
Radaufhängung, hinten	Raumlenkerachse mit hydropneumatischer Niveau-Regulierung
Federung, vorne	Schraubenfedern, Drehstab-Stabilisator
Federung, hinten	Schraubenfedern, hydropneumatische Federbeine, Drehstab-Stabilisator
Stoßdämpfer, vorne/hinten	Gasdruck-Dämpferbeine / hydropneumatische Federbeine
Lenkung	Kugelumlauf-Servolenkung
Lenkübersetzung	15,44:1 / 3 Lenkradumdrehungen
Bremsanlage	
Bremsanlage	hydraulische Zweikreis-Bremsanlage mit Unterdruck-Bremskraftverstärker und Anti-Blockier-System; innenbelüftete Scheibenbremsen vorne und hinten
Feststellbremse	mechanisch (fußbetätigt), auf Hinterräder wirkend
Abmessungen der Bremsscheiben	vorne / hinten 295 x 22 mm / 278 x 20 mm
Allgemeine Daten	
Räder	Leichtmetall-Scheibenräder 6 ½ J x 15 H 2 ET 49 (15 Loch)
Reifen	205/65 R 15 94 V
Angetriebene Räder	Hinterräder
Kraftübertragung	geteilte Kardanwelle
Radstand	3600 mm
Spur vorne / hinten	1494 / 1486 mm
Länge	5540 mm
Breite	1740 mm
Höhe	1480 mm
Kleinster Wendekreis	14,0 m
Zul. Gesamtgewicht	2460 kg
Zul. Achslast vorne	1180 kg
Zul. Achslast hinten	1280 kg
Zuladung	700 kg
Leergewicht (Wagengewicht) nach Richtlinie DIN 70020 (mit Kraftstoff, Reserverad und Werkzeug)	1760 kg
Stückzahl	bis 07.1994: 379; Stückzahlen bis / ab Modellpflege 06.1993 sind nicht separat dokumentiert
Preise	10.1992: DM 107.673,00 01.1993: DM 109.710,00

Mercedes-Benz 250 D Fahrgestell für Sonderaufbauten	
Allgemeine Angaben	
Konstruktionsbezeichnung	F 124 D 25
Baumuster	124.105
Produktionszeitraum	09.1989 – 06.1993
Arbeitsverfahren	Viertakt-Diesel mit Vorkammereinspritzung; ab 10.1990: auf Wunsch Abgasreinigungsanlage mit Oxidationskatalysator
Anordnung im Fahrzeug	vorne, längs; stehend
Motoren	
Motor-Typ / -Baumuster	OM 602 D 25 / 602.912
Zylinderzahl / -anordnung	5 / Reihe; 15° nach rechts geneigt
Bohrung x Hub	87,0 x 84,0 mm
Gesamthubraum	2497 cm³
Verdichtungsverhältnis	22
Kurbelwellenlager	6
Leistung	94 PS / 69 kW bei 4600/min; 90 PS / 66 kW bei 4600/min (Kat)
Drehmoment	158 Nm bei 2600 – 3100/min
Ventilanordnung / -anzahl	1 Einlass, 1 Auslass / hängend
Ventilsteuerung	obenliegende Nockenwelle, ohc
Nockenwellenantrieb	Duplex-Rollenkette
Gemischbildung	Vorkammereinspritzung, mechanisch geregelte Bosch 5-Stempel-Einspritzpumpe
Kühlung	Wasserkühlung / Pumpe; 9 l Wasser
Schmierung	Druckumlauf-Schmierung / 7 l Öl
Elektrische Anlage	
Elektr. Anlage	12 V
Batterie	72 Ah;
ab 08.1991:	74 Ah / im Motorraum
Generator	Drehstrom / 770 W
Anlasser	elektrisch / 2,2 kW
Zündung	Selbstzünder
Kraftstofftank	70 l, über der Hinterachse
Kraftstoff-Förderung	Kolbenpumpe an der Einspritzpumpe
Getriebe	
Getriebe	5-Gang-Schaltgetriebe
Verfügbarkeit	Serie
Schaltung	Mittelschaltung
Kupplung	Einscheiben-Trockenkupplung
Getriebeart	Zahnrad-Wechselgetriebe
Synchronisierte Gänge	I – V
Getriebe-Übersetzung	I. 3,91; II. 2,17; III. 1,37; IV. 1,0; V. 0,78; R. 4,27
Achsantriebsübersetzung	3,64
Getriebe	4-Gang-Automatikgetriebe
Verfügbarkeit	auf Wunsch
Schaltung	Wählhebel in Wagenmitte
Kupplung	hydraulischer Drehmomentwandler im Automatikgetriebe
Getriebeart	Planetengetriebe
Getriebe-Übersetzung	I. 4,25; II. 2,41; III. 1,49; IV. 1,0; R. 5,67
Achsantriebsübersetzung	3,07
Tragstruktur und Fahrwerk	
Rahmenausführung	selbsttragende Ganzstahlkarosserie
Radaufhängung, vorne	Dreiecksquerlenker / Dämpferbein
Radaufhängung, hinten	Raumlenkerachse mit hydropneumatischer Niveau-Regulierung
Federung, vorne	Schraubenfedern, Drehstab-Stabilisator
Federung, hinten	Schraubenfedern, hydropneumatische Federbeine, Drehstab-Stabilisator
Stoßdämpfer, vorne/hinten	Gasdruck-Dämpferbeine / hydropneumatische Federbeine
Lenkung	Kugelumlauf-Servolenkung
Lenkübersetzung	15,44:1 / 3 Lenkradumdrehungen
Bremsanlage	
Bremsanlage	hydraulische Zweikreis-Bremsanlage mit Unterdruck-Bremskraftverstärker und Anti-Blockier-System; bis 09.1990: Scheibenbremsen vorne und hinten massiv; ab 10.1990: Scheibenbremsen vorne innenbelüftet, hinten massiv
Feststellbremse	mechanisch (fußbetätigt), auf Hinterräder wirkend
Abmessungen der Bremsscheiben	vorne / hinten bis 09.1990 284 x 12 mm / 278 x 9 mm; ab 10.1990 vorne / hinten: 284 x 22 mm / 278 x 9 mm
Allgemeine Daten	
Räder	Stahlblech-Scheibenräder, verstärkt, 6 ½ J x 15 H 2 ET 49; auf Wunsch: Leichtmetall-Scheibenräder 6 ½ J x 15 H 2 ET 49
Reifen	195/65 R 15 91 H; ab 06.1991: 195/65 R 15 94 T reinforced
Angetriebene Räder	Hinterräder
Kraftübertragung	geteilte Kardanwelle
Radstand	2800 mm
Spur vorne / hinten	1479 / 1480 mm
Länge	4765 mm
Breite	1740 mm
Kleinster Wendekreis	11,20 m
Zul. Gesamtgewicht	2130 kg; ab 02.1990: 2140 kg; ab 10.1990: 2190 kg
Zul. Achslast vorne	900 kg; ab 02.1990: 910 kg
Zul. Achslast hinten	1230 kg; ab 10.1990: 1280 kg
Leergewicht (Wagengewicht) nach Richtlinie Fahrgestell mit Teilkarosserie, vollgetankt, ohne Reserverad und Werkzeug	1280 kg; ab 02.1990: 1300 kg
Stückzahl	seit 04.1986: 741; Stückzahlen bis / ab Modellpflege 09.1989 sind nicht separat dokumentiert
Preise	09.1989: DM 46.170,00 01.1990: DM 47.196,00 10.1990: DM 48.507,00 06.1991: DM 49.932,00 02.1992: DM 51.414,00 10.1992: DM 52.554,00 02.1992: DM 53.532,50

Mercedes-Benz 230 E Fahrgestell für Sonderaufbauten

Allgemeine Angaben	
Konstruktionsbezeichnung	F 124 E 23
Baumuster	124.003
Produktionszeitraum	09.1989 – 07.1992
Arbeitsverfahren	Viertakt-Otto mit Saugrohreinspritzung und Abgasreinigungsanlage mit geregeltem 3-Wege-Katalysator
Anordnung im Fahrzeug	vorne, längs; stehend
Motoren	
Motor-Typ / -Baumuster	M 102 E 23 / 102.982
Zylinderzahl / -anordnung	4 / Reihe; 15° nach rechts geneigt
Bohrung x Hub	95,5 x 80,2 mm
Gesamthubraum	2298 cm³
Verdichtungsverhältnis	9
Kurbelwellenlager	5
Leistung	132 PS / 97 kW bei 5100/min
Drehmoment	198 Nm bei 3500/min
Ventilanordnung / -anzahl	1 Einlass, 1 Auslass / v-förmig hängend
Ventilsteuerung	obenliegende Nockenwelle, ohc
Nockenwellenantrieb	Duplex-Rollenkette
Gemischbildung	Saugrohreinspritzung, mechanisch-elektronisch geregelt (Bosch KE-Jetronic)
Kühlung	Wasserkühlung / Pumpe; 8,5 l Wasser
Schmierung	Druckumlauf-Schmierung / 5 l Öl
Elektrische Anlage	
Elektr. Anlage	12 V
Batterie	62 Ah / im Motorraum
Generator	Drehstrom / 980 W
Anlasser	elektrisch / 1,4 kW
Zündung	elektronische Zündanlage
Kraftstofftank	70 l, über der Hinterachse
Kraftstoff-Förderung	elektrische Förderpumpe
Getriebe	
Getriebe	4-Gang-Schaltgetriebe
Verfügbarkeit	Serie
Schaltung	Mittelschaltung
Kupplung	Einscheiben-Trockenkupplung
Getriebeart	Zahnrad-Wechselgetriebe
Synchronisierte Gänge	I – IV
Getriebe-Übersetzung	I. 3,91; II. 2,17; III. 1,37; IV. 1,0; R. 3,78
Achsantriebsübersetzung	3,27
Getriebe	5-Gang-Schaltgetriebe
Verfügbarkeit	auf Wunsch
Schaltung	Mittelschaltung
Kupplung	Einscheiben-Trockenkupplung
Getriebeart	Zahnrad-Wechselgetriebe
Synchronisierte Gänge	I – V
Getriebe-Übersetzung	I. 3,91; II. 2,17; III. 1,37; IV. 1,0; V. 0,81; R. 4,27
Achsantriebsübersetzung	3,46
Getriebe	4-Gang-Automatikgetriebe
Verfügbarkeit	auf Wunsch
Schaltung	Wählhebel in Wagenmitte
Kupplung	hydraulischer Drehmomentwandler im Automatikgetriebe
Getriebeart	Planetengetriebe
Getriebe-Übersetzung	I. 4,25; II. 2,41; III. 1,49; IV. 1,0; R. 5,67
Achsantriebsübersetzung	3,27
Tragstruktur und Fahrwerk	
Rahmenausführung	selbsttragende Ganzstahlkarosserie
Radaufhängung, vorne	Dreiecksquerlenker / Dämpferbein
Radaufhängung, hinten	Raumlenkerachse mit hydropneumatischer Niveau-Regulierung
Federung, vorne	Schraubenfedern, Drehstab-Stabilisator
Federung, hinten	Schraubenfedern, hydropneumatische Federbeine, Drehstab-Stabilisator
Stoßdämpfer, vorne/hinten	Gasdruck-Dämpferbeine / hydropneumatische Federbeine
Lenkung	Kugelumlauf-Servolenkung
Lenkübersetzung	15,44:1 / 3 Lenkradumdrehungen

Bremsanlage	
Bremsanlage	hydraulische Zweikreis-Bremsanlage mit Unterdruck-Bremskraftverstärker und Anti-Blockier-System; Scheibenbremsen vorne innenbelüftet und hinten massiv
Feststellbremse	mechanisch (fußbetätigt), auf Hinterräder wirkend
Abmessungen der Bremsscheiben	vorne / hinten 284 x 22 mm / 258 x 9 mm
Allgemeine Daten	
Räder	Stahlblech-Scheibenräder, verstärkt, 6 ½ J x 15 H 2 ET 49; auf Wunsch: Leichtmetall-Scheibenräder 6 ½ J x 15 H 2 ET 49 (15 Loch)
Reifen	195/65 R 15 91 H; ab 06.1991: 195/65 R 15 94 T reinforced
Angetriebene Räder	Hinterräder
Kraftübertragung	geteilte Kardanwelle
Radstand	2800 mm
Spur vorne / hinten	1479 / 1480 mm
Länge	4765 mm
Breite	1740 mm
Kleinster Wendekreis	11,20 m
Zul. Gesamtgewicht	2090 kg; ab 02.1990: 2100 kg; ab 10.1990: 2150 kg
Zul. Achslast vorne	860 kg; ab 02.1990: 870 kg
Zul. Achslast hinten	1230 kg; ab 10.1990: 1280 kg
Leergewicht (Wagengewicht) nach Richtlinie Fahrgestell mit Teilkarosserie, vollgetankt, ohne Reserverad und Werkzeug	1240 kg; ab 02.1990: 1260 kg
Stückzahl	seit 02.1986: 224; Stückzahlen bis / ab Modellpflege 09.1989 sind nicht separat dokumentiert
Preise	09.1989: DM 46.227,00 01.1990: DM 47.253,00 10.1990: DM 48.564,00 06.1991: DM 49.989,00 02.1992: DM 51.471,00

Mercedes-Benz 250 D Fahrgestell mit verlängertem Radstand für Sonderaufbauten

Allgemeine Angaben	
Konstruktionsbezeichnung	VF 124 D 25
Baumuster	124.106
Produktionszeitraum	09.1989 – 07.1993
Arbeitsverfahren	Viertakt-Diesel mit Vorkammereinspritzung; ab 10.1990 auf Wunsch: Abgasreinigungsanlage mit Oxidationskatalysator
Anordnung im Fahrzeug	vorne, längs; stehend
Motoren	
Motor-Typ / -Baumuster	OM 602 D 25 / 602.912
Zylinderzahl / -anordnung	5 / Reihe; 15° nach rechts geneigt
Bohrung x Hub	87,0 x 84,0 mm
Gesamthubraum	2497 cm^3
Verdichtungsverhältnis	22
Kurbelwellenlager	6
Leistung	94 PS / 69 kW; 90 PS / 66 kW bei 4600/min (Oxikat)
Drehmoment	158 Nm bei 2600 – 3100/min
Ventilanordnung / -anzahl	1 Einlass, 1 Auslass / hängend
Ventilsteuerung	obenliegende Nockenwelle, ohc
Nockenwellenantrieb	Duplex-Rollenkette
Gemischbildung	Vorkammereinspritzung, mechanisch geregelte Bosch 5-Stempel-Einspritzpumpe
Kühlung	Wasserkühlung / Pumpe; 9 l Wasser
Schmierung	Druckumlauf-Schmierung / 7 l Öl
Elektrische Anlage	
Elektr. Anlage	12 V
Batterie	72 Ah; ab 08.1991: 74 Ah / im Motorraum
Generator	Drehstrom / 770 W
Anlasser	elektrisch / 2,2 kW
Zündung	Selbstzünder
Kraftstofftank	72 l, hinter der Hinterachse
Kraftstoff-Förderung	Kolbenpumpe an der Einspritzpumpe
Getriebe	
Getriebe	5-Gang-Schaltgetriebe
Verfügbarkeit	Serie
Schaltung	Mittelschaltung
Kupplung	Einscheiben-Trockenkupplung
Getriebeart	Zahnrad-Wechselgetriebe
Synchronisierte Gänge	I – V
Getriebe-Übersetzung	I. 3,91; II. 2,17; III. 1,37; IV. 1,0; V. 0,81; R. 4,27
Achsantriebsübersetzung	3,91
Getriebe	4-Gang-Automatikgetriebe
Verfügbarkeit	auf Wunsch
Schaltung	Wählhebel in Wagenmitte
Kupplung	hydraulischer Drehmomentwandler im Automatikgetriebe
Getriebeart	Planetengetriebe
Getriebe-Übersetzung	I. 4,25; II. 2,41; III. 1,49; IV. 1,0; R. 5,67
Achsantriebsübersetzung	3,46
Tragstruktur und Fahrwerk	
Rahmenausführung	selbsttragende Ganzstahlkarosserie
Radaufhängung, vorne	Dreiecksquerlenker / Dämpferbein
Radaufhängung, hinten	Raumlenkerachse mit hydropneumatischer Niveau-Regulierung
Federung, vorne	Schraubenfedern, Drehstab-Stabilisator
Federung, hinten	Schraubenfedern, hydropneumatische Federbeine, Drehstab-Stabilisator
Stoßdämpfer, vorne/hinten	Gasdruck-Dämpferbeine / hydropneumatische Federbeine
Lenkung	Kugelumlauf-Servolenkung
Lenkübersetzung	15,44:1 / 3 Lenkradumdrehungen
Bremsanlage	
Bremsanlage	hydraulische Zweikreis-Bremsanlage mit Unterdruck-Bremskraftverstärker und Anti-Blockier-System; Scheibenbremsen vorne und hinten massiv
Feststellbremse	mechanisch (fußbetätigt), auf Hinterräder wirkend
Abmessungen der Bremsscheiben	vorne / hinten 284 x 12 mm / 278 x 9 mm
Allgemeine Daten	
Räder	Stahlblech-Scheibenräder, verstärkt; auf Wunsch: Leichtmetall-Scheibenräder 6 ½ J x 15 H 2 ET 49
Reifen	195/65 R 15 91 H; ab 06.1991: 195/65 R 15 94 T reinforced
Angetriebene Räder	Hinterräder
Kraftübertragung	geteilte Kardanwelle
Radstand	3450 mm
Spur vorne / hinten	1476 / 1480 mm
Länge	5415 mm
Breite	1740 mm
Kleinster Wendekreis	13,32 m
Zul. Gesamtgewicht	2290 kg; ab 02.1990: 2300 kg; ab 10.1990: 2360 kg
Zul. Achslast vorne	1060 kg; ab 02.1990: 1070 kg; ab 10.1990: 1080 kg
Zul. Achslast hinten	1230 kg; ab 10.1990: 1280 kg
Leergewicht (Wagengewicht) nach Richtlinie Fahrgestell mit Teilkarosserie, vollgetankt, ohne Reserverad und Werkzeug	1290 kg; ab 02.1990: 1310 kg; ab 10.1992: 1315 kg
Stückzahl	seit 07.1985: 2331; Stückzahlen bis / ab Modellpflege 09.1989 sind nicht separat dokumentiert
Preise	09.1989: DM 50.103,00
	01.1990: DM 51.186,00
	10.1990: DM 52.611,00
	06.1991: DM 54.150,00
	02.1992: DM 55.803,00
	10.1992: DM 56.601,00
	01.1993: DM 57.672,50

Mercedes-Benz 230 E Fahrgestell mit verlängertem Radstand für Sonderaufbauten	
Allgemeine Angaben	
Konstruktionsbezeichnung	VF 124 E 23
Baumuster	124.004
Produktionszeitraum	09.1989 – 10.1992
Arbeitsverfahren	Viertakt-Otto mit Saugrohreinspritzung und Abgasreinigungsanlage mit geregeltem 3-Wege-Katalysator
Anordnung im Fahrzeug	vorne, längs; stehend
Motoren	
Motor-Typ / -Baumuster	M 102 E 23 / 102.982
Zylinderzahl / -anordnung	4 / Reihe; 15° nach rechts geneigt
Bohrung x Hub	95,5 x 80,2 mm
Gesamthubraum	2298 cm³
Verdichtungsverhältnis	9
Kurbelwellenlager	5
Leistung	132 PS / 97 kW bei 5100/min
Drehmoment	198 Nm bei 3500/min
Ventilanordnung / -anzahl	1 Einlass, 1 Auslass / v-förmig hängend
Ventilsteuerung	obenliegende Nockenwelle, ohc
Nockenwellenantrieb	Duplex-Rollenkette
Gemischbildung	Saugrohreinspritzung, mechanisch-elektronisch geregelt (Bosch KE-Jetronic)
Kühlung	Wasserkühlung / Pumpe; 8,5 l Wasser
Schmierung	Druckumlauf-Schmierung / 5 l Öl
Elektrische Anlage	
Elektr. Anlage	12 V
Batterie	62 Ah / im Motorraum
Generator	Drehstrom / 980 W
Anlasser	elektrisch / 1,4 kW
Zündung	elektronische Zündanlage
Kraftstofftank	72 l, hinter der Hinterachse
Kraftstoff-Förderung	elektrische Förderpumpe
Getriebe	
Getriebe	4-Gang-Schaltgetriebe
Verfügbarkeit	Serie
Schaltung	Mittelschaltung
Kupplung	Einscheiben-Trockenkupplung
Getriebeart	Zahnrad-Wechselgetriebe
Synchronisierte Gänge	I – IV
Getriebe-Übersetzung	I. 3,91; II. 2,17; III. 1,37; IV. 1,0; R. 3,78
Achsantriebsübersetzung	3,67
Getriebe	5-Gang-Schaltgetriebe
Verfügbarkeit	auf Wunsch
Schaltung	Mittelschaltung
Kupplung	Einscheiben-Trockenkupplung
Getriebeart	Zahnrad-Wechselgetriebe
Synchronisierte Gänge	I – V
Getriebe-Übersetzung	I. 3,91; II. 2,17; III. 1,37; IV. 1,0; V. 0,81; R. 4,27
Achsantriebsübersetzung	3,67
Getriebe	4-Gang-Automatikgetriebe
Verfügbarkeit	auf Wunsch
Schaltung	Wählhebel in Wagenmitte
Kupplung	hydraulischer Drehmomentwandler im Automatikgetriebe
Getriebeart	Planetengetriebe
Getriebe-Übersetzung	I. 4,25; II. 2,41; III. 1,49; IV. 1,0; R. 5,67
Achsantriebsübersetzung	3,67
Tragstruktur und Fahrwerk	
Rahmenausführung	selbsttragende Ganzstahlkarosserie
Radaufhängung, vorne	Dreiecksquerlenker / Dämpferbein
Radaufhängung, hinten	Raumlenkerachse mit hydropneumatischer Niveau-Regulierung
Federung, vorne	Schraubenfedern, Drehstab-Stabilisator
Federung, hinten	Schraubenfedern, hydropneumatische Federbeine, Drehstab-Stabilisator
Stoßdämpfer, vorne/hinten	Gasdruck-Dämpferbeine / hydropneumatische Federbeine
Lenkung	Kugelumlauf-Servolenkung
Lenkübersetzung	15,44:1 / 3 Lenkradumdrehungen

Bremsanlage	
Bremsanlage	hydraulische Zweikreis-Bremsanlage mit Unterdruck-Bremskraftverstärker und Anti-Blockier-System; Scheibenbremsen vorne innenbelüftet und hinten massiv
Feststellbremse	mechanisch (fußbetätigt), auf Hinterräder wirkend
Abmessungen der Bremsscheiben	vorne / hinten 284 x 22 mm / 278 x 9 mm
Allgemeine Daten	
Räder	Stahlblech-Scheibenräder , verstärkt, 6 ½ J x 15 H 2 ET 49; auf Wunsch: Leichtmetall-Scheibenräder 6 ½ J x 15 H 2 ET 49
Reifen	195/65 R 15 91 H; ab 06.1991: 195/65 R 15 94 T reinforced
Angetriebene Räder	Hinterräder
Kraftübertragung	geteilte Kardanwelle
Radstand	3450 mm
Spur vorne / hinten	1476 / 1480 mm
Länge	5415 mm
Breite	1740 mm
Kleinster Wendekreis	13,32 m
Zul. Gesamtgewicht	2250 kg; ab 02.1990: 2260 kg; ab 10.1990: 2320 kg
Zul. Achslast vorne	1020 kg; ab 02.1990: 1030 kg; ab 10.1990: 1040 kg
Zul. Achslast hinten	1230 kg; ab 10.1990: 1280 kg
Leergewicht (Wagengewicht) nach Richtlinie Fahrgestell mit Teilkarosserie, vollgetankt, ohne Reserverad und Werkzeug	1250 kg; ab 02.1990: 1270 kg
Stückzahl	seit 02.1986: 711; Stückzahlen bis / ab Modellpflege 09.1989 sind nicht separat dokumentiert
Preise	09.1989: DM 50.160,00 01.1990: DM 51.243,00 10.1990: DM 52.668,00 06.1991: DM 54.207,00 02.1992: DM 55.860,00

Mercedes-Benz 260 E Fahrgestell mit verlängertem Radstand für Sonderaufbauten	
Allgemeine Angaben	
Konstruktionsbezeichnung	VF 124 E 26
Baumuster	124.007
Produktionszeitraum	09.1989 – 10.1992
Arbeitsverfahren	Viertakt-Otto mit Saugrohreinspritzung und Abgasreinigungsanlage mit geregeltem 3-Wege-Katalysator
Anordnung im Fahrzeug	vorne, längs; stehend
Motoren	
Motor-Typ / -Baumuster	M 103 E 26 / 103.940
Zylinderzahl / -anordnung	6 / Reihe; 15° nach rechts geneigt
Bohrung x Hub	82,9 x 80,2 mm
Gesamthubraum	2597 cm³
Verdichtungsverhältnis	9,2
Kurbelwellenlager	7
Leistung	160 PS / 118 kW bei 5800/min
Drehmoment	220 Nm bei 4600/min
Ventilanordnung / -anzahl	1 Einlass, 1 Auslass / v-förmig hängend
Ventilsteuerung	obenliegende Nockenwelle, ohc
Nockenwellenantrieb	Einfach-Rollenkette
Gemischbildung	Saugrohreinspritzung, mechanisch-elektronisch geregelt (Bosch KE-Jetronic)
Kühlung	Wasserkühlung / Pumpe; 9 l Wasser
Schmierung	Druckumlauf-Schmierung / 6 l Öl
Elektrische Anlage	
Elektr. Anlage	12 V
Batterie	62 Ah / im Motorraum
Generator	Drehstrom / 980 W
Anlasser	elektrisch / 1,7 kW
Zündung	elektronische Zündanlage
Kraftstofftank	72 l, hinter der Hinterachse
Kraftstoff-Förderung	elektrische Förderpumpe
Getriebe	
Getriebe	5-Gang-Schaltgetriebe
Verfügbarkeit	Serie
Schaltung	Mittelschaltung
Kupplung	Einscheiben-Trockenkupplung
Getriebeart	Zahnrad-Wechselgetriebe
Synchronisierte Gänge	I – V
Getriebe-Übersetzung	I. 3,86; II. 2,18; III. 1,38; IV. 1,0; V. 0,80; R. 4,22
Achsantriebsübersetzung	3,92
Getriebe	4-Gang-Automatikgetriebe
Verfügbarkeit	auf Wunsch
Schaltung	Wählhebel in Wagenmitte
Kupplung	hydraulischer Drehmomentwandler im Automatikgetriebe
Getriebeart	Planetengetriebe
Getriebe-Übersetzung	I. 4,25; II. 2,41; III. 1,49; IV. 1,0; R. 5,67
Achsantriebsübersetzung	3,67
Tragstruktur und Fahrwerk	
Rahmenausführung	selbsttragende Ganzstahlkarosserie
Radaufhängung, vorne	Dreiecksquerlenker / Dämpferbein
Radaufhängung, hinten	Raumlenkerachse mit hydropneumatischer Niveau-Regulierung
Federung, vorne	Schraubenfedern, Drehstab-Stabilisator
Federung, hinten	Schraubenfedern, hydropneumatische Federbeine, Drehstab-Stabilisator
Stoßdämpfer, vorne/hinten	Gasdruck-Dämpferbeine / hydropneumatische Federbeine
Lenkung	Kugelumlauf-Servolenkung
Lenkübersetzung	15,44:1 / 3 Lenkradumdrehungen
Bremsanlage	
Bremsanlage	hydraulische Zweikreis-Bremsanlage mit Unterdruck-Bremskraftverstärker und Anti-Blockier-System; Scheibenbremsen vorne innenbelüftet und hinten massiv
Feststellbremse	mechanisch (fußbetätigt), auf Hinterräder wirkend
Abmessungen der Bremsscheiben	vorne / hinten 284 x 22 mm / 278 x 9 mm
Allgemeine Daten	
Räder	Stahlblech-Scheibenräder 6 ½ J x 15 H 2 ET 49; auf Wunsch: Leichtmetall-Scheibenräder 6 ½ J x 15 H 2 ET 49
Reifen	195/65 R 15 91 H; ab 06.1991: 195/65 R 15 94 T
Angetriebene Räder	Hinterräder
Kraftübertragung	geteilte Kardanwelle
Radstand	3450 mm
Spur vorne / hinten	1476 / 1480 mm
Länge	5415 mm
Breite	1740 mm
Kleinster Wendekreis	13,32 m
Zul. Gesamtgewicht	2290 kg; ab 02.1990: 2300 kg; ab 10.1990: 2360 kg
Zul. Achslast vorne	1060 kg; ab 02.1990: 1070 kg; ab 10.1990: 1080 kg
Zul. Achslast hinten	1230 kg; ab 10.1990: 1280 kg
Leergewicht (Wagengewicht) nach Richtlinie Fahrgestell mit Teilkarosserie, vollgetankt, ohne Reserverad und Werkzeug	1310 kg; ab 02.1990: 1330 kg
Stückzahl	seit 08.1986: 1049; Stückzahlen bis / ab Modellpflege 09.1989 sind nicht separat dokumentiert
Preise	09.1989: DM 57.456,00 01.1990: DM 58.710,00 10.1990: DM 60.363,00 06.1991: DM 62.073,00 02.1992: DM 63.954,00

Mercedes-Benz 280 E Fahrgestell mit verlängertem Radstand für Sonderaufbauten	
Allgemeine Angaben	
Konstruktionsbezeichnung	VF 124 E 28
Baumuster	124.008
Produktionszeitraum	09.1992 – 07.1993
Arbeitsverfahren	Viertakt-Otto mit Saugrohreinspritzung und Abgasreinigungsanlage mit geregeltem 3-Wege-Katalysator
Anordnung im Fahrzeug	vorne, längs; stehend
Motoren	
Motor-Typ / -Baumuster	M 104 E 28 / 104.942
Zylinderzahl / -anordnung	6 / Reihe; 15° nach rechts geneigt
Bohrung x Hub	89,9 x 73,5 mm
Gesamthubraum	2799 cm³
Verdichtungsverhältnis	10
Kurbelwellenlager	7
Leistung	197 PS / 145 kW bei 5500/min
Drehmoment	270 Nm bei 3750/min
Ventilanordnung / -anzahl	2 Einlass, 2 Auslass / v-förmig hängend
Ventilsteuerung	2 obenliegende Nockenwellen, dohc, Einlass-Nockenwelle verstellbar
Nockenwellenantrieb	Duplex-Rollenkette
Gemischbildung	mikroprozessorgesteuerte Einspritzanlage mit Heißfilm-Luftmassenmessung (HFM)
Kühlung	Wasserkühlung / Pumpe; 9 l Wasser
Schmierung	Druckumlauf-Schmierung / 7,5 l Öl
Elektrische Anlage	
Elektr. Anlage	12 V
Batterie	62 Ah / im Motorraum
Generator	Drehstrom / 1260 W
Anlasser	elektrisch / 1,7 kW
Zündung	Zünd-Kennfeld-Steuerung
Kraftstofftank	72 l, hinter der Hinterachse
Kraftstoff-Förderung	elektrische Förderpumpe
Getriebe	
Getriebe	5-Gang-Schaltgetriebe
Verfügbarkeit	Serie
Schaltung	Mittelschaltung
Kupplung	Einscheiben-Trockenkupplung
Getriebeart	Zahnrad-Wechselgetriebe
Synchronisierte Gänge	I – V
Getriebe-Übersetzung	I. 3,86; II. 2,18; III. 1,38; IV. 1,0; V. 0,80; R. 4,22
Achsantriebsübersetzung	3,92
Getriebe	4-Gang-Automatikgetriebe
Verfügbarkeit	auf Wunsch
Schaltung	Wählhebel in Wagenmitte
Kupplung	hydraulischer Drehmomentwandler im Automatikgetriebe
Getriebeart	Planetengetriebe
Getriebe-Übersetzung	I. 4,25; II. 2,41; III. 1,49; IV. 1,0; R. 5,67
Achsantriebsübersetzung	3,46
Tragstruktur und Fahrwerk	
Rahmenausführung	selbsttragende Ganzstahlkarosserie
Radaufhängung, vorne	Dreiecksquerlenker / Dämpferbein
Radaufhängung, hinten	Raumlenkerachse mit hydropneumatischer Niveau-Regulierung
Federung, vorne	Schraubenfedern, Drehstab-Stabilisator
Federung, hinten	Schraubenfedern, hydropneumatische Federbeine, Drehstab-Stabilisator
Stoßdämpfer, vorne/hinten	Gasdruck-Dämpferbeine / hydropneumatische Federbeine
Lenkung	Kugelumlauf-Servolenkung
Lenkübersetzung	15,44:1 / 3 Lenkradumdrehungen
Bremsanlage	
Bremsanlage	hydraulische Zweikreis-Bremsanlage mit Unterdruck-Bremskraftverstärker und Anti-Blockier-System; Scheibenbremsen vorne und hinten innenbelüftet
Feststellbremse	mechanisch (fußbetätigt), auf Hinterräder wirkend
Abmessungen der Bremsscheiben	vorne / hinten bis 10.1992 284 x 22 mm / 278 x 20 mm; ab 11.1992 295 x 22 mm / 278 x 20 mm
Allgemeine Daten	
Räder	Leichtmetall-Scheibenräder 6 ½ J x 15 H 2 ET 49
Reifen	195/65 R 15 95 T reinforced
Angetriebene Räder	Hinterräder
Kraftübertragung	geteilte Kardanwelle
Radstand	3450 mm
Spur vorne / hinten	1476 / 1480 mm
Länge	5415 mm
Breite	1740 mm
Kleinster Wendekreis	13,32 m
Zul. Gesamtgewicht	2420 kg
Zul. Achslast vorne	1140 kg
Zul. Achslast hinten	1280 kg
Leergewicht (Wagengewicht) nach Richtlinie Fahrgestell mit Teilkarosserie, vollgetankt, ohne Reserverad und Werkzeug	1385 kg
Stückzahl	bis 09.1995: 399; Stückzahlen bis / ab Modellpflege 06.1993 sind nicht separat dokumentiert
Preise	10.1992: DM 67.374,00 01.1993: DM 67.965,00

Mercedes-Benz E 200 Diesel

Allgemeine Angaben	
Konstruktionsbezeichnung	W 124 D 20
Baumuster	124.120
Produktionszeitraum	07.1993 – 08.1995
Arbeitsverfahren	Viertakt-Diesel mit Vorkammereinspritzung und Abgasreinigungsanlage mit Oxidationskatalysator
Anordnung im Fahrzeug	vorne, längs; stehend
Motoren	
Motor-Typ / -Baumuster	OM 601 D 20 / 601.912
Zylinderzahl / -anordnung	4 / Reihe; 15° nach rechts geneigt
Bohrung x Hub	87,0 x 84,0 mm
Gesamthubraum	1997 cm³
Verdichtungsverhältnis	22
Kurbelwellenlager	5
Leistung	75 PS / 55 kW bei 4600/min
Drehmoment	126 Nm bei 2700 – 3550/min
Ventilanordnung / -anzahl	1 Einlass, 1 Auslass / hängend
Ventilsteuerung	obenliegende Nockenwelle, ohc
Nockenwellenantrieb	Duplex-Rollenkette
Gemischbildung	Vorkammereinspritzung, mechanisch geregelte Bosch 4-Stempel-Einspritzpumpe
Kühlung	Wasserkühlung / Pumpe; 8,5 l Wasser
Schmierung	Druckumlauf-Schmierung / 6,5 l Öl
Elektrische Anlage	
Elektr. Anlage	12 V
Batterie	74 Ah / im Motorraum
Generator	Drehstrom / 770 W
Anlasser	elektrisch / 2,2 kW
Zündung	Selbstzünder
Kraftstofftank:	70 l, über der Hinterachse; auf Wunsch: 90 l, über der Hinterachse
Kraftstoff-Förderung	Kolbenpumpe an der Einspritzpumpe
Getriebe	
Getriebe	5-Gang-Schaltgetriebe
Verfügbarkeit	Serie
Baumuster	GL 68/20 F-5 / 717.415
Schaltung	Mittelschaltung
Kupplung	Einscheiben-Trockenkupplung
Getriebeart	Zahnrad-Wechselgetriebe
Synchronisierte Gänge	I – V
Getriebe-Übersetzung	I. 3,91; II. 2,17; III. 1,37; IV. 1,0; V. 0,81;R. 4,27
Achsantriebsübersetzung	3,91
Höchstgeschwindigkeit	160 km/h
Beschleunigung 0-100 km/h[1]	18,5 s
Kraftstoffverbrauch	5,0 / 6,8 / 8,4 l; nach Richtlinie 80/1268/EWG; Werte für 90 km/h / 120 km/h / Stadtzyklus
Getriebe	4-Gang-Automatikgetriebe
Verfügbarkeit	auf Wunsch
Getriebe-Typ / -Baumuster	W 4 A 020 / 722.403
Schaltung	Wählhebel in Wagenmitte
Kupplung	hydraulischer Drehmomentwandler im Automatikgetriebe
Getriebeart	Planetengetriebe
Getriebe-Übersetzung	I. 4,25; II. 2,41; III. 1,49; IV. 1,0; R. 5,67
Achsantriebsübersetzung	3,46
Höchstgeschwindigkeit	155 km/h
Beschleunigung 0-100 km/h[1]	20,4 s
Kraftstoffverbrauch	5,7 / 7,6 / 8,0 l; nach Richtlinie 80/1268/EWG; Werte für 90 km/h / 120 km/h / Stadtzyklus
Tragstruktur und Fahrwerk	
Rahmenausführung	selbsttragende Ganzstahlkarosserie
Radaufhängung, vorne	Dreiecksquerlenker / Dämpferbein
Radaufhängung, hinten	Raumlenkerachse, auf Wunsch mit hydropneumatischer Niveau-Regulierung
Federung, vorne	Schraubenfedern, Drehstab-Stabilisator
Federung, hinten	Schraubenfedern, Drehstab-Stabilisator
Stoßdämpfer, vorne/hinten	Gasdruck-Dämpferbeine / Gasdruck-Stoßdämpfer
Lenkung	Kugelumlauf-Servolenkung
Lenkübersetzung	15,44:1 / 3 Lenkradumdrehungen

Bremsanlage	
Bremsanlage	hydraulische Zweikreis-Bremsanlage mit Unterdruck-Bremskraftverstärker und Anti-Blockier-System; Scheibenbremsen vorne und hinten massiv
Feststellbremse	mechanisch (fußbetätigt), auf Hinterräder wirkend
Abmessungen der Bremsscheiben	vorne / hinten 284 x 12 mm / 258 x 9 mm
Allgemeine Daten	
Räder	Stahlblech-Scheibenräder 6 ½ J x 15 H 2 ET 49; auf Wunsch: Leichtmetall-Scheibenräder 6 ½ J x 15 H 2 ET 49 (15 Loch) oder 6 ½ J x 15 H 2 ET 44 (8 Loch); bei Sportfahrwerk: Stahlblech-Scheibenräder 7 J x 15 H 2 ET 42; auf Wunsch: Leichtmetall-Scheibenräder 7 J x 15 H 2 ET 41 (8 oder 15 Loch)
Reifen	195/65 R 15 91 T; bei Sportfahrwerk: 205/60 R 15 91 H
Angetriebene Räder	Hinterräder
Kraftübertragung	geteilte Kardanwelle
Radstand	2800 mm
Spur vorne / hinten	1501 / 1491 mm: „Sportline“: 1518 / 1509 mm
Länge	4740 mm
Breite	1740 mm
Höhe	1425 mm; „Sportline“: 1411 mm
Bodenfreiheit bei Belastung mit 3 Personen à 68 kg	149 mm; „Sportline“: 139 mm
Gepäckraum nach VDA	520 l; 485 l bei 90 l Tank
Kleinster Wendekreis	11,27 m
Zul. Gesamtgewicht	1910 kg; ab 03.1994: 1930 kg
Zul. Achslast vorne	905 kg; ab 03.1994: 920 kg
Zul. Achslast hinten	1005 kg; ab 03.1994: 1010 kg
Zuladung	570 kg
Zul. Anhängelast gebremst	1500 kg; 1900 kg mit Automatikgetriebe
Zul. Anhängelast ungebremst	705 kg; ab 03.1994: 715 kg
Zul. Dachlast	100 kg
Zul. Kofferraumzuladung	100 kg
Leergewicht (Wagengewicht) nach Richtlinie DIN 70020 (mit Kraftstoff, Reserverad und Werkzeug)	1340 kg; ab 03.1994: 1360 kg
Luftwiderstand cW-Mittelwert x A	0,29 x 2,05 m²
Stückzahl	236.926; Stückzahlen bis / ab Modellpflegen 09.1989 und 06.1993 sind nicht separat Dokumentiert
Preise	05.1993: DM 46.747,50 03.1994: DM 47.437,50 08.1994: DM 48.357,50 05.1995: DM 49.335,00

Mercedes-Benz E 250 Diesel	
Allgemeine Angaben	
Konstruktionsbezeichnung	W 124 D 25/2
Baumuster	124.126
Produktionszeitraum	12.1992 / 07.1993 – 06.1996; seit 09.1995 nur noch als ckd-Montagesatz
Arbeitsverfahren	Viertakt-Diesel mit Vorkammereinspritzung und Abgasreinigungsanlage mit Oxidationskatalysator
Anordnung im Fahrzeug	vorne, längs; stehend
Motoren	
Motor-Typ / -Baumuster	OM 605 D 25 / 605.911
Zylinderzahl / -anordnung	5 / Reihe; 15° nach rechts geneigt
Bohrung x Hub	87,0 x 84,0 mm
Gesamthubraum	2497 cm^3
Verdichtungsverhältnis	22
Kurbelwellenlager	6
Leistung	113 PS / 83 kW bei 5000/min
Drehmoment	173 Nm bei 2000 – 4600/min
Ventilanordnung / -anzahl	2 Einlass, 2 Auslass / hängend
Ventilsteuerung	2 obenliegende Nockenwellen, dohc
Nockenwellenantrieb	Duplex-Rollenkette
Gemischbildung	Vorkammereinspritzung, mechanisch geregelte Bosch 5-Stempel-Einspritzpumpe
Kühlung	Wasserkühlung / Pumpe; 9 l Wasser
Schmierung	Druckumlauf-Schmierung / 6,5 l Öl
Elektrische Anlage	
Elektr. Anlage	12 V
Batterie	74 Ah / im Motorraum
Generator	Drehstrom / 980 W
Anlasser	elektrisch / 2,2 kW
Zündung	Selbstzünder
Kraftstofftank:	70 l, über der Hinterachse; auf Wunsch: 90 l, über der Hinterachse
Kraftstoff-Förderung	Kolbenpumpe an der Einspritzpumpe
Getriebe	
Getriebe	5-Gang-Schaltgetriebe
Verfügbarkeit	Serie
Baumuster	717.413
Schaltung	Mittelschaltung
Kupplung	Einscheiben-Trockenkupplung
Getriebeart	Zahnrad-Wechselgetriebe
Synchronisierte Gänge	I – V
Getriebe-Übersetzung	I. 3,91; II. 2,17; III. 1,37; IV. 1,0; V. 0,81; R. 4,27
Achsantriebsübersetzung	3,67
Höchstgeschwindigkeit	190 km/h
Beschleunigung 0-100 km/h[1]	15,6 s
Kraftstoffverbrauch	5,4 / 6,8 / 9,1 l; nach Richtlinie 80/1268/EWG; Werte für 90 km/h / 120 km/h / Stadtzyklus
Getriebe	4-Gang-Automatikgetriebe
Verfügbarkeit	auf Wunsch
Baumuster	722.434
Schaltung	Wählhebel in Wagenmitte
Kupplung	hydraulischer Drehmomentwandler im Automatikgetriebe
Getriebeart	Planetengetriebe
Getriebe-Übersetzung	I. 4,25; II. 2,41; III. 1,49; IV. 1,0; R. 5,67
Achsantriebsübersetzung	3,07
Höchstgeschwindigkeit	187 km/h
Beschleunigung 0-100 km/h[1]	16,0 s
Kraftstoffverbrauch	5,9 / 7,7 / 8,8 l; nach Richtlinie 80/1268/EWG; Werte für 90 km/h / 120 km/h / Stadtzyklus
Tragstruktur und Fahrwerk	
Rahmenausführung	selbsttragende Ganzstahlkarosserie
Radaufhängung, vorne	Dreiecksquerlenker / Dämpferbein
Radaufhängung, hinten	Raumlenkerachse, auf Wunsch mit hydropneumatischer Niveau-Regulierung
Federung, vorne	Schraubenfedern, Drehstab-Stabilisator
Federung, hinten	Schraubenfedern, Drehstab-Stabilisator
Stoßdämpfer, vorne/hinten	Gasdruck-Dämpferbeine / Gasdruck-Stoßdämpfer
Lenkung	Kugelumlauf-Servolenkung
Lenkübersetzung	15,44:1 / 3 Lenkradumdrehungen
Bremsanlage	
Bremsanlage	hydraulische Zweikreis-Bremsanlage mit Unterdruck-Bremskraftverstärker und Anti-Blockier-System; Scheibenbremsen vorne und hinten massiv
Feststellbremse	mechanisch (fußbetätigt), auf Hinterräder wirkend
Abmessungen der Bremsscheiben	vorne / hinten 284 x 12 mm / 258 x 9 mm
Allgemeine Daten	
Räder	Stahlblech-Scheibenräder 6 ½ x 15 H 2 ET 49; auf Wunsch: Leichtmetall-Scheibenräder: 6 ½ J x 15 H 2 ET 49 (15 Loch) oder 6 ½ J x 15 H 2 ET 44 (8 Loch); bei Sportfahrwerk: Stahlblech-Scheibenräder 7 J x 15 H 2 ET 42; auf Wunsch: Leichtmetall-Scheibenräder 7 J x 15 H 2 ET 42 (8 oder 15 Loch)
Reifen	195/65 R 15 91 H; bei Sportfahrwerk: 205/60 R 15 91
Angetriebene Räder	Hinterräder
Kraftübertragung	geteilte Kardanwelle
Radstand	2800 mm
Spur vorne / hinten	1501 / 1491 mm; „Sportline": 1518 / 1509 mm
Länge	4740 mm
Breite	1740 mm
Höhe	1430 mm; „Sportline": 1411 mm
Bodenfreiheit bei Belastung mit 3 Personen à 68 kg	144 mm; „Sportline": 130 mm
Gepäckraum nach VDA	520 l, 485 l bei 90 l Kraftstofftank
Kleinster Wendekreis	11,27 m
Zul. Gesamtgewicht	1990 kg; ab 03.1994: 2010 kg
Zul. Achslast vorne	975 kg; ab 03.1994: 985 kg
Zul. Achslast hinten	1015 kg; ab 03.1994: 1025 kg
Zuladung	570 kg
Zul. Anhängelast gebremst	1500 kg; 1900 kg mit Automatikgetriebe
Zul. Anhängelast ungebremst	745 kg: ab 03.1994: 750 kg
Zul. Dachlast	100 kg
Zul. Kofferraumzuladung	100 kg
Leergewicht (Wagengewicht) nach Richtlinie DIN 70020 (mit Kraftstoff, Reserverad und Werkzeug)	1420 kg; ab 03.1994: 1440 kg
Luftwiderstand cW-Mittelwert x A	0,29 x 2,06 m^2
Stückzahl	41.411 Limousinen
Preise	05.1993: DM 53.360,00 03.1994: DM 55.200,00 08.1994: DM 56.292,50 05.1995: DM 57.442,50

Mercedes-Benz E 250 Turbodiesel	
Allgemeine Angaben	
Konstruktionsbezeichnung	W 124 D 25 A
Baumuster	124.128
Produktionszeitraum	07.1993 – 06.1995
Arbeitsverfahren	Viertakt-Diesel mit Vorkammereinspritzung, Abgas-Turbolader und Abgas-reinigungsanlage mit Oxidationskatalysator
Anordnung im Fahrzeug	vorne, längs; stehend
Motoren	
Motor-Typ / -Baumuster	OM 602 D 25 A / 602.962
Zylinderzahl / -anordnung	5 / Reihe; 15° nach rechts geneigt
Bohrung x Hub	87,0 x 84,0 mm
Gesamthubraum	2497 cm³
Verdichtungsverhältnis	22
Kurbelwellenlager	6
Leistung	126 PS / 93 kW bei 4600/min
Drehmoment	231 Nm bei 2800/min
Ventilanordnung / -anzahl	1 Einlass, 1 Auslass / hängend
Ventilsteuerung	obenliegende Nockenwelle, ohc
Nockenwellenantrieb	Duplex-Rollenkette
Gemischbildung	Vorkammereinspritzung, mechanisch geregelte Bosch 5-Stempel-Einspritz-pumpe / Abgas-Turbolader
Kühlung	Wasserkühlung / Pumpe; 9 l Wasser
Schmierung	Druckumlauf-Schmierung / 7,5 l Öl
Elektrische Anlage	
Elektr. Anlage	12 V
Batterie	74 Ah / im Motorraum
Generator	Drehstrom / 770 W
Anlasser	elektrisch / 2,2 kW
Zündung	Selbstzünder
Kraftstofftank:	70 l, über der Hinterachse; auf Wunsch: 90 l, über der Hinterachse
Kraftstoff-Förderung	Kolbenpumpe an der Einspritzpumpe
Getriebe	
Getriebe	5-Gang-Schaltgetriebe
Verfügbarkeit	Serie
Baumuster	717.437
Schaltung	Mittelschaltung
Kupplung	Einscheiben-Trockenkupplung
Getriebeart	Zahnrad-Wechselgetriebe
Synchronisierte Gänge	I – V
Getriebe-Übersetzung	I. 3,86; II. 2,18; III. 1,38; IV. 1,0; V. 0,75; R. 4,22
Achsantriebsübersetzung	3,46
Höchstgeschwindigkeit	198 km/h
Beschleunigung 0-100 km/h[1]	12,3 s
Kraftstoffverbrauch	5,6 / 7,4 / 9,6 l; nach Richtlinie 80/1268/EWG; Werte für 90 km/h / 120 km/h / Stadtzyklus
Getriebe	4-Gang-Automatikgetriebe
Verfügbarkeit	auf Wunsch
Baumuster	722.418
Schaltung	Wählhebel in Wagenmitte
Kupplung	hydraulischer Drehmomentwandler im Automatikgetriebe
Getriebeart	Planetengetriebe
Getriebe-Übersetzung	I. 4,25; II. 2,41; III. 1,49; IV. 1,0; R. 5,67
Achsantriebsübersetzung	2,65
Höchstgeschwindigkeit	195 km/h
Beschleunigung 0-100 km/h[1]	12,3 s
Kraftstoffverbrauch	6,0 / 7,9 / 9,2 l; nach Richtlinie 80/1268/EWG; Werte für 90 km/h / 120 km/h / Stadtzyklus
Tragstruktur und Fahrwerk	
Rahmenausführung	selbsttragende Ganzstahlkarosserie
Radaufhängung, vorne	Dreiecksquerlenker / Dämpferbein
Radaufhängung, hinten	Raumlenkerachse, auf Wunsch mit hydropneumatischer Niveau-Regulierung
Federung, vorne	Schraubenfedern, Drehstab-Stabilisator
Federung, hinten	Schraubenfedern, Drehstab-Stabilisator
Stoßdämpfer, vorne/hinten	Gasdruck-Dämpferbeine / Gasdruck-Stoßdämpfer
Lenkung	Kugelumlauf-Servolenkung
Lenkübersetzung	15,44:1 / 3 Lenkradumdrehungen
Bremsanlage	
Bremsanlage	hydraulische Zweikreis-Bremsanlage mit Unterdruck-Bremskraftverstärker und Anti-Blockier-System; Scheibenbremsen vorne innenbelüftet und hinten massiv
Feststellbremse	mechanisch (fußbetätigt), auf Hinterräder wirkend
Abmessungen der Bremsscheiben	vorne / hinten 284 x 22 mm / 258 x 9 mm
Allgemeine Daten	
Räder	Stahlblech-Scheibenräder 6 ½ J x 15 H 2 ET 49; auf Wunsch: Leichtmetall-Scheibenräder 6 ½ J x 15 H 2 ET 49 (15 Loch) oder 6 ½ J x 15 H 2 ET 44 (8 Loch); bei Sportfahrwerk: Stahlblech-Scheibenräder 7 J x 15 H 2 ET 42: auf Wunsch: 7 J x 15 H 2 ET 41 (8 oder 15 Loch)
Reifen	195/65 R 15 91 H; bei Sportfahrwerk: 205/60 R 15 91 H
Angetriebene Räder	Hinterräder
Kraftübertragung	geteilte Kardanwelle
Radstand	2800 mm
Spur vorne / hinten	1501 / 1491 mm; „Sportline“: 1518 / 1509 mm
Länge	4740 mm
Breite	1740 mm
Höhe	1430 mm. „Sportline“: 1411 mm
Bodenfreiheit bei Belastung mit 3 Personen à 68 kg	148 mm; „Sportline“: 134 mm
Gepäckraum nach VDA	520 l; 485 l bei 90 l Tank
Kleinster Wendekreis	11,27 m
Zul. Gesamtgewicht	2010 kg; ab 03.1994: 2030 kg
Zul. Achslast vorne	985 kg; ab 03.1994: 995 kg
Zul. Achslast hinten	1025 kg; ab 03.1994: 1035 kg
Zuladung	570 kg
Zul. Anhängelast gebremst	1900 kg
Zul. Anhängelast ungebremst	750 kg
Zul. Dachlast	100 kg
Zul. Kofferraumzuladung	100 kg
Leergewicht (Wagengewicht) nach Richtlinie DIN 70020 (mit Kraft-stoff, Reserverad und Werkzeug)	1440 kg; ab 03.1994: 1460 kg
Luftwiderstand cW-Mittelwert x A	0,31 x 2,07 m²
Stückzahl	48.876; Stückzahlen bis / ab Modellpflegen 09.1989 und 06.1993 sind nicht separat Dokumentiert
Preise	05.1993: DM 57.730,00 03.1994: DM 59.570,00 08.1994: DM 60.777,50 05.1995: DM 61.985,00

Mercedes-Benz E 300 Diesel

Allgemeine Angaben	
Konstruktionsbezeichnung	W 124 D 30/2
Baumuster	124.131
Produktionszeitraum	12.1992 / 07.1993 – 08.1995
Arbeitsverfahren	Viertakt-Diesel mit Vorkammereinspritzung und Abgasreinigungsanlage mit Oxidationskatalysator
Anordnung im Fahrzeug	vorne, längs; stehend
Motoren	
Motor-Typ / -Baumuster	OM 606 D 30 / 606.910
Zylinderzahl / -anordnung	6 / Reihe; 15° nach rechts geneigt
Bohrung x Hub	87,0 x 84,0 mm
Gesamthubraum	2996 cm³
Verdichtungsverhältnis	22
Kurbelwellenlager	7
Leistung	136 PS / 100 kW bei 5000/min
Drehmoment	210 Nm bei 2200 – 4600/min
Ventilanordnung / -anzahl	2 Einlass, 2 Auslass / hängend
Ventilsteuerung	2 obenliegende Nockenwellen, dohc
Nockenwellenantrieb	Duplex-Rollenkette
Gemischbildung	Vorkammereinspritzung, mechanisch geregelte Bosch 6-Stempel-Einspritzpumpe
Kühlung	Wasserkühlung / Pumpe; 9 l Wasser
Schmierung	Druckumlauf-Schmierung / 7 l Öl
Elektrische Anlage	
Elektr. Anlage	12 V
Batterie	74 Ah / im Motorraum
Generator	Drehstrom / 980 W
Anlasser	elektrisch / 2,2 kW
Zündung	Selbstzünder
Kraftstofftank:	70 l, über der Hinterachse; auf Wunsch: 90 l, über der Hinterachse
Kraftstoff-Förderung	Kolbenpumpe an der Einspritzpumpe
Getriebe	
Getriebe	5-Gang-Schaltgetriebe
Verfügbarkeit	Serie
Getriebe-Typ / -Baumuster	GL 76/27 D-5 / 717.433
Schaltung	Mittelschaltung
Kupplung	Einscheiben-Trockenkupplung
Getriebeart	Zahnrad-Wechselgetriebe
Synchronisierte Gänge	I – V
Getriebe-Übersetzung	I. 3,86; II. 2,18; III. 1,38; IV. 1,0; V. 0,80; R. 4,22
Achsantriebsübersetzung	3,46
Höchstgeschwindigkeit	200 km/h
Beschleunigung 0-100 km/h[1]	13,0 s
Kraftstoffverbrauch	5,5 / 6,9 / 9,8 l; nach Richtlinie 80/1268/EWG; Werte für 90 km/h / 120 km/h / Stadtzyklus
Getriebe	4-Gang-Automatikgetriebe
Verfügbarkeit	auf Wunsch
Baumuster	722.435
Schaltung	Wählhebel in Wagenmitte
Kupplung	hydraulischer Drehmomentwandler im Automatikgetriebe
Getriebeart	Planetengetriebe
Getriebe-Übersetzung	I. 4,25; II. 2,41; III. 1,49; IV. 1,0; R. 5,67
Achsantriebsübersetzung	2,87
Höchstgeschwindigkeit	197 km/h
Beschleunigung 0-100 km/h[1]	13,0 s
Kraftstoffverbrauch	6,0 / 7,6 / 9,3 l; nach Richtlinie 80/1268/EWG; Werte für 90 km/h / 120 km/h / Stadtzyklus
Tragstruktur und Fahrwerk	
Rahmenausführung	selbsttragende Ganzstahlkarosserie
Radaufhängung, vorne	Dreiecksquerlenker / Dämpferbein
Radaufhängung, hinten	Raumlenkerachse, auf Wunsch mit hydropneumatischer Niveau-Regulierung
Federung, vorne	Schraubenfedern, Drehstab-Stabilisator
Federung, hinten	Schraubenfedern, Drehstab-Stabilisator
Stoßdämpfer, vorne/hinten	Gasdruck-Dämpferbeine / Gasdruck-Stoßdämpfer
Lenkung	Kugelumlauf-Servolenkung
Lenkübersetzung	15,44:1 / 3 Lenkradumdrehungen
Bremsanlage	
Bremsanlage	hydraulische Zweikreis-Bremsanlage mit Unterdruck-Bremskraftverstärker und Anti-Blockier-System; Scheibenbremsen vorne innenbelüftet und hinten massiv
Feststellbremse	mechanisch (fußbetätigt), auf Hinterräder wirkend
Abmessungen der Bremsscheiben	vorne / hinten 284 x 22 mm / 258 x 9 mm
Allgemeine Daten	
Räder	Stahlblech-Scheibenräder 6 ½ J x 15 H 2 ET 49; auf Wunsch: Leichtmetall-Scheibenräder 6 ½ J x 15 H 2 ET 49 (15 Loch) oder 6 ½ J x 15 H 2 ET 44 (8 Loch); bei Sportfahrwerk: Stahlblech-Scheibenräder: 7 J x 15 H 2 ET 42; auf Wunsch: 7 J x 15 H 2 ET 41 (8 oder 15 Loch)
Reifen	195/65 R 15 91 H; bei Sportfahrwerk: 205/60 R 15 91 H
Angetriebene Räder	Hinterräder
Kraftübertragung	geteilte Kardanwelle
Radstand	2800 mm
Spur vorne / hinten	1501 / 1491 mm; „Sportline": 1518 / 1509 mm
Länge	4740 mm
Breite	1740 mm
Höhe	1430 mm; „Sportline": 1411 mm
Bodenfreiheit bei Belastung mit 3 Personen à 68 kg	148 mm; „Sportline": 134 mm
Gepäckraum nach VDA	520 l; 485 l bei 90 l Tank
Kleinster Wendekreis	11,27 m
Zul. Gesamtgewicht	2030 kg; ab 03.1994: 2050 kg
Zul. Achslast vorne	1005 kg
Zul. Achslast hinten	1025 kg; ab 03.1994: 1045 kg
Zuladung	560 kg
Zul. Anhängelast gebremst	1900 kg
Zul. Anhängelast ungebremst	750 kg
Zul. Dachlast	100 kg
Zul. Kofferraumzuladung	100 kg
Leergewicht (Wagengewicht) nach Richtlinie DIN 70020 (mit Kraftstoff, Reserverad und Werkzeug)	1470 kg; ab 03.1994: 1490 kg
Luftwiderstand cW-Mittelwert x A	-
Stückzahl	23.166
Preise	05.1993: DM 58.017,50 03.1994: DM 59.857,50 08.1994: DM 61.065,00

Mercedes-Benz E 300 Turbodiesel	
Allgemeine Angaben	
Konstruktionsbezeichnung	W 124 D 30 A
Baumuster	124.133
Produktionszeitraum	07.1993 – 06.1995
Arbeitsverfahren	Viertakt-Diesel mit Vorkammereinspritzung, Abgas-Turbolader und Abgas-reinigungsanlage mit Oxidationskatalysator
Anordnung im Fahrzeug	vorne, längs; stehend
Motoren	
Motor-Typ / -Baumuster	OM 603 D 30 A / 603.960
Zylinderzahl / -anordnung	6 / Reihe; 15° nach rechts geneigt
Bohrung x Hub	87,0 x 84,0 mm
Gesamthubraum	2996 cm³
Verdichtungsverhältnis	22
Kurbelwellenlager	7
Leistung	147 PS / 108 kW bei 4600/min
Drehmoment	273 Nm bei 2400/min
Ventilanordnung / -anzahl	1 Einlass, 1 Auslass / hängend
Ventilsteuerung	obenliegende Nockenwelle, ohc
Nockenwellenantrieb	Duplex-Rollenkette
Gemischbildung	Vorkammereinspritzung, mechanisch geregelte Bosch 6-Stempel-Einspritz-pumpe / Abgas-Turbolader
Kühlung	Wasserkühlung / Pumpe; 10 l Wasser
Schmierung	Druckumlauf-Schmierung / 8 l Öl
Elektrische Anlage	
Elektr. Anlage	12 V
Batterie	74 Ah / im Motorraum
Generator	Drehstrom / 1120 W
Anlasser	elektrisch / 2,2 kW
Zündung	Selbstzünder
Kraftstofftank:	70 l, über der Hinterachse; auf Wunsch: 90 l über der Hinterachse
Kraftstoff-Förderung	Kolbenpumpe an der Einspritzpumpe
Getriebe	
Getriebe	4-Gang-Automatikgetriebe
Verfügbarkeit	Serie
Getriebe-Typ / -Baumuster	W 4 A 040 / 722.357
Schaltung	Wählhebel in Wagenmitte
Kupplung	hydraulischer Drehmomentwandler im Automatikgetriebe
Getriebeart	Planetengetriebe
Getriebe-Übersetzung	I. 3,87; II. 2,25; III. 1,44; IV. 1,0; R. 5,59
Achsantriebsübersetzung	2,65
Höchstgeschwindigkeit	202 km/h
Beschleunigung 0-100 km/h¹	10,9 s
Kraftstoffverbrauch	6,2 / 8,1 / 9,3 l; nach Richtlinie 80/1268/ EWG; Werte für 90 km/h / 120 km/h / Stadtzyklus
Tragstruktur und Fahrwerk	
Rahmenausführung	selbsttragende Ganzstahlkarosserie
Radaufhängung, vorne	Dreiecksquerlenker / Dämpferbein
Radaufhängung, hinten	Raumlenkerachse, auf Wunsch mit hydropneumatischer Niveau-Regulierung
Federung, vorne	Schraubenfedern, Drehstab-Stabilisator
Federung, hinten	Schraubenfedern, Drehstab-Stabilisator
Stoßdämpfer, vorne/hinten	Gasdruck-Dämpferbeine / Gasdruck-Stoßdämpfer
Lenkung	Kugelumlauf-Servolenkung
Lenkübersetzung	15,44:1 / 3 Lenkradumdrehungen
Bremsanlage	
Bremsanlage	hydraulische Zweikreis-Bremsanlage mit Unterdruck-Bremskraftverstärker und Anti-Blockier-System; Scheibenbremsen vorn innenbelüftet und hinten massiv
Feststellbremse	mechanisch (fußbetätigt), auf Hinterräder wirkend
Abmessungen der Bremsscheiben	vorne / hinten 284 x 22 mm / 258 x 9 mm
Allgemeine Daten	
Räder	Stahlblech-Scheibenräder 6 ½ J x 15 H 2 ET 49; auf Wunsch: Leichtmetall-Scheibenräder 6 ½ J x 15 H 2 ET 49 (15 Loch) oder 6 ½ J x 15 H 2 ET 44 (8 Loch); bei Sportfahrwerk: Stahlblech-Scheibenräder 7 J x 15 H 2 ET 42; auf Wunsch: Leichtmetall-Scheibenräder 7 J x 15 H 2 ET 41 (8 oder 15 Loch)
Reifen	195/65 R 15 91 H; bei Sportfahrwerk: 205/60 R 15 91 H
Angetriebene Räder	Hinterräder
Kraftübertragung	geteilte Kardanwelle
Radstand	2800 mm
Spur vorne / hinten	1501 / 1491 mm; „Sportline“: 1518 / 1509 mm
Länge	4740 mm
Breite	1740 mm
Höhe	1430 mm; „Sportline“: 1411 mm
Bodenfreiheit bei Belastung mit 3 Personen à 68 kg	148 mm; „Sportline“: 134 mm
Gepäckraum nach VDA	520 l; 485 l, mit 90 l Tank
Kleinster Wendekreis	11,27 m
Zul. Gesamtgewicht	2030 kg; ab 03.1994: 2050 kg
Zul. Achslast vorne	1005 kg
Zul. Achslast hinten	1025 kg: ab 03.1994: 1045 kg
Zuladung	540 kg
Zul. Anhängelast gebremst	1900 kg
Zul. Anhängelast ungebremst	750 kg
Zul. Dachlast	100 kg
Zul. Kofferraumzuladung	100 kg
Leergewicht (Wagengewicht) nach Richtlinie DIN 70020 (mit Kraft-stoff, Reserverad und Werkzeug)	1490 kg; ab 03.1994: 1510 kg
Luftwiderstand cW-Mittelwert x A	0,31 x 2,07 m²
Stückzahl	38.908; Stückzahlen bis / ab Modellpflegen 09.1989 und 06.1993 sind nicht separat dokumentiert
Preise	05.1993: DM 66.815,00 03.1994: DM 68.655,00 08.1994: DM 70.035,00

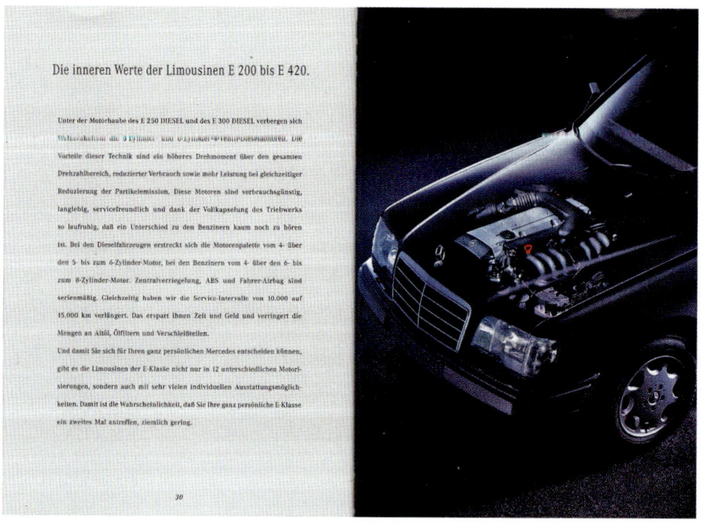
Die inneren Werte der Limousinen E 200 bis E 420.

Unter der Motorhaube des E 250 DIESEL und des E 300 DIESEL verbergen sich [illegible] und 6-Zylinder-4-Ventil-Dieselmotoren. Die Vorteile dieser Technik sind ein höheres Drehmoment über den gesamten Drehzahlbereich, reduzierter Verbrauch sowie mehr Leistung bei gleichzeitiger Reduzierung der Partikelemission. Diese Motoren sind verbrauchsgünstig, langlebig, servicefreundlich und dank der Vollkapselung des Triebwerks so laufruhig, daß ein Unterschied zu den Benzinern kaum noch zu hören ist. Bei den Dieselfahrzeugen erstreckt sich die Motorenpalette vom 4- über den 5- bis zum 6-Zylinder-Motor, bei den Benzinern vom 4- über den 6- bis zum 8-Zylinder-Motor. Zentralverriegelung, ABS und Fahrer-Airbag sind serienmäßig. Gleichzeitig haben wir die Service-Intervalle von 10.000 auf 15.000 km verlängert. Das erspart Ihnen Zeit und Geld und verringert die Mengen an Altöl, Ölfiltern und Verschleißteilen.

Und damit Sie sich für Ihren ganz persönlichen Mercedes entscheiden können, gibt es die Limousinen der E-Klasse nicht nur in 12 unterschiedlichen Motorisierungen, sondern auch mit sehr vielen individuellen Ausstattungsmöglichkeiten. Damit ist die Wahrscheinlichkeit, daß Sie Ihre ganz persönliche E-Klasse ein zweites Mal antreffen, ziemlich gering.

30

Mercedes-Benz E 300 Turbodiesel 4MATIC	
Allgemeine Angaben	
Konstruktionsbezeichnung	W 124 D 30 A 4-M
Baumuster	124.333
Produktionszeitraum	07.1993 – 03.1995
Arbeitsverfahren	Viertakt-Diesel mit Vorkammereinspritzung, Abgas-Turbolader und Abgas-reinigungsanlage mit Oxidationskatalysator
Anordnung im Fahrzeug	vorne, längs; stehend
Motoren	
Motor-Typ / -Baumuster	OM 603 D 30 A / 603.963
Zylinderzahl / -anordnung	6 / Reihe; 15° nach rechts geneigt
Bohrung x Hub	87,0 x 84,0 mm
Gesamthubraum	2996 cm³
Verdichtungsverhältnis	22
Kurbelwellenlager	7
Leistung	147 PS / 108 kW bei 4600/min
Drehmoment	273 Nm bei 2400/min
Ventilanordnung / -anzahl	1 Einlass, 1 Auslass / hängend
Ventilsteuerung	obenliegende Nockenwelle, ohc
Nockenwellenantrieb	Duplex-Rollenkette
Gemischbildung	Vorkammereinspritzung, mechanisch geregelte Bosch 6-Stempel-Einspritz-pumpe / Abgas-Turbolader
Kühlung	Wasserkühlung / Pumpe; 10 l Wasser
Schmierung	Druckumlauf-Schmierung / 8 l Öl
Elektrische Anlage	
Elektr. Anlage	12 V
Batterie	74 Ah / im Motorraum
Generator	Drehstrom / 1120 W
Anlasser	elektrisch / 2,2 kW
Zündung	Selbstzünder
Kraftstofftank:	70 l, über der Hinterachse; auf Wunsch: 90 l, über der Hinterachse
Kraftstoff-Förderung	Kolbenpumpe an der Einspritzpumpe
Getriebe	
Getriebe	4-Gang-Automatikgetriebe
Verfügbarkeit	Serie
Getriebe-Typ / -Baumuster	W 4 A 040 / 722.357
Schaltung	Wählhebel in Wagenmitte
Kupplung	hydraulischer Drehmomentwandler im Automatikgetriebe
Getriebeart	Planetengetriebe
Getriebe-Übersetzung	I. 3,87; II. 2,25; III. 1,44; IV. 1,0; R. 5,59
Achsantriebsübersetzung	vorne/hinten: 2,65
Höchstgeschwindigkeit	198 km/h
Beschleunigung 0-100 km/h[1]	11,8 s
Kraftstoffverbrauch	7,0 / 8,7 / 10,4 l; nach Richtlinie 80/1268/EWG; Werte für 90 km/h / 120 km/h / Stadtzyklus
Tragstruktur und Fahrwerk	
Rahmenausführung	selbsttragende Ganzstahlkarosserie
Radaufhängung, vorne	Dreiecksquerlenker / Dämpferbein
Radaufhängung, hinten	Raumlenkerachse, auf Wunsch mit hydropneumatischer Niveau-Regulierung
Federung, vorne	Schraubenfedern, Drehstab-Stabilisator
Federung, hinten	Schraubenfedern, Drehstab-Stabilisator
Stoßdämpfer, vorne/hinten	Gasdruck-Dämpferbeine / Gasdruck-Stoßdämpfer
Lenkung	Kugelumlauf-Servolenkung
Lenkübersetzung	13,21:1 / 3 Lenkradumdrehungen
Bremsanlage	
Bremsanlage	hydraulische Zweikreis-Bremsanlage mit Unterdruck-Bremskraftverstärker und Anti-Blockier-System; Scheibenbremsen vorne innenbelüftet und hinten massiv
Feststellbremse	mechanisch (fußbetätigt), auf Hinterräder wirkend
Abmessungen der Bremsscheiben	vorne / hinten 284 x 22 mm / 258 x 9 mm
Allgemeine Daten	
Räder	Stahlblech-Scheibenräder 6 ½ J x 15 H 2 ET 49; auf Wunsch: Leichtmetall-Scheibenräder 6 ½ J x 15 H 2 ET 49 (15 Loch)
Reifen	195/65 R 15 91 H
Angetriebene Räder	Allrad-Antrieb 4MATIC: permanenter Antrieb auf die Hinterräder; bei Bedarf automatisch zuschaltender Antrieb auf die Vorderräder
Kraftübertragung	vom Verteilergetriebe über einteilige Gelenkwelle auf Vorderachs-Differenzial und über zweiteilige Gelenkwelle auf Hinterachs-Differenzial (Kraftverteilung 35 % vorn, 65 % hinten)
Radstand	2800 mm
Spur vorne / hinten	1497 / 1485 mm
Länge	4740 mm
Breite	1740 mm
Höhe	1452 mm
Bodenfreiheit bei Belastung mit 3 Personen à 68 kg	149 mm
Gepäckraum nach VDA	520 l; 485 l mit 90 l Tank
Kleinster Wendekreis	12,15 m
Zul. Gesamtgewicht	2175 kg
Zul. Achslast vorne	1125 kg
Zul. Achslast hinten	1050 kg
Zuladung	565 kg; ab 03.1994: 545 kg
Zul. Anhängelast gebremst	1900 kg
Zul. Anhängelast ungebremst	750 kg
Zul. Dachlast	100 kg
Zul. Kofferraumzuladung	100 kg
Leergewicht (Wagengewicht) nach Richtlinie DIN 70020 (mit Kraft-stoff, Reserverad und Werkzeug)	1610 kg; ab 03.1994: 1630 kg
Luftwiderstand cW-Mittelwert x A	0,31 x 2,08 m²
Stückzahl	seit 10.1987: 2136; Stückzahlen bis / ab Modellpflegen 09.1989 und 06.1993 sind nicht separat dokumentiert
Preise	05.1993: DM 80.845,00 03.1994: DM 82.685,00

Mercedes-Benz E 200	
Allgemeine Angaben	
Konstruktionsbezeichnung	W 124 E 20/2
Baumuster	124.019
Produktionszeitraum	07.1993 – 08.1995
Arbeitsverfahren	Viertakt-Otto mit Saugrohreinspritzung und Abgasreinigungsanlage mit geregeltem 3-Wege-Katalysator
Anordnung im Fahrzeug	vorne, längs; stehend
Motoren	
Motor-Typ / -Baumuster	M 111 E 20 / 111.940 PMS
Zylinderzahl / -anordnung	4 / Reihe; 15° nach rechts geneigt
Bohrung x Hub	89,9 x 78,7 mm
Gesamthubraum	1998 cm³
Verdichtungsverhältnis	9,6
Kurbelwellenlager	5
Leistung	136 PS / 100 kW bei 5500/min
Drehmoment	190 Nm bei 4000/min
Ventilanordnung / -anzahl	2 Einlass, 2 Auslass / v-förmig hängend
Ventilsteuerung	2 obenliegende Nockenwellen, dohc
Nockenwellenantrieb	Duplex-Rollenkette
Gemischbildung	mikroprozessorgesteuerte Einspritzanlage mit Drucksensor (P-Motorsteuerung)
Kühlung	Wasserkühlung / Pumpe; 8,5 l Wasser
Schmierung	Druckumlauf-Schmierung / 5,8 l Öl
Elektrische Anlage	
Elektr. Anlage	12 V
Batterie	62 Ah / im Motorraum
Generator	Drehstrom / 980 W
Anlasser	elektrisch / 1,4 kW
Zündung	Zünd-Kennfeld-Steuerung
Kraftstofftank:	70 l, über der Hinterachse; auf Wunsch: 90 l, über der Hinterachse
Kraftstoff-Förderung	elektrische Förderpumpe
Getriebe	
Getriebe	5-Gang-Schaltgetriebe
Verfügbarkeit	Serie
Getriebe-Typ / -Baumuster	GL 68/20 C-5 / 717.412
Schaltung	Mittelschaltung
Kupplung	Einscheiben-Trockenkupplung
Getriebeart	Zahnrad-Wechselgetriebe
Synchronisierte Gänge	I – V
Getriebe-Übersetzung	I. 3,91; II. 2,17; III. 1,37; IV. 1,0; V. 0,81; R. 4,27
Achsantriebsübersetzung	3,67
Höchstgeschwindigkeit	200 km/h
Beschleunigung 0-100 km/h[1]	11,5 s
Kraftstoffverbrauch	6,6 / 8,0 / 11,3 l; nach Richtlinie 80/1268/EWG; Werte für 90 km/h / 120 km/h / Stadtzyklus
Getriebe	4-Gang-Automatikgetriebe
Verfügbarkeit	auf Wunsch
Getriebe-Typ / -Baumuster	W 4 A 020 / 722.431
Schaltung	Wählhebel in Wagenmitte
Kupplung	hydraulischer Drehmomentwandler im Automatikgetriebe
Getriebeart	Planetengetriebe
Getriebe-Übersetzung	I. 4,25; II. 2,41; III. 1,49; IV. 1,0; R. 5,67
Achsantriebsübersetzung	3,27
Höchstgeschwindigkeit	195 km/h
Beschleunigung 0-100 km/h[1]	12,0 s
Kraftstoffverbrauch	7,0 / 8,6 / 11,4 l; nach Richtlinie 80/1268/EWG; Werte für 90 km/h / 120 km/h / Stadtzyklus
Tragstruktur und Fahrwerk	
Rahmenausführung	selbsttragende Ganzstahlkarosserie
Radaufhängung, vorne	Dreiecksquerlenker / Dämpferbein
Radaufhängung, hinten	Raumlenkerachse, auf Wunsch mit hydropneumatischer Niveau-Regulierung
Federung, vorne	Schraubenfedern, Drehstab-Stabilisator
Federung, hinten	Schraubenfedern, Drehstab-Stabilisator
Stoßdämpfer, vorne/hinten	Gasdruck-Dämpferbeine / Gasdruck-Stoßdämpfer
Lenkung	Kugelumlauf-Servolenkung
Lenkübersetzung	15,44:1 / 3 Lenkradumdrehungen
Bremsanlage	
Bremsanlage	hydraulische Zweikreis-Bremsanlage mit Unterdruck-Bremskraftverstärker und Anti-Blockier-System; Scheibenbremsen vorne innenbelüftet und hinten massiv
Feststellbremse	mechanisch (fußbetätigt), auf Hinterräder wirkend
Abmessungen der Bremsscheiben	vorne / hinten 284 x 22 mm / 258 x 9 mm
Allgemeine Daten	
Räder	Stahlblech-Scheibenräder 6 ½ J x 15 H 2 ET 49; auf Wunsch: Leichtmetall-Scheibenräder 6 ½ J x 15 H 2 ET 49 (15 Loch) oder 6 ½ J x 15 H 2 ET 44 (8 Loch); bei Sportfahrwerk: Stahlblech-Scheibenräder 7 J x 15 H 2 ET 42; auf Wunsch: Leichtmetall-Scheibenräder 7 J x 15 H 2 ET 41 (8 oder 15 Loch)
Reifen	195/65 R 15 91 H; bei Sportfahrwerk: 205/60 R 15 91 H
Angetriebene Räder	Hinterräder
Kraftübertragung	geteilte Kardanwelle
Radstand	2800 mm
Spur vorne / hinten	1501 / 1491 mm; „Sportline“: 1518 / 1509 mm
Länge	4740 mm
Breite	1740 mm
Höhe	1430 mm; „Sportline“: 1408 mm
Bodenfreiheit bei Belastung mit 3 Personen à 68 kg	155 mm; „Sportline“: 141 mm
Gepäckraum nach VDA	520 l; 485 l mit 90 l Tank
Kleinster Wendekreis	11,27 m
Zul. Gesamtgewicht	1930 kg; ab 03.1994: 1950 kg
Zul. Achslast vorne	915 kg; ab 03.1994: 925 kg
Zul. Achslast hinten	1015 kg; ab 03.1994: 1025 kg
Zuladung	570 kg
Zul. Anhängelast gebremst	1900 kg
Zul. Anhängelast ungebremst	715 kg; ab 03.1994: 725 kg
Zul. Dachlast	100 kg
Zul. Kofferraumzuladung	100 kg
Leergewicht (Wagengewicht) nach Richtlinie DIN 70020 (mit Kraftstoff, Reserverad und Werkzeug)	1360 kg; ab 03.1994: 1380 kg
Luftwiderstand cW-Mittelwert x A	0,31 x 2,07 m²
Stückzahl	82.588; Stückzahlen bis / ab Modellpflege 06.1993 sind nicht separat dokumentiert
Preise	05.1993: DM 50.427,50 03.1994: DM 51.117,50 08.1994: DM 51.922,50 05.1995: DM 52.957,50

Mercedes-Benz E 220	
Allgemeine Angaben	
Konstruktionsbezeichnung	W 124 E 22
Baumuster	124.022
Produktionszeitraum	07.1993 – 06.1996; seit 09.95 nur noch ckd-Teilesätze
Arbeitsverfahren	Viertakt-Otto mit Saugrohreinspritzung und Abgasreinigungsanlage mit geregeltem 3-Wege-Katalysator)
Anordnung im Fahrzeug	vorne, längs; stehend
Motoren	
Motor-Typ / -Baumuster	M 111 E 22 / 111.960 HFM
Zylinderzahl / -anordnung	4 / Reihe; 15° nach rechts geneigt
Bohrung x Hub	89,9 x 86,6 mm
Gesamthubraum	2199 cm³
Verdichtungsverhältnis	10
Kurbelwellenlager	5
Leistung	150 PS / 110 kW bei 5500/min
Drehmoment	210 Nm bei 4000/min
Ventilanordnung / -anzahl	2 Einlass, 2 Auslass / v-förmig hängend
Ventilsteuerung	2 obenliegende Nockenwellen, dohc; Einlass-Nockenwelle verstellbar
Nockenwellenantrieb	Duplex-Rollenkette
Gemischbildung	mikroprozessorgesteuerte Einspritzanlage mit Heißfilm-Luftmassenmessung (HFM)
Kühlung	Wasserkühlung / Pumpe; 8,5 l Wasser
Schmierung	Druckumlauf-Schmierung / 5,8 l Öl
Elektrische Anlage	
Elektr. Anlage	12 V
Batterie	62 Ah / im Motorraum
Generator	Drehstrom / 980 W
Anlasser	elektrisch / 1,4 kW
Zündung	Zünd-Kennfeld-Steuerung
Kraftstofftank:	70 l, über der Hinterachse; auf Wunsch: 90 l, über der Hinterachse
Kraftstoff-Förderung	elektrische Förderpumpe
Getriebe	
Getriebe	5-Gang-Schaltgetriebe
Verfügbarkeit	Serie
Baumuster	717.413
Schaltung	Mittelschaltung
Kupplung	Einscheiben-Trockenkupplung
Getriebeart	Zahnrad-Wechselgetriebe
Synchronisierte Gänge	I – V
Getriebe-Übersetzung	I. 3,91; II. 2,17; III. 1,37; IV. 1,0; V. 0,81; R. 4,27
Achsantriebsübersetzung	3,67
Höchstgeschwindigkeit	210 km/h
Beschleunigung 0-100 km/h¹	10,6 s
Kraftstoffverbrauch	6,6 / 8,2 / 11,7 l; nach Richtlinie 80/1268/EWG; Werte für 90 km/h / 120 km/h / Stadtzyklus
Getriebe	4-Gang-Automatikgetriebe
Verfügbarkeit	auf Wunsch
Baumuster	722.428
Schaltung	Wählhebel in Wagenmitte
Kupplung	hydraulischer Drehmomentwandler im Automatikgetriebe
Getriebeart	Planetengetriebe
Getriebe-Übersetzung	I. 4,25; II. 2,41; III. 1,49; IV. 1,0; R. 5,67
Achsantriebsübersetzung	3,07
Höchstgeschwindigkeit	205 km/h
Beschleunigung 0-100 km/h¹	10,6 s
Kraftstoffverbrauch	7,0 / 8,6 / 11,2 l; nach Richtlinie 80/1268/EWG; Werte für 90 km/h / 120 km/h / Stadtzyklus
Tragstruktur und Fahrwerk	
Rahmenausführung	selbsttragende Ganzstahlkarosserie
Radaufhängung, vorne	Dreiecksquerlenker / Dämpferbein
Radaufhängung, hinten	Raumlenkerachse, auf Wunsch mit hydropneumatischer Niveau-Regulierung
Federung, vorne	Schraubenfedern, Drehstab-Stabilisator
Federung, hinten	Schraubenfedern, Drehstab-Stabilisator
Stoßdämpfer, vorne/hinten	Gasdruck-Dämpferbeine / Gasdruck-Stoßdämpfer
Lenkung	Kugelumlauf-Servolenkung
Lenkübersetzung	15,44:1 / 3 Lenkradumdrehungen

Bremsanlage	
Bremsanlage	hydraulische Zweikreis-Bremsanlage mit Unterdruck-Bremskraftverstärker und Anti-Blockier-System; Scheibenbremsen vorne innenbelüftet und hinten massiv
Feststellbremse	mechanisch (fußbetätigt), auf Hinterräder wirkend
Abmessungen der Bremsscheiben	vorne / hinten 284 x 22 mm / 258 x 9 mm
Allgemeine Daten	
Räder	Stahlblech-Scheibenräder 6 ½ J x 15 H 2 ET 49; auf Wunsch: Leichtmetall-Scheibenräder 6 ½ J x 15 H 2 ET 49 (15 Loch) oder 6 ½ J x 15 H 2 ET 44 (8 Loch); bei Sportfahrwerk: Stahlblech-Scheibenräder 7 J x 15 H 2 ET 42; auf Wunsch: Leichtmetall-Scheibenräder 7 J x 15 H 2 ET 41 (8 oder 15 Loch)
Reifen	195/65 R 15 91 V; bei Sportfahrwerk: 205/60 ZR 15
Angetriebene Räder	Hinterräder
Kraftübertragung	geteilte Kardanwelle
Radstand	2800 mm
Spur vorne / hinten	1501 / 1491 mm; „Sportline": 1518 / 1509 mm
Länge	4740 mm
Breite	1740 mm
Höhe	1430 mm; „Sportline": 1411 mm
Bodenfreiheit bei Belastung mit 3 Personen à 68 kg	155 mm; „Sportline": 141 mm
Gepäckraum nach VDA	520 l; 485 l bei 90 l Tank
Kleinster Wendekreis	11,27 m
Zul. Gesamtgewicht	1940 kg; ab 03.1994: 1960 kg
Zul. Achslast vorne	925 kg; ab 03.1994: 935 kg
Zul. Achslast hinten	1015 kg; ab 03.1994: 1025 kg
Zuladung	570 kg
Zul. Anhängelast gebremst	1900 kg
Zul. Anhängelast ungebremst	720 kg; ab 03.1994: 730 kg
Zul. Dachlast	100 kg
Zul. Kofferraumzuladung	100 kg
Leergewicht (Wagengewicht) nach Richtlinie DIN 70020 (mit Kraftstoff, Reserverad und Werkzeug)	1370 kg; ab 03.1994: 1390 kg
Luftwiderstand cW-Mittelwert x A	-
Stückzahl	105.346; Stückzahlen bis / ab Modellpflege 06.1993 sind nicht separat dokumentiert
Preise	05.1993: DM 54.050,00 03.1994: DM 55.890,00 08.1994: DM 56.752,50 05.1995: DM 57.902,50

Mercedes-Benz E 280

Allgemeine Angaben	
Konstruktionsbezeichnung	W 124 E 28
Baumuster	124.028
Produktionszeitraum	07.1993 – 08.1995
Arbeitsverfahren	Viertakt-Otto (mit Saugrohreinspritzung und Abgasreinigungsanlage mit geregeltem 3-Wege-Katalysator)
Anordnung im Fahrzeug	vorne, längs; stehend
Motoren	
Motor-Typ / -Baumuster	M 104 E 28 / 104.942 HFM
Zylinderzahl / -anordnung	6 / Reihe; 15° nach rechts geneigt
Bohrung x Hub	89,9 x 73,5 mm
Gesamthubraum	2799 cm³
Verdichtungsverhältnis	10
Kurbelwellenlager	7
Leistung	193 PS / 142 kW bei 5500/min
Drehmoment	270 Nm bei 3750/min
Ventilanordnung / -anzahl	2 Einlass, 2 Auslass / v-förmig hängend
Ventilsteuerung	2 obenliegende Nockenwellen, dohc; Einlass-Nockenwelle verstellbar
Nockenwellenantrieb	Duplex-Rollenkette
Gemischbildung	mikroprozessorgesteuerte Einspritzanlage mit Heißfilm-Luftmassenmessung (HFM) und Schaltsaugrohr
Kühlung	Wasserkühlung / Pumpe; 9 l Wasser
Schmierung	Druckumlauf-Schmierung / 7,5 l Öl
Elektrische Anlage	
Elektr. Anlage	12 V
Batterie	62 Ah / im Motorraum
Generator	Drehstrom / 1260 W
Anlasser	elektrisch / 1,7 kW
Zündung	Zünd-Kennfeld-Steuerung
Kraftstofftank:	70 l, über der Hinterachse; auf Wunsch: 90 l
Kraftstoff-Förderung	elektrische Förderpumpe
Getriebe	
Getriebe	5-Gang-Schaltgetriebe
Verfügbarkeit	Serie
Getriebe-Baumuster	717.440
Schaltung	Mittelschaltung
Kupplung	Einscheiben-Trockenkupplung
Getriebeart	Zahnrad-Wechselgetriebe
Synchronisierte Gänge	I – V
Getriebe-Übersetzung	I. 3,86; II. 2,18; III. 1,38; IV. 1,0; V. 0,80; R. 4,22
Achsantriebsübersetzung	3,69
Höchstgeschwindigkeit	230 km/h
Beschleunigung 0-100 km/h[1]	9,1 s
Kraftstoffverbrauch	7,9 / 9,6 / 14,6 l; nach Richtlinie 80/1268/EWG; Werte für 90 km/h / 120 km/h / Stadtzyklus
Getriebe	4-Gang-Automatikgetriebe
Verfügbarkeit	auf Wunsch
Getriebe-Baumuster	722.433
Schaltung	Wählhebel in Wagenmitte
Kupplung	hydraulischer Drehmomentwandler im Automatikgetriebe
Getriebeart	Planetengetriebe
Getriebe-Übersetzung	I. 4,25; II. 2,41; III. 1,49; IV. 1,0; R. 5,67
Achsantriebsübersetzung	3,06
Höchstgeschwindigkeit	225 km/h
Beschleunigung 0-100 km/h[1]	8,8 s
Kraftstoffverbrauch	8,5 / 10,3 / 13,3 l; nach Richtlinie 80/1268/EWG; Werte für 90 km/h / 120 km/h / Stadtzyklus
Getriebe	5-Gang-Automatikgetriebe
Verfügbarkeit	auf Wunsch
Getriebe-Baumuster	722.504
Schaltung	Wählhebel in Wagenmitte
Kupplung	hydraulischer Drehmomentwandler im Automatikgetriebe
Getriebeart	Planetengetriebe
Getriebe-Übersetzung	I. 3,87; II. 2,25; III. 1,44; IV. 1,0; V. 0,75; R. 5,59
Achsantriebsübersetzung	3,69
Höchstgeschwindigkeit	225 km/h
Beschleunigung 0-100 km/h[1]	8,9 s
Kraftstoffverbrauch	8,1 / 9,9 / 13,8 l; nach Richtlinie 80/1268/EWG; Werte für 90 km/h / 120 km/h / Stadtzyklus
Tragstruktur und Fahrwerk	
Rahmenausführung	selbsttragende Ganzstahlkarosserie
Radaufhängung, vorne	Dreiecksquerlenker / Dämpferbein
Radaufhängung, hinten	Raumlenkerachse, auf Wunsch mit hydropneumatischer Niveau-Regulierung
Federung, vorne	Schraubenfedern, Drehstab-Stabilisator
Federung, hinten	Schraubenfedern, Drehstab-Stabilisator
Stoßdämpfer, vorne/hinten	Gasdruck-Dämpferbeine / Gasdruck-Stoßdämpfer
Lenkung	Kugelumlauf-Servolenkung
Lenkübersetzung	15,44:1 / 3 Lenkradumdrehungen
Bremsanlage	
Bremsanlage	hydraulische Zweikreis-Bremsanlage mit Unterdruck-Bremskraftverstärker und Anti-Blockier-System; Scheibenbremsen vorne innenbelüftet und hinten massiv
Feststellbremse	mechanisch (fußbetätigt), auf Hinterräder wirkend
Abmessungen der Bremsscheiben	vorne / hinten 284 x 22 / 278 x 9 mm
Allgemeine Daten	
Räder	Stahlblech-Scheibenräder 6 ½ J x 15 H 2 ET 49; auf Wunsch: Leichtmetall-Scheibenräder 6 ½ J x 15 H 2 ET 49 (15 Loch) oder 6 ½ J x 15 H 2 ET 44 (8 Loch); bei Sportfahrwerk: Stahlblech-Scheibenräder 7 J x 15 H 2 ET 42; auf Wunsch: Leichtmetall-Scheibenräder 7 J x 15 H 2 ET 41 (8 oder 15 Loch)
Reifen	195/65 R 15 91 V; bei Sportfahrwerk: 205/60 ZR 15
Angetriebene Räder	Hinterräder
Kraftübertragung	geteilte Kardanwelle
Radstand	2800 mm
Spur vorne / hinten	1501 / 1491 mm; „Sportline": 1518 / 1509 mm
Länge	4740 mm
Breite	1740 mm
Höhe	1430 mm; „Sportline": 1411 mm
Bodenfreiheit bei Belastung mit 3 Personen à 68 kg	140 mm; „Sportline": 122 mm
Gepäckraum nach VDA	520 l; 485 l mit 90 l Tank
Kleinster Wendekreis	11,27 m
Zul. Gesamtgewicht	2040 kg; ab 03.1994: 2050 kg
Zul. Achslast vorne	1005 kg
Zul. Achslast hinten	1035 kg; ab 03.1994: 1045 kg
Zuladung	550 kg
Zul. Anhängelast gebremst	1900 kg
Zul. Anhängelast ungebremst	750 kg
Zul. Dachlast	100 kg
Zul. Kofferraumzuladung	100 kg
Leergewicht (Wagengewicht) nach Richtlinie DIN 70020 (mit Kraftstoff, Reserverad und Werkzeug)	1490 kg; ab 03.1994: 1500 kg
Luftwiderstand cW-Mittelwert x A	0,31 x 2,07 m²
Stückzahl	seit 06.1992: 57.302; Stückzahlen bis / ab Modellpflege 06.1993 sind nicht separat dokumentiert
Preise	05.1993: DM 61.640,00 03.1994: DM 63.480,00 08.1994: DM 64.112,50 05.1995: DM 65.377,50

Mercedes-Benz E 300 4MATIC	
Allgemeine Angaben	
Konstruktionsbezeichnung	W 124 E 30 4-M
Baumuster	124.230
Produktionszeitraum	07.1993 – 04.1995
Arbeitsverfahren	Viertakt-Otto (mit Saugrohreinspritzung und Abgasreinigungsanlage mit geregeltem 3-Wege-Katalysator)
Anordnung im Fahrzeug	vorne, längs; stehend
Motoren	
Motor-Typ / -Baumuster	M 103 E 30 / 103.985 KE
Zylinderzahl / -anordnung	6 / Reihe; 15° nach rechts geneigt
Bohrung x Hub	88,5 x 80,2 mm
Gesamthubraum	2960 cm³
Verdichtungsverhältnis	9,2
Kurbelwellenlager	7
Leistung	180 PS / 132 kW bei 5700/min
Drehmoment	255 Nm bei 4400/min
Ventilanordnung / -anzahl	1 Einlass, 1 Auslass / v-förmig hängend
Ventilsteuerung	obenliegende Nockenwelle, ohc
Nockenwellenantrieb	Einfach-Rollenkette
Gemischbildung	Saugrohreinspritzung, mechanisch-elektronisch geregelt (Bosch KE-Jetronic)
Kühlung	Wasserkühlung / Pumpe; 9 l Wasser
Schmierung	Druckumlauf-Schmierung / 6,5 l Öl
Elektrische Anlage	
Elektr. Anlage	12 V
Batterie	62 Ah / im Motorraum
Generator	Drehstrom / 980 W
Anlasser	elektrisch / 1,7 kW
Zündung	elektronische Zündanlage
Kraftstofftank:	70 l, über der Hinterachse; auf Wunsch: 90 l, über der Hinterachse
Kraftstoff-Förderung	elektrische Förderpumpe
Getriebe	
Getriebe	4-Gang-Automatikgetriebe
Verfügbarkeit	Serie
Getriebe-Baumuster	717.448
Schaltung	Wählhebel in Wagenmitte
Kupplung	hydraulischer Drehmomentwandler im Automatikgetriebe
Getriebeart	Planetengetriebe
Getriebe-Übersetzung	I. 3,87; II. 2,25; III. 1,44; IV. 1,0; R. 5,59
Achsantriebsübersetzung	vorn/hinten: 3,07
Höchstgeschwindigkeit	217 km/h
Beschleunigung 0-100 km/h[1]	9,1 s
Kraftstoffverbrauch	9,1 / 11,0 / 13,8 l; nach Richtlinie 80/1268/EWG; Werte für 90 km/h / 120 km/h / Stadtzyklus
Tragstruktur und Fahrwerk	
Rahmenausführung	selbsttragende Ganzstahlkarosserie
Radaufhängung, vorne	Dreiecksquerlenker / Dämpferbein
Radaufhängung, hinten	Raumlenkerachse, auf Wunsch mit hydropneumatischer Niveau-Regulierung
Federung, vorne	Schraubenfedern, Drehstab-Stabilisator
Federung, hinten	Schraubenfedern, Drehstab-Stabilisator
Stoßdämpfer, vorne/hinten	Gasdruck-Dämpferbeine / Gasdruck-Stoßdämpfer
Lenkung	Kugelumlauf-Servolenkung
Lenkübersetzung	13,21:1 / 3 Lenkradumdrehungen
Bremsanlage	
Bremsanlage	hydraulische Zweikreis-Bremsanlage mit Unterdruck-Bremskraftverstärker und Anti-Blockier-System; Scheibenbremsen vorne innenbelüftet und hinten massiv
Feststellbremse	mechanisch (fußbetätigt), auf Hinterräder wirkend
Abmessungen der Bremsscheiben	vorne / hinten 284 x 22 / 258 x 9 mm
Allgemeine Daten	
Räder	Stahlblech-Scheibenräder 6 ½ J x 15 H 2 ET 49; auf Wunsch: Leichtmetall-Scheibenräder 6 ½ J x 15 H 2 ET 49 (15 Loch)
Reifen	195/65 R 15 91 V
Angetriebene Räder	Allrad-Antrieb 4MATIC: permanenter Antrieb auf die Hinterräder; bei Bedarf automatisch zuschaltender Antrieb auf die Vorderräder
Kraftübertragung	vom Verteilergetriebe über einteilige Gelenkwelle auf Vorderachs-Differenzial und über zweiteilige Gelenkwelle auf Hinterachs-Differenzial (Kraftverteilung 35 % vorn, 65 % hinten)
Radstand	2800 mm
Spur vorne / hinten	1497 / 1485 mm
Länge	4740 mm
Breite	1740 mm
Höhe	1452 mm
Bodenfreiheit bei Belastung mit 3 Personen à 68 kg	164 mm
Gepäckraum nach VDA	520 l; 485 l bei 90 l Tank
Kleinster Wendekreis	12,15 m
Zul. Gesamtgewicht	2135 kg
Zul. Achslast vorne	1085 kg
Zul. Achslast hinten	1050 kg
Zuladung	565 kg
Zul. Anhängelast gebremst	1900 kg
Zul. Anhängelast ungebremst	750 kg
Zul. Dachlast	100 kg
Zul. Kofferraumzuladung	100 kg
Leergewicht (Wagengewicht) nach Richtlinie DIN 70020 (mit Kraftstoff, Reserverad und Werkzeug)	1570 kg
Luftwiderstand cW-Mittelwert x A	0,30 x 2,08 m²
Stückzahl	14.202 (seit 12.1985); Stückzahlen bis / ab Modellpflegen 09.1989 und 06.1993 sind nicht separat dokumentiert
Preise	05.1993: DM 83.662,50 03.1994: DM 85.502,50

Mercedes-Benz E 320	
Allgemeine Angaben	
Konstruktionsbezeichnung	W 124 E 32
Baumuster	124.032
Produktionszeitraum	07.1993 – 08.1995
Arbeitsverfahren	Viertakt-Otto (mit Saugrohreinspritzung und Abgasreinigungsanlage mit geregeltem 3-Wege-Katalysator)
Anordnung im Fahrzeug	vorne, längs; stehend
Motoren	
Motor-Typ / -Baumuster	M 104 E 32 / 104.992 HFM
Zylinderzahl / -anordnung	6 / Reihe; 15° nach rechts geneigt
Bohrung x Hub	89,9 x 84,0 mm
Gesamthubraum	3199 cm^3
Verdichtungsverhältnis	10
Kurbelwellenlager	7
Leistung	220 PS / 162 kW bei 5500/min
Drehmoment	310 Nm bei 3750 /min
Ventilanordnung / -anzahl	2 Einlass, 2 Auslass / v-förmig hängend
Ventilsteuerung	2 obenliegende Nockenwellen, dohc; Einlass-Nockenwelle verstellbar
Nockenwellenantrieb	Duplex-Rollenkette
Gemischbildung	mikroprozessorgesteuerte Einspritzanlage mit Heißfilm-Luftmassenmessung (HFM) Kühlung; Wasserkühlung / Pumpe; 9 l Wasser
Schmierung	Druckumlauf-Schmierung / 7,5 l Öl
Elektrische Anlage	
Elektr. Anlage	12 V
Batterie	62 Ah / im Motorraum
Generator	Drehstrom / 1260 W
Anlasser	elektrisch / 1,7 kW
Zündung	Zünd-Kennfeld-Steuerung
Kraftstofftank:	70 l, über der Hinterachse; auf Wunsch: 90 l, über der Hinterachse
Kraftstoff-Förderung	elektrische Förderpumpe
Getriebe	
Getriebe	5-Gang-Schaltgetriebe
Verfügbarkeit	Serie
Getriebe-Typ / -Baumuster	GL 76/30 A-5 / 717.450
Schaltung	Mittelschaltung
Kupplung	Einscheiben-Trockenkupplung
Getriebeart	Zahnrad-Wechselgetriebe
Synchronisierte Gänge	I – V
Getriebe-Übersetzung	I. 4,15; II. 2,52; III. 1,69; IV. 1,24; V. 1,0; R. 4,15
Achsantriebsübersetzung	3,06
Höchstgeschwindigkeit	235 km/h
Beschleunigung 0-100 km/h[1]	8,3 s
Kraftstoffverbrauch	8,2 / 10,0 / 14,7 l; nach Richtlinie 80/1268/EWG; Werte für 90 km/h / 120 km/h / Stadtzyklus
Getriebe	4-Gang-Automatikgetriebe
Verfügbarkeit	auf Wunsch
Getriebe-Baumuster	722.369
Schaltung	Wählhebel in Wagenmitte
Kupplung	hydraulischer Drehmomentwandler im Automatikgetriebe
Getriebeart	Planetengetriebe
Getriebe-Übersetzung	I. 3,87; II. 2,25; III. 1,44; IV. 1,0; R. 5,59
Achsantriebsübersetzung	3,06
für USA:	2,65
Höchstgeschwindigkeit	230 km/h
Beschleunigung 0-100 km/h[1]	7,9 s
für USA:	8,3 s
Kraftstoffverbrauch	8,9 / 10,8 / 14,0 l; nach Richtlinie 80/1268/EWG; Werte für 90 km/h / 120 km/h / Stadtzyklus
Getriebe	5-Gang-Automatikgetriebe
Verfügbarkeit	auf Wunsch
Getriebe-Baumuster	722.503
Schaltung	Wählhebel in Wagenmitte
Kupplung	hydraulischer Drehmomentwandler im Automatikgetriebe
Getriebeart	Planetengetriebe
Getriebe-Übersetzung	I. 3,87; II. 2,25; III. 1,44; IV. 1,0; V. 0,75; R. 5,59
Achsantriebsübersetzung	3,69
Höchstgeschwindigkeit	230 km/h
Beschleunigung 0-100 km/h[1]	7,9 s
Kraftstoffverbrauch	8,6 / 10,1 / 14,6 l; nach Richtlinie 80/1268/EWG; Werte für 90 km/h / 120 km/h / Stadtzyklus
Tragstruktur und Fahrwerk	
Rahmenausführung	selbsttragende Ganzstahlkarosserie
Radaufhängung, vorne	Dreiecksquerlenker / Dämpferbein
Radaufhängung, hinten	Raumlenkerachse, auf Wunsch mit hydropneumatischer Niveau-Regulierung
Federung, vorne	Schraubenfedern, Drehstab-Stabilisator
Federung, hinten	Schraubenfedern, Drehstab-Stabilisator
Stoßdämpfer, vorne/hinten	Gasdruck-Dämpferbeine / Gasdruck-Stoßdämpfer
Lenkung	Kugelumlauf-Servolenkung
Lenkübersetzung	15,44:1 / 3 Lenkradumdrehungen
Bremsanlage	
Bremsanlage	hydraulische Zweikreis-Bremsanlage mit Unterdruck-Bremskraftverstärker und Anti-Blockier-System; Scheibenbremsen vorne innenbelüftet und hinten massiv
Feststellbremse	mechanisch (fußbetätigt), auf Hinterräder wirkend
Abmessungen der Bremsscheiben	vorne / hinten 294 x 25 / 278 x 9 mm
Allgemeine Daten	
Räder	Leichtmetall-Scheibenräder 6 ½ J x 15 H 2 ET 49 (15 Loch) oder 6 ½ J x 15 H 2 ET 44 (8 Loch); bei Sportfahrwerk: 7 J x 15 H 2 ET 41 (8 oder 15 Loch)
Reifen	195/65 ZR 15; bei Sportfahrwerk: 205/60 ZR 15
Angetriebene Räder	Hinterräder
Kraftübertragung	geteilte Kardanwelle
Radstand	2800 mm
Spur vorne / hinten	1501 / 1491 mm; „Sportline“: 1518 / 1509 mm
Länge	4740 mm
Breite	1740 mm
Höhe	1430 mm; „Sportline“: 1411 mm
Bodenfreiheit bei Belastung mit 3 Personen à 68 kg	140 mm; „Sportline“: 122 mm
Gepäckraum nach VDA	520 l; 485 l, mit 90 l Tank
Kleinster Wendekreis	11,27 m
Zul. Gesamtgewicht	2040 kg; ab 03.1994: 2050 kg
Zul. Achslast vorne	1005 kg
Zul. Achslast hinten	1035 kg; ab 03.1994: 1045 kg
Zuladung	550 kg
Zul. Anhängelast gebremst	1900 kg
Zul. Anhängelast ungebremst	750 kg
Zul. Dachlast	100 kg
Zul. Kofferraumzuladung	100 kg
Leergewicht (Wagengewicht) nach Richtlinie DIN 70020 (mit Kraftstoff, Reserverad und Werkzeug)	1490 kg; ab 03.1994: 1500 kg
Luftwiderstand cW-Mittelwert x A	0,31 x 2,07 m^2; „Sportline“: 0,31 x 2,06 m^2
Stückzahl	seit 06.1992: 63.950; Stückzahlen bis / ab Modellpflege 06.1993 sind nicht separat dokumentiert
Preise	05.1993: DM 70.782,50 03.1994: DM 72.622,50 08.1994: DM 74.117,50 05.1995: DM 75.612,50

Mercedes-Benz E 420

Allgemeine Angaben	
Konstruktionsbezeichnung	W 124 E 42
Baumuster	124.034
Produktionszeitraum	07.1993 – 06.1995
Arbeitsverfahren	Viertakt-Otto (mit Saugrohreinspritzung und Abgasreinigungsanlage mit geregeltem 3-Wege-Katalysator)
Anordnung im Fahrzeug	vorne, längs; stehend
Motoren	
Motor-Typ / -Baumuster	M 119 E 42 / 119.975 LH
Zylinderzahl / -anordnung	8 / 90°-V-Form; Leichtmetallblock
Bohrung x Hub	92,0 x 78,9 mm
Gesamthubraum	4196 cm³
Verdichtungsverhältnis	11
Kurbelwellenlager	5
Leistung	279 PS / 205 kW bei 5700/min
Drehmoment	400 Nm bei 3900/min
Ventilanordnung / -anzahl	2 Einlass, 2 Auslass / v-förmig hängend
Ventilsteuerung	je Zylinderreihe 2 obenliegende Nockenwellen, 2 x dohc; Einlass-Nockenwellen verstellbar
Nockenwellenantrieb	Duplex-Rollenkette
Gemischbildung	mikroprozessorgesteuerte Einspritzanlage mit Hitzdraht-Luftmassenmessung (Bosch LH-Jetronic)
Kühlung	Wasserkühlung / Pumpe; 12,5 l Wasser
Schmierung	Druckumlauf-Schmierung / 8 l Öl
Elektrische Anlage	
Elektr. Anlage	12 V
Batterie	100 Ah / im Kofferraum
Generator	Drehstrom / 1540 W
Anlasser	elektrisch / 1,8 kW
Zündung	elektronische Zündanlage
Kraftstofftank:	90 l, über der Hinterachse
Kraftstoff-Förderung	elektrische Förderpumpe
Getriebe	
Getriebe	4-Gang-Automatikgetriebe
Verfügbarkeit	Serie
Getriebe-Baumuster	722.354
Schaltung	Wählhebel in Wagenmitte
Kupplung	hydraulischer Drehmomentwandler im Automatikgetriebe
Getriebeart	Planetengetriebe
Getriebe-Übersetzung	I. 3,87; II. 2,25; III. 1,44; IV. 1,0; R. 5,59
Achsantriebsübersetzung	2,65; für USA: 2,241
Höchstgeschwindigkeit	250 km/h (abgeregelt)
Beschleunigung 0-100 km/h[1]	7,2 s; für USA: 7,52 s
Kraftstoffverbrauch	9,4 / 11,1 / 15,0 l; ab 10.1992: 10,3 / 11,9 / 16,9 l; nach Richtlinie 80/1268/EWG; Werte für 90 km/h / 120 km/h / Stadtzyklus
Tragstruktur und Fahrwerk	
Rahmenausführung	selbsttragende Ganzstahlkarosserie
Radaufhängung, vorne	Dreiecksquerlenker / Dämpferbeine
Radaufhängung, hinten	Raumlenkerachse, auf Wunsch mit hydropneumatischer Niveau-Regulierung
Federung, vorne	Schraubenfedern, Drehstab-Stabilisator
Federung, hinten	Schraubenfedern, Drehstab-Stabilisator
Stoßdämpfer, vorne/hinten	Gasdruck-Dämpferbeine / Gasdruck-Stoßdämpfer
Lenkung	Kugelumlauf-Servolenkung
Lenkübersetzung	15,53:1 / 3 Lenkradumdrehungen
Bremsanlage	
Bremsanlage	hydraulische Zweikreis-Bremsanlage mit Unterdruck-Bremskraftverstärker und Anti-Blockier-System; innenbelüftete Scheibenbremsen vorne und hinten
Feststellbremse	mechanisch (fußbetätigt), auf Hinterräder wirkend
Abmessungen der Bremsscheiben	vorne / hinten 320 x 30 / 278 x 24 mm
Allgemeine Daten	
Räder	Leichtmetall-Scheibenräder 7 J x 16 H 2 ET 46 (8 Loch)
Reifen	215/55 ZR 16
Angetriebene Räder	Hinterräder
Kraftübertragung	geteilte Kardanwelle
Radstand	2800 mm
Spur vorne / hinten	1511 / 1497 mm
Länge	4740 mm
Breite	1740 mm
Höhe	1431 mm; „Sportline": 1417 mm
Bodenfreiheit bei Belastung mit 3 Personen à 68 kg	144 mm; „Sportline": 130 mm
Gepäckraum nach VDA	485 l
Kleinster Wendekreis	11,27 m
Zul. Gesamtgewicht	2140 kg; ab 03.1994: 2170 kg
Zul. Achslast vorne	1025 kg; ab 03.1994: 1055 kg
Zul. Achslast hinten	1115 kg
Zuladung	520 kg
Zul. Anhängelast gebremst	1900 kg
Zul. Anhängelast ungebremst	750 kg
Zul. Dachlast	100 kg
Zul. Kofferraumzuladung	100 kg
Leergewicht (Wagengewicht) nach Richtlinie DIN 70020 (mit Kraftstoff, Reserverad und Werkzeug)	1620 kg
ab 03.1994:	1650 kg
Luftwiderstand cW-Mittelwert x A	-
Stückzahl	22.802 (seit 05.1991); Stückzahlen bis / ab Modellpflege 06.1993 nicht separat dokumentiert
Preise	05.1993: DM 96.312,50 03.1994: DM 96.542,50 08.1994: DM 97.002,50 05.1995: DM 98.957,50

Die E-Klasse

Eine Klasse für jede Gelegenheit.

Wenn Sie ein Automobil besitzen wollen, das Ihnen einerseits Zuverlässigkeit, Sicherheit und Langlebigkeit garantiert, gepaart mit Komfort, Fahrspaß und Umweltverträglichkeit, andererseits aber auch Raum für Ihre individuellen Wünsche läßt, dann sollten Sie sich für ein E-Klasse-Modell von Mercedes-Benz entscheiden. Die E-Klasse bietet Ihnen eine einzigartige Vielfalt von Modellen und Motorvarianten, die praktisch allen persönlichen Anforderungen entsprechen. Nicht umsonst hat unsere erfolgreichste Baureihe seit Produktionsbeginn weltweit über zwei Millionen Freunde gefunden. Allein die Limousinen werden in 15 Grundvarianten gebaut. Außerdem gibt es die T-Modelle mit ihrem einzigartigen Raumangebot und die viersitzigen Coupés und Cabriolets, die viel Fahrspaß bereiten. Alle serienmäßig mit Zentralverriegelung, ABS sowie Fahrer-Airbag und natürlich sehr vielen individuellen Ausstattungsmöglichkeiten.

Die E-Klasse

Da Stillstand überall und besonders im Automobilbau Rückschritt bedeutet, haben wir diese Klasse jetzt weiter aktualisiert und damit noch attraktiver gemacht. Dabei haben wir uns nicht nur auf eine Weiterentwicklung des Designs beschränkt, sondern zu den bereits im Herbst 1992 vorgestellten 4-Ventil-Benzinmotoren auch zwei Weltneuheiten im Programm: die sehr laufruhigen 4-Ventil-Dieselmotoren im E 250 DIESEL und im E 300 DIESEL. Dazu kommen verlängerte Serviceintervalle, die Wirtschaftlichkeit und Verfügbarkeit des Fahrzeugs verbessern, sowie neue Lackierungen und neue Stoffausstattungen. Und damit die Evolution dieser Baureihe wirklich vollendet ist, haben wir ihr auch einen neuen Namen gegeben: Sie heißt jetzt E-Klasse.

E 200
E 250 DIESEL
E 420

Eine Auswahl der neuen Typenschilder.

Mercedes-Benz E 500	
Allgemeine Angaben	
Konstruktionsbezeichnung	W 124 E 50
Baumuster	124.036
Produktionszeitraum	07.1993 – 04.1995
Arbeitsverfahren	Viertakt-Otto (mit Saugrohreinspritzung und Abgasreinigungsanlage mit geregeltem 3-Wege-Katalysator)
Anordnung im Fahrzeug	vorne, längs; stehend
Motoren	
Motor-Typ / -Baumuster	M 119 E 50 / 119.974 LH
Zylinderzahl / -anordnung	8 / 90°-V-Form; Leichtmetallblock
Bohrung x Hub	96,5 x 85,0 mm
Gesamthubraum	4973 cm³
Verdichtungsverhältnis	10
Kurbelwellenlager	5
Leistung	320 PS / 235 kW bei 5600/min
Drehmoment	470 Nm bei 3900/min
Ventilanordnung / -anzahl	2 Einlass, 2 Auslass / v-förmig hängend
Ventilsteuerung	je Zylinderreihe 2 obenliegende Nockenwellen, 2 x dohc; Einlass-Nockenwellen verstellbar
Nockenwellenantrieb	Duplex-Rollenkette
Gemischbildung	mikroprozessorgesteuerte Einspritzanlage mit Hitzdraht-Luftmassenmessung (Bosch LH-Jetronic)
Kühlung	Wasserkühlung / Pumpe; 12,5 l Wasser
Schmierung	Druckumlauf-Schmierung / 8 l Öl
Elektrische Anlage	
Elektr. Anlage	12 V
Batterie	100 Ah / im Kofferraum
Generator	Drehstrom / 1540 W
Anlasser	elektrisch / 1,8 kW
Zündung	elektronische Zündanlage
Kraftstofftank:	90 l, über der Hinterachse
Kraftstoff-Förderung	elektrische Förderpumpe
Getriebe	
Getriebe	4-Gang-Automatikgetriebe
Verfügbarkeit	Serie
Getriebe-Baumuster	722.365
Schaltung	Wählhebel in Wagenmitte
Kupplung	hydraulischer Drehmomentwandler im Automatikgetriebe
Getriebeart	Planetengetriebe
Getriebe-Übersetzung	I. 3,87; II. 2,25; III. 1,44; IV. 1,0; R. 5,59
Achsantriebsübersetzung	2,82
Höchstgeschwindigkeit	250 km/h (abgeregelt)
Beschleunigung 0-100 km/h[1]	6,1 s
Kraftstoffverbrauch	10,3 / 11,9 / 16,9 l; nach Richtlinie 80/1268/EWG; Werte für 90 km/h / 120 km/h / Stadtzyklus
Tragstruktur und Fahrwerk	
Rahmenausführung	selbsttragende Ganzstahlkarosserie
Radaufhängung, vorne	Dreiecksquerlenker / Dämpferbein
Radaufhängung, hinten	Raumlenkerachse mit hydropneumatischer Niveau-Regulierung
Federung, vorne	Schraubenfedern, Drehstab-Stabilisator
Federung, hinten	Schraubenfedern, Drehstab-Stabilisator
Stoßdämpfer, vorne/hinten	Gasdruck-Dämpferbeine / hydropneumatische Federbeine
Lenkung	Kugelumlauf-Servolenkung
Lenkübersetzung	15,67:1 / 3 Lenkradumdrehungen
Bremsanlage	
Bremsanlage	hydraulische Zweikreis-Bremsanlage mit Unterdruck-Bremskraftverstärker und Anti-Blockier-System; innenbelüftete Scheibenbremsen vorne und hinten
Feststellbremse	mechanisch (fußbetätigt), auf Hinterräder wirkend
Abmessungen der Bremsscheiben	vorne / hinten 320 x 30 / 300 x 24 mm
Allgemeine Daten	
Räder	Leichtmetall-Scheibenräder 8 J x 16 H 2 ET 34 (8 Loch); Stahlblech-Scheibenräder: 8 J x 16 H 2 ET 35 nur zur Montage von Winterreifen; ab 03.94 bei der Sonderausführung „Limited Edition“: Leichtmetall-Scheibenräder 8 ¼ J x 17 H 2 ET 34
Reifen	225/55 ZR 16; ab 03.94 bei der Sonderausführung „Limited Edition“: 235/45 ZR 17
Angetriebene Räder	Hinterräder
Kraftübertragung	geteilte Kardanwelle
Radstand	2800 mm
Spur vorne / hinten	1538 / 1529 mm
Länge	4750 mm
Breite	1796 mm
Höhe	1408 mm
Bodenfreiheit bei Belastung mit 3 Personen à 68 kg	139 mm
Gepäckraum nach VDA	485 l
Kleinster Wendekreis	11,70 m
Zul. Gesamtgewicht	2160 kg; ab 03.1994: 2180 kg
Zul. Achslast vorne	1070 kg; ab 03.1994: 1080 kg
Zul. Achslast hinten	1140 kg; ab 03.1994: 1150 kg
Zul. Dachlast	100 kg
Zul. Kofferraumzuladung	100 kg
Zuladung	450 kg
Leergewicht (Wagengewicht) nach Richtlinie DIN 70020 (mit Kraftstoff, Reserverad und Werkzeug)	1710 kg; ab 03.1994: 1730 kg
Luftwiderstand cW-Mittelwert x A	0,32 x 2,10 m²
Stückzahl	10.479 (seit 09.1990, incl. E 60 AMG); Stückzahlen bis / ab Modellpflege 06.1993 nicht separat dokumentiert
Preise	05.1993: DM 145.590,00

Außen sportlich, innen elegant.

Der E 500 Limited verspricht schon beim bloßen Hinsehen, etwas Außergewöhnliches zu sein. Und das hält er auch, wenn Sie in ihm Platz nehmen. Da spüren Sie gleich die Vorzüge seiner Sportsitzanlage. Aus Weichleder, ergonomisch geformt und mit einer abklappbaren Mittelarmlehne, sorgt sie dafür, daß Sie sich von der ersten Minute an rundum wohl fühlen. Was nicht zuletzt auch daran liegt, daß Sie entscheiden, welche Farbgestaltung diese Sitzanlage bekommt. Dabei können Sie wählen, ob das Leder in Grau, Rot oder Grün koloriert sein soll. Wir sorgen dann dafür, daß alles andere farblich darauf abgestimmt ist: das Lederlenkrad, der Automatik-Wählhebel, die Einlegeteppiche und die Wagenpapiertasche. Passend dazu sind die Elemente der Innenholzverkleidung wahlweise aus schwarzem Vogelaugenahorn oder Wurzelnußholz. Doch auch unterwegs zeigt sich der E 500 Limited von seiner elegantesten und sichersten Seite, ausgestattet mit dem Mercedes-Benz Radio Exquisit, der Sitzheizung für Fahrer und Beifahrer und mit vielen sinnvollen Details, die Ihnen so viele Handgriffe wie möglich abnehmen. Ob automatisch abblendbarer Innenspiegel, das elektrische Schiebe-Hebe-Dach oder die elektrischen Fensterheber - dies alles entlastet Sie und macht Sie frei für das Wesentliche: die Straße. Und dort ist es einfach gut zu wissen, daß der E 500 Limited mit Full-size-Airbag für Fahrer und Beifahrer, Antriebsschlupfregelung, ABS und großdimensionierter Zweikreis-Servobremsanlage ausgestattet ist. Schließlich ist er bei all seiner Sportlichkeit in erster Linie ein Mercedes. Wenn auch ein außergewöhnlicher.

Der E 500 Limited: ein sportlicher Wagen mit dem außergewöhnlichen Komfort einer Limousine.

Das Lederlenkrad ist farblich der Innenausstattung angepaßt.

Ob Vogelaugenahorn- oder Wurzelnußholz-Dekor oder die kolorierten Ledersitze – der E 500 Limited ist eben etwas Besonderes.

Mercedes-Benz AMG E 60	
Allgemeine Angaben	
Konstruktionsbezeichnung	W 124 E 60
Baumuster	124.036
Produktionszeitraum	09.1993 – 11.1994
Arbeitsverfahren	Viertakt-Otto (mit Saugrohreinspritzung und Abgasreinigungsanlage mit geregeltem 3-Wege-Katalysator)
Anordnung im Fahrzeug	vorne, längs; stehend
Motoren	
Motor-Typ / -Baumuster	M 119 E 60 AMG
Zylinderzahl / -anordnung	8 / 90°-V-Form; Leichtmetallblock
Bohrung x Hub	100,0 x 94,8 mm
Gesamthubraum	5956 cm³
Verdichtungsverhältnis	10
Kurbelwellenlager	5
Leistung	381 PS / 280 kW bei 5600/min
Drehmoment	580 Nm bei 3800/min
Ventilanordnung / -anzahl	2 Einlass, 2 Auslass / v-förmig hängend
Ventilsteuerung	je Zylinderreihe 2 obenliegende Nockenwellen, 2 x dohc; Einlass-Nockenwellen verstellbar
Nockenwellenantrieb	Duplex-Rollenkette
Gemischbildung	mikroprozessorgesteuerte Einspritzanlage mit Hitzdraht-Luftmassenmessung (Bosch LH-Jetronic)
Kühlung	Wasserkühlung / Pumpe; 12,5 l Wasser
Schmierung	Druckumlauf-Schmierung / 8 l Öl
Elektrische Anlage	
Elektr. Anlage	12 V
Batterie	100 Ah / im Kofferraum
Generator	Drehstrom / 1540 W
Anlasser	elektrisch / 1,8 kW
Zündung	elektronische Zündanlage
Kraftstofftank:	90 l, über der Hinterachse
Kraftstoff-Förderung	elektrische Förderpumpe
Getriebe	
Getriebe	4-Gang-Automatikgetriebe
Verfügbarkeit	Serie
Getriebe-Baumuster	722.365
Schaltung	Wählhebel in Wagenmitte
Kupplung	hydraulischer Drehmomentwandler im Automatikgetriebe
Getriebeart	Planetengetriebe
Getriebe-Übersetzung	I. 3,87; II. 2,25; III. 1,44; IV. 1,0; R. 5,59
Achsantriebsübersetzung	2,82
Höchstgeschwindigkeit	250 km/h (abgeregelt)
Beschleunigung 0-100 km/h[1]	5,4 s
Kraftstoffverbrauch	9,9 / 11,9 / 16,1 l; nach Richtlinie 80/1268/EWG; Werte für 90 km/h / 120 km/h / Stadtzyklus
Tragstruktur und Fahrwerk	
Rahmenausführung	selbsttragende Ganzstahlkarosserie
Radaufhängung, vorne	Dreiecksquerlenker / Dämpferbein
Radaufhängung, hinten	Raumlenkerachse mit hydropneumatischer Niveau-Regulierung
Federung, vorne	Schraubenfedern, Drehstab-Stabilisator
Federung, hinten	Schraubenfedern, Drehstab-Stabilisator
Stoßdämpfer, vorne/hinten	Gasdruck-Dämpferbeine / hydropneumatische Federbeine
Lenkung	Kugelumlauf-Servolenkung
Lenkübersetzung	15,67:1 / 3 Lenkradumdrehungen
Bremsanlage	
Bremsanlage	hydraulische Zweikreis-Bremsanlage mit Unterdruck-Bremskraftverstärker und Anti-Blockier-System; innenbelüftete Scheibenbremsen vorne und hinten
Feststellbremse	mechanisch (fußbetätigt), auf Hinterräder wirkend
Abmessungen der Bremsscheiben	vorne / hinten 320 x 30 / 300 x 24 mm
Allgemeine Daten	
Räder	Leichtmetall-Scheibenräder 8 J x 16 H 2 ET 34 (8 Loch)
Reifen	225/55 ZR 16
Angetriebene Räder	Hinterräder
Kraftübertragung	geteilte Kardanwelle
Radstand	2800 mm
Spur vorne / hinten	1538 / 1529 mm
Länge	4750 mm
Breite	1796 mm
Höhe	1408 mm
Bodenfreiheit bei Belastung mit 3 Personen à 68 kg	137 mm
Gepäckraum nach VDA	485 l
Kleinster Wendekreis	11,70 m
Zul. Gesamtgewicht	2160 kg
Zul. Achslast vorne	1070 kg
Zul. Achslast hinten	1140 kg
Zul. Dachlast	100 kg
Zul. Kofferraumzuladung	100 kg
Zuladung	450 kg
Leergewicht (Wagengewicht) nach Richtlinie DIN 70020 (mit Kraftstoff, Reserverad und Werkzeug)	1710 kg
Stückzahl	nicht separat dokumentiert; in der Stückzahl des 500 E / E 500 enthalten
Preise	09.1993: DM 179.860,00

Mercedes-Benz E 250 Diesel mit verlängertem Radstand

Allgemeine Angaben	
Konstruktionsbezeichnung	V 124 D 25/2
Baumuster	124.129
Produktionszeitraum	02.1993 / 08.1993 – 07.1994
Arbeitsverfahren	Viertakt-Diesel (mit Vorkammereinspritzung und Abgasreinigungsanlage mit Oxidationskatalysator) Anordnung im Fahrzeug vorne, längs; stehend
Motoren	
Motor-Typ / -Baumuster	OM 605 D 25 / 605.911
Zylinderzahl / -anordnung	5 / Reihe; 15° nach rechts geneigt
Bohrung x Hub	87,0 x 84,0 mm
Gesamthubraum	2497 cm³
Verdichtungsverhältnis	22
Kurbelwellenlager	6
Leistung	113 PS / 83 kW bei 5000/min
Drehmoment	173 Nm bei 2000 – 4600/min
Ventilanordnung / -anzahl	2 Einlass, 2 Auslass / hängend
Ventilsteuerung	2 obenliegende Nockenwellen, dohc
Nockenwellenantrieb	Duplex-Rollenkette
Gemischbildung	Vorkammereinspritzung, mechanisch geregelte Bosch 5-Stempel-Einspritzpumpe
Kühlung	Wasserkühlung / Pumpe; 9 l Wasser
Schmierung	Druckumlauf-Schmierung / 6,5 l Öl
Elektrische Anlage	
Elektr. Anlage	12 V
Batterie	74 Ah / im Motorraum
Generator	Drehstrom / 980 W
Anlasser	elektrisch / 2,2 kW
Zündung	Selbstzünder
Kraftstofftank:	72 l, hinter der Hinterachse
Kraftstoff-Förderung	Kolbenpumpe an der Einspritzpumpe
Getriebe	
Getriebe	5-Gang-Schaltgetriebe
Verfügbarkeit	Serie
Schaltung	Mittelschaltung
Kupplung	Einscheiben-Trockenkupplung
Getriebeart	Zahnrad-Wechselgetriebe
Synchronisierte Gänge	I – V
Getriebe-Übersetzung	I. 3,91; II. 2,17; III. 1,37; IV. 1,0; V. 0,81; R. 4,27
Achsantriebsübersetzung	3,92
Höchstgeschwindigkeit	180 km/h
Beschleunigung 0-100 km/h[1]	18,2 s
Kraftstoffverbrauch	6,1 / 7,9 / 9,9 l; nach Richtlinie 80/1268/EWG; Werte für 90 km/h / 120 km/h / Stadtzyklus
Getriebe	4-Gang-Automatikgetriebe
Verfügbarkeit	auf Wunsch
Schaltung	Wählhebel in Wagenmitte
Kupplung	hydraulischer Drehmomentwandler im Automatikgetriebe
Getriebeart	Planetengetriebe
Getriebe-Übersetzung	I. 4,25; II. 2,41; III. 1,49; IV. 1,0; R. 5,67
Achsantriebsübersetzung	3,46
Höchstgeschwindigkeit	177 km/h
Beschleunigung 0-100 km/h[1]	18,4 s
Kraftstoffverbrauch	5,8 / 7,4 / 9,4 l; nach Richtlinie 80/1268/EWG; Werte für 90 km/h / 120 km/h / Stadtzyklus
Tragstruktur und Fahrwerk	
Rahmenausführung	selbsttragende Ganzstahlkarosserie
Radaufhängung, vorne	Dreiecksquerlenker / Dämpferbein
Radaufhängung, hinten	Raumlenkerachse mit hydropneumatischer Niveau-Regulierung
Federung, vorne	Schraubenfedern, Drehstab-Stabilisator
Federung, hinten	Schraubenfedern, hydropneumatische Federbeine, Drehstab-Stabilisator
Stoßdämpfer, vorne/hinten	Gasdruck-Dämpferbeine / hydropneumatische Federbeine
Lenkung	Kugelumlauf-Servolenkung
Lenkübersetzung	15,44:1 / 3 Lenkradumdrehungen
Bremsanlage	
Bremsanlage	hydraulische Zweikreis-Bremsanlage mit Unterdruck-Bremskraftverstärker und Anti-Blockier-System; Scheibenbremsen vorne innenbelüftet und hinten massiv
Feststellbremse	mechanisch (fußbetätigt), auf Hinterräder wirkend
Abmessungen der Bremsscheiben	vorne / hinten 284 x 22 / 278 x 9 mm
Allgemeine Daten	
Räder	Stahlblech-Scheibenräder, verstärkt, 6 ½ J x 15 H 2 ET 49; auf Wunsch: Leichtmetall-Scheibenräder 6 ½ J x 15 H 2 ET 49 (15 Loch)
Reifen	205/65 R 15 94 H
Angetriebene Räder	Hinterräder
Kraftübertragung	geteilte Kardanwelle
Radstand	3600 mm
Spur vorne / hinten	1492 / 1489 mm
Länge	5540 mm
Breite	1740 mm
Höhe	1471 mm
Kleinster Wendekreis	14,0 m
Zul. Gesamtgewicht	2420 kg
Zul. Achslast vorne	1140 kg
Zul. Achslast hinten	1280 kg
Zuladung	700 kg
Leergewicht (Wagengewicht) nach Richtlinie DIN 70020 (mit Kraftstoff, Reserverad und Werkzeug)	1720 kg
Stückzahl	181
Preise	05.1993: DM 99.705,00

Mercedes-Benz E 280 mit verlängertem Radstand	
Allgemeine Angaben	
Konstruktionsbezeichnung	V 124 E 28
Baumuster	124.029
Produktionszeitraum	07.1993 – 07.1994
Arbeitsverfahren	Viertakt-Otto (mit Saugrohreinspritzung und Abgasreinigungsanlage mit geregeltem 3-Wege-Katalysator)
Anordnung im Fahrzeug	vorne, längs; stehend
Motoren	
Motor-Typ / -Baumuster	M 104 E 28 / 104.942 HFM
Zylinderzahl / -anordnung	6 / Reihe; 15° nach rechts geneigt
Bohrung x Hub	89,9 x 73,5 mm
Gesamthubraum	2799 cm^3
Verdichtungsverhältnis	10
Kurbelwellenlager	7
Leistung	193 PS / 142 kW bei 5500/min
Drehmoment	270 Nm bei 3750/min
Ventilanordnung / -anzahl	2 Einlass, 2 Auslass / v-förmig hängend
Ventilsteuerung	2 obenliegende Nockenwellen, dohc; Einlass-Nockenwelle verstellbar
Nockenwellenantrieb	Duplex-Rollenkette
Gemischbildung	mikroprozessorgesteuerte Einspritzanlage mit Heißfilm-Luftmassenmessung (HFM) und Schaltsaugrohr
Kühlung	Wasserkühlung / Pumpe; 9 l Wasser
Schmierung	Druckumlauf-Schmierung / 7,5 l Öl
Elektrische Anlage	
Elektr. Anlage	12 V
Batterie	62 Ah / im Motorraum
Generator	Drehstrom / 1260 W
Anlasser	elektrisch / 1,7 kW
Zündung	Zünd-Kennfeld-Steuerung
Kraftstofftank	72 l, hinter der Hinterachse
Kraftstoff-Förderung	elektrische Förderpumpe
Getriebe	
Getriebe	5-Gang-Schaltgetriebe
Verfügbarkeit	Serie
Schaltung	Mittelschaltung
Kupplung	Einscheiben-Trockenkupplung
Getriebeart	Zahnrad-Wechselgetriebe
Synchronisierte Gänge	I – V
Getriebe-Übersetzung	I. 3,86; II. 2,18; III. 1,38; IV. 1,0; V. 0,80; R. 4,22
Achsantriebsübersetzung	3,92
Höchstgeschwindigkeit	215 km/h
Beschleunigung 0-100 km/h[1]	10,2 s
Kraftstoffverbrauch	8,6 / 10,5 / 15,5 l; nach Richtlinie 80/1268/EWG; Werte für 90 km/h / 120 km/h / Stadtzyklus
Getriebe	4-Gang-Automatikgetriebe
Verfügbarkeit	auf Wunsch
Schaltung	Wählhebel in Wagenmitte
Kupplung	hydraulischer Drehmomentwandler im Automatikgetriebe
Getriebeart	Planetengetriebe
Getriebe-Übersetzung	I. 4,25; II. 2,41; III. 1,49; IV. 1,0; R. 5,67
Achsantriebsübersetzung	3,46
Höchstgeschwindigkeit	210 km/h
Beschleunigung 0-100 km/h[1]	10,0 s
Kraftstoffverbrauch	9,4 / 11,5 / 14,6 l; nach Richtlinie 80/1268/EWG; Werte für 90 km/h / 120 km/h / Stadtzyklus
Tragstruktur und Fahrwerk	
Rahmenausführung	selbsttragende Ganzstahlkarosserie
Radaufhängung, vorne	Dreiecksquerlenker / Dämpferbein
Radaufhängung, hinten	Raumlenkerachse mit hydropneumatischer Niveau-Regulierung
Federung, vorne	Schraubenfedern, Drehstab-Stabilisator
Federung, hinten	Schraubenfedern, hydropneumatische Federbeine, Drehstab-Stabilisator
Stoßdämpfer, vorne/hinten	Gasdruck-Dämpferbeine / hydropneumatische Federbeine
Lenkung	Kugelumlauf-Servolenkung
Lenkübersetzung	15,44:1 / 3 Lenkradumdrehungen
Bremsanlage	
Bremsanlage	hydraulische Zweikreis-Bremsanlage mit Unterdruck-Bremskraftverstärker und Anti-Blockier-System; innenbelüftete Scheibenbremsen vorne und hinten
Feststellbremse	mechanisch (fußbetätigt), auf Hinterräder wirkend
Abmessungen der Bremsscheiben	vorne / hinten 295 x 22 / 278 x 20 mm
Allgemeine Daten	
Räder	Leichtmetall-Scheibenräder 6 ½ J x 15 H 2 ET 49 (15 Loch)
Reifen	205/65 R 15 94 V
Angetriebene Räder	Hinterräder
Kraftübertragung	geteilte Kardanwelle
Radstand	3600 mm
Spur vorne / hinten	1492 / 1489 mm
Länge	5540 mm
Breite	1740 mm
Höhe	1471 mm
Kleinster Wendekreis	14,0 m
Zul. Gesamtgewicht	2460 kg
Zul. Achslast vorne	1180 kg
Zul. Achslast hinten	1280 kg
Zuladung	700 kg
Leergewicht (Wagengewicht) nach Richtlinie DIN 70020 (mit Kraftstoff, Reserverad und Werkzeug)	1760 kg
Stückzahl	seit 09.1992: 379; Stückzahlen bis / ab Modellpflege 06.1993 sind nicht separat dokumentiert
Preise	05.1993: DM 109.710,00

Mercedes-Benz E 250 Diesel Fahrgestell für Sonderaufbauten	
Allgemeine Angaben	
Konstruktionsbezeichnung	F 124 D 25/2
Baumuster	124.104
Produktionszeitraum	07.1993 – 12.1995
Arbeitsverfahren	Viertakt-Diesel (mit Vorkammereinspritzung und Abgasreinigungsanlage mit Oxidationskatalysator)
Anordnung im Fahrzeug	vorne, längs; stehend
Motoren	
Motor-Typ / -Baumuster	OM 605 D 25 / 605.911
Zylinderzahl / -anordnung	5 / Reihe; 15° nach rechts geneigt
Bohrung x Hub	87,0 x 84,0 mm
Gesamthubraum	2497 cm³
Verdichtungsverhältnis	22
Kurbelwellenlager	6
Leistung	113 PS / 83 kW bei 5000/min
Drehmoment	173 Nm bei 2000 – 4600/min
Ventilanordnung / -anzahl	2 Einlass, 2 Auslass / hängend
Ventilsteuerung	2 obenliegende Nockenwellen, dohc
Nockenwellenantrieb	Duplex-Rollenkette
Gemischbildung	Vorkammereinspritzung, mechanisch geregelte Bosch 5-Stempel-Einspritzpumpe
Kühlung	Wasserkühlung / Pumpe; 9 l Wasser
Schmierung	Druckumlauf-Schmierung / 6,5 l Öl
Elektrische Anlage	
Elektr. Anlage	12 V
Batterie	74 Ah / im Motorraum
Generator	Drehstrom / 980 W
Anlasser	elektrisch / 2,2 kW
Zündung	Selbstzünder
Kraftstofftank:	70 l, über der Hinterachse
Kraftstoff-Förderung	Kolbenpumpe an der Einspritzpumpe
Getriebe	
Getriebe	5-Gang-Schaltgetriebe
Verfügbarkeit	Serie
Schaltung	Mittelschaltung
Kupplung	Einscheiben-Trockenkupplung
Getriebeart	Zahnrad-Wechselgetriebe
Synchronisierte Gänge	I – V
Getriebe-Übersetzung	I. 3,91; II. 2,17; III. 1,37; IV. 1,0; V. 0,81; R. 4,27
Achsantriebsübersetzung	3,67
Getriebe	4-Gang-Automatikgetriebe
Verfügbarkeit	auf Wunsch
Schaltung	Wählhebel in Wagenmitte
Kupplung	hydraulischer Drehmomentwandler im Automatikgetriebe
Getriebeart	Planetengetriebe
Getriebe-Übersetzung	I. 4,25; II. 2,41; III. 1,49; IV. 1,0; R. 5,67
Achsantriebsübersetzung	3,07
Tragstruktur und Fahrwerk	
Rahmenausführung	selbsttragende Ganzstahlkarosserie
Radaufhängung, vorne	Dreiecksquerlenker / Dämpferbein
Radaufhängung, hinten	Raumlenkerachse mit hydropneumatischer Niveau-Regulierung
Federung, vorne	Schraubenfedern, Drehstab-Stabilisator
Federung, hinten	Schraubenfedern, hydropneumatische Federbeine, Drehstab-Stabilisator
Stoßdämpfer, vorne/hinten	Gasdruck-Dämpferbeine / hydropneumatische Federbeine
Lenkung	Kugelumlauf-Servolenkung
Lenkübersetzung	15,44:1 / 3 Lenkradumdrehungen
Bremsanlage	
Bremsanlage	hydraulische Zweikreis-Bremsanlage mit Unterdruck-Bremskraftverstärker und Anti-Blockier-System; Scheibenbremsen vorne innenbelüftet und hinten massiv
Feststellbremse	mechanisch (fußbetätigt), auf Hinterräder wirkend
Abmessungen der Bremsscheiben	vorne / hinten 284 x 22 / 278 x 9 mm
Allgemeine Daten	
Räder	Stahlblech-Scheibenräder, verstärkt, 6 ½ J x 15 H 2 ET 49; auf Wunsch: Leichtmetall-Scheibenräder 6 ½ J x 15 H 2 ET 49 (15 Loch)
Reifen	195/65 R 15 95 T reinforced
Angetriebene Räder	Hinterräder
Kraftübertragung	geteilte Kardanwelle
Radstand	2800 mm
Spur vorne / hinten	1479 / 1480 mm
Länge	4765 mm
Breite	1740 mm
Kleinster Wendekreis	11,20 m
Zul. Gesamtgewicht	2210 kg
Zul. Achslast vorne	930 kg
Zul. Achslast hinten	1280 kg
Leergewicht (Wagengewicht) nach Richtlinie Fahrgestell mit Teilkarosserie, vollgetankt, ohne Reserverad und Werkzeug	1320 kg
Stückzahl	301
Preise	05.1993: DM 54.510,00 03.1994: DM 52.497,50 09.1995: DM 54.567,50

Mercedes-Benz E 250 D Fahrgestell mit verlängertem Radstand für Sonderaufbauten	
Allgemeine Angaben	
Konstruktionsbezeichnung	VF 124 D 25/2
Baumuster	124.107
Produktionszeitraum	06.1993 – 10.1995
Arbeitsverfahren	Viertakt-Diesel (mit Vorkammereinspritzung und Abgasreinigungsanlage mit Oxidationskatalysator)
Anordnung im Fahrzeug	vorne, längs; stehend
Motoren	
Motor-Typ / -Baumuster	OM 605 D 25 / 605.911
Zylinderzahl / -anordnung	5 / Reihe; 15° nach rechts geneigt
Bohrung x Hub	87,0 x 84,0 mm
Gesamthubraum	2497 cm³
Verdichtungsverhältnis	22
Kurbelwellenlager	6
Leistung	113 PS / 83 kW bei 5000/min
Drehmoment	173 Nm bei 2000 – 4600/min
Ventilanordnung / -anzahl	2 Einlass, 2 Auslass / hängend
Ventilsteuerung	2 obenliegende Nockenwellen, dohc
Nockenwellenantrieb	Duplex-Rollenkette
Gemischbildung	Vorkammereinspritzung, mechanisch geregelte Bosch 5-Stempel-Einspritz-pumpe
Kühlung	Wasserkühlung / Pumpe; 9 l Wasser
Schmierung	Druckumlauf-Schmierung / 6,5 l Öl
Elektrische Anlage	
Elektr. Anlage	12 V
Batterie	74 Ah / im Motorraum
Generator	Drehstrom / 980 W
Anlasser	elektrisch / 2,2 kW
Zündung	Selbstzünder
Kraftstofftank:	72 l, hinter der Hinterachse
Kraftstoff-Förderung	Kolbenpumpe an der Einspritzpumpe
Getriebe	
Getriebe	5-Gang-Schaltgetriebe
Verfügbarkeit	Serie
Schaltung	Mittelschaltung
Kupplung	Einscheiben-Trockenkupplung
Getriebeart	Zahnrad-Wechselgetriebe
Synchronisierte Gänge	I – V
Getriebe-Übersetzung	I. 3,91; II. 2,17; III. 1,37; IV. 1,0; V. 0,81; R. 4,27
Achsantriebsübersetzung	3,91
Getriebe	4-Gang-Automatikgetriebe
Verfügbarkeit	auf Wunsch
Schaltung	Wählhebel in Wagenmitte
Kupplung	hydraulischer Drehmomentwandler im Automatikgetriebe
Getriebeart	Planetengetriebe
Getriebe-Übersetzung	I. 4,25; II. 2,41; III. 1,49; IV. 1,0; R. 5,67
Achsantriebsübersetzung	3,46
Tragstruktur und Fahrwerk	
Rahmenausführung	selbsttragende Ganzstahlkarosserie
Radaufhängung, vorne	Dreiecksquerlenker / Dämpferbein
Radaufhängung, hinten	Raumlenkerachse mit hydropneumatischer Niveau-Regulierung
Federung, vorne	Schraubenfedern, Drehstab-Stabilisator
Federung, hinten	Schraubenfedern, hydropneumatische Federbeine, Drehstab-Stabilisator
Stoßdämpfer, vorne/hinten	Gasdruck-Dämpferbeine / hydropneumatische Federbeine
Lenkung	Kugelumlauf-Servolenkung
Lenkübersetzung	15,44:1 / 3 Lenkradumdrehungen
Bremsanlage	
Bremsanlage	hydraulische Zweikreis-Bremsanlage mit Unterdruck-Bremskraftverstärker und Anti-Blockier-System; Scheibenbremsen vorne innenbelüftet und hinten massiv
Feststellbremse	mechanisch (fußbetätigt), auf Hinterräder wirkend
Abmessungen der Bremsscheiben	vorne / hinten 284 x 22 / 278 x 9 mm
Allgemeine Daten	
Räder	Stahlblech-Scheibenräder, verstärkt, 6 ½ J x 15 H 2 ET 49; auf Wunsch: Leichtmetall-Scheibenräder 6 ½ J x 15 H 2 ET 49 (15 Loch)
Reifen	195/65 R 15 95 T reinforced
Angetriebene Räder	Hinterräder
Kraftübertragung	geteilte Kardanwelle
Radstand	3450 mm
Spur vorne / hinten	1476 / 1480 mm
Länge	5415 mm
Breite	1740 mm
Kleinster Wendekreis	13,32 m
Zul. Gesamtgewicht	2380 kg
Zul. Achslast vorne	1100 kg
Zul. Achslast hinten	1280 kg
Leergewicht (Wagengewicht) nach Richtlinie Fahrgestell mit Teilkarosserie, vollgetankt, ohne Reserverad und Werkzeug	1335 kg
Stückzahl	642
Preise	05.1993: DM 58.650,00 03.1994: DM 55.487,50 09.1995: DM 57.040,00

Mercedes-Benz E 280 Fahrgestell mit verlängertem Radstand für Sonderaufbauten

Allgemeine Angaben	
Konstruktionsbezeichnung	VF 124 E 28
Baumuster	124.008
Produktionszeitraum	07.1993 – 09.1995
Arbeitsverfahren	Viertakt-Otto (mit Saugrohreinspritzung und Abgasreinigungsanlage mit geregeltem 3-Wege-Katalysator)
Anordnung im Fahrzeug	vorne, längs; stehend
Motoren	
Motor-Typ / -Baumuster	M 104 E 28 / 104.942 HFM
Zylinderzahl / -anordnung	6 / Reihe; 15° nach rechts geneigt
Bohrung x Hub	89,9 x 73,5 mm
Gesamthubraum	2799 cm³
Verdichtungsverhältnis	10
Kurbelwellenlager	7
Leistung	193 PS / 142 kW bei 5500/min
Drehmoment	270 Nm bei 3750/min
Ventilanordnung / -anzahl	2 Einlass, 2 Auslass / v-förmig hängend
Ventilsteuerung	2 obenliegende Nockenwellen, dohc; Einlass-Nockenwelle verstellbar
Nockenwellenantrieb	Duplex-Rollenkette
Gemischbildung	mikroprozessorgesteuerte Einspritzanlage mit Heißfilm-Luftmassenmessung (HFM) und Schaltsaugrohr
Kühlung	Wasserkühlung / Pumpe; 9 l Wasser
Schmierung	Druckumlauf-Schmierung / 7,5 l Öl
Elektrische Anlage	
Elektr. Anlage	12 V
Batterie	62 Ah / im Motorraum
Generator	Drehstrom / 1260 W
Anlasser	elektrisch / 1,7 kW
Zündung	Zünd-Kennfeld-Steuerung
Kraftstofftank:	72 l, hinter der Hinterachse
Kraftstoff-Förderung	elektrische Förderpumpe
Getriebe	
Getriebe	5-Gang-Schaltgetriebe
Verfügbarkeit	Serie
Schaltung	Mittelschaltung
Kupplung	Einscheiben-Trockenkupplung
Getriebeart	Zahnrad-Wechselgetriebe
Synchronisierte Gänge	I – V
Getriebe-Übersetzung	I. 3,86; II. 2,18; III. 1,38; IV. 1,0; V. 0,80; R. 4,22
Achsantriebsübersetzung	3,92
Getriebe	4-Gang-Automatikgetriebe
Verfügbarkeit	auf Wunsch
Schaltung	Wählhebel in Wagenmitte
Kupplung	hydraulischer Drehmomentwandler im Automatikgetriebe
Getriebeart	Planetengetriebe
Getriebe-Übersetzung	I. 4,25; II. 2,41; III. 1,49; IV. 1,0; R. 5,67
Achsantriebsübersetzung	3,46
Tragstruktur und Fahrwerk	
Rahmenausführung	selbsttragende Ganzstahlkarosserie
Radaufhängung, vorne	Dreiecksquerlenker / Dämpferbein
Radaufhängung, hinten	Raumlenkerachse mit hydropneumatischer Niveau-Regulierung
Federung, vorne	Schraubenfedern, Drehstab-Stabilisator
Federung, hinten	Schraubenfedern, hydropneumatische Federbeine, Drehstab-Stabilisator
Stoßdämpfer, vorne/hinten	Gasdruck-Dämpferbeine / hydropneumatische Federbeine
Lenkung	Kugelumlauf-Servolenkung
Lenkübersetzung	15,44:1 / 3 Lenkradumdrehungen
Bremsanlage	
Bremsanlage	hydraulische Zweikreis-Bremsanlage mit Unterdruck-Bremskraftverstärker und Anti-Blockier-System; Scheibenbremsen vorne und hinten innenbelüftet
Feststellbremse	mechanisch (fußbetätigt), auf Hinterräder wirkend
Abmessungen der Bremsscheiben	vorne / hinten 284 x 25 / 278 x 20 mm

Allgemeine Daten	
Räder	Leichtmetall-Scheibenräder 6 ½ J x 15 H 2 ET 49 (15 Loch)
Reifen	195/65 R 15 95 T reinforced
Angetriebene Räder	Hinterräder
Kraftübertragung	geteilte Kardanwelle
Radstand	3450 mm
Spur vorne / hinten	1476 / 1480 mm
Länge	5415 mm
Breite	1740 mm
Kleinster Wendekreis	13,32 m
Zul. Gesamtgewicht	2420 kg
Zul. Achslast vorne	1140 kg
Zul. Achslast hinten	1280 kg
Leergewicht (Wagengewicht) nach Richtlinie Fahrgestell mit Teilkarosserie, vollgetankt, ohne Reserverad und Werkzeug	1385 kg
Stückzahl	seit 09.1992: 399; Stückzahlen bis / ab Modellpflege 06.1993 nicht separat dokumentiert
Preise	05.1993: DM 67.965,00 03.1994: DM 62.847,50 05.1995: DM 63.997,50

Mercedes-Benz 230 CE	
Allgemeine Angaben	
Konstruktionsbezeichnung	C 124 E 23
Baumuster	124.043
Produktionszeitraum	07.1986 / 04.1987 – 08.1989
Arbeitsverfahren	Viertakt-Otto (mit Saugrohreinspritzung und Abgasreinigungsanlage mit geregeltem 3-Wege-Katalysator)
Anordnung im Fahrzeug	vorne, längs; stehend
Motoren	
Motor-Typ / -Baumuster	M 102 E 23 / 102.982 KE
Zylinderzahl / -anordnung	4 / Reihe; 15° nach rechts geneigt
Bohrung x Hub	95,5 x 80,25 mm
Gesamthubraum	2299 cm³ (nach Steuerformel 2276 cm³)
Verdichtungsverhältnis	9
Kurbelwellenlager	5
Leistung	132 PS / 97 kW bei 5100/min (mit Katalysator); 136 PS / 100 kW bei 5100/min (RÜF-Ausführung)
Drehmoment	198 Nm bei 5300/min (mit Katalysator); 205 Nm bei 3500/min (RÜF-Ausführung)
Ventilanordnung / -anzahl	1 Einlass, 1 Auslass / v-förmig hängend
Ventilsteuerung	obenliegende Nockenwelle, ohc
Nockenwellenantrieb	Einfach-Rollenkette; ab 09.1988: Duplex-Rollenkette
Gemischbildung	Saugrohreinspritzung, mechanisch-elektronisch geregelt (Bosch KE-Jetronic)
Kühlung	Wasserkühlung / Pumpe; 8,5 l Wasser
Schmierung	Druckumlauf-Schmierung / 5 l Öl
Elektrische Anlage	
Elektr. Anlage	12 V
Batterie	62 Ah / im Motorraum
Generator	Drehstrom / 770 W
Anlasser	elektrisch / 1,4 kW
Zündung	elektronische Zündanlage
Kraftstofftank	70 l, über der Hinterachse
Kraftstoff-Förderung	elektrische Förderpumpe
Getriebe	
Getriebe	5-Gang-Schaltgetriebe
Verfügbarkeit	Serie
Getriebe-Typ / -Baumuster	GL 68/20 C-5 / 717.412
Schaltung	Mittelschaltung
Kupplung	Einscheiben-Trockenkupplung
Getriebeart	Zahnrad-Wechselgetriebe
Synchronisierte Gänge	I – V
Getriebe-Übersetzung	I. 3,91; II. 2,17; III. 1,37; IV. 1,0; V. 0,78; R. 4,27
Achsantriebsübersetzung	3,27
Höchstgeschwindigkeit	200 km/h (mit Katalysator); 203 km/h (RÜF-Ausführung)
Beschleunigung 0-100 km/h[1]	10,6 s (mit Katalysator); 10,4 s (RÜF-Ausführung)
Kraftstoffverbrauch	6,5 / 8,2 / 11,4 l (mit Katalysator); 6,2 / 7,7 / 11,1 l (RÜF-Ausführung); nach Richtlinie 80/1268/EWG; Werte für 90 km/h / 120 km/h / Stadtzyklus
Getriebe	4-Gang-Automatikgetriebe
Verfügbarkeit	auf Wunsch
Schaltung	Wählhebel in Wagenmitte
Kupplung	hydraulischer Drehmomentwandler im Automatikgetriebe
Getriebeart	Planetengetriebe
Getriebe-Übersetzung	I. 4,25; II. 2,41; III. 1,49; IV. 1,0; R. 5,67
Achsantriebsübersetzung	3,27
Höchstgeschwindigkeit	195 km/h (mit Katalysator); 198 km/h (RÜF-Ausführung)
Beschleunigung 0-100 km/h[1]	10,6 s (mit Katalysator); 10,4 s (RÜF-Ausführung)
Kraftstoffverbrauch	7,8 / 9,3 / 11,4 l (mit Katalysator); 7,1 / 8,7 / 10,9 l (RÜF-Ausführung); nach Richtlinie 80/1268/EWG; Werte für 90 km/h / 120 km/h / Stadtzyklus
Tragstruktur und Fahrwerk	
Rahmenausführung	selbsttragende Ganzstahlkarosserie
Radaufhängung, vorne	Dreiecksquerlenker / Dämpferbein
Radaufhängung, hinten	Raumlenkerachse, auf Wunsch mit hydropneumatischer Niveau-Regulierung
Federung, vorne	Schraubenfedern, Drehstab-Stabilisator
Federung, hinten	Schraubenfedern, Drehstab-Stabilisator
Stoßdämpfer, vorne/hinten	Gasdruck-Dämpferbeine / Gasdruck-Stoßdämpfer
Lenkung	Kugelumlauf-Servolenkung
Lenkübersetzung	16,21:1 / 3,3 Lenkradumdrehungen

Bremsanlage	
Bremsanlage (Fußbremse)	hydraulische Zweikreis-Anlage mit Unterdruck-Bremskraftverstärker, auf Wunsch mit Anti-Blockier-System (ab 02.1988 Serie); Scheibenbremsen vorne massiv (ab 09.1988 innenbelüftet) und hinten massiv
Feststellbremse	mechanisch (fußbetätigt), auf Hinterräder wirkend
Abmessungen der Bremsscheiben	vorne / hinten 284 x 12 / 258 x 9 mm; ab 09.1988: vorne / hinten 284 x 22 / 258 x 9 mm
Allgemeine Daten	
Räder	Stahlblech-Scheibenräder 6 ½ J x 15 H 2 ET 49; auf Wunsch: Leichtmetall-Scheibenräder 6 ½ J x 15 H 2 ET 49 oder ET 48
Reifen	195/65 R 15 91 H
Angetriebene Räder	Hinterräder
Kraftübertragung	geteilte Kardanwelle
Radstand	2715 mm
Spur vorne / hinten	1497 / 1488 mm
Länge	4655 mm
Breite	1740 mm
Höhe	1410 mm; ab 11.1988: 1395 mm
Bodenfreiheit	163 mm; ab 11.1988: 148 mm
Gepäckraum nach VDA	480 l
Kleinster Wendekreis	10,92 m
Zul. Gesamtgewicht	1790 kg; ab 12.1988: 1810 kg
Zul. Achslast vorne	855 kg; ab 12.1988: 865 kg
Zul. Achslast hinten	935 kg; ab 12.1988: 945 kg
Zuladung	450 kg
Zul. Anhängelast gebremst	1500 kg; ab 05.1989: 1850 kg
Zul. Anhängelast ungebremst	705 kg; ab 12.1988: 715 kg
Zul. Dachlast	100 kg
Zul. Kofferraumzuladung	100 kg
Leergewicht (Wagengewicht) nach Richtlinie DIN 70020 (mit Kraftstoff, Reserverad und Werkzeug)	1340 kg; ab 12.1988: 1360 kg
Luftwiderstand cW-Mittelwert x A	0,30 x 2,01 m²
Stückzahl	bis 09.1992: 33.675; Stückzahlen bis / ab Modellpflege 09.1989 nicht separat dokumentiert
Preise	03.1987: DM 50.331,00 02.1988: DM 53.808,00 09.1988: DM 54.150,00 02.1989: DM 55.290,00

Mercedes-Benz 300 CE	
Allgemeine Angaben	
Konstruktionsbezeichnung	C 124 E 30
Baumuster	124.050
Produktionszeitraum	08.1986 / 04.1987 – 08.1989
Arbeitsverfahren	Viertakt-Otto (mit Saugrohreinspritzung und Abgasreinigungsanlage mit geregeltem 3-Wege-Katalysator)
Anordnung im Fahrzeug	vorne, längs; stehend
Motoren	
Motor-Typ / -Baumuster	M 103 E 30 / 103.983 KE
Zylinderzahl / -anordnung	6 / Reihe; 15° nach rechts geneigt
Bohrung x Hub	88,5 x 80,25 mm
Gesamthubraum	2962 cm³ (nach Steuerformel 2932 cm³)
Verdichtungsverhältnis	9,2
Kurbelwellenlager	7
Leistung	180 PS / 132 kW bei 5700/min (mit Katalysator); 188 PS / 138 kW bei 5700/min (RÜF-Ausführung)
Drehmoment	255 Nm bei 4400 /min (mit Katalysator); 260 Nm bei 4400 /min (RÜF-Ausführung)
Ventilanordnung / -anzahl	1 Einlass, 1 Auslass / v-förmig hängend
Ventilsteuerung	obenliegende Nockenwelle, ohc
Nockenwellenantrieb	Einfach-Rollenkette
Gemischbildung	Saugrohreinspritzung, mechanisch-elektronisch geregelt (Bosch KE-Jetronic)
Kühlung	Wasserkühlung / Pumpe; 9 l Wasser
Schmierung	Druckumlauf-Schmierung / 6 l Öl
Elektrische Anlage	
Elektr. Anlage	12 V
Batterie	62 Ah / im Motorraum
Generator	Drehstrom / 980 W
Anlasser	elektrisch / 1,7 kW
Zündung	elektronische Zündanlage
Kraftstofftank	70 l, über der Hinterachse
Kraftstoff-Förderung	elektrische Förderpumpe
Getriebe	
Getriebe	5-Gang-Schaltgetriebe
Verfügbarkeit	Serie
Getriebe-Typ / -Baumuster	GL 67/27 A-5 / 717.430
Schaltung	Mittelschaltung
Kupplung	Einscheiben-Trockenkupplung
Getriebeart	Zahnrad-Wechselgetriebe
Synchronisierte Gänge	I – V
Getriebe-Übersetzung	I. 3,86; II. 2,18; III. 1,38; IV. 1,0; V. 0,80; R. 4,22
Achsantriebsübersetzung	3,07
Höchstgeschwindigkeit	225 km/h (mit Katalysator), 228 km/h (RÜF-Ausführung)
Beschleunigung 0-100 km/h[1]	8,1 s (mit Katalysator); 7,9 s (RÜF-Ausführung)
Kraftstoffverbrauch	7,1 / 9,1 / 13,5 l (mit Katalysator); 6,8 / 8,7 / 13,0 l (RÜF-Ausführung); nach Richtlinie 80/1268/EWG; Werte für 90 km/h / 120 km/h / Stadtzyklus
Getriebe	4-Gang-Automatikgetriebe
Verfügbarkeit	auf Wunsch (bis 09.1988)
Getriebe-Typ / -Baumuster	W 4 A 040 / 722.320
Schaltung	Wählhebel in Wagenmitte
Kupplung	hydraulischer Drehmomentwandler im Automatikgetriebe
Getriebeart	Planetengetriebe
Getriebe-Übersetzung	I. 3,68; II. 2,41; III. 1,44; IV. 1,0; R. 5,14
Achsantriebsübersetzung	3,07
Höchstgeschwindigkeit	220 km/h (mit Katalysator); 223 km/h (RÜF-Ausführung)
Beschleunigung 0-100 km/h[1]	8,5 s (mit Katalysator); 8,2 s (RÜF-Ausführung)
Kraftstoffverbrauch	8,6 / 10,4 / 13,3 l (mit Katalysator); 8,3 / 10,0 / 12,8 l (RÜF-Ausführung); nach Richtlinie 80/1268/EWG; Werte für 90 km/h / 120 km/h / Stadtzyklus
Getriebe	4-Gang-Automatikgetriebe
Verfügbarkeit	auf Wunsch (ab 09.1988)
Getriebe-Typ / -Baumuster	W 4 A 040 / 722.358
Schaltung	Wählhebel in Wagenmitte
Kupplung	hydraulischer Drehmomentwandler im Automatikgetriebe
Getriebeart	Planetengetriebe
Getriebe-Übersetzung	I. 3,87; II. 2,25; III. 1,44; IV. 1,0; R. 5,59
Achsantriebsübersetzung	3,07
Höchstgeschwindigkeit	220 km/h (mit Katalysator); 223 km/h (RÜF-Ausführung)
Beschleunigung 0-100 km/h[1]	8,5 s (mit Katalysator); 8,2 s (RÜF-Ausführung)
Kraftstoffverbrauch	8,6 / 10,4 / 13,3 l (mit Katalysator); 8,3 / 10,0 / 12,8 l (RÜF-Ausführung); nach Richtlinie 80/1268/EWG; Werte für 90 km/h / 120 km/h / Stadtzyklus
Tragstruktur und Fahrwerk	
Rahmenausführung	selbsttragende Ganzstahlkarosserie
Radaufhängung, vorne	Dreiecksquerlenker / Dämpferbein
Radaufhängung, hinten	Raumlenkerachse, auf Wunsch mit hydropneumatischer Niveau-Regulierung
Federung, vorne	Schraubenfedern, Drehstab-Stabilisator
Federung, hinten	Schraubenfedern, Drehstab-Stabilisator
Stoßdämpfer, vorne/hinten	Gasdruck-Dämpferbeine / Gasdruck-Stoßdämpfer
Lenkung	Kugelumlauf-Servolenkung
Lenkübersetzung	16,21:1 / 3,3 Lenkradumdrehungen
Bremsanlage	
Bremsanlage (Fußbremse)	hydraulische Zweikreis-Bremsanlage mit Unterdruck-Bremskraftverstärker und Anti-Blockier-System; Scheibenbremsen vorne innenbelüftet und hinten massiv
Feststellbremse	mechanisch (fußbetätigt), auf Hinterräder wirkend
Abmessungen der Bremsscheiben	vorne / hinten 284 x 22 / 258 x 9 mm
Allgemeine Daten	
Räder	Stahlblech-Scheibenräder 6 ½ J x 15 H 2 ET 49; auf Wunsch: Leichtmetall-Scheibenräder 6 ½ J x 15 H 2 ET 48 oder 49
Reifen	195/65 VR 15
Angetriebene Räder	Hinterräder
Kraftübertragung	geteilte Kardanwelle
Radstand	2715 mm
Spur vorne / hinten	1497 / 1488 mm
Länge	4655 mm
Breite	1740 mm
Höhe	1410 mm: ab 11.1988: 1395 mm
Bodenfreiheit bei Belastung mit 3 Personen à 68 kg	163 mm; ab 11.1988: 148 mm
Gepäckraum nach VDA	480 l
Kleinster Wendekreis	10,92 m
Zul. Gesamtgewicht	1840 kg; ab 12.1988: 1850 kg
Zul. Achslast vorne	900 kg
Zul. Achslast hinten	940 kg; ab 12.1988: 950 kg
Zuladung	450 kg
Zul. Anhängelast gebremst	1500 kg; ab 05.1989: 1850 kg
Zul. Anhängelast ungebremst	730 kg; ab 12.1988: 735 kg
Zul. Dachlast	100 kg
Zul. Kofferraumzuladung	100 kg
Leergewicht (Wagengewicht) nach Richtlinie DIN 70020 (mit Kraftstoff, Reserverad und Werkzeug)	1390 kg; ab 12.1988: 1400 kg
Luftwiderstand cW-Mittelwert x A	0,31 x 2,01 m²
Stückzahl	43.486 bis 10.1992; Stückzahlen bis / ab Modellpflege 09.1989 sind nicht separat dokumentiert
Preise	03.1987: DM 62.586,00 02.1988: DM 63.954,00 09.1988: DM 64.296,00 02.1989: DM 65.664,00

Mercedes-Benz 200 CE	
Allgemeine Angaben	
Konstruktionsbezeichnung	C 124 E 20
Baumuster	124.041
Produktionszeitraum	03.1990 / 06.1990 – 12.1992 (Exportmodell für Italien)
Arbeitsverfahren	Viertakt-Otto (mit Saugrohreinspritzung; Abgasreinigungsanlage mit geregeltem 3-Wege-Katalysator auf Wunsch)
Anordnung im Fahrzeug	vorne, längs; stehend
Motoren	
Motor-Typ / -Baumuster	M 102 E 20 / 102.963 KE
Zylinderzahl / -anordnung	4 / Reihe; 15° nach rechts geneigt
Bohrung x Hub	89,0 x 80,2 mm
Gesamthubraum	1996 cm³
Verdichtungsverhältnis	9,1
Kurbelwellenlager	5
Leistung	122 PS / 90 kW bei 5100/min; 118 PS / 87 kW bei 5200/min (mit Katalysator)
Drehmoment	178 Nm; 172 Nm bei 3500/min (mit Katalysator)
Ventilanordnung / -anzahl	1 Einlass, 1 Auslass / v-förmig hängend
Ventilsteuerung	obenliegende Nockenwelle, ohc
Nockenwellenantrieb	Duplex-Rollenkette
Gemischbildung	Saugrohreinspritzung, mechanisch-elektronisch geregelt (Bosch KE-Jetronic)
Kühlung	Wasserkühlung / Pumpe; 8,5 l Wasser
Schmierung	Druckumlauf-Schmierung / 5 l Öl
Elektrische Anlage	
Elektr. Anlage	12 V
Batterie	62 Ah / im Motorraum
Generator	Drehstrom / 980 W
Anlasser	elektrisch / 1,4 kW
Zündung	elektronische Zündanlage
Kraftstofftank	70 l, über der Hinterachse; auf Wunsch: 90 l, über der Hinterachse
Kraftstoff-Förderung	elektrische Förderpumpe
Getriebe	
Getriebe	5-Gang-Schaltgetriebe
Verfügbarkeit	Serie
Getriebe-Typ / -Baumuster	GL 68-20/C-5 / 717.412
Schaltung	Mittelschaltung
Kupplung	Einscheiben-Trockenkupplung
Getriebeart	Zahnrad-Wechselgetriebe
Synchronisierte Gänge	I – V
Getriebe-Übersetzung	I. 3,91; II. 2,17; III. 1,37; IV. 1,0; V. 0,81; R. 4,27
Achsantriebsübersetzung	3,46
Höchstgeschwindigkeit	195 km/h; 193 km/h (mit Katalysator)
Beschleunigung 0-100 km/h[1]	12,0 s; 12,5 s (mit Katalysator)
Kraftstoffverbrauch	6,3 / 8,2 / 11,4 l; nach Richtlinie 80/1268/EWG; Werte für 90 km/h / 120 km/h / Stadtzyklus
Getriebe	4-Gang-Automatikgetriebe
Verfügbarkeit	auf Wunsch
Getriebe-Typ / -Baumuster	W 4 A 020 / 722.400
Schaltung	Wählhebel in Wagenmitte
Kupplung	hydraulischer Drehmomentwandler im Automatikgetriebe
Getriebeart	Planetengetriebe
Getriebe-Übersetzung	I. 4,25; II. 2,41; III. 1,49; IV. 1,0; R. 5,67
Achsantriebsübersetzung	3,46
Höchstgeschwindigkeit	190 km/h; 188 km/h (mit Katalysator)
Beschleunigung 0-100 km/h[1]	12,3 s; 12,8 s (mit Katalysator)
Kraftstoffverbrauch	7,5 / 9,3 / 11,7 l; nach Richtlinie 80/1268/EWG; Werte für 90 km/h / 120 km/h / Stadtzyklus
Tragstruktur und Fahrwerk	
Rahmenausführung	selbsttragende Ganzstahlkarosserie
Radaufhängung, vorne	Dreiecksquerlenker / Dämpferbein
Radaufhängung, hinten	Raumlenkerachse, auf Wunsch mit hydropneumatischer Niveau-Regulierung
Federung, vorne	Schraubenfedern, Drehstab-Stabilisator
Federung, hinten	Schraubenfedern, Drehstab-Stabilisator
Stoßdämpfer, vorne/hinten	Gasdruck-Dämpferbeine / Gasdruck-Stoßdämpfer
Lenkung	Kugelumlauf-Servolenkung
Lenkübersetzung	16,21:1 / 3,3 Lenkradumdrehungen
Bremsanlage	
Bremsanlage (Fußbremse)	hydraulische Zweikreis-Bremsanlage mit Unterdruck-Bremskraftverstärker und Anti-Blockier-System; Scheibenbremsen vorne und hinten massiv
Feststellbremse	mechanisch (fußbetätigt), auf Hinterräder wirkend
Abmessungen der Bremsscheiben	vorne / hinten 284 x 12 / 258 x 9 mm
Allgemeine Daten	
Räder	Stahlblech-Scheibenräder 6 ½ J x 15 H 2 ET 49; bei Sportfahrwerk: 7 J x 15 H 2 ET 42; auf Wunsch: Leichtmetall-Scheibenräder 6 ½ J x 15 H 2 ET 48 (15 Loch) oder 7 J x 15 H 2 ET 41 (15 Loch)
Reifen	195/65 R 15 91 H; bei Sportfahrwerk: 205/60 R 15 91 H
Angetriebene Räder	Hinterräder
Kraftübertragung	geteilte Kardanwelle
Radstand	2715 mm
Spur vorne / hinten	1501 / 1491 mm; „Sportline": 1518 / 1509 mm
Länge	4655 mm
Breite	1740 mm
Höhe	1394 mm; „Sportline": 1375 mm
Bodenfreiheit bei Belastung mit 3 Personen à 68 kg	144 mm; „Sportline": 130 mm
Gepäckraum nach VDA	480 l; 445 l mit 90 l Tank
Kleinster Wendekreis	10,99 m
Zul. Gesamtgewicht	1850 kg
Zul. Achslast vorne	910 kg
Zul. Achslast hinten	940 kg
Zuladung	530 kg
Zul. Anhängelast gebremst	1500 kg
Zul. Anhängelast ungebremst	715 kg
Zul. Dachlast	100 kg
Zul. Kofferraumzuladung	100 kg
Leergewicht (Wagengewicht) nach Richtlinie DIN 70020 (mit Kraftstoff, Reserverad und Werkzeug)	1360 kg
Luftwiderstand cW-Mittelwert x A	0,30 x 2,00 m²
Stückzahl	5921
Preise	im Inland nicht lieferbar

Mercedes-Benz 200 CE (Motor M 111)

Allgemeine Angaben	
Konstruktionsbezeichnung	C 124 E 20/2
Baumuster	124.040
Produktionszeitraum	07.1992 / 09.1992 – 07.1993 (Exportmodell für Italien, Griechenland und Portugal)
Arbeitsverfahren	Viertakt-Otto (mit Saugrohreinspritzung und Abgasreinigungsanlage mit geregeltem 3-Wege-Katalysator)
Anordnung im Fahrzeug	vorne, längs; stehend
Motoren	
Motor-Typ / -Baumuster	M 111 E 20 / 111.940 PMS
Zylinderzahl / -anordnung	4 / Reihe; 15° nach rechts geneigt
Bohrung x Hub	89,9 x 78,7 mm
Gesamthubraum	1998 cm³
Verdichtungsverhältnis	9,6
Kurbelwellenlager	5
Leistung	136 PS / 100 kW bei 5500/min
Drehmoment	190 Nm bei 4000/min
Ventilanordnung / -anzahl	2 Einlass, 2 Auslass / v-förmig hängend
Ventilsteuerung	2 obenliegende Nockenwellen, dohc
Nockenwellenantrieb	Duplex-Rollenkette
Gemischbildung	mikroprozessorgesteuerte Einspritzanlage mit Drucksensor (P-Motor-steuerung)
Kühlung	Wasserkühlung / Pumpe; 8,5 l Wasser
Schmierung	Druckumlauf-Schmierung / 5,8 l Öl
Elektrische Anlage	
Elektr. Anlage	12 V
Batterie	62 Ah / im Motorraum
Generator	Drehstrom / 980 W
Anlasser	elektrisch / 1,4 kW
Zündung	Zünd-Kennfeld-Steuerung
Kraftstofftank	70 l, über der Hinterachse; auf Wunsch: 90 l, über der Hinterachse
Kraftstoff-Förderung	elektrische Förderpumpe
Getriebe	
Getriebe	5-Gang-Schaltgetriebe
Verfügbarkeit	Serie
Getriebe-Typ / -Baumuster	GL 68/20 D-5 / 717.423
Schaltung	Mittelschaltung
Kupplung	Einscheiben-Trockenkupplung
Getriebeart	Zahnrad-Wechselgetriebe
Synchronisierte Gänge	I – V
Getriebe-Übersetzung	I. 3,91; II. 2,17; III. 1,37; IV. 1,0; V. 0,81; R. 4,27
Achsantriebsübersetzung	3,67
Höchstgeschwindigkeit	200 km/h
Beschleunigung 0-100 km/h[1]	11,5 s
Kraftstoffverbrauch	6,6 / 8,0 / 11,6 l; nach Richtlinie 80/1268/EWG; Werte für 90 km/h / 120 km/h / Stadtzyklus
Getriebe	4-Gang-Automatikgetriebe
Verfügbarkeit	auf Wunsch
Schaltung	Wählhebel in Wagenmitte
Kupplung	hydraulischer Drehmomentwandler im Automatikgetriebe
Getriebeart	Planetengetriebe
Getriebe-Übersetzung	I. 4,25; II. 2,41; III. 1,49; IV. 1,0; R. 5,67
Achsantriebsübersetzung	3,27
Höchstgeschwindigkeit	195 km/h
Beschleunigung 0-100 km/h[1]	12,0 s
Kraftstoffverbrauch	7,0 / 8,6 / 11,4 l; nach Richtlinie 80/1268/EWG; Werte für 90 km/h / 120 km/h / Stadtzyklus
Tragstruktur und Fahrwerk	
Rahmenausführung	selbsttragende Ganzstahlkarosserie
Radaufhängung, vorne	Dreiecksquerlenker / Dämpferbein
Radaufhängung, hinten	Raumlenkerachse, auf Wunsch mit hydropneumatischer Niveau-Regulierung
Federung, vorne	Schraubenfedern, Drehstab-Stabilisator
Federung, hinten	Schraubenfedern, Drehstab-Stabilisator
Stoßdämpfer, vorne/hinten	Gasdruck-Dämpferbeine / Gasdruck-Stoßdämpfer
Lenkung	Kugelumlauf-Servolenkung
Lenkübersetzung	16,21:1 / 3,3 Lenkradumdrehungen
Bremsanlage	
Bremsanlage (Fußbremse)	hydraulische Zweikreis-Bremsanlage mit Unterdruck-Bremskraftverstärker und Anti-Blockier-System; Scheibenbremsen vorne innenbelüftet und hinten massiv
Feststellbremse	mechanisch (fußbetätigt), auf Hinterräder wirkend
Abmessungen der Bremsscheiben	vorne / hinten 284 x 22 / 258 x 9 mm
Allgemeine Daten	
Räder	Stahlblech-Scheibenräder 6 ½ J x 15 H 2 ET 49; bei Sportfahrwerk: 7 J x 15 H 2 ET 42; auf Wunsch: Leichtmetall-Scheibenräder 6 ½ J x 15 H 2 ET 49 (15 Loch) oder 6 ½ J x 15 H 2 ET 44 (8 Loch); bei Sportfahrwerk: 7 J x 15 H 2 ET 41 (8 oder 15 Loch)
Reifen	195/65 R 15 91 H; bei Sportfahrwerk: 205/60 R 15 91 H
Angetriebene Räder	Hinterräder
Kraftübertragung	geteilte Kardanwelle
Radstand	2715 mm
Spur vorne / hinten	1501 / 1491 mm; „Sportline": 1518 / 1509 mm
Länge	4655 mm
Breite	1740 mm
Höhe	1394 mm; „Sportline": 1375 mm
Bodenfreiheit bei Belastung mit 3 Personen à 68 kg	139 mm; „Sportline": 125 mm
Gepäckraum nach VDA	480 l; 445 mit 90 l Tank
Kleinster Wendekreis	10,99 m
Zul. Gesamtgewicht	1880 kg
Zul. Achslast vorne	920 kg
Zul. Achslast hinten	960 kg
Zuladung	500 kg
Zul. Anhängelast gebremst	1880 kg
Zul. Anhängelast ungebremst	725 kg
Zul. Dachlast	100 kg
Zul. Kofferraumzuladung	100 kg
Leergewicht (Wagengewicht) nach Richtlinie DIN 70020 (mit Kraft-stoff, Reserverad und Werkzeug)	1380 kg
Luftwiderstand cW-Mittelwert x A	0,30 x 2,20 m²
Stückzahl	7848 (bis 03.1996); Stückzahlen bis / ab Modellpflege 06.1993 sind nicht separat dokumentiert
Preise	im Inland nicht lieferbar

Mercedes-Benz 220 CE

Allgemeine Angaben	
Konstruktionsbezeichnung	C 124 E 22
Baumuster	124.042
Produktionszeitraum	06.1992 / 09.1992 – 07.1993
Arbeitsverfahren	Viertakt-Otto (mit Saugrohreinspritzung und Abgasreinigungsanlage mit geregeltem 3-Wege-Katalysator)
Anordnung im Fahrzeug	vorne, längs; stehend
Motoren	
Motor-Typ / -Baumuster	M 111 E 22 / 111.960 HFM
Zylinderzahl / -anordnung	4 / Reihe; 15° nach rechts geneigt
Bohrung x Hub	89,9 x 86,6 mm
Gesamthubraum	2199 cm³
Verdichtungsverhältnis	10
Kurbelwellenlager	5
Leistung	150 PS / 110 kW bei 5500/min
Drehmoment	210 Nm bei 4000/min
Ventilanordnung / -anzahl	2 Einlass, 2 Auslass / v-förmig hängend
Ventilsteuerung	2 obenliegende Nockenwellen, dohc; Einlass-Nockenwelle verstellbar
Nockenwellenantrieb	Duplex-Rollenkette
Gemischbildung	mikroprozessorgesteuerte Einspritzanlage mit Heißfilm-Luftmassenmessung (HFM)
Kühlung	Wasserkühlung / Pumpe; 8,5 l Wasser
Schmierung	Druckumlauf-Schmierung / 5,8 l Öl
Elektrische Anlage	
Elektr. Anlage	12 V
Batterie	62 Ah / im Motorraum
Generator	Drehstrom / 980 W
Anlasser	elektrisch / 1,4 kW
Zündung	Zünd-Kennfeld-Steuerung
Kraftstofftank	70 l, über der Hinterachse; auf Wunsch: 90 l über der Hinterachse
Kraftstoff-Förderung	elektrische Förderpumpe
Getriebe	
Getriebe	5-Gang-Schaltgetriebe
Verfügbarkeit	Serie
Getriebe-Typ / – Baumuster	GL 68/20 D-5 / 717.413
Schaltung	Mittelschaltung
Kupplung	Einscheiben-Trockenkupplung
Getriebeart	Zahnrad-Wechselgetriebe
Synchronisierte Gänge	I – V
Getriebe-Übersetzung	I. 3,91; II. 2,17; III. 1,37; IV. 1,0; V. 0,81; R. 4,27
Achsantriebsübersetzung	3,67
Höchstgeschwindigkeit	210 km/h
Beschleunigung 0-100 km/h[1]	10,6 s
Kraftstoffverbrauch	6,6 / 8,2 / 12,0 l; nach Richtlinie 80/1268/EWG; Werte für 90 km/h / 120 km/h / Stadtzyklus
Getriebe	4-Gang-Automatikgetriebe
Verfügbarkeit	auf Wunsch
Getriebe-Typ / -Baumuster	W 4 A 020 / 717.413
Schaltung	Wählhebel in Wagenmitte
Kupplung	hydraulischer Drehmomentwandler im Automatikgetriebe
Getriebeart	Planetengetriebe
Getriebe-Übersetzung	I. 4,25; II. 2,41; III. 1,49; IV. 1,0; R. 5,67
Achsantriebsübersetzung	3,07
Höchstgeschwindigkeit	205 km/h
Beschleunigung 0-100 km/h[1]	10,6 s
Kraftstoffverbrauch	7,0 / 8,6 / 11,2 l; nach Richtlinie 80/1268/EWG; Werte für 90 km/h / 120 km/h / Stadtzyklus
Tragstruktur und Fahrwerk	
Rahmenausführung	selbsttragende Ganzstahlkarosserie
Radaufhängung, vorne	Dreiecksquerlenker / Dämpferbein
Radaufhängung, hinten	Raumlenkerachse, auf Wunsch mit hydropneumatischer Niveau-Regulierung
Federung, vorne	Schraubenfedern, Drehstab-Stabilisator
Federung, hinten	Schraubenfedern, Drehstab-Stabilisator
Stoßdämpfer, vorne/hinten	Gasdruck-Dämpferbeine / Gasdruck-Stoßdämpfer
Lenkung	Kugelumlauf-Servolenkung
Lenkübersetzung	16,21:1 / 3,3 Lenkradumdrehungen
Bremsanlage	
Bremsanlage (Fußbremse)	hydraulische Zweikreis-Bremsanlage mit Unterdruck-Bremskraftverstärker und Anti-Blockier-System; Scheibenbremsen vorne innenbelüftet und hinten massiv
Feststellbremse	mechanisch (fußbetätigt), auf Hinterräder wirkend
Abmessungen der Bremsscheiben	vorne / hinten 284 x 22 / 258 x 9 mm
Allgemeine Daten	
Räder	Stahlblech-Scheibenräder 6 ½ J x 15 H 2 ET 49; bei Sportfahrwerk: 7 J x 15 H 2 ET ET 42; auf Wunsch: Leichtmetall-Scheibenräder 6 ½ J x 15 H 2 ET 48 (15 Loch) oder 6 ½ J x 15 H 2 ET 44 (8 Loch); bei Sportfahrwerk: 7 J x 15 H 2 ET 41 (8 oder 15 Loch)
Reifen	195/65 R 15 91 V bei Sportfahrwerk: 205/60 ZR 15
Angetriebene Räder	Hinterräder
Kraftübertragung	geteilte Kardanwelle
Radstand	2715 mm
Spur vorne / hinten	1501 / 1491 mm; „Sportline“: 1518 / 1509 mm
Länge	4655 mm
Breite	1740 mm
Höhe	1394 mm; „Sportline“: 1375 mm
Bodenfreiheit bei Belastung mit 3 Personen à 68 kg	139 mm; „Sportline“: 125 mm
Gepäckraum	480 l; 445 l mit 90 l Tank
Kleinster Wendekreis	10,99 m
Zul. Gesamtgewicht	1890 kg
Zul. Achslast vorne	930 kg
Zul. Achslast hinten	960 kg
Zuladung	500 kg
Zul. Anhängelast gebremst	1890 kg
Zul. Anhängelast ungebremst	730 kg
Zul. Dachlast	100 kg
Zul. Kofferraumzuladung	100 kg
Leergewicht (Wagengewicht) nach Richtlinie DIN 70020 (mit Kraftstoff, Reserverad und Werkzeug)	1390 kg
Luftwiderstand cW-Mittelwert x A	0,30 x 2,00 m²
Stückzahl	12.337 (bis 03.1996); Stückzahlen bis / ab Modellpflege 06.1993 sind nicht separat dokumentiert
Preise	10.1992: DM 64.296,00 01.1993: DM 65.492,50

Mercedes-Benz 230 CE

Allgemeine Angaben	
Konstruktionsbezeichnung	C 124 E 23
Baumuster	124.043
Produktionszeitraum	09.1989 – 09.1992
Arbeitsverfahren	Viertakt-Otto (mit Saugrohreinspritzung und Abgasreinigungsanlage mit geregeltem 3-Wege-Katalysator)
Anordnung im Fahrzeug	vorne, längs; stehend
Motoren	
Motor-Typ / -Baumuster	M 102 E 23 / 102.982 KE
Zylinderzahl / -anordnung	4 / Reihe; 15° nach rechts geneigt
Bohrung x Hub	95,5 x 80,2 mm
Gesamthubraum	2298 cm³
Verdichtungsverhältnis	9
Kurbelwellenlager	5
Leistung	132 PS / 97 kW bei 5100/min
Drehmoment	198 Nm bei 3500/min
Ventilanordnung / -anzahl	1 Einlass, 1 Auslass / v-förmig hängend
Ventilsteuerung	obenliegende Nockenwelle, ohc
Nockenwellenantrieb	Duplex-Rollenkette
Gemischbildung	Saugrohreinspritzung, mechanisch-elektronisch geregelt (Bosch KE-Jetronic)
Kühlung	Wasserkühlung / Pumpe; 8,5 l Wasser
Schmierung	Druckumlauf-Schmierung / 5 l Öl
Elektrische Anlage	
Elektr. Anlage	12 V
Batterie	62 Ah / im Motorraum
Generator	Drehstrom / 980 W
Anlasser	elektrisch / 1,4 kW
Zündung	elektronische Zündanlage
Kraftstofftank	70 l, über der Hinterachse; auf Wunsch ab 10.1990: 90 l, über der Hinterachse
Kraftstoff-Förderung	elektrische Förderpumpe
Getriebe	
Getriebe	5-Gang-Schaltgetriebe
Verfügbarkeit	Serie
Getriebe-Typ / -Baumuster	GL 68/20 D-5 / 717.413
Schaltung	Mittelschaltung
Kupplung	Einscheiben-Trockenkupplung
Getriebeart	Zahnrad-Wechselgetriebe
Synchronisierte Gänge	I – V
Getriebe-Übersetzung	I. 3,91; II. 2,17; III. 1,37; IV. 1,0; V. 0,81; R. 4,27
Achsantriebsübersetzung	3,46
Höchstgeschwindigkeit	200 km/h
Beschleunigung 0-100 km/h[1]	11,1 s
Kraftstoffverbrauch	6,9 / 8,6 / 12,1 l; nach Richtlinie 80/1268/EWG; Werte für 90 km/h / 120 km/h / Stadtzyklus
Getriebe	4-Gang-Automatikgetriebe
Verfügbar	auf Wunsch
Getriebe-Typ / -Baumuster	W 4 A 020 / 722.408
Schaltung	Wählhebel in Wagenmitte
Kupplung	hydraulischer Drehmomentwandler im Automatikgetriebe
Getriebeart	Planetengetriebe
Getriebe-Übersetzung	I. 4,25; II. 2,41; III. 1,49; IV. 1,0; R. 5,67
Achsantriebsübersetzung	3,27
Höchstgeschwindigkeit	195 km/h
Beschleunigung 0-100 km/h[1]	11,2 s
Kraftstoffverbrauch	7,8 / 9,3 / 11,4 l; nach Richtlinie 80/1268/EWG; Werte für 90 km/h / 120 km/h / Stadtzyklus
Tragstruktur und Fahrwerk	
Rahmenausführung	selbsttragende Ganzstahlkarosserie
Radaufhängung, vorne	Dreiecksquerlenker / Dämpferbein
Radaufhängung, hinten	Raumlenkerachse, auf Wunsch mit hydropneumatischer Niveau-Regulierung
Federung, vorne	Schraubenfedern, Drehstab-Stabilisator
Federung, hinten	Schraubenfedern, Drehstab-Stabilisator
Stoßdämpfer, vorne/hinten	Gasdruck-Dämpferbeine / Gasdruck-Stoßdämpfer
Lenkung	Kugelumlauf-Servolenkung
Lenkübersetzung	16,21:1 / 3,3 Lenkradumdrehungen
Bremsanlage	
Bremsanlage (Fußbremse)	hydraulische Zweikreis-Bremsanlage mit Unterdruck-Bremskraftverstärker und Anti-Blockier-System; Scheibenbremsen vorne innenbelüftet und hinten massiv
Feststellbremse	mechanisch (fußbetätigt), auf Hinterräder wirkend
Abmessungen der Bremsscheiben	vorne / hinten 284 x 22 / 258 x 9 mm
Allgemeine Daten	
Räder	Stahlblech-Scheibenräder 6 ½ J x 15 H 2 ET 49; bei Sportfahrwerk: 7 J x 15 H 2 ET 42; auf Wunsch: Leichtmetall-Scheibenräder 6 ½ J x 15 H 2 ET 48 oder 49 (15 Loch); bei Sportfahrwerk: 7 J x 15 H 2 ET 41 (15 Loch)
Reifen	195/65 R 15 91 H; bei Sportfahrwerk: 205/60 R 15 91 H
Angetriebene Räder	Hinterräder
Kraftübertragung	geteilte Kardanwelle
Radstand	2715 mm
Spur vorne / hinten	1501 / 1491 mm; „Sportline": 1518 / 1509 mm
Länge	4655 mm
Breite	1740 mm
Höhe	1394 mm; „Sportline": 1375 mm
Bodenfreiheit bei Belastung mit 3 Personen à 68 kg	145 mm; „Sportline": 129 mm
Gepäckraum nach VDA	480 l; 445 l mit 90 l Tank
Kleinster Wendekreis	10,99 m
Zul. Gesamtgewicht	1870 kg; ab 02.1992: 1880 kg
Zul. Achslast vorne	920 kg
Zul. Achslast hinten	950 kg; ab 02.1992: 960 kg
Zuladung	490 kg; 02.1992: 500 kg
Zul. Anhängelast gebremst	1850 kg; ab 02.1992: 1880 kg
Zul. Anhängelast ungebremst	715 kg; ab 02.1992: 725 kg
Zul. Dachlast	100 kg
Zul. Kofferraumzuladung	100 kg
Leergewicht (Wagengewicht) nach Richtlinie DIN 70020 (mit Kraftstoff, Reserverad und Werkzeug)	1380 kg
Luftwiderstand cW-Mittelwert x A	-
Stückzahl	33.675 (seit 07.1986); Stückzahlen bis / ab Modellpflege 09.1989 sind nicht separat dokumentiert
Preise	09.1989: DM 56.088,00 01.1990: DM 57.513,00 10.1990: DM 59.394,00 06.1991: DM 61.218,00 02.1992: DM 63.042,00

Mercedes-Benz 300 CE

Allgemeine Angaben	
Konstruktionsbezeichnung	124 E 30
Baumuster	124.050
Produktionszeitraum	09.1989 – 10.1992
Arbeitsverfahren	Viertakt-Otto (mit Saugrohreinspritzung und Abgasreinigungsanlage mit geregeltem 3-Wege-Katalysator)
Anordnung im Fahrzeug	vorne, längs; stehend
Motoren	
Motor-Typ / -Baumuster	M 103 E 30 / 103.983 KE
Zylinderzahl / -anordnung	6 / Reihe; 15° nach rechts geneigt
Bohrung x Hub	88,5 x 80,2 mm
Gesamthubraum	2960 cm³
Verdichtungsverhältnis	9,2
Kurbelwellenlager	7
Leistung	180 PS / 132 kW bei 5700/min
Drehmoment	255 Nm bei 4400 /min
Ventilanordnung / -anzahl	1 Einlass, 1 Auslass / v-förmig hängend
Ventilsteuerung	obenliegende Nockenwelle, ohc
Nockenwellenantrieb	Einfach-Rollenkette
Gemischbildung	Saugrohreinspritzung, mechanisch-elektronisch geregelt (Bosch KE-Jetronic)
Kühlung	Wasserkühlung / Pumpe; 9 l Wasser
Schmierung	Druckumlauf-Schmierung / 6 l Öl
Elektrische Anlage	
Elektr. Anlage	12 V
Batterie	62 Ah / im Motorraum
Generator	Drehstrom / 980 W
Anlasser	elektrisch / 1,7 kW
Zündung	elektronische Zündanlage
Kraftstofftank	70 l, über der Hinterachse; ab 10.1990 auf Wunsch: 90 l über der Hinterachse
Kraftstoff-Förderung	elektrische Förderpumpe
Getriebe	
Getriebe	5-Gang-Schaltgetriebe
Verfügbarkeit	Serie
Getriebe-Typ / -Baumuster	GL 76/27 D-5 / 717.433
Schaltung	Mittelschaltung
Kupplung	Einscheiben-Trockenkupplung
Getriebeart	Zahnrad-Wechselgetriebe
Synchronisierte Gänge	I – V
Getriebe-Übersetzung	I. 3,86; II. 2,18; III. 1,38; IV. 1,0; V. 0,80; R. 4,22
Achsantriebsübersetzung	3,67
Höchstgeschwindigkeit	225 km/h
Beschleunigung 0-100 km/h[1]	7,9 s
Kraftstoffverbrauch	8,0 / 10,0 / 14,6 l; nach Richtlinie 80/1268/EWG; Werte für 90 km/h / 120 km/h / Stadtzyklus
Getriebe	4-Gang-Automatikgetriebe
Verfügbarkeit	auf Wunsch
Getriebe-Typ / -Baumuster	W 4 A 040 / 722.358
Schaltung	Wählhebel in Wagenmitte
Kupplung	hydraulischer Drehmomentwandler im Automatikgetriebe
Getriebeart	Planetengetriebe
Getriebe-Übersetzung	I. 3,87; II. 2,25; III. 1,44; IV. 1,0; R. 5,59
Achsantriebsübersetzung	3,07
Höchstgeschwindigkeit	220 km/h
Beschleunigung 0-100 km/h[1]	8,5 s
Kraftstoffverbrauch	8,6 / 10,4 / 13,3 l; nach Richtlinie 80/1268/EWG; Werte für 90 km/h / 120 km/h / Stadtzyklus
Tragstruktur und Fahrwerk	
Rahmenausführung	selbsttragende Ganzstahlkarosserie
Radaufhängung, vorne	Dreiecksquerlenker / Dämpferbein
Radaufhängung, hinten	Raumlenkerachse, auf Wunsch mit hydropneumatischer Niveau-Regulierung
Federung, vorne	Schraubenfedern, Drehstab-Stabilisator
Federung, hinten	Schraubenfedern, Drehstab-Stabilisator
Stoßdämpfer, vorne/hinten	Gasdruck-Dämpferbeine / Gasdruck-Stoßdämpfer
Lenkung	Kugelumlauf-Servolenkung
Lenkübersetzung	16,21:1 / 3,3
Bremsanlage	
Bremsanlage (Fußbremse)	hydraulische Zweikreis-Bremsanlage mit Unterdruck-Bremskraftverstärker und Anti-Blockier-System; Scheibenbremsen vorne innenbelüftet und hinten massiv
Feststellbremse	mechanisch (fußbetätigt), auf Hinterräder wirkend
Abmessungen der Bremsscheiben	vorne / hinten 284 x 22 / 258 x 9 mm
Allgemeine Daten	
Räder	Stahlblech-Scheibenräder 6 ½ J x 15 H 2 ET 49; bei Sportfahrwerk: 7 J x 15 H 2 ET 42; auf Wunsch: Leichtmetall-Scheibenräder 6 ½ J x 15 H 2 ET 49 geschmiedet (15 Loch) (bis 12.1989); 6 ½ J x 15 H 2 ET 48 gegossen (15 Loch) (ab 01.1990); bei Sportfahrwerk: 7 J x 15 H 2 ET 41 (15 Loch)
Reifen	195/65 R 15 91 V bei Sportfahrwerk: 205/60 ZR 15
Angetriebene Räder	Hinterräder
Kraftübertragung	geteilte Kardanwelle
Radstand	2715 mm
Spur vorne / hinten	1501 / 1491 mm; „Sportline“: 1518 / 1509 mm
Länge	4655 mm
Breite	1740 mm
Höhe	1394 mm; „Sportline“: 1375 mm
Bodenfreiheit bei Belastung mit 3 Personen à 68 kg	144 mm; „Sportline“: 130 mm
Gepäckraum nach VDA	480 l; 445 l mit 90 l Tank
Kleinster Wendekreis	10,99 m
Zul. Gesamtgewicht	1870 kg; ab 02.1992: 1920 kg
Zul. Achslast vorne	920 kg; ab 02.1992: 950 kg
Zul. Achslast hinten	950 kg; ab 02.1992: 970 kg
Zuladung	450 kg; ab 02.1992: 500 kg
Zul. Anhängelast gebremst	1850 kg; ab 02.1992: 1900 kg
Zul. Anhängelast ungebremst	735 kg; ab 02.1992: 745 kg
Zul. Dachlast	100 kg
Zul. Kofferraumzuladung	100 kg
Leergewicht (Wagengewicht) nach Richtlinie DIN 70020 (mit Kraftstoff, Reserverad und Werkzeug)	1420 kg
Luftwiderstand cW-Mittelwert x A	0,31 x 2,01 m²; „Sportline“: 0,30 x 2,00 m²
Stückzahl	43.486 (seit 08.1986); Stückzahlen bis / ab Modellpflege 09.1989 sind nicht separat dokumentiert
Preise	09.1989: DM 66.462,00 01.1990: DM 68.115,00 10.1990: DM 70.338,00 06.1991: DM 72.504,00 02.1992: DM 74.670,00

Mercedes-Benz 300 CE-24

Allgemeine Angaben	
Konstruktionsbezeichnung	C 124 E 30/2
Baumuster	124.051
Produktionszeitraum	03.1988 / 08.1989 – 11.1992
Arbeitsverfahren	Viertakt-Otto (mit Saugrohreinspritzung und Abgasreinigungsanlage mit geregeltem 3-Wege-Katalysator)
Anordnung im Fahrzeug	vorne, längs; stehend
Motoren	
Motor-Typ / -Baumuster	M 104 E 30 / 104.980 KE
Zylinderzahl / -anordnung	6 / Reihe; 15° nach rechts geneigt
Bohrung x Hub	88,5 x 80,2 mm
Gesamthubraum	2960 cm³
Verdichtungsverhältnis	10
Kurbelwellenlager	7
Leistung	220 PS / 162 kW bei 6400/min
Drehmoment	265 Nm bei 4600/min
Ventilanordnung / -anzahl	2 Einlass, 2 Auslass / v-förmig hängend
Ventilsteuerung	2 obenliegende Nockenwellen, dohc; Einlass-Nockenwelle verstellbar
Nockenwellenantrieb	Duplex-Rollenkette
Gemischbildung	Saugrohreinspritzung, mechanisch-elektronisch geregelt (Bosch KE-Jetronic)
Kühlung	Wasserkühlung / Pumpe; 9 l Wasser
Schmierung	Druckumlauf-Schmierung / 7,5 l Öl
Elektrische Anlage	
Elektr. Anlage	12 V
Batterie	62 Ah / im Motorraum
Generator	Drehstrom / 1120 W
Anlasser	elektrisch / 1,7 kW
Zündung	elektronische Zündanlage
Kraftstofftank	70 l, über der Hinterachse; auf Wunsch: 90 l über der Hinterachse
Kraftstoff-Förderung	elektrische Förderpumpe
Getriebe	
Getriebe	5-Gang-Schaltgetriebe
Verfügbarkeit	Serie
Getriebe-Typ / -Baumuster	GL 76/30 A-5 / 717.450
Schaltung	Mittelschaltung
Kupplung	Einscheiben-Trockenkupplung
Getriebeart	Zahnrad-Wechselgetriebe
Synchronisierte Gänge	I – V
Getriebe-Übersetzung	I. 4,15; II. 2,52; III. 1,69; IV. 1,24; V. 1,0; R. 4,15
Achsantriebsübersetzung	3,27
Höchstgeschwindigkeit	237 km/h
Beschleunigung 0-100 km/h[1]	8,0 s
Kraftstoffverbrauch	8,1 / 10,0 / 14,8 l; nach Richtlinie 80/1268/EWG; Werte für 90 km/h / 120 km/h / Stadtzyklus
Getriebe	4-Gang-Automatikgetriebe
Verfügbarkeit	auf Wunsch
Getriebe-Typ /-Baumuster	W 4 A 040 / 722.359
Schaltung	Wählhebel in Wagenmitte
Kupplung	hydraulischer Drehmomentwandler im Automatikgetriebe
Getriebeart	Planetengetriebe
Getriebe-Übersetzung	I. 3,87; II. 2,25; III. 1,44; IV. 1,0; R. 5,59
Achsantriebsübersetzung	3,27
Höchstgeschwindigkeit	232 km/h
Beschleunigung 0-100 km/h[1]	7,8 s
Kraftstoffverbrauch	8,9 / 10,8 / 14,0 l; nach Richtlinie 80/1268/EWG; Werte für 90 km/h / 120 km/h / Stadtzyklus
Getriebe	5-Gang-Automatikgetriebe
Verfügbarkeit	auf Wunsch (ab 01.1990)
Getriebe-Typ / -Baumuster	W 5 A 030 / 722.501
Schaltung	Wählhebel in Wagenmitte
Kupplung	hydraulischer Drehmomentwandler im Automatikgetriebe
Getriebeart	Planetengetriebe
Getriebe-Übersetzung	I. 3,87; II. 2,25; III. 1,44; IV. 1,0; V. 0,75; R. 5,59
Achsantriebsübersetzung	3,69
Höchstgeschwindigkeit	232 km/h
Beschleunigung 0-100 km/h[1]	7,8 s
Kraftstoffverbrauch	8,3 / 9,9 / 14,6 l; nach Richtlinie 80/1268/EWG; Werte für 90 km/h / 120 km/h / Stadtzyklus
Tragstruktur und Fahrwerk	
Rahmenausführung	selbsttragende Ganzstahlkarosserie
Radaufhängung, vorne	Dreiecksquerlenker / Dämpferbein
Radaufhängung, hinten	Raumlenkerachse, auf Wunsch mit hydropneumatischer Niveau-Regulierung
Federung, vorne	Schraubenfedern, Drehstab-Stabilisator
Federung, hinten	Schraubenfedern, Drehstab-Stabilisator
Stoßdämpfer, vorne/hinten	Gasdruck-Dämpferbeine / Gasdruck-Stoßdämpfer
Lenkung	Kugelumlauf-Servolenkung
Lenkübersetzung	16,21:1 / 3,3 Lenkradumdrehungen
Bremsanlage	
Bremsanlage (Fußbremse)	hydraulische Zweikreis-Bremsanlage mit Unterdruck-Bremskraftverstärker und Anti-Blockier-System; Scheibenbremsen vorne innenbelüftet und hinten massiv
Feststellbremse	mechanisch (fußbetätigt), auf Hinterräder wirkend
Abmessungen der Bremsscheiben	vorne / hinten 295 x 22 / 278 x 9 mm
Allgemeine Daten	
Räder	Leichtmetall-Scheibenräder 6 ½ J x 15 H 2 ET 48; bei Sportfahrwerk: 7 J x 15 H 2 ET 41
Reifen	195/65 ZR 15; bei Sportfahrwerk: 205/60 ZR 15
Angetriebene Räder	Hinterräder
Kraftübertragung	geteilte Kardanwelle
Radstand	2715 mm
Spur vorne / hinten	1501 / 1491 mm; „Sportline“: 1518 / 1509 mm
Länge	4655 mm
Breite	1740 mm
Höhe	1394 mm; „Sportline“: 1375 mm
Bodenfreiheit bei Belastung mit 3 Personen à 68 kg	144 mm; „Sportline“: 130 mm
Gepäckraum nach VDA	480 l; 445 l bei 90 l Tank
Kleinster Wendekreis	10,99 m
Zul. Gesamtgewicht	1930 kg; ab 02.1992: 1980 kg
Zul. Achslast vorne	960 kg; ab 02.1992: 990 kg
Zul. Achslast hinten	970 kg; ab 02.1992: 990 kg
Zuladung	450 kg; ab 02.1992: 500 kg
Zul. Anhängelast gebremst	1900 kg
Zul. Anhängelast ungebremst	750 kg
Leergewicht (Wagengewicht) nach Richtlinie DIN 70020 (mit Kraftstoff, Reserverad und Werkzeug)	1480 kg
Luftwiderstand cW-Mittelwert x A	0,31 x 2,01 m²; „Sportline“: 0,30 x 2,00 m²
Stückzahl	24.463
Preise	09.1989: DM 75.687,00 01.1990: DM 77.748,00 10.1990: DM 80.313,00 06.1991: DM 82.821,00 02.1989: DM 39.273,00

Mercedes-Benz 320 CE	
Allgemeine Angaben	
Konstruktionsbezeichnung	C 124 E 32
Baumuster	124.052
Produktionszeitraum	07.1992 / 09.1992 – 07.1993
Arbeitsverfahren	Viertakt-Otto (mit Saugrohreinspritzung und Abgasreinigungsanlage mit geregeltem 3-Wege-Katalysator)
Anordnung im Fahrzeug	vorne, längs; stehend
Motoren	
Motor-Typ / -Baumuster	M 104 E 32 / 104.992 HFM
Zylinderzahl / -anordnung	6 / Reihe; 15° nach rechts geneigt
Bohrung x Hub	89,9 x 84,0 mm
Gesamthubraum	3199 cm³
Verdichtungsverhältnis	10
Kurbelwellenlager	7
Leistung	220 PS / 162 kW bei 5500/min
Drehmoment	310 Nm bei 3750/min
Ventilanordnung / -anzahl	2 Einlass, 2 Auslass / v-förmig hängend
Ventilsteuerung	2 obenliegende Nockenwellen, dohc; Einlass-Nockenwelle verstellbar
Nockenwellenantrieb	Duplex-Rollenkette
Gemischbildung	mikroprozessorgesteuerte Einspritzanlage mit Heißfilm-Luftmassenmessung (HFM) und Schaltsaugrohr
Kühlung	Wasserkühlung / Pumpe; 9 l Wasser
Schmierung	Druckumlauf-Schmierung / 7,5 l Öl
Elektrische Anlage	
Elektr. Anlage	12 V
Batterie	62 Ah / im Motorraum
Generator	Drehstrom / 1260 W
Anlasser	elektrisch / 1,7 kW
Zündung	Zünd-Kennfeld-Steuerung
Kraftstofftank	70 l, über der Hinterachse; auf Wunsch: 90 l, über der Hinterachse
Kraftstoff-Förderung	elektrische Förderpumpe
Getriebe	
Getriebe	5-Gang-Schaltgetriebe
Verfügbarkeit	Serie
Getriebe-Baumuster	717.450
Schaltung	Mittelschaltung
Kupplung	Einscheiben-Trockenkupplung
Getriebeart	Zahnrad-Wechselgetriebe
Synchronisierte Gänge	I – V
Getriebe-Übersetzung	I. 4,15; II. 2,52; III. 1,69; IV. 1,24; V. 1,0; R. 4,15
Achsantriebsübersetzung	3,06
Höchstgeschwindigkeit	235 km/h
Beschleunigung 0-100 km/h[1]	8,0 s
Kraftstoffverbrauch	8,2 / 10,0 / 14,7 l; nach Richtlinie 80/1268/EWG; Werte für 90 km/h / 120 km/h / Stadtzyklus
Getriebe	4-Gang-Automatikgetriebe
Verfügbarkeit	auf Wunsch
Getriebe-Baumuster	722.369
Schaltung	Wählhebel in Wagenmitte
Kupplung	hydraulischer Drehmomentwandler im Automatikgetriebe
Getriebeart	Planetengetriebe
Getriebe-Übersetzung	I. 3,87; II. 2,25; III. 1,44; IV. 1,0; R. 5,59
Achsantriebsübersetzung	3,06
Höchstgeschwindigkeit	230 km/h
Beschleunigung 0-100 km/h[1]	7,8 s
Kraftstoffverbrauch	8,9 / 10,8 / 14,0 l; nach Richtlinie 80/1268/EWG; Werte für 90 km/h / 120 km/h / Stadtzyklus
Getriebe	5-Gang-Automatikgetriebe
Verfügbarkeit	auf Wunsch
Getriebe-Baumuster	722.503
Schaltung	Wählhebel in Wagenmitte
Kupplung	hydraulischer Drehmomentwandler im Automatikgetriebe
Getriebeart	Planetengetriebe
Getriebe-Übersetzung	I. 3,87; II. 2,25; III. 1,44; IV. 1,0; V. 0,75; R. 5,59
Achsantriebsübersetzung	3,69
Höchstgeschwindigkeit	230 km/h
Beschleunigung 0-100 km/h[1]	7,8 s
Kraftstoffverbrauch	8,6 / 10,1 / 14,6 l; nach Richtlinie 80/1268/EWG; Werte für 90 km/h / 120 km/h / Stadtzyklus
Tragstruktur und Fahrwerk	
Rahmenausführung	selbsttragende Ganzstahlkarosserie
Radaufhängung, vorne	Dreiecksquerlenker / Dämpferbein
Radaufhängung, hinten	Raumlenkerachse, auf Wunsch mit hydropneumatischer Niveau-Regulierung
Federung, vorne	Schraubenfedern, Drehstab-Stabilisator
Federung, hinten	Schraubenfedern, Drehstab-Stabilisator
Stoßdämpfer, vorne/hinten	Gasdruck-Dämpferbeine / Gasdruck-Stoßdämpfer
Lenkung	Kugelumlauf-Servolenkung
Lenkübersetzung	16,21:1 / 3,3 Lenkradumdrehungen
Bremsanlage	
Bremsanlage (Fußbremse)	hydraulische Zweikreis-Bremsanlage mit Unterdruck-Bremskraftverstärker und Anti-Blockier-System; Scheibenbremsen vorne innenbelüftet und hinten massiv
Feststellbremse	mechanisch (fußbetätigt), auf Hinterräder wirkend
Abmessungen der Bremsscheiben	vorne / hinten 294 x 22 / 278 x 9 mm; ab 11.1992: 294 x 25 / 278 x 9 mm
Allgemeine Daten	
Räder	Leichtmetall-Scheibenräder 6 ½ J x 15 H 2 ET 48 (15 Loch) oder 6 ½ J x 15 H 2 ET 44 (8 Loch); bei Sportfahrwerk 7 J x 15 H 2 ET 41 (8 oder 15 Loch)
Reifen	195/65 ZR 15; bei Sportfahrwerk: 205/60 ZR 15
Angetriebene Räder	Hinterräder
Kraftübertragung	geteilte Kardanwelle
Radstand	2715 mm
Spur vorne / hinten	1501 / 1491 mm; „Sportline": 1518 / 1509 mm
Länge	4655 mm
Breite	1740 mm
Höhe	1394 mm; „Sportline": 1375 mm
Bodenfreiheit bei Belastung mit 3 Personen à 68 kg	136 mm; „Sportline": 122 mm
Gepäckraum nach VDA	480 l; 445 l bei 90 l Tank
Kleinster Wendekreis	10,99 m
Zul. Gesamtgewicht	1980 kg
Zul. Achslast vorne	1005 kg
Zul. Achslast hinten	975 kg
Zuladung	490 kg
Zul. Anhängelast gebremst	1900 kg
Zul. Anhängelast ungebremst	750 kg
Zul. Dachlast	100 kg
Zul. Kofferraumzuladung	100 kg
Leergewicht (Wagengewicht) nach Richtlinie DIN 70020 (mit Kraftstoff, Reserverad und Werkzeug)	1490 kg
Luftwiderstand cW-Mittelwert x A	-
Stückzahl	13.768 (bis 03.1996, incl. E 36 AMG); Stückzahlen bis / ab Modellpflege 06.1993 sind nicht separat dokumentiert
Preise	10.1992: DM 82.821,00 01.1993: DM 84.410,00

Mercedes-Benz E 200 Coupé

Allgemeine Angaben	
Konstruktionsbezeichnung	C 124 E 20/2
Baumuster	124.040
Produktionszeitraum	07.1993 – 03.1996 (vor 12.1994 nur für Export nach Italien, Griechenland und Portugal)
Arbeitsverfahren	Viertakt-Otto (mit Saugrohreinspritzung und Abgasreinigungsanlage mit geregeltem 3-Wege-Katalysator)
Anordnung im Fahrzeug	vorne, längs; stehend
Motoren	
Motor-Typ / -Baumuster	M 111 E 20 / 111.940 PMS
Zylinderzahl / -anordnung	4 / Reihe; 15° nach rechts geneigt
Bohrung x Hub	89,9 x 78,7 mm
Gesamthubraum	1998 cm³
Verdichtungsverhältnis	9,6
Kurbelwellenlager	5
Leistung	136 PS / 100 kW bei 5500/min
Drehmoment	190 Nm bei 4000/min
Ventilanordnung / -anzahl	2 Einlass, 2 Auslass / v-förmig hängend
Ventilsteuerung	2 obenliegende Nockenwellen, dohc
Nockenwellenantrieb	Duplex-Rollenkette
Gemischbildung	mikroprozessorgesteuerte Einspritzanlage mit Drucksensor (P-Motor-steuerung)
Kühlung	Wasserkühlung / Pumpe; 8,5 l Wasser
Schmierung	Druckumlauf-Schmierung / 5,8 l Öl
Elektrische Anlage	
Elektr. Anlage	12 V
Batterie	62 Ah / im Motorraum
Generator	Drehstrom / 980 W
Anlasser	elektrisch / 1,4 kW
Zündung	Zünd-Kennfeld-Steuerung
Kraftstofftank	70 l, über der Hinterachse; auf Wunsch: 90 l, über der Hinterachse
Kraftstoff-Förderung	elektrische Förderpumpe
Getriebe	
Getriebe	5-Gang-Schaltgetriebe
Verfügbarkeit	Serie
Getriebe-Typ /-Baumuster	GL 68/20 D-5 / 717.423
Schaltung	Mittelschaltung
Kupplung	Einscheiben-Trockenkupplung
Getriebeart	Zahnrad-Wechselgetriebe
Synchronisierte Gänge	I – V
Getriebe-Übersetzung	I. 3,91; II. 2,17; III. 1,37; IV. 1,0; V. 0,81; R. 4,27
Achsantriebsübersetzung	3,67
Höchstgeschwindigkeit	200 km/h
Beschleunigung 0-100 km/h[1]	11,5 s
Kraftstoffverbrauch	6,6 / 8,0 / 11,6 l; nach Richtlinie 80/1268/EWG; Werte für 90 km/h / 120 km/h / Stadtzyklus
Getriebe	4-Gang-Automatikgetriebe
Verfügbarkeit	auf Wunsch
Getriebe-Typ /-Baumuster	W 4 A 020 / 722.428
Schaltung	Wählhebel in Wagenmitte
Kupplung	hydraulischer Drehmomentwandler im Automatikgetriebe
Getriebeart	Planetengetriebe
Getriebe-Übersetzung	I. 4,25; II. 2,41; III. 1,49; IV. 1,0; R. 5,67
Achsantriebsübersetzung	3,27
Höchstgeschwindigkeit	195 km/h
Beschleunigung 0-100 km/h[1]	12,0 s
Kraftstoffverbrauch	7,0 / 8,6 / 11,4 l; nach Richtlinie 80/1268/EWG; Werte für 90 km/h / 120 km/h / Stadtzyklus
Tragstruktur und Fahrwerk	
Rahmenausführung	selbsttragende Ganzstahlkarosserie
Radaufhängung, vorne	Dreiecksquerlenker / Dämpferbein
Radaufhängung, hinten	Raumlenkerachse, auf Wunsch mit hydropneumatischer Niveau-Regulierung
Federung, vorne	Schraubenfedern, Drehstab-Stabilisator
Federung, hinten	Schraubenfedern, Drehstab-Stabilisator
Stoßdämpfer, vorne/hinten	Gasdruck-Dämpferbeine / Gasdruck-Stoßdämpfer
Lenkung	Kugelumlauf-Servolenkung
Lenkübersetzung	16,21:1 / 3,3 Lenkradumdrehungen

Bremsanlage	
Bremsanlage (Fußbremse)	hydraulische Zweikreis-Bremsanlage mit Unterdruck-Bremskraftverstärker und Anti-Blockier-System; Scheibenbremsen vorne innenbelüftet und hinten massiv
Feststellbremse	mechanisch (fußbetätigt), auf Hinterräder wirkend
Abmessungen der Bremsscheiben	vorne / hinten 284 x 22 / 258 x 9 mm
Allgemeine Daten	
Räder	Stahlblech-Scheibenräder 6 ½ J x 15 H 2 ET 49; bei Sportfahrwerk: 7 J x 15 H 2 ET 42; auf Wunsch: Leichtmetall-Scheibenräder 6 ½ J x 15 H 2 ET 49 (15 Loch) oder 6 ½ J x 15 H 2 ET 44 (8 Loch); bei Sportfahrwerk: 7 J x 15 H 2 ET 41 (8 oder 15 Loch)
Reifen	195/65 R 15 91 H; bei Sportfahrwerk: 205/60 R 15 91 H
Angetriebene Räder	Hinterräder
Kraftübertragung	geteilte Kardanwelle
Radstand	2715 mm
Spur vorne / hinten	1501 / 1491 mm; „Sportline“: 1518 / 1509 mm
Länge	4655 mm
Breite	1740 mm
Höhe	1395 mm; „Sportline“: 1376 mm
Bodenfreiheit bei Belastung mit 3 Personen à 68 kg	139 mm; „Sportline“: 125 mm
Gepäckraum nach VDA	480 l; 445 l bei 90 l Tank
Kleinster Wendekreis	10,99 m
Zul. Gesamtgewicht	1880 kg; ab 03.1994: 1900 kg
Zul. Achslast vorne	920 kg; ab 03.1994: 930 kg
Zul. Achslast hinten	960 kg; ab 03.1994: 970 kg
Zuladung	500 kg
Zul. Anhängelast gebremst	1880 kg; ab 03.1994: 1900 kg
Zul. Anhängelast ungebremst	725 kg; ab 03.1994: 735 kg
Zul. Dachlast	100 kg
Zul. Kofferraumzuladung	100 kg
Leergewicht (Wagengewicht) nach Richtlinie DIN 70020 (mit Kraft-stoff, Reserverad und Werkzeug)	1380 kg; ab 03.1994: 1400 kg
Luftwiderstand cW-Mittelwert x A	0,30 x 2,00 m²
Stückzahl	7848 (seit 07.1992); Stückzahlen bis / ab Modellpflege 06.1993 sind nicht separat dokumentiert
Preise	vor 12.1994 im Inland nicht lieferbar 12.1994: DM 59.915,00 05.1995: DM 61.410,00

Mercedes-Benz E 220 Coupé

Allgemeine Angaben	
Konstruktionsbezeichnung	C 124 E 22
Baumuster	124.042
Produktionszeitraum	07.1993 – 03.1996
Arbeitsverfahren	Viertakt-Otto (mit Saugrohreinspritzung und Abgasreinigungsanlage mit geregeltem 3-Wege-Katalysator)
Anordnung im Fahrzeug	vorne, längs; stehend
Motoren	
Motor-Typ / -Baumuster	M 111 E 22 / 111.960 HFM
Zylinderzahl / -anordnung	4 / Reihe; 15° nach rechts geneigt
Bohrung x Hub	89,9 x 86,6 mm
Gesamthubraum	2199 cm³
Verdichtungsverhältnis	10
Kurbelwellenlager	5
Leistung	150 PS / 110 kW bei 5500/min
Drehmoment	210 Nm bei 4000/min
Ventilanordnung / -anzahl	2 Einlass, 2 Auslass / v-förmig hängend
Ventilsteuerung	2 obenliegende Nockenwellen, dohc; Einlass-Nockenwelle verstellbar
Nockenwellenantrieb	Duplex-Rollenkette
Gemischbildung	mikroprozessorgesteuerte Einspritzanlage mit Heißfilm-Luftmassenmessung (HFM)
Kühlung	Wasserkühlung / Pumpe; 8,5 l Wasser
Schmierung	Druckumlauf-Schmierung / 5,8 l Öl
Elektrische Anlage	
Elektr. Anlage	12 V
Batterie	62 Ah / im Motorraum
Generator	Drehstrom / 980 W
Anlasser	elektrisch / 1,4 kW
Zündung	Zünd-Kennfeld-Steuerung
Kraftstofftank	70 l, über der Hinterachse; auf Wunsch: 90 l, über der Hinterachse
Kraftstoff-Förderung	elektrische Förderpumpe
Getriebe	
Getriebe	5-Gang-Schaltgetriebe
Verfügbarkeit	Serie
Getriebe-Typ / -Baumuster	Gl 68/20 D-5 / 717.413
Schaltung	Mittelschaltung
Kupplung	Einscheiben-Trockenkupplung
Getriebeart	Zahnrad-Wechselgetriebe
Synchronisierte Gänge	I – V
Getriebe-Übersetzung	I. 3,91; II. 2,17; III. 1,37; IV. 1,0; V. 0,81; R. 4,27
Achsantriebsübersetzung	3,67
Höchstgeschwindigkeit	210 km/h
Beschleunigung 0-100 km/h[1]	10,6 s
Kraftstoffverbrauch	6,6 / 8,2 / 12,0 l; nach Richtlinie 80/1268/EWG; Werte für 90 km/h / 120 km/h / Stadtzyklus
Getriebe	4-Gang-Automatikgetriebe
Verfügbarkeit	auf Wunsch
Getriebe-Typ / -Baumuster	W 4 A 020 / 722.428
Schaltung	Wählhebel in Wagenmitte
Kupplung	hydraulischer Drehmomentwandler im Automatikgetriebe
Getriebeart	Planetengetriebe
Getriebe-Übersetzung	I. 4,25; II. 2,41; III. 1,49; IV. 1,0; R. 5,67
Achsantriebsübersetzung	3,07
Höchstgeschwindigkeit	205 km/h
Beschleunigung 0-100 km/h[1]	10,6 s
Kraftstoffverbrauch	7,0 / 8,6 / 11,2 l; nach Richtlinie 80/1268/EWG; Werte für 90 km/h / 120 km/h / Stadtzyklus
Tragstruktur und Fahrwerk	
Rahmenausführung	selbsttragende Ganzstahlkarosserie
Radaufhängung, vorne	Dreiecksquerlenker / Dämpferbein
Radaufhängung, hinten	Raumlenkerachse, auf Wunsch mit hydropneumatischer Niveau-Regulierung
Federung, vorne	Schraubenfedern, Drehstab-Stabilisator
Federung, hinten	Schraubenfedern, Drehstab-Stabilisator
Stoßdämpfer, vorne/hinten	Gasdruck-Dämpferbeine / Gasdruck-Stoßdämpfer
Lenkung	Kugelumlauf-Servolenkung
Lenkübersetzung	16,21:1 / 3,3 Lenkradumdrehungen

Bremsanlage	
Bremsanlage (Fußbremse)	hydraulische Zweikreis-Bremsanlage mit Unterdruck-Bremskraftverstärker und Anti-Blockier-System; Scheibenbremsen vorne innenbelüftet und hinten massiv
Feststellbremse	mechanisch (fußbetätigt), auf Hinterräder wirkend
Abmessungen der Bremsscheiben	vorne / hinten 284 x 22 / 258 x 9 mm
Allgemeine Daten	
Räder	Stahlblech-Scheibenräder 6 ½ J x 15 H 2 ET 49; bei Sportfahrwerk: 7 J x 15 H 2; auf Wunsch: Leichtmetall-Scheibenräder (ab 12.1994 Serie): 6 ½ J x 15 H 2 ET 49 (15 Loch) oder 6 ½ J x 15 H 2 ET 44 (8 Loch); bei Sportfahrwerk: 7 J x 15 H 2 ET 41 (8 oder 15 Loch)
Reifen	195/65 R 15 91 V; bei Sportfahrwerk: 205/60 ZR 15
Angetriebene Räder	Hinterräder
Kraftübertragung	geteilte Kardanwelle
Radstand	2715 mm
Spur vorne / hinten	1501 / 1491 mm; „Sportline": 1518 / 1509 mm
Länge	4655 mm
Breite	1740 mm
Höhe	1395 mm; „Sportline": 1376 mm
Bodenfreiheit bei Belastung mit 3 Personen à 68 kg	139 mm; „Sportline": 125 mm
Gepäckraum nach VDA	480 l; 445 l mit 90 l Tank
Kleinster Wendekreis	10,99 m
Zul. Gesamtgewicht	1890 kg; ab 03.1994: 1910 kg
Zul. Achslast vorne	930 kg; ab 03.1994: 940 kg
Zul. Achslast hinten	960 kg; ab 03.1994: 970 kg
Zuladung	500 kg
Zul. Anhängelast gebremst	1890 kg; ab 03.1994: 1900 kg
Zul. Anhängelast ungebremst	730 kg; ab 03.1994: 740 kg
Zul. Dachlast	100 kg
Zul. Kofferraumzuladung Leergewicht (Wagengewicht) nach Richtlinie DIN 70020 (mit Kraftstoff, Reserverad und Werkzeug)	1390 kg; ab 03.1994: 1410 kg
Luftwiderstand cW-Mittelwert x A	0,30 x 2,00 m²
Stückzahl	12.337 (seit 06.1992); Stückzahlen bis / ab Modellpflege 06.1993 sind nicht separat dokumentiert
Preise	05.1993: DM 65.492,50 03.1994: DM 67.332,50 08.1994: DM 68.310,00 05.1995: DM 70.035,00

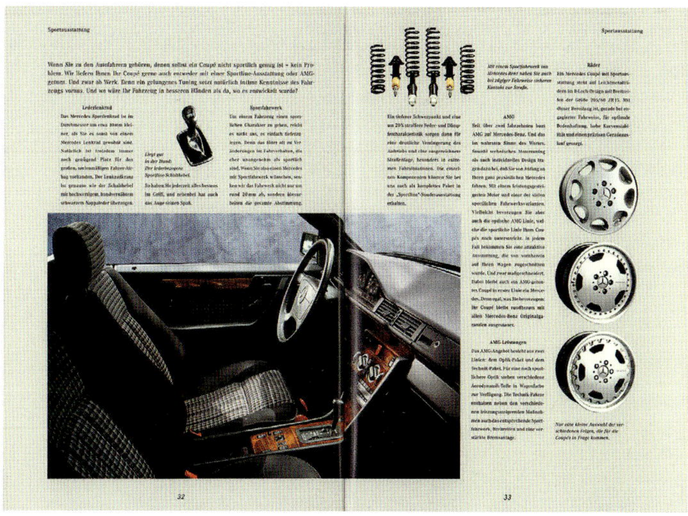

Mercedes-Benz E 320 Coupé

Allgemeine Angaben	
Konstruktionsbezeichnung	C 124 E 32
Baumuster	124.052
Produktionszeitraum	07.1993 – 03.1996
Arbeitsverfahren	Viertakt-Otto (mit Saugrohreinspritzung und Abgasreinigungsanlage mit geregeltem 3-Wege-Katalysator)
Anordnung im Fahrzeug	vorne, längs; stehend
Motoren	
Motor-Typ / -Baumuster	M 104 E 32 / 104.992 HFM
Zylinderzahl / -anordnung	6 / Reihe; 15° nach rechts geneigt
Bohrung x Hub	89,9 x 84,0 mm
Gesamthubraum	3199 cm³
Verdichtungsverhältnis	10
Kurbelwellenlager	7
Leistung	220 PS / 162 kW bei 5500/min
Drehmoment	310 Nm bei 3750/min
Ventilanordnung / -anzahl	2 Einlass, 2 Auslass / v-förmig hängend
Ventilsteuerung	2 obenliegende Nockenwellen, dohc; Einlass-Nockenwelle verstellbar
Nockenwellenantrieb	Duplex-Rollenkette
Gemischbildung	mikroprozessorgesteuerte Einspritzanlage mit Heißfilm-Luftmassenmessung (HFM) und Schaltsaugrohr
Kühlung	Wasserkühlung / Pumpe; 9 l Wasser
Schmierung	Druckumlauf-Schmierung / 7,5 l Öl
Elektrische Anlage	
Elektr. Anlage	12 V
Batterie	62 Ah / im Motorraum
Generator	Drehstrom / 1260 W
Anlasser	elektrisch / 1,7 kW
Zündung	Zünd-Kennfeld-Steuerung
Kraftstofftank	70 l, über der Hinterachse; auf Wunsch: 90 l, über der Hinterachse
Kraftstoff-Förderung	elektrische Förderpumpe
Getriebe	
Getriebe	5-Gang-Schaltgetriebe
Verfügbarkeit	Serie
Getriebe-Baumuster	717.450
Schaltung	Mittelschaltung
Kupplung	Einscheiben-Trockenkupplung
Getriebeart	Zahnrad-Wechselgetriebe
Synchronisierte Gänge	I – V
Getriebe-Übersetzung	I. 4,15; II. 2,52; III. 1,69; IV. 1,24; V. 1,0; R. 4,15
Achsantriebsübersetzung	3,06
Höchstgeschwindigkeit	235 km/h
Beschleunigung 0-100 km/h[1]	8,3 s
Kraftstoffverbrauch	8,2 / 10,0 / 14,7 l; nach Richtlinie 80/1268/EWG; Werte für 90 km/h / 120 km/h / Stadtzyklus
Getriebe	4-Gang-Automatikgetriebe
Verfügbarkeit	auf Wunsch
Getriebe-Baumuster	722.369
Schaltung	Wählhebel in Wagenmitte
Kupplung	hydraulischer Drehmomentwandler im Automatikgetriebe
Getriebeart	Planetengetriebe
Getriebe-Übersetzung	I. 3,87; II. 2,25; III. 1,44; IV. 1,0; R. 5,59
Achsantriebsübersetzung	3,06
Höchstgeschwindigkeit	230 km/h
Beschleunigung 0-100 km/h[1]	7,9 s
Kraftstoffverbrauch	8,9 / 10,8 / 14,0 l; nach Richtlinie 80/1268/EWG; Werte für 90 km/h / 120 km/h / Stadtzyklus
Getriebe	5-Gang-Automatikgetriebe
Verfügbarkeit	auf Wunsch
Getriebe-Baumuster	722.503
Schaltung	Wählhebel in Wagenmitte
Kupplung	hydraulischer Drehmomentwandler im Automatikgetriebe
Getriebeart	Planetengetriebe
Getriebe-Übersetzung	I. 3,87; II. 2,25; III. 1,44; IV. 1,0; V. 0,75; R. 5,59
Achsantriebsübersetzung	3,69
Höchstgeschwindigkeit	230 km/h
Beschleunigung 0-100 km/h[1]	7,9 s
Kraftstoffverbrauch	8,6 / 10,1 / 14,6 l; nach Richtlinie 80/1268/EWG; Werte für 90 km/h / 120 km/h / Stadtzyklus
Tragstruktur und Fahrwerk	
Rahmenausführung	selbsttragende Ganzstahlkarosserie
Radaufhängung, vorne	Dreiecksquerlenker / Dämpferbein
Radaufhängung, hinten	Raumlenkerachse, auf Wunsch mit hydropneumatischer Niveau-Regulierung
Federung, vorne	Schraubenfedern, Drehstab-Stabilisator
Federung, hinten	Schraubenfedern, Drehstab-Stabilisator
Stoßdämpfer, vorne/hinten	Gasdruck-Dämpferbeine / Gasdruck-Stoßdämpfer
Lenkung	Kugelumlauf-Servolenkung
Lenkübersetzung	16,21:1 / 3,3 Lenkradumdrehungen
Bremsanlage	
Bremsanlage (Fußbremse)	hydraulische Zweikreis-Bremsanlage mit Unterdruck-Bremskraftverstärker und Anti-Blockier-System; Scheibenbremsen vorne innenbelüftet und hinten massiv
Feststellbremse	mechanisch (fußbetätigt), auf Hinterräder wirkend
Abmessungen der Bremsscheiben	vorne / hinten 294 x 25 / 278 x 9 mm
Allgemeine Daten	
Räder	Leichtmetall-Scheibenräder 6 ½ J x 15 H 2 ET 48 (15 Loch) oder 6 ½ J x 15 H 2 ET 44 (8 Loch); bei Sportfahrwerk: 7 J x 15 H 2 ET 41 (8 oder 15 Loch)
Reifen	195/65 ZR 15; bei Sportfahrwerk: 205/60 ZR 15
Angetriebene Räder	Hinterräder
Kraftübertragung	geteilte Kardanwelle
Radstand	2715 mm
Spur vorne / hinten	1501 / 1491 mm; „Sportline“: 1518 / 1509 mm
Länge	4655 mm
Breite	1740 mm
Höhe	1395 mm; „Sportline“: 1376 mm
Bodenfreiheit bei Belastung mit 3 Personen à 68 kg	136 mm; „Sportline“: 122 mm
Gepäckraum nach VDA	480 l; 445 l mit 90 l Tank
Kleinster Wendekreis	10,99 m
Zul. Gesamtgewicht	1980 kg; ab 03.1994: 1985 kg
Zul. Achslast vorne	1005 kg
Zul. Achslast hinten	975 kg; ab 03.1994: 980 kg
Zuladung	490 kg
Zul. Anhängelast gebremst	1900 kg
Zul. Anhängelast ungebremst	750 kg
Zul. Dachlast	100 kg
Zul. Kofferraumzuladung	100 kg
Leergewicht (Wagengewicht) nach Richtlinie DIN 70020 (mit Kraftstoff, Reserverad und Werkzeug)	1490 kg; ab 03.1994: 1500 kg
Luftwiderstand cW-Mittelwert x A	0,31 x 2,01 m²; 0,30 x 2,00 m²
Stückzahl	13.768 (seit 07.1992, incl. E 36 AMG); Stückzahlen bis / ab Modellpflege 06.1993 sind nicht separat dokumentiert
Preise	05.1993: DM 84.410,00 03.1994: DM 85.617,50 08.1994: DM 86.882,50 05.1995: DM 89.067,50

Mercedes-Benz E 36 AMG Coupé	
Allgemeine Angaben	
Konstruktionsbezeichnung	C 124 E 36
Baumuster	124.052
Produktionszeitraum	09.1993 – 05.1996
Arbeitsverfahren	Viertakt-Otto (mit Saugrohreinspritzung und Abgasreinigungsanlage mit geregeltem 3-Wege-Katalysator)
Anordnung im Fahrzeug	vorne, längs; stehend
Motoren	
Motor-Typ / -Baumuster	M 104 E 36 AMG / 104.9936 HFM
Zylinderzahl / -anordnung	6 / Reihe; 15° nach rechts geneigt
Bohrung x Hub	91,0 x 92,4 mm
Gesamthubraum	3604 cm³
Verdichtungsverhältnis	10,5
Kurbelwellenlager	7
Leistung	272 PS / 200 kW bei 5750/min
Drehmoment	385 Nm bei 3750 – 4500/min
Ventilanordnung / -anzahl	2 Einlass, 2 Auslass / v-förmig hängend
Ventilsteuerung	2 obenliegende Nockenwellen, dohc; Einlass-Nockenwelle verstellbar
Nockenwellenantrieb	Duplex-Rollenkette
Gemischbildung	mikroprozessorgesteuerte Einspritzanlage mit Heißfilm-Luftmassenmessung (HFM) und Schaltsaugrohr
Kühlung	Wasserkühlung / Pumpe; 9 l Wasser
Schmierung	Druckumlauf-Schmierung / 7,5 l Öl
Elektrische Anlage	
Elektr. Anlage	12 V
Batterie	62 Ah / im Motorraum
Generator	Drehstrom / 1260 W
Anlasser	elektrisch / 1,7 kW
Zündung	Zünd-Kennfeld-Steuerung
Kraftstofftank	70 l, über der Hinterachse; auf Wunsch: 90 l, über der Hinterachse
Kraftstoff-Förderung	elektrische Förderpumpe
Getriebe	
Getriebe	4-Gang-Automatikgetriebe
Verfügbarkeit	Serie
Getriebe-Typ / -Baumuster	W 4 A 040 / 722.369
Schaltung	Wählhebel in Wagenmitte
Kupplung	hydraulischer Drehmomentwandler im Automatikgetriebe
Getriebeart	Planetengetriebe
Getriebe-Übersetzung	I. 3,87; II. 2,25; III. 1,44; IV. 1,0; R. 5,59
Achsantriebsübersetzung	2,82
Höchstgeschwindigkeit	250 km/h
Beschleunigung 0-100 km/h[1]	7,0 s
Kraftstoffverbrauch	8,5 / 10,4 / 13,4 l; nach Richtlinie 80/1268/EWG; Werte für 90 km/h / 120 km/h / Stadtzyklus
Tragstruktur und Fahrwerk	
Rahmenausführung	selbsttragende Ganzstahlkarosserie
Radaufhängung, vorne	Dreiecksquerlenker / Dämpferbein
Radaufhängung, hinten	Raumlenkerachse, auf Wunsch mit hydropneumatischer Niveau-Regulierung
Federung, vorne	Schraubenfedern, Drehstab-Stabilisator
Federung, hinten	Schraubenfedern, Drehstab-Stabilisator
Stoßdämpfer, vorne/hinten	Gasdruck-Dämpferbeine / Gasdruck-Stoßdämpfer
Lenkung	Kugelumlauf-Servolenkung
Lenkübersetzung	14,74:1 / 3 Lenkradumdrehungen
Bremsanlage	
Bremsanlage (Fußbremse)	hydraulische Zweikreis-Bremsanlage mit Unterdruck-Bremskraftverstärker und Anti-Blockier-System; innenbelüftete Scheibenbremsen vorne und hinten
Feststellbremse	mechanisch (fußbetätigt), auf Hinterräder wirkend
Abmessungen der Bremsscheiben	vorne / hinten 320 x 30 / 278 x 24 mm
Allgemeine Daten	
Räder	Leichtmetall-Scheibenräder 7 ½ J x 17 H 2 ET 42
Reifen	225/45 ZR 17
Angetriebene Räder	Hinterräder
Kraftübertragung	geteilte Kardanwelle
Radstand	2715 mm
Spur vorne / hinten	1516 / 1507 mm
Länge	4655 mm
Breite	1740 mm
Höhe	1385 mm
Bodenfreiheit bei Belastung mit 3 Personen à 68 kg	131 mm
Gepäckraum nach VDA	480 l; 440 l bei 90 l Tank
Kleinster Wendekreis	10,99 m
Zul. Gesamtgewicht	1980 kg; ab 03.1994: 1985 kg
Zul. Achslast vorne	1005 kg
Zul. Achslast hinten	975 kg; ab 03.1994: 980 kg
Zuladung	440 kg; ab 03.1994: 445 kg
Zul. Dachlast	100 kg
Zul. Kofferraumzuladung	100 kg
Leergewicht (Wagengewicht) nach Richtlinie DIN 70020 (mit Kraftstoff, Reserverad und Werkzeug)	1540 kg
Luftwiderstand cW-Mittelwert x A	0,30 x 2,01 m²
Stückzahl	nicht separat dokumentiert, da in der Stückzahl des E 320 Coupés enthalten
Preise	09.1993: DM 122.072,50 08.1994: DM 123.855,00 05.1995: DM 126.960,00

Mercedes-Benz 300 CE-24 Cabriolet

Allgemeine Angaben	
Konstruktionsbezeichnung	A 124 E 30/2
Baumuster	124.061
Produktionszeitraum	08.1990 / 03.1992 – 07.1993
Arbeitsverfahren	Viertakt-Otto (mit Saugrohreinspritzung und Abgasreinigungsanlage mit geregeltem 3-Wege-Katalysator)
Anordnung im Fahrzeug	vorne, längs; stehend
Motoren	
Motor-Typ / -Baumuster	M104 E 30 / 104.980 KE
Zylinderzahl / -anordnung	6 / Reihe; 15° nach rechts geneigt
Bohrung x Hub	88,5 x 80,2 mm
Gesamthubraum	2960 cm³
Verdichtungsverhältnis	10
Kurbelwellenlager	7
Leistung	220 PS / 162 kW bei 6400/min
Drehmoment	265 Nm bei 4600/min
Ventilanordnung / -anzahl	2 Einlass, 2 Auslass / v-förmig hängend
Ventilsteuerung	2 obenliegende Nockenwellen, dohc; Einlass-Nockenwelle verstellbar
Nockenwellenantrieb	Duplex-Rollenkette
Gemischbildung	Saugrohreinspritzung, mechanisch-elektronisch geregelt (Bosch KE-Jetronic)
Kühlung	Wasserkühlung / Pumpe; 9 l Wasser
Schmierung	Druckumlauf-Schmierung / 7,5 l Öl
Elektrische Anlage	
Elektr. Anlage	12 V
Batterie	62 Ah / im Motorraum
Generator	Drehstrom / 1120 W
Anlasser	elektrisch / 1,7 kW
Zündung	elektronische Zündanlage
Kraftstofftank	70 l, über der Hinterachse
Kraftstoff-Förderung	elektrische Förderpumpe
Getriebe	
Getriebe	5-Gang-Schaltgetriebe
Verfügbarkeit	Serie
Getriebe-Typ /-Baumuster	GL 76/30 A-5 / 717.450
Schaltung	Mittelschaltung
Kupplung	Einscheiben-Trockenkupplung
Getriebeart	Zahnrad-Wechselgetriebe
Synchronisierte Gänge	I – V
Getriebe-Übersetzung	I. 4,15; II. 2,52; III. 1,69; IV. 1,24; V. 1,0; R. 4,15
Achsantriebsübersetzung	3,27
Höchstgeschwindigkeit	235 km/h
Beschleunigung 0-100 km/h[1]	9,0 s
Kraftstoffverbrauch	8,6 / 10,6 / 15,4 l; nach Richtlinie 80/1268/EWG; Werte für 90 km/h /120 km/h / Stadtzyklus
Getriebe	4-Gang-Automatikgetriebe
Verfügbarkeit	auf Wunsch
Getriebe-Typ / -Baumuster	W 4 A 040 / 722.359
Schaltung	Wählhebel in Wagenmitte
Kupplung	hydraulischer Drehmomentwandler im Automatikgetriebe
Getriebeart	Planetengetriebe
Getriebe-Übersetzung	I. 3,87; II. 2,25; III. 1,44; IV. 1,0; R. 5,59
Achsantriebsübersetzung	3,27
Höchstgeschwindigkeit	230 km/h
Beschleunigung 0-100 km/h[1]	8,8 s
Kraftstoffverbrauch	9,3 / 11,3 / 14,7 l; nach Richtlinie 80/1268/EWG; Werte für 90 km/h / 120 km/h / Stadtzyklus
Getriebe	5-Gang-Automatikgetriebe
Verfügbarkeit	auf Wunsch
Getriebe-Typ / -Baumuster	W 5 A 030 / 722.501
Schaltung	Wählhebel in Wagenmitte
Kupplung	hydraulischer Drehmomentwandler im Automatikgetriebe
Getriebeart	Planetengetriebe
Getriebe-Übersetzung	I. 3,87; II. 2,25; III. 1,44; IV. 1,0; V. 0,75; R. 5,59
Achsantriebsübersetzung	3,69
Höchstgeschwindigkeit	230 km/h
Beschleunigung 0-100 km/h[1]	8,8 s
Kraftstoffverbrauch	8,5 / 10,5 / 15,2 l; nach Richtlinie 80/1268/EWG; Werte für 90 km/h / 120 km/h / Stadtzyklus
Tragstruktur und Fahrwerk	
Rahmenausführung	selbsttragende Ganzstahlkarosserie
Radaufhängung, vorne	Dreiecksquerlenker / Dämpferbein
Radaufhängung, hinten	Raumlenkerachse, auf Wunsch mit hydropneumatischer Niveau-Regulierung
Federung, vorne	Schraubenfedern, Drehstab-Stabilisator
Federung, hinten	Schraubenfedern, Drehstab-Stabilisator
Stoßdämpfer, vorne/hinten	Gasdruck-Dämpferbeine / Gasdruck-Stoßdämpfer
Lenkung	Kugelumlauf-Servolenkung
Lenkübersetzung	16,21:1 / 3,3 Lenkradumdrehungen
Bremsanlage	
Bremsanlage (Fußbremse)	hydraulische Zweikreis-Bremsanlage mit Unterdruck-Bremskraftverstärker und Anti-Blockier-System; Scheibenbremsen vorne innenbelüftet und hinten massiv
Feststellbremse	mechanisch (fußbetätigt), auf Hinterräder wirkend
Abmessungen der Bremsscheiben	vorne / hinten 295 x 22 / 278 x 9 mm
Allgemeine Daten	
Räder	Leichtmetall-Scheibenräder 6 ½ J x 15 H 2 ET 48 (15 Loch) oder 6 ½ J x 15 H 2 ET 44 (8 Loch): bei Sportfahrwerk 7 J x 15 H 2 ET 41 (8 oder 15 Loch)
Reifen	195/65 ZR 15; bei Sportfahrwerk: 205/60 ZR 15
Angetriebene Räder	Hinterräder
Kraftübertragung	geteilte Kardanwelle
Radstand	2715 mm
Spur vorne / hinten	1501 / 1491 mm; „Sportline": 1518 / 1509 mm
Länge	4655 mm
Breite	1740 mm
Höhe	1391 mm
Bodenfreiheit bei Belastung mit 3 Personen à 68 kg	144 mm
Gepäckraum nach VDA	300 l
Kleinster Wendekreis	10,99 m
Zul. Gesamtgewicht	2160 kg; ab 10.1992: 2180 kg
Zul. Achslast vorne	1000 kg; ab 10.1992: 1010 kg
Zul. Achslast hinten	1160 kg; ab 10.1992: 1170 kg
Zuladung	450 kg; ab 10.1992: 470 kg
Zul. Anhängelast gebremst	1900 kg
Zul. Anhängelast ungebremst	750 kg
Zul. Kofferraumzuladung	100 kg
Leergewicht (Wagengewicht) nach Richtlinie DIN 70020 (mit Kraftstoff, Reserverad und Werkzeug)	1710 kg
Luftwiderstand cW-Mittelwert x A	0,33 x 2,02 m²
Stückzahl	6343
Preise	09.1991: DM 99.636,00 01.1993: DM 101.487,50

Mercedes-Benz E 200 Cabriolet

Allgemeine Angaben	
Konstruktionsbezeichnung	A 124 E 20/2
Baumuster	124.060
Produktionszeitraum	01.1993 / 07.1993 – 07.1997 (vor 03.1994 nur für Export nach Italien, Griechenland und Portugal)
Arbeitsverfahren	Viertakt-Otto (mit Saugrohreinspritzung und Abgasreinigungsanlage mit geregeltem 3-Wege-Katalysator)
Anordnung im Fahrzeug	vorne, längs; stehend
Motoren	
Motor-Typ / -Baumuster	M 111 E 20 / 111.940 PMS
Zylinderzahl / -anordnung	4 / Reihe; 15° nach rechts geneigt
Bohrung x Hub	89,9 x 78,7 mm
Gesamthubraum	1998 cm^3
Verdichtungsverhältnis	9,6
Kurbelwellenlager	5
Leistung	136 PS / 100 kW bei 5500/min
Drehmoment	190 Nm bei 4000/min
Ventilanordnung / -anzahl	2 Einlass, 2 Auslass / v-förmig hängend
Ventilsteuerung	2 obenliegende Nockenwellen, dohc
Nockenwellenantrieb	Duplex-Rollenkette
Gemischbildung	mikroprozessorgesteuerte Einspritzanlage mit Drucksensor (P-Motor-steuerung)
Kühlung	Wasserkühlung / Pumpe; 8,5 l Wasser
Schmierung	Druckumlauf-Schmierung / 5,8 l Öl
Elektrische Anlage	
Elektr. Anlage	12 V
Batterie	62 Ah / im Motorraum
Generator	Drehstrom / 980 W
Anlasser	elektrisch / 1,4 kW
Zündung	Zünd-Kennfeld-Steuerung
Kraftstofftank	70 l, über der Hinterachse
Kraftstoff-Förderung	elektrische Förderpumpe
Getriebe	
Getriebe	5-Gang-Schaltgetriebe
Verfügbarkeit	Serie
Getriebe-Baumuster	717.412
Schaltung	Mittelschaltung
Kupplung	Einscheiben-Trockenkupplung
Getriebeart	Zahnrad-Wechselgetriebe
Synchronisierte Gänge	I – V
Getriebe-Übersetzung	I. 3,91; II. 2,17; III. 1,37; IV. 1,0; V. 0,81; R. 4,27
Achsantriebsübersetzung	3,67
Höchstgeschwindigkeit	200 km/h
Beschleunigung 0-100 km/h[1]	13,3 s
Kraftstoffverbrauch	6,6 / 8,0 / 11,9 l; nach Richtlinie 80/1268/EWG; Werte für 90 km/h / 120 km/h / Stadtzyklus
Getriebe	4-Gang-Automatikgetriebe
Verfügbarkeit	auf Wunsch
Getriebe-Baumuster	722.431
Schaltung	Wählhebel in Wagenmitte
Kupplung	hydraulischer Drehmomentwandler im Automatikgetriebe
Getriebeart	Planetengetriebe
Getriebe-Übersetzung	I. 4,25; II. 2,41; III. 1,49; IV. 1,0; R. 5,67
Achsantriebsübersetzung	3,27
Höchstgeschwindigkeit	195 km/h
Beschleunigung 0-100 km/h[1]	13,9 s
Kraftstoffverbrauch	7,0 / 8,6 / 11,7 l; nach Richtlinie 80/1268/EWG; Werte für 90 km/h / 120 km/h / Stadtzyklus
Tragstruktur und Fahrwerk	
Rahmenausführung	selbsttragende Ganzstahlkarosserie
Radaufhängung, vorne	Dreiecksquerlenker / Dämpferbein
Radaufhängung, hinten	Raumlenkerachse, auf Wunsch mit hydropneumatischer Niveau-Regulierung
Federung, vorne	Schraubenfedern, Drehstab-Stabilisator
Federung, hinten	Schraubenfedern, Drehstab-Stabilisator
Stoßdämpfer, vorne/hinten	Gasdruck-Dämpferbeine / Gasdruck-Stoßdämpfer
Lenkung	Kugelumlauf-Servolenkung
Lenkübersetzung	16,21:1 / 3,3 Lenkradumdrehungen
Bremsanlage	
Bremsanlage (Fußbremse)	hydraulische Zweikreis-Bremsanlage mit Unterdruck-Bremskraftverstärker und Anti-Blockier-System; Scheibenbremsen vorne innenbelüftet und hinten massiv
Feststellbremse	mechanisch (fußbetätigt), auf Hinterräder wirkend
Abmessungen der Bremsscheiben	vorne / hinten 284 x 22 / 278 x 9 mm
Allgemeine Daten	
Räder	Stahlblech-Scheibenräder 6 ½ J x 15 H 2 ET 49; bei Sportfahrwerk: 7 J x 15 H 2 ET 42; auf Wunsch: Leichtmetall-Scheibenräder 6 ½ J x 15 H 2 ET 48 (15 Loch) oder 6 ½ J x 15 H 2 ET 44 (8 Loch); bei Sportfahrwerk: 7 J x 15 H 2 ET 41 (8 oder 15 Loch)
Reifen	195/65 R 15 91 H; bei Sportfahrwerk: 205/60 R 15 91 H
Angetriebene Räder	Hinterräder
Kraftübertragung	geteilte Kardanwelle
Radstand	2715 mm
Spur vorne / hinten	1501 / 1491 mm; „Sportline": 1518 / 1509 mm
Länge	4655 mm
Breite	1740 mm
Höhe	1391 mm; „Sportline": 1371 mm
Bodenfreiheit bei Belastung mit 3 Personen à 68 kg	139 mm; Sportline": 125 mm
Gepäckraum nach VDA	300 l
Kleinster Wendekreis	10,99 m
Zul. Gesamtgewicht	2120 kg
Zul. Achslast vorne	970 kg
Zul. Achslast hinten	1150 kg
Zuladung	500 kg
Zul. Anhängelast gebremst	1900 kg
Zul. Anhängelast ungebremst	750 kg
Zul. Kofferraumzuladung	100 kg
Leergewicht (Wagengewicht) nach Richtlinie DIN 70020 (mit Kraft-stoff, Reserverad und Werkzeug)	1620 kg
Luftwiderstand cW-Mittelwert x A	0,32 x 2,02 m^2
Stückzahl	6922
Preise	(vor 03.1994 im Inland nicht erhältlich) 03.1994: DM 69.920,00 08.1994: DM 70.955,00 05.1995: DM 72.737,50

Die inneren Werte des E 200 Cabriolet.

Was gibt es Schöneres als die ersten warmen Sonnenstrahlen? Eigentlich nur, sie in einem Mercedes Cabrio ausgiebig zu genießen. Nehmen Sie zum Beispiel das neue E 200 Cabriolet. Dank der elektro-hydraulischen Verdeckbedienung trennen Sie hier nur ein Knopfdruck und wenige Handgriffe vom frischen Wind und dem Duft des Sommers. Und wenn der Himmel mal nicht mitspielen sollte, schließen Sie das Verdeck wieder so schnell, wie Sie es geöffnet haben. Unter seiner Motorhaube verbirgt sich ein 4-Zylinder-Ottomotor mit 4-Ventil-Technik, dessen hohe Laufkultur so leicht nichts aus der Ruhe bringt. Und sollte einmal etwas Unvorhergesehenes passieren, sind Fahrer- und Beifahrer-Airbag genauso zuverlässig zur Stelle wie der automatische Überrollschutz mit seinen integrierten Kopfstützen. Die Schließanlage mit Infrarot-Fernbedienung und Wegfahrsperre, die Elemente der Innenverkleidung aus Wurzelnußholz und die elektrischen Fensterheber sind darüber hinaus nur einige Beispiele für den Komfort, den das E 200 Cabriolet Ihnen bietet.

Ganz einfach: der Schalter für die Verdecköffnung.

Der versenkbare Überrollschutz. Bei Bedarf per Knopfdruck auch als Kopfstütze für die Fondpassagiere.

Sicherheit und Komfort serienmäßig: die Fernbedienung der Infrarot-Schließanlage.

Ausstattung

5-Gang-Schaltgetriebe; ABS; Fahrer- und Beifahrer-Airbag; automatische Gurtstraffer und Gurtbringer vorn; Überrollschutz mit integrierten Kopfstützen; elektro-hydraulische Verdeckbedienung; Außenspiegel rechts und links beheizt und von innen elektrisch verstellbar; beheizte Scheibenwaschanlage; Schließanlage mit Infrarot-Fernbedienung und Wegfahrsperre; elektrische Fensterheber; Nebelscheinwerfer; Sitzpolsterung in Karostoff; Elemente der Innenverkleidungen mit Edelholzeinlagen.

Technische Daten

Zahl der Zylinder	4
Bohrung/Hub (mm)	89,9/78,7
Gesamthubraum(cm^3)	1998
Nennleistung in kW bei 1/min (nach EG-Richtlinien)	100/5500
Nenndrehmoment in Nm bei 1/min (nach EG-Richtlinien)	190/4000
Kraftstoff nach DIN 51607	Super unverbleit
Tankinhalt/davon Reserve (Liter)	ca. 70/9
Höchstgeschwindigkeit in km/h	ca. 200

Die Angaben in diesem Prospekt sind als annähernd zu betrachten. Änderungen in Konstruktion und Lieferumfang bleiben vorbehalten. Die Abbildungen zeigen auch Ausstattungen, die nicht zum serienmäßigen Lieferumfang gehören. Dieses Papier wurde hergestellt aus 100 % chlorfrei gebleichtem Zellstoff.

Mercedes-Benz AG, Stuttgart-Untertürkheim · VI/MKW 6701 · 0407 · 00-00/1294 · Printed in Federal Republic of Germany / Imprimé en République fédérale d'Allemagne

Mercedes-Benz E 220 Cabriolet

Allgemeine Angaben	
Konstruktionsbezeichnung	A 124 E 22
Baumuster	124.062
Produktionszeitraum	12.1992 / 06.1993 – 07.1997; Arbeitsverfahren Viertakt-Otto (mit Saugrohreinspritzung und Abgasreinigungsanlage mit geregeltem 3-Wege-Katalysator)
Anordnung im Fahrzeug	vorne, längs; stehend
Motoren	
Motor-Typ / -Baumuster	M 111 E 22 / 111.960 HFM
Zylinderzahl / -anordnung	4 / Reihe; 15° nach rechts geneigt
Bohrung x Hub	89,9 x 86,6 mm
Gesamthubraum	2199 cm³
Verdichtungsverhältnis	10
Kurbelwellenlager	5
Leistung	150 PS / 110 kW bei 5500/min
Drehmoment	210 Nm bei 4000/min
Ventilanordnung / -anzahl	2 Einlass, 2 Auslass / v-förmig hängend
Ventilsteuerung	2 obenliegende Nockenwellen, dohc; Einlass-Nockenwelle verstellbar
Nockenwellenantrieb	Duplex-Rollenkette
Gemischbildung	mikroprozessorgesteuerte Einspritzanlage mit Heißfilm-Luftmassenmessung (HFM)
Kühlung	Wasserkühlung / Pumpe; 8,5 l Wasser
Schmierung	Druckumlauf-Schmierung / 5,8 l Öl
Elektrische Anlage	
Elektr. Anlage	12 V
Batterie	62 Ah / im Motorraum
Generator	Drehstrom / 980 W
Anlasser	elektrisch / 1,4 kW
Zündung	Zünd-Kennfeld-Steuerung
Kraftstofftank	70 l, über der Hinterachse
Kraftstoff-Förderung	elektrische Förderpumpe
Getriebe	
Getriebe	5-Gang-Schaltgetriebe
Verfügbarkeit	Serie
Getriebe-Baumuster	717.413
Schaltung	Mittelschaltung
Kupplung	Einscheiben-Trockenkupplung
Getriebeart	Zahnrad-Wechselgetriebe
Synchronisierte Gänge	I – V
Getriebe-Übersetzung	I. 3,91; II. 2,17; III. 1,37; IV. 1,0; V. 0,81; R. 4,27
Achsantriebsübersetzung	3,67
Höchstgeschwindigkeit	210 km/h
Beschleunigung 0-100 km/h[1]	11,9 s
Kraftstoffverbrauch	6,6 / 8,2 / 12,3 l; nach Richtlinie 80/1268/EWG; Werte für 90 km/h / 120 km/h / Stadtzyklus
Getriebe	4-Gang-Automatikgetriebe
Verfügbarkeit	auf Wunsch
Getriebe-Baumuster	722.428
Schaltung	Wählhebel in Wagenmitte
Kupplung	hydraulischer Drehmomentwandler im Automatikgetriebe
Getriebeart	Planetengetriebe
Getriebe-Übersetzung	I. 4,25; II. 2,41; III. 1,49; IV. 1,0; R. 5,67
Achsantriebsübersetzung	3,07
Höchstgeschwindigkeit	205 km/h
Beschleunigung 0-100 km/h[1]	12,4 s
Kraftstoffverbrauch	7,0 / 8,6 / 11,5 l; nach Richtlinie 80/1268/EWG; Werte für 90 km/h / 120 km/h / Stadtzyklus
Tragstruktur und Fahrwerk	
Rahmenausführung	selbsttragende Ganzstahlkarosserie
Radaufhängung, vorne	Dreiecksquerlenker / Dämpferbein
Radaufhängung, hinten	Raumlenkerachse, auf Wunsch mit hydropneumatischer Niveau-Regulierung
Federung, vorne	Schraubenfedern, Drehstab-Stabilisator
Federung, hinten	Schraubenfedern, Drehstab-Stabilisator
Stoßdämpfer, vorne/hinten	Gasdruck-Dämpferbeine / Gasdruck-Stoßdämpfer
Lenkung	Kugelumlauf-Servolenkung
Lenkübersetzung	16,21:1 / 3,3 Lenkradumdrehungen

Bremsanlage	
Bremsanlage (Fußbremse)	hydraulische Zweikreis-Bremsanlage mit Unterdruck-Bremskraftverstärker und Anti-Blockier-System; Scheibenbremsen vorne innenbelüftet und hinten massiv
Feststellbremse	mechanisch (fußbetätigt), auf Hinterräder wirkend
Abmessungen der Bremsscheiben	vorne / hinten 284 x 22 / 278 x 9 mm
Allgemeine Daten	
Räder	Leichtmetall-Scheibenräder 6 ½ J x 15 H 2 ET 48 (15 Loch) oder 6 ½ J x 15 H 2 ET 44 (8 Loch); bei Sportfahrwerk: 7 J x 15 H 2 ET 41 (8 oder 15 Loch)
Reifen	195/65 R 15 91 V; bei Sportfahrwerk: 205/60 ZR 15
Angetriebene Räder	Hinterräder
Kraftübertragung	geteilte Kardanwelle
Radstand	2715 mm
Spur vorne / hinten	1501 / 1491 mm; „Sportline“: 1518 / 1509 mm
Länge	4655 mm
Breite	1740 mm
Höhe	1391 mm; „Sportline“: 1371 mm
Bodenfreiheit bei Belastung mit 3 Personen à 68 kg	139 mm; „Sportline“: 125 mm
Gepäckraum nach VDA	300 l
Kleinster Wendekreis	10,99 m
Zul. Gesamtgewicht	2130 kg
Zul. Achslast vorne	980 kg
Zul. Achslast hinten	1150 kg
Zuladung	500 kg
Zul. Anhängelast gebremst	1900 kg
Zul. Anhängelast ungebremst	750 kg
Zul. Kofferraumzuladung	100 kg
Leergewicht (Wagengewicht) nach Richtlinie DIN 70020 (mit Kraftstoff, Reserverad und Werkzeug)	1630 kg
Luftwiderstand cW-Mittelwert x A	0,32 x 2,02 m²
Stückzahl	8458
Preise	05.1993: DM 79.925,00 08.1994: DM 81.075,00 05.1995: DM 83.087,50

Mercedes-Benz E 320 Cabriolet

Allgemeine Angaben	
Konstruktionsbezeichnung	A 124 E 32
Baumuster	124.066
Produktionszeitraum	07.1992 / 09.1992 – 06.1997
Arbeitsverfahren	Viertakt-Otto (mit Saugrohreinspritzung und Abgasreinigungsanlage mit geregeltem 3-Wege-Katalysator)
Anordnung im Fahrzeug	vorne, längs; stehend
Motoren	
Motor-Typ / -Baumuster	M 104 E 32 / 104.992 HFM
Zylinderzahl / -anordnung	6 / Reihe; 15° nach rechts geneigt
Bohrung x Hub	89,9 x 84,0 mm
Gesamthubraum	3199 cm³
Verdichtungsverhältnis	10
Kurbelwellenlager	7
Leistung	220 PS / 162 kW bei 5500/min
Drehmoment	310 Nm bei 3750/min
Ventilanordnung / -anzahl	2 Einlass, 2 Auslass / v-förmig hängend
Ventilsteuerung	2 obenliegende Nockenwellen, dohc; Einlass-Nockenwelle verstellbar
Nockenwellenantrieb	Duplex-Rollenkette
Gemischbildung	mikroprozessorgesteuerte Einspritzanlage mit Heißfilm-Luftmassenmessung (HFM) und Schaltsaugrohr
Kühlung	Wasserkühlung / Pumpe; 9 l Wasser
Schmierung	Druckumlauf-Schmierung / 7,5 l Öl
Elektrische Anlage	
Elektr. Anlage	12 V
Batterie	62 Ah / im Motorraum
Generator	Drehstrom / 1260 W
Anlasser	elektrisch / 1,7 kW
Zündung	Zünd-Kennfeld-Steuerung
Kraftstofftank	70 l, über der Hinterachse
Kraftstoff-Förderung	elektrische Förderpumpe
Getriebe	
Getriebe	5-Gang-Schaltgetriebe
Verfügbarkeit	Serie
Getriebe-Baumuster	GL 76/30 A-5 / 717.450
Schaltung	Mittelschaltung
Kupplung	Einscheiben-Trockenkupplung
Getriebeart	Zahnrad-Wechselgetriebe
Synchronisierte Gänge	I – V
Getriebe-Übersetzung	I. 4,15; II. 2,52; III. 1,69; IV. 1,24; V. 1,0; R. 4,15
Achsantriebsübersetzung	3,06
Höchstgeschwindigkeit	235 km/h
Beschleunigung 0-100 km/h[1]	9,2 s
Kraftstoffverbrauch	8,6 / 10,6 / 15,4 l; nach Richtlinie 80/1268/EWG; Werte für 90 km/h / 120 km/h / Stadtzyklus
Getriebe	4-Gang-Automatikgetriebe
Verfügbarkeit	auf Wunsch
Getriebe-Typ / -Baumuster	W 4 A 040 / 722.369
Schaltung	Wählhebel in Wagenmitte
Kupplung	hydraulischer Drehmomentwandler im Automatikgetriebe
Getriebeart	Planetengetriebe
Getriebe-Übersetzung	I. 3,87; II. 2,25; III. 1,44; IV. 1,0; R. 5,59
Achsantriebsübersetzung	3,06
Höchstgeschwindigkeit	230 km/h
Beschleunigung 0-100 km/h[1]	8,5 s
Kraftstoffverbrauch	9,0 / 11,0 / 14,7 l; nach Richtlinie 80/1268/EWG; Werte für 90 km/h / 120 km/h / Stadtzyklus
Getriebe	5-Gang-Automatikgetriebe
Verfügbarkeit	auf Wunsch
Getriebe-Typ / -Baumuster	W 5 A 030 / 722.503
Schaltung	Wählhebel in Wagenmitte
Kupplung	hydraulischer Drehmomentwandler im Automatikgetriebe
Getriebeart	Planetengetriebe
Getriebe-Übersetzung	I. 3,87; II. 2,25; III. 1,44; IV. 1,0; V. 0,75; R. 5,59
Achsantriebsübersetzung	3,69
Höchstgeschwindigkeit	230 km/h
Beschleunigung 0-100 km/h[1]	8,5 s
Kraftstoffverbrauch	8,6 / 10,6 / 15,1 l; nach Richtlinie 80/1268/EWG; Werte für 90 km/h / 120 km/h / Stadtzyklus
Tragstruktur und Fahrwerk	
Rahmenausführung	selbsttragende Ganzstahlkarosserie
Radaufhängung, vorne	Dreiecksquerlenker / Dämpferbein
Radaufhängung, hinten	Raumlenkerachse, auf Wunsch mit hydropneumatischer Niveau-Regulierung
Federung, vorne	Schraubenfedern, Drehstab-Stabilisator
Federung, hinten	Schraubenfedern, Drehstab-Stabilisator
Stoßdämpfer, vorne/hinten	Gasdruck-Dämpferbeine / Gasdruck-Stoßdämpfer
Lenkung	Kugelumlauf-Servolenkung
Lenkübersetzung	16,21:1 / 3,3 Lenkradumdrehungen
Bremsanlage	
Bremsanlage (Fußbremse)	hydraulische Zweikreis-Bremsanlage mit Unterdruck-Bremskraftverstärker und Anti-Blockier-System; Scheibenbremsen vorne innenbelüftet und hinten massiv
Feststellbremse	mechanisch (fußbetätigt), auf Hinterräder wirkend
Abmessungen der Bremsscheiben	vorne / hinten 294 x 25 / 278 x 9 mm
Allgemeine Daten	
Räder	Leichtmetall-Scheibenräder 6 ½ J x 15 H 2 ET 48 (15 Loch) oder 6 ½ J x 15 H 2 ET 44 (8 Loch): bei Sportfahrwerk: 7 J x 15 H 2 ET 41 (8 oder 15 Loch)
Reifen	195/65 ZR 15; bei Sportfahrwerk: 205/60 ZR 15
Angetriebene Räder	Hinterräder
Kraftübertragung	geteilte Kardanwelle
Radstand	2715 mm
Spur vorne / hinten	1501 / 1491 mm; „Sportline“: 1518 / 1509 mm
Länge	4655 mm
Breite	1740 mm
Höhe	1391 mm; „Sportline“: 1371 mm
Bodenfreiheit bei Belastung mit 3 Personen à 68 kg	136 mm; „Sportline“: 122 mm
Gepäckraum nach VDA	300 l
Kleinster Wendekreis	10,99 m
Zul. Gesamtgewicht	2200 kg
Zul. Achslast vorne	1050 kg
Zul. Achslast hinten	1150 kg
Zuladung	490 kg
Zul. Anhängelast gebremst	1900 kg
Zul. Anhängelast ungebremst	750 kg
Zul. Kofferraumzuladung	100 kg
Leergewicht (Wagengewicht) nach Richtlinie DIN 70020 (mit Kraftstoff, Reserverad und Werkzeug)	1710 kg
Luftwiderstand cW-Mittelwert x A	0,33 x 2,02 m²
Stückzahl	12.229 (incl. E 36 AMG)
Preise	(vor 05.1993 im Inland nicht lieferbar) 05.1993: DM 102.637,50 08.1994: DM 104.132,50 05.1995: DM 106.720,00 02.1996: DM 111.320,00

Mercedes-Benz E 36 AMG Cabriolet	
Allgemeine Angaben	
Konstruktionsbezeichnung	A 124 E 36
Baumuster	124.066
Produktionszeitraum	09.1993 – 06.1997
Arbeitsverfahren	Viertakt-Otto (mit Saugrohreinspritzung und Abgasreinigungsanlage mit geregeltem 3-Wege-Katalysator)
Anordnung im Fahrzeug	vorne, längs; stehend
Motoren	
Motor-Typ / -Baumuster	M 104 E 36 AMG / 104.9936 HFM
Zylinderzahl / -anordnung	6 / Reihe; 15° nach rechts geneigt
Bohrung x Hub	91,0 x 92,4 mm
Gesamthubraum	3606 cm³
Verdichtungsverhältnis	10,5
Kurbelwellenlager	7
Leistung	272 PS / 200 kW bei 5750/min
Drehmoment	385 Nm bei 3750 – 4500/min
Ventilanordnung / -anzahl	2 Einlass, 2 Auslass / v-förmig hängend
Ventilsteuerung	2 obenliegende Nockenwellen, dohc; Einlass-Nockenwelle verstellbar
Nockenwellenantrieb	Duplex-Rollenkette
Gemischbildung	mikroprozessorgesteuerte Einspritzanlage mit Heißfilm-Luftmassenmessung (HFM)
Kühlung	Wasserkühlung / Pumpe; 9 l Wasser
Schmierung	Druckumlauf-Schmierung / 7,5 l Öl
Elektrische Anlage	
Elektr. Anlage	12 V
Batterie	62 Ah / im Motorraum
Generator	Drehstrom / 1260 W
Anlasser	elektrisch / 1,7 kW
Zündung	Zünd-Kennfeld-Steuerung
Kraftstofftank	70 l, über der Hinterachse
Kraftstoff-Förderung	elektrische Förderpumpe
Getriebe	
Getriebe	4-Gang-Automatikgetriebe
Verfügbarkeit	Serie
Getriebe-Typ / -Baumuster	W 4 A 040 / 722.369
Schaltung	Wählhebel in Wagenmitte
Kupplung	hydraulischer Drehmomentwandler im Automatikgetriebe
Getriebeart	Planetengetriebe
Getriebe-Übersetzung	I. 3,87; II. 2,25; III. 1,44; IV. 1,0; R. 5,59
Achsantriebsübersetzung	2,82
Höchstgeschwindigkeit	250 km/h
Beschleunigung 0-100 km/h (mit Durchschalten; Belastung 2 Personen)	7,2 s
Kraftstoffverbrauch	8,5 / 10,4 / 13,8 l; nach Richtlinie 80/1268/EWG; Werte für 90 km/h / 120 km/h / Stadtzyklus
Tragstruktur und Fahrwerk	
Rahmenausführung	selbsttragende Ganzstahlkarosserie
Radaufhängung, vorne	Dreiecksquerlenker / Dämpferbein
Radaufhängung, hinten	Raumlenkerachse, auf Wunsch mit hydropneumatischer Niveau-Regulierung
Federung, vorne	Schraubenfedern, Drehstab-Stabilisator
Federung, hinten	Schraubenfedern, Drehstab-Stabilisator
Stoßdämpfer, vorne/hinten	Gasdruck-Dämpferbeine / Gasdruck-Stoßdämpfer
Lenkung	Kugelumlauf-Servolenkung
Lenkübersetzung	14,74:1 / 3 Lenkradumdrehungen
Bremsanlage	
Bremsanlage (Fußbremse)	hydraulische Zweikreis-Bremsanlage mit Unterdruck-Bremskraftverstärker und Anti-Blockier-System; innenbelüftete Scheibenbremsen vorne und hinten
Feststellbremse	mechanisch (fußbetätigt), auf Hinterräder wirkend
Abmessungen der Bremsscheiben	vorne / hinten 320 x 30 / 278 x 20 mm
Allgemeine Daten	
Räder	AMG- Leichtmetall-Scheibenräder 7 ½ J x 17 H 2 ET 42
Reifen	225/45 ZR 17
Angetriebene Räder	Hinterräder
Kraftübertragung	geteilte Kardanwelle
Radstand	2715 mm
Spur vorne / hinten	1518 / 1507 mm
Länge	4655 mm
Breite	1740 mm
Höhe	1383 mm
Bodenfreiheit bei Belastung mit 3 Personen à 68 kg	131 mm
Gepäckraum nach VDA	300 l
Kleinster Wendekreis	10,99 m
Zul. Gesamtgewicht	2210 kg
Zul. Achslast vorne	1050 kg
Zul. Achslast hinten	1160 kg
Zul. Kofferraumzuladung	100 kg
Zuladung	440 kg
Leergewicht (Wagengewicht) nach Richtlinie DIN 70020 (mit Kraftstoff, Reserverad und Werkzeug)	1760 kg
Luftwiderstand cW-Mittelwert x A	0,32 x 2,02 m²
Stückzahl	nicht separat dokumentiert, da in der Stückzahl des E 320 Cabriolets enthalten
Preise	09.1993: DM 140.300,00 08.1994: DM 142.370,00 05.1995: DM 145.935,00

Mercedes-Benz 200 TD

Allgemeine Angaben	
Konstruktionsbezeichnung	S 124 D 20
Baumuster	124.180
Produktionszeitraum	10.1985 / 11.1985 – 08.1989
Arbeitsverfahren	Viertakt-Diesel mit Vorkammereinspritzung
Anordnung im Fahrzeug	vorne, längs; stehend
Motoren	
Motor-Typ / -Baumuster	OM 601 D 20 / 601.912
Zylinderzahl / -anordnung	4 / Reihe; 15° nach rechts geneigt
Bohrung x Hub	7,0 x 84,0 mm
Gesamthubraum	1997 cm³ (nach Steuerformel 1983 cm³)
Verdichtungsverhältnis	22
Kurbelwellenlager	5
Leistung	72 PS / 53 kW bei 4600/min; ab 02.1989: 75 PS / 55 kW bei 4600/min
Drehmoment	123 Nm bei 2800/min; ab 02.1989: 126 Nm bei 2700 – 3550/min
Ventilanordnung / -anzahl	1 Einlass, 1 Auslass / hängend
Ventilsteuerung	obenliegende Nockenwelle, ohc
Nockenwellenantrieb	Duplex-Rollenkette
Gemischbildung	Vorkammereinspritzung, mechanisch geregelte Bosch 4-Stempel-Einspritzpumpe
Kühlung	Wasserkühlung / Pumpe; 8,5 l Wasser
Schmierung	Druckumlauf-Schmierung / 6,5 l Öl
Elektrische Anlage	
Elektr. Anlage	12 V
Batterie	72 Ah / im Motorraum
Generator	Drehstrom / 770 W
Anlasser	elektrisch / 2,2 kW
Zündung	Selbstzünder
Kraftstofftank	72 l, hinter der Hinterachse
Kraftstoff-Förderung	Kolbenpumpe an der Einspritzpumpe
Getriebe	
Getriebe	5-Gang-Schaltgetriebe
Verfügbarkeit	Serie
Getriebe-Typ / -Baumuster	bis 03.1989: GL 68/20 B-5 / 717.411; von 04. bis 08.1989: GL 68/20 C-5 / 717.412
Schaltung	Mittelschaltung
Kupplung	Einscheiben-Trockenkupplung
Getriebeart	Zahnrad-Wechselgetriebe
Synchronisierte Gänge	I – V
Getriebe-Übersetzung	I. 3,91; II. 2,17; III. 1,37; IV. 1,0; V. 0,78; R. 4,27
Achsantriebsübersetzung	3,91
Höchstgeschwindigkeit	150 km/h
Beschleunigung 0-100 km/h[1]	21,7 s
Kraftstoffverbrauch	5,4 / 7,4 / 8,7 l; nach Richtlinie 80/1268/EWG; Werte für 90 km/h / 120 km/h / Stadtzyklus
Getriebe	4-Gang-Automatikgetriebe
Verfügbarkeit	auf Wunsch
Getriebe-Typ / -Baumuster	W 4 A 020 / 722.414
Schaltung	Wählhebel in Wagenmitte
Kupplung	hydraulischer Drehmomentwandler im Automatikgetriebe
Getriebeart	Planetengetriebe
Getriebe-Übersetzung	I. 4,25; II. 2,41; III. 1,49; IV. 1,0; R. 5,67
Achsantriebsübersetzung	3,64
Höchstgeschwindigkeit	145 km/h
Beschleunigung 0-100 km/h[1]	23,0 s
Kraftstoffverbrauch	6,3 / 8,4 / 8,5 l; nach Richtlinie 80/1268/EWG; Werte für 90 km/h / 120 km/h / Stadtzyklus
Tragstruktur und Fahrwerk	
Rahmenausführung	selbsttragende Ganzstahlkarosserie
Radaufhängung, vorne	Dreiecksquerlenker / Dämpferbein
Radaufhängung, hinten	Raumlenkerachse mit hydropneumatischer Niveau-Regulierung
Federung, vorne	Schraubenfedern, Drehstab-Stabilisator
Federung, hinten	Schraubenfedern, hydropneumatische Federbeine, Drehstab-Stabilisator
Stoßdämpfer, vorne/hinten	Gasdruck-Dämpferbeine / hydropneumatische Federbeine
Lenkung	Kugelumlauf-Servolenkung
Lenkübersetzung	15,44:1 / 3 Lenkradumdrehungen

Bremsanlage	
Bremsanlage (Fußbremse)	hydraulische Zweikreis-Bremsanlage mit Unterdruck-Bremskraftverstärker, auf Wunsch mit Anti-Blockier-System (ab 09.1988 Serie); Scheibenbremsen vorne und hinten massiv
Feststellbremse	mechanisch (fußbetätigt), auf Hinterräder wirkend
Abmessungen der Bremsscheiben	vorne / hinten 284 x 12 / 278 x 9 mm
Allgemeine Daten	
Räder	Stahlblech-Scheibenräder, verstärkt, 6 ½ J x 15 H 2 ET 49; auf Wunsch: Leichtmetall-Scheibenräder 6 ½ J x 15 H 2 ET 49
Reifen	195/65 R 15 91 T
Angetriebene Räder	Hinterräder
Kraftübertragung	geteilte Kardanwelle
Radstand	2800 mm
Spur vorne / hinten	1497 / 1488 mm
Länge	4765 mm
Breite	1740 mm
Höhe	1490 mm (mit Dachreling)
Bodenfreiheit	163 mm
Ladevolumen bis Bordkante	530 l bis 885 l
Kleinster Wendekreis	11,2 m
Zul. Gesamtgewicht	2030 kg; ab 12.1988: 2050 kg
Zul. Achslast vorne	840 kg; ab 03.1987: 830 kg; ab 12.1988: 850 kg
Zul. Achslast hinten	1190 kg; ab 03.1987: 1200 kg
Zuladung	620 kg
Zul. Anhängelast gebremst	1500 kg
Zul. Anhängelast ungebremst	750 kg
Zul. Dachlast	100 kg
Leergewicht (Wagengewicht) nach Richtlinie DIN 70020 (mit Kraftstoff, Reserverad und Werkzeug)	1410 kg; ab 12.1988: 1430 kg
Luftwiderstand cW-Mittelwert x A	0,34 x 2,11 m²
Stückzahl bis 06.1991:	7373; Stückzahlen bis / ab Modellpflege 09.1989 nicht separat dokumentiert
Preise	09.1985: DM 39.444,00 09.1986: DM 41.040,00 06.1987: DM 42.408,00 02.1988: DM 43.320,00 09.1988: DM 44.688,00 02.1989: DM 45.600,00

Mercedes-Benz 250 TD	
Allgemeine Angaben	
Konstruktionsbezeichnung	S 124 D 25
Baumuster	124.185
Produktionszeitraum	06.1985 / 10.1985 – 08.1989
Arbeitsverfahren	Viertakt-Diesel mit Vorkammereinspritzung
Anordnung im Fahrzeug	vorne, längs; stehend
Motoren	
Motor-Typ / -Baumuster	OM 602 D 25 / 602.912
Zylinderzahl / -anordnung	5 / Reihe; 15° nach rechts geneigt
Bohrung x Hub	87,0 x 84,0 mm
Gesamthubraum	2497 cm³ (nach Steuerformel 2479 cm³)
Verdichtungsverhältnis	22
Kurbelwellenlager	6
Leistung	90 PS / 66 kW bei 4600/min; ab 02.1989: 94 PS / 69 kW bei 4600/min
Drehmoment	154 Nm bei 2800/min; ab 02. 1989: 158 Nm bei 2600 – 3100/min
Ventilanordnung / -anzahl	1 Einlass, 1 Auslass / hängend
Ventilsteuerung	obenliegende Nockenwelle, ohc
Nockenwellenantrieb	Duplex-Rollenkette
Gemischbildung	Vorkammereinspritzung, mechanisch geregelte Bosch 5-Stempel-Einspritzpumpe
Kühlung	Wasserkühlung / Pumpe; 9 l Wasser
Schmierung	Druckumlauf-Schmierung / 7 l Öl
Elektrische Anlage	
Elektr. Anlage	12 V
Batterie	72 Ah / im Motorraum
Generator	Drehstrom / 770 W
Anlasser	elektrisch / 2,2 kW
Zündung	Selbstzünder
Kraftstofftank	72 l, hinter der Hinterachse
Kraftstoff-Förderung	Kolbenpumpe an der Einspritzpumpe
Getriebe	
Getriebe	5-Gang-Schaltgetriebe
Verfügbarkeit	Serie
Getriebe-Typ / -Baumuster	GL 68/20 B-5 / 717.411
Schaltung	Mittelschaltung
Kupplung	Einscheiben-Trockenkupplung
Getriebeart	Zahnrad-Wechselgetriebe
Synchronisierte Gänge	I – V
Getriebe-Übersetzung	I. 3,91; II. 2,17; III. 1,37; IV. 1,0; V. 0,78; R. 4,27
Achsantriebsübersetzung	3,91
Höchstgeschwindigkeit	165 km/h
Beschleunigung 0-100 km/h[1]	17,6 s
Kraftstoffverbrauch	5,8 / 7,8 / 9,5 l; nach Richtlinie 80/1268/EWG; Werte für 90 km/h / 120 km/h / Stadtzyklus
Getriebe	4-Gang-Automatikgetriebe
Verfügbarkeit	auf Wunsch
Getriebe-Typ / -Baumuster	W 4 A 020 / 722.414
Schaltung	Wählhebel in Wagenmitte
Kupplung	hydraulischer Drehmomentwandler im Automatikgetriebe
Getriebeart	Planetengetriebe
Getriebe-Übersetzung	I. 4,25; II. 2,41; III. 1,49; IV. 1,0; R. 5,67
Achsantriebsübersetzung	3,23
Höchstgeschwindigkeit	160 km/h
Beschleunigung 0-100 km/h[1]	18,8 s
Kraftstoffverbrauch	6,3 / 8,4 / 9,3 l; nach Richtlinie 80/1268/EWG; Werte für 90 km/h / 120 km/h / Stadtzyklus
Tragstruktur und Fahrwerk	
Rahmenausführung	selbsttragende Ganzstahlkarosserie
Radaufhängung, vorne	Dreiecksquerlenker / Dämpferbein
Radaufhängung, hinten	Raumlenkerachse mit hydropneumatischer Niveau-Regulierung
Federung, vorne	Schraubenfedern, Drehstab-Stabilisator
Federung, hinten	Schraubenfedern, hydropneumatische Federbeine, Drehstab-Stabilisator
Stoßdämpfer, vorne/hinten	Gasdruck-Dämpferbeine / hydropneumatische Federbeine
Lenkung	Kugelumlauf-Servolenkung
Lenkübersetzung	15,44:1 / 3 Lenkradumdrehungen

Bremsanlage	
Bremsanlage (Fußbremse)	hydraulische Zweikreis-Bremsanlage mit Unterdruck-Bremskraftverstärker, auf Wunsch mit Anti-Blockier-System (ab 09.1988 Serie); Scheibenbremsen vorne und hinten massiv
Feststellbremse	mechanisch (fußbetätigt), auf Hinterräder wirkend
Abmessungen der Bremsscheiben	vorne / hinten 284 x 12 / 278 x 9 mm
Allgemeine Daten	
Räder	Stahlblech-Scheibenräder, verstärkt, 6 ½ J x 15 H 2 ET 49; auf Wunsch: Leichtmetall-Scheibenräder 6 ½ J x 15 H 2 ET 49
Reifen	195/65 R 15 91 T
Angetriebene Räder	Hinterräder
Kraftübertragung	geteilte Kardanwelle
Radstand	2800 mm
Spur vorne / hinten	1497 / 1488 mm
Länge	4765 mm
Breite	1740 mm
Höhe	1490 mm (mit Dachreling)
Bodenfreiheit	163 mm
Ladevolumen bis Bordkante	530 l bis 885 l
Kleinster Wendekreis	11,2 m
Zul. Gesamtgewicht	2060 kg; ab 03.1987: 2080 kg; ab 12.1988: 2100 kg
Zul. Achslast vorne	870 kg; ab 03.1987: 880 kg; ab 12.1988: 900 kg
Zul. Achslast hinten	1190 kg; ab 03.1987: 1200 kg
Zuladung	620 kg
Zul. Anhängelast gebremst	1500 kg
Zul. Anhängelast ungebremst	750 kg
Zul. Dachlast	100 kg
Leergewicht (Wagengewicht) nach Richtlinie DIN 70020 (mit Kraftstoff, Reserverad und Werkzeug)	1440 kg; ab 03.1987: 1460 kg; ab 12.1988: 1480 kg
Luftwiderstand cW-Mittelwert x A:	-
Stückzahl	bis 07.1993: 43.628; Stückzahlen bis / ab Modellpflege 09.1989 sind nicht separat dokumentiert
Preise	09.1985: DM 42.807,00 09.1986: DM 44.574,00 06.1987: DM 46.113,00 02.1988: DM 47.139,00 09.1988: DM 48.507,00 02.1989: DM 49.533,00

Mercedes-Benz 300 TD

Allgemeine Angaben	
Konstruktionsbezeichnung	S 124 D 30
Baumuster	124.190
Produktionszeitraum	03.1986 / 08.1986 – 08.1989
Arbeitsverfahren	Viertakt-Diesel mit Vorkammereinspritzung
Anordnung im Fahrzeug	vorne, längs; stehend
Motoren	
Motor-Typ / -Baumuster	OM 603 D 30 / 603.912
Zylinderzahl / -anordnung	6 / Reihe; 15° nach rechts geneigt
Bohrung x Hub	87,0 x 84,0 mm
Gesamthubraum	2996 cm³ (nach Steuerformel 2975 cm³)
Verdichtungsverhältnis	22
Kurbelwellenlager	7
Leistung	109 PS / 80 kW bei 4600/min; ab 02.1989: 113 PS / 83 kW bei 4600/min
Drehmoment	185 Nm bei 2800/min; ab 02.1989: 191 Nm bei 2800 – 3050/min
Ventilanordnung / -anzahl	1 Einlass, 1 Auslass / hängend
Ventilsteuerung	obenliegende Nockenwelle, ohc
Nockenwellenantrieb	Duplex-Rollenkette
Gemischbildung	Vorkammereinspritzung, mechanisch geregelte Bosch 6-Stempel-Einspritzpumpe
Kühlung	Wasserkühlung / Pumpe; 9 l Wasser
Schmierung	Druckumlauf-Schmierung / 7,5 l Öl
Elektrische Anlage	
Elektr. Anlage	12 V
Batterie	72 Ah / im Motorraum
Generator	Drehstrom / 770 W
Anlasser	elektrisch / 2,2 kW
Zündung	Selbstzünder
Kraftstofftank	72 l, hinter der Hinterachse
Kraftstoff-Förderung	Kolbenpumpe an der Einspritzpumpe
Getriebe	
Getriebe	5-Gang-Schaltgetriebe
Verfügbarkeit	Serie
Getriebe-Typ / -Baumuster	GL 76/27 A-5 / 717.430
Schaltung	Mittelschaltung
Kupplung	Einscheiben-Trockenkupplung
Getriebeart	Zahnrad-Wechselgetriebe
Synchronisierte Gänge	I – V
Getriebe-Übersetzung	I. 3,86; II. 2,18; III. 1,38; IV. 1,0; V. 0,80; R. 4,22
Achsantriebsübersetzung	3,67
Höchstgeschwindigkeit	180 km/h
Beschleunigung 0-100 km/h[1]	14,6 s
Kraftstoffverbrauch	5,8 / 7,8 / 9,9 l; nach Richtlinie 80/1268/EWG; Werte für 90 km/h / 120 km/h / Stadtzyklus
Getriebe	4-Gang-Automatikgetriebe
Verfügbarkeit	auf Wunsch
Getriebe-Typ / -Baumuster	W 4 A 040 / 722.415
Schaltung	Wählhebel in Wagenmitte
Kupplung	hydraulischer Drehmomentwandler im Automatikgetriebe
Getriebeart	Planetengetriebe
Getriebe-Übersetzung	I. 4,25; II. 2,41; III. 1,49; IV. 1,0; R. 5,67
Achsantriebsübersetzung	3,07
Höchstgeschwindigkeit	175 km/h
Beschleunigung 0-100 km/h[1]	15,3 s
Kraftstoffverbrauch	6,7 / 8,8 / 9,4 l; nach Richtlinie 80/1268/EWG; Werte für 90 km/h / 120 km/h / Stadtzyklus
Tragstruktur und Fahrwerk	
Rahmenausführung	selbsttragende Ganzstahlkarosserie
Radaufhängung, vorne	Dreiecksquerlenker / Dämpferbein
Radaufhängung, hinten	Raumlenkerachse mit hydropneumatischer Niveau-Regulierung
Federung, vorne	Schraubenfedern, Drehstab-Stabilisator
Federung, hinten	Schraubenfedern, hydropneumatische Federbeine, Drehstab-Stabilisator
Stoßdämpfer, vorne/hinten	Gasdruck-Dämpferbeine / hydropneumatische Federbeine
Lenkung	Kugelumlauf-Servolenkung
Lenkübersetzung	15,44:1 / 3 Lenkradumdrehungen

Bremsanlage	
Bremsanlage (Fußbremse)	hydraulische Zweikreis-Bremsanlage mit Unterdruck-Bremskraftverstärker, auf Wunsch mit Anti-Blockier-System (ab 09.1988 Serie); Scheibenbremsen vorne und hinten massiv
Feststellbremse	mechanisch (fußbetätigt), auf Hinterräder wirkend
Abmessungen der Bremsscheiben	vorne / hinten 284 x 12 / 278 x 9 mm
Allgemeine Daten	
Räder	Stahlblech-Scheibenräder, verstärkt, 6 ½ J x 15 H 2 ET 49; auf Wunsch: Leichtmetall-Scheibenräder 6 ½ J x 15 H 2 ET 49
Reifen	195/65 R 15 91 T
Angetriebene Räder	Hinterräder
Kraftübertragung	geteilte Kardanwelle
Radstand	2800 mm
Spur vorne / hinten	1497 / 1488 mm
Länge	4765 mm
Breite	1740 mm
Höhe	1490 mm (mit Dachreling)
Bodenfreiheit	163 mm
Ladevolumen bis Bordkante	530 l bis 885 l
Kleinster Wendekreis	11,2 m
Zul. Gesamtgewicht	2120 kg; ab 12.1988: 2170 kg
Zul. Achslast vorne	905 kg; ab 12.1988: 945 kg
Zul. Achslast hinten	1215 kg; ab 12.1988: 1225 kg
Zuladung	620 kg
Zul. Anhängelast gebremst	1500 kg; ab 05.1989: 1900 kg
Zul. Anhängelast ungebremst	750 kg
Zul. Dachlast	100 kg
Leergewicht nach Richtlinie DIN 70020 (mit Kraftstoff, Reserverad und Werkzeug)	1500 kg; ab 12.1988: 1550 kg
Luftwiderstand cW-Mittelwert x A	-
Stückzahl	bis 08.1993: 21.901; Stückzahlen bis / ab Modellpflege 09.1989 nicht separat dokumentiert
Preise	09.1986: DM 48.393,00 06.1987: DM 49.989,00 02.1988: DM 51.072,00 09.1988: DM 52.440,00 02.1989: DM 53.523,00

Mercedes-Benz 300 TD Turbo	
Allgemeine Angaben	
Konstruktionsbezeichnung	S 124 D 30 A
Baumuster	124.193
Produktionszeitraum	05.1985 / 06.1986 – 08.1989
vor 09.1987:	nur für Export nach Nordamerika
Arbeitsverfahren	Viertakt-Diesel mit Vorkammereinspritzung und Abgas-Turbolader
Anordnung im Fahrzeug	vorne, längs; stehend
Motoren	
Motor-Typ / -Baumuster	OM 603 D 30 A / 603.960
Zylinderzahl / -anordnung	6 / Reihe; 15° nach rechts geneigt
Bohrung x Hub	87,0 x 84,0 mm
Gesamthubraum	2996 cm³ (nach Steuerformel 2975 cm³)
Verdichtungsverhältnis	22
Kurbelwellenlager	7
Leistung	143 PS / 105 kW bei 4600/min; ab 09.1988: 147 PS / 108 kW bei 4600/min
Drehmoment	267 Nm bei 2400/min; ab 09.1988: 273 Nm bei 2400/min
Ventilanordnung / -anzahl	1 Einlass, 1 Auslass / hängend
Ventilsteuerung	obenliegende Nockenwelle, ohc
Nockenwellenantrieb	Duplex-Rollenkette
Gemischbildung	Vorkammereinspritzung, mechanisch geregelte Bosch 6-Stempel-Einspritzpumpe / Abgas-Turbolader
Kühlung	Wasserkühlung / Pumpe; 10 l Wasser
Schmierung	Druckumlauf-Schmierung / 8 l Öl
Elektrische Anlage	
Elektr. Anlage	12 V
Batterie	72 Ah / im Motorraum
Generator	Drehstrom / 1120 W
Anlasser	elektrisch / 2,2 kW
Zündung	Selbstzünder
Kraftstofftank	72 l, hinter der Hinterachse
Kraftstoff-Förderung	Kolbenpumpe an der Einspritzpumpe
Getriebe	
Getriebe	4-Gang-Automatikgetriebe
Verfügbarkeit	Serie bis 09.1988
Getriebe-Typ / -Baumuster	W 4 A 040 / 722.348
Schaltung	Wählhebel in Wagenmitte
Kupplung	hydraulischer Drehmomentwandler im Automatikgetriebe
Getriebeart	Planetengetriebe
Getriebe-Übersetzung	I. 3,68; II. 2,41; III. 1,44; IV. 1,0; R. 5,14
Achsantriebsübersetzung	2,65
Höchstgeschwindigkeit	195 km/h
Beschleunigung 0-100 km/h[1]	10,9 s
Kraftstoffverbrauch	6,9 / 8,9 / 9,4 l; nach Richtlinie 80/1268/EWG; Werte für 90 km/h / 120 km/h / Stadtzyklus
Getriebe	4-Gang-Automatikgetriebe
Verfügbarkeit	Serie ab 09.1988
Gteriebe-Typ / -Baumuster	W 4 A 040 / 722.357
Schaltung	Wählhebel in Wagenmitte
Kupplung	hydraulischer Drehmomentwandler im Automatikgetriebe
Getriebeart	Planetengetriebe
Getriebe-Übersetzung	I. 3,87; II. 2,25; III. 1,44; IV. 1,0; R. 5,59
Achsantriebsübersetzung	2,65
Höchstgeschwindigkeit	195 km/h
Beschleunigung 0-100 km/h[1]	10,9 s
Kraftstoffverbrauch	6,9 / 8,9 / 9,4 l; nach Richtlinie 80/1268/EWG; Werte für 90 km/h / 120 km/h / Stadtzyklus
Tragstruktur und Fahrwerk	
Rahmenausführung	selbsttragende Ganzstahlkarosserie
Radaufhängung, vorne	Dreiecksquerlenker / Dämpferbein
Radaufhängung, hinten	Raumlenkerachse mit hydropneumatischer Niveau-Regulierung
Federung, vorne	Schraubenfedern, Drehstab-Stabilisator
Federung, hinten	Schraubenfedern, hydropneumatische Federbeine, Drehstab-Stabilisator
Stoßdämpfer, vorne/hinten	Gasdruck-Dämpferbeine / hydropneumatische Federbeine
Lenkung	Kugelumlauf-Servolenkung
Lenkübersetzung	15,44:1 / 3 Lenkradumdrehungen
Bremsanlage	
Bremsanlage (Fußbremse)	hydraulische Zweikreis-Bremsanlage mit Unterdruck-Bremskraftverstärker und Anti-Blockier-System; Scheibenbremsen vorne innenbelüftet und hinten massiv
Feststellbremse	mechanisch (fußbetätigt), auf Hinterräder wirkend
Abmessungen der Bremsscheiben	vorne / hinten 284 x 22 / 278 x 9 mm
Allgemeine Daten	
Räder	Stahlblech-Scheibenräder, verstärkt, 6 ½ J x 15 H 2 ET 49; auf Wunsch: Leichtmetall-Scheibenräder 6 ½ J x 15 H 2 ET 49
Reifen	195/65 R 15 91 H
Angetriebene Räder	Hinterräder
Kraftübertragung	geteilte Kardanwelle
Radstand	2800 mm
Spur vorne / hinten	1497 / 1488 mm
Länge	4765 mm
Breite	1740 mm
Höhe	1490 mm (mit Dachreling)
Bodenfreiheit	163 mm
Ladevolumen bis Bordkante	530 l bis 885 l
Kleinster Wendekreis	11,2 m
Zul. Gesamtgewicht	2180 kg; ab 12.1988: 2200 kg
Zul. Achslast vorne	965 kg; ab 12.1988: 980 kg
Zul. Achslast hinten	1215 kg; ab 12.1988: 1220 kg
Zuladung	620 kg
Zul. Anhängelast gebremst	1500 kg; ab 05.1989: 2100 kg
Zul. Anhängelast ungebremst	750 kg
Zul. Dachlast	100 kg
Leergewicht (Wagengewicht) nach Richtlinie DIN 70020 (mit Kraftstoff, Reserverad und Werkzeug)	1560 kg; ab 12.1988: 1580 kg
Luftwiderstand cW-Mittelwert x A	0,35 x 2,11 m²
Stückzahl	bis 02.1996: 14.844; Stückzahlen bis / ab Modellpflegen 09.1989 und 06.1993 nicht separat dokumentiert
Preise (vor 09.1987 im Inland nicht lieferbar)	09.1985: DM 54.549,00 09.1986: DM 59.451,00 06.1987: DM 61.446,00 02.1988: DM 62.814,00 02.1989: DM 63.840,00

Mercedes-Benz 300 TD Turbo 4MATIC

Allgemeine Angaben	
Konstruktionsbezeichnung	S 124 D 30 A 4-M
Baumuster	124.393
Produktionszeitraum	09.1986 / 08.1987 – 08.1989
Arbeitsverfahren	Viertakt-Diesel mit Vorkammereinspritzung und Abgas-Turbolader
Anordnung im Fahrzeug	vorne, längs; stehend
Motoren	
Motor-Typ / -Baumuster	OM 603 D 30 A / 603.963
Zylinderzahl / -anordnung	6 / Reihe; 15° nach rechts geneigt
Bohrung x Hub	87,0 x 84,0 mm
Gesamthubraum	2996 cm³ (nach Steuerformel 2975 cm³)
Verdichtungsverhältnis	22
Kurbelwellenlager	7
Leistung	143 PS / 105 kW bei 4600/min; ab 09.1988: 147 PS / 108 kW bei 4600/min
Drehmoment	267 Nm bei 2400/min; ab 09.1988: 273 Nm bei 2400/min
Ventilanordnung / -anzahl	1 Einlass, 1 Auslass / hängend
Ventilsteuerung	obenliegende Nockenwelle, ohc
Nockenwellenantrieb	Duplex-Rollenkette
Gemischbildung	Vorkammereinspritzung, mechanisch geregelte Bosch 6-Stempel-Einspritzpumpe / Abgas-Turbolader
Kühlung	Wasserkühlung / Pumpe; 10 l Wasser
Schmierung	Druckumlauf-Schmierung / 8 l Öl
Elektrische Anlage	
Elektr. Anlage	12 V
Batterie	72 Ah / im Motorraum
Generator	Drehstrom / 1120 W
Anlasser	elektrisch / 2,2 kW
Zündung	Selbstzünder
Kraftstofftank	72 l, hinter der Hinterachse
Kraftstoff-Förderung	Kolbenpumpe an der Einspritzpumpe
Getriebe	
Getriebe	4-Gang-Automatikgetriebe
Verfügbarkeit	Serie bis 02.1989
Getriebe-Typ / -Baumuster	W 4 A 040 / 722.348
Schaltung	Wählhebel in Wagenmitte
Kupplung	hydraulischer Drehmomentwandler im Automatikgetriebe
Getriebeart	Planetengetriebe
Getriebe-Übersetzung	I. 3,68; II. 2,41; III. 1,44; IV. 1,0; R. 5,14
Achsantriebsübersetzung	vorne / hinten: 2,65
Höchstgeschwindigkeit	188 km/h
Beschleunigung 0-100 km/h[1]	12,8 s
Kraftstoffverbrauch	7,5 / 9,7 / 10,2 l; nach Richtlinie 80/1268/EWG; Werte für 90 km/h / 120 km/h /Stadtzyklus
Getriebe	4-Gang-Automatikgetriebe
Verfügbarkeit	Serie ab 02.1989
Getriebe-Typ / -Baumuster	W 4 A 040 / 722.344
Schaltung	Wählhebel in Wagenmitte
Kupplung	hydraulischer Drehmomentwandler im Automatikgetriebe
Getriebeart	Planetengetriebe
Getriebe-Übersetzung	I. 3,87; II. 2,25; III. 1,44; IV. 1,0; R. 5,59
Achsantriebsübersetzung	vorn/hinten: 2,65
Höchstgeschwindigkeit	188 km/h
Beschleunigung 0-100 km/h[1]	12,8 s
Kraftstoffverbrauch	7,5 / 9,7 / 10,2 l; nach Richtlinie 80/1268/EWG; Werte für 90 km/h / 120 km/h / Stadtzyklus
Tragstruktur und Fahrwerk	
Rahmenausführung	selbsttragende Ganzstahlkarosserie
Radaufhängung, vorne	Dreiecksquerlenker / Dämpferbein
Radaufhängung, hinten	Raumlenkerachse mit hydropneumatischer Niveau-Regulierung
Federung, vorne	Schraubenfedern, Drehstab-Stabilisator
Federung, hinten	Schraubenfedern, hydropneumatische Federbeine, Drehstab-Stabilisator
Stoßdämpfer, vorne/hinten	Gasdruck-Dämpferbeine / hydropneumatische Federbeine
Lenkung	Kugelumlauf-Servolenkung
Lenkübersetzung	13,21:1 / 3 Lenkradumdrehungen
Bremsanlage	
Bremsanlage (Fußbremse)	hydraulische Zweikreis-Bremsanlage mit Unterdruck-Bremskraftverstärker und Anti-Blockier-System; Scheibenbremsen vorne innenbelüftet und hinten massiv
Feststellbremse	mechanisch (fußbetätigt), auf Hinterräder wirkend
Abmessungen der Bremsscheiben	vorne / hinten 284 x 22 / 278 x 9 mm
Allgemeine Daten	
Räder	Stahlblech-Scheibenräder, verstärkt, 6 ½ J x 15 H 2 ET 49; auf Wunsch: Leichtmetall-Scheibenräder 6 ½ J x 15 H 2 ET 49
Reifen	195/65 R 15 91 H
Angetriebene Räder	Allrad-Antrieb 4MATIC: permanenter Antrieb auf die Hinterräder; bei Bedarf automatisch zuschaltender Antrieb auf die Vorderräder
Kraftübertragung	vom Verteilergetriebe über einteilige Gelenkwelle auf Vorderachs-Differenzial und über zweiteilige Gelenkwelle auf Hinterachs-Differenzial (Kraftverteilung 35 % vorn, 65 % hinten)
Radstand	2800 mm
Spur vorne / hinten	1497 / 1485 mm
Länge	4765 mm
Breite	1740 mm
Höhe	1498 mm (mit Dachreling)
Bodenfreiheit	173 mm
Ladevolumen bis Bordkante	530 l bis 885 l
Kleinster Wendekreis	12,15 m
Zul. Gesamtgewicht	2285 kg; ab 12.1988: 2295 kg
Zul. Achslast vorne	1055 kg; ab 12.1988: 1070 kg
Zul. Achslast hinten	1230 kg; ab 12.1988: 1225 kg
Zuladung	605 kg
Zul. Anhängelast gebremst	1500 kg; ab 05.1989: 2100 kg
Zul. Anhängelast ungebremst	750 kg
Leergewicht (Wagengewicht) nach Richtlinie DIN 70020 (mit Kraftstoff, Reserverad und Werkzeug)	1680 kg; ab 12.1988: 1690 kg
Luftwiderstand cW-Mittelwert x A	0,35 x 2,12 m²
Stückzahl	bis 03.1995: 2317; Stückzahlen bis / ab Modellpflegen 09.1989 und 06.1993 nicht separat dokumentiert
Preise	09.1985: DM 67.773,00 09.1986: DM 70.053,00 06.1987: DM 73.188,00 02.1988: DM 74.841,00 02.1989: DM 76.437,00

Mercedes-Benz 200 T	
Allgemeine Angaben	
Konstruktionsbezeichnung	S 124 V 20
Baumuster	124.080
Produktionszeitraum	03.1985 / 11.1985 – 08.1989
Arbeitsverfahren	Viertakt-Otto; ab 09.1986: Abgasreinigungsanlage mit geregeltem 3-Wege-Katalysator
Anordnung im Fahrzeug	vorne, längs; stehend
Motoren	
Motor-Typ / -Baumuster	M 102 V 20 / 102.922
Zylinderzahl / -anordnung	4 / Reihe; 15° nach rechts geneigt
Bohrung x Hub	89,0 x 80,25 mm
Gesamthubraum	1997 cm³ (nach Steuerformel 1977 cm³)
Verdichtungsverhältnis	9,1
Kurbelwellenlager	5
Leistung	109 PS / 80 kW bei 5200/min (ECE-Version); ab 09.1986: 109 PS / 80 kW bei 5500/min (RÜF-Version); 105 PS / 77 kW bei 5500/min (Katalysator-Version)
Drehmoment	170 Nm bei 2500/min (ECE-Version); ab 09.1986: 165 Nm bei 3000/min (RÜF-Version); 160 Nm bei 3000/min (Katalysator-Version)
Ventilanordnung / -anzahl	1 Einlass, 1 Auslass / v-förmig hängend
Ventilsteuerung	obenliegende Nockenwelle, ohc
Nockenwellenantrieb	Einfach-Rollenkette; ab 09.88: Duplex-Rollenkette
Gemischbildung	1 Flachstromvergaser Stromberg 175 CDT (ECE-Version); ab 09.1986: 1 Fallstrom-Registervergaser Pierburg 2 E-E
Kühlung	Wasserkühlung / Pumpe; 8,5 l Wasser
Schmierung	Druckumlauf-Schmierung / 5 l Öl
Elektrische Anlage	
Elektr. Anlage	12 V
Batterie	62 Ah / im Motorraum
Generator	Drehstrom / 770 W
Anlasser	elektrisch / 1,4 kW
Zündung	Transistorzündung (ECE-Version); ab 09.86: elektronische Zündanlage
Kraftstofftank	72 l, hinter der Hinterachse
Kraftstoff-Förderung	Membranpumpe
Getriebe	
Getriebe	4-Gang-Schaltgetriebe
Verfügbarkeit	Serie
Getriebe-Typ / -Baumuster	GL 68/20 G / 716.216
Schaltung	Mittelschaltung
Kupplung	Einscheiben-Trockenkupplung
Getriebeart	Zahnrad-Wechselgetriebe
Synchronisierte Gänge	I – IV
Getriebe-Übersetzung	I. 3,91; II. 2,17; III. 1,37; IV. 1,0; R. 3,78
Achsantriebsübersetzung	3,64
Höchstgeschwindigkeit	175 km/h; 173 km/h (Katalysator-Version)
Beschleunigung 0-100 km/h[1]	13,6 s; 14,0 (Katalysator-Version)
Kraftstoffverbrauch	7,3 / 9,3 / 12,2 l (ECE-Version); ab 04.1986: 7,3 / 9,3 / 11,7 l (RÜF-Version); 7,7 / 9,8 / 12,2 l (Katalysator-Version); nach Richtlinie 80/1268/EWG; Werte für 90 km/h / 120 km/h / Stadtzyklus
Getriebe	5-Gang-Schaltgetriebe
Verfügbarkeit	auf Wunsch
Getriebe-Typ / -Baumuster	GL 68/20 B-5 / 717.411
Schaltung	Mittelschaltung
Kupplung	Einscheiben-Trockenkupplung
Getriebeart	Zahnrad-Wechselgetriebe
Synchronisierte Gänge	I – V
Getriebe-Übersetzung	I. 3,91; II. 2,17; III. 1,37; IV. 1,0; V. 0,78; R. 4,27
Achsantriebsübersetzung	3,64
Höchstgeschwindigkeit	175 km/h; 173 km/h (Katalysator-Version)
Beschleunigung 0-100 km/h[1]	13,6 s; 14,0 s (Katalysator-Version)
Kraftstoffverbrauch	6,8 / 8,5 / 12,2 l (ECE-Version); ab 04.1986: 6,7 / 8,5 / 11,7 l (RÜF-Version); 7,0 / 9,0 / 12,2 l (Katalysator-Version); nach Richtlinie 80/1268/EWG; Werte für 90 km/h / 120 km/h / Stadtzyklus
Getriebe	4-Gang-Automatikgetriebe
Verfügbarkeit	auf Wunsch
Getriebe-Typ / -Baumuster	W 4 A 020 / 722.411
Schaltung	Wählhebel in Wagenmitte
Kupplung	hydraulischer Drehmomentwandler im Automatikgetriebe
Getriebeart	Planetengetriebe
Getriebe-Übersetzung	I. 4,25; II. 2,41; III. 1,49; IV. 1,0; R. 5,67
Achsantriebsübersetzung	3,64
Höchstgeschwindigkeit	170 km/h; 168 km/ h (Katalysator-Version)
Beschleunigung 0-100 km/h[1]	14,0 s; 14,5 s (Katalysator-Version)
Kraftstoffverbrauch	8,0 / 9,8 / 11,9 l (ECE-Version); ab 04.1986: 7,8 / 9,8 / 11,5 l (RÜF-Version); 8,1 / 10,3/ 12,0 l (Katalysator-Version); nach Richtlinie 80/1268/EWG; Werte für 90 km/h / 120 km/h / Stadtzyklus
Tragstruktur und Fahrwerk	
Rahmenausführung	selbsttragende Ganzstahlkarosserie
Radaufhängung, vorne	Dreiecksquerlenker / Dämpferbein
Radaufhängung, hinten	Raumlenkerachse mit hydropneumatischer Niveau-Regulierung
Federung, vorne	Schraubenfedern, Drehstab-Stabilisator
Federung, hinten	Schraubenfedern, hydropneumatische Federbeine, Drehstab-Stabilisator
Stoßdämpfer, vorne/hinten	Gasdruck-Dämpferbeine / hydropneumatische Federbeine
Lenkung	Kugelumlauf-Servolenkung
Lenkübersetzung	15,44:1 / 3 Lenkradumdrehungen
Bremsanlage	
Bremsanlage (Fußbremse)	hydraulische Zweikreis-Bremsanlage mit Unterdruck-Bremskraftverstärker, auf Wunsch mit Anti-Blockier-System (ab 09.1988 Serie); Scheibenbremsen vorne und hinten massiv
Feststellbremse	mechanisch (fußbetätigt), auf Hinterräder wirkend
Abmessungen der Bremsscheiben	vorne / hinten 284 x 12/ 278 x 9 mm
Allgemeine Daten	
Räder	Stahlblech-Scheibenräder, verstärkt, 6 J x 15 H 2 ET 49; auf Wunsch: Leichtmetall-Scheibenräder 6 J x 15 H 2 ET 49
Reifen	195/65 R 15 91 T
Angetriebene Räder	Hinterräder
Kraftübertragung	geteilte Kardanwelle
Radstand	2800 mm
Spur vorne / hinten	1497 / 1488 mm
Länge	4765 mm
Breite	1740 mm
Höhe	1490 mm (mit Dachreling)
Bodenfreiheit	160 mm
Ladevolumen bis Bordkante	530 l bis 885 l
Kleinster Wendekreis	11,2 m
Zul. Gesamtgewicht	2010 kg; ab 03.1987: 2020 kg; ab 12.1988: 2050 kg
Zul. Achslast vorne	830 kg; ab 12.1988: 850 kg
Zul. Achslast hinten	1180 kg; ab 03.1987: 1190 kg; ab 12.1988: 1200 kg
Zuladung	620 kg
Zul. Anhängelast gebremst	1500 kg
Zul. Anhängelast ungebremst	730 kg; ab 03.1987: 735 kg; ab 12.1988: 750 kg
Zu. Dachlast	100 kg
Leergewicht (Wagengewicht) nach Richtlinie DIN 70020 (mit Kraftstoff, Reserverad und Werkzeug)	1390 kg; ab 03.1987: 1400 kg; ab 12.1988: 1430 kg
Luftwiderstand cW-Mittelwert x A	-
Stückzahl	bis 05.1990: 7467; Stückzahlen bis / ab Modellpflege 09.1989 nicht separat dokumentiert
Preise	09.1985: DM 38.076,00 09.1986: DM 40.869,00 09.1987: DM 42.237,00 02.1988: DM 43.149,00 09.1988: DM 44.517,00 02.1989: DM 45.429,00

Mercedes-Benz 200 TE	
Allgemeine Angaben	
Konstruktionsbezeichnung	S 124 E 20
Baumuster	124.081
Produktionszeitraum	07.1988 / 10.1988 – 08.1989
Arbeitsverfahren	Viertakt-Otto mit Saugrohreinspritzung und Abgasreinigungsanlage mit geregeltem 3-Wege-Katalysator
Anordnung im Fahrzeug	vorne, längs; stehend
Motoren	
Motor-Typ / -Baumuster	M 102 E 20 / 102.963 KE
Zylinderzahl / -anordnung	4 / Reihe; 15° nach rechts geneigt
Bohrung x Hub	89,0 x 80,2 mm
Gesamthubraum	1996 cm³
Verdichtungsverhältnis	9,1
Kurbelwellenlager	5
Leistung	122 PS / 90 kW bei 5100/min (RÜF-Version); 118 PS / 87 kW bei 5200/min (Katalysator-Version)
Drehmoment	178 Nm bei 3500/min (RÜF-Version); 172 Nm bei 3500/min (Katalysator-Version)
Ventilanordnung / -anzahl	1 Einlass, 1 Auslass / v-förmig hängend
Ventilsteuerung	obenliegende Nockenwelle, ohc
Nockenwellenantrieb	Einfach-Rollenkette; ab 09.88: Duplex-Kette
Gemischbildung	Saugrohreinspritzung, mechanisch-elektronisch geregelt (Bosch KE-Jetronic)
Kühlung	Wasserkühlung / Pumpe; 8,5 l Wasser
Schmierung	Druckumlauf-Schmierung / 5 l Öl
Elektrische Anlage	
Elektr. Anlage	12 V
Batterie	62 Ah / im Motorraum
Generator	Drehstrom / 770 W
Anlasser	elektrisch / 1,4 kW
Zündung	elektronische Zündanlage
Kraftstofftank	72 l, hinter der Hinterachse
Kraftstoff-Förderung	elektrische Förderpumpe
Getriebe	
Getriebe	4-Gang-Schaltgetriebe
Verfügbarkeit	Serie
Getriebe-Typ / -Baumuster	GL 68/20 G / 716.216
Schaltung	Mittelschaltung
Kupplung	Einscheiben-Trockenkupplung
Getriebeart	Zahnrad-Wechselgetriebe
Synchronisierte Gänge	I – IV
Getriebe-Übersetzung	I. 3,91; II. 2,17; III. 1,37; IV. 1,0; R. 3,78
Achsantriebsübersetzung	3,64
Höchstgeschwindigkeit	182 km/h (RÜF-Version); 182 km/h (Katalysator-Version)
Beschleunigung 0-100 km/h[1]	12,4 s (RÜF-Version); 12,9 s (Katalysator-Version)
Kraftstoffverbrauch	7,3 / 8,9 / 11,7 l (RÜF-Version); 7,6 / 9,8 / 12,2 l (Katalysator-Version); nach Richtlinie 80/1268/EWG; Werte für 90 km/h / 120 km/h / Stadtzyklus
Getriebe	5-Gang-Schaltgetriebe
Verfügbarkeit	auf Wunsch
Getriebe-Typ / -Baumuster	GL 68/20 B-5 / 717.411
Schaltung	Mittelschaltung
Kupplung	Einscheiben-Trockenkupplung
Getriebeart	Zahnrad-Wechselgetriebe
Synchronisierte Gänge	I – V
Getriebe-Übersetzung	I. 3,91; II. 2,17; III. 1,37; IV. 1,0; V. 0,78; R. 4,27
Achsantriebsübersetzung	3,64
Höchstgeschwindigkeit	182 km/h (RÜF-Version); 180 km/h (Katalysator-Version)
Beschleunigung 0-100 km/h[1]	12,4 s (RÜF-Version); 12,9 s (Katalysator-Version)
Kraftstoffverbrauch	6,8 / 8,6 / 11,7 l (RÜF-Version; 6,9 / 9,0 / 12,2 l (Katalysator-Version); nach Richtlinie 80/1268/EWG; Werte für 90 km/h / 120 km/h / Stadtzyklus
Getriebe	4-Gang-Automatikgetriebe
Verfügbarkeit	auf Wunsch
Getriebe-Typ / -Baumuster	W 4 A 020 / 722.400
Schaltung	Wählhebel in Wagenmitte
Kupplung	hydraulischer Drehmomentwandler im Automatikgetriebe
Getriebeart	Planetengetriebe
Getriebe-Übersetzung	I. 4,25; II. 2,41; III. 1,49; IV. 1,0; R. 5,67
Achsantriebsübersetzung	3,64
Höchstgeschwindigkeit	177 km/h (RÜF-Version); 175 km/h (Katalysator-Version)
Beschleunigung 0-100 km/h[1]	12,5 s (RÜF-Version); 13,1 s (Katalysator-Version)
Kraftstoffverbrauch	7,7/9,7/11,6 l (RÜF-Version); 8,0/10,2/12,0 l (Katalysator-Version); nach Richtlinie 80/1268/EWG; Werte für 90 km/h / 120 km/h / Stadtzyklus
Tragstruktur und Fahrwerk	
Rahmenausführung	selbsttragende Ganzstahlkarosserie
Radaufhängung, vorne	Dreiecksquerlenker / Dämpferbein
Radaufhängung, hinten	Raumlenkerachse mit hydropneumatischer Niveau-Regulierung
Federung, vorne	Schraubenfedern, Drehstab-Stabilisator
Federung, hinten	Schraubenfedern, hydropneumatische Federbeine, Drehstab-Stabilisator
Stoßdämpfer, vorne/hinten	Gasdruck-Dämpferbeine / hydropneumatische Federbeine
Lenkung	Kugelumlauf-Servolenkung
Lenkübersetzung	15,44:1 / 3 Lenkradumdrehungen
Bremsanlage	
Bremsanlage (Fußbremse)	hydraulische Zweikreis-Bremsanlage mit Unterdruck-Bremskraftverstärker und Anti-Blockier-System; Scheibenbremsen vorne und hinten massiv
Feststellbremse	mechanisch (fußbetätigt), auf Hinterräder wirkend
Abmessungen der Bremsscheiben	vorne / hinten 284 x 12/ 278 x 9 mm
Allgemeine Daten	
Räder	Stahlblech-Scheibenräder, verstärkt, 6 ½ J x 15 H 2 ET 49; auf Wunsch: Leichtmetall-Scheibenräder 6 ½ J x 15 H 2 ET 49
Reifen	195/65 R 15 91 T
Angetriebene Räder	Hinterräder
Kraftübertragung	geteilte Kardanwelle
Radstand	2800 mm
Spur vorne / hinten	1497 / 1488 mm
Länge	4765 mm
Breite	1740 mm
Höhe	1490 mm (mit Dachreling)
Bodenfreiheit	160 mm
Ladevolumen bis Bordkante	530 l bis 885 l
Kleinster Wendekreis	11,2 m
Zul. Gesamtgewicht	2030 kg
Zul. Achslast vorne	835 kg
Zul. Achslast hinten	1195 kg
Zuladung	620 kg
Zul. Anhängelast gebremst	1500 kg
Zul. Anhängelast ungebremst	740 kg
Zul. Dachlast	100 kg
Leergewicht (Wagengewicht) nach DIN 70020 (mit Kraftstoff, Reserverad und Werkzeug)	1410 kg
Luftwiderstand cW-Mittelwert x A	-
Stückzahl	bis 10.1992: 20.555; Stückzahlen bis / ab Modellpflege 09.1989 nicht separat dokumentiert
Preise	09.1988: DM 46.854,00 02.1989: DM 47.823,00

Mercedes-Benz 230 TE

Allgemeine Angaben	
Konstruktionsbezeichnung	S 124 E 23
Baumuster	124.083
Produktionszeitraum	04.1985 / 10.1985 – 08.1989
Arbeitsverfahren	Viertakt-Otto mit Saugrohreinspritzung und Abgasreinigungsanlage mit geregeltem 3-Wege-Katalysator
Anordnung im Fahrzeug	vorne, längs; stehend
Motoren	
Motor-Typ / -Baumuster	M 102 E 23 / 102.982 KE
Zylinderzahl / -anordnung	4 / Reihe; 15° nach rechts geneigt
Bohrung x Hub	95,5 x 80,2 mm
Gesamthubraum	2298 cm^3
Verdichtungsverhältnis	9
Kurbelwellenlager	5
Leistung	136 PS / 100 kW bei 5100/min (ECE- + RÜF-Version); 97 PS / 132 kW bei 5100/min (Katalysator-Version)
Drehmoment	205 Nm bei 3500/min (RÜF-Version); 198 Nm bei 3500/ min (Katalysator-Version)
Ventilanordnung / -anzahl	1 Einlass, 1 Auslass / v-förmig hängend
Ventilsteuerung	obenliegende Nockenwelle, ohc
Nockenwellenantrieb	Einfach-Rollenkette; ab 09.88: Duplex-Kette
Gemischbildung	Saugrohreinspritzung, mechanisch-elektronisch geregelt (Bosch KE-Jetronic)
Kühlung	Wasserkühlung / Pumpe; 8,5 l Wasser
Schmierung	Druckumlauf-Schmierung / 5 l Öl
Elektrische Anlage	
Elektr. Anlage	12 V
Batterie	62 Ah / im Motorraum
Generator	Drehstrom / 770 W
Anlasser	elektrisch / 1,4 kW
Zündung	elektronische Zündanlage
Kraftstofftank	72 l, hinter der Hinterachse
Kraftstoff-Förderung	elektrische Förderpumpe
Getriebe	
Getriebe	4-Gang-Schaltgetriebe
Verfügbarkeit	Serie
Getriebe-Typ / -Baumuster	GL 68/20 H / 716.217
Schaltung	Mittelschaltung
Kupplung	Einscheiben-Trockenkupplung
Getriebeart	Zahnrad-Wechselgetriebe
Synchronisierte Gänge	I – IV
Getriebe-Übersetzung	I. 3,91; II. 2,17; III. 1,37; IV. 1,0; R. 3,78
Achsantriebsübersetzung	3,46
Höchstgeschwindigkeit	190 km/h (RÜF-Version); 185 km/h (Katalysator-Version)
Beschleunigung 0-100 km/h[1]	10,9 s (RÜF-Version); 11,4 s (Katalysator-Version)
Kraftstoffverbrauch	7,4 / 9,3 / 11,8 l (RÜF-Version); 7,7 / 9,8 / 12,2 l (Katalysator-Version); nach Richtlinie 80/1268/EWG; Werte für 90 km/h / 120 km/h / Stadtzyklus
Getriebe	5-Gang-Schaltgetriebe
Verfügbarkeit	auf Wunsch
Getriebe-Typ / -Baumuster	GL 68/20 C-5 / 717.412
Schaltung	Mittelschaltung
Kupplung	Einscheiben-Trockenkupplung
Getriebeart	Zahnrad-Wechselgetriebe
Synchronisierte Gänge	I – V
Getriebe-Übersetzung	I. 3,91; II. 2,17; III. 1,37; IV. 1,0; V. 0,78; R. 4,27
Achsantriebsübersetzung	3,46
Höchstgeschwindigkeit im 5. Gang	185 km/h (RÜF-Version); 183 km/h (Katalysator-Version)
Beschleunigung 0-100 km/h[1]	12,4 s (RÜF-Version); 12,9 s (Katalysator-Version)
Kraftstoffverbrauch	6,7 / 8,5 / 11,8 l (RÜF-Version); 7,0 / 8,9 / 12,2 l (Katalysator-Version); nach Richtlinie 80/1268/EWG; Werte für 90 km/h / 120 km/h / Stadtzyklus
Getriebe	4-Gang-Automatikgetriebe
Verfügbarkeit	auf Wunsch
Getriebe-Typ / -Baumuster	W 4 A 020 / 722.408
Schaltung	Wählhebel in Wagenmitte
Kupplung	hydraulischer Drehmomentwandler im Automatikgetriebe
Getriebeart	Planetengetriebe
Getriebe-Übersetzung	I. 4,25; II. 2,41; III. 1,49; IV. 1,0; R. 5,67
Achsantriebsübersetzung	3,46
Höchstgeschwindigkeit	185 km/h (RÜF-Version); 183 km/h (Katalysator-Version)
Beschleunigung 0-100 km/h[1]	11,1 s (RÜF-Version); 11,5 s (Katalysator-Version)
Kraftstoffverbrauch	8,0/9,8/11,6 l (RÜF-Verson); 8,2/10,3/12,0 l (Katalysator-Version); nach Richtlinie 80/1268/ EWG; Werte für 90 km/h / 120 km/h / Stadtzyklus
Tragstruktur und Fahrwerk	
Rahmenausführung	selbsttragende Ganzstahlkarosserie
Radaufhängung, vorne	Dreiecksquerlenker / Dämpferbein
Radaufhängung, hinten	Raumlenkerachse mit hydropneumatischer Niveau-Regulierung
Federung, vorne	Schraubenfedern, Drehstab-Stabilisator
Federung, hinten	Schraubenfedern, hydropneumatische Federbeine, Drehstab-Stabilisator
Stoßdämpfer, vorne/hinten	Gasdruck-Dämpferbeine / hydropneumatische Federbeine
Lenkung	Kugelumlauf-Servolenkung
Lenkübersetzung	15,44:1 / 3 Lenkradumdrehungen
Bremsanlage	
Bremsanlage (Fußbremse)	hydraulische Zweikreis-Bremsanlage mit Unterdruck-Bremskraftverstärker und Anti-Blockier-System auf Wunsch (ab 09.1988 Serie); Scheibenbremsen vorne belüftet und hinten massiv
Feststellbremse	mechanisch (fußbetätigt), auf Hinterräder wirkend
Abmessungen der Bremsscheiben	vorne / hinten 284 x 22/ 278 x 9 mm
Allgemeine Daten	
Räder	Stahlblech-Scheibenräder, verstärkt, 6 ½ J x 15 H 2 ET 49; auf Wunsch: Leichtmetall-Scheibenräder 6 ½ J x 15 H 2 ET 49
Reifen	195/65 R 15 91 H
Angetriebene Räder	Hinterräder
Kraftübertragung	geteilte Kardanwelle
Radstand	2800 mm
Spur vorne / hinten	1497 / 1488 mm
Länge	4765 mm
Breite	1740 mm
Höhe	1490 mm (mit Dachreling)
Bodenfreiheit	163 mm
Ladevolumen bis Bordkante	530 l bis 885 l
Kleinster Wendekreis	11,2 m
Zul. Gesamtgewicht	2040 kg
Zul. Achslast vorne	840 kg
Zul. Achslast hinten	1200 kg
Zuladung	620 kg
Zul. Anhängelast gebremst	1500 kg
Zul. Anhängelast ungebremst	745 kg
Zul. Dachlast	100 kg
Leergewicht (Wagengewicht) nach DIN 70020 (mit Kraftstoff, Reserverad, und Werkzeug)	1420 kg
Luftwiderstand cW-Mittelwert x A	0,34 x 2,11 m^2
Stückzahl	bis 10.1992: 64.945; Stückzahlen bis / ab Modellpflege 09.1989 nicht separat dokumentiert
Preise	09.1985: DM 42.009,00 09.1986: DM 44.631,00 06.1987: DM 46.170,00 02.1988: DM 47.196,00 09.1988: DM 48.564,00 02.1989: DM 49.590,00

Mercedes-Benz 300 TE

Allgemeine Angaben	
Konstruktionsbezeichnung	S 124 E 30
Baumuster	124.090
Produktionszeitraum	05.1985 / 11.1985 – 08.1989
Arbeitsverfahren	Viertakt-Otto mit Saugrohreinspritzung; auf Wunsch: Abgasreinigungsanlage mit geregeltem 3-Wege-Katalysator (ab 09.1986 Serie)
Anordnung im Fahrzeug	vorne, längs; stehend
Motoren	
Motor-Typ / -Baumuster	M 103 E 30 / 103.983 KE
Zylinderzahl / -anordnung	6 / Reihe; 15° nach rechts geneigt
Bohrung x Hub	88,5 x 80,25 mm
Gesamthubraum	2962 cm³ (nach Steuerformel 2932 cm³)
Verdichtungsverhältnis	9,2
Kurbelwellenlager	7
Leistung	188 PS / 138 kW bei 5700/min (RÜF-Version); 180 PS / 132 kW bei 5700/min (Katalysator-Version)
Drehmoment	260 Nm bei 4400 /min (RÜF-Version); 255 Nm bei 4400/min (Katalysator-Version)
Ventilanordnung / -anzahl	1 Einlass, 1 Auslass / v-förmig hängend
Ventilsteuerung	obenliegende Nockenwelle, ohc
Nockenwellenantrieb	Einfach-Rollenkette
Gemischbildung	Saugrohreinspritzung, mechanisch-elektronisch geregelt (Bosch KE-Jetronic)
Kühlung	Wasserkühlung / Pumpe; 9 l Wasser
Schmierung	Druckumlauf-Schmierung / 6 l Öl
Elektrische Anlage	
Elektr. Anlage	12 V
Batterie	62 Ah / im Motorraum
Generator	Drehstrom / 980 W
Anlasser	elektrisch / 1,7 kW
Zündung	elektronische Zündanlage
Kraftstofftank	72 l, hinter der Hinterachse
Kraftstoff-Förderung	elektrische Förderpumpe
Getriebe	
Getriebe	5-Gang-Schaltgetriebe
Verfügbarkeit	Serie
Getriebe-Typ / -Baumuster	GL 76/27 A-5 / 717.430
Schaltung	Mittelschaltung
Kupplung	Einscheiben-Trockenkupplung
Getriebeart	Zahnrad-Wechselgetriebe
Synchronisierte Gänge	I – V
Getriebe-Übersetzung	I. 3,86; II. 2,18; III. 1,38; IV. 1,0; V. 0,80; R. 4,22
Achsantriebsübersetzung	3,27
Höchstgeschwindigkeit	215 km/h (RÜF-Version); 212 km/h (Katalysator-Version)
Beschleunigung 0-100 km/h[1]	8,2 s (RÜF-Version); 8,4 s (Katalysator-Version)
Kraftstoffverbrauch	7,4 / 9,4 / 13,8 l (RÜF-Version); 7,7 / 10,0 / 14,2 l (Katalysator-Version); nach Richtlinie 80/1268/EWG; Werte für 90 km/h / 120 km/h / Stadtzyklus
Getriebe	4-Gang-Automatikgetriebe
Verfügbarkeit	auf Wunsch (bis 09.1988)
Getriebe-Typ / -Baumuster	W 4 A 040 / 722.320
Schaltung	Wählhebel in Wagenmitte
Kupplung	hydraulischer Drehmomentwandler im Automatikgetriebe
Getriebeart	Planetengetriebe
Getriebe-Übersetzung	I. 3,68; II. 2,41; III. 1,44; IV. 1,0; R. 5,14
Achsantriebsübersetzung	3,27
Höchstgeschwindigkeit	210 km/h (RÜF-Version); 207 km/h (Katalysator-Version)
Beschleunigung 0-100 km/h[1]	8,8 s (RÜF-Version); 9,0 s (Katalysator-Version)
Kraftstoffverbrauch	9,0 / 11,0 / 13,5 l (RÜF-Version); 9,4 / 11,6 / 13,8 l (Katalysator-Version); nach Richtlinie 80/1268/EWG; Werte für 90 km/h / 120 km/h / Stadtzyklus
Getriebe	4-Gang-Automatikgetriebe
Verfügbarkeit	auf Wunsch (ab 09.1988)
Getriebe-Typ / -Baumuster	W 4 A 040 / 722.358
Schaltung	Wählhebel in Wagenmitte
Kupplung	hydraulischer Drehmomentwandler im Automatikgetriebe
Getriebeart	Planetengetriebe
Getriebe-Übersetzung	I. 3,87; II. 2,25; III. 1,44; IV. 1,0; R. 5,59
Achsantriebsübersetzung	3,27
Höchstgeschwindigkeit	210 km/h (RÜF-Version); 207 km/h (Katalysator-Version)
Beschleunigung 0-100 km/h[1]	8,8 s (RÜF-Version); 9,0 s (Katalysator-Version)
Kraftstoffverbrauch	9,0 / 11,0 / 13,5 l (RÜF-Version); 9,4 / 11,6 / 13,8 l (Katalysator-Version); nach Richtlinie 80/1268/EWG; Werte für 90 km/h / 120 km/h / Stadtzyklus
Tragstruktur und Fahrwerk	
Rahmenausführung	selbsttragende Ganzstahlkarosserie
Radaufhängung, vorne	Dreiecksquerlenker / Dämpferbein
Radaufhängung, hinten	Raumlenkerachse mit hydropneumatischer Niveau-Regulierung
Federung, vorne	Schraubenfedern, Drehstab-Stabilisator
Federung, hinten	Schraubenfedern, hydropneumatische Federbeine, Drehstab-Stabilisator
Stoßdämpfer, vorne/hinten	Gasdruck-Dämpferbeine / hydropneumatische Federbeine
Lenkung	Kugelumlauf-Servolenkung
Lenkübersetzung	15,44:1 / 3 Lenkradumdrehungen
Bremsanlage	
Bremsanlage (Fußbremse)	hydraulische Zweikreis-Bremsanlage mit Unterdruck-Bremskraftverstärker, auf Wunsch mit Anti-Blockier-System (ab 09.1986 Serie); Scheibenbremsen vorne innenbelüftet und hinten massiv
Feststellbremse	mechanisch (fußbetätigt), auf Hinterräder wirkend
Abmessungen der Bremsscheiben	vorne / hinten 284 x22 / 278 x 9 mm
Allgemeine Daten	
Räder	Stahlblech-Scheibenräder, verstärkt, 6 ½ J x 15 H 2 ET 49; auf Wunsch: Leichtmetall-Scheibenräder 6 ½ J x 15 H 2 ET 49
Reifen	195/65 VR 15
Angetriebene Räder	Hinterräder
Kraftübertragung	geteilte Kardanwelle
Radstand	2800 mm
Spur vorne / hinten	1497 / 1488 mm
Länge	4765 mm
Breite	1740 mm
Höhe	1490 mm (mit Dachreling)
Bodenfreiheit	160 mm
Ladevolumen bis Bordkante	530 l bis 885 l
Kleinster Wendekreis	11,2 m
Zul. Gesamtgewicht	2090 kg; ab 12.1988: 2100 kg
Zul. Achslast vorne	890 kg; ab 12.1988: 900 kg
Zul. Achslast hinten	1200 kg
Zuladung	620 kg; ab 03.1987: 610 kg; ab 12.1988: 600 kg
Zul. Anhängelast gebremst	1500 kg; ab 05.1989: 1900 kg
Zul. Anhängelast ungebremst	750 kg
Zul. Dachlast	100 kg
Leergewicht (Wagengewicht) nach Richtlinie DIN 70020 (mit Kraftstoff, Reserverad und Werkzeug)	1470 kg; ab 03.1987: 1480 kg; ab 12.1988: 1500 kg
Luftwiderstand cW-Mittelwert x A	0,34 x 2,11 m²
Stückzahl	bis 10.1992: 41.775; Stückzahlen bis / ab Modellpflege 09.1989 nicht separat dokumentiert
Preise	09.1985: DM 51.585,00 09.1986: DM 57.057,00 09.1987: DM 58.938,00 02.1988: DM 60.249,00 02.1989: DM 61.503,00

Mercedes-Benz 300 TD Turbo 4MATIC

Allgemeine Angaben	
Konstruktionsbezeichnung	S 124 D 30 A 4-M
Baumuster	124.393
Produktionszeitraum	09.1986 / 08.1987 – 08.1989
Arbeitsverfahren	Viertakt-Diesel mit Vorkammereinspritzung und Abgas-Turbolader
Anordnung im Fahrzeug	vorne, längs; stehend
Motoren	
Motor-Typ / -Baumuster	OM 603 D 30 A / 603.963
Zylinderzahl / -anordnung	6 / Reihe; 15° nach rechts geneigt
Bohrung x Hub	87,0 x 84,0 mm
Gesamthubraum	2996 cm^3 (nach Steuerformel 2975 cm^3)
Verdichtungsverhältnis	22
Kurbelwellenlager	7
Leistung	143 PS / 105 kW bei 4600/min; ab 09.1988: 147 PS / 108 kW bei 4600/min
Drehmoment	267 Nm bei 2400/min; ab 09.1988: 273 Nm bei 2400/min
Ventilanordnung / -anzahl	1 Einlass, 1 Auslass / hängend
Ventilsteuerung	obenliegende Nockenwelle, ohc
Nockenwellenantrieb	Duplex-Rollenkette
Gemischbildung	Vorkammereinspritzung, mechanisch geregelte Bosch 6-Stempel-Einspritzpumpe / Abgas-Turbolader
Kühlung	Wasserkühlung / Pumpe; 10 l Wasser
Schmierung	Druckumlauf-Schmierung / 8 l Öl
Elektrische Anlage	
Elektr. Anlage	12 V
Batterie	72 Ah / im Motorraum
Generator	Drehstrom / 1120 W
Anlasser	elektrisch / 2,2 kW
Zündung	Selbstzünder
Kraftstofftank	72 l, hinter der Hinterachse
Kraftstoff-Förderung	Kolbenpumpe an der Einspritzpumpe
Getriebe	
Getriebe	4-Gang-Automatikgetriebe
Verfügbarkeit	Serie (bis 02.1989)
Getriebe-Typ / -Baumuster	W 4 A 040 / 722.348
Schaltung	Wählhebel in Wagenmitte
Kupplung	hydraulischer Drehmomentwandler im Automatikgetriebe
Getriebeart	Planetengetriebe
Getriebe-Übersetzung	I. 3,68; II. 2,41; III. 1,44; IV. 1,0; R. 5,14
Achsantriebsübersetzung	vorne / hinten: 2,65
Höchstgeschwindigkeit	188 km/h
Beschleunigung 0-100 km/h[1]	12,8 s
Kraftstoffverbrauch	7,5 / 9,7 / 10,2 l; nach Richtlinie 80/1268/EWG; Werte für 90 km/h / 120 km/h / Stadtzyklus
Getriebe	4-Gang-Automatikgetriebe
Verfügbarkeit	Serie (ab 02.1989)
Getriebe-Typ / -Baumuster	W 4 A 040 / 722.344
Schaltung	Wählhebel in Wagenmitte
Kupplung	hydraulischer Drehmomentwandler im Automatikgetriebe
Getriebeart	Planetengetriebe
Getriebe-Übersetzung	I. 3,87; II. 2,25; III. 1,44; IV. 1,0; R. 5,59
Achsantriebsübersetzung	vorn/hinten: 2,65
Höchstgeschwindigkeit	188 km/h
Beschleunigung 0-100 km/h[1]	12,8 s
Kraftstoffverbrauch	7,5 / 9,7 / 10,2 l; nach Richtlinie 80/1268/EWG; Werte für 90 km/h / 120 km/h / Stadtzyklus
Tragstruktur und Fahrwerk	
Rahmenausführung	selbsttragende Ganzstahlkarosserie
Radaufhängung, vorne	Dreiecksquerlenker / Dämpferbein
Radaufhängung, hinten	Raumlenkerachse mit hydropneumatischer Niveau-Regulierung
Federung, vorne	Schraubenfedern, Drehstab-Stabilisator
Federung, hinten	Schraubenfedern, hydropneumatische Federbeine, Drehstab-Stabilisator
Stoßdämpfer, vorne/hinten	Gasdruck-Dämpferbeine / hydropneumatische Federbeine
Lenkung	Kugelumlauf-Servolenkung
Lenkübersetzung	13,21:1 / 3 Lenkradumdrehungen

Bremsanlage	
Bremsanlage (Fußbremse)	hydraulische Zweikreis-Bremsanlage mit Unterdruck-Bremskraftverstärker und Anti-Blockier-System; Scheibenbremsen vorne innenbelüftet und hinten massiv
Feststellbremse	mechanisch (fußbetätigt), auf Hinterräder wirkend
Abmessungen der Bremsscheiben	vorne / hinten 284 x 22 / 278 x 9 mm
Allgemeine Daten	
Räder	Stahlblech-Scheibenräder, verstärkt, 6 ½ J x 15 H 2 ET 49; auf Wunsch: Leichtmetall-Scheibenräder 6 ½ J x 15 H 2 ET 49
Reifen	195/65 R 15 91 H
Angetriebene Räder	Allrad-Antrieb 4MATIC: permanenter Antrieb auf die Hinterräder; bei Bedarf automatisch zuschaltender Antrieb auf die Vorderräder
Kraftübertragung	vom Verteilergetriebe über einteilige Gelenkwelle auf Vorderachs-Differenzial und über zweiteilige Gelenkwelle auf Hinterachs-Differenzial (Kraftverteilung 35 % vorn, 65 % hinten)
Radstand	2800 mm
Spur vorne / hinten	1497 / 1485 mm
Länge	4765 mm
Breite	1740 mm
Höhe	1498 mm (mit Dachreling)
Bodenfreiheit	173 mm
Ladevolumen bis Bordkante	530 l bis 885 l
Kleinster Wendekreis	12,15 m
Zul. Gesamtgewicht	2285 kg; ab 12.1988: 2295 kg
Zul. Achslast vorne	1055 kg; ab 12.1988: 1070 kg
Zul. Achslast hinten	1230 kg; ab 12.1988: 1225 kg
Zuladung	605 kg
Zul. Anhängelast gebremst	1500 kg; ab 05.1989: 2100 kg
Zul. Anhängelast ungebremst	750 kg
Leergewicht (Wagengewicht) nach Richtlinie DIN 70020 (mit Kraftstoff, Reserverad und Werkzeug)	1680 kg; ab 12.1988: 1690 kg
Luftwiderstand cW-Mittelwert x A	0,35 x 2,12 m^2
Stückzahl	bis 03.1995: 2317; Stückzahlen bis / ab Modellpflegen 09.1989 und 06.1993 nicht separat dokumentiert
Preise	09.1985: DM 67.773,00 09.1986: DM 70.053,00 06.1987: DM 73.188,00 02.1988: DM 74.841,00 02.1989: DM 76.437,00

Mercedes-Benz 200 TD

Allgemeine Angaben	
Konstruktionsbezeichnung	S 124 D 20
Baumuster	124.180
Produktionszeitraum	09.1989 – 06.1991
Arbeitsverfahren	Viertakt-Diesel mit Vorkammereinspritzung; ab 10.1990 auf Wunsch: Abgasreinigungsanlage mit Oxidationskatalysator
Anordnung im Fahrzeug	vorne, längs; stehend
Motoren	
Motor-Typ / -Baumuster	OM 601 D 20 / 601.912
Zylinderzahl / -anordnung	4 / Reihe; 15° nach rechts geneigt
Bohrung x Hub	87,0 x 84,0 mm
Gesamthubraum	1997 cm^3
Verdichtungsverhältnis	22
Kurbelwellenlager	5
Leistung	75 PS / 55 kW bei 4600/min
Drehmoment	126 Nm bei 2700 – 3550/min
Ventilanordnung / -anzahl	1 Einlass, 1 Auslass / hängend
Ventilsteuerung	obenliegende Nockenwelle, ohc
Nockenwellenantrieb	Duplex-Rollenkette
Gemischbildung	Vorkammereinspritzung, mechanisch geregelte Bosch 4-Stempel-Einspritzpumpe
Kühlung	Wasserkühlung / Pumpe; 8,5 l Wasser
Schmierung	Druckumlauf-Schmierung / 6,5 l Öl
Elektrische Anlage	
Elektr. Anlage	12 V
Batterie	72 Ah / im Motorraum
Generator	Drehstrom / 770 W
Anlasser	elektrisch / 2,2 kW
Zündung	Selbstzünder
Kraftstofftank	72 l, hinter der Hinterachse
Kraftstoff-Förderung	Kolbenpumpe an der Einspritzpumpe
Getriebe	
Getriebe	5-Gang-Schaltgetriebe
Verfügbarkeit	Serie
Getriebe-Typ / -Baumuster	GL 68/20 F-5 / 717.415
Schaltung	Mittelschaltung
Kupplung	Einscheiben-Trockenkupplung
Getriebeart	Zahnrad-Wechselgetriebe
Synchronisierte Gänge	I – V
Getriebe-Übersetzung	I. 3,91; II. 2,17; III. 1,37; IV. 1,0; V. 0,81;R. 4,27
Achsantriebsübersetzung	4,18
Höchstgeschwindigkeit	150 km/h
Beschleunigung 0-100 km/h[1]	21,7 s
Kraftstoffverbrauch	5,4 / 7,4 / 8,7 l; nach Richtlinie 80/1268/EWG; Werte für 90 km/h / 120 km/h / Stadtzyklus
Getriebe	4-Gang-Automatikgetriebe
Verfügbarkeit	auf Wunsch
Getriebe-Typ / -Baumuster	W 4 A 020 722.403
Schaltung	Wählhebel in Wagenmitte
Kupplung	hydraulischer Drehmomentwandler im Automatikgetriebe
Getriebeart	Planetengetriebe
Getriebe-Übersetzung	I. 4,25; II. 2,41; III. 1,49; IV. 1,0; R. 5,67
Achsantriebsübersetzung	3,64
Höchstgeschwindigkeit	145 km/h
Beschleunigung 0-100 km/h[1]	23,0 s
Kraftstoffverbrauch	6,3 / 8,4 / 8,5 l; nach Richtlinie 80/1268/EWG; Werte für 90 km/h / 120 km/h / Stadtzyklus
Tragstruktur und Fahrwerk	
Rahmenausführung	selbsttragende Ganzstahlkarosserie
Radaufhängung, vorne	Dreiecksquerlenker / Dämpferbein
Radaufhängung, hinten	Raumlenkerachse mit hydropneumatischer Niveau-Regulierung
Federung, vorne	Schraubenfedern, Drehstab-Stabilisator
Federung, hinten	Schraubenfedern, hydropneumatische Federbeine, Drehstab-Stabilisator
Stoßdämpfer, vorne/hinten	Gasdruck-Dämpferbeine / hydropneumatische Federbeine
Lenkung	Kugelumlauf-Servolenkung
Lenkübersetzung	15,44:1 / 3 Lenkradumdrehungen

Bremsanlage	
Bremsanlage (Fußbremse)	hydraulische Zweikreis-Bremsanlage mit Unterdruck-Bremskraftverstärker und Anti-Blockier-System; Scheibenbremsen vorne und hinten massiv
Feststellbremse	mechanisch (fußbetätigt), auf Hinterräder wirkend
Abmessungen der Bremsscheiben	vorne / hinten 284 x 12 / 278 x 9 mm
Allgemeine Daten	
Räder	Stahlblech-Scheibenräder, verstärkt, 6 ½ J x 15 H 2 ET 49; auf Wunsch: Leichtmetall-Scheibenräder 6 ½ J x 15 H 2 ET 49 (bis 12. 1989 geschmiedet) und 6 ½ J x 15 H 2 ET 48 (ab 12. 1989 gegossen); „Sportline": 7 J x 15 H 2 ET 41 und 7 J x 15 H 2 ET 42
Reifen	195/65 R 15 91 T; „Sportline": 205/60 R 15 91 H
Angetriebene Räder	Hinterräder
Kraftübertragung	geteilte Kardanwelle
Radstand	2800 mm
Spur vorne / hinten	1497 / 1488 mm; „Sportline": 1518 / 1509 mm
Länge	4765 mm
Breite	1740 mm
Höhe	1489 mm; „Sportline": 1458 mm
Bodenfreiheit	163 mm; „Sportline": 137 mm
Ladevolumen bis Bordkante	530 l bis 885 l
Kleinster Wendekreis	11,27 m
Zul. Gesamtgewicht	2080 kg
Zul. Achslast vorne	860 kg
Zul. Achslast hinten	1220 kg
Zuladung	620 kg
Zul. Anhängelast gebremst	1500 kg
Zul. Anhängelast ungebremst	750 kg
Zul. Dachlast	100 kg
Leergewicht (Wagengewicht) nach Richtlinie DIN 70020 (mit Kraftstoff, Reserverad und Werkzeug)	1460 kg
Luftwiderstand cW-Mittelwert x A	0,34 x 2,11 m^2
Stückzahl	seit 10.1985: 7373; Stückzahlen bis / ab Modellpflege 09.1989 sind nicht separat dokumentiert
Preise	09.1989: DM 46.968,00 01.1990: DM 48.108,00 10.1990: DM 49.704,00

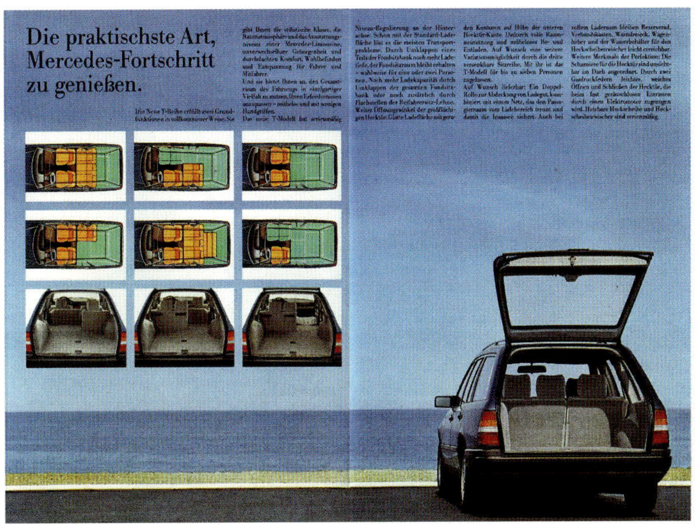

Mercedes-Benz 250 TD

Allgemeine Angaben	
Konstruktionsbezeichnung	S 124 D 25
Baumuster	124.185
Produktionszeitraum	09.1989 – 07.1993
Arbeitsverfahren	Viertakt-Diesel mit Vorkammereinspritzung; ab 10.1990 auf Wunsch: Abgasreinigungsanlage mit Oxidationskatalysator
Anordnung im Fahrzeug	vorne, längs; stehend
Motoren	
Motor-Typ / -Baumuster	OM 602 D 25 / 602.912
Zylinderzahl / -anordnung	5 / Reihe; 15° nach rechts geneigt
Bohrung x Hub	87,0 x 84,0 mm
Gesamthubraum	2497 cm³
Verdichtungsverhältnis	22
Kurbelwellenlager	6
Leistung	94 PS / 69 kW bei 4600/min; mit Oxydationskatalysator): 90 PS / 66 kW bei 4600/min
Drehmoment	158 Nm bei 2600 – 3100/min
Ventilanordnung / -anzahl	1 Einlass, 1 Auslass / hängend
Ventilsteuerung	obenliegende Nockenwelle, ohc
Nockenwellenantrieb	Duplex-Rollenkette
Gemischbildung	Vorkammereinspritzung, mechanisch geregelte Bosch 5-Stempel-Einspritzpumpe
Kühlung	Wasserkühlung / Pumpe; 9 l Wasser
Schmierung	Druckumlauf-Schmierung / 7 l Öl
Elektrische Anlage	
Elektr. Anlage	12 V
Batterie	72 Ah; ab 08.1991: 74 Ah / im Motorraum
Generator	Drehstrom / 770 W
Anlasser	elektrisch / 2,2 kW
Zündung	Selbstzünder
Kraftstofftank	72 l, hinter der Hinterachse
Kraftstoff-Förderung	Kolbenpumpe an der Einspritzpumpe
Getriebe	
Getriebe	5-Gang-Schaltgetriebe
Verfügbarkeit	Serie
Getriebe-Typ / -Baumuster	GL 68/20D-5 / 717.413
Schaltung	Mittelschaltung
Kupplung	Einscheiben-Trockenkupplung
Getriebeart	Zahnrad-Wechselgetriebe
Synchronisierte Gänge	I – V
Getriebe-Übersetzung	I. 3,91; II. 2,17; III. 1,37; IV. 1,0; V. 0,81; R. 4,27
Achsantriebsübersetzung	3,91
Höchstgeschwindigkeit	165 km/h
Beschleunigung 0-100 km/h[1]	17,6 s
Kraftstoffverbrauch	5,8 / 7,8 / 9,5 l; nach Richtlinie 80/1268/EWG; Werte für 90 km/h / 120 km/h / Stadtzyklus
Getriebe	4-Gang-Automatikgetriebe
Verfügbarkeit	auf Wunsch
Getriebe-Typ / -Baumuster	W 4 A 020 / 722.414
Schaltung	Wählhebel in Wagenmitte
Kupplung	hydraulischer Drehmomentwandler im Automatikgetriebe
Getriebeart	Planetengetriebe
Getriebe-Übersetzung	I. 4,25; II. 2,41; III. 1,49; IV. 1,0; R. 5,67
Achsantriebsübersetzung	3,23
Höchstgeschwindigkeit	160 km/h
Beschleunigung 0-100 km/h[1]	18,8 s
Kraftstoffverbrauch	6,3 / 8,4 / 9,3 l; nach Richtlinie 80/1268/EWG; Werte für 90 km/h / 120 km/h / Stadtzyklus
Tragstruktur und Fahrwerk	
Rahmenausführung	selbsttragende Ganzstahlkarosserie
Radaufhängung, vorne	Dreiecksquerlenker / Dämpferbein
Radaufhängung, hinten	Raumlenkerachse mit hydropneumatischer Niveau-Regulierung
Federung, vorne	Schraubenfedern, Drehstab-Stabilisator
Federung, hinten	Schraubenfedern, hydropneumatische Federbeine, Drehstab-Stabilisator
Stoßdämpfer, vorne/hinten	Gasdruck-Dämpferbeine / hydropneumatische Federbeine
Lenkung	Kugelumlauf-Servolenkung
Lenkübersetzung	15,44:1 / 3 Lenkradumdrehungen

Bremsanlage	
Bremsanlage (Fußbremse)	hydraulische Zweikreis-Bremsanlage mit Unterdruck-Bremskraftverstärker und Anti-Blockier-System; Scheibenbremsen vorne und hinten massiv
Feststellbremse	mechanisch (fußbetätigt), auf Hinterräder wirkend
Abmessungen der Bremsscheiben	vorne / hinten 284 x 12 / 278 x 9 mm
Allgemeine Daten	
Räder	Stahlblech-Scheibenräder, verstärkt, 6 ½ J x 15 H 2 ET 49; „Sportline": 7 J x 15 H 2 ET 42; auf Wunsch: Leichtmetall-Scheibenräder 6 ½ J x 15 H 2 ET 49 (bis 12. 1989 geschmiedet) und 6 ½ J x 15 H 2 ET 48 (ab 12. 1989 gegossen); „Sportline": 7 J x 15 H 2 ET 41
Reifen	195/65 R 15 91 T; „Sportline": 205/60 R 15 91 H
Angetriebene Räder	Hinterräder
Kraftübertragung	geteilte Kardanwelle
Radstand	2800 mm
Spur vorne / hinten	1497 / 1488 mm; „Sportline": 1518 / 1509 mm
Länge	4765 mm
Breite	1740 mm
Höhe	1489 mm; „Sportline": 1458 mm
Bodenfreiheit	163 mm; „Sportline": 137 mm
Ladevolumen bis Bordkante	530 l bis 885 l
Kleinster Wendekreis	11,27 m
Zul. Gesamtgewicht	2130 kg; ab 02.1992: 2160 kg
Zul. Achslast vorne	920 kg; ab 02.1992: 930 kg; ab 10.1992: 940 kg
Zul. Achslast hinten	1210 kg; ab 02.1992: 1230 kg; ab 10.1992: 1220 kg
Zuladung	620 kg; ab 02.1992: 650 kg
Zul. Anhängelast gebremst	1500 kg
Zul. Anhängelast ungebremst	750 kg
Zul. Dachlast	100 kg
Leergewicht (Wagengewicht) nach Richtlinie DIN 70020 (mit Kraftstoff, Reserverad und Werkzeug)	1510 kg
Luftwiderstand cW-Mittelwert x A	0,35 x 2,11 m²
Stückzahl	seit 06.1985: 43.628; Stückzahlen bis / ab Modellpflege 09.1989 sind nicht separat dokumentiert
Preise	09.1989: DM 50.901,00 01.1990: DM 52.155,00 10.1990: DM 53.922,00 06.1991: DM 55.632,00 02.1992: DM 57.456,00 10.1992: DM 58.596,00 01.1993: DM 59.742,50

Mercedes-Benz 250 TD Turbo	
Allgemeine Angaben	
Konstruktionsbezeichnung	S 124 D 25 A
Baumuster	124.188
Produktionszeitraum	03.1990 / 06.1990 – 07.1993 (Exportmodell für Italien)
Arbeitsverfahren	Viertakt-Diesel mit Vorkammereinspritzung und Abgas-Turbolader; ab 04.1991 auf Wunsch: Abgasreinigungsanlage mit Oxidationskatalysator
	Anordnung im Fahrzeug vorne, längs; stehend
Motoren	
Motor-Typ / -Baumuster	OM 602 D 25 A / 602.962
Zylinderzahl / -anordnung	5 / Reihe; 15° nach rechts geneigt
Bohrung x Hub	87,0 x 84,0 mm
Gesamthubraum	2497 cm³
Verdichtungsverhältnis	22
Kurbelwellenlager	6
Leistung	126 PS / 93 kW bei 4600/min
Drehmoment	231 Nm bei 2800/min
Ventilanordnung / -anzahl	1 Einlass, 1 Auslass / hängend
Ventilsteuerung	obenliegende Nockenwelle, ohc
Nockenwellenantrieb	Duplex-Rollenkette
Gemischbildung	Vorkammereinspritzung, mechanisch geregelte Bosch 5-Stempel-Einspritzpumpe / Abgas-Turbolader
Kühlung	Wasserkühlung / Pumpe; 9 l Wasser
Schmierung	Druckumlauf-Schmierung / 7,5 l Öl
Elektrische Anlage	
Elektr. Anlage	12 V
Batterie	72 Ah; ab 08.1991: 74 Ah / im Motorraum
Generator	Drehstrom / 770 W
Anlasser	elektrisch / 2,2 kW
Zündung	Selbstzünder
Kraftstofftank	72 l, hinter der Hinterachse
Kraftstoff-Förderung	Kolbenpumpe an der Einspritzpumpe
Getriebe	
Getriebe	5-Gang-Schaltgetriebe
Verfügbarkeit	Serie
Getriebe-Baumuster	717.437
Schaltung	Mittelschaltung
Kupplung	Einscheiben-Trockenkupplung
Getriebeart	Zahnrad-Wechselgetriebe
Synchronisierte Gänge	I – V
Getriebe-Übersetzung	I. 3,86; II. 2,18; III. 1,38; IV. 1,0; V. 0,75; R. 4,22
Achsantriebsübersetzung	3,67
Höchstgeschwindigkeit	190 km/h
Beschleunigung 0-100 km/h[1]	12,9 s
Kraftstoffverbrauch	6,2 / 8,4 / 10,1 l; nach Richtlinie 80/1268/EWG; Werte für 90 km/h / 120 km/h / Stadtzyklus
Getriebe	4-Gang-Automatikgetriebe
Verfügbarkeit	auf Wunsch
Getriebe-Baumuster	722.418
Schaltung	Wählhebel in Wagenmitte
Kupplung	hydraulischer Drehmomentwandler im Automatikgetriebe
Getriebeart	Planetengetriebe
Getriebe-Übersetzung	I. 4,25; II. 2,41; III. 1,49; IV. 1,0; R. 5,67
Achsantriebsübersetzung	2,87
Höchstgeschwindigkeit	185 km/h
Beschleunigung 0-100 km/h[1]	12,9 s
Kraftstoffverbrauch	6,9 / 9,3 / 9,7 l; nach Richtlinie 80/1268/EWG; Werte für 90 km/h / 120 km/h / Stadtzyklus
Tragstruktur und Fahwerk	
Rahmenausführung	selbsttragende Ganzstahlkarosserie
Radaufhängung, vorne	Dreiecksquerlenker / Dämpferbein
Radaufhängung, hinten	Raumlenkerachse mit hydropneumatischer Niveau-Regulierung
Federung, vorne	Schraubenfedern, Drehstab-Stabilisator
Federung, hinten	Schraubenfedern, hydropneumatische Federbeine, Drehstab-Stabilisator
Stoßdämpfer, vorne/hinten	Gasdruck-Dämpferbeine / hydropneumatische Federbeine
Lenkung	Kugelumlauf-Servolenkung
Lenkübersetzung	15,44:1 / 3 Lenkradumdrehungen
Bremsanlage	
Bremsanlage (Fußbremse)	hydraulische Zweikreis-Bremsanlage mit Unterdruck-Bremskraftverstärker und Anti-Blockier-System; Scheibenbremsen vorne innenbelüftet und hinten massiv
Feststellbremse	mechanisch (fußbetätigt), auf Hinterräder wirkend
Abmessungen der Bremsscheiben	vorne / hinten 284 x 22 / 278 x 9 mm
Allgemeine Daten	
Räder	Stahlblech-Scheibenräder, verstärkt, 6 ½ J x 15 H 2 ET 49; „Sportline": 7 J x 15 H 2 H 2 ET 42; auf Wunsch: Leichtmetall-Scheibenräder 6 ½ J x 15 H 2 ET 49 (15-Loch) und 6 ½ J x 15 H 2 ET 44 (8 Loch); Sportline": 7 J x 15 H2 ET 41 (8 oder 15 Loch)
Reifen	195/65 R 15 91 H; „Sportline": 205/60 R 15 91 H
Angetriebene Räder	Hinterräder
Kraftübertragung	geteilte Kardanwelle
Radstand	2800 mm
Spur vorne / hinten	1497 / 1488 mm; „Sportline": 1518 / 1509 mm
Länge	4765 mm
Breite	1740 mm
Höhe	1489 mm; „Sportline": 1458 mm
Bodenfreiheit	163 mm; „Sportline": 137 mm
Ladevolumen bis Bordkante	530 l bis 885 l
Kleinster Wendekreis	11,27 m
Zul. Gesamtgewicht	2180 kg
Zul. Achslast vorne	950 kg
Zul. Achslast hinten	1230 kg
Zuladung	620 kg
Zul. Anhängelast gebremst	1900 kg
Zul. Anhängelast ungebremst	750 kg
Zul. Dachlast	100 kg
Leergewicht (Wagengewicht) nach Richtlinie DIN 70020 (mit Kraftstoff, Reserverad und Werkzeug)	1560 kg
Luftwiderstand cW-Mittelwert x A	0,34 x 2,11 m²
Stückzahl	bis 01.1996: 4745; Stückzahlen bis / ab Modellpflege 06.1993 sind nicht separat dokumentiert
Preise	im Inland nicht lieferbar

Mercedes-Benz 300 TD

Allgemeine Angaben	
Konstruktionsbezeichnung	S 124 D 30
Baumuster	124.190
Produktionszeitraum	09.1989 – 08.1993
Arbeitsverfahren	Viertakt-Diesel mit Vorkammereinspritzung; ab 10.1990 auf Wunsch: Abgasreinigungsanlage mit Oxidationskatalysator
Anordnung im Fahrzeug	vorne, längs; stehend
Motoren	
Motor-Typ / -Baumuster	OM 603 D 30 / 603.912
Zylinderzahl / -anordnung	6 / Reihe; 15° nach rechts geneigt
Bohrung x Hub	87,0 x 84,0 mm
Gesamthubraum	2996 cm³
Verdichtungsverhältnis	22
Kurbelwellenlager	7
Leistung	113 PS / 83 kW bei 4600/min; 110 PS / 81 kW bei 4600/min (mit Oxidationskatalysator)
Drehmoment	191 Nm bei 2800 – 3050/min
Ventilanordnung / -anzahl	1 Einlass, 1 Auslass / hängend
Ventilsteuerung	obenliegende Nockenwelle, ohc
Nockenwellenantrieb	Duplex-Rollenkette
Gemischbildung	Vorkammereinspritzung, mechanisch geregelte Bosch 6-Stempel-Einspritzpumpe
Kühlung	Wasserkühlung / Pumpe; 9 l Wasser
Schmierung	Druckumlauf-Schmierung / 7,5 l Öl
Elektrische Anlage	
Elektr. Anlage	12 V
Batterie	72 Ah
ab 08.1991:	74 Ah / im Motorraum
Generator	Drehstrom / 770 W
Anlasser	elektrisch / 2,2 kW
Zündung	Selbstzünder
Kraftstofftank	72 l, hinter der Hinterachse
Kraftstoff-Förderung	Kolbenpumpe an der Einspritzpumpe
Getriebe	
Getriebe	5-Gang-Schaltgetriebe
Verfügbarkeit	Serie
Getriebe-Typ / -Baumuster	GL 78/27 D-5 / 717.433
Schaltung	Mittelschaltung
Kupplung	Einscheiben-Trockenkupplung
Getriebeart	Zahnrad-Wechselgetriebe
Synchronisierte Gänge	I – V
Getriebe-Übersetzung	I. 3,86; II. 2,18; III. 1,38; IV. 1,0; V. 0,80; R. 4,22
Achsantriebsübersetzung	3,67
Höchstgeschwindigkeit	180 km/h
Beschleunigung 0-100 km/h[1]	14,6 s
Kraftstoffverbrauch	5,8 / 7,8 / 9,9 l; nach Richtlinie 80/1268/EWG; Werte für 90 km/h / 120 km/h / Stadtzyklus
Getriebe	4-Gang-Automatikgetriebe
Verfügbarkeit	auf Wunsch
Schaltung	Wählhebel in Wagenmitte
Kupplung	hydraulischer Drehmomentwandler im Automatikgetriebe
Getriebeart	Planetengetriebe
Getriebe-Übersetzung	I. 4,25; II. 2,41; III. 1,49; IV. 1,0; R. 5,67
Achsantriebsübersetzung	3,07
Höchstgeschwindigkeit	175 km/h
Beschleunigung 0-100 km/h[1]	15,3 s
Kraftstoffverbrauch	6,7 / 8,8 / 9,4 l; nach Richtlinie 80/1268/EWG; Werte für 90 km/h / 120 km/h / Stadtzyklus
Tragstruktur und Fahrwerk	
Rahmenausführung	selbsttragende Ganzstahlkarosserie
Radaufhängung, vorne	Dreiecksquerlenker / Dämpferbein
Radaufhängung, hinten	Raumlenkerachse mit hydropneumatischer Niveau-Regulierung
Federung, vorne	Schraubenfedern, Drehstab-Stabilisator
Federung, hinten	Schraubenfedern, hydropneumatische Federbeine, Drehstab-Stabilisator
Stoßdämpfer, vorne/hinten	Gasdruck-Dämpferbeine / hydropneumatische Federbeine
Lenkung	Kugelumlauf-Servolenkung
Lenkübersetzung	15,44:1 / 3 Lenkradumdrehungen
Bremsanlage	
Bremsanlage (Fußbremse)	hydraulische Zweikreis-Bremsanlage mit Unterdruck-Bremskraftverstärker und Anti-Blockier-System; Scheibenbremsen vorne und hinten massiv
Feststellbremse	mechanisch (fußbetätigt), auf Hinterräder wirkend
Abmessungen der Bremsscheiben	vorne / hinten 284 x 12 / 278 x 9 mm
Allgemeine Daten	
Räder	Stahlblech-Scheibenräder, verstärkt, 6 ½ J x 15 H 2 ET 49; „Sportline": 7 J x 15 H 2 ET 42; auf Wunsch: Leichtmetall-Scheibenräder 6 ½ J x 15 H 2 ET 49 (bis 12.1989 geschmiedet) und 6 ½ J x 15 H 2 ET 48 (ab 12.1989 gegossen); „Sportline": 7 J x 15 H 2 ET 41
Reifen	195/65 R 15 91 T; „Sportline": 205/60 R 15 91 H
Angetriebene Räder	Hinterräder
Kraftübertragung	geteilte Kardanwelle
Radstand	2800 mm
Spur vorne / hinten	1497 / 1488 mm; „Sportline": 1518 / 1509 mm
Länge	4765 mm
Breite	1740 mm
Höhe	1489 mm; „Sportline": 1458 mm
Bodenfreiheit	163 mm; „Sportline": 137 mm
Ladevolumen bis Bordkante	530 l bis 885 l
Kleinster Wendekreis	11,27 m
Zul. Gesamtgewicht	2170 kg; ab 02.1992: 2200 kg; ab 10.1992: 2210 kg
Zul. Achslast vorne	945 kg; ab 02.1992: 970 kg; ab 10.1992: 980 kg
Zul. Achslast hinten	1225 kg; ab 02.1992: 1230 kg
Zuladung	620 kg; ab 02.1992: 640 kg
Zul. Anhängelast gebremst	1900 kg; mit Automatik: 2100 kg
Zul. Anhängelast ungebremst	750 kg
Zul. Dachlast	100 kg
Leergewicht (Wagengewicht) nach Richtlinie DIN 70020 (mit Kraftstoff, Reserverad und Werkzeug)	1550 kg; ab 10.1992: 1560 kg
Luftwiderstand cW-Mittelwert x A	-
Stückzahl	seit 03.1986: 21.901; Stückzahlen bis / ab Modellpflege 09.1989 sind nicht separat dokumentiert
Preise	09.1989: DM 54.891,00 01.1990: DM 56.259,00 10.1990: DM 58.140,00 06.1991: DM 59.964,00 02.1992: DM 61.902,00 10.1992: DM 62.928,00 01.1993: DM 64.170,00

Mercedes-Benz 300 TD Turbo

Allgemeine Angaben	
Konstruktionsbezeichnung	S 124 D 30 A
Baumuster	124.193
Produktionszeitraum	09.1989 – 07.1993
Arbeitsverfahren	Viertakt-Diesel mit Vorkammereinspritzung und Abgas-Turbolader; ab 04.1991 auf Wunsch: Abgasreinigungsanlage mit Oxidationskatalysator
Anordnung im Fahrzeug	vorne, längs; stehend
Motoren	
Motor-Typ / -Baumuster	OM 603 D 30 A / 603.960
Zylinderzahl / -anordnung	6 / Reihe; 15° nach rechts geneigt
Bohrung x Hub	87,0 x 84,0 mm
Gesamthubraum	2996 cm^3
Verdichtungsverhältnis	22
Kurbelwellenlager	7
Leistung	147 PS / 108 kW bei 4600/min
Drehmoment	273 Nm bei 2400/min
Ventilanordnung / -anzahl	1 Einlass, 1 Auslass / hängend
Ventilsteuerung	obenliegende Nockenwelle, ohc
Nockenwellenantrieb	Duplex-Rollenkette
Gemischbildung	Vorkammereinspritzung, mechanisch geregelte Bosch 6-Stempel-Einspritzpumpe / Abgas-Turbolader
Kühlung	Wasserkühlung / Pumpe; 10 l Wasser
Schmierung	Druckumlauf-Schmierung / 8 l Öl
Elektrische Anlage	
Elektr. Anlage	12 V
Batterie	72 Ah; ab 08.1991: 74 Ah / im Motorraum
Generator	Drehstrom / 1120 W
Anlasser	elektrisch / 2,2 kW
Zündung	Selbstzünder
Kraftstofftank	72 l, hinter der Hinterachse
Kraftstoff-Förderung	Kolbenpumpe an der Einspritzpumpe
Getriebe	
Getriebe	4-Gang-Automatikgetriebe
Verfügbarkeit	Serie
Getriebe-Typ / -Baumuster	W 4 A 020 / 722.415
Schaltung	Wählhebel in Wagenmitte
Kupplung	hydraulischer Drehmomentwandler im Automatikgetriebe
Getriebeart	Planetengetriebe
Getriebe-Übersetzung	I. 3,87; II. 2,25; III. 1,44; IV. 1,0; R. 5,59
Achsantriebsübersetzung	2,65
Höchstgeschwindigkeit	195 km/h
Beschleunigung 0-100 km/h[1]	10,9 s
Kraftstoffverbrauch	6,9 / 8,9 / 9,4 l; nach Richtlinie 80/1268/EWG; Werte für 90 km/h / 120 km/h / Stadtzyklus
Tragstruktur und Fahrwerk	
Rahmenausführung	selbsttragende Ganzstahlkarosserie
Radaufhängung, vorne	Dreiecksquerlenker / Dämpferbein
Radaufhängung, hinten	Raumlenkerachse mit hydropneumatischer Niveau-Regulierung
Federung, vorne	Schraubenfedern, Drehstab-Stabilisator
Federung, hinten	Schraubenfedern, hydropneumatische Federbeine, Drehstab-Stabilisator
Stoßdämpfer, vorne/hinten	Gasdruck-Dämpferbeine / hydropneumatische Federbeine
Lenkung	Kugelumlauf-Servolenkung
Lenkübersetzung	15,44:1 / 3 Lenkradumdrehungen
Bremsanlage	
Bremsanlage (Fußbremse)	hydraulische Zweikreis-Bremsanlage mit Unterdruck-Bremskraftverstärker und Anti-Blockier-System; Scheibenbremsen vorne innenbelüftet und hinten massiv
Feststellbremse	mechanisch (fußbetätigt), auf Hinterräder wirkend
Abmessungen der Bremsscheiben	vorne / hinten 284 x 22 / 278 x 9 mm
Allgemeine Daten	
Räder	Stahlblech-Scheibenräder, verstärkt, 6 ½ J x 15 H 2 ET 49; „Sportline": 7 J x 15 H 2 ET 42; auf Wunsch: Leichtmetall-Scheibenräder 6 ½ J x 15 H 2 ET 49 (bis 12.1989 geschmiedet) und 6 ½ J x 15 H 2 ET 48 (ab 12.1989 gegossen); „Sportline": 7 J x 15 H 2 ET 41
Reifen	195/65 R 15 91 H; „Sportline": 205/60 R 15 91 H
Angetriebene Räder	Hinterräder
Kraftübertragung	geteilte Kardanwelle
Radstand	2800 mm
Spur vorne / hinten	1497 / 1488 mm; „Sportline": 1518 / 1509 mm
Länge	4765 mm
Breite	1740 mm
Höhe	1489 mm; „Sportline": 1458 mm
Bodenfreiheit	163 mm; „Sportline": 137 mm
Ladevolumen bis Bordkante	530 l bis 885 l
Kleinster Wendekreis	11,27 m
Zul. Gesamtgewicht	2220 kg; ab 10.1992: 2235 kg
Zul. Achslast vorne	990 kg; ab 10.1992: 1005 kg
Zul. Achslast hinten	1230 kg
Zuladung	620 kg; ab 10.1992: 635 kg
Zul. Anhängelast gebremst	2100 kg
Zul. Anhängelast ungebremst	750 kg
Zul. Dachlast	100 kg
Leergewicht (Wagengewicht) nach Richtlinie DIN 70020 (mit Kraftstoff, Reserverad und Werkzeug)	1600 kg
Luftwiderstand cW-Mittelwert x A	0,35 x 2,11 m^2
Stückzahl	von 05.1985 – 02.1996: 14.844; Stückzahlen bis / ab Modellpflegen 09.1989 und 06.1993 sind nicht separat dokumentiert
Preise	09.1989: DM 65.208,00 01.1990: DM 66.861,00 10.1990: DM 69.027,00 06.1991: DM 71.193,00 10.1992: DM 72.219,00 01.1993: DM 74.175,00

Mercedes-Benz 300 TD Turbo 4MATIC	
Allgemeine Angaben	
Konstruktionsbezeichnung	S 124 D 30 A 4-M
Baumuster	124.393
Produktionszeitraum	09.1989 – 07.1993
Arbeitsverfahren	Viertakt-Diesel mit Vorkammereinspritzung und Abgas-Turbolader; ab 04.1991 auf Wunsch: Abgasreinigungsanlage mit Oxidationskatalysator
Anordnung im Fahrzeug	vorne, längs; stehend
Motoren	
Motor-Typ / -Baumuster	OM 603 D 30 A / 603.963
Zylinderzahl / -anordnung	6 / Reihe; 15° nach rechts geneigt
Bohrung x Hub	87,0 x 84,0 mm
Gesamthubraum	2996 cm³
Verdichtungsverhältnis	22
Kurbelwellenlager	7
Leistung	147 PS / 108 kW bei 4600/min
Drehmoment	273 Nm bei 2400/min
Ventilanordnung / -anzahl	1 Einlass, 1 Auslass / hängend
Ventilsteuerung	obenliegende Nockenwelle, ohc
Nockenwellenantrieb	Duplex-Rollenkette
Gemischbildung	Vorkammereinspritzung, mechanisch geregelte Bosch 6-Stempel-Einspritzpumpe / Abgas-Turbolader
Kühlung	Wasserkühlung / Pumpe; 10 l Wasser
Schmierung	Druckumlauf-Schmierung / 8 l Öl
Elektrische Anlage	
Elektr. Anlage	12 V
Batterie	72 Ah; ab 08.1991: 74 Ah / im Motorraum
Generator	Drehstrom / 1120 W
Anlasser	elektrisch / 2,2 kW
Zündung	Selbstzünder
Kraftstofftank	72 l, hinter der Hinterachse
Kraftstoff-Förderung	Kolbenpumpe an der Einspritzpumpe
Getriebe	
Getriebe	4-Gang-Automatikgetriebe
Verfügbarkeit	Serie
Getriebe-Typ / -Baumuster	W 4 A 040 / 722.344
Schaltung	Wählhebel in Wagenmitte
Kupplung	hydraulischer Drehmomentwandler im Automatikgetriebe
Getriebeart	Planetengetriebe
Getriebe-Übersetzung	I. 3,87; II. 2,25; III. 1,44; IV. 1,0; R. 5,59
Achsantriebsübersetzung	vorne/hinten: 2,65
Höchstgeschwindigkeit	188 km/h
Beschleunigung 0-100 km/h[1]	12,8 s
Kraftstoffverbrauch	7,5 / 9,7 / 10,2 l; nach Richtlinie 80/1268/EWG; Werte für 90 km/h / 120 km/h / Stadtzyklus
Tragstruktur und Fahrwerk	
Rahmenausführung	selbsttragende Ganzstahlkarosserie
Radaufhängung, vorne	Dreiecksquerlenker / Dämpferbein
Radaufhängung, hinten	Raumlenkerachse mit hydropneumatischer Niveau-Regulierung
Federung, vorne	Schraubenfedern, Drehstab-Stabilisator
Federung, hinten	Schraubenfedern, hydropneumatische Federbeine, Drehstab-Stabilisator Stoßdämpfer, vorne/hinten Gasdruck-Dämpferbeine / hydropneumatische Federbeine
Lenkung	Kugelumlauf-Servolenkung
Lenkübersetzung	13,21:1 / 3 Lenkradumdrehungen
Bremsanlage	
Bremsanlage (Fußbremse)	hydraulische Zweikreis-Bremsanlage mit Unterdruck-Bremskraftverstärker und Anti-Blockier-System; Scheibenbremsen vorne innenbelüftet und hinten massiv
Feststellbremse	mechanisch (fußbetätigt), auf Hinterräder wirkend
Abmessungen der Bremsscheiben	vorne / hinten 284 x 22 / 278 x 9 mm
Allgemeine Daten	
Räder	Stahlblech-Scheibenräder, verstärkt, 6 ½ J x 15 H 2 ET 49; auf Wunsch: Leichtmetall-Scheibenräder 6 ½ J x 15 H 2 ET 49 (bis 12.1989 geschmiedet) und 6 ½ J x 15 H 2 ET 48 (ab 12.1989 gegossen)
Reifen	195/65 R 15 91 H
Angetriebene Räder	Allrad-Antrieb 4MATIC: permanenter Antrieb auf die Hinterräder; bei Bedarf automatisch zuschaltender Antrieb auf die Vorderräder
Kraftübertragung	vom Verteilergetriebe über einteilige Gelenkwelle auf Vorderachs-Differenzial und über zweiteilige Gelenkwelle auf Hinterachs-Differenzial (Kraftverteilung 35 % vorn, 65 % hinten)
Radstand	2800 mm
Spur vorne / hinten	1497 / 1485 mm
Länge	4765 mm
Breite	1740 mm
Höhe	1497 mm (mit Dachreling)
Bodenfreiheit	172mm
Ladevolumen bis Bordkante	530 l bis 885 l
Kleinster Wendekreis	12,15 m
Zul. Gesamtgewicht	2310 kg
Zul. Achslast vorne	1080 kg
Zul. Achslast hinten	1230 kg
Zuladung	600 kg
Zul. Anhängelast gebremst	2100 kg
Zul. Anhängelast ungebremst	750 kg
Zul. Dachlast	100 kg
Leergewicht (Wagengewicht) nach Richtlinie DIN 70020 (mit Kraftstoff, Reserverad und Werkzeug)	1710 kg
Luftwiderstand cW-Mittelwert x A	0,35 x 2,11 m²
Stückzahl	09.1986 – 03.1995: 2317; Stückzahlen bis / ab Modellpflegen 09.1989 und 06.1993 sind nicht separat dokumentiert
Preise	09.1989: DM 77.805,00 01.1990: DM 79.743,00 10.1990: DM 82.308,00 06.1991: DM 84.873,00 10.1992: DM 85.899,00 01.1993: DM 88.205,00

Mercedes-Benz 200 T	
Allgemeine Angaben	
Konstruktionsbezeichnung	S 124 V 20
Baumuster	124.080
Produktionszeitraum	09.1989 – 05.1990
Arbeitsverfahren	Viertakt-Otto Abgasreinigungsanlage mit geregeltem 3-Wege-Katalysator
Anordnung im Fahrzeug	vorn, längs; stehend
Motoren	
Motor-Typ / -Baumuster	M 102 V 20 / 102.922
Zylinderzahl / -anordnung	4 / Reihe; 15° nach rechts geneigt
Bohrung x Hub	89,0 x 80,2 mm
Gesamthubraum	1996 cm^3
Verdichtungsverhältnis	9,1
Kurbelwellenlager	5
Leistung	105 PS / 77 kW bei 5500/min
Drehmoment	158 Nm bei 3500/min
Ventilanordnung / -anzahl	1 Einlass, 1 Auslass / v-förmig hängend
Ventilsteuerung	obenliegende Nockenwelle, ohc
Nockenwellenantrieb	Duplex-Rollenkette
Gemischbildung	1 Fallstrom-Registervergaser Pierburg 2 E-E
Kühlung	Wasserkühlung / Pumpe; 8,5 l Wasser
Schmierung	Druckumlauf-Schmierung / 5 l Öl
Elektrische Anlage	
Elektr. Anlage	12 V
Batterie	62 Ah / im Motorraum
Generator	Drehstrom / 770 W
Anlasser	elektrisch / 1,4 kW
Zündung	elektronische Zündanlage
Kraftstofftank	72 l, hinter der Hinterachse
Kraftstoff-Förderung	Membranpumpe
Getriebe	
Getriebe	4-Gang-Schaltgetriebe
Verfügbarkeit	Serie
Getriebe-Typ / -Baumuster	GL 68/20 H / 716.217
Schaltung	Mittelschaltung
Kupplung	Einscheiben-Trockenkupplung
Getriebeart	Zahnrad-Wechselgetriebe
Synchronisierte Gänge	I – IV
Getriebe-Übersetzung	I. 3,91; II. 2,17; III. 1,37; IV. 1,0; R. 3,78
Achsantriebsübersetzung	3,64
Höchstgeschwindigkeit	173 km/h
Beschleunigung 0-100 km/h[1]	14,0 s
Kraftstoffverbrauch	7,7 / 9,8 / 12,2 l; nach Richtlinie 80/1268/EWG; Werte für 90 km/h / 120 km/h / Stadtzyklus
Getriebe	5-Gang-Schaltgetriebe
Verfügbarkeit	auf Wunsch
Getriebe-Typ / -Baumuster	GL 68/20 C-5 / 717.412
Schaltung	Mittelschaltung
Kupplung	Einscheiben-Trockenkupplung
Getriebeart	Zahnrad-Wechselgetriebe
Synchronisierte Gänge	I – V
Getriebe-Übersetzung	I. 3,91; II. 2,17; III. 1,37; IV. 1,0; V. 0,81; R. 4,27
Achsantriebsübersetzung	3,64
Höchstgeschwindigkeit	173 km/h
Beschleunigung 0-100 km/h[1]	14,0 s
Kraftstoffverbrauch	7,0 / 9,0 / 12,2 l; nach Richtlinie 80/1268/EWG; Werte für 90 km/h / 120 km/h / Stadtzyklus
Getriebe	4-Gang-Automatikgetriebe
Verfügbarkeit	auf Wunsch
Getriebe-Typ / -Baumuster	W 4 A 020 / 722.400
Schaltung	Wählhebel in Wagenmitte
Kupplung	hydraulischer Drehmomentwandler im Automatikgetriebe
Getriebeart	Planetengetriebe
Getriebe-Übersetzung	I. 4,25; II. 2,41; III. 1,49; IV. 1,0; R. 5,67
Achsantriebsübersetzung	3,64
Höchstgeschwindigkeit	168 km/h
Beschleunigung 0-100 km/h[1]	14,5 s
Kraftstoffverbrauch	8,1 / 10,3 / 12,0 l; nach Richtlinie 80/1268/EWG; Werte für 90 km/h / 120 km/h / Stadtzyklus
Tragstruktur und Fahrwerk	
Rahmenausführung	selbsttragende Ganzstahlkarosserie
Radaufhängung, vorne	Dreiecksquerlenker / Dämpferbein
Radaufhängung, hinten	Raumlenkerachse, auf Wunsch mit hydropneumatischer Niveau-Regulierung
Federung, vorne	Schraubenfedern, Drehstab-Stabilisator
Federung, hinten	Schraubenfedern, hydropneumatische Federbeine, Drehstab-Stabilisator
Stoßdämpfer, vorne/hinten	Gasdruck-Dämpferbeine / hydropneumatische Federbeine
Lenkung	Kugelumlauf-Servolenkung
Lenkübersetzung	15,44:1 / 3 Lenkradumdrehungen
Bremsanlage	
Bremsanlage (Fußbremse)	hydraulische Zweikreis-Bremsanlage mit Unterdruck-Bremskraftverstärker und Anti-Blockier-System; Scheibenbremsen vorne und hinten massiv
Feststellbremse	mechanisch (fußbetätigt), auf Hinterräder wirkend
Abmessungen der Bremsscheiben	vorne / hinten 284 x 12 / 278 x 9 mm
Allgemeine Daten	
Räder	Stahlblech-Scheibenräder, verstärkt, 6 ½ J x 15 H 2 ET 49; „Sportline": 7 J x 15 H 2 ET 42; auf Wunsch: Leichtmetall-Scheibenräder 6 ½ J x 15 H 2 ET 49 (bis 12.1989 geschmiedet) und 6 ½ J x 15 H 2 ET 48 (ab 01.1990 gegossen); „Sportline": 7 J x 15 H 2 ET 41
Reifen	195/65 R 15 91 T; „Sportline": 205/60 R 15 91 H „Sportline"
Angetriebene Räder	Hinterräder
Kraftübertragung	geteilte Kardanwelle
Radstand	2800 mm
Spur vorne / hinten	1497 / 1488 mm; „Sportline": 1518 / 1509 mm
Länge	4765 mm
Breite	1740 mm
Höhe	1489 mm; „Sportline": 1458 mm
Bodenfreiheit	158 mm; „Sportline": 130 mm
Ladevolumen bis Bordkante	530 l bis 885 l
Kleinster Wendekreis	11,27 m
Zul. Gesamtgewicht	2070 kg
Zul. Achslast vorne	860 kg
Zul. Achslast hinten	1210 kg
Zuladung	620 kg
Zul. Anhängelast gebremst	1500 kg
Zul. Anhängelast ungebremst	750 kg
Zul. Dachlast	100 kg
Leergewicht (Wagengewicht) nach Richtlinie DIN 70020 (mit Kraftstoff, Reserverad und Werkzeug)	1450 kg
Luftwiderstand cW-Mittelwert x A	0,31 x 2,11 m^2
Stückzahl	seit 03.1985: 7467; Stückzahlen bis / ab Modellpflege 09.1989 sind nicht separat dokumentiert
Preise	09.1989: DM 46.797,00 01.1990: DM 47.994,00

Mercedes-Benz 200 TE

Allgemeine Angaben	
Konstruktionsbezeichnung	S 124 E 20
Baumuster	124.081
Produktionszeitraum	09.1989 – 10.1992
Arbeitsverfahren	Viertakt-Otto mit Saugrohreinspritzung und Abgasreinigungsanlage mit geregeltem 3-Wege-Katalysator
Anordnung im Fahrzeug	vorne, längs; stehend
Motoren	
Motor-Typ / -Baumuster	M 102 E 20 / 102.963 KE
Zylinderzahl / -anordnung	4 / Reihe; 15° nach rechts geneigt
Bohrung x Hub	89,0 x 80,2 mm
Gesamthubraum	1996 cm³
Verdichtungsverhältnis	9,1
Kurbelwellenlager	5
Leistung	118 PS / 87 kW bei 5200/min
Drehmoment	172 Nm bei 3500/min
Ventilanordnung / -anzahl	1 Einlass, 1 Auslass / v-förmig hängend
Ventilsteuerung	obenliegende Nockenwelle, ohc
Nockenwellenantrieb	Duplex-Rollenkette
Gemischbildung	Saugrohreinspritzung, mechanisch-elektronisch geregelt (Bosch KE-Jetronic)
Kühlung	Wasserkühlung / Pumpe; 8,5 l Wasser
Schmierung	Druckumlauf-Schmierung / 5 l Öl
Elektrische Anlage	
Elektr. Anlage	12 V
Batterie	62 Ah / im Motorraum
Generator	Drehstrom / 980 W
Anlasser	elektrisch / 1,4 kW
Zündung	elektronische Zündanlage
Kraftstofftank	72 l, hinter der Hinterachse
Kraftstoff-Förderung	elektrische Förderpumpe
Getriebe	
Getriebe	4-Gang-Schaltgetriebe
Verfügbarkeit	Serie
Getriebe-Typ / -Baumuster	GL 68/20 H / 716.217
Schaltung	Mittelschaltung
Kupplung	Einscheiben-Trockenkupplung
Getriebeart	Zahnrad-Wechselgetriebe
Synchronisierte Gänge	I – IV
Getriebe-Übersetzung	I. 3,91; II. 2,17; III. 1,37; IV. 1,0; R. 3,78
Achsantriebsübersetzung	3,64
Höchstgeschwindigkeit	180 km/h
Beschleunigung 0-100 km/h[1]	12,9 s
Kraftstoffverbrauch	7,6 / 9,8 / 12,2 l; nach Richtlinie 80/1268/EWG; Werte für 90 km/h / 120 km/h / Stadtzyklus
Getriebe	5-Gang-Schaltgetriebe
Verfügbarkeit	auf Wunsch
Getriebe-Typ / -Baumuster	GL 68/20 C-5 / 717.412
Schaltung	Mittelschaltung
Kupplung	Einscheiben-Trockenkupplung
Getriebeart	Zahnrad-Wechselgetriebe
Synchronisierte Gänge	I – V
Getriebe-Übersetzung	I. 3,91; II. 2,17; III. 1,37; IV. 1,0; V. 0,81; R. 4,27
Achsantriebsübersetzung	3,64
Höchstgeschwindigkeit	180 km/h
Beschleunigung 0-100 km/h[1]	12,9 s
Kraftstoffverbrauch	6,9 / 8,9 / 12,2 l; nach Richtlinie 80/1268/EWG; Werte für 90 km/h / 120 km/h / Stadtzyklus
Getriebe	4-Gang-Automatikgetriebe
Verfügbarkeit	auf Wunsch
Getriebe-Typ / -Baumuster	W 4 A 020 / 722.400
Schaltung	Wählhebel in Wagenmitte
Kupplung	hydraulischer Drehmomentwandler im Automatikgetriebe
Getriebeart	Planetengetriebe
Getriebe-Übersetzung	I. 4,25; II. 2,41; III. 1,49; IV. 1,0; R. 5,67
Achsantriebsübersetzung	3,64
Höchstgeschwindigkeit	175 km/h
Beschleunigung 0-100 km/h[1]	13,1 s
Kraftstoffverbrauch	8,0 / 10,2 / 12,0 l; nach Richtlinie 80/1268/EWG; Werte für 90 km/h / 120 km/h / Stadtzyklus
Tragstruktur und Fahrwerk	
Rahmenausführung	selbsttragende Ganzstahlkarosserie
Radaufhängung, vorne	Dreiecksquerlenker / Dämpferbein
Radaufhängung, hinten	Raumlenkerachse mit hydropneumatischer Niveau-Regulierung
Federung, vorne	Schraubenfedern, Drehstab-Stabilisator
Federung, hinten	Schraubenfedern, hydropneumatische Federbeine, Drehstab-Stabilisator
Stoßdämpfer, vorne/hinten	Gasdruck-Dämpferbeine / hydropneumatische Federbeine
Lenkung	Kugelumlauf-Servolenkung
Lenkübersetzung	15,44:1 / 3 Lenkradumdrehungen
Bremsanlage	
Bremsanlage (Fußbremse)	hydraulische Zweikreis-Bremsanlage mit Unterdruck-Bremskraftverstärker und Anti-Blockier-System; Scheibenbremsen vorne und hinten massiv
Feststellbremse	mechanisch (fußbetätigt), auf Hinterräder wirkend
Abmessungen der Bremsscheiben	vorne / hinten 284 x 12 / 278 x 9 mm
Allgemeine Daten	
Räder	Stahlblech-Scheibenräder, verstärkt, 6 ½ J x 15 H 2 ET 49; „Sportline": 7 J x 15 H 2 ET 42; auf Wunsch: Leichtmetall-Scheibenräder 6 ½ J x 15 H 2 ET 49 (bis 12.1989 geschmiedet) und 6 ½ J x 15 H 2 ET 48 (ab 12.1989 gegossen); „Sportline":7 J x 15 H 2 ET 41
Reifen	195/65 R 15 91 T; „Sportline": 205/60 R 15 91 H „Sportline"
Angetriebene Räder	Hinterräder
Kraftübertragung	geteilte Kardanwelle
Radstand	2800 mm
Spur vorne / hinten	1497 / 1488 mm; „Sportline": 1518 / 1509 mm
Länge	4765 mm
Breite	1740 mm
Höhe	1489 mm; „Sportline": 1458 mm
Bodenfreiheit	158 mm; „Sportline": 130 mm
Kleinster Wendekreis	11,27 m
Zul. Gesamtgewicht	2080 kg; ab 02.1992: 2110 kg
Zul. Achslast vorne	870 kg; ab 02.1992: 890 kg
Zul. Achslast hinten	1210 kg; ab 02.1992: 1220 kg
Zuladung	620 kg; ab 02.1992: 650 kg
Zul. Anhängelast gebremst	1500 kg
Zul. Anhängelast ungebremst	750 kg
Zul. Dachlast	100 kg
Leergewicht (Wagengewicht) nach Richtlinie DIN 70020 (mit Kraftstoff, Reserverad und Werkzeug)	1460 kg
Luftwiderstand cW-Mittelwert x A	-
Stückzahl	seit 07.1988: 20.555; Stückzahlen bis / ab Modellpflege 09.1989 sind nicht separat dokumentiert
Preise	09.1989: DM 49.191,00 01.1990: DM 50.445,00 10.1990: DM 52.155,00 06.1991: DM 53.751,00 02.1992: DM 55.461,00

Mercedes-Benz 200 TE (Motor M 111)

Allgemeine Angaben	
Konstruktionsbezeichnung	S 124 E 20/2
Baumuster	124.079
Produktionszeitraum	07.1992 / 09.1992 – 07.1993
Arbeitsverfahren	Viertakt-Otto mit Saugrohreinspritzung und Abgasreinigungsanlage mit geregeltem 3-Wege-Katalysator
Anordnung im Fahrzeug	vorne, längs; stehend
Motoren	
Motor-Typ / -Baumuster	M 111 E 20 / 111.940 PMS
Zylinderzahl / -anordnung	4 / Reihe; 15° nach rechts geneigt
Bohrung x Hub	89,9 x 78,7 mm
Gesamthubraum	1998 cm^3
Verdichtungsverhältnis	9,6
Kurbelwellenlager	5
Leistung	136 PS / 100 kW bei 5500/min
Drehmoment	190 Nm bei 4000/min
Ventilanordnung / -anzahl	2 Einlass, 2 Auslass / v-förmig hängend
Ventilsteuerung	2 obenliegende Nockenwellen, dohc
Nockenwellenantrieb	Duplex-Rollenkette
Gemischbildung	mikroprozessorgesteuerte Einspritzanlage mit Drucksensor (P-Motor-steuerung)
Kühlung	Wasserkühlung / Pumpe; 8,5 l Wasser
Schmierung	Druckumlauf-Schmierung / 5,8 l Öl
Elektrische Anlage	
Elektr. Anlage	12 V
Batterie	62 Ah / im Motorraum
Generator	Drehstrom / 980 W
Anlasser	elektrisch / 1,4 kW
Zündung	Zünd-Kennfeld-Steuerung
Kraftstofftank	72 l, hinter der Hinterachse
Kraftstoff-Förderung	elektrische Förderpumpe
Getriebe	
Getriebe	5-Gang-Schaltgetriebe
Verfügbarkeit	Serie
Getriebe-Baumuster	717.413
Schaltung	Mittelschaltung
Kupplung	Einscheiben-Trockenkupplung
Getriebeart	Zahnrad-Wechselgetriebe
Synchronisierte Gänge	I – V
Getriebe-Übersetzung	I. 3,91; II. 2,17; III. 1,37; IV. 1,0; V. 0,81; R. 4,27
Achsantriebsübersetzung	3,92
Höchstgeschwindigkeit	188 km/h
Beschleunigung 0-100 km/h[1]	11,6 s
Kraftstoffverbrauch	7,0 / 8,8 / 11,9 l; nach Richtlinie 80/1268/EWG; Werte für 90 km/h / 120 km/h / Stadtzyklus
Getriebe	4-Gang-Automatikgetriebe
Verfügbarkeit	auf Wunsch
Getriebe-Baumuster	722.431
Schaltung	Wählhebel in Wagenmitte
Kupplung	hydraulischer Drehmomentwandler im Automatikgetriebe
Getriebeart	Planetengetriebe
Getriebe-Übersetzung	I. 4,25; II. 2,41; III. 1,49; IV. 1,0; R. 5,67
Achsantriebsübersetzung	3,46
Höchstgeschwindigkeit	183 km/h
Beschleunigung 0-100 km/h[1]	12,1 s
Kraftstoffverbrauch	7,6 / 9,6 / 11,7 l; nach Richtlinie 80/1268/EWG; Werte für 90 km/h / 120 km/h / Stadtzyklus
Tragstruktur und Fahrwerk	
Rahmenausführung	selbsttragende Ganzstahlkarosserie
Radaufhängung, vorne	Dreiecksquerlenker / Dämpferbein
Radaufhängung, hinten	Raumlenkerachse mit hydropneumatischer Niveau-Regulierung
Federung, vorne	Schraubenfedern, Drehstab-Stabilisator
Federung, hinten	Schraubenfedern, hydropneumatische Federbeine, Drehstab-Stabilisator
Stoßdämpfer, vorne/hinten	Gasdruck-Dämpferbeine / hydropneumatische Federbeine
Lenkung	Kugelumlauf-Servolenkung
Lenkübersetzung	15,44:1, ca. 3,0 Lenkradumdrehungen
Bremsanlage	
Bremsanlage (Fußbremse)	hydraulische Zweikreis-Bremsanlage mit Unterdruck-Bremskraftverstärker und Anti-Blockier-System; Scheibenbremsen vorne innenbelüftet und hinten massiv
Feststellbremse	mechanisch (fußbetätigt), auf Hinterräder wirkend
Abmessungen der Bremsscheiben	vorne / hinten 284 x 22 / 278 x 9 mm
Allgemeine Daten	
Räder	Stahlblech-Scheibenräder, verstärkt, 6 ½ J x 15 H 2 ET 49; „Sportline": 7 J x 15 H 2 ET 42; auf Wunsch: Leichtmetall-Scheibenräder 6 ½ J x 15 H 2 ET 49 (15 Loch) und 6 ½ J x 15 H 2 ET 44 (8 Loch); „Sportline": 7 J x 15 H 2 ET 41 (8 oder 15 Loch)
Reifen	195/65 R 15 91 H; „Sportline": 205/60 R 15 91 H
Angetriebene Räder	Hinterräder
Kraftübertragung	geteilte Kardanwelle
Radstand	2800 mm
Spur vorne / hinten	1497 / 1488 mm; „Sportline": 1518 / 1509 mm
Länge	4765 mm
Breite	1740 mm
Höhe	1489 mm; „Sportline": 1458 mm
Bodenfreiheit	153 mm; „Sportline": 127 mm
Ladevolumen bis Bordkannte	530 l bis 885 l
Kleinster Wendekreis	11,27 m
Zul. Gesamtgewicht	2120 kg
Zul. Achslast vorne	890 kg
Zul. Achslast hinten	1230 kg
Zuladung	650 kg
Zul. Anhängelast gebremst	1900 kg; mit Automatik: 2100 kg
Zul. Anhängelast ungebremst	750 kg
Zul. Dachlast	100 kg
Leergewicht (Wagengewicht) nach Richtlinie DIN 70020 (mit Kraft-stoff, Reserverad und Werkzeug)	1470 kg
Luftwiderstand cW-Mittelwert x A	0,34 x 2,11 m^2
Stückzahl	bis 02.1996: 15.279; Stückzahlen bis / ab Modellpflege 06.1993 sind nicht separat dokumentiert
Preise	10.1992: DM 57.171,00 01.1993: DM 57.787,50

Mercedes-Benz 220 TE

Allgemeine Angaben	
Konstruktionsbezeichnung	S 124 E 22
Baumuster	124.082
Produktionszeitraum	06.1992 / 09.1992 – 07.1993
Arbeitsverfahren	Viertakt-Otto mit Saugrohreinspritzung und Abgasreinigungsanlage mit geregeltem 3-Wege-Katalysator
Anordnung im Fahrzeug	vorne, längs; stehend
Motoren	
Motor-Typ / -Baumuster	M 111 E 22 / 111.960 HFM
Zylinderzahl / -anordnung	4 / Reihe; 15° nach rechts geneigt
Bohrung x Hub	89,9 x 86,6 mm
Gesamthubraum	2199 cm³
Verdichtungsverhältnis	10
Kurbelwellenlager	5
Leistung	150 PS / 110 kW bei 5500/min
Drehmoment	210 Nm bei 4000/min
Ventilanordnung / -anzahl	2 Einlass, 2 Auslass / v-förmig hängend
Ventilsteuerung	2 obenliegende Nockenwellen, dohc; Einlass-Nockenwelle verstellbar
Nockenwellenantrieb	Duplex-Rollenkette
Gemischbildung	mikroprozessorgesteuerte Einspritzanlage mit Heißfilm-Luftmassenmessung (HFM)
Kühlung	Wasserkühlung / Pumpe; 8,5 l Wasser
Schmierung	Druckumlauf-Schmierung / 5,8 l Öl
Elektrische Anlage	
Elektr. Anlage	12 V
Batterie	62 Ah / im Motorraum
Generator	Drehstrom / 980 W
Anlasser	elektrisch / 1,4 kW
Zündung	Zünd-Kennfeld-Steuerung
Kraftstofftank	72 l, hinter der Hinterachse
Kraftstoff-Förderung	elektrische Förderpumpe
Getriebe	
Getriebe	5-Gang-Schaltgetriebe
Verfügbarkeit	Serie
Getriebe-Baumuster	717.413
Schaltung	Mittelschaltung
Kupplung	Einscheiben-Trockenkupplung
Getriebeart	Zahnrad-Wechselgetriebe
Synchronisierte Gänge	I – V
Getriebe-Übersetzung	I. 3,91; II. 2,17; III. 1,37; IV. 1,0; V. 0,81; R. 4,27
Achsantriebsübersetzung	3,92
Höchstgeschwindigkeit	198 km/h
Beschleunigung 0-100 km/h[1]	10,8 s
Kraftstoffverbrauch	7,3 / 9,2 / 12,2 l; nach Richtlinie 80/1268/EWG; Werte für 90 km/h / 120 km/h / Stadtzyklus
Getriebe	4-Gang-Automatikgetriebe
Verfügbarkeit	auf Wunsch
Getriebe-Baumuster	722.428
Schaltung	Wählhebel in Wagenmitte
Kupplung	hydraulischer Drehmomentwandler im Automatikgetriebe
Getriebeart	Planetengetriebe
Getriebe-Übersetzung	I. 4,25; II. 2,41; III. 1,49; IV. 1,0; R. 5,67
Achsantriebsübersetzung	3,27
Höchstgeschwindigkeit	193 km/h
Beschleunigung 0-100 km/h[1]	11,1 s
Kraftstoffverbrauch	7,6 / 9,9 / 11,6 l; nach Richtlinie 80/1268/EWG; Werte für 90 km/h / 120 km/h / Stadtzyklus
Tragstruktur und Fahrwerk	
Rahmenausführung	selbsttragende Ganzstahlkarosserie
Radaufhängung, vorne	Dreiecksquerlenker / Dämpferbein
Radaufhängung, hinten	Raumlenkerachse mit hydropneumatischer Niveau-Regulierung
Federung, vorne	Schraubenfedern, Drehstab-Stabilisator
Federung, hinten	Schraubenfedern, hydropneumatische Federbeine, Drehstab-Stabilisator
Stoßdämpfer, vorne/hinten	Gasdruck-Dämpferbeine / hydropneumatische Federbeine
Lenkung	Kugelumlauf-Servolenkung
Lenkübersetzung	15,44:1 / 3 Lenkradumdrehungen
Bremsanlage	
Bremsanlage (Fußbremse)	hydraulische Zweikreis-Bremsanlage mit Unterdruck-Bremskraftverstärker und Anti-Blockier-System; Scheibenbremsen vorne innenbelüftet und hinten massiv
Feststellbremse	mechanisch (fußbetätigt), auf Hinterräder wirkend
Abmessungen der Bremsscheiben	vorne / hinten 284 x 22 / 278 x 9 mm
Allgemeine Daten	
Räder	Stahlblech-Scheibenräder, verstärkt, 6 ½ J x 15 H 2 ET 49; „Sportline“: 7 J x 15 H 2 ET 42; auf Wunsch: Leichtmetall-Scheibenräder 6 ½ J x 15 H 2 ET 49 (15 Loch) und 6 ½ J x 15 H 2 ET 44 (8 Loch); „Sportline“: 7 J x 15 H 2 ET 41 (8 oder 15 Loch)
Reifen	195/65 R 15 91 H; „Sportline“: 205/60 R 15 91 H
Angetriebene Räder	Hinterräder
Kraftübertragung	geteilte Kardanwelle
Radstand	2800 mm
Spur vorne / hinten	1497 / 1488 mm; „Sportline“: 1518 / 1509 mm
Länge	4765 mm
Breite	1740 mm
Höhe	1489 mm; „Sportline“: 1458 mm
Bodenfreiheit	153 mm; „Sportline“: 127 mm
Ladevolumen bis Bordkante	530 l bis 885 l
Kleinster Wendekreis	11,27 m
Zul. Gesamtgewicht	2130 kg
Zul. Achslast vorne	900 kg
Zul. Achslast hinten	1230 kg
Zuladung	650 kg
Zul. Anhängelast gebremst	1900 kg; mit Automatik: 2100 kg
Zul. Anhängelast ungebremst	750 kg
Zul. Dachlast	100 kg
Leergewicht (Wagengewicht) nach Richtlinie DIN 70020 (mit Kraftstoff, Reserverad und Werkzeug)	1480 kg
Luftwiderstand cW-Mittelwert x A	0,34 x 2,11 m²
Stückzahl	bis 02.1996: 22.057; Stückzahlen bis / ab Modellpflege 06.1993 sind nicht separat dokumentiert
Preise	10.1992: DM 59.223,00 01.1993: DM 61.410,00

Mercedes-Benz 230 TE	
Allgemeine Angaben	
Konstruktionsbezeichnung	S 124 E 23
Baumuster	124.083
Produktionszeitraum	09.1989 – 10.1992
Arbeitsverfahren	Viertakt-Otto mit Saugrohreinspritzung und Abgasreinigungsanlage mit geregeltem 3-Wege-Katalysator
Anordnung im Fahrzeug	vorne, längs; stehend
Motoren	
Motor-Typ / -Baumuster	M 102 E 23 / 102.982 KE
Zylinderzahl / -anordnung	4 / Reihe; 15° nach rechts geneigt
Bohrung x Hub	95,5 x 80,2 mm
Gesamthubraum	2298 cm³
Verdichtungsverhältnis	9
Kurbelwellenlager	5
Leistung	132 PS / 97 kW bei 5100/min
Drehmoment	198 Nm bei 3500/min
Ventilanordnung / -anzahl	1 Einlass, 1 Auslass / v-förmig hängend
Ventilsteuerung	obenliegende Nockenwelle, ohc
Nockenwellenantrieb	Duplex-Rollenkette
Gemischbildung	Saugrohreinspritzung, mechanisch-elektronisch geregelt (Bosch KE-Jetronic)
Kühlung	Wasserkühlung / Pumpe; 8,5 l Wasser
Schmierung	Druckumlauf-Schmierung / 5 l Öl
Elektrische Anlage	
Elektr. Anlage	12 V
Batterie	62 Ah / im Motorraum
Generator	Drehstrom / 980 W
Anlasser	elektrisch / 1,4 kW
Zündung	elektronische Zündanlage
Kraftstofftank	72 l, hinter der Hinterachse
Kraftstoff-Förderung	elektrische Förderpumpe
Getriebe	
Getriebe	4-Gang-Schaltgetriebe
Verfügbarkeit	Serie
Getriebe-Typ / -Baumuster	GL 68/20 J / 716.218
Schaltung	Mittelschaltung
Kupplung	Einscheiben-Trockenkupplung
Getriebeart	Zahnrad-Wechselgetriebe
Synchronisierte Gänge	I – IV
Getriebe-Übersetzung	I. 3,91; II. 2,17; III. 1,37; IV. 1,0; R. 3,78
Achsantriebsübersetzung	3,46
Höchstgeschwindigkeit	188 km/h
Beschleunigung 0-100 km/h[1]	11,4 s
Kraftstoffverbrauch	7,7 / 9,8 / 12,2 l; nach Richtlinie 80/1268/EWG; Werte für 90 km/h / 120 km/h / Stadtzyklus
Getriebe	5-Gang-Schaltgetriebe
Verfügbarkeit	auf Wunsch
Getrieb-Typ / -Baumuster	GL 68/20 D-5 / 717.413
Schaltung	Mittelschaltung
Kupplung	Einscheiben-Trockenkupplung
Getriebeart	Zahnrad-Wechselgetriebe
Synchronisierte Gänge	I – V
Getriebe-Übersetzung	I. 3,91; II. 2,17; III. 1,37; IV. 1,0; V. 0,81; R. 4,27
Achsantriebsübersetzung	3,67
Höchstgeschwindigkeit	188 km/h
Beschleunigung 0-100 km/h[1]	11,8 s
Kraftstoffverbrauch	7,4 / 9,4 / 12,5 l; nach Richtlinie 80/1268/EWG; Werte für 90 km/h / 120 km/h / Stadtzyklus
Getriebe	4-Gang-Automatikgetriebe
Verfügbarkeit	auf Wunsch
Getriebe-Typ / -Baumuster	W 4 A 020 / 722.408
Schaltung	Wählhebel in Wagenmitte
Kupplung	hydraulischer Drehmomentwandler im Automatikgetriebe
Getriebeart	Planetengetriebe
Getriebe-Übersetzung	I. 4,25; II. 2,41; III. 1,49; IV. 1,0; R. 5,67
Achsantriebsübersetzung	3,46
Höchstgeschwindigkeit	183 km/h

Beschleunigung 0-100 km/h[1]	11,5 s
Kraftstoffverbrauch	8,2 / 10,3 / 12,0 l; nach Richtlinie 80/1268/EWG; Werte für 90 km/h / 120 km/h / Stadtzyklus
Tragstruktur und Fahrwerk	
Rahmenausführung	selbsttragende Ganzstahlkarosserie
Radaufhängung, vorne	Dreiecksquerlenker / Dämpferbein
Radaufhängung, hinten	Raumlenkerachse mit hydropneumatischer Niveau-Regulierung
Federung, vorne	Schraubenfedern, Drehstab-Stabilisator
Federung, hinten	Schraubenfedern, hydropneumatische Federbeine, Drehstab-Stabilisator
Stoßdämpfer, vorne/hinten	Gasdruck-Dämpferbeine / hydropneumatische Federbeine
Lenkung	Kugelumlauf-Servolenkung
Lenkübersetzung	15,44:1 / 3 Lenkradumdrehungen
Bremsanlage	
Bremsanlage (Fußbremse)	hydraulische Zweikreis-Bremsanlage mit Unterdruck-Bremskraftverstärker und Anti-Blockier-System; Scheibenbremsen vorne innenbelüftet und hinten massiv
Feststellbremse	mechanisch (fußbetätigt), auf Hinterräder wirkend
Abmessungen der Bremsscheiben	vorne / hinten 284 x 22 / 278 x 9 mm
Allgemeine Daten	
Räder	Stahlblech-Scheibenräder 6 ½ J x 15 H 2 ET 49; „Sportline": 7 J x 15 H 2 ET 42; auf Wunsch: Leichtmetall-Scheibenräder 6 ½ J x 15 H 2 ET 49 (bis 12.1989, geschmiedet) und 6 ½ J x 15 H 2 ET 48 (ab 01.1990, gegossen); „Sportline": 7 J x 15 H 2 ET 41
Reifen	195/65 R 15 91 H; „Sportline": 205/60 R 15 91 H
Angetriebene Räder	Hinterräder
Kraftübertragung	geteilte Kardanwelle
Radstand	2800 mm
Spur vorne / hinten	1497 / 1488 mm; „Sportline": 1518 / 1509 mm
Länge	4765 mm
Breite	1740 mm
Höhe	1489 mm; „Sportline": 1458 mm
Bodenfreiheit	157 mm; „Sportline": 131 mm
Ladevolumen	530 l bis 885 l
Kleinster Wendekreis	11,27 m
Zul. Gesamtgewicht	2100 kg; ab 02.1992: 2130 kg
Zul. Achslast vorne	880 kg; ab 02.1992: 900 kg
Zul. Achslast hinten	1220 kg; ab 02.1992: 1230 kg
Zuladung	620 kg; ab 02.1992: 650 kg
Zul. Anhängelast gebremst	1900 kg; mit Automatik: 2100 kg
Zul. Anhängelast ungebremst	750 kg
Zul. Dachlast	100 kg
Leergewicht (Wagengewicht) nach Richtlinie DIN 70020 (mit Kraftstoff, Reserverad und Werkzeug)	1480 kg
Luftwiderstand cW-Mittelwert x A	0,34 x 2,11m²
Stückzahl	seit 04.1985: 64.945; Stückzahlen bis / ab Modellpflege 09.1989 sind nicht separat dokumentiert
Preise	09.1989: DM 50.958,00 01.1990: DM 52.212,00 10.1990: DM 53.979,00 06.1991: DM 55.689,00 02.1992: DM 57.513,00

Mercedes-Benz 280 TE

Allgemeine Angaben	
Konstruktionsbezeichnung	S 124 E 28
Baumuster	124.088
Produktionszeitraum	07.1992 / 09.1992 – 07.1993
Arbeitsverfahren	Viertakt-Otto mit Saugrohreinspritzung und Abgasreinigungsanlage mit geregeltem 3-Wege-Katalysator
Anordnung im Fahrzeug	vorne, längs; stehend
Motoren	
Motor-Typ / -Baumuster	M 104 E 28 / 104.942 HFM
Zylinderzahl / -anordnung	6 / Reihe; 15° nach rechts geneigt
Bohrung x Hub	89,9 x 73,5 mm
Gesamthubraum	2799 cm³
Verdichtungsverhältnis	10
Kurbelwellenlager	7
Leistung	197 PS / 145 kW bei 5500/min
Drehmoment	270 Nm bei 3750/min
Ventilanordnung / -anzahl	2 Einlass, 2 Auslass / v-förmig hängend
Ventilsteuerung	2 obenliegende Nockenwellen, dohc; Einlass-Nockenwelle verstellbar
Nockenwellenantrieb	Duplex-Rollenkette
Gemischbildung	mikroprozessorgesteuerte Einspritzanlage mit Heißfilm-Luftmassenmessung (HFM)
Kühlung	Wasserkühlung / Pumpe; 9 l Wasser
Schmierung	Druckumlauf-Schmierung / 7,5 l Öl
Elektrische Anlage	
Elektr. Anlage	12 V
Batterie	62 Ah / im Motorraum
Generator	Drehstrom / 1260 W
Anlasser	elektrisch / 1,7 kW
Zündung	Zünd-Kennfeld-Steuerung
Kraftstofftank	72 l, hinter der Hinterachse
Kraftstoff-Förderung	elektrische Förderpumpe
Getriebe	
Getriebe	5-Gang-Schaltgetriebe mit ZMS
Verfügbarkeit	Serie
Getriebe-Baumuster	717.440
Schaltung	Mittelschaltung
Kupplung	Einscheiben-Trockenkupplung
Getriebeart	Zahnrad-Wechselgetriebe
Synchronisierte Gänge	I – V
Getriebe-Übersetzung	I. 3,86; II. 2,18; III. 1,38; IV. 1,0; V. 0,80; R. 4,22
Achsantriebsübersetzung	3,69
Höchstgeschwindigkeit	218 km/h
Beschleunigung 0-100 km/h[1]	9,1 s
Kraftstoffverbrauch	8,3 / 10,3 / 14,8 l; nach Richtlinie 80/1268/EWG; Werte für 90 km/h / 120 km/h / Stadtzyklus
Getriebe	4-Gang-Automatikgetriebe
Verfügbarkeit	auf Wunsch
Getriebe-Baumuster	722.433
Schaltung	Wählhebel in Wagenmitte
Kupplung	hydraulischer Drehmomentwandler im Automatikgetriebe
Getriebeart	Planetengetriebe
Getriebe-Übersetzung	I. 4,25; II. 2,41; III. 1,49; IV. 1,0; R. 5,67
Achsantriebsübersetzung	3,06
Höchstgeschwindigkeit	213 km/h
Beschleunigung 0-100 km/h[1]	8,9 s
Kraftstoffverbrauch	8,9 / 10,9 / 13,6 l; nach Richtlinie 80/1268/EWG; Werte für 90 km/h / 120 km/h / Stadtzyklus
Getriebe	5-Gang-Automatikgetriebe
Verfügbarkeit	auf Wunsch
Getriebe-Baumuster	722.504
Schaltung	Wählhebel in Wagenmitte
Kupplung	hydraulischer Drehmomentwandler im Automatikgetriebe
Getriebeart	Planetengetriebe
Getriebe-Übersetzung	I. 3,87; II. 2,25; III. 1,44; IV. 1,0; V. 0,75; R. 5,59
Achsantriebsübersetzung	3,69
Höchstgeschwindigkeit	213 km/h
Beschleunigung 0-100 km/h[1]	8,9 s
Kraftstoffverbrauch	8,7 / 10,7 / 14,4 l; nach Richtlinie 80/1268/EWG; Werte für 90 km/h / 120 km/h / Stadtzyklus
Tragstruktur und Fahrwerk	
Rahmenausführung	selbsttragende Ganzstahlkarosserie
Radaufhängung, vorne	Dreiecksquerlenker / Dämpferbein
Radaufhängung, hinten	Raumlenkerachse mit hydropneumatischer Niveau-Regulierung
Federung, vorne	Schraubenfedern, Drehstab-Stabilisator
Federung, hinten	Schraubenfedern, hydropneumatische Federbeine, Drehstab-Stabilisator
Stoßdämpfer, vorne/hinten	Gasdruck-Dämpferbeine / hydropneumatische Federbeine
Lenkung	Kugelumlauf-Servolenkung
Lenkübersetzung	15,44:1 / 3 Lenkradumdrehungen
Bremsanlage	
Bremsanlage (Fußbremse)	hydraulische Zweikreis-Bremsanlage mit Unterdruck-Bremskraftverstärker und Anti-Blockier-System; Scheibenbremsen vorne innenbelüftet und hinten massiv
Feststellbremse	mechanisch (fußbetätigt), auf Hinterräder wirkend
Abmessungen der Bremsscheiben	vorne / hinten 284 x 22 / 278 x 9 mm
Allgemeine Daten	
Räder	Stahlblech-Scheibenräder, verstärkt, 6 ½ J x 15 H 2 ET 49; „Sportline": 7 J x 15 H 2 ET 42; auf Wunsch: Leichtmetall-Scheibenräder 6 ½ J x 15 H 2 ET 49 (15 Loch) und 6 ½ J x 15 H 2 ET 44 (8 Loch); „Sportline": 7 J x 15 H 2 ET 41 (8 oder 15 Loch)
Reifen	195/65 ZR 15; „Sportline": 205/60 ZR 15
Angetriebene Räder	Hinterräder
Kraftübertragung	geteilte Kardanwelle
Radstand	2800 mm
Spur vorne / hinten	1497 / 1488 mm; „Sportline": 1518 / 1509 mm
Länge	4765 mm
Breite	1740 mm
Höhe	1489 mm; „Sportline": 1458 mm
Bodenfreiheit	149 mm; „Sportline": 123 mm
Ladevolumen bis Bordkannte	530 l bis 885 l
Kleinster Wendekreis	11,27 m
Zul. Gesamtgewicht	2200 kg
Zul. Achslast vorne	1000 kg
Zul. Achslast hinten	1200 kg
Zuladung	610 kg
Zul. Anhängelast gebremst	1900 kg; mit Automatik: 2100 kg
Zul. Anhängelast ungebremst	750 kg
Zul. Dachlast	100 kg
Leergewicht (Wagengewicht) nach Richtlinie DIN 70020 (mit Kraftstoff, Reserverad und Werkzeug)	1590 kg
Luftwiderstand cW-Mittelwert x A	0,34 x 2,11 m²
Stückzahl	bis 02.1996: 12.177; Stückzahlen bis / ab Modellpflege 06.1993 sind nicht separat dokumentiert
Preise:	10.1992: DM 67.659,00 01.1993: DM 69.000,00

Mercedes-Benz 300 TE	
Allgemeine Angaben	
Konstruktionsbezeichnung	S 124 E 30
Baumuster	124.090
Produktionszeitraum	09.1989 – 10.1992
Arbeitsverfahren	Viertakt-Otto mit Saugrohreinspritzung und Abgasreinigungsanlage mit geregeltem 3-Wege-Katalysator
Anordnung im Fahrzeug	vorne, längs; stehend
Motoren	
Motor-Typ / -Baumuster	M 103 E 30 / 103.983 KE
Zylinderzahl / -anordnung	6 / Reihe; 15° nach rechts geneigt
Bohrung x Hub	88,5 x 80,2 mm
Gesamthubraum	2960 cm^3
Verdichtungsverhältnis	9,2
Kurbelwellenlager	7
Leistung	180 PS / 132 kW bei 5700/min
Drehmoment	255 Nm bei 4400/min
Ventilanordnung / -anzahl	1 Einlass, 1 Auslass / v-förmig hängend
Ventilsteuerung	obenliegende Nockenwelle, ohc
Nockenwellenantrieb	Einfach-Rollenkette
Gemischbildung	Saugrohreinspritzung, mechanisch-elektronisch geregelt (Bosch KE-Jetronic)
Kühlung	Wasserkühlung / Pumpe; 9 l Wasser
Schmierung	Druckumlauf-Schmierung / 6 l Öl
Elektrische Anlage	
Elektr. Anlage	12 V
Batterie	62 Ah / im Motorraum
Generator	Drehstrom / 980 W
Anlasser	elektrisch / 1,7 kW
Zündung	elektronische Zündanlage
Kraftstofftank	72 l, hinter der Hinterachse
Kraftstoff-Förderung	elektrische Förderpumpe
Getriebe	
Getriebe	5-Gang-Schaltgetriebe
Verfügbarkeit	Serie
Getrieb-Typ / -Baumuster	GL 76/27 D-5 / 717.433
Schaltung	Mittelschaltung
Kupplung	Einscheiben-Trockenkupplung
Getriebeart	Zahnrad-Wechselgetriebe
Synchronisierte Gänge	I – V
Getriebe-Übersetzung	I. 3,86; II. 2,18; III. 1,38; IV. 1,0; V. 0,80; R. 4,22
Achsantriebsübersetzung	3,92
Höchstgeschwindigkeit	212 km/h
Beschleunigung 0-100 km/h[1]	9,1 s
Kraftstoffverbrauch	8,4 / 10,7 / 15,2 l; nach Richtlinie 80/1268/EWG; Werte für 90 km/h / 120 km/h / Stadtzyklus
Getriebe	4-Gang-Automatikgetriebe
Verfügbarkeit	auf Wunsch
Getriebe-Typ / -Baumuster	W 4 A 040 / 722.359
Schaltung	Wählhebel in Wagenmitte
Kupplung	hydraulischer Drehmomentwandler im Automatikgetriebe
Getriebeart	Planetengetriebe
Getriebe-Übersetzung	I. 3,87; II. 2,25; III. 1,44; IV. 1,0; R. 5,59
Achsantriebsübersetzung	3,27
Höchstgeschwindigkeit	207 km/h
Beschleunigung 0-100 km/h[1]	9,1 s
Kraftstoffverbrauch	9,4 / 11,6 / 13,8 l; nach Richtlinie 80/1268/EWG; Werte für 90 km/h / 120 km/h / Stadtzyklus
Tragstruktur und Fahrwerk	
Rahmenausführung	selbsttragende Ganzstahlkarosserie
Radaufhängung, vorne	Dreiecksquerlenker / Dämpferbein
Radaufhängung, hinten	Raumlenkerachse mit hydropneumatischer Niveau-Regulierung
Federung, vorne	Schraubenfedern, Drehstab-Stabilisator
Federung, hinten	Schraubenfedern, hydropneumatische Federbeine, Drehstab-Stabilisator
Stoßdämpfer, vorne/hinten	Gasdruck-Dämpferbeine / hydropneumatische Federbeine
Lenkung	Kugelumlauf-Servolenkung
Lenkübersetzung	15,44:1 / 3 Lenkradumdrehungen

Bremsanlage	
Bremsanlage (Fußbremse)	hydraulische Zweikreis-Bremsanlage mit Unterdruck-Bremskraftverstärker und Anti-Blockier-System; Scheibenbremsen vorne innenbelüftet und hinten massiv
Feststellbremse	mechanisch (fußbetätigt), auf Hinterräder wirkend
Abmessungen der Bremsscheiben	vorne / hinten 284 x 22 / 278 x 9 mm
Allgemeine Daten	
Räder	Stahlblech-Scheibenräder, verstärkt, 6 ½ J x 15 H 2 ET 49; „Sportline": 7 J x 15 H 2 ET 42; auf Wunsch: Leichtmetall-Scheibenräder 6 ½ J x 15 H 2 ET 49 (bis 12.1989, geschmiedet) und 6 ½ J x 15 H 2 ET 48 (ab 01.1990, gegossen); „Sportline": 7 J x 15 H 2 ET 41
Reifen	195/65 R 15 91 V; „Sportline": 205/60 ZR 15
Angetriebene Räder	Hinterräder
Kraftübertragung	geteilte Kardanwelle
Radstand	2800 mm
Spur vorne / hinten	1497 / 1488 mm; „Sportline": 1518 / 1509 mm
Länge	4765 mm
Breite	1740 mm
Höhe	1489 mm; „Sportline": 1458 mm
Bodenfreiheit	157 mm; „Sportline": 131 mm
Ladevolumen	530 l bis 885 l
Kleinster Wendekreis	11,27 m
Zul. Gesamtgewicht	2120 kg
Zul. Achslast vorne	920 kg
Zul. Achslast hinten	1200 kg
Zuladung	590 kg
Zul. Anhängelast gebremst	1900 kg; mit Automatik: 2100 kg
Zul. Anhängelast ungebremst	750 kg
Zul. Dachlast	100 kg
Leergewicht (Wagengewicht) nach Richtlinie DIN 70020 (mit Kraftstoff, Reserverad und Werkzeug)	1530 kg
Luftwiderstand cW-Mittelwert x A	0,34 x 2,11 m^2
Stückzahl	seit 05.1985: 41.775; Stückzahlen bis / ab Modellpflege 09.1989 sind nicht separat dokumentiert
Preise	09.1989: DM 62.871,00 01.1990: DM 64.467,00 10.1990: DM 66.576,00 06.1991: DM 68.685,00 02.1992: DM 70.908,00

Mercedes-Benz 300 TE 4MATIC	
Allgemeine Angaben	
Konstruktionsbezeichnung	S 124 E 30 4-M
Baumuster	124.290
Produktionszeitraum	09.1989 – 07.1993
Arbeitsverfahren	Viertakt-Otto mit Saugrohreinspritzung und Abgasreinigungsanlage mit geregeltem 3-Wege-Katalysator
Anordnung im Fahrzeug	vorne, längs; stehend
Motoren	
Motor-Typ / -Baumuster	M 103 E 30 / 103.985
Zylinderzahl / -anordnung	6 / Reihe; 15° nach rechts geneigt
Bohrung x Hub	88,5 x 80,2 mm
Gesamthubraum	2960 cm³
Verdichtungsverhältnis	9,2
Kurbelwellenlager	7
Leistung	180 PS / 132 kW bei 5700/min
Drehmoment	255 Nm bei 4400/min
Ventilanordnung / -anzahl	1 Einlass, 1 Auslass / v-förmig hängend
Ventilsteuerung	obenliegende Nockenwelle, ohc
Nockenwellenantrieb	Einfach-Rollenkette
Gemischbildung	Saugrohreinspritzung, mechanisch-elektronisch geregelt (Bosch KE-Jetronic)
Kühlung	Wasserkühlung / Pumpe; 9 l Wasser
Schmierung	Druckumlauf-Schmierung / 6,5 l Öl
Elektrische Anlage	
Elektr. Anlage	12 V
Batterie	62 Ah / im Motorraum
Generator	Drehstrom / 980 W
Anlasser	elektrisch / 1,7 kW
Zündung	elektronische Zündanlage
Kraftstofftank	72 l, hinter der Hinterachse
Kraftstoff-Förderung	elektrische Förderpumpe
Getriebe	
Getriebe	5-Gang-Schaltgetriebe
Verfügbarkeit	Serie bis 02.1990
Getriebe-Typ / -Baumuster	GL 76/27-5 / 717.447
Schaltung	Mittelschaltung
Kupplung	Einscheiben-Trockenkupplung
Getriebeart	Zahnrad-Wechselgetriebe
Synchronisierte Gänge	I – V
Getriebe-Übersetzung	I. 3,86; II. 2,18; III. 1,38; IV. 1,0; V. 0,80; R. 4,22
Achsantriebsübersetzung	vorne/hinten: 3,67
Höchstgeschwindigkeit	205 km/h
Beschleunigung 0-100 km/h[1]	9,7 s
Kraftstoffverbrauch	9,0 / 11,2 / 15,4 l; nach Richtlinie 80/1268/EWG; Werte für 90 km/h / 120 km/h / Stadtzyklus
Getriebe	4-Gang-Automatikgetriebe
Verfügbarkeit	auf Wunsch (ab 02.1990 Serie)
Getriebe-Typ / -Baumuster	W 4 A 040 / 722.342
Schaltung	Wählhebel in Wagenmitte
Kupplung	hydraulischer Drehmomentwandler im Automatikgetriebe
Getriebeart	Planetengetriebe
Getriebe-Übersetzung	I. 3,87; II. 2,25; III. 1,44; IV. 1,0; R. 5,59
Achsantriebsübersetzung	vorne/hinten: 3,29
Höchstgeschwindigkeit	204 km/h
Beschleunigung 0-100 km/h[1]	9,8 s
Kraftstoffverbrauch	10,0 / 12,3 / 14,6 l; nach Richtlinie 80/1268/EWG; Werte für 90 km/h / 120 km/h / Stadtzyklus
Tragstruktur und Fahrwerk	
Rahmenausführung	selbsttragende Ganzstahlkarosserie
Radaufhängung, vorne	Dreiecksquerlenker / Dämpferbein
Radaufhängung, hinten	Raumlenkerachse mit hydropneumatischer Niveau-Regulierung
Federung, vorne	Schraubenfedern, Drehstab-Stabilisator
Federung, hinten	Schraubenfedern, hydropneumatische Federbeine, Drehstab-Stabilisator
Stoßdämpfer, vorne/hinten	Gasdruck-Dämpferbeine / hydropneumatische Federbeine
Lenkung	Kugelumlauf-Servolenkung
Lenkübersetzung	13,21:1 / 3 Lenkradumdrehungen
Bremsanlage	
BremsanlageBremsanlage (Fußbremse)	hydraulische Zweikreis-Bremsanlage mit Unterdruck-Bremskraftverstärker und Anti-Blockier-System; Scheibenbremsen vorne innenbelüftet und hinten massiv
Feststellbremse	mechanisch (fußbetätigt), auf Hinterräder wirkend
Abmessungen der Bremsscheiben	vorne / hinten 284 x 22 / 278 x 9 mm
Allgemeine Daten	
Räder	Stahlblech-Scheibenräder 6 ½ J x 15 H 2 ET 49; auf Wunsch: Leichtmetall-Scheibenräder 6 ½ J x 15 H 2 ET 49
Reifen	195/65 R 15 91 V
Angetriebene Räder	Allrad-Antrieb 4MATIC: permanenter Antrieb auf die Hinterräder; bei Bedarf automatisch zuschaltender Antrieb auf die Vorderräder
Kraftübertragung	vom Verteilergetriebe über einteilige Gelenkwelle auf Vorderachs-Differenzial und über zweiteilige Gelenkwelle auf Hinterachs-Differenzial (Kraftverteilung 35 % vorne, 65 % hinten)
Radstand	2800 mm
Spur vorne / hinten	1497 / 1485 mm
Länge	4765 mm
Breite	1740 mm
Höhe	1497 mm (mit Dachreling)
Bodenfreiheit	164 mm
Ladevolumen	530 l bis 885 l
Kleinster Wendekreis	12,15 m
Zul. Gesamtgewicht	2210 kg; ab 02.1992: 2240 kg; ab 10.1992: 2260 kg
Zul. Achslast vorne	1010 kg; ab 02.1992: 1040 kg; ab 10.1992: 1060 kg
Zul. Achslast hinten	1200 kg
Zuladung	580 kg; ab 02.1992: 570 kg; ab 10.1992: 590 kg
Zul. Anhängelast gebremst	2100 kg
Zul. Anhängelast ungebremst	750 kg
Zul. Dachlast	100 kg
Leergewicht (Wagengewicht) nach Richtlinie DIN 70020 (mit Kraftstoff, Reserverad und Werkzeug)	1630 kg; ab 02.1992: 1670 kg
Luftwiderstand cW-Mittelwert x A	0,35 x 2,11 m²
Stückzahl	08.1986 – 04.1995: 12.094; Stückzahlen bis / ab Modellpflegen 09.1989 und 06.1993 sind nicht separat dokumentiert
Preise	09.1989: DM 75.468,00 (mit Schaltgetriebe) 01.1990: DM 77.349,00 (mit Schaltgetriebe) 02.1990: DM 80.427,00 (mit Automatikgetriebe) 10.1990: DM 83.049,00 (mit Automatikgetriebe) 06.1991: DM 85.614,00 (mit Automatikgetriebe) 02.1992: DM 88.293,00 (mit Automatikgetriebe) 10.1992: DM 89.319,00 (mit Automatikgetriebe) 01.1993: DM 91.022.50 (mit Automatikgetriebe)

Mercedes-Benz 300 TE-24	
Allgemeine Angaben	
Konstruktionsbezeichnung	S 124 E 30/2
Baumuster	124.091
Produktionszeitraum	06.1989 / 09.1989 – 10.1992
Arbeitsverfahren	Viertakt-Otto mit Saugrohreinspritzung und Abgasreinigungsanlage mit geregeltem 3-Wege-Katalysator
Anordnung im Fahrzeug	vorne, längs; stehend
Motoren	
Motor-Typ / -Baumuster	M 104 E 30 / 104.980 KE
Zylinderzahl / -anordnung	6 / Reihe; 15° nach rechts geneigt
Bohrung x Hub	88,5 x 80,2 mm
Gesamthubraum	2960 cm³
Verdichtungsverhältnis	10
Kurbelwellenlager	7
Leistung	220 PS / 162 kW bei 6400/min
Drehmoment	265 Nm bei 4600/min
Ventilanordnung / -anzahl	2 Einlass, 2 Auslass / v-förmig hängend
Ventilsteuerung	2 obenliegende Nockenwellen, dohc; Einlass-Nockenwelle verstellbar
Nockenwellenantrieb	Duplex-Rollenkette
Gemischbildung	Saugrohreinspritzung, mechanisch-elektronisch geregelt (Bosch KE-Jetronic)
Kühlung	Wasserkühlung / Pumpe; 9 l Wasser
Schmierung	Druckumlauf-Schmierung / 7,5 l Öl
Elektrische Anlage	
Elektr. Anlage	12 V
Batterie	62 Ah / im Motorraum
Generator	Drehstrom / 1120 W
Anlasser	elektrisch / 1,7 kW
Zündung	elektronische Zündanlage
Kraftstofftank	72 l, hinter der Hinterachse
Kraftstoff-Förderung	elektrische Förderpumpe
Getriebe	
Getriebe	5-Gang-Schaltgetriebe
Verfügbarkeit	Serie
Getriebe-Typ / -Baumuster	GL 76/30 A-5 / 717.450
Schaltung	Mittelschaltung
Kupplung	Einscheiben-Trockenkupplung
Getriebeart	Zahnrad-Wechselgetriebe
Synchronisierte Gänge	I – V
Getriebe-Übersetzung	I. 4,15; II. 2,52; III. 1,69; IV. 1,24; V. 1,0; R. 4,15
Achsantriebsübersetzung	3,46
Höchstgeschwindigkeit	222 km/h
Beschleunigung 0-100 km/h[1]	8,3 s
Kraftstoffverbrauch	8,9 / 11,1 / 15,5 l; nach Richtlinie 80/1268/EWG; Werte für 90 km/h / 120 km/h / Stadtzyklus
Getriebe	4-Gang-Automatikgetriebe
Verfügbarkeit	auf Wunsch
Getriebe-Typ / -Baumuster	W 4 A 040 / 722.359
Schaltung	Wählhebel in Wagenmitte
Kupplung	hydraulischer Drehmomentwandler im Automatikgetriebe
Getriebeart	Planetengetriebe
Getriebe-Übersetzung	I. 3,87; II. 2,25; III. 1,44; IV. 1,0; R. 5,59
Achsantriebsübersetzung	3,46
Höchstgeschwindigkeit	217 km/h
Beschleunigung 0-100 km/h[1]	8,2 s
Kraftstoffverbrauch	9,8 / 11,9 / 14,7 l; nach Richtlinie 80/1268/EWG; Werte für 90 km/h / 120 km/h / Stadtzyklus
Getriebe	5-Gang-Automatikgetriebe
Verfügbarkeit	auf Wunsch ab 10.1990
Getriebe-Typ / -Baumuster	W 5 A 030 / 722.501
Schaltung	Wählhebel in Wagenmitte
Kupplung	hydraulischer Drehmomentwandler im Automatikgetriebe
Getriebeart	Planetengetriebe
Getriebe-Übersetzung	I. 3,87; II. 2,25; III. 1,44; IV. 1,0; V. 0,75; R. 5,59
Achsantriebsübersetzung	3,69
Höchstgeschwindigkeit	215 km/h
Beschleunigung 0-100 km/h[1]	8,2 s
Kraftstoffverbrauch	9,0 / 10,9 / 15,2l; nach Richtlinie 80/1268/EWG; Werte für 90 km/h / 120 km/h / Stadtzyklus
Tragstruktur und Fahrwerk	
Rahmenausführung	selbsttragende Ganzstahlkarosserie
Radaufhängung, vorne	Dreiecksquerlenker / Dämpferbein
Radaufhängung, hinten	Raumlenkerachse mit hydropneumatischer Niveau-Regulierung
Federung, vorne	Schraubenfedern, Drehstab-Stabilisator
Federung, hinten	Schraubenfedern, hydropneumatische Federbeine, Drehstab-Stabilisator
Stoßdämpfer, vorne/hinten	Gasdruck-Dämpferbeine / hydropneumatische Federbeine
Lenkung	Kugelumlauf-Servolenkung
Lenkübersetzung	15,44:1 / 3 Lenkradumdrehungen
Bremsanlage	
Bremsanlage (Fußbremse)	hydraulische Zweikreis-Bremsanlage mit Unterdruck-Bremskraftverstärker und Anti-Blockier-System; innenbelüftete Scheibenbremsen vorne und hinten
Feststellbremse	mechanisch (fußbetätigt), auf Hinterräder wirkend
Abmessungen der Bremsscheiben	vorne / hinten 295 x 22 / 278 x 20 mm
Allgemeine Daten	
Räder	Leichtmetall-Scheibenräder 6 ½ J x 15 H 2 ET 48; „Sportline": 7 J x 15 H 2 ET 41
Reifen	195/65 ZR 15; „Sportline": 205/60 ZR 15
Angetriebene Räder	Hinterräder
Kraftübertragung	geteilte Kardanwelle
Radstand	2800 mm
Spur vorne / hinten	1497 / 1488 mm; „Sportline": 1518 / 1509 mm
Länge	4765 mm
Breite	1740 mm
Höhe	1489 mm; „Sportline": 1458 mm
Bodenfreiheit	157 mm; „Sportline": 131 mm
Ladevolumen bis Bordkante	530 l bis 885 l
Kleinster Wendekreis	11,27 m
Zul. Gesamtgewicht	2160 kg
Zul. Achslast vorne	960 kg
Zul. Achslast hinten	1200 kg
Zuladung	570 kg
Zul. Anhängelast gebremst	1900 kg; mit Automatik: 2100 kg
Zul. Anhängelast ungebremst	750 kg
Zul. Dachlast	100 kg
Leergewicht (Wagengewicht) nach Richtlinie DIN 70020 (mit Kraftstoff, Reserverad und Werkzeug)	1590 kg
Luftwiderstand cW-Mittelwert x A	-
Stückzahl	6282
Preise	09.1989: DM 69.939,00 01.1990: DM 71.706,00 10.1990: DM 74.043,00 06.1991: DM 76.323,00

Mercedes-Benz 320 TE

Allgemeine Angaben	
Konstruktionsbezeichnung	S 124 E 32
Baumuster	124.092
Produktionszeitraum	07.1992 / 09.1992 – 07.1993
Arbeitsverfahren	Viertakt-Otto mit Saugrohreinspritzung und Abgasreinigungsanlage mit geregeltem 3-Wege-Katalysator
Anordnung im Fahrzeug	vorne, längs; stehend
Motoren	
Motor-Typ / -Baumuster	M 104 E 32 / 104.992 HFM
Zylinderzahl / -anordnung	6 / Reihe; 15° nach rechts geneigt
Bohrung x Hub	89,9 x 84,0 mm
Gesamthubraum	3199 cm³
Verdichtungsverhältnis	10
Kurbelwellenlager	7
Leistung	220 PS / 162 kW bei 5500/min
Drehmoment	310 Nm bei 3750/min
Ventilanordnung / -anzahl	2 Einlass, 2 Auslass / v-förmig hängend
Ventilsteuerung	2 obenliegende Nockenwellen, dohc; Einlass-Nockenwelle verstellbar
Nockenwellenantrieb	Duplex-Rollenkette
Gemischbildung	mikroprozessorgesteuerte Einspritzanlage mit Heißfilm-Luftmassenmessung (HFM)
Kühlung	Wasserkühlung / Pumpe; 9 l Wasser
Schmierung	Druckumlauf-Schmierung / 7,5 l Öl
Elektrische Anlage	
Elektr. Anlage	12 V
Batterie	62 Ah / im Motorraum
Generator	Drehstrom / 1260 W
Anlasser	elektrisch / 1,7 kW
Zündung	Zünd-Kennfeld-Steuerung
Kraftstofftank	72 l, hinter der Hinterachse
Kraftstoff-Förderung	elektrische Förderpumpe
Getriebe	
Getriebe	5-Gang-Schaltgetriebe
Verfügbarkeit	Serie
Gteriebe-Typ / -Baumuster	GL 76/30 A-5 / 717.450
Schaltung	Mittelschaltung
Kupplung	Einscheiben-Trockenkupplung
Getriebeart	Zahnrad-Wechselgetriebe
Synchronisierte Gänge	I – V
Getriebe-Übersetzung	I. 4,15; II. 2,52; III. 1,69; IV. 1,24; V. 1,0; R. 4,15
Achsantriebsübersetzung	3,06
Höchstgeschwindigkeit	222 km/h
Beschleunigung 0-100 km/h[1]	8,3 s
Kraftstoffverbrauch	8,8 / 10,9 / 15,1 l; nach Richtlinie 80/1268/EWG; Werte für 90 km/h / 120 km/h / Stadtzyklus
Getriebe	4-Gang-Automatikgetriebe
Verfügbarkeit	auf Wunsch
Getriebe-Typ / -Baumuster	W 4 A 040 / 722.369
Schaltung	Wählhebel in Wagenmitte
Kupplung	hydraulischer Drehmomentwandler im Automatikgetriebe
Getriebeart	Planetengetriebe
Getriebe-Übersetzung	I. 3,87; II. 2,25; III. 1,44; IV. 1,0; R. 5,59
Achsantriebsübersetzung	3,06
Höchstgeschwindigkeit	220 km/h
Beschleunigung 0-100 km/h[1]	8,0 s
Kraftstoffverbrauch	9,4 / 11,4 / 14,6 l; nach Richtlinie 80/1268/EWG; Werte für 90 km/h / 120 km/h / Stadtzyklus
Getriebe	5-Gang-Automatikgetriebe
Verfügbarkeit	auf Wunsch
Getriebe-Baumuster	722.503
Schaltung	Wählhebel in Wagenmitte
Kupplung	hydraulischer Drehmomentwandler im Automatikgetriebe
Getriebeart	Planetengetriebe
Getriebe-Übersetzung	I. 3,87; II. 2,25; III. 1,44; IV. 1,0; V. 0,75; R. 5,59
Achsantriebsübersetzung	3,69
Höchstgeschwindigkeit	220 km/h
Beschleunigung 0-100 km/h[1]	8,0 s
Kraftstoffverbrauch	9,0 / 10,9 / 15,1 l; nach Richtlinie 80/1268/EWG; Werte für 90 km/h / 120 km/h / Stadtzyklus
Tragstruktur und Fahrwerk	
Rahmenausführung	selbsttragende Ganzstahlkarosserie
Radaufhängung, vorne	Dreiecksquerlenker / Dämpferbein
Radaufhängung, hinten	Raumlenkerachse mit hydropneumatischer Niveau-Regulierung
Federung, vorne	Schraubenfedern, Drehstab-Stabilisator
Federung, hinten	Schraubenfedern, hydropneumatische Federbeine, Drehstab-Stabilisator
Stoßdämpfer, vorne/hinten	Gasdruck-Dämpferbeine / hydropneumatische Federbeine
Lenkung	Kugelumlauf-Servolenkung
Lenkübersetzung	15,44:1 / 3 Lenkradumdrehungen
Bremsanlage	
Bremsanlage (Fußbremse)	hydraulische Zweikreis-Bremsanlage mit Unterdruck-Bremskraftverstärker und Anti-Blockier-System; innenbelüftete Scheibenbremsen vorne und hinten
Feststellbremse	mechanisch (fußbetätigt), auf Hinterräder wirkend
Abmessungen der Bremsscheiben	vorne / hinten 294 x 22 / 278 x 20 mm
Allgemeine Daten	
Räder	Leichtmetall-Scheibenräder 6 ½ J x 15 H 2 ET 48 (15 Loch) oder 6 ½ J x 15 H 2 ET 44 (8 Loch); „Sportline": 7 J x 15 H 2 ET 41 (8 oder 15 Loch)
Reifen	195/65 ZR 15; „Sportline": 205/60 ZR 15
Angetriebene Räder	Hinterräder
Kraftübertragung	geteilte Kardanwelle
Radstand	2800 mm
Spur vorne / hinten	1497 / 1488 mm; „Sportline": 1518 / 1509 mm
Länge	4765 mm
Breite	1740 mm
Höhe	1489 mm; „Sportline": 1458 mm
Bodenfreiheit	149 mm; „Sportline": 123 mm
Ladevolumen	530 l bis 885 l
Kleinster Wendekreis	11,27 m
Zul. Gesamtgewicht	2200 kg
Zul. Achslast vorne	1000 kg
Zul. Achslast hinten	1200 kg
Zuladung	610 kg
Zul. Anhängelast gebremst	1900 kg; mit Automatik: 2100 kg
Zul. Anhängelast ungebremst	750 kg
Zul. Dachlast	100 kg
Leergewicht (Wagengewicht) nach Richtlinie DIN 70020 (mit Kraftstoff, Reserverad und Werkzeug)	1590 kg
Luftwiderstand cW-Mittelwert x A	0,34 x 2,11 m²
Stückzahl	bis 02.1996, incl. E 36 AMG: 18.368; Stückzahlen bis / ab Modellpflege 06.1993 sind nicht separat dokumentiert
Preise	10.1992: DM 76.323,00 01.1993: DM 78.142,50

Mercedes-Benz E 250 Diesel T-Modell	
Allgemeine Angaben	
Konstruktionsbezeichnung	S 124 D 25/2
Baumuster	124.186
Produktionszeitraum	12.1992 / 07.1993 – 02.1996
Arbeitsverfahren	Viertakt-Diesel mit Vorkammereinspritzung und Abgasreinigungsanlage mit Oxidationskatalysator
Anordnung im Fahrzeug	vorne, längs; stehend
Motoren	
Motor-Typ / -Baumuster	OM 605 D 25 / 605.911
Zylinderzahl / -anordnung	5 / Reihe; 15° nach rechts geneigt
Bohrung x Hub	87,0 x 84,0 mm
Gesamthubraum	2497 cm^3
Verdichtungsverhältnis	22
Kurbelwellenlager	6
Leistung	113 PS / 83 kW bei 5000/min
Drehmoment	173 Nm bei 2000 – 4600/min
Ventilanordnung / -anzahl	2 Einlass, 2 Auslass / hängend
Ventilsteuerung	2 obenliegende Nockenwellen, dohc
Nockenwellenantrieb	Duplex-Rollenkette
Gemischbildung	Vorkammereinspritzung, mechanisch geregelte Bosch 5-Stempel-Einspritzpumpe
Kühlung	Wasserkühlung / Pumpe; 9 l Wasser
Schmierung	Druckumlauf-Schmierung / 6,5 l Öl
Elektrische Anlage	
Elektr. Anlage	12 V
Batterie	74 Ah / im Motorraum
Generator	Drehstrom / 980 W
Anlasser	elektrisch / 2,2 kW
Zündung	Selbstzünder
Kraftstofftank	72 l, hinter der Hinterachse
Kraftstoff-Förderung	Kolbenpumpe an der Einspritzpumpe
Getriebe	
Getriebe	5-Gang-Schaltgetriebe
Verfügbarkeit	Serie
Getriebe-Typ / – Baumuster	GL 68/20 D-5 / 717.413
Schaltung	Mittelschaltung
Kupplung	Einscheiben-Trockenkupplung
Getriebeart	Zahnrad-Wechselgetriebe
Synchronisierte Gänge	I – V
Getriebe-Übersetzung	I. 3,91; II. 2,17; III. 1,37; IV. 1,0; V. 0,81; R. 4,27
Achsantriebsübersetzung	3,91
Höchstgeschwindigkeit	180 km/h
Beschleunigung 0-100 km/h[1]	16,3 s
Kraftstoffverbrauch	5,8 / 7,6 / 9,5 l; nach Richtlinie 80/1268/EWG; Werte für 90 km/h / 120 km/h / Stadtzyklus
Getriebe	4-Gang-Automatikgetriebe
Verfügbarkeit	auf Wunsch
Gteriebe-Typ / -Baumuster	W 4 A 020 / 722433
Schaltung	Wählhebel in Wagenmitte
Kupplung	hydraulischer Drehmomentwandler im Automatikgetriebe
Getriebeart	Planetengetriebe
Getriebe-Übersetzung	I. 4,25; II. 2,41; III. 1,49; IV. 1,0; R. 5,67
Achsantriebsübersetzung	3,23
Höchstgeschwindigkeit	177 km/h
Beschleunigung 0-100 km/h[1]	17,0 s
Kraftstoffverbrauch	6,2 / 8,1 / 9,3 l; nach Richtlinie 80/1268/EWG; Werte für 90 km/h / 120 km/h / Stadtzyklus
Tragstruktur und Fahrwerk	
Rahmenausführung	selbsttragende Ganzstahlkarosserie
Radaufhängung, vorne	Dreiecksquerlenker / Dämpferbein
Radaufhängung, hinten	Raumlenkerachse mit hydropneumatischer Niveau-Regulierung
Federung, vorne	Schraubenfedern, Drehstab-Stabilisator
Federung, hinten	Schraubenfedern, hydropneumatische Federbeine, Drehstab-Stabilisator
Stoßdämpfer, vorne/hinten	Gasdruck-Dämpferbeine / hydropneumatische Federbeine
Lenkung	Kugelumlauf-Servolenkung
Lenkübersetzung	15,44:1 / 3 Lenkradumdrehungen

Bremsanlage	
Bremsanlage (Fußbremse)	hydraulische Zweikreis-Bremsanlage mit Unterdruck-Bremskraftverstärker und Anti-Blockier-System; Scheibenbremsen vorne und hinten
Feststellbremse	mechanisch (fußbetätigt), auf Hinterräder wirkend
Abmessungen der Bremsscheiben	vorne / hinten 284 x 12 / 278 x 9 mm
Allgemeine Daten	
Räder	Stahlblech-Scheibenräder, verstärkt, 6 ½ J x 15 H 2 ET 49; „Sportline“: 7 J x 15 H 2 ET 42; auf Wunsch: Leichtmetall-Scheibenräder 6 ½ J x 15 H 2 ET 49 (15 Loch) gegossen; „Sportline“ 7 J x 15 H 2 ET 41 (8 oder 15 Loch)
Reifen	195/65 R 15 91 H bzw. T; „Sportline“: 205/60 R 15 91 H
Angetriebene Räder	Hinterräder
Kraftübertragung	geteilte Kardanwelle
Radstand	2800 mm
Spur vorne / hinten	1497 / 1488 mm; „Sportline“: 1518 / 1509 mm
Länge	4765 mm
Breite	1740 mm
Höhe	1490 mm; „Sportline“: 1459 mm
Bodenfreiheit bei Belastung mit 3 Personen à 68 kg	163 mm; „Sportline“: 137 mm
Ladevolumen bis Bordkante	530 l bis 885 l
Kleinster Wendekreis	11,27 m
Zul. Gesamtgewicht	2180 kg; ab 03.1994: 2190 kg
Zul. Achslast vorne	960 kg
Zul. Achslast hinten	1230 kg
Zuladung	650 kg; ab 03.1994: 640 kg
Zul. Anhängelast gebremst	1500 kg
Zul. Anhängelast ungebremst	750 kg
Zul. Dachlast	100 kg
Leergewicht (Wagengewicht) nach Richtlinie DIN 70020 (mit Kraftstoff, Reserverad und Werkzeug)	1530 kg; ab 03.1994: 1540 kg
Luftwiderstand cW-Mittelwert x A	0,34 x 2,11 m^2
Stückzahl	15.625
Preise	05.1993: DM 60.720,00 03.1994: DM 62.560,00 08.1994: DM 63.652,50 05.1995: DM 64.227,50

Mercedes-Benz E 250 Turbodiesel T-Modell

Allgemeine Angaben	
Konstruktionsbezeichnung	S 124 D 25 A
Baumuster	124.188
Produktionszeitraum	07.1993 – 01.1996 (Exportmodell für Italien)
Arbeitsverfahren	Viertakt-Diesel mit Vorkammereinspritzung und Abgas-Turbolader; auf Wunsch: Abgasreinigungsanlage mit Oxidationskatalysator
Anordnung im Fahrzeug	vorne, längs; stehend
Motoren	
Motor-Typ / -Baumuster	OM 602 D 25 A / 602.962
Zylinderzahl / -anordnung	5 / Reihe; 15° nach rechts geneigt
Bohrung x Hub	87,0 x 84,0 mm
Gesamthubraum	2497 cm³
Verdichtungsverhältnis	22
Kurbelwellenlager	6
Leistung	126 PS / 93 kW bei 4600/min
Drehmoment	231 Nm bei 2800/min
Ventilanordnung / -anzahl	1 Einlass, 1 Auslass / hängend
Ventilsteuerung	obenliegende Nockenwelle, ohc
Nockenwellenantrieb	Duplex-Rollenkette
Gemischbildung	Vorkammereinspritzung, mechanisch geregelte Bosch 5-Stempel-Einspritzpumpe / Abgas-Turbolader
Kühlung	Wasserkühlung / Pumpe; 9 l Wasser
Schmierung	Druckumlauf-Schmierung / 7,5 l Öl
Elektrische Anlage	
Elektr. Anlage	12 V
Batterie	74 Ah / im Motorraum
Generator	Drehstrom / 770 W
Anlasser	elektrisch / 2,2 kW
Zündung	Selbstzünder
Kraftstofftank	72 l, hinter der Hinterachse
Kraftstoff-Förderung	Kolbenpumpe an der Einspritzpumpe
Getriebe	
Getriebe	5-Gang-Schaltgetriebe
Verfügbarkeit	Serie
Getriebe-Typ / -Baumuster	GL 76/27 H-5 / 717.437
Schaltung	Mittelschaltung
Kupplung	Einscheiben-Trockenkupplung
Getriebeart	Zahnrad-Wechselgetriebe
Synchronisierte Gänge	I – V
Getriebe-Übersetzung	I. 3,86; II. 2,18; III. 1,38; IV. 1,0; V. 0,75; R. 4,22
Achsantriebsübersetzung	3,67
Höchstgeschwindigkeit	190 km/h
Beschleunigung 0-100 km/h[1]	12,9 s
Kraftstoffverbrauch	6,2 / 8,4 / 10,1 l; nach Richtlinie 80/1268/EWG; Werte für 90 km/h / 120 km/h / Stadtzyklus
Getriebe	4-Gang-Automatikgetriebe
Verfügbarkeit	auf Wunsch
Getriebe-Typ / -Baumuster	W 4 A 020 / 722.418
Schaltung	Wählhebel in Wagenmitte
Kupplung	hydraulischer Drehmomentwandler im Automatikgetriebe
Getriebeart	Planetengetriebe
Getriebe-Übersetzung	I. 4,25; II. 2,41; III. 1,49; IV. 1,0; R. 5,67
Achsantriebsübersetzung	2,87
Höchstgeschwindigkeit	185 km/h
Beschleunigung 0-100 km/h[1]	12,9 s
Kraftstoffverbrauch	6,9 / 9,3 / 9,7 l; nach Richtlinie 80/1268/EWG; Werte für 90 km/h / 120 km/h / Stadtzyklus
Tragstruktur und Fahrwerk	
Rahmenausführung	selbsttragende Ganzstahlkarosserie
Radaufhängung, vorne	Dreiecksquerlenker / Dämpferbein
Radaufhängung, hinten	Raumlenkerachse mit hydropneumatischer Niveau-Regulierung
Federung, vorne	Schraubenfedern, Drehstab-Stabilisator
Federung, hinten	Schraubenfedern, hydropneumatische Federbeine, Drehstab-Stabilisator
Stoßdämpfer, vorne/hinten	Gasdruck-Dämpferbeine / hydropneumatische Federbeine
Lenkung	Kugelumlauf-Servolenkung
Lenkübersetzung	15,44:1 / 3 Lenkradumdrehungen
Bremsanlage	
Bremsanlage (Fußbremse)	hydraulische Zweikreis-Bremsanlage mit Unterdruck-Bremskraftverstärker und Anti-Blockier-System; Scheibenbremsen vorne innenbelüftet und hinten massiv
Feststellbremse	mechanisch (fußbetätigt), auf Hinterräder wirkend
Abmessungen der Bremsscheiben	vorne / hinten 284 x 22 / 278 x 9 mm
Allgemeine Daten	
Räder	Stahlblech-Scheibenräder, verstärkt, 6 ½ J x 15 H 2 ET 49; „Sportline": 7 J x 15 H 2 ET 42; auf Wunsch: Leichtmetall-Scheibenräder 6 ½ J x 15 H 2 ET 48 (15 Loch) gegossen oder 7 J x 15 H 2 ET 41 (8 oder 15 Loch)
Reifen	195/65 R 15 91 H; „Sportline": 205/60 R 15 91 H
Angetriebene Räder	Hinterräder
Kraftübertragung	geteilte Kardanwelle
Radstand	2800 mm
Spur vorne / hinten	1497 / 1488 mm; „Sportline": 1518 / 1509 mm
Länge	4765 mm
Breite	1740 mm
Höhe	1490 mm; „Sportline": 459 mm
Bodenfreiheit bei Belastung mit 3 Personen à 68 kg	163 mm; „Sportline": 137 mm
Ladevolumen bis Bordkante	530 l bis 885 l
Kleinster Wendekreis	11,27 m
Zul. Gesamtgewicht	2180 kg
Zul. Achslast vorne	950 kg
Zul. Achslast hinten	1230 kg
Zuladung	620 kg
Zul. Anhängelast gebremst	1900 kg
Zul. Anhängelast ungebremst	750 kg
Zul. Dachlast	100 kg
Leergewicht (Wagengewicht) nach Richtlinie DIN 70020 (mit Kraftstoff, Reserverad und Werkzeug)	1560 kg
Luftwiderstand cW-Mittelwert x A	0,34 x 2,11 m²
Stückzahl	seit 03.1990: 4745; Stückzahlen bis / ab Modellpflege 06.1993 sind nicht separat dokumentiert
Preise	(im Inland nicht lieferbar)

Mercedes-Benz E 300 Diesel T-Modell

Allgemeine Angaben	
Konstruktionsbezeichnung	S 124 D 30/2
Baumuster	124.191
Produktionszeitraum	12.1992 / 07.1993 – 02.1996
Arbeitsverfahren	Viertakt-Diesel mit Vorkammereinspritzung und Abgasreinigungsanlage mit Oxidationskatalysator
Anordnung im Fahrzeug	vorne, längs; stehend
Motoren	
Motor-Typ / -Baumuster	OM 606 D 30 / 606.910
Zylinderzahl / -anordnung	6 / Reihe; 15° nach rechts geneigt
Bohrung x Hub	87,0 x 84,0 mm
Gesamthubraum	2996 cm³
Verdichtungsverhältnis	22
Kurbelwellenlager	7
Leistung	136 PS / 100 kW bei 5000/min
Drehmoment	210 Nm bei 2200 – 4600/min
Ventilanordnung / -anzahl	2 Einlass, 2 Auslass / hängend
Ventilsteuerung	2 obenliegende Nockenwellen, dohc
Nockenwellenantrieb	Duplex-Rollenkette
Gemischbildung	Vorkammereinspritzung, mechanisch geregelte Bosch 6-Stempel-Einspritzpumpe
Kühlung	Wasserkühlung / Pumpe; 9 l Wasser
Schmierung	Druckumlauf-Schmierung / 7 l Öl
Elektrische Anlage	
Elektr. Anlage	12 V
Batterie	74 Ah / im Motorraum
Generator	Drehstrom / 980 W
Anlasser	elektrisch / 2,2 kW
Zündung	Selbstzünder
Kraftstofftank	72 l, hinter der Hinterachse
Kraftstoff-Förderung	Kolbenpumpe an der Einspritzpumpe
Getriebe	
Getriebe	5-Gang-Schaltgetriebe
Verfügbarkeit	Serie
Getriebe-Typ / -Baumuster	GL 76/27 D-5 / 717.433
Schaltung	Mittelschaltung
Kupplung	Einscheiben-Trockenkupplung
Getriebeart	Zahnrad-Wechselgetriebe
Synchronisierte Gänge	I – V
Getriebe-Übersetzung	I. 3,86; II. 2,18; III. 1,38; IV. 1,0; V. 0,80; R. 4,22
Achsantriebsübersetzung	3,67
Höchstgeschwindigkeit	190 km/h
Beschleunigung 0-100 km/h[1]	13,7 s
Kraftstoffverbrauch	5,9 / 7,7 / 9,9 l; nach Richtlinie 80/1268/EWG; Werte für 90 km/h / 120 km/h / Stadtzyklus
Getriebe	4-Gang-Automatikgetriebe
Verfügbarkeit	auf Wunsch
Getriebe-Typ / -Baumuster	W 4 A 020 / 722.435
Schaltung	Wählhebel in Wagenmitte
Kupplung	hydraulischer Drehmomentwandler im Automatikgetriebe
Getriebeart	Planetengetriebe
Getriebe-Übersetzung	I. 4,25; II. 2,41; III. 1,49; IV. 1,0; R. 5,67
Achsantriebsübersetzung	3,07
Höchstgeschwindigkeit	187 km/h
Beschleunigung 0-100 km/h[1]	13,7 s
Kraftstoffverbrauch	6,5 / 8,5 / 9,4 l; nach Richtlinie 80/1268/EWG; Werte für 90 km/h / 120 km/h / Stadtzyklus
Tragstruktur und Fahrwerk	
Rahmenausführung	selbsttragende Ganzstahlkarosserie
Radaufhängung, vorne	Dreiecksquerlenker / Dämpferbein
Radaufhängung, hinten	Raumlenkerachse mit hydropneumatischer Niveau-Regulierung
Federung, vorne	Schraubenfedern, Drehstab-Stabilisator
Federung, hinten	Schraubenfedern, hydropneumatische Federbeine, Drehstab-Stabilisator
Stoßdämpfer, vorne/hinten	Gasdruck-Dämpferbeine / hydropneumatische Federbeine
Lenkung	Kugelumlauf-Servolenkung
Lenkübersetzung	15,44:1 / 3 Lenkradumdrehungen

Bremsanlage	
Bremsanlage (Fußbremse)	hydraulische Zweikreis-Bremsanlage mit Unterdruck-Bremskraftverstärker und Anti-Blockier-System; Scheibenbremsen vorne innenbelüftet und hinten massiv
Feststellbremse	mechanisch (fußbetätigt), auf Hinterräder wirkend
Abmessungen der Bremsscheiben	vorne / hinten 284 x 22 / 278 x 9 mm
Allgemeine Daten	
Räder	Stahlblech-Scheibenräder, verstärkt, 6 ½ J x 15 H 2 ET 49; „Sportline": 7 J x 15 H 2 ET 42; auf Wunsch: Leichtmetall-Scheibenräder 6 ½ J x 15 H 2 ET 48 (15 Loch) gegossen; „Sportline": 7 J x 15 H 2 ET 41 (8 oder 15 Loch)
Reifen	195/65 R 15 91 H; „Sportline": 205/60 R 15 91 H
Angetriebene Räder	Hinterräder
Kraftübertragung	geteilte Kardanwelle
Radstand	2800 mm
Spur vorne / hinten	1497 / 1488 mm; „Sportline": 1518 / 1509 mm
Länge	4765 mm
Breite	1740 mm
Höhe	1490 mm; „Sportline": 1459 mm
Bodenfreiheit bei Belastung mit 3 Personen à 68 kg	163 mm; „Sportline": 137 mm
Ladevolumen bis Bordkante	530 l bis 885 l
Kleinster Wendekreis	11,27 m
Zul. Gesamtgewicht	2230 kg
Zul. Achslast vorne	1000 kg
Zul. Achslast hinten	1230 kg
Zuladung	650 kg; ab 03.1994: 640 kg
Zul. Anhängelast gebremst	1900 kg; mit Automatik: 2100 kg
Zul. Anhängelast ungebremst	750 kg
Zul. Dachlast	100 kg
Leergewicht (Wagengewicht) nach Richtlinie DIN 70020 (mit Kraftstoff, Reserverad und Werkzeug)	1580 kg; ab 03.1994: 1590 kg
Luftwiderstand cW-Mittelwert x A	0,33 x 2,11 m²
Stückzahl	9071
Preise	05.1993: DM 65.377,50 03.1994: DM 67.217,50 08.1994: DM 68.425,00 05.1995: DM 69.000,00

Mercedes-Benz E 300 Turbodiesel T-Modell	
Allgemeine Angaben	
Konstruktionsbezeichnung	S 124 D 30 A
Baumuster	124.193
Produktionszeitraum	07.1993 – 02.1996
Arbeitsverfahren	Viertakt-Diesel mit Vorkammereinspritzung, Abgas-Turbolader und Abgas-reinigungsanlage mit Oxidationskatalysator
Anordnung im Fahrzeug	vorne, längs; stehend
Motoren	
Motor-Typ / -Baumuster	OM 603 D 30 A / 603.960
Zylinderzahl / -anordnung	6 / Reihe; 15° nach rechts geneigt
Bohrung x Hub	87,0 x 84,0 mm
Gesamthubraum	2996 cm³
Verdichtungsverhältnis	22
Kurbelwellenlager	7
Leistung	147 PS / 108 kW bei 4600/min
Drehmoment	273 Nm bei 2400/min
Ventilanordnung / -anzahl	1 Einlass, 1 Auslass / hängend
Ventilsteuerung	obenliegende Nockenwelle, ohc
Nockenwellenantrieb	Duplex-Rollenkette
Gemischbildung	Vorkammereinspritzung, mechanisch geregelte Bosch 6-Stempel-Einspritz-pumpe / Abgas-Turbolader
Kühlung	Wasserkühlung / Pumpe; 10 l Wasser
Schmierung	Druckumlauf-Schmierung / 8 l Öl
Elektrische Anlage	
Elektr. Anlage	12 V
Batterie	74 Ah / im Motorraum
Generator	Drehstrom / 1120 W
Anlasser	elektrisch / 2,2 kW
Zündung	Selbstzünder
Kraftstofftank	72 l, hinter der Hinterachse
Kraftstoff-Förderung	Kolbenpumpe an der Einspritzpumpe
Getriebe	
Getriebe	4-Gang-Automatikgetriebe
Verfügbarkeit	Serie
Getriebe-Typ / -Baumuster	W 4 A 040 / 722.357
Schaltung	Wählhebel in Wagenmitte
Kupplung	hydraulischer Drehmomentwandler im Automatikgetriebe
Getriebeart	Planetengetriebe
Getriebe-Übersetzung	I. 3,87; II. 2,25; III. 1,44; IV. 1,0; R. 5,59
Achsantriebsübersetzung	2,65
Höchstgeschwindigkeit	195 km/h
Beschleunigung 0-100 km/h[1]	10,9 s
Kraftstoffverbrauch	6,9 / 8,9 / 9,4 l; nach Richtlinie 80/1268/EWG; Werte für 90 km/h / 120 km/h / Stadtzyklus
Tragstruktur und Fahrwerk	
Rahmenausführung	selbsttragende Ganzstahlkarosserie
Radaufhängung, vorne	Dreiecksquerlenker / Dämpferbein
Radaufhängung, hinten	Raumlenkerachse mit hydropneumatischer Niveau-Regulierung
Federung, vorne	Schraubenfedern, Drehstab-Stabilisator
Federung, hinten	Schraubenfedern, hydropneumatische Federbeine, Drehstab-Stabilisator
Stoßdämpfer, vorne/hinten	Gasdruck-Dämpferbeine / hydropneumatische Federbeine
Lenkung	Kugelumlauf-Servolenkung
Lenkübersetzung	15,44:1 / 3 Lenkradumdrehungen
Bremsanlage	
Bremsanlage (Fußbremse)	hydraulische Zweikreis-Bremsanlage mit Unterdruck-Bremskraftverstärker und Anti-Blockier-System; Scheibenbremsen vorne innenbelüftet und hinten massiv
Feststellbremse	mechanisch (fußbetätigt), auf Hinterräder wirkend
Abmessungen der Bremsscheiben	vorne / hinten 284 x 22 / 278 x 9 mm
Allgemeine Daten	
Räder	Stahlblech-Scheibenräder, verstärkt, 6 ½ J x 15 H 2 ET 49; „Sportline“: 7 J x 15 H 2 ET 42: auf Wunsch: Leichtmetall-Scheibenräder 6 ½ J x 15 H 2 ET 48 gegossen (15 Loch); „Sportline“: 7 J x 15 H 2 ET 41 (8 oder 15 Loch)
Reifen	195/65 R 15 91 H; „Sportline“: 205/60 R 15 91 H
Angetriebene Räder	Hinterräder
Kraftübertragung	geteilte Kardanwelle
Radstand	2800 mm
Spur vorne / hinten	1497 / 1488 mm; „Sportline“: 1518 / 1509 mm
Länge	4765 mm
Breite	1740 mm
Höhe	1490 mm; „Sportline“: 1459 mm
Bodenfreiheit bei Belastung mit 3 Personen à 68 kg	164 mm; „Sportline“: 136 mm
Ladevolumen bis Bordkante	530 l bis 885 l
Kleinster Wendekreis	11,27 m
Zul. Gesamtgewicht	2235 kg
Zul. Achslast vorne	1005 kg
Zul. Achslast hinten	1230 kg
Zuladung	635 kg; ab 03.1994: 625 kg
Zul. Anhängelast gebremst	2100 kg
Zul. Anhängelast ungebremst	750 kg
Zul. Dachlast	100 kg
Leergewicht (Wagengewicht) nach Richtlinie DIN 70020 (mit Kraft-stoff, Reserverad und Werkzeug)	1600 kg; ab 03.1994: 1610 kg
Luftwiderstand cW-Mittelwert x A	–
Stückzahl	seit 05.1985: 14.844; Stückzahlen bis / ab Modellpflege 06.1993 sind nicht separat dokumentiert
Preise	05.1993: DM 74.175,00 03.1994: DM 76.015,00 08.1994: DM 77.395,00 05.1995: DM 77.970,00

Mercedes-Benz E 300 Turbodiesel 4MATIC T-Modell	
Allgemeine Angaben	
Konstruktionsbezeichnung	S 124 D 30 A 4-M
Baumuster	124.393
Produktionszeitraum	07.1993 – 03.1995
Arbeitsverfahren	Viertakt-Diesel mit Vorkammereinspritzung, Abgas-Turbolader und Abgasreinigungsanlage mit Oxidationskatalysator)
Anordnung im Fahrzeug	vorne, längs; stehend
Motoren	
Motor-Typ / -Baumuster	OM 603 D 30 A / 603.963
Zylinderzahl / -anordnung	6 / Reihe; 15° nach rechts geneigt
Bohrung x Hub	87,0 x 84,0 mm
Gesamthubraum	2996 cm³
Verdichtungsverhältnis	22
Kurbelwellenlager	7
Leistung	147 PS / 108 kW bei 4600/min
Drehmoment	273 Nm bei 2400/min
Ventilanordnung / -anzahl	1 Einlass, 1 Auslass / hängend
Ventilsteuerung	obenliegende Nockenwelle, ohc
Nockenwellenantrieb	Duplex-Rollenkette
Gemischbildung	Vorkammereinspritzung, mechanisch geregelte Bosch 6-Stempel-Einspritzpumpe / Abgas-Turbolader
Kühlung	Wasserkühlung / Pumpe; 10 l Wasser
Schmierung	Druckumlauf-Schmierung / 8 l Öl
Elektrische Anlage	
Elektr. Anlage	12 V
Batterie	74 Ah / im Motorraum
Generator	Drehstrom / 1120 W
Anlasser	elektrisch / 2,2 kW
Zündung	Selbstzünder
Kraftstofftank	72 l, hinter der Hinterachse
Kraftstoff-Förderung	Kolbenpumpe an der Einspritzpumpe
Getriebe	
Getriebe	4-Gang-Automatikgetriebe
Verfügbarkeit	Serie
Getriebe-Typ / -Baumuster	W 4 A 040 / 722.344
Schaltung	Wählhebel in Wagenmitte
Kupplung	hydraulischer Drehmomentwandler im Automatikgetriebe
Getriebeart	Planetengetriebe
Getriebe-Übersetzung	I. 3,87; II. 2,25; III. 1,44; IV. 1,0; R. 5,59
Achsantriebsübersetzung	vorne/hinten: 2,65
Höchstgeschwindigkeit	188 km/h
Beschleunigung 0-100 km/h[1]	12,8 s
Kraftstoffverbrauch	7,5 / 9,7 / 10,2 l; nach Richtlinie 80/1268/EWG; Werte für 90 km/h / 120 km/h / Stadtzyklus
Tragstruktur und Fahrwerk	
Rahmenausführung	selbsttragende Ganzstahlkarosserie
Radaufhängung, vorne	Dreiecksquerlenker / Dämpferbein
Radaufhängung, hinten	Raumlenkerachse mit hydropneumatischer Niveau-Regulierung
Federung, vorne	Schraubenfedern, Drehstab-Stabilisator
Federung, hinten	Schraubenfedern, hydropneumatische Federbeine, Drehstab-Stabilisator
Stoßdämpfer, vorne/hinten	Gasdruck-Dämpferbeine / hydropneumatische Federbeine
Lenkung	Kugelumlauf-Servolenkung
Lenkübersetzung	13,21:1 / 3 Lenkradumdrehungen
Bremsanlage	
Bremsanlage (Fußbremse)	hydraulische Zweikreis-Bremsanlage mit Unterdruck-Bremskraftverstärker und Anti-Blockier-System; Scheibenbremsen vorne innenbelüftet und hinten massiv
Feststellbremse	mechanisch (fußbetätigt), auf Hinterräder wirkend
Abmessungen der Bremsscheiben	vorne / hinten 284 x 22 / 278 x 9 mm
Allgemeine Daten	
Räder	Stahlblech-Scheibenräder, verstärkt, 6 ½ J x 15 H 2 ET 49; auf Wunsch: Leichtmetall-Scheibenräder 6 ½ J x 15 H 2 ET 48 (15 Loch)
Reifen	195/65 R 15 91 H
Angetriebene Räder	Allrad-Antrieb 4MATIC: permanenter Antrieb auf die Hinterräder; bei Bedarf automatisch zuschaltender Antrieb auf die Vorderräder
Kraftübertragung	vorne Verteilergetriebe über einteilige Gelenkwelle auf Vorderachs-Differenzial und über zweiteilige Gelenkwelle auf Hinterachs-Differenzial (Kraftverteilung 35 % vorn, 65 % hinten)
Radstand	2800 mm
Spur vorne / hinten	1497 / 1485 mm
Länge	4765 mm
Breite	1740 mm
Höhe	1498 mm (mit Dachreling)
Bodenfreiheit	172 mm
Ladevolumen bis Bordkante	530 l bis 885 l
Kleinster Wendekreis	12,15 m
Zul. Gesamtgewicht	2330 kg; ab 03.1994: 2340 kg
Zul. Achslast vorne	1100 kg; ab 03.1994: 1110 kg
Zul. Achslast hinten	1230 kg
Zuladung	620 kg
Zul. Anhängelast gebremst	2100 kg
Zul. Anhängelast ungebremst	750 kg
Zul. Dachlast	100 kg
Leergewicht (Wagengewicht) nach Richtlinie DIN 70020 (mit Kraftstoff, Reserverad und Werkzeug)	1710 kg; ab 03.1994: 1720 kg
Stückzahl	seit 09.1986: 2.317; Stückzahlen bis / ab Modellpflege 09.1989 und 06.1993 sind nicht separat dokumentiert
Preise	05.1993: DM 88.205,00 03.1994: DM 90.045,00

Mercedes-Benz E 200 T-Modell	
Allgemeine Angaben	
Konstruktionsbezeichnung	S 124 E 20/2
Baumuster	124.079
Produktionszeitraum	07.1993 – 02.1996
Arbeitsverfahren	Viertakt-Otto mit Saugrohreinspritzung und Abgasreinigungsanlage mit geregeltem 3-Wege-Katalysator
Anordnung im Fahrzeug	vorne, längs; stehend
Motoren	
Motor-Typ / -Baumuster	M 111 E 20 / 111.940 PMS
Zylinderzahl / -anordnung	4 / Reihe; 15° nach rechts geneigt
Bohrung x Hub	89,9 x 78,7 mm
Gesamthubraum	1998 cm^3
Verdichtungsverhältnis	9,6
Kurbelwellenlager	5
Leistung	136 PS / 100 kW bei 5500/min
Drehmoment	190 Nm bei 4000/min
Ventilanordnung / -anzahl	2 Einlass, 2 Auslass / v-förmig hängend
Ventilsteuerung	2 obenliegende Nockenwellen, dohc
Nockenwellenantrieb	Duplex-Rollenkette
Gemischbildung	mikroprozessorgesteuerte Einspritzanlage mit Drucksensor (P-Motor-steuerung)
Kühlung	Wasserkühlung / Pumpe; 8,5 l Wasser
Schmierung	Druckumlauf-Schmierung / 5,8 l Öl
Elektrische Anlage	
Elektr. Anlage	12 V
Batterie	62 Ah / im Motorraum
Generator	Drehstrom / 980 W
Anlasser	elektrisch / 1,4 kW
Zündung	Zünd-Kennfeld-Steuerung
Kraftstofftank	72 l, hinter der Hinterachse
Kraftstoff-Förderung	elektrische Förderpumpe
Getriebe	
Getriebe	5-Gang-Schaltgetriebe
Verfügbarkeit	Serie
Getriebe-Typ / -Baumuster	GL 68/20 C-5 / 717.412
Schaltung	Mittelschaltung
Kupplung	Einscheiben-Trockenkupplung
Getriebeart	Zahnrad-Wechselgetriebe
Synchronisierte Gänge	I – V
Getriebe-Übersetzung	I. 3,91; II. 2,17; III. 1,37; IV. 1,0; V. 0,81; R. 4,27
Achsantriebsübersetzung	3,92
Höchstgeschwindigkeit	188 km/h
Beschleunigung 0-100 km/h[1]	12,1 s
Kraftstoffverbrauch	7,0 / 8,8 / 11,9 l; nach Richtlinie 80/1268/EWG; Werte für 90 km/h / 120 km/h / Stadtzyklus
Getriebe	4-Gang-Automatikgetriebe
Verfügbarkeit	auf Wunsch
Getriebe-Typ / -Baumuster	W 4 A 020 / 722.431
Schaltung	Wählhebel in Wagenmitte
Kupplung	hydraulischer Drehmomentwandler im Automatikgetriebe
Getriebeart	Planetengetriebe
Getriebe-Übersetzung	I. 4,25; II. 2,41; III. 1,49; IV. 1,0; R. 5,67
Achsantriebsübersetzung	3,46
Höchstgeschwindigkeit	183 km/h
Beschleunigung 0-100 km/h[1]	12,7 s
Kraftstoffverbrauch	7,6 / 9,6 / 11,7 l; nach Richtlinie 80/1268/EWG; Werte für 90 km/h / 120 km/h / Stadtzyklus
Tragstruktur und Fahrwerk	
Rahmenausführung	selbsttragende Ganzstahlkarosserie
Radaufhängung, vorne	Dreiecksquerlenker / Dämpferbein
Radaufhängung, hinten	Raumlenkerachse mit hydropneumatischer Niveau-Regulierung
Federung, vorne	Schraubenfedern, Drehstab-Stabilisator
Federung, hinten	Schraubenfedern, hydropneumatische Federbeine, Drehstab-Stabilisator
Stoßdämpfer, vorne/hinten	Gasdruck-Dämpferbeine / hydropneumatische Federbeine
Lenkung	Kugelumlauf-Servolenkung
Lenkübersetzung	15,44:1 / 3 Lenkradumdrehungen
Bremsanlage	
Bremsanlage (Fußbremse)	hydraulische Zweikreis-Bremsanlage mit Unterdruck-Bremskraftverstärker und Anti Blockier System; Scheibenbremsen vorne innenbelüftet und hinten massiv
Feststellbremse	mechanisch (fußbetätigt), auf Hinterräder wirkend
Abmessungen der Bremsscheiben	vorne / hinten 284 x 22 / 278 x 9 mm
Allgemeine Daten	
Räder	Stahlblech-Scheibenräder, verstärkt, 6 ½ J x 15 H 2 ET 49; „Sportline“: 7 J x 15 H 2 ET 42; auf Wunsch: Leichtmetall-Scheibenräder 6 ½ J x 15 H 2 ET 49 (15 Loch) und 6 ½ J x 15 H 2 ET 44 (8 Loch); „Sportline“: 7 J x 15 H 2 ET 41 (8 oder 15 Loch)
Reifen	195/65 R 15 91 H; „Sportline“: 205/60 R 15 91 H
Angetriebene Räder	Hinterräder
Kraftübertragung	geteilte Kardanwelle
Radstand	2800 mm
Spur vorne / hinten	1497 / 1488 mm; „Sportline“: 1518 / 1509 mm
Länge	4765 mm
Breite	1740 mm
Höhe	1490 mm; „Sportline“: 1459 mm
Bodenfreiheit bei Belastung mit 3 Personen à 68 kg	153 mm; „Sportline“: 127 mm
Ladevolumen bis Bordkante	530 l bis 885 l
Kleinster Wendekreis	11,27 m
Zul. Gesamtgewicht	2120 kg; ab 03.1994: 2130 kg
Zul. Achslast vorne	890 kg; ab 03.1994: 900 kg
Zul. Achslast hinten	1230 kg
Zuladung	650 kg; ab 03.1994: 640 kg
Zul. Anhängelast gebremst	1900 kg; mit Automatik: 2100 kg
Zul. Anhängelast ungebremst	750 kg
Zul. Dachlast	100 kg
Leergewicht (Wagengewicht) nach Richtlinie DIN 70020 (mit Kraftstoff, Reserverad und Werkzeug)	1470 kg; ab 03.1994: 1490 kg
Luftwiderstand cW-Mittelwert x A	-
Stückzahl	seit 07.1992: 15.279; Stückzahlen bis / ab Modellpflege 06.1993 sind nicht separat dokumentiert
Preise	05.1993: DM 57.787,50 03.1994: DM 58.477,50 08.1994: DM 59.282,50 05.1995: DM 59.857,50

Mercedes-Benz E 220 T-Modell	
Allgemeine Angaben	
Konstruktionsbezeichnung	S 124 E 22
Baumuster	124.082
Produktionszeitraum	07.1993 – 02.1996
Arbeitsverfahren	Viertakt-Otto mit Saugrohreinspritzung und Abgasreinigungsanlage mit geregeltem 3-Wege-Katalysator
Anordnung im Fahrzeug	vorne, längs; stehend
Motoren	
Motor-Typ / -Baumuster	M 111 E 22 / 111.960 HFM
Zylinderzahl / -anordnung	4 / Reihe; 15° nach rechts geneigt
Bohrung x Hub	89,9 x 86,6 mm
Gesamthubraum	2199 cm^3
Verdichtungsverhältnis	10
Kurbelwellenlager	5
Leistung	150 PS / 110 kW bei 5500/min
Drehmoment	210 Nm bei 4000/min
Ventilanordnung / -anzahl	2 Einlass, 2 Auslass / v-förmig hängend
Ventilsteuerung	2 obenliegende Nockenwellen, dohc; Einlass-Nockenwelle verstellbar
Nockenwellenantrieb	Duplex-Rollenkette
Gemischbildung	mikroprozessorgesteuerte Einspritzanlage mit Heißfilm-Luftmassenmessung (HFM)
Kühlung	Wasserkühlung / Pumpe; 8,5 l Wasser
Schmierung	Druckumlauf-Schmierung / 5,8 l Öl
Elektrische Anlage	
Elektr. Anlage	12 V
Batterie	62 Ah / im Motorraum
Generator	Drehstrom / 980 W
Anlasser	elektrisch / 1,4 kW
Zündung	Zünd-Kennfeld-Steuerung
Kraftstofftank	72 l, hinter der Hinterachse
Kraftstoff-Förderung	elektrische Förderpumpe
Getriebe	
Getriebe	5-Gang-Schaltgetriebe
Verfügbarkeit	Serie
Getriebe-Typ / -Baumuster	GL 68/20 D-5 / 717.413
Schaltung	Mittelschaltung
Kupplung	Einscheiben-Trockenkupplung
Getriebeart	Zahnrad-Wechselgetriebe
Synchronisierte Gänge	I – V
Getriebe-Übersetzung	I. 3,91; II. 2,17; III. 1,37; IV. 1,0; V. 0,81; R. 4,27
Achsantriebsübersetzung	3,92
Höchstgeschwindigkeit	198 km/h
Beschleunigung 0-100 km/h[1]	11,1 s
Kraftstoffverbrauch	7,3 / 9,2 / 12,2 l; nach Richtlinie 80/1268/EWG; Werte für 90 km/h / 120 km/h / Stadtzyklus
Getriebe	4-Gang-Automatikgetriebe
Verfügbarkeit	auf Wunsch
Getriebe-Typ / -Baumuster	W 4 A 020 / 722.428
Schaltung	Wählhebel in Wagenmitte
Kupplung	hydraulischer Drehmomentwandler im Automatikgetriebe
Getriebeart	Planetengetriebe
Getriebe-Übersetzung	I. 4,25; II. 2,41; III. 1,49; IV. 1,0; R. 5,67
Achsantriebsübersetzung	3,27
Höchstgeschwindigkeit	193 km/h
Beschleunigung 0-100 km/h[1]	11,6 s
Kraftstoffverbrauch	7,6 / 9,9 / 11,6 l; nach Richtlinie 80/1268/EWG; Werte für 90 km/h / 120 km/h / Stadtzyklus
Tragstruktur und Fahrwerk	
Rahmenausführung	selbsttragende Ganzstahlkarosserie
Radaufhängung, vorne	Dreiecksquerlenker / Dämpferbein
Radaufhängung, hinten	Raumlenkerachse mit hydropneumatischer Niveau-Regulierung
Federung, vorne	Schraubenfedern, Drehstab-Stabilisator
Federung, hinten	Schraubenfedern, hydropneumatische Federbeine, Drehstab-Stabilisator
Stoßdämpfer, vorne/hinten	Gasdruck-Dämpferbeine / hydropneumatische Federbeine
Lenkung	Kugelumlauf-Servolenkung
Lenkübersetzung	15,44:1 / 3 Lenkradumdrehungen
Bremsanlage	
Bremsanlage (Fußbremse)	hydraulische Zweikreis-Bremsanlage mit Unterdruck-Bremskraftverstärker und Anti-Blockier-System; Scheibenbremsen vorne innenbelüftet und hinten massiv
Feststellbremse	mechanisch (fußbetätigt), auf Hinterräder wirkend
Abmessungen der Bremsscheiben	vorne / hinten 284 x 22 / 278 x 9 mm
Allgemeine Daten	
Räder	Stahlblech-Scheibenräder, verstärkt, 6 ½ J x 15 H 2 ET 49; „Sportline“: 7 J x 15 H 2 ET 42; auf Wunsch: Leichtmetall-Scheibenräder 6 ½ J x 15 H 2 ET 49 (15 Loch) und 6 ½ J x 15 H 2 ET 44 (8 Loch); „Sportline“: 7 J x 15 H 2 ET 41 (8 oder 15 Loch)
Reifen	195/65 R 15 91 H; „Sportline“: 205/60 R 15 91 H
Angetriebene Räder	Hinterräder
Kraftübertragung	geteilte Kardanwelle
Radstand	2800 mm
Spur vorne / hinten	1497 / 1488 mm; „Sportline“: 1518 / 1509 mm
Länge	4765 mm
Breite	1740 mm
Höhe	1490 mm; „Sportline“: 1459 mm
Bodenfreiheit bei Belastung mit 3 Personen à 68 kg	153 mm; „Sportline“: 127 mm
Ladevolumen bis Bordkante	530 l bis 885 l
Kleinster Wendekreis	11,27 m
Zul. Gesamtgewicht	2130 kg; ab 03.1994: 2150 kg
Zul. Achslast vorne	900 kg; ab 03.1994: 920 kg
Zul. Achslast hinten	1230 kg
Zuladung	650 kg; ab 03.1994: 640 kg
Zul. Anhängelast gebremst	1900 kg; mit Automatik: 2100 kg
Zul. Anhängelast ungebremst	750 kg
Zul. Dachlast	100 kg
Leergewicht (Wagengewicht) nach Richtlinie DIN 70020 (mit Kraftstoff, Reserverad und Werkzeug)	1480 kg; ab 03.1994: 1510 kg
Luftwiderstand cW-Mittelwert x A	0,34 x 2,11m^2
Stückzahl	seit 06.1992: 22.057; Stückzahlen bis / ab Modellpflege 06.1993 sind nicht separat dokumentiert
Preise	05.1993: DM 61.410,00 03.1994: DM 63.250,00 08.1994: DM 64.112,50 05.1995: DM 64.687,50

Mercedes-Benz E 280 T-Modell	
Allgemeine Angaben	
Konstruktionsbezeichnung	S 124 E 28
Baumuster	124.088
Produktionszeitraum	07.1993 – 02.1996
Arbeitsverfahren	Viertakt-Otto mit Saugrohreinspritzung und Abgasreinigungsanlage mit geregeltem 3-Wege-Katalysator
Anordnung im Fahrzeug	vorne, längs; stehend
Motoren	
Motor-Typ / -Baumuster	M 104 E 28 / 104.942 HFM
Zylinderzahl / -anordnung	6 / Reihe; 15° nach rechts geneigt
Bohrung x Hub	89,9 x 73,5 mm
Gesamthubraum	2799 cm³
Verdichtungsverhältnis	10
Kurbelwellenlager	7
Leistung	193 PS / 142 kW bei 5500/min
Drehmoment	270 Nm bei 3750/min
Ventilanordnung / -anzahl	2 Einlass, 2 Auslass / v-förmig hängend
Ventilsteuerung	2 obenliegende Nockenwellen, dohc; Einlass-Nockenwelle verstellbar
Nockenwellenantrieb	Duplex-Rollenkette
Gemischbildung	mikroprozessorgesteuerte Einspritzanlage mit Heißfilm-Luftmassenmessung (HFM) und Schaltsaugrohr
Kühlung	Wasserkühlung / Pumpe; 9 l Wasser
Schmierung	Druckumlauf-Schmierung / 7,5 l Öl
Elektrische Anlage	
Elektr. Anlage	12 V
Batterie	62 Ah / im Motorraum
Generator	Drehstrom / 1260 W
Anlasser	elektrisch / 1,7 kW
Zündung	Zünd-Kennfeld-Steuerung
Kraftstofftank	72 l, hinter der Hinterachse
Kraftstoff-Förderung	elektrische Förderpumpe
Getriebe	
Getriebe	5-Gang-Schaltgetriebe
Verfügbarkeit	Serie
Getriebe-Baumuster	717.440
Schaltung	Mittelschaltung
Kupplung	Einscheiben-Trockenkupplung
Getriebeart	Zahnrad-Wechselgetriebe
Synchronisierte Gänge	I – V
Getriebe-Übersetzung	I. 3,86; II. 2,18; III. 1,38; IV. 1,0; V. 0,80; R. 4,22
Achsantriebsübersetzung	3,69
Höchstgeschwindigkeit	218 km/h
Beschleunigung 0-100 km/h[1]	9,4 s
Kraftstoffverbrauch	8,3 / 10,3 / 14,8 l; nach Richtlinie 80/1268/EWG; Werte für 90 km/h / 120 km/h / Stadtzyklus
Getriebe	4-Gang-Automatikgetriebe
Verfügbarkeit	auf Wunsch
Schaltung	Wählhebel in Wagenmitte
Kupplung	hydraulischer Drehmomentwandler im Automatikgetriebe
Getriebeart	Planetengetriebe
Getriebe-Übersetzung	I. 4,25; II. 2,41; III. 1,49; IV. 1,0; R. 5,67
Achsantriebsübersetzung	3,06
Höchstgeschwindigkeit	213 km/h
Beschleunigung 0-100 km/h[1]	9,2 s
Kraftstoffverbrauch	8,9 / 10,9 / 13,6 l; nach Richtlinie 80/1268/EWG; Werte für 90 km/h / 120 km/h / Stadtzyklus
Getriebe	5-Gang-Automatikgetriebe
Verfügbarkeit	auf Wunsch
Getriebe-Baumuster	722.504
Schaltung	Wählhebel in Wagenmitte
Kupplung	hydraulischer Drehmomentwandler im Automatikgetriebe
Getriebeart	Planetengetriebe
Getriebe-Übersetzung	I. 3,87; II. 2,25; III. 1,44; IV. 1,0; V. 0,75; R. 5,59
Achsantriebsübersetzung	3,69
Höchstgeschwindigkeit	213 km/h
Beschleunigung 0-100 km/h[1]	9,3 s
Kraftstoffverbrauch	8,7 / 10,7 / 14,4 l; nach Richtlinie 80/1268/EWG; Werte für 90 km/h / 120 km/h / Stadtzyklus
Tragstruktur und Fahrwerk	
Rahmenausführung	selbsttragende Ganzstahlkarosserie
Radaufhängung, vorne	Dreiecksquerlenker / Dämpferbein
Radaufhängung, hinten	Raumlenkerachse mit hydropneumatischer Niveau-Regulierung
Federung, vorne	Schraubenfedern, Drehstab-Stabilisator
Federung, hinten	Schraubenfedern, hydropneumatische Federbeine, Drehstab-Stabilisator
Stoßdämpfer, vorne/hinten	Gasdruck-Dämpferbeine / hydropneumatische Federbeine
Lenkung	Kugelumlauf-Servolenkung
Lenkübersetzung	15,44:1 / 3 Lenkradumdrehungen
Bremsanlage	
Bremsanlage (Fußbremse)	hydraulische Zweikreis-Bremsanlage mit Unterdruck-Bremskraftverstärker und Anti-Blockier-System; Scheibenbremsen vorne innenbelüftet und hinten massiv
Feststellbremse	mechanisch (fußbetätigt), auf Hinterräder wirkend
Abmessungen der Bremsscheiben	vorne / hinten 284 x 22 / 278 x 9 mm
Allgemeine Daten	
Räder	Stahlblech-Scheibenräder, verstärkt, 6 ½ J x 15 H 2 ET 49; „Sportline": 7 J x 15 H 2 ET 42; auf Wunsch: Leichtmetall-Scheibenräder 6 ½ J x 15 H 2 ET 49 (15 Loch) und 6 ½ J x 15 H 2 ET 44 (8 Loch); „Sportline": 7 J x 15 H 2 ET 41 (8 oder 15 Loch)
Reifen	195/65 R 15 91 V; „Sportline": 205/60 ZR 15
Angetriebene Räder	Hinterräder
Kraftübertragung	geteilte Kardanwelle
Radstand	2800 mm
Spur vorne / hinten	1497 / 1488 mm; „Sportline": 1518 / 1509 mm
Länge	4765 mm
Breite	1740 mm
Höhe	1490 mm; „Sportline": 1459 mm
Bodenfreiheit bei Belastung mit 3 Personen à 68 kg	149 mm; „Sportline": 123 mm
Ladevolumen bis Bordkante	530 l bis 885 l
Kleinster Wendekreis	11,27 m
Zul. Gesamtgewicht	2200 kg; ab 03.1994: 2230 kg
Zul. Achslast vorne	1000 kg
Zul. Achslast hinten	1200 kg; ab 03.1994: 1230 kg
Zul. Dachlast	100 kg
Zuladung	610 kg; ab 03.1994: 630 kg
Zul. Anhängelast gebremst	1900 kg; mit Automatik: 2100 kg
Zul. Anhängelast ungebremst	750 kg
Leergewicht (Wagengewicht) nach Richtlinie DIN 70020 (mit Kraftstoff, Reserverad und Werkzeug)	1590 kg; ab 03.1994: 1600 kg
Luftwiderstand cW-Mittelwert x A	0,34 x 2,11 m²
Stückzahl	seit 07.1992: 12.177; Stückzahlen bis / ab Modellpflege 06.1993 sind nicht separat dokumentiert
Preise	05.1993: DM 69.000,00 03.1994: DM 70.840,00 08.1994: DM 71.472,50 05.1995: DM 72.047,50

Mercedes-Benz E 300 4MATIC T-Modell	
Allgemeine Angaben	
Konstruktionsbezeichnung	S 124 E 30 4-M
Baumuster	124.290
Produktionszeitraum	07.1993 – 04.1995
Arbeitsverfahren	Viertakt-Otto mit Saugrohreinspritzung und Abgasreinigungsanlage mit geregeltem 3-Wege-Katalysator
Anordnung im Fahrzeug	vorne, längs; stehend
Motoren	
Motor-Typ / -Baumuster	M 103 E 30 / 103.985 KE
Zylinderzahl / -anordnung	6 / Reihe; 15° nach rechts geneigt
Bohrung x Hub	88,5 x 80,2 mm
Gesamthubraum	2960 cm³
Verdichtungsverhältnis	9,2
Kurbelwellenlager	7
Leistung	180 PS / 132 kW bei 5700/min
Drehmoment	255 Nm bei 4400/min
Ventilanordnung / -anzahl	1 Einlass, 1 Auslass / v-förmig hängend
Ventilsteuerung	obenliegende Nockenwelle, ohc
Nockenwellenantrieb	Einfach-Rollenkette
Gemischbildung	Saugrohreinspritzung, mechanisch-elektronisch geregelt (Bosch KE-Jetronic)
Kühlung	Wasserkühlung / Pumpe; 9 l Wasser
Schmierung	Druckumlauf-Schmierung / 6,5 l Öl
Elektrische Anlage	
Elektr. Anlage	12 V
Batterie	62 Ah / im Motorraum
Generator	Drehstrom / 980 W
Anlasser	elektrisch / 1,7 kW
Zündung	elektronische Zündanlage
Kraftstofftank	72 l, hinter der Hinterachse
Kraftstoff-Förderung	elektrische Förderpumpe
Getriebe	
Getriebe	4-Gang-Automatikgetriebe
Verfügbarkeit	Serie
Getriebe-Baumuster	722.346
Schaltung	Wählhebel in Wagenmitte
Kupplung	hydraulischer Drehmomentwandler im Automatikgetriebe
Getriebeart	Planetengetriebe
Getriebe-Übersetzung	I. 3,87; II. 2,25; III. 1,44; IV. 1,0; R. 5,59
Achsantriebsübersetzung	vorne/hinten: 3,29
Höchstgeschwindigkeit	204 km/h
Beschleunigung 0-100 km/h[1]	9,8 s
Kraftstoffverbrauch	10,0 / 12,3 / 14,6 l; nach Richtlinie 80/1268/EWG; Werte für 90 km/h / 120 km/h / Stadtzyklus
Tragstruktur und Fahrwerk	
Rahmenausführung	selbsttragende Ganzstahlkarosserie
Radaufhängung, vorne	Dreiecksquerlenker / Dämpferbein
Radaufhängung, hinten	Raumlenkerachse mit hydropneumatischer Niveau-Regulierung
Federung, vorne	Schraubenfedern, Drehstab-Stabilisator
Federung, hinten	Schraubenfedern, hydropneumatische Federbeine, Drehstab-Stabilisator
Stoßdämpfer, vorne/hinten	Gasdruck-Dämpferbeine / hydropneumatische Federbeine
Lenkung	Kugelumlauf-Servolenkung
Lenkübersetzung	13,21:1 / 3 Lenkradumdrehungen
Bremsanlage	
Bremsanlage (Fußbremse)	hydraulische Zweikreis-Bremsanlage mit Unterdruck-Bremskraftverstärker und Anti-Blockier-System; Scheibenbremsen vorne innenbelüftet und hinten massiv
Feststellbremse	mechanisch (fußbetätigt), auf Hinterräder wirkend
Abmessungen der Bremsscheiben	vorne / hinten 284 x 22 / 278 x 9 mm
Allgemeine Daten	
Räder	Stahlblech-Scheibenräder, verstärkt, 6 ½ J x 15 H 2 ET 49; auf Wunsch: Leichtmetall-Scheibenräder 6 ½ J x 15 H 2 ET 49 (15 Loch) und 6 ½ J x 15 H 2 ET 44 (8 Loch)
Reifen	195/65 R 15 91 V
Angetriebene Räder	Allrad-Antrieb 4MATIC: permanenter Antrieb auf die Hinterräder; bei Bedarf automatisch zuschaltender Antrieb auf die Vorderräder
Kraftübertragung vorne	Verteilergetriebe über einteilige Gelenkwelle auf Vorderachs-Differenzial und über zweiteilige Gelenkwelle auf Hinterachs-Differenzial (Kraftverteilung 35 % vorn, 65 % hinten)
Radstand	2800 mm
Spur vorne / hinten	1497 / 1485 mm
Länge	4765 mm
Breite	1740 mm
Höhe	1498 mm (mit Dachreling)
Bodenfreiheit bei Belastung mit 3 Personen à 68 kg	163 mm
Ladevolumen bis Bordkante	530 l bis 885 l
Kleinster Wendekreis	12,15 m
Zul. Gesamtgewicht	2260 kg; ab 03.1994: 2300 kg
Zul. Achslast vorne	1060 kg; ab 03.1994: 1070 kg
Zul. Achslast hinten	1200 kg; ab 03.1994: 1230 kg
Zuladung	590 kg; ab 03.1994: 610 kg
Zul. Anhängelast gebremst	2100 kg
Zul. Anhängelast ungebremst	750 kg
Zul. Dachlast	100 kg
Leergewicht (Wagengewicht) nach Richtlinie DIN 70020 (mit Kraftstoff, Reserverad und Werkzeug)	1670 kg; ab 03.1994: 1690 kg
Luftwiderstand cW-Mittelwert x A	0,34 x 2,12 m²
Stückzahl	seit 08.1986: 12.094; Stückzahlen bis / ab Modellpflegen 09.1989 und 06.1993 sind nicht separat dokumentiertPreise
Preise	05.1993: DM 91.022,50 03.1994: DM 92.862,50

Philosophie

Wir waren zu jeder Zeit unserer Zeit voraus.

Vieles von dem, was heute wie selbstverständlich in den Autos dieser Welt steckt, stammt ursprünglich von Mercedes-Benz. Angefangen hat alles am 29. Januar 1886. An diesem Tag erwarb Carl Benz das Reichspatent mit der Nummer 37435 für seinen 0,9 PS starken, dreirädrigen Motorwagen – das Automobil war geboren. Fast zeitgleich arbeitete im schwäbischen Cannstatt Gottlieb Daimler an der von ihm entwickelten Motorkutsche. Beide Männer, die vollkommen unabhängig voneinander die Grundlagen der Motorisierung geschaffen haben, hatten eines gemeinsam: Pioniergeist, gepaart mit einer beharrlichen Zielstrebigkeit. Ihre Ideen und ihr Geist haben die Marke Mercedes-Benz bis heute maßgeblich geprägt. Unzählige Erfindungen in allen Bereichen des Automobils kennzeichnen daher unsere Firmengeschichte. Bei aller Begeisterung für Innovationen im Automobilbau waren wir uns jedoch stets der Verantwortung für das Automobil bewußt. Und der Verantwortung für unsere Kunden und deren Sicherheit. Sehr viele Patente gehen allein auf das Konto Béla Barényis, der fast sein ganzes Arbeitsleben lang für Mercedes-Benz als Sicherheitsingenieur gearbeitet hat. Seine revolutionären Entwicklungen wie zum Beispiel die Knautschzone haben bis heute vielen Menschen das Leben gerettet. Auch die Entwicklung des Antiblockiersystems im Automobil entstand in den Köpfen unserer Ingenieure, und zwar schon Anfang der 60er Jahre. Heute bauen wir bereits das ABS der vierten Generation ein. Wir fühlen uns jedoch nicht nur dem technischen Fortschritt verpflichtet, sondern vor allem auch der Umwelt. Umweltschutz beschränkt sich deshalb bei uns nicht nur auf den Einbau von Katalysatoren und die Verwendung von bleifreiem Kraftstoff. Umweltschutz beginnt bei Mercedes-Benz bereits in der frühen Planungsphase, wenn Materialien und Produktionsverfahren festgelegt werden. Das Ergebnis sind Autos, die zu einem großen Teil recycelbar sind. So tragen wir in jeglicher Hinsicht eine ganz besondere Verantwortung für das Automobil. Schließlich haben Carl Benz und Gottlieb Daimler es einmal erfunden.

Vor über 100 Jahren erfand Carl Benz das Automobil.

Gottlieb Daimler hatte fast zeitgleich dieselbe Idee.

3

Mercedes-Benz E 320 T-Modell

Allgemeine Angaben	
Konstruktionsbezeichnung	S 124 E 32
Baumuster	124.092
Produktionszeitraum	07.1993 – 02.1996
Arbeitsverfahren	Viertakt-Otto mit Saugrohreinspritzung und Abgasreinigungsanlage mit geregeltem 3-Wege-Katalysator
Anordnung im Fahrzeug	vorne, längs; stehend
Motoren	
Motor-Typ / -Baumuster	M 104 E 32 / 104.992 HFM
Zylinderzahl / -anordnung	6 / Reihe; 15° nach rechts geneigt
Bohrung x Hub	89,9 x 84,0 mm
Gesamthubraum	3199 cm³
Verdichtungsverhältnis	10
Kurbelwellenlager	7
Leistung	220 PS / 162 kW bei 5500/min
Drehmoment	310 Nm bei 3750/min
Ventilanordnung / -anzahl	2 Einlass, 2 Auslass / v-förmig hängend
Ventilsteuerung	2 obenliegende Nockenwellen, dohc; Einlass-Nockenwelle verstellbar
Nockenwellenantrieb	Duplex-Rollenkette
Gemischbildung	mikroprozessorgesteuerte Einspritzanlage mit Heißfilm-Luftmassenmessung (HFM) und Schaltsaugrohr
Kühlung	Wasserkühlung / Pumpe; 9 l Wasser
Schmierung	Druckumlauf-Schmierung / 7,5 l Öl
Elektrische Anlage	
Elektr. Anlage	12 V
Batterie	62 Ah / im Motorraum
Generator	Drehstrom / 1260 W
Anlasser	elektrisch / 1,7 kW
Zündung	Zünd-Kennfeld-Steuerung
Kraftstofftank	72 l, h hinter der Hinterachse
Kraftstoff-Förderung	elektrische Förderpumpe
Getriebe	
Getriebe	5-Gang-Schaltgetriebe
Verfügbarkeit	Serie
Getriebe-Typ / -Baumuster	GL 76/30 A-5 / 717.450
Schaltung	Mittelschaltung
Kupplung	Einscheiben-Trockenkupplung
Getriebeart	Zahnrad-Wechselgetriebe
Synchronisierte Gänge	I – V
Getriebe-Übersetzung	I. 4,15; II. 2,52; III. 1,69; IV. 1,24; V. 1,0; R. 4,15
Achsantriebsübersetzung	3,06
Höchstgeschwindigkeit	225 km/h
Beschleunigung 0-100 km/h[1]	8,6 s
Kraftstoffverbrauch	8,8 / 10,9 / 15,1 l; nach Richtlinie 80/1268/EWG; Werte für 90 km/h / 120 km/h / Stadtzyklus
Getriebe	4-Gang-Automatikgetriebe
Verfügbarkeit	auf Wunsch
Getriebe-Typ / -Baumuster	W 4 A 040 / 722.369
Schaltung	Wählhebel in Wagenmitte
Kupplung	hydraulischer Drehmomentwandler im Automatikgetriebe
Getriebeart	Planetengetriebe
Getriebe-Übersetzung	I. 3,87; II. 2,25; III. 1,44; IV. 1,0; R. 5,59
Achsantriebsübersetzung	3,06
Höchstgeschwindigkeit	220 km/h
Beschleunigung 0-100 km/h[1]	8,2 s
Kraftstoffverbrauch	9,4 / 11,4 / 14,6 l; nach Richtlinie 80/1268/EWG; Werte für 90 km/h / 120 km/h / Stadtzyklus
Getriebe	5-Gang-Automatikgetriebe
Verfügbarkeit	auf Wunsch
Getriebe-Baumuster	722.503
Schaltung	Wählhebel in Wagenmitte
Kupplung	hydraulischer Drehmomentwandler im Automatikgetriebe
Getriebeart	Planetengetriebe
Getriebe-Übersetzung	I. 3,87; II. 2,25; III. 1,44; IV. 1,0; V. 0,75; R. 5,59
Achsantriebsübersetzung	3,69
Höchstgeschwindigkeit	220 km/h
Beschleunigung 0-100 km/h[1]	8,2 s
Kraftstoffverbrauch	9,0 / 10,9 / 15,1 l; nach Richtlinie 80/1268/EWG; Werte für 90 km/h / 120 km/h / Stadtzyklus
Tragstruktur und Fahrwerk	
Rahmenausführung	selbsttragende Ganzstahlkarosserie
Radaufhängung, vorne	Dreiecksquerlenker / Dämpferbein
Radaufhängung, hinten	Raumlenkerachse mit hydropneumatischer Niveau-Regulierung
Federung, vorne	Schraubenfedern, Drehstab-Stabilisator
Federung, hinten	Schraubenfedern, hydropneumatische Federbeine, Drehstab-Stabilisator
Stoßdämpfer, vorne/hinten	Gasdruck-Dämpferbeine / hydropneumatische Federbeine
Lenkung	Kugelumlauf-Servolenkung
Lenkübersetzung	15,44:1 / 3 Lenkradumdrehungen
Bremsanlage	
Bremsanlage (Fußbremse)	hydraulische Zweikreis-Bremsanlage mit Unterdruck-Bremskraftverstärker und Anti-Blockier-System; innenbelüftete Scheibenbremsen vorne und hinten
Feststellbremse	mechanisch (fußbetätigt), auf Hinterräder wirkend
Abmessungen der Bremsscheiben	vorne / hinten 295 x 22 / 278 x 20 mm
Allgemeine Daten	
Räder	Leichtmetall-Scheibenräder 6 ½ J x 15 H 2 ET 48 (15 Loch) und 6 ½ J x 15 H 2 ET 44 (8 Loch); „Sportline": 7 J x 15 H 2 ET 41
Reifen	195/65 ZR 15; „Sportline": 205/60 ZR 15
Angetriebene Räder	Hinterräder
Kraftübertragung	geteilte Kardanwelle
Radstand	2800 mm
Spur vorne / hinten	1497 / 1488 mm; „Sportline": 1518 / 1509 mm
Länge	4765 mm
Breite	1740 mm
Höhe	1460 mm; 1490 mm mit Dachreling; „Sportline": 1459 mm
Bodenfreiheit bei Belastung mit 3 Personen à 68 kg	149 mm; „Sportline": 123 mm
Ladevolumen nach VDA	530 l bis 885 l
Kleinster Wendekreis	11,27 m
Gesamtgewicht	2200 kg; ab 03.1994: 2230 kg
Zul. Achslast vorne	1000 kg
Zul. Achslast hinten	1200 kg; ab 03.1994: 1230 kg
Zuladung	610 kg; ab 03.1994: 630 kg
Zul. Anhängelast gebremst	1900 kg; mit Automatik: 2100 kg
Zul. Anhängelast ungebremst	750 kg
Zul. Dachlast	100 kg
Leergewicht (Wagengewicht) nach Richtlinie DIN 70020 (mit Kraftstoff, Reserverad und Werkzeug)	1590 kg; ab 03.1994: 1600 kg
Luftwiderstand cW-Mittelwert x A	-
Stückzahl	seit 07.1992 incl. E 36 AMG: 18.368; Stückzahlen bis / ab Modellpflege 06.1993 sind nicht separat dokumentiert
Preise	05.1993: DM 78.142,50 03.1994: DM 79.982,50 08.1994: DM 81.477,50 05.1995: DM 82.052,50 02.1989: DM 39.273,00

Mercedes-Benz E 36 AMG T-Modell

Allgemeine Angaben	
Konstruktionsbezeichnung	S 124 E 36
Baumuster	124.092
Produktionszeitraum	09.1993 – 05.1996
Arbeitsverfahren	Viertakt-Otto mit Saugrohreinspritzung und Abgasreinigungsanlage mit geregeltem 3-Wege-Katalysator
Anordnung im Fahrzeug	vorne, längs; stehend
Motoren	
Motor-Typ / -Baumuster	M 104 E 36 AMG / 104.9936 HFM
Zylinderzahl / -anordnung	6 / Reihe; 15° nach rechts geneigt
Bohrung x Hub	91,0 x 92,4 mm
Gesamthubraum	3606 cm³
Verdichtungsverhältnis	10,5
Kurbelwellenlager	7
Leistung	272 PS / 200 kW bei 5750/min
Drehmoment	385 Nm bei 3750 – 4500/min
Ventilanordnung / -anzahl	2 Einlass, 2 Auslass / v-förmig hängend
Ventilsteuerung	2 obenliegende Nockenwellen, dohc; Einlass-Nockenwelle verstellbar
Nockenwellenantrieb	Duplex-Rollenkette
Gemischbildung	mikroprozessorgesteuerte Einspritzanlage mit Heißfilm-Luftmassenmessung (HFM) und Schaltsaugrohr
Kühlung	Wasserkühlung / Pumpe; 9 l Wasser
Schmierung	Druckumlauf-Schmierung / 7,5 l Öl
Elektrische Anlage	
Elektr. Anlage	12 V
Batterie	62 Ah / im Motorraum
Generator	Drehstrom / 1260 W
Anlasser	elektrisch / 1,7 kW
Zündung	Zünd-Kennfeld-Steuerung
Kraftstofftank	72 l, hinter der Hinterachse
Kraftstoff-Förderung	elektrische Förderpumpe
Getriebe	
Getriebe	4-Gang-Automatikgetriebe
Verfügbarkeit	Serie
Getriebe-Typ / -Baumuster	W 4 A 040 / 722.369
Schaltung	Wählhebel in Wagenmitte
Kupplung	hydraulischer Drehmomentwandler im Automatikgetriebe
Getriebeart	Planetengetriebe
Getriebe-Übersetzung	I. 3,87; II. 2,25; III. 1,44; IV. 1,0; R. 5,59
Achsantriebsübersetzung	3,06
Höchstgeschwindigkeit	240 km/h
Beschleunigung 0-100 km/h[1]	7,2 s
Kraftstoffverbrauch	9,6 / 11,5 / 14,0 l; nach Richtlinie 80/1268/EWG; Werte für 90 km/h / 120 km/h / Stadtzyklus
Tragstruktur und Fahrwerk	
Rahmenausführung	selbsttragende Ganzstahlkarosserie
Radaufhängung, vorne	Dreiecksquerlenker / Dämpferbein
Radaufhängung, hinten	Raumlenkerachse mit hydropneumatischer Niveau-Regulierung
Federung, vorne	Schraubenfedern, Drehstab-Stabilisator
Federung, hinten	Schraubenfedern, hydropneumatische Federbeine, Drehstab-Stabilisator
Stoßdämpfer, vorne/hinten	Gasdruck-Dämpferbeine / hydropneumatische Federbeine
Lenkung	Kugelumlauf-Servolenkung
Lenkübersetzung	15,44:1 / 3 Lenkradumdrehungen
Bremsanlage	
Bremsanlage (Fußbremse)	hydraulische Zweikreis-Bremsanlage mit Unterdruck-Bremskraftverstärker und Anti-Blockier-System; innenbelüftete Scheibenbremsen vorne und hinten
Feststellbremse	mechanisch (fußbetätigt), auf Hinterräder wirkend
Abmessungen der Bremsscheiben	vorne / hinten 320 x 30 / 278 x 24 mm
Allgemeine Daten	
Räder	Leichtmetall-Scheibenräder 7 ½ J x 17 H 2 ET 42
Reifen	225/45 ZR 17
Angetriebene Räder	Hinterräder
Kraftübertragung	geteilte Kardanwelle
Radstand	2800 mm
Spur vorne / hinten	1516 / 1507 mm
Länge	4765 mm
Breite	1740 mm
Höhe	1438 mm; mit Dachreling: 1468 mm
Bodenfreiheit bei Belastung mit 3 Personen à 68 kg	132 mm
Ladevolumen bis Bordkante	530 l bis 885 l
Kleinster Wendekreis	11,27 m
Zul. Gesamtgewicht	2200 kg; ab 03.1994: 2230 kg
Zul. Achslast vorne	1000 kg
Zul. Achslast hinten	1200 kg; ab 03.1994: 1230 kg
Zuladung	560 kg; ab 03.1994: 590 kg
Zul. Dachlast	100 kg
Leergewicht (Wagengewicht) nach Richtlinie DIN 70020 (mit Kraftstoff, Reserverad und Werkzeug)	1640 kg
Luftwiderstand cW-Mittelwert x A	0,34 x 2,11 m²
Stückzahl	nicht separat dokumentiert, da in der Stückzahl des E 320 T-Modells enthalten
Preise	09.1993: DM 113.620,00
	08.1994: DM 115.747,50
	05.1995: DM 116.610,00